深入理解计算机视觉

在边缘端构建高效的目标检测应用

张晨然◎著

電子工業出版社
Publishing House of Electronics Industry
北京•BEIJING

内 容 简 介

本书按实战项目研发的先后顺序，介绍了目标检测神经网络从研发到运营的全生命周期。首先介绍了目标检测场景下的图片标注方法和数据格式，以及与之密切相关的特征融合网络和预测网络；介绍了数据“后处理”所涉及的 NMS 算法及其变种，在此基础上，读者只需结合各式各样的骨干网络就可以搭建完整的一阶段目标检测神经网络模型。接下来介绍了神经网络的动态模式和静态模式两种训练方法，以及训练过程中的数据监控和异常处理。最后以亚马逊云和谷歌 Coral 开发板为例，介绍了神经网络的云端部署和边缘端部署。其中，对于边缘端部署，本书还详细介绍了神经网络量化模型的基础原理和模型编译逻辑，这对将神经网络转化为可独立交付的产品至关重要。

本书还结合智慧交通、智慧后勤、自动驾驶等项目，介绍了计算机视觉数据增强技术和神经网络性能评估原理，以及边缘计算网关、边缘计算系统、自动驾驶数据的计算原理和 PointNet++等多个三维目标检测神经网络，帮助读者快速将计算机视觉技术运用到实际生产中。

本书实用性非常强，既适合对计算机视觉具有一定了解的高等院校本科生、研究生及具有转型意愿的软件工程师入门学习，又适合计算机视觉工程项目研发和运营人员参考阅读。对深度学习关键算法和骨干网络设计等基础知识感兴趣的读者还可以阅读本书作者编写的《深入理解计算机视觉：关键算法解析和深度神经网络设计》一书。

图书在版编目（CIP）数据

深入理解计算机视觉：在边缘端构建高效的目标检测应用 / 张晨然著. —北京：电子工业出版社，2023.6

ISBN 978-7-121-45594-0

Ⅰ. ①深… Ⅱ. ①张… Ⅲ. ①计算机视觉 Ⅳ.①TP302.7

中国国家版本馆 CIP 数据核字（2023）第 084599 号

责任编辑：孙学瑛　　　　特约编辑：田学清
印　　刷：天津千鹤文化传播有限公司
装　　订：天津千鹤文化传播有限公司
出版发行：电子工业出版社
　　　　　北京市海淀区万寿路 173 信箱　　　邮编：100036
开　　本：787×980　1/16　印张：31.25　字数：683 千字
版　　次：2023 年 6 月第 1 版
印　　次：2023 年 6 月第 1 次印刷
定　　价：149.00 元

凡所购买电子工业出版社图书有缺损问题，请向购买书店调换。若书店售缺，请与本社发行部联系，联系及邮购电话：（010）88254888，88258888。

质量投诉请发邮件至 zlts@phei.com.cn，盗版侵权举报请发邮件至 dbqq@phei.com.cn。

本书咨询联系方式：faq@phei.com.cn。

推荐序一

在人工智能70余年的发展历程中，机器学习的重要性不容忽视。随着神经联结主义方法论的不断发展，近10年来，建立在深度神经网络模型之上的深度学习技术异军突起，已经成为人工智能的中坚力量。与此同时，计算机视觉技术也达到了前所未有的高度。

本书介绍的计算机视觉相关技术是深度学习在计算机视觉领域的具体应用，不仅包括当下最为流行的图像分类和目标检测技术的算法框架，还包括与这些算法框架相关的数据集处理、云计算、边缘计算的运用技巧，过程翔实、简单实用。推广一个技术的最好方式就是“运用它”，如果越来越多的企业和工程人员能够运用机器学习乃至机器意识的相关技术为用户和社会创造价值，那么人工智能的未来之路一定会越走越宽！

“人无远虑，必有近忧。”为了能够参与全球性的人工智能竞争和合作，我们现在就应该前瞻性地开展前沿关键技术的基础性研究。本书在介绍工程应用的同时，还对深度学习的算法原理、神经网络的设计意图等较为基础和抽象的概念进行了介绍，逻辑清晰、形象直观。特别是近些年兴起的三维计算机视觉和图卷积神经网络技术，它们与二维计算机视觉有着千丝万缕的联系。唯有夯实计算机视觉的技术基础，我们才能参与自动驾驶、感知计算等前沿领域的全球竞争和合作。

希望读者能够将本书中的深度学习技术学会并应用到具体问题的解决之中，通过扎实的研究建立深厚的人工智能理论基础，通过技术应用积累计算机视觉实战经验，共同参与到让计算机更加“灵活”地服务于人类社会的实践之中，为智能社会的发展贡献一份力量。

周昌乐

北京大学博士，厦门大学教授，心智科学家

中国人工智能学会理事、福建省人工智能学会理事长

推荐序二

I am happy to hear that Eric Zhang wrote a book covering object detection using TensorFlow. He knows how to quickly develop a solution based on the Neural Network using the high level frameworks like TensorFlow which otherwise would have required many more lines of code. The book also covers an end to end development cycle of a Deep Learning neural network and it will be very useful for the readers who are interested in this topic. Writing a book requires an extensive amount of effort and he finally completed it. Congratulations to Eric and all the readers who will gain a lot of useful knowledge from this book as well!

Soonson Kwon

Google Global ML Developer Programs Lead

我听闻 Eric Zhang 撰写了这本介绍如何使用 TensorFlow 进行目标检测的书，很开心。Eric 深知如何借助 TensorFlow 极大地减少深度神经网络的代码编写行数，进而基于此快速构建机器学习应用解决方案。这本书涵盖了深度神经网络的“端到端”的全研发周期，对致力于投身人工智能产业的读者将非常有用。这本书倾注了 Eric 的大量努力和心血，祝贺他如愿完成了此书，也祝贺这本书的所有读者，相信你们能从中获益匪浅！

Soonson Kwon

谷歌全球机器学习生态系统项目负责人

前 言

数字化时代的核心是智能化。随着人工智能技术的逐步成熟，越来越多的智能化应用不断涌现，这必然要求信息行业从业人员具备一定的人工智能知识和技术。人工智能最突出的两个技术应用领域是计算机视觉和自然语言。计算机视觉处理的是图像或视频，自然语言处理的是语音或语言。由于计算机视觉采用的 CNN 神经元结构提出较早，技术方案也较为成熟，因此本书着重介绍计算机视觉技术。

在整个计算机视觉领域，本书重点讲述二维和三维目标检测技术，主要基于两方面的考虑：一方面，目标检测技术是当前计算机视觉中最具有应用价值的技术，大到自动驾驶中的行人和车辆识别，小到智慧食堂中的餐盘识别，应用领域非常广泛，无论是日常生活中的视频监控，还是专业领域的路面铺装质量监控，都是目标检测技术的具体应用演绎；另一方面，目标检测神经网络一般包含骨干网络（特征提取网络）、中段网络（特征融合网络）、预测网络（头网络）、解码网络、数据重组网络、NMS 算法模块等单元，这些算法模块单元构成了基于深度学习的神经网络设计哲学，后续的注意力机制或多模态神经网络可以被视为这些模块的不同实现方式。

从计算机视觉的新手到目标检测专家的进阶过程，要求开发者不仅要具备数据集和骨干网络设计的基本技能，也要具备中段网络、预测网络的设计技能，更要具备根据边缘端部署和云端部署的要求，调整网络结构的能力。可以说，学会了目标检测技术，开发者就拥有了计算机视觉的完整技术栈，就具备了一个较为全面的技能去应对其他计算机视觉项目。

本书的编程计算框架采用 TensorFlow，它是深度学习领域应用最为广泛的编程框架，最早由谷歌公司推出，目前已被广泛用于全球各大人工智能企业的深度学习实验室和工业生产环境。互联网上大部分的人工智能前沿成果都是通过 TensorFlow 实现的。TensorFlow

提供比较齐全的数据集支持和快速的数据管道，支持 GPU 和 TPU 的硬件加速。TensorFlow 支持多种环境部署。开发者可通过 TensorFlow Serving 工具将模型部署在服务器上，也可通过 TensorFlow Lite 工具将模型转换为可在边缘端推理的 TFLite 格式。TensorFlow 升级到 2.X 版本之后，可支持 EagerMode 的立即执行模式，这使得它的编程更加直观和便于调试。

本书并不执着于讲授高深的计算机视觉基础理论，也不是简简单单地堆砌若干代码样例，而是采用了“理论”“代码”“数据流图”一一对应的书写方式。理论有利于读者建立知识的深度，代码有利于读者培养动手能力，数据流图有利于读者快速领会算法原理。希望本书作者对计算机视觉技术的“抽丝剥茧”，能帮助读者在建立计算机视觉能力地图时，不仅具有理论理解的深度，还具有动手实践的宽度。

最后，为避免混淆，有必要厘清两个概念——人工智能和深度学习。人工智能是指使计算机应用达到与人类智慧相当的水平，深度学习是指运用深度神经网络技术使计算机应用达到一定的智能水平。人工智能指向的是“效果”，深度学习指向的是“方法”，二者不能画等号。实现人工智能目标的方法肯定不止深度学习这一种，还包含传统的信息化手段和专家逻辑判断。但以目前的技术水平，深度学习所能达到的智能水平是比较高的，所以大家一般都用人工智能来指代深度学习，也用深度学习来指代人工智能，因此本书对二者不做严格的区分。

为什么写作本书

作者在做以目标检测为主题的讲座报告或技术分享时，发现听众普遍对人工智能技术很感兴趣，但是又不知从何处下手。目标检测技术的确涉及多种理工科基础知识和技能。首先是数学，涉及矩阵计算、概率分布；然后是编程，涉及计算框架 API 和面向对象的 Python 等语言的编程技巧；最后是数据处理，涉及数字图像处理算法和嵌入式系统。每种基础知识和技能都对应着高等教育中的一门课程，开发者似乎都有所了解，但深究起来又理解得不够深刻。高等教育偏向于垂直领域的深度，并没有刻意将跨领域的知识融会贯通。因此，本书在讲授目标检测原理和应用的同时，还深度介绍了涉及的理论知识，希望能够帮助读者在理论和实践上都达到一定的高度。

为避免读者在阅读公式和代码时感觉到抽象，作者在编写过程中有意着重围绕较为形象的数据流来阐释原理，尽量使用数据结构图来展示算法对数据的处理意图和逻辑。相信读者在理解了输入/输出数据流结构图的基础上，面对公式和代码时不会感到晦涩。

作者发现许多企业在初期涉足人工智能时，由于对人工智能不甚了解，通常会陷入“模型选型→性能不理想→修改失败→尝试其他模型→再次失败”的怪圈。目前有大量现成的目标检测代码可以下载，简单配置后就能快速成功运行，但作者仍建议读者从基础的数据集处理入手，理解目标检测的数据流图和损失函数，理解模型量化和模型编译，才能自由地组装骨干网络、中段网络和预测网络，才能让自己设计的神经网络在边缘端独立运行。在实际工作中，我们需要计算机视觉解决的问题不尽相同，我们所使用的边缘计算硬件也五花八门，但不同模型和不同硬件在本质上有异曲同工之处，作者希望所有人工智能从业人员都能扎实地掌握某种框架下具有代表性的模型的设计和编译，这样在计算机视觉领域甚至自然语言领域自然能有所创新。

关于本书作者

作者本科毕业于天津大学通信工程专业，硕士研究生阶段就读于厦门大学，主攻嵌入式系统和数字信号底层算法，具备扎实的理论基础。作者先后就职于中国电信集团公司和福建省电子信息（集团）有限责任公司，目前担任福建省人工智能学会的理事和企业工作委员会的主任，同时也担任谷歌开发者社区、亚马逊开发者生态的福州区域负责人，长期从事计算机视觉和自然语言基础技术的研究，积累了丰富的人工智能项目经验，致力于推动深度学习在交通、工业、民生、建筑等领域的应用落地。作者于 2017 年获得高级工程师职称，拥有多项发明专利。

本书作者 GitHub 账号是 fjzhangcr。

本书主要内容

本书共 5 篇，第 1 篇、第 2 篇重点介绍以 YOLO 为代表的一阶段目标检测神经网络；第 3 篇、第 4 篇重点介绍目标检测神经网络在云端和边缘端的部署，其中对边缘端的量化原理进行了重点介绍；第 5 篇重点介绍当前较为流行的自动驾驶的数据计算原理和目标检测。本书实用性非常强，既适合对计算机视觉具有一定了解的高等院校本科生、研究生及具有转型意愿的软件工程师入门学习，又适合计算机视觉工程项目研发和运营人员参考阅读。

第 1 篇，以知名计算机视觉竞赛任务为例，旨在介绍目标检测应用场景下的基本概念和约定，以及数据标注工具和格式，使读者具备特征融合网络、预测网络的设计能力。对于数据后处理技术则介绍了解码网络、数据重组网络、NMS 算法等后处理算法，在此基础上结合各式各样的骨干网络，读者就可以搭建完整的一阶段目标检测神经网络模型了。

第 2 篇，旨在向读者展示目标检测神经网络的训练全流程。本篇从数据集制作到损失函数设计，从训练数据监控到 NaN 或 INF 异常处理，特别是对不同损失函数的设计，进行了非常详细的原理性阐述。相比神经网络设计，损失函数的设计是最具有可解释性的，也是计算机视觉研究中比较容易出成果的一个研究方向。

第 3 篇，旨在运用目标检测神经网络的训练成果，搭建完整的目标检测推理模型。推理模型支持云端部署和边缘端部署。对于云端部署，以主流的亚马逊云为例进行介绍；对于边缘端部署，以谷歌 Coral 开发板为例，介绍神经网络量化模型的基础原理和模型编译逻辑。

第 4 篇，结合作者主导过的智慧交通、智慧后勤等项目，旨在介绍实际计算机视觉数据增强技术，以及神经网络性能评估的原理和具体应用。本篇还结合应用同样广泛的算能科技（比特大陆）SE5 边缘计算网关和瑞芯微 RK3588 边缘计算系统，介绍实际项目中如何使用边缘计算硬件加速人工智能的产业化应用。根据边缘计算硬件特性对神经网络进行针对性修改，是真正考验一个开发者对神经网络理解程度的试金石。跟随本书介绍熟练掌握 2～3 款边缘计算硬件，就能更快速地将计算机视觉应用到实际生产中，在具体应用中创造价值。

第 5 篇，旨在将读者引入三维计算机视觉中最重要的应用领域之一：自动驾驶。围绕 KITTI 数据集，本篇介绍了自动驾驶数据的计算原理，并重点介绍了 PointNet++等多个三维目标检测神经网络。

附录列表说明了本书所参考的目标检测源代码、Python 运行环境搭建，以及 TensorFlow 的基本操作。对基本操作有疑问的读者，可以根据附录中的说明登录相关网站进行查阅和提问。

当前市面上有能力提供边缘计算硬件的厂商众多，各个厂商对产品性能的描述不尽相同。

第一，开发者应当破除“总算力迷信”，分清单核心算力和核心数量这两个参数。这是因为目前边缘计算硬件的标称算力一般是多核心的累计算力，依靠堆积核心无法提高中小模型的推理速度。

第二，开发者应当认清评测模型的算力开销，这是因为不同厂商对评测模型的边界定义不同。例如，大部分厂商的评测模型往往不包含解码网络、数据重组网络和 NMS 算法，甚至有些不包含预测网络，通过不同的网络所测试出的结果是不具备可比性的。

第三，开发者应当重点关注边缘计算硬件的算子支持情况和生态建设。如果边缘计算硬件所支持的算子门类齐全，那么意味着模型被迫做出的改动比较小；反之，模型需要进行大量的算子替换甚至根本无法运行。优良的开发者生态意味着遇到问题可以很快搜索到解决方案，加快研发进度。建议在选择边缘计算硬件之前先登录官方网站和 GitHub 感受不同生态的差异。

第四，开发者应当破除“硬件加速迷信”。边缘计算硬件有它固有的局限性。例如，几乎所有的边缘计算硬件都不擅长处理某些 CPU 所擅长处理的算子，如 Reshape、Transpose 等。另外，NMS 算法这一类动态尺寸矩阵的计算也是无法通过边缘计算硬件进行加速的，要解决 NMS 算法的耗时问题，就需要借鉴自然语言模型的注意力机制，在神经网络设计层面解决，但要注意注意力机制的资源开销问题。

如何阅读本书

本书适合具备一定计算机、通信、电子等理工科专业基础的本科生、研究生及具有转型意愿的软件工程师阅读。读者应当具备计算机、通信、电子等基础知识，学习过高等数学、线性代数、概率论、Python 编程、图像处理等课程或具备这些基础知识。如果对上述知识有所遗忘也无大碍，本书会帮助读者进行适当的温习和回顾，力争成为一本可供“零基础”的人阅读的目标检测和专业计算的专业书籍。

但这毕竟是一本大厚书，读者应该怎样利用这本书呢？

如果读者希望快速建立目标检测神经网络的设计能力，那么建议读者阅读本书的第 1 篇和第 2 篇。第 1 篇重点介绍了目标检测神经网络的结构性拼装方法，介绍了除骨干网络外的中段网络、预测网络、解码网络、数据重组网络、NMS 算法等。第 2 篇重点介绍了目标检测数据集和神经网络训练技巧，对于神经网络训练中不可避免的 NaN 和 INF 现象给出了翔实的原因剖析和解决方案建议。对神经网络基础原理不了解或对封装性较强的骨干网络感兴趣的读者，可以参考作者的《深入理解计算机视觉实战全书：关键算法解析和深度神经网络设计》或其他相关书籍。

如果读者希望了解神经网络在部署阶段的相关知识，那么建议读者阅读本书的第 3 篇和第 4 篇。第 3 篇重点介绍了亚马逊云端部署和 Edge TPU 边缘端部署，特别为神经网络量化模型的基本原理着墨较多，也基于项目实践介绍了算子替换的具体技巧。第 4 篇基于作者完成的几个人工智能项目，介绍了数据增强技术和神经网络性能评估原理。合理运用数据增强技术，相信能为读者的应用锦上添花。

如果读者希望从二维计算机视觉跨入三维计算机视觉甚至自动驾驶领域，建议读者以本书的第 5 篇作为入门文档。第 5 篇虽然受篇幅限制无法着墨太多，但所介绍的 KITTI 自动驾驶数据集计算原理和若干三维计算机视觉神经网络是三维计算机视觉的入门必备知识。

本书遵循理论和实践相结合的编写原则。理论和实践相结合意味着读者无须提前了解晦涩的理论，直接通过代码加深理论理解即可。理论和实践相结合更加凸显了理论的重要性，数学是工科的基础，理论永远走在技术前面。建议读者务必按照本书的篇章顺序，以动手实践本书所介绍的计算机视觉编程项目为契机，从零开始打好目标检测的基础，更快上手其他计算机视觉技术（如三维计算机视觉、图像分割、图像注意力机制、图像文本多模态等）。另外，需要声明的是，由于本书涉及实际工程知识较多，所以在书中偶有将计算机视觉称为机器视觉的地方，机器视觉是计算机视觉在实际工程中的应用。

致谢

感谢我的家人，特别是我的儿子，是你平时提出的一些问题，推动我不断地思考人工智能的哲学和原理。这门充斥着公式和代码的学科背后其实也有着浅显直白的因果逻辑。

感谢求学路上的福州格致中学的王恩奇老师，福州第一中学的林立灿老师，天津大学的李慧湘老师，厦门大学的黄联芬、郑灵翔老师，是你们当年的督促和鼓励让我有能力和勇气用学到的知识去求索技术的极限。

感谢福建省人工智能学会的周昌乐理事长，谷歌全球机器学习生态系统项目负责人 Soonson Kwon，谷歌 Coral 产品线负责人栾跃，谷歌中国的魏巍、李双峰，亚马逊中国的王萃、王宇博，北京算能科技有限公司的范砚池、金佳萍、张晋、侯雨、吴楠、檀庭梁、刘晨曦，以及福州十方网络科技有限公司，福建米多多网络科技有限公司，福州乐凡唯悦网络科技有限公司，还有那些无法一一罗列的默默支持我的专家们，感谢你们一直以来对人工智能产业的关注，感谢你们对我在本书写作过程中提供的支持和无微不至的关怀。

最后，还要感谢电子工业出版社计算机专业图书分社社长孙学瑛女士，珠海金山数字网络科技有限公司（西山居）人工智能技术专家、高级算法工程师黄鸿波的热情推动，这最终促成了我将内部培训文档出版成图书，让更多的人看到。你们具有敏锐的市场眼光，你们将倾听到的广大致力于投身人工智能领域的开发者的心声与我分享，坚定了我将技术积淀整理成书稿进行分享的决心。在本书的整理写作过程中，你们多次邀请专家对本书提出有益意见，对于本书的修改完善起到了重要作用。

由于作者水平有限，书中不足之处在所难免，作者的 GitHub 账号为 fjzhangcr，敬请专家和读者批评指正。

张晨然

2023 年 4 月

第 1 篇　一阶段目标检测神经网络的结构设计

第 2 篇 YOLO 神经网络的损失函数和训练

第3篇　目标检测神经网络的云端和边缘端部署

第 5 篇 三维计算机视觉与自动驾驶

第 1 篇　一阶段目标检测神经网络的结构设计

神经网络设计的出发点和落脚点在于对输入数据流的处理，本篇从数据流的角度出发，重点介绍一阶段目标检测神经网络的结构及其设计意图。目标检测神经网络中关于骨干网络的介绍已经在本书的先导书籍《深入理解计算机视觉：关键算法解析与深度神经网络设计》中进行了介绍，感兴趣的读者可以查找阅读。

第 1 章
目标检测的竞赛和数据集

本章将介绍目标检测的竞赛和常用数据集。虽然个性化目标检测必须采用个性化数据集，但个性化数据集与公开数据集具有相同的结构，因此本章用公开数据集讲解。

1.1 计算机视觉坐标系的约定和概念

矩阵使用行、列作为寻址坐标系，读取进入内存的二维图像其实只是一个矩阵，因此计算机视觉领域的图像坐标系使用的就是矩阵坐标系。

⋘ 1.1.1 图像的坐标系约定

解析几何用到的坐标系叫作笛卡儿坐标系。笛卡儿坐标系是由法国数学家勒内·笛卡儿创建的，通常简称直角坐标系。二维的直角坐标系由两个互相垂直的坐标轴设定，通常分别称为 x 轴和 y 轴；两个坐标轴的相交点称为原点，通常标记为 O，有“零点”的意思。每个轴都指向一个特定的方向。这两个不同向的坐标轴决定了一个平面，这个平面称为 xOy 平面，又称笛卡儿平面。通常两个坐标轴只要互相垂直，其指向何方对于分析问题就是没有影响的，但习惯性地，x 轴被水平摆放，称为横轴，通常指向右方；y 轴被竖直摆放，称为纵轴，通常指向上方。两个坐标轴这样的位置关系构成的坐标系称为二维的右手坐标系，或右手系。如果将这个右手坐标系画在一张透明纸片上，那么在平面内无论怎样旋转它，所得到的坐标系都叫作右手坐标系；但如果将纸片翻转，其背面看到的坐标系则称为左手坐标系。笛卡儿坐标系的左手坐标系和右手坐标系如图 1-1 所示。

图像处理用到的坐标系叫作图像坐标系。假设读取的是一幅彩色图像，那么图像读取函数一般会将这幅图像读取为一个三维矩阵，这个三维矩阵的元素排布呈现出[行，列，深]的三维形态。矩阵的[行，列，深]构成的坐标系称为图像坐标系。在图像坐标系下，矩阵的行数对应图像的高度，矩阵的列数对应图像的宽度，矩阵的深度对应图像的通道数。这样，这个三维矩阵的形状和像素布局，就和图像的像素布局形成直观的一一对应关系。将图像矩阵与图像坐标系进行对比，我们可以发现，图像坐标系也是笛卡儿坐标系的一种，并且是右手坐标系，只是 y 轴的方向是朝下的，如图 1-2 所示。

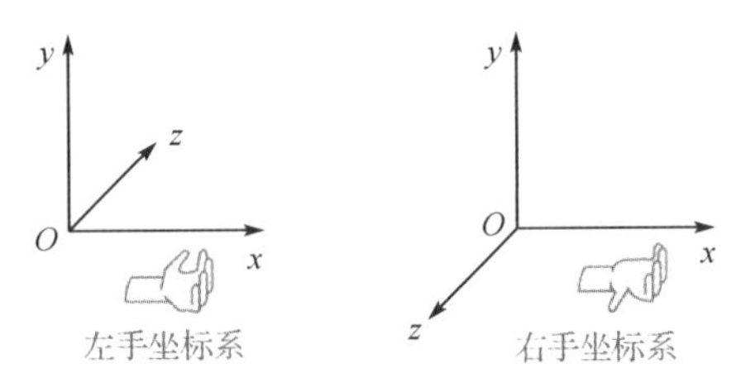

图 1-1　笛卡儿坐标系的左手坐标系和右手坐标系

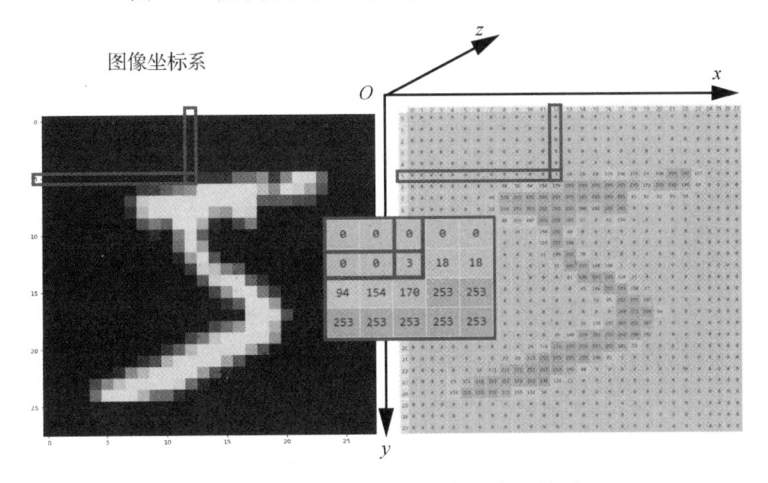

图 1-2　图像坐标系与图像矩阵的关系

这样做的好处是，矩阵数值的可视化结果与图像的像素排布在几何上完全一致，但也会带来一定的寻址困扰。由于 Python 的矩阵寻址一般遵循矩阵名[行，列，深]的寻址格式，所以如果希望得到图像坐标系下(x,y,z)坐标点的数值，那么需要将矩阵寻址方式修改为 img[y,x,z]。例如，图像坐标系下坐标为(12,5,3)的“像素点”等价于对矩阵第 5 行第 12 列第 3 通道的元素进行寻址，这里需要格外注意。同时，图像坐标系的坐标值是从 0（zero-based）开始的，即图像上第一行第一列的像素点对应矩阵中第 0 行第 0 列的元素值。

⋘ 1.1.2　矩形框的描述方法约定

在一幅图像中标注一个矩形框一般有两种描述方法：坐标法和中心法。坐标法可以分为绝对坐标法和归一化坐标法；中心法可以分为绝对中心法和归一化中心法。

对于一个宽度和高度都是 28 像素的图像，其中有一个矩形框，矩形框的左上角坐标可以用 x=4 和 y=5 表示，矩形框的右下角坐标可以用 x=23 和 y=24 表示。在不考虑边界宽度的情况下，可以计算得到矩形框的宽度和高度都是 19 像素，中心点用 x=4+19/2=13.5 和 y=5+19/2=14.5 表示，如图 1-3 所示。

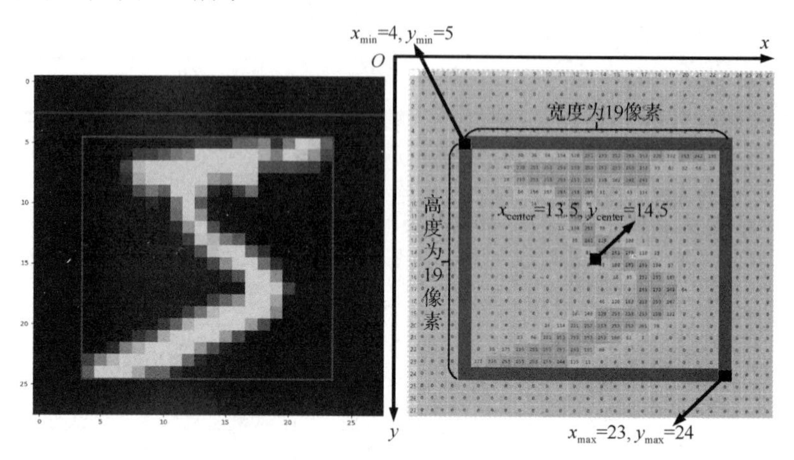

图 1-3　矩形框的角点、中心点和宽度、高度信息

坐标法是指使用矩形框的左上角坐标(x_{min},y_{min})和右下角坐标(x_{max},y_{max})来唯一地确定一个矩形框在图像中的位置。如果使用的是绝对坐标法，那么使用左上角坐标和右下角坐标的像素序号绝对值来表示一个矩形框；如果使用的是归一化坐标法，那么使用的是像素点的序号绝对值相对于图像宽度和高度的归一化坐标来表示一个矩形框，即将 x 坐标的绝对值除以图像的宽度 w，将 y 坐标的绝对值除以图像的高度 h。

中心法是指使用矩形框的中心点坐标(x_{center},y_{center})、矩形框的宽度（width）和高度（height）来唯一地确定一个矩形框在图像中的位置。如果使用的是绝对中心法，那么使用矩形框中心位置的像素点序号绝对值、宽度和高度方向上的像素序号差的绝对值（可以是非整数）来表示一个矩形框；如果使用的是归一化中心法，那么使用的是中心点相对于图像宽度和高度的归一化坐标来表示中心点，即将中心点的 x 坐标的绝对值 x_{center} 和矩形框宽度的绝对值除以图像的宽度 w，将 y 坐标的绝对值 y_{center} 和矩形框高度的绝对值除以图像的高度 h。

4 种矩形框描述方法的数据结构和相互关系如图 1-4 所示。

对于同一个矩形框，可以通过绝对坐标法表示为$[x_{min}, y_{min}, x_{max}, y_{max}]$，也可以通过绝对中心法表示为$[x_c, y_c, w, h]$，它们之间通过转换矩阵 $\boldsymbol{M}_1$ 进行转换，转换矩阵 $\boldsymbol{M}_1$ 的定义如式（1-1）所示。其中，x_c 和 y_c 分别是 x_{center} 和 y_{center} 的简写。

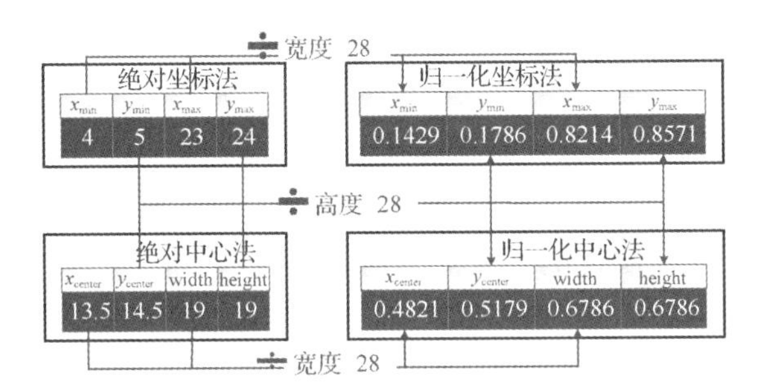

图 1-4　4 种矩形框描述方法的数据结构和相互关系

$$\boldsymbol{M}_1=\begin{bmatrix}1 & 0 & 1 & 0\\0 & 1 & 0 & 1\\-0.5 & 0 & 0.5 & 0\\0 & -0.5 & 0 & 0.5\end{bmatrix} \tag{1-1}$$

通过简单的初等数学知识可以知道，坐标法的表达方式可以通过中心法乘以一个转换矩阵得到，如式（1-2）和式（1-3）所示。

$$[x_{\min},y_{\min},x_{\max},y_{\max}]=[x_c,y_c,w,h]\boldsymbol{M}_1 \tag{1-2}$$

$$[y_{\min},x_{\min},y_{\max},x_{\max}]=[y_c,x_c,h,w]\boldsymbol{M}_1 \tag{1-3}$$

中心法的表达方式也可以通过坐标法乘以一个转换矩阵得到，此时的转换矩阵 $\boldsymbol{M}_2$ 定义如式（1-4）所示。

$$\boldsymbol{M}_2=\begin{bmatrix}0.5 & 0 & -1 & 0\\0 & 0.5 & 0 & -1\\0.5 & 0 & 1 & 0\\0 & 0.5 & 0 & 1\end{bmatrix} \tag{1-4}$$

同理，通过初等数学知识可以知道，转换方法如式（1-5）和式（1-6）所示。

$$[x_c,y_c,w,h]=[x_{\min},y_{\min},x_{\max},y_{\max}]\boldsymbol{M}_2 \tag{1-5}$$

$$[y_c,x_c,h,w]=[y_{\min},x_{\min},y_{\max},x_{\max}]\boldsymbol{M}_2 \tag{1-6}$$

需要特别注意的是，PASCAL VOC 数据集对于矩形框的坐标描述方式为[xmin, ymin, xmax, ymax]，它们分别对应矩形框左上角和右下角的坐标，但对于 MS COCO 数据集来说，矩形框的坐标描述方式为[xmin, ymin, width, height]，它们分别对应矩形框的左上角坐标和宽高。限于篇幅原因，以上转换关系不展开讲述。感兴趣的读者可以自己制作矩形框在不同标注方法下的相互转换函数。

1.2 PASCAL VOC 竞赛和数据集

PASCAL 的全称为 Pattern Analysis, Statistical Modelling and Computational Learning，即模式分析、统计建模和计算学习。VOC 的全称为 Visual Object Classes，即视觉对象类。PASCAL VOC 竞赛是一项世界级的计算机视觉挑战赛，该挑战赛由 Everingham、Van Gool、Williams、Winn 和 Zisserman 发起，并在 2005—2012 年期间举办。2012 年，Everingham 去世，PASCAL VOC 竞赛也随之终止。PASCAL VOC 数据集大小适中，适合在计算机视觉算法验证阶段使用。

1.2.1 PASCAL VOC 竞赛任务和数据集简介

PASCAL VOC 竞赛任务包括图像分类与检测竞赛、图像分割竞赛、动作分类竞赛、人体各部位轮廓检测竞赛。相应地，PASCAL VOC 也提供与竞赛内容对应的监督数据集。PASCAL VOC 监督数据集提供 3 种标注方式：矩形框（Bounding Box）、种类分割（Segment Class）、实例分割（Segment Instance）。其中，矩形框标注使用矩形框标注出人、羊、狗等多种物体；种类分割标注使用蒙版（Mask）按照像素标注出人、羊、狗等多种物体的像素范围，蒙版是一幅与原图尺寸完全一致的图像，相同种类的物体在蒙版上的颜色是一样的；实例分割标注虽然也是使用蒙版按照像素标注出多种物体的像素范围，但即便是相同种类的不同物体，由于是不同的实例，因此也用不同颜色进行了标注。目标检测中最为常见的是矩形框标注方式，常见的标注方式如表 1-1 所示。

表 1-1 常见的标注方式

项目	标注方式		
	矩形框	种类分割	实例分割
可视化			

有了这些图像和标注，就可以完成多种目标检测任务了。目标检测任务主要使用的是 PASCAL VOC 数据集的图片和种类框选信息。

PASCAL VOC 竞赛从 2005 年的第一届到 2012 年的最后一届，一共举办了 8 届。这 8 届竞赛的数据集并非每年全部更换，也并非一成不变，而是呈现出一个演化的过程。

2005 年的竞赛只提供了 4 个类别（bicycle, cars, motorbikes, people）的 1578 张图片，包含了 2209 个标注目标，但训练集、验证集、测试集这 3 个数据集都有公开；2007 年的竞赛提供了全新的数据集，有 20 个类别的 9963 张图片，包含了 24640 个标注目标，训练集、验证集、测试集这 3 个数据集都有公开。

2008—2012 年的 5 届竞赛，除 2008 年的竞赛提供了一套全新的数据集以外，以后每年只是在前一年的数据集基础上增加新数据，将其作为当年的数据集。以此类推，前一年的数据是后一年数据的子集。2011 年、2012 年的竞赛中，用于分类、检测和人体各部位轮廓检测任务的数据集的数据量没有改变，主要针对分割和动作识别任务，完善了相应的数据子集及标注信息。将 PASCAL VOC 竞赛提供的数据集按照时间线展开，其演化脉络如图 1-5 所示。

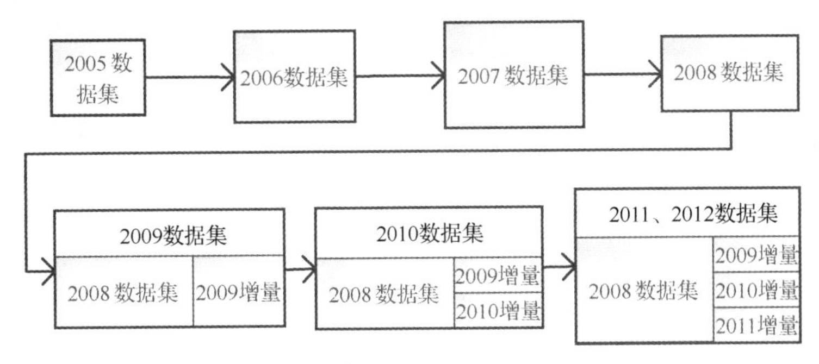

图 1-5　PASCAL VOC 各年份数据集的演化脉络

根据 PASCAL VOC 数据集的演化脉络，PASCAL VOC2007 和 PASCAL VOC2012 数据集的合集就是 PASCAL VOC 的数据全集，因此重点介绍这两个年份的数据集。

PASCAL VOC2007 数据集拥有 9963 张图片，这些图片被分为两部分：训练和验证（trainval）集、测试（test）集。其中，trainval 部分有 5011 张图片，test 部分有 4952 张图片，二者大约各占数据总量的 50%。其中，trainval 其实是 train 和 validation 的简称，训练集有 2501 张图片，验证集有 2510 张图片，二者大约各占 trainval 部分的 50%。PASCAL VOC2007 数据集的 9963 张图片含有 24640 个已标注的对象，平均每张图片大约包含 2.5 个对象。PASCAL VOC2007 数据集的测试集在竞赛阶段是保密的，但随着时间的推移，测试集最终得以公开。

PASCAL VOC2012 数据集拥有 23080 张图片，其中，trainval 部分有 11540 张图片，test 部分有 11540 张图片，二者各占数据总量的 50%。训练集有 5717 张图片，验证集有 5823 张图片，二者大约各占 trainval 部分的 50%。PASCAL VOC2012 数据集的 23080 张图片含有 54900 个已标注的对象，由于测试集未公布，因此重点关注训练和验证集。训练和验证集有 11540 张图片，含有 27450 个已标注的对象，平均每张图片大约包含 2.4 个对象。PASCAL VOC2012 数据集一直没有给出测试集。

PASCAL VOC2007 数据集和 PASCAL VOC2012 数据集的对象总共分为 20 类，占比最高的为 person。PASCAL VOC2007 数据集的 9963 张图片和 24640 个已标注的对象，以及 PASCAL VOC2012 数据集的 11540 张图片和 27450 个已标注的对象，在训练集、验证集中的分布情况如图 1-6 所示。

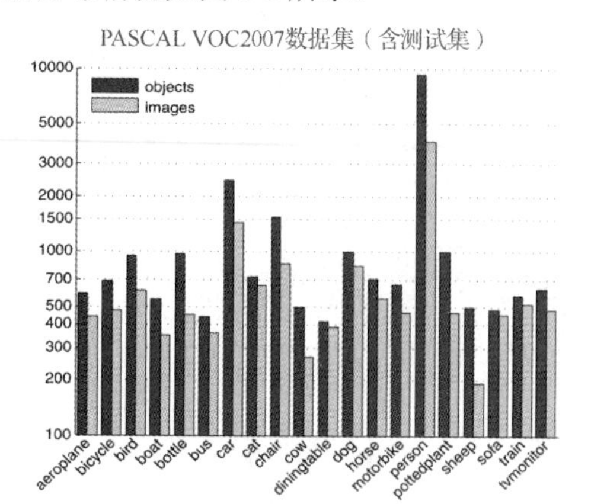

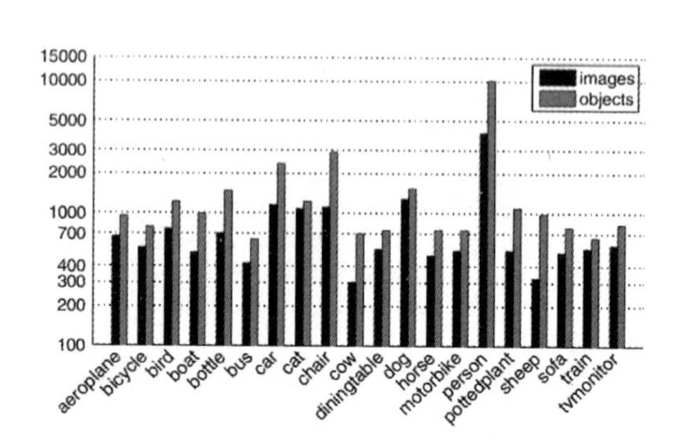

项目	训练集		验证集		训练和验证集		测试集		合计	
	图片/张	对象/个	图片/张	对象/个	图片/张	对象/个	图片/张	对象/个	图片/张	对象/个
PASCAL VOC2007	2501	6301	2510	6307	5011	12608	4952	12032	9963	24640
PASCAL VOC2012	5717	13609	5823	13841	11540	27450	未公布	未公布	11540	27450
合计	8218	19910	8333	20148	16551	40058	—	—	—	—

图 1-6　PASCAL VOC2007 和 PASCAL VOC2012 数据集的对象统计情况

现在的目标检测和图像分割的研究基本上都是在 PASCAL VOC2007 和 PASCAL VOC2012 数据集基础上进行的。

1.2.2　PASCAL VOC2007 数据集探索

下面以 PASCAL VOC2007 数据集为例，介绍数据集的结构和内容。数据集一般有 3 个压缩包：训练和验证集压缩包，其文件名为 VOCtrainval_06-Nov-2007.tar；测试集压缩包，其文件名为 VOCtest_06-Nov-2007.tar；开发工具 DevKit 压缩包，其文件名为 VOCdevkit_08-Jun-2007.tar。

以 PASCAL VOC2007 数据集的训练和验证集压缩包 VOCtrainval_06-Nov-2007.tar 为例，解压后有 5 个文件夹，如图 1-7 所示。

其中的 Annotations 文件夹中存放目标检测任务所需要的标注文件，标注文件是文本文件，文件名与图片名一一对应，文本内容以 XML 格式进行组织。ImageSets 文件夹中包含 3 个子文件夹，分别为 Layout、Main、Segmentation，其中，Main 文件夹中存放的是分类和检测数据集分割文件。JPEGImages 文件夹中存放 JPG 格式的图片文件。SegmentationClass 文件夹中存放按照种类分割的标注图片。SegmentationObject 文件夹中存放按照实例分割的标注图片。

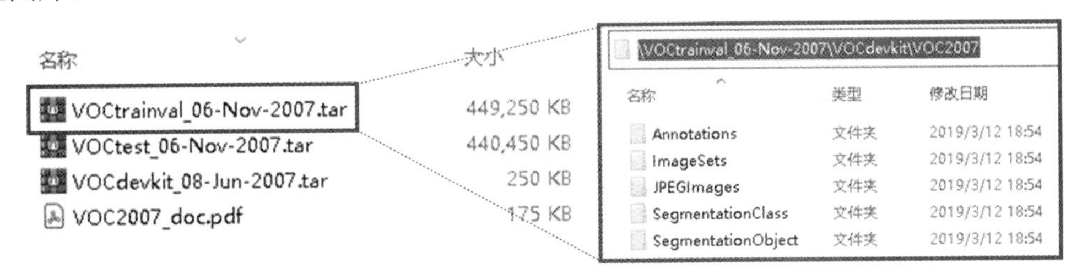

图 1-7　PASCAL VOC2007 数据集结构

目标检测任务主要关注的是 JPEGImages 文件夹和 Annotations 文件夹。打开这两个文件夹，可以发现 JPEGImages 文件夹用于存放全部的图片，该文件夹中有 5011 张图片；Annotations 文件夹用于存放全部的标注，该文件夹中有 5011 个存储了标注信息的 XML 文件；二者的文件名一一对应。图片文件夹和目标检测标注文件夹如图 1-8 所示。

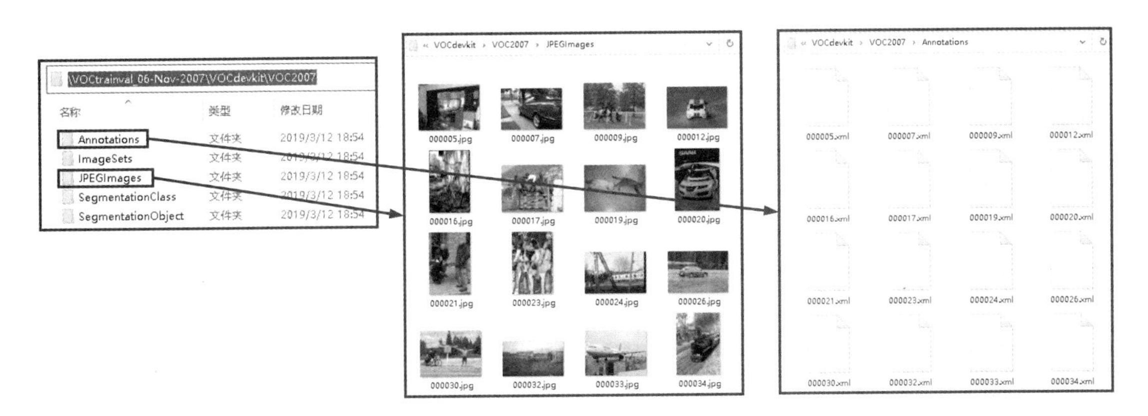

图 1-8　图片文件夹和目标检测标注文件夹

打开序号为 42 的图片，可以看到这是一张有两个火车头的图片，打开存储着目标检测标注信息的 XML 文件，也可以看到两个矩形框的绝对坐标值，它们用<object>和</object>关键字作为起止符号。根据这两个矩形框的绝对坐标值可以画出两个矩形框，如图 1-9 所示。

种类分割任务主要关注 SegmentationClass 文件夹。该文件夹中存放着用于种类分割任务的标注信息。打开该文件夹可以看到 422 张特殊图片。每张图片都可在 JPEGImages 文件夹中找到与其同名的图片。查看 SegmentationClass 文件夹中的这些图片，其每个像素点都代表种类的标注信息。显然，种类分割采用的是像素级别的标注，比目标检测对象标注的标注成本高得多。图片文件夹和种类分割标注文件夹如图 1-10 所示。

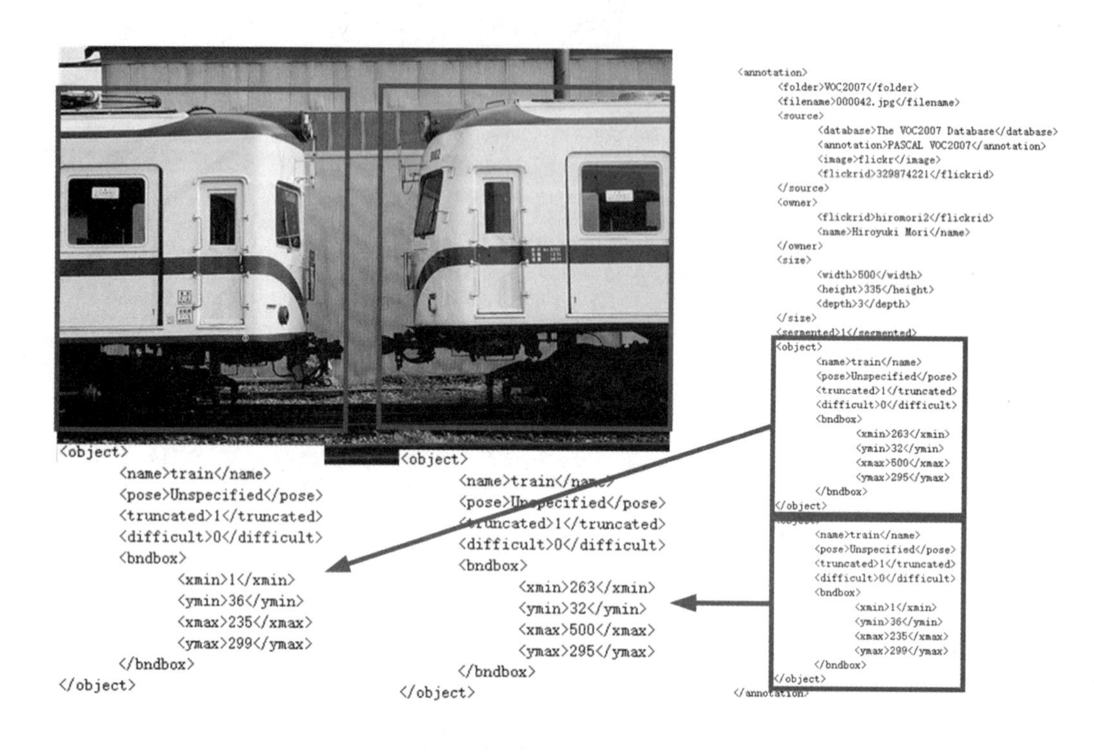

图 1-9　图片文件和目标检测标注文件的对应关系

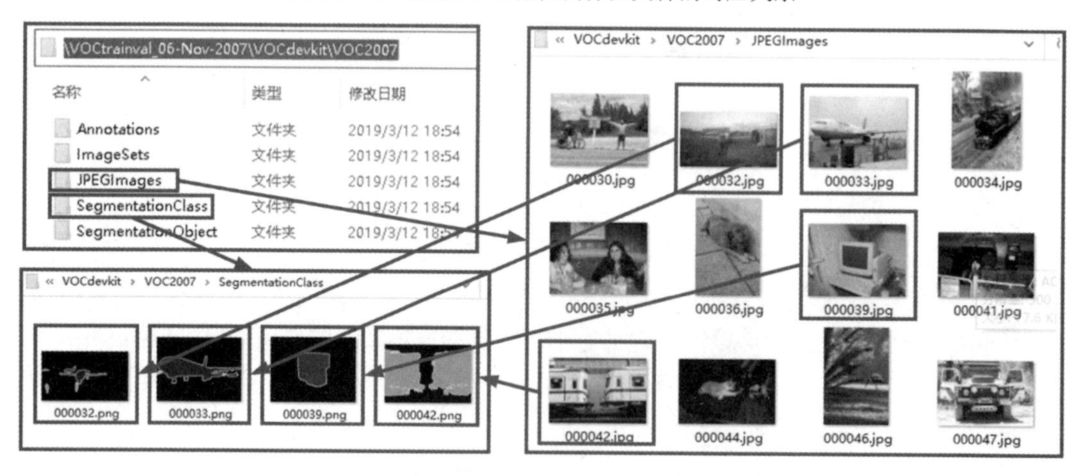

图 1-10　图片文件夹和种类分割标注文件夹

根据 PASCAL VOC 系列数据集标准，不同种类的分割采用不同颜色进行区分。查看其中序号为 42 的图片，可以发现图片中火车部分的像素全部都被 RGB 像素值为[128, 192, 0]的颜色像素标记，而背景部分的像素全部都被标记为[0, 0, 0]，如图 1-11 所示。

图 1-11　图片文件和种类分割标注文件的对应关系

实际上，由于 PASCAL VOC 系列数据集一共有 20 个种类，加上背景分类合计 21 个种类，所以 PASCAL VOC 系列数据集采用 21 种 RGB 颜色组合。PASCAL VOC 系列数据集的不同种类与颜色的对应关系表如表 1-2 所示。

表 1-2　PASCAL VOC 系列数据集的不同种类与颜色的对应关系表

编号	名称	RGB 颜色	编号	名称	RGB 颜色
—	background	[0, 0, 0]	—	—	—
0	aeroplane	[128, 0, 0]	10	diningtable	[192, 128, 0]
1	bicycle	[0, 128, 0]	11	dog	[64, 0, 128]
2	bird	[128, 128, 0]	12	horse	[192, 0, 128]
3	boat	[0, 0, 128]	13	motorbike	[64, 128, 128]
4	bottle	[128, 0, 128]	14	person	[192, 128, 128]
5	bus	[0, 128, 128]	15	pottedplant	[0, 64, 0]
6	car	[128, 128, 128]	16	sheep	[128, 64, 0]
7	cat	[64, 0, 0]	17	sofa	[0, 192, 0]
8	chair	[192, 0, 0]	18	train	[128, 192, 0]
9	cow	[64, 128, 0]	19	tvmonitor	[0, 64, 128]

实例分割任务主要关注 SegmentationObject 文件夹。该文件夹中存放着用于实例分割任务的标注信息。打开该文件夹可以看到 422 张特殊图片。每张图片都可在 JPEGImages 文件夹中找到与其同名的图片。查看 SegmentationObject 文件夹中的这些图片，其每个像素点

都代表一个实例的标注信息，如图 1-12 所示。

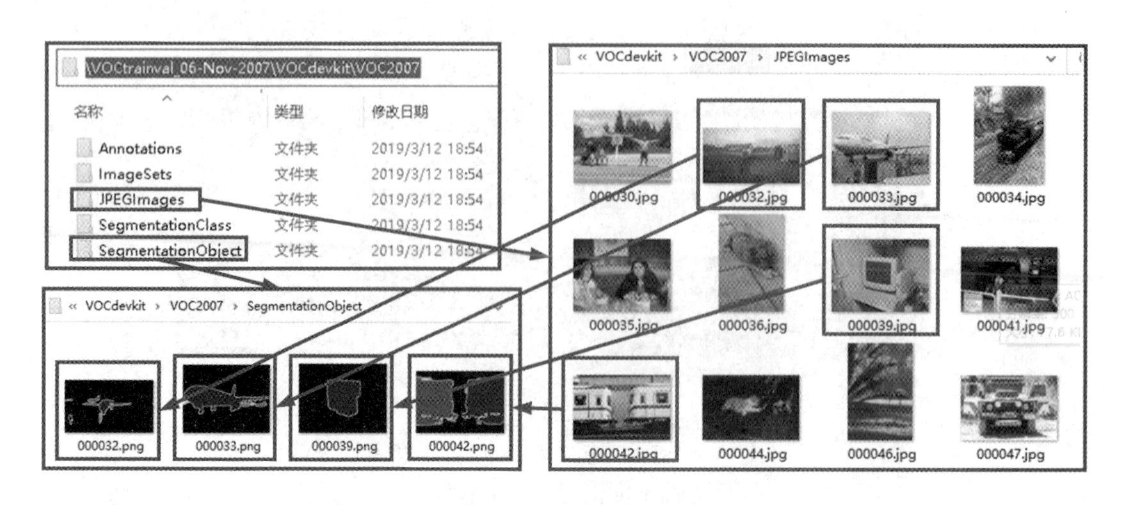

图 1-12　图片文件夹和实例分割标注文件夹

实例分割任务与种类分割任务的共同点是，它们的标注都是像素级别的；不同点是，对于实例分割任务而言，对每个种类的每个实例都要分别标注出来，但对于种类分割任务而言，只需要将同一种类的不同实例标注为一个种类即可。以序号为 42 的图片文件为例，虽然两列火车的火车头属于同一种物体，但分属于不同实例，因此也需要用不同颜色进行标注，如图 1-13 所示。

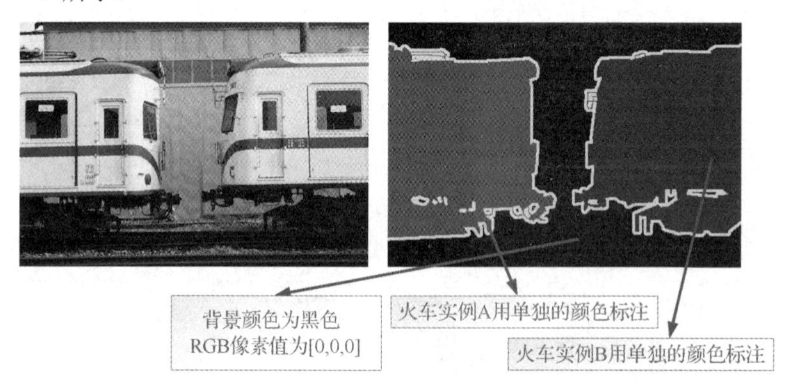

图 1-13　图片文件和实例分割标注文件的对应关系

最后一个和三大任务无关的文件夹是 ImageSets 文件夹，该文件夹中不包含任何任务样本信息，只包含样本数据集的不同分割方式。ImageSets 文件夹下有 3 个子文件夹：Layout、Main、Segmentation。其中的 Main 文件夹中有 63 个 txt 文件。

Main 文件夹中的 train.txt、val.txt 和 trainval.txt 这 3 个文本文件中存储了整个数据集的 3 个子集的文件名索引。由于 PASCAL VOC2007 数据集拥有全部 5011 张图片，trainval.txt 中存放了数据集全集的图片文件名，因此有 5011 个文件名。train.txt 中存放了用于训练集的图片名（它是全集的一个子集），有 2501 行，指出用于训练的 2501 张图片的文件名。val.txt 中存放了用于验证集的图片名（它也是全集的一个子集），有 2510 行，指出用于验证的 2510 张图片的文件名。PASCAL VOC 数据集的拆分索引文件如图 1-14 所示。

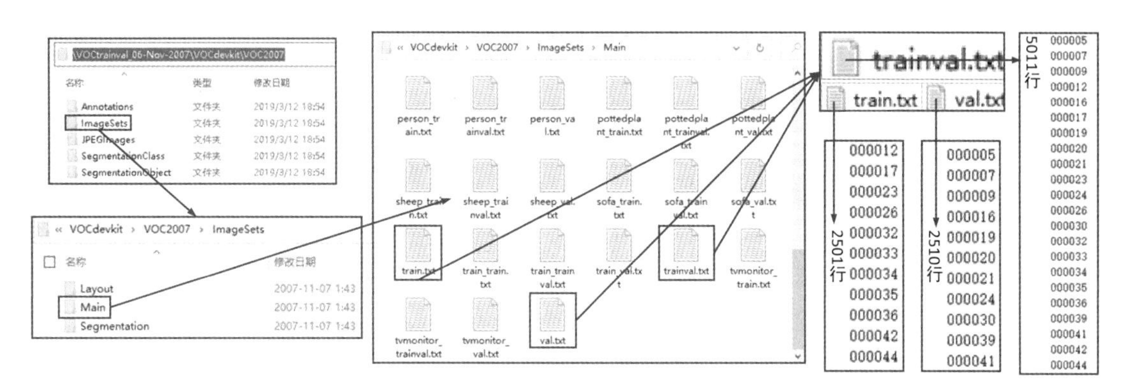

图 1-14　PASCAL VOC 数据集的拆分索引文件

Main 文件夹中其余的 60 个文本文件分别对应 20 个物体分类，每个分类有 3 个文件。3 个文件名分别以类别名为前缀，命名规则为 xxx_train.txt、xxx_val.txt 和 xxx_trainval.txt。例如，对于飞机这一分类，有 aeroplane_train.txt、aeroplane_val.txt 和 aeroplane_trainval.txt 这 3 个文件，分别指示飞机这个分类在训练集、验证集和全数据集内的哪些图片中出现。指示方式为：-1 表示没有出现，1 表示有出现，0 表示只露出了一个部分。打开训练集关于飞机这一分类的数据集分割文档 aeroplane_train.txt，从截取的文本片段看，在训练集的全部图片文件中，飞机只出现在序号为 32、33 的图片文件中。PASCAL VOC 飞机分类的数据集拆分索引文件如图 1-15 所示。

SegmentationClass 文件夹下有 3 个 txt 文件。SegmentationClass 文件夹中的 trainval.txt 有 422 行，指示着全部的 422 张支持分割任务的图片（支持种类分割和实例分割的图片刚好都是 422 张）。其中的 train.txt 有 209 行，val.txt 有 213 行，表示 422 张支持分割任务的图片中的 209 张图片用于训练，213 张图片用于验证。支持分割任务的图片数据集拆分如图 1-16 所示。

Layout 文件夹中的 train.txt、val.txt 和 trainval.txt 这 3 个文本文件中存储着 Layout 任务的相关文件名索引，目前使用较少。

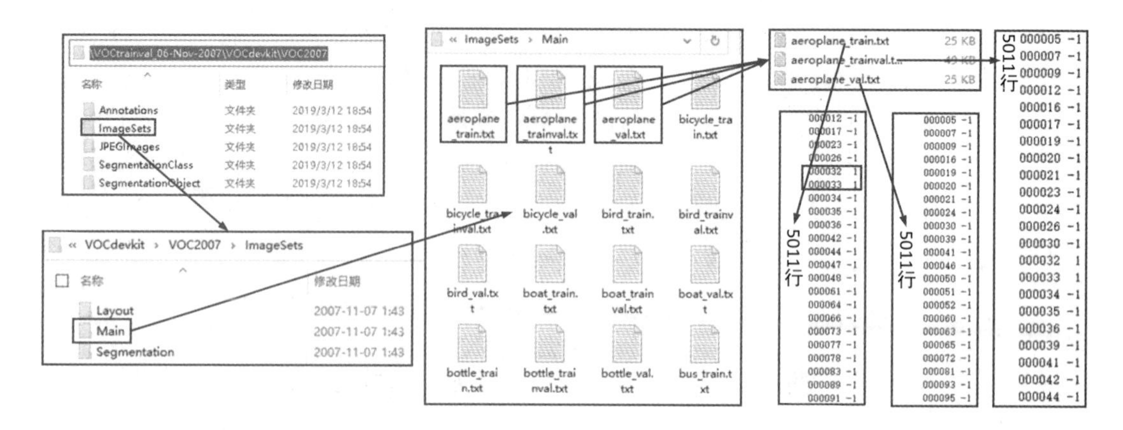

图 1-15　PASCAL VOC 飞机分类的数据集拆分索引文件

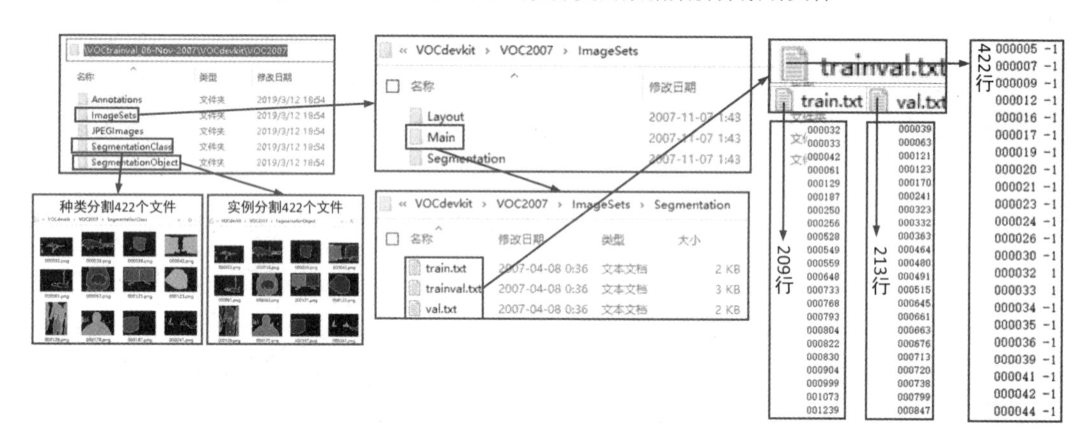

图 1-16　支持分割任务的图片数据集拆分

1.3　MS COCO 挑战赛和数据集

MS COCO（Microsoft Common Objects in Context，常见物体图像识别）起源于 2014 年由微软出资赞助的 Microsoft COCO 数据集。MS COCO 既是数据集的名称，又是计算机视觉顶级赛事的名称，MS COCO 竞赛与 ImageNet 在 2017 年举办的最后一届 ILSVRC 赛事一样，都被视为计算机视觉领域最权威的竞赛之一。

1.3.1　MS COCO 挑战赛的竞赛任务

MS COCO 挑战赛更偏向于检测任务。根据 MS COCO 官网的定义，图像中的全景（Panoptic）可以分为物体（Things）和背景（Stuff）。其中，物体一般指代那些可数的图像内容，如人、马、车、工具等；背景一般指代具有纹理特征但不可数的图像内容，如天空、草地、树林等。MS COCO 对于图像的全景、物体和背景的定义如图 1-17 所示。

图 1-17　MS COCO 对于图像的全景、物体和背景的定义

针对此定义，MS COCO 挑战赛一共分为 6 个任务：与全景、物体、背景相关的 3 个任务，与人体相关的 2 个任务，与图像自然语言相关的 1 个任务。

全景分割任务主要是对全景的分割，需要将每类物体和每类背景都分割出来，但是不需要详细到每个个体实例。背景分割任务主要是检测背景，不需要关注物体种类和个体实例（Instance）的分割，在分割方式上，需要将图像中的每类背景都分割出来，本质上属于种类分割。物体检测任务主要是检测物体，不需要关注背景的分割，在分割方式上，需要将每类物体的每个个体实例都一一区分出来，本质上属于实例分割。检测物体的标注有两种方法，一种是矩形框，另一种是像素级别的实例分割。2018 年之后的物体检测任务只开展像素级别的实例分割检测，不开展矩形框形式的物体检测。MS COCO 关于全景分割、物体检测、背景分割的三大任务如图 1-18 所示。

图 1-18　MS COCO 关于全景分割、物体检测、背景分割的三大任务

除此之外，MS COCO 挑战赛还有 2 个与人体相关的任务。稠密姿态任务主要是将单张二维图片中所有描述人体的像素映射到一个三维的人体表面模型。人体关键点检测任务主要是将图片中人体各个部位上的关键点的位置检测出来。MS COCO 挑战赛与人体相关的 2 个任务如图 1-19 所示。

图 1-19 MS COCO 挑战赛与人体相关的 2 个任务

MS COCO 挑战赛还有一个与自然语言相关的图像说明任务。图像说明任务也称看图说话任务，是一个融合计算机视觉模态、自然语言模态的多模态（Multimodality）任务，它将输入的一幅图像输出为一段针对该图像的描述文字。MS COCO 挑战赛的图像说明任务如图 1-20 所示。

图 1-20 MS COCO 挑战赛的图像说明任务

以上 6 个任务并非每年都举办，MS COCO 挑战赛历年任务列表如表 1-3 所示。

表 1-3 MS COCO 挑战赛历年任务列表

竞赛任务		2015 年	2016 年	2017 年	2018 年	2019 年	2020 年
物体检测任务	矩形框	●	●	●			
	实例分割				●	●	●
全景分割任务					●	●	●
稠密姿态任务							●
人体关键点检测任务			●	●	●	●	●

续表

竞赛任务	2015 年	2016 年	2017 年	2018 年	2019 年	2020 年
背景分割任务			●	●	●	
图像说明任务	●					

1.3.2　MS COCO 数据集简介

随着 MS COCO 挑战赛公开的就是与其同名的 MS COCO 数据集。MS COCO 数据集集中在 2014 年、2015 年和 2017 年这 3 个年份释放。MS COCO 历年数据集图片规模如表 1-4 所示。其中，“k”表示数量单位“千”。

表 1-4　MS COCO 历年数据集图片规模

项目	2014 年	2015 年	2017 年
训练集	82.8k/13GB	—	118k/18GB
验证集	40.5k/6GB	—	5k/1GB
测试集	40.8k/6GB	81k/12GB	41k/6GB
未标注数据	—	—	123k/19GB
合计	164.1k/25GB	81k/12GB	287k/44GB

注：单元格含义是样本数量/压缩包大小。

MS COCO 数据集的物体检测任务数据集支持 80 个分类，拥有超过 33 万张图片，其中 20 万张有标注，整个数据集中个体的数目超过 150 万个。背景分割任务数据集支持 91 个分类（天空、树林等）。全景分割任务数据集支持物体检测任务的 80 个分类和背景分割任务的 91 个分类，合计 171 个分类。人体关键点检测任务数据集拥有超过 20 万张图片，涵盖 25 万个人体。稠密姿态任务数据集拥有超过 3.9 万张图片，涵盖 5.6 万个人体。

MS COCO 数据集在官网的下载分为图片下载和标注下载。图片压缩包只包含以 jpg 为后缀的图片文件，标注压缩包内含的标注文件为 json 格式。由于单个 json 文件较大，建议读者使用 MS COCO 数据集的数据集工具（pycocotools），它支持数据集的解析和统计，安装它之前需要预先安装 Visual C++ Build Tools（高于 14 的版本）。

MS COCO 数据集的 pycocotools 提供了支持 Python 语言的版本。如果读者的操作系统是 Linux 家族的，那么可以登录 MS COCO 的官方 GitHub 主页下载安装和使用；如果读者的操作系统是 Windows，那么由于官方 pycocotools 并没有提供基于 Windows 操作系统的预编译包，所以必须登录 GitHub 上用户名为 philferriere 的主页，下载由该用户为 Windows

预先编译的 pycocotools 工具包。下载安装命令和交互输出如下。命令中的“#”并不是注释符号，而用于子目录索引。

```
(CV_TF23_py37) D:\OneDrive\AI_Projects\cocoapi-master-philferriere\cocoapi- master\PythonAPI>pip install git+https://philferriere的软件仓库地址
/cocoapi.git#subdirectory= PythonAPI
……
creating D:\Anaconda3\envs\CV_TF23_py37\Lib\site-packages\pycocotools
……
Writing D:\Anaconda3\envs\CV_TF23_py37\Lib\site-packages\pycocotools-2.0-py3.6.egg-info
```

由于 MS COCO 数据集较大，因此官网支持整体打包下载，也支持每个任务所需的数据集子集单独下载。本书的案例使用的是数据量较小的 PASCAL VOC 数据集，因此这里对 MS COCO 数据集不展开叙述。

1.4 目标检测标注的解析和统计

在日常工程中，我们一般使用 PASCAL VOC 的标注方法，为每张图片搭配一个与其同名的标注文件，标注文件格式选择较为简单的 XML 格式。

1.4.1 XML 文件的格式

XML（eXtensible Markup Language，可扩展标记语言）是一种数据表示格式，可以描述非常复杂的数据结构，常用于传输和存储数据。XML 有两个特点：一是纯文本，默认使用 UTF-8 编码；二是可嵌套，适合表示结构化数据。

XML 格式使用特殊标记包裹一个标注体。如果某个标注体名称用*表示，那么标注体的开头用<*>表示，标注体的结尾用</*>表示。XML 格式标注体名称及其所存储的标记信息含义如表 1-5 所示。

表 1-5 XML 格式标注体名称及其所存储的标记信息含义

标注体关键字	标注体标记的信息和含义
folder	图片文件目录
filename	图片文件名
source	图片文件源，内部可嵌套其他字段，如通过“database”表示来源数据库

续表

标注体关键字	标注体标记的信息和含义
path	图片文件存储路径
size	图片文件尺寸，width 为宽度，height 为高度，depth 为图片的通道数（彩色图片为三通道，灰度图为一通道）
segmented	图片是否用于分割，1 表示是，0 表示否
object	目标检测的相关信息，object 可以出现多个，代表本张图片中包含多个 object
name	物体类别名称
pose	拍摄角度，取值为 front、rear、left、right、unspecified
truncated	目标检测框是否被截断（如在图片之外），或者被遮挡（超过 15%），1 表示是，0 表示否
difficult	检测难易程度，这主要根据目标的大小、光照变化、图片质量来判断，1 表示难，0 表示容易
bndbox	目标检测框的位置信息，xmin、ymin 表示检测框的左上角；xmax、ymax 表示检测框的右下角
xmin	检测框的左上角距离图片左边界有多少像素
ymin	检测框的左上角距离图片上边界有多少像素
xmax	检测框的右下角距离图片左边界有多少像素
ymax	检测框的右下角距离图片上边界有多少像素

从结构上看，这些标注体组合成一个可嵌套的结构化数据，如图 1-21 所示。

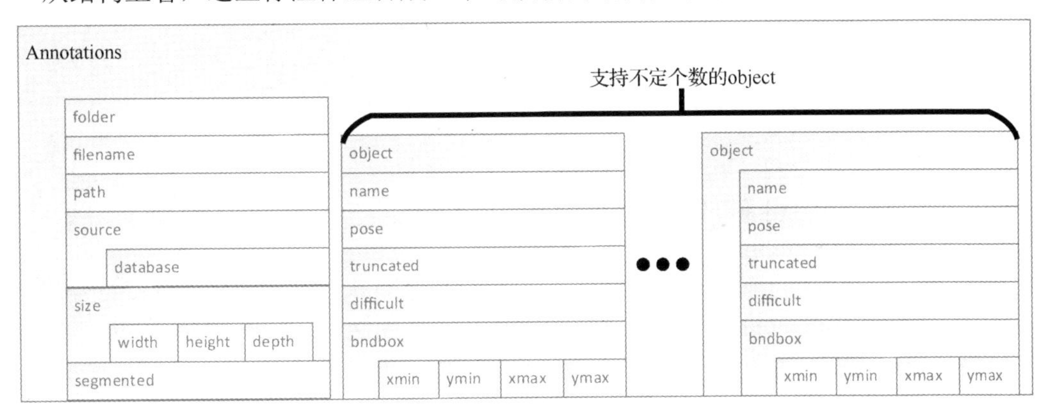

图 1-21　XML 格式示意图

以 PASCAL VOC2012 数据集为例，提取数据集 Annotations 文件夹下名为“2008_000008.xml”的 XML 文件，它对应着 Images 文件夹下的文件名为“2008_000008.jpg”的图片文件。查看该 XML 文件，可见该 XML 文件有 41 行，主要由 folder、filename、source、size、segmented、object（第一个）、object（第二个）7 个字段组成。其中，第一个 object 字段位于第 15～27 行，存储了图片中的第一个物体——马（分类名称为 horse）的分类和位置信息，第二个 object 字段位于第 28～40 行，存储了图片中的第二个物体——人（分类名称为 person）的分类和位置信息。图片和标注的可视化信息如图 1-22 所示。

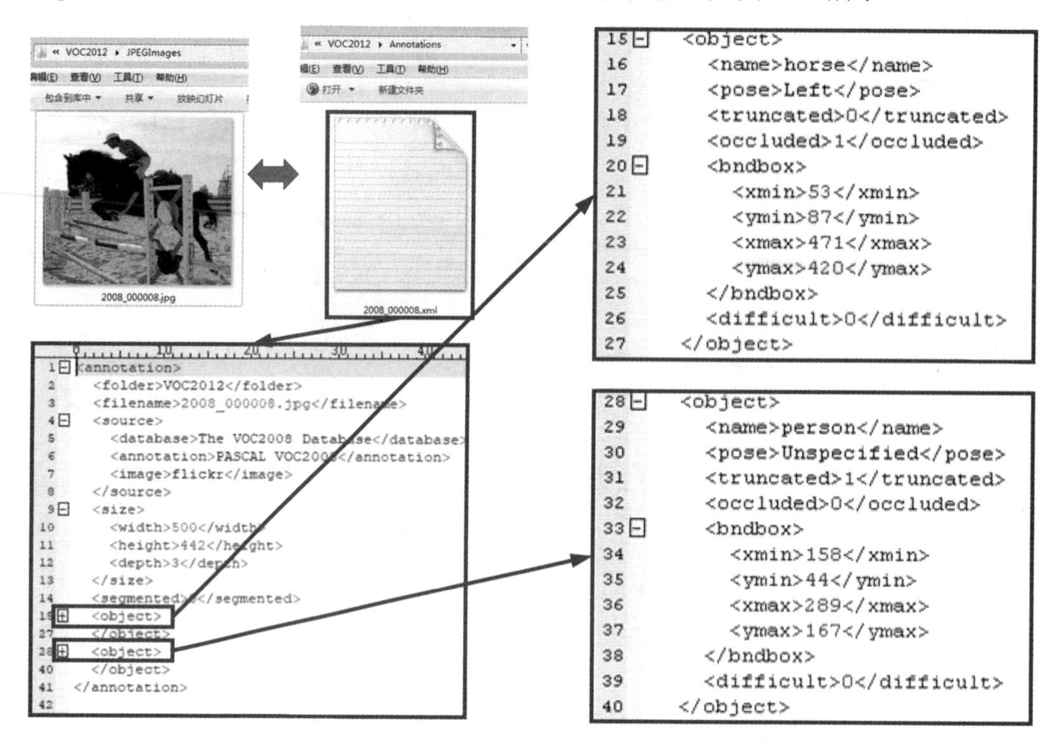

图 1-22　图片和标注的可视化信息

1.4.2　XML 文件解析和数据均衡性统计

XML 格式的标注文件需要使用 XML 工具进行读取。作者一般习惯于将 XML 标注信息写入 CSV 文件，以便后期使用 Excel 打开。Python 环境下读写 CSV 文件的工具是 pandas，需要通过以下命令安装 pandas 工具包。

```
conda install pandas=1.3.4
```

以 PASCAL VOC2012 数据集为例，它的标注文件存储在 Annotations 文件夹中。我们设置标注文件夹路径 anno_path，用来存储标注文件所在的目录。

```
import os
import glob
import pandas as pd
import xml.etree.ElementTree as ET
```

```
download_DS_path = 'D:/…/VOC2012/'
anno_path = download_DS_path + 'Annotations'
```

设计一个函数，将其命名为 xmldir_to_csv，它接收存储了标注文件夹路径的列表变量（列表变量名为 anno_path），xmldir_to_csv 函数将遍历其列表变量的全部以 xml 结尾的文件，使用 xml.etree.ElementTree.parse 函数对每个以 xml 结尾的文件进行解析。对于某个 XML 文件（对应代码中的 xml_file），依次解析 xml_file 内部包含的多个 object 标注体，寻找 object 标注体内部的 filename、size、name、bndbox 等信息。每找到一个 object 标注体，就在 xml_list 空列表中加入一个标注信息。显然，xml_list 列表中元素的数量等于数据集中 object 标注体的总数。将 xml_list 标注体列表转化为 pandas 的 DataFrame 对象，将这个对象命名为 xml_df，将 xml_df 进行返回输出。代码如下。

```
def xmldir_to_csv(path):
    xml_list = []
    for xml_file in glob.glob(path + '/*.xml'):
        tree = ET.parse(xml_file)
        root = tree.getroot()
        for member in root.findall('object'):
            value = (root.find('filename').text,
                     int(root.find('size')[0].text),
                     int(root.find('size')[1].text),
                     member.find('name').text,
                     int(float(member.find(
                         'bndbox')[0].text)),
                     int(float(member.find(
                         'bndbox')[1].text)),
                     int(float(member.find(
                         'bndbox')[2].text)),
                     int(float(member.find(
                         'bndbox')[3].text))
                     )
            xml_list.append(value)
    column_name = ['filename', 'width', 'height', 'class',
                   'xmin', 'ymin', 'xmax', 'ymax']
    xml_df = pd.DataFrame(xml_list, columns=column_name)
    return xml_df
```

将所有存储了标注信息的 XML 文件转为 DataFrame 以后，就可以将标注文件夹路径 anno_path 输入 xmldir_to_csv 函数，获取整个数据集全部标注的矩形框信息，并存储在 xml_df 中。使用 xml_df 对象的 to_csv 方法，就可以在磁盘中写入以逗号为分隔符的 CSV 格式的文件，文件名为 P07_voc2012_labels.csv。该文件可以使用 Excel 打开，以便手工查看。代码如下。

```
xml_df = xmldir_to_csv(anno_path)
xml_df.to_csv('P07_voc2012_labels.csv', index=None)
print('Successfully converted xml to csv.')
```

将全部矩形框标注信息存储为 pandas 的 DataFrame 格式还有一个好处，就是可以使用 DataFrame 的强大功能进行统计和导出，方便检查数据的均衡性问题。我们可以提取所有的标注对象名称，将其存储在 P07_voc2012_all_names.txt 文件中，同时统计每个对象矩形框的出现次数，将其存储在 P07_voc2012_labels_CNT.csv 中。代码如下。

```
class_cnt_df = xml_df['class'].value_counts().to_frame()
class_cnt_df.rename(columns={'class':'count'},inplace=True)
class_cnt_df.index.name='class'
class_cnt_df.to_csv('P07_voc2012_labels_CNT.csv',
                    index = True, header = True)
print('Successfully collect all names to txt.')

class_txt_pd = pd.DataFrame(class_cnt_df.index)
class_txt_pd.to_csv('P07_voc2012_all_names.txt',
                    sep='\t', index=False,header=False)
print('Successfully count bounding boxes to csv.')
```

这样，磁盘就有一个存储了全部矩形框的 CSV 文件，一个搜集了全部矩形框所属分类的 txt 文件，以及一个统计了各个分类有多少个矩形框实例的 CSV 文件，如图 1-23 所示。

矩形框的统计非常重要，我们可以查看各个分类的矩形框数量是否均衡。对于不均衡的数据，开发者需要进行额外处理，如数据增强或在损失函数中添加权重等。因为数据占比较高的分类将在损失函数中占据较大的比例，所以在进行损失函数优化时，会导致神经网络对数据量较大的分类给予较多的照顾，影响神经网络的泛化能力。

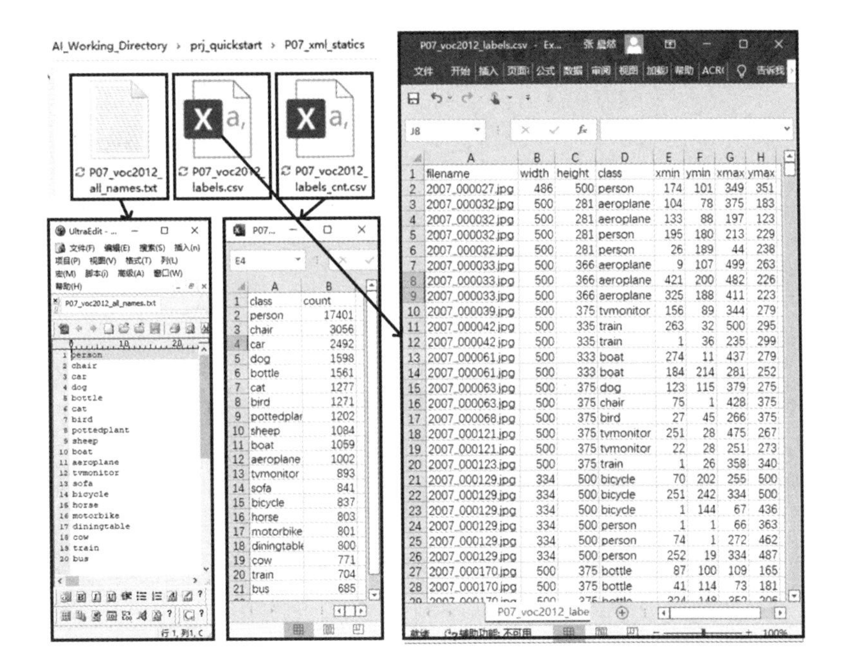

图 1-23　对数据集中的所有矩形框进行分类统计的结果

第 2 章
目标检测神经网络综述

本章将分类介绍几个著名的目标检测神经网络，以及高阶 API 资源。

2.1 几个著名的目标检测神经网络

目标检测也称物体检测，是目前计算机视觉领域最重要的一类检测任务，也是各大计算机视觉竞赛的重要任务之一。具有目标检测用途的神经网络，一般以一幅图像为输入，输出的是一个关于所要识别的目标的描述。

根据输出关于目标的不同描述方式，将目标检测神经网络分为矩形框（Bounding Box）描述和像素蒙版（Pixel-wise Masks）描述。其中，矩形框描述输出需要识别目标的图像坐标和分类编号，而像素描述输出的是与原图具有相同分辨率的蒙版图，蒙版图上的每个像素通过不同取值标识着原图上对应位置的像素属于何种目标。

根据目标检测所采用的神经网络结构，将目标检测神经网络的类型分为一阶段（One-Stage）目标检测神经网络和两阶段（Two-Stage）目标检测神经网络。一阶段目标检测直接从特征图回归出目标的分类和定位，两阶段目标检测需要先识别出前景和背景，然后在第二阶段探测出前景范围内的目标位置和分类。

根据神经网络是否基于先验锚框（Anchor）进行宽度和高度的微调，从而产生预测矩形框，将目标检测神经网络分为有先验锚框（Anchor-Based）方案和无先验锚框（Anchor-Free）方案。

常见的目标检测神经网络分类如表 2-1 所示。

表 2-1　常见的目标检测神经网络分类

目标检测模型名称	目标描述	模型分阶段	有无先验锚框
YOLO 家族	矩形框	一阶段	有
SSD 模型	矩形框	一阶段	有

续表

目标检测模型名称	目标描述	模型分阶段	有无先验锚框
R-CNN 模型	矩形框	两阶段	有
Fast R-CNN 模型	矩形框	两阶段	有
Faster R-CNN 模型	矩形框	两阶段	有
CornerNet 模型	矩形框	一阶段	无
CenterNet 模型	矩形框	一阶段	无
Mask R-CNN 模型	像素蒙版	两阶段	—
U-Net 模型	像素蒙版	一阶段	—

目标检测神经网络发展迅速。例如，2020 年之后涌现的基于注意力机制的 DETR 系列模型及其变种，它将矩形框预测问题看作集合预测问题，从而避免了目标检测中极为耗时的 NMS 算法。随着注意力机制、对比学习、自监督学习、多模态模型的技术进步，虽然新型目标检测神经网络还将不断进化，但新型目标检测神经网络的设计目的和宏观逻辑大多沿用本书所介绍的目标检测神经网络技术框架。

2.1.1　R-CNN 家族神经网络简介

R-CNN 模型、Fast R-CNN 模型、Faster R-CNN 模型是典型的两阶段模型。

目标检测神经网络一般会将输入图像送入骨干网络进行处理，骨干网络一般是用于图像分类的。因此，工程上一个很直观的思路就是，可否直接从 RGB 图像上截取某个区域，并将若干截取的区域送入图像分类神经网络，判断目标是何类型。如果图像分类的概率预测超过某个阈值，那么该区域就是某个需要识别的目标。

R-CNN（Region-based Convolutional Neural Networks，区域卷积神经网络）接收图像输入，首先会在图像上预先筛选出约 2000 个候选区域，再将这 2000 个候选区域运用 CNN 特征提取的方法逐个分类，从而实现目标检测。它的算法流程主要有以下 3 个步骤。

第 1 步，通过选择性搜索算法大致计算出哪些区域存在目标。选择性搜索算法的主要思路是通过图像中的纹理、边缘、颜色等信息对图像进行自底向上的分割，并对分割区域进行不同尺度的合并，每个生成的区域即一个候选区域（Region Proposal）。选择性搜索算法的迭代次数越多，候选区域数量就越少，单个候选区域的面积就越大。程序的一般设定为：当生成约 2000 个可能包含目标的候选区域时，迭代算法停止进行输出。此步操作只能在 CPU 上进行且迭代次数较多，在作者的笔记本 CPU 上的耗时大约为 2s，是较为耗时的。选择性搜索算法迭代次数和候选区域数量的关系如图 2-1 所示。

第 2 步，通过骨干网络计算这些区域的特征是什么。将所选区域从 RGB 三通道原图中截取出来，缩放成某个统一的分辨率（如 227 像素×227 像素），输入骨干网络，获得图像的视觉特征。

第 3 步，计算这些区域属于哪个类的目标。R-CNN 使用支持向量机判断目标类型及把握度，而 Fast R-CNN 使用 RoI Pooling 将不同尺寸的候选区域映射到统一尺寸的区域中。另外，Fast R-CNN 用 Softmax 算法替代支持向量机用于分类任务，除最后一层全连接层外，分类和回归任务共享了网络权重。

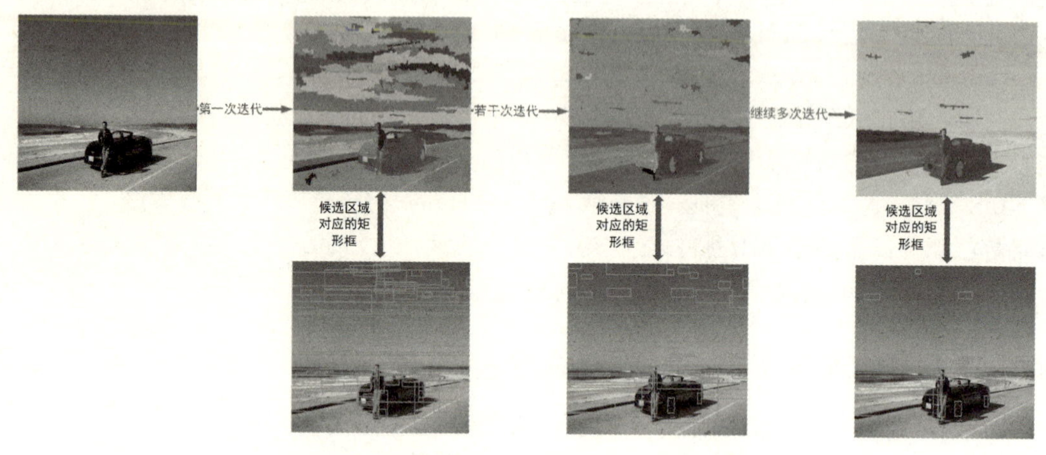

图 2-1　选择性搜索算法迭代次数和候选区域数量的关系

R-CNN 算法原理图如图 2-2 所示。

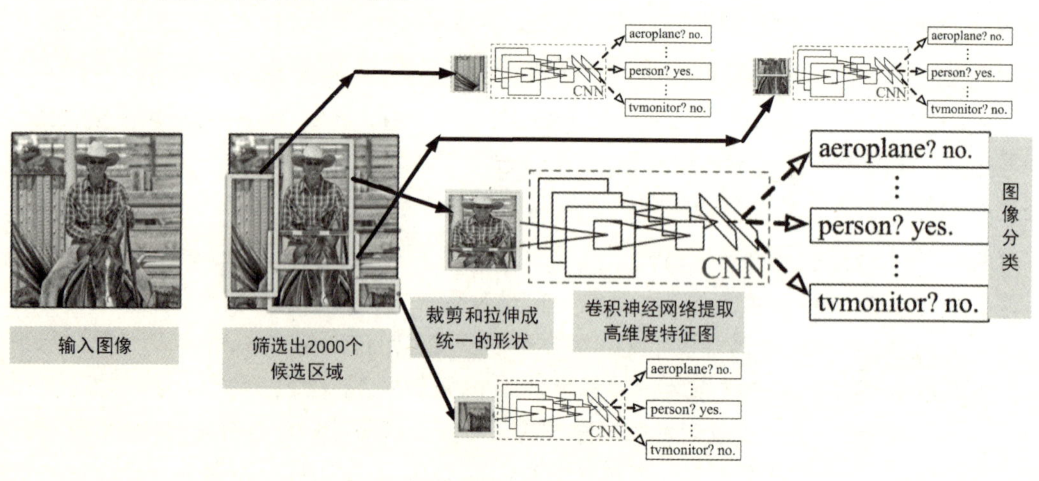

图 2-2　R-CNN 算法原理图

R-CNN 和 Fast R-CNN 的共同点是它们都需要在 RGB 原图上进行候选区域的筛选，这个过程是极其耗时的。但 Fast R-CNN 相比于 R-CNN 的优势是，它只需要进行一次特征图的计算。Fast R-CNN 运用感受野的性质，将原图上的候选区域边界映射到特征图上，直接提取候选区域的特征图（它是原图特征图的子图），大幅减少了神经网络在特征图计算上的时间开销，而 R-CNN 需要对这 2000 个候选区域进行 2000 次特征图提取计算。

Fast R-CNN 算法原理图如图 2-3 所示。

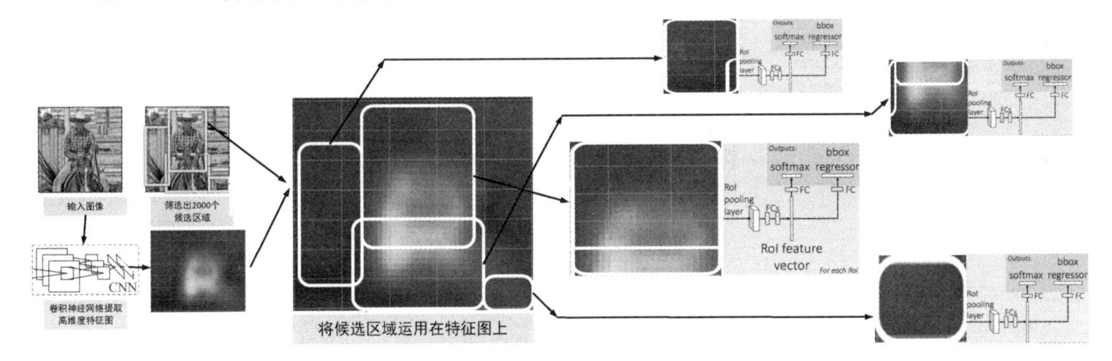

图 2-3　Fast R-CNN 算法原理图

随着神经网络技术的发展，2015 年 Ren 等在 Fast R-CNN 的基础上提出了 Faster R-CNN 神经网络。Faster R-CNN 认为 R-CNN 和 Fast R-CNN 在原图上进行候选区域的计算是有缺陷的，并有针对性地提出改进措施。一方面，原图只能提供 RGB 三个通道的信息，更高维度的特征信息尚未提取，此时确定的候选区域可靠性差；另一方面，候选区域的生成算法是迭代算法，只能在 CPU 上运行，无法加载在 GPU 上，计算效率大打折扣。

为了解决这两个问题，Faster R-CNN 算法最先进行的不是候选区域计算，而是卷积运算，在卷积运算后形成的整幅特征图上选择候选区域，速度和精确率大幅提升。在特征图上进行候选区域的计算有两个优点：第一，特征图对非线性的视觉特征信息进行提取，每个元素含有更丰富的高维度视觉特征内涵，精确率较原始 RGB 像素值计算有大幅提升；第二，可以采用神经网络的方法进行候选区域的计算，充分发挥 GPU 的并行计算优势。

为了应对特征图分辨率和原图分辨率不一致的情况，Faster R-CNN 创新性地提出了锚框的概念，它为特征图上每个像素所对应的原图的感受野都分配了 3 个尺寸比例的锚框，通过微调锚框的位置、宽度和高度，找到原图上需要识别的目标，避免了二次特征提取计算。

Faster R-CNN 和它的两个“前辈”一样，也需要进行图像尺寸的调整拉伸，只不过是在特征图上进行的。Faster R-CNN 先对所截取的候选区域的特征图进行尺寸的拉伸调整，然后使用若干卷积层和全连接层，用 RoI Pooling 层将不同尺寸的候选区域映射到统一尺寸的区域中，最后用全连接层进行分类。除最后一层全连接层外，分类和回归任务共享了网络权重。

总之，Faster R-CNN 保留了 R-CNN 和 Fast R-CNN 的所有优势，只是在先后顺序上进行了调整，速度和精确率大幅提升。Faster R-CNN 算法原理图如图 2-4 所示。

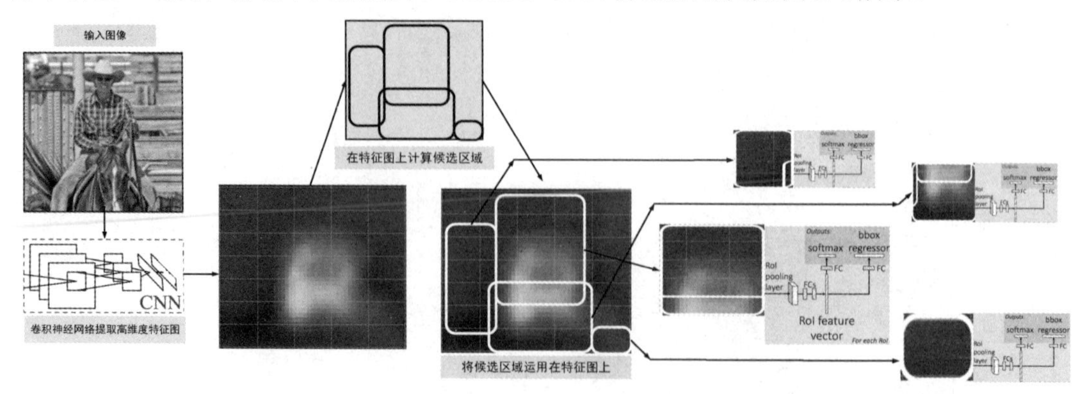

图 2-4　Faster R-CNN 算法原理图

两阶段目标检测神经网络概念清晰，可解释性强，开创了具备实用能力的目标检测深度学习算法时代，目前的许多算法都是在其基本概念的基础上进行延伸和改进的，值得开发者学习和了解。但两阶段目标检测神经网络为了应对两个阶段的检测任务，不得不设计两个小网络，这导致神经网络的数据流动路径复杂，且两个小网络的收敛速度不一致，需要运用不少训练技巧才能获得优良的效果。因此，两阶段目标检测神经网络逐渐被一阶段目标检测神经网络取代。

2.1.2　YOLO 和 SSD 神经网络简介

一阶段目标检测算法的核心代表是 YOLO 算法和 SSD 算法。

YOLO（You Only Look Once）算法是一个家族算法，经历了多个版本迭代，从 YOLO 的第 1 版逐渐升级到第 4 版、YOLOV4 多尺度版（YOLOV4-SCALE）及本书截稿时的第 7 版。YOLO 算法和 R-CNN 家族算法相比，摈弃了候选区域的操作步骤，这是二者最大的区别。YOLO 算法直接利用整幅图像所产生的特征图，经过特征融合处理后，通过一个子网络直接产生若干（如 100 个）规则分布的候选矩形框，并为每个候选矩形框搭配前背景概率[①]和分类概率。在这个子网络的选择上，YOLO 算法使用了最简单的回归网络。由于将整幅特征图全部都用来进行候选矩形框和分类概率的回归，这相当于充分利用了候选区域的上下文信息，因此理论精确率极限较 R-CNN 家族算法一定有所提升，因为 R-CNN 家族算法只对候选矩形框内的特征图像素值进行回归计算。以分辨率为 416 像素×416 像素的输入图像为例，YOLO 算法包含以下几个步骤。

① 本书将“前景或背景”简写为“前背景”，将候选矩形框属于前景还是背景的概率简写为“前背景概率”，一般情况下，“前背景概率”取值为 1 时表示候选矩形框属于前景，“前背景概率”取值为 0 时表示候选矩形框属于背景。

第一，神经网络接收一个 416 像素×416 像素的输入图像，经过骨干网络处理为分辨率为 13 像素×13 像素的多通道特征图。如果将 416 像素×416 像素的输入图像分割为 13 像素×13 像素的合计 169 个区域的网格，那么特征图上某个像素的感受野就对应原图上的一个 32 像素×32 像素的网格区域。

第二，分辨率为 13 像素×13 像素的多通道特征图上的每个像素都负责预测若干（一般为 3 个）宽高比的视觉目标，预测内容包括：矩形框的坐标、前背景概率、分类概率。

第三，在上一步预测出的可能目标中，根据概率阈值（一般为 0.5）去除概率较低的预测矩形框，运用 NMS 算法去除冗余的预测矩形框，形成最终预测结果。

YOLO 算法不再需要寻找候选区域，它利用了特征图上的高维度信息，而且每个判断都用到了全图像生成的高维度信息，因此精确率较 Faster R-CNN 算法有所提升，而运算量则有所下降。

SSD（Single Shot Multi-Box Detector）算法由 Liu 等人提出。SSD 算法认为 YOLO 算法在骨干网络最后一层进行矩形框的回归工作，分辨率太低，应当在骨干网络内分层提取特征图信息进行融合。SSD 算法针对 YOLO 算法的不足，在神经网络内分层提取特征图，弥补了 YOLO 算法在 13 像素×13 像素的粗糙分辨率网格内进行回归定位的缺陷，并且有别于 YOLO 算法预测某个位置使用的是全图的特征，SSD 算法预测某个位置使用的是这个位置周围的局部特征，因此可以适应多种尺度目标的训练和检测任务。

YOLO 算法和 SSD 算法对比梗概如图 2-5 所示。

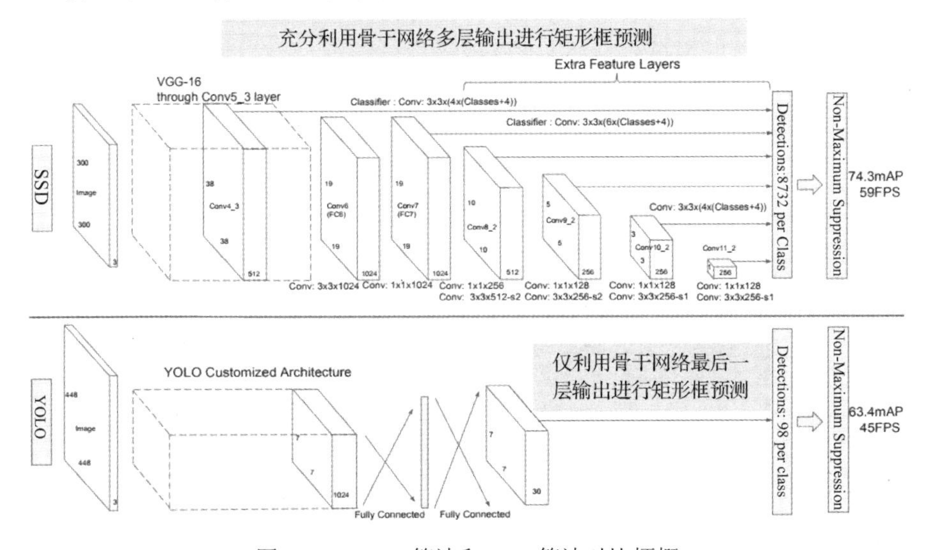

图 2-5　YOLO 算法和 SSD 算法对比梗概

2.1.3　CenterNet 神经网络简介

不论是 R-CNN 家族还是 YOLO/SSD 家族的目标检测神经网络，都是有锚框的。

所谓锚框，是指根据开发者的先验经验，预先设计好矩形取景框，所有目标的矩形框都将基于这些预设的锚框的平移和缩放获得，显然锚框的设计比较依赖开发者的先验经验。2019 年 4 月发表的“Objects as Points”论文提出了一种无须先验锚框的目标检测方案，论文中提出的 CenterNet 神经网络是基于中心点（Center-Based）的目标检测方案。

CenterNet 处理数据集时，在真实目标周围形成一个高斯核的候选区域，整幅图像形成了一张热力图。CenterNet 的热力图案例如图 2-6 所示。

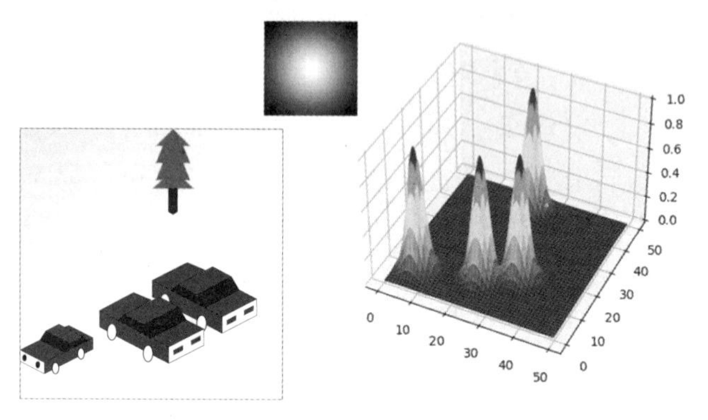

图 2-6　CenterNet 的热力图案例

CenterNet 使用 HourGlass、ResNet 或 MobileNet 作为骨干网络，输出的特征图也会形成一张热力图。预测时，根据特征图上的“山峰”的峰值大小和辐射区域，忽略小于阈值的其他峰值，从而确定整幅图像上的所有目标的中心点。根据中心点位置所对应的其他通道，确定目标的宽度和高度、分类类型、概率等信息。综上所述，CenterNet 不是基于锚框的，而是基于中心点的，基于中心点位置进一步回归出宽度和高度、分类、概率等信息。CenterNet 基于中心点回归宽度和高度等其他目标信息如图 2-7 所示。

图 2-7　CenterNet 基于中心点回归宽度和高度等其他目标信息

2.1.4　U-Net 神经网络简介

U-Net 最早在 2015 年的 MICCAI 会议上被提出，首先应用于医学图像分割，后被广泛应用于图像分割的任务中。U-Net 的论文被广泛引用，U-Net 无疑是图像分割领域中最成功的模型，大家基于 U-Net 做出不少改进，形成了许多 U-Net 的变种。

U-Net 可以分为左右两个部分。左边的部分主要完成输入图像的特征提取任务，随着左边的网络层次的增加，特征图分辨率逐级减半，特征图的通道数逐级翻倍，最后，输入图像的高维度特征逐渐被提取，输入图像的图义信息也从高分辨率原始图像形态降为低分辨率特征图形态，特征图上的每个像素对应的感受野尺度也在逐级放大。右边的部分对应图像的生成，右边部分的输入对应着左边部分的最后一级特征图输出，右边部分将逐级处理特征图，最终生成一副新的图像。U-Net 的右边部分也是一个层级的结构，随着层级的不断提升，特征图分辨率逐级翻倍，通道数逐级减半，从而形成一个 U 形的神经网络。U-Net 创新性地将同一层次的左侧特征图复制到右侧，确保小尺度空间上的图像特征信息能与右侧大尺度空间上的图像特征信息相融合。一个典型的 U-Net 神经网络的数据流图如图 2-8 所示。

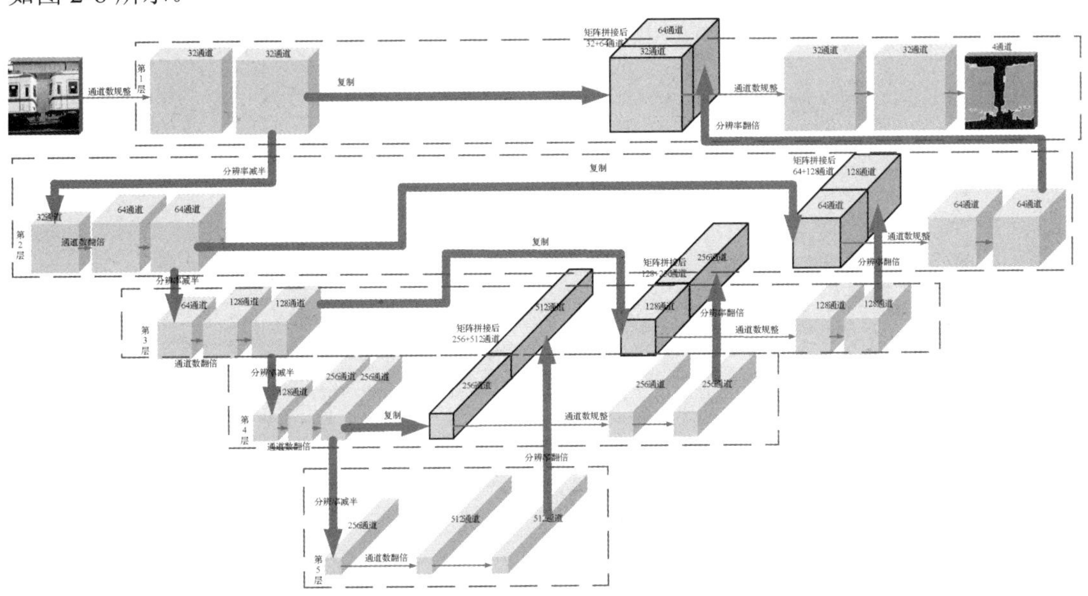

图 2-8　一个典型的 U-Net 神经网络的数据流图

U-Net 正是由于大小尺度空间的信息相互融合，所以特别适合医疗图像分割这类超大分辨率图像的应用场景。在 2018 年的 MICCAI 脑肿瘤分割挑战赛中，德国癌症研究中心的团队凭借 3D U-Net（稍加改动的 U-Net）获得了当年的冠军。此外，U-Net 也有许多变种。

2018 年 Kaggle 的 Carvana（美国知名的二手车在线经销商）二手车分割挑战赛（Carvana Image Masking Challenge）的冠军是 Ternaus-Net，它将 U-Net 中的编码器替换为 VGG11，并在 ImageNet 上进行预训练。Res-U-Net 和 Dense-U-Net 分别受到残差连接和密集连接的启发，将 U-Net 的每个子模块分别替换为具有残差连接和密集连接的形式，在视网膜图像分割任务中表现出极佳的性能。Attention U-Net 则是在 U-Net 中引入注意力机制，在对编码器每个分辨率上的特征与解码器中对应的特征进行拼接之前，使用了一个注意力模块，重新调整了编码器的输出特征。3D-U-Net 将 U-Net 的应用领域拓展到了三维领域，通过将原有网络内部的二维算子三维化，实现对稀疏标注的体素图像进行图义分割，已经被用于肺癌、乳腺癌等医学 CT 图像的三维分割领域。

虽然最近的图像分割领域涌现了不少新的模型，但 U-Net 家族的神经网络具有模型小巧、结构清晰的特点，非常适合边缘计算的场景。U-Net 的性能稳定、数据集需求小的特点，使其成为目前人工智能产业中应用非常广泛的图像分割神经网络。

2.2 目标检测神经网络分类和高阶 API 资源

从之前的多种目标检测模型综述来看，目标检测神经网络大致可以分为有先验锚框方案和无先验锚框方案（包括基于中心点的目标检测方案），也可以分为一阶段目标检测方案和两阶段目标检测方案等几个种类。其中一阶段的有锚框方案非常具有计算效率和识别率的性价比，目前最为流行。近些年来涌现了一些基于注意力机制的目标检测模型。例如，DETR 神经网络及其后续优化，它们将骨干网络视为特征提取器，将图片视为序列，使用解码生成多个预测矩形框。由于近些年基于注意力机制的目标检测模型还在不断发展中，暂不将其作为本书的介绍重点。截至目前，按照目标检测神经网络的方案特点，可以列出它们的分类，如图 2-9 所示。

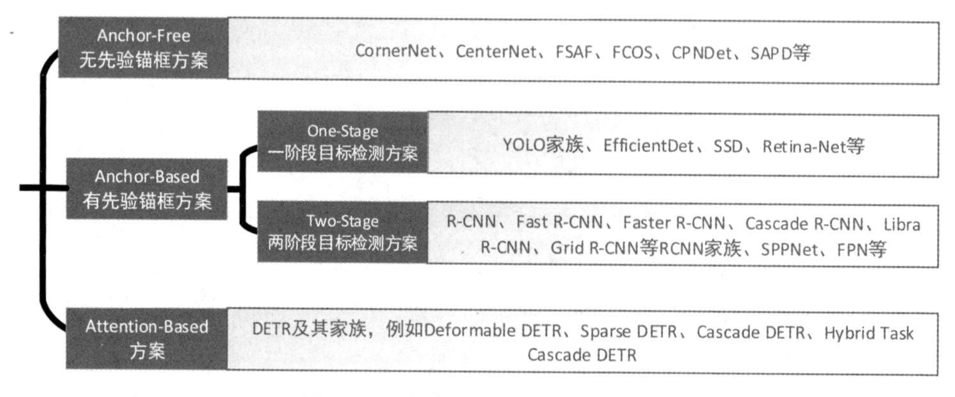

图 2-9 目标检测神经网络分类图

虽然目标检测神经网络众多，但是只要计算框架选择的是 TensorFlow，就可以利用 TensorFlow 为全球开发者提供开源目标检测模型。TensorFlow 在 GitHub 上为开发者提供了几乎全部流行的开源目标检测模型，开发者可以直接加载权重后进行通用物品的目标检测，也可以在进行个性化的训练后将其运用到自己的目标检测应用中。

TensorFlow 提供的这些模型可以在 TensorFlow 的 GitHub 主页的目标检测网页上获得。TensorFlow 提供的开源目标检测高阶 API 清单如图 2-10 所示。

CenterNet家族

Model name	Speed (ms)	COCO mAP	Outputs
CenterNet HourGlass104 512x512	70	41.9	Boxes
CenterNet HourGlass104 Keypoints 512x512	76	40.0/61.4	Boxes/Keypoints
CenterNet HourGlass104 1024x1024	197	44.5	Boxes
CenterNet HourGlass104 Keypoints 1024x1024	211	42.8/64.5	Boxes/Keypoints
CenterNet Resnet50 V1 FPN 512x512	27	31.2	Boxes
CenterNet Resnet50 V1 FPN Keypoints 512x512	30	29.3/50.7	Boxes/Keypoints
CenterNet Resnet101 V1 FPN 512x512	34	34.2	Boxes
CenterNet Resnet50 V2 512x512	27	29.5	Boxes
CenterNet Resnet50 V2 Keypoints 512x512	30	27.6/48.2	Boxes/Keypoints
CenterNet MobileNetV2 FPN 512x512	6	23.4	Boxes
CenterNet MobileNetV2 FPN Keypoints 512x512	6	41.7	Keypoints

EfficientDet家族

Model name	Speed (ms)	COCO mAP	Outputs
EfficientDet D0 512x512	39	33.6	Boxes
EfficientDet D1 640x640	54	38.4	Boxes
EfficientDet D2 768x768	67	41.8	Boxes
EfficientDet D3 896x896	95	45.4	Boxes
EfficientDet D4 1024x1024	133	48.5	Boxes
EfficientDet D5 1280x1280	222	49.7	Boxes
EfficientDet D6 1280x1280	268	50.5	Boxes
EfficientDet D7 1536x1536	325	51.2	Boxes

SSD家族

Model name	Speed (ms)	COCO mAP	Outputs
SSD MobileNet v2 320x320	19	20.2	Boxes
SSD MobileNet V1 FPN 640x640	48	29.1	Boxes
SSD MobileNet V2 FPNLite 320x320	22	22.2	Boxes
SSD MobileNet V2 FPNLite 640x640	39	28.2	Boxes
SSD ResNet50 V1 FPN 640x640 (RetinaNet50)	46	34.3	Boxes
SSD ResNet50 V1 FPN 1024x1024 (RetinaNet50)	87	38.3	Boxes
SSD ResNet101 V1 FPN 640x640 (RetinaNet101)	57	35.6	Boxes
SSD ResNet101 V1 FPN 1024x1024 (RetinaNet101)	104	39.5	Boxes
SSD ResNet152 V1 FPN 640x640 (RetinaNet152)	80	35.4	Boxes
SSD ResNet152 V1 FPN 1024x1024 (RetinaNet152)	111	39.6	Boxes

R-CNN家族

Model name	Speed (ms)	COCO mAP	Outputs
Faster R-CNN ResNet50 V1 640x640	53	29.3	Boxes
Faster R-CNN ResNet50 V1 1024x1024	65	31.0	Boxes
Faster R-CNN ResNet50 V1 800x1333	65	31.6	Boxes
Faster R-CNN ResNet101 V1 640x640	55	31.8	Boxes
Faster R-CNN ResNet101 V1 1024x1024	72	37.1	Boxes
Faster R-CNN ResNet101 V1 800x1333	77	36.6	Boxes
Faster R-CNN ResNet152 V1 640x640	64	32.4	Boxes
Faster R-CNN ResNet152 V1 1024x1024	85	37.6	Boxes
Faster R-CNN ResNet152 V1 800x1333	101	37.4	Boxes
Faster R-CNN Inception ResNet V2 640x640	206	37.7	Boxes
Faster R-CNN Inception ResNet V2 1024x1024	236	38.7	Boxes
Mask R-CNN Inception ResNet V2 1024x1024	301	39.0/34.6	Boxes/Masks

图 2-10　TensorFlow 提供的开源目标检测高阶 API 清单

在 TensorFlow 提供的开源目标检测高阶 API 清单中，除模型名称蕴藏了其内部骨干网络的类型选择和所支持的输入图像分辨率外，还提供了 Speed、COCO mAP、Outputs 3 个参数指标。

其中，Speed 列代表了每次推理识别所需要花费的时间。从表格上看，最快的 CenterNet 模型运行一次推理只需要 6ms，完全超出了人眼识别 30fps 的速度要求。

Outputs 列代表了识别结果是一个矩形框、蒙版还是一个关键点。这里蒙版代表神经网络不仅能识别出一个目标，而且能将这个目标的像素范围用蒙版描绘出来。

COCO mAP 列代表了在 COCO2017 数据集下的平均精确率。mAP（mean Average Precision，平均精确率均值）是所有类别的平均精确率（Average Precision，AP）的平均，它代表了一个模型的综合识别能力。mAP 的计算方法一般有 4 步。

第 1 步，测量一幅图像中一个待检测目标类别的边框的有效性，这里使用交并比（Intersection Over Union，IOU）作为矩形框有效性的评价函数。IOU 用于测量预测边界框与实际边界框的重合度。预测边界框值与实际边界框值越接近，IOU 越大。

第 2 步，选择一幅图像中所有有效的矩形框，统计分类预测是否正确。在一张图片的全部有效预测中，预测正确的分类数量用 A_IMG 表示，该图像中实际存在目标的数量用 B_IMG 表示，将 A_IMG 除以 B_IMG 就是该图像的预测精确率。

第 3 步，如果将一张图片扩展到全部图像，那么正确预测的数量用 A_CLS 表示，实际目标数量用 B_CLS 表示，将 A_CLS 除以 B_CLS 就是该类别的识别精确率。

第 4 步，将一类目标识别扩展到多类目标识别，将多类目标识别的平均精确率再进行平均就可以获得平均精确率均值（mAP）。

开发者可以根据任务目标的不同，选择做矩形框识别、边界识别还是关键点识别，根据 Speed 和 mAP，在速度和精确率之间进行权衡，选择适合自己的模型。

2.3 矩形框的交并比评价指标和实现

在目标检测中，我们用 IOU（交并比）来评估两个矩形框的重合度。IOU 的定义为两个矩形框的交集面积除以并集面积的数值。IOU 计算示意图如图 2-11 所示。

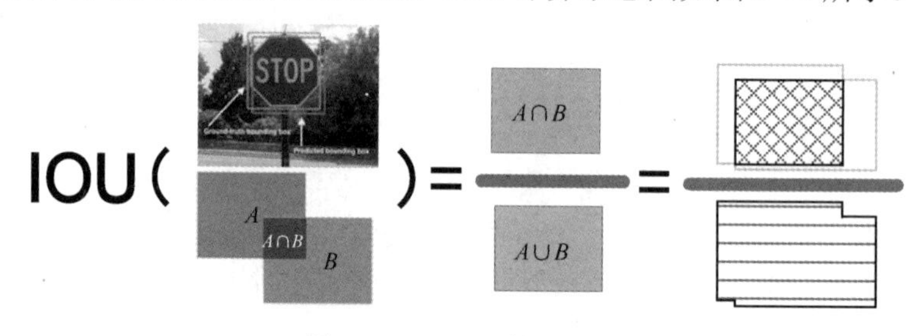

图 2-11 IOU 计算示意图

根据 IOU 的定义，IOU 的取值范围为 0～1，矩形框完全不重合的 IOU 为 0，矩形框完全重合的 IOU 为 1。一般情况下，我们认为 IOU 大于或等于 0.5 的重合是一个合格的重合。不同情况下的 IOU 示意图如图 2-12 所示。

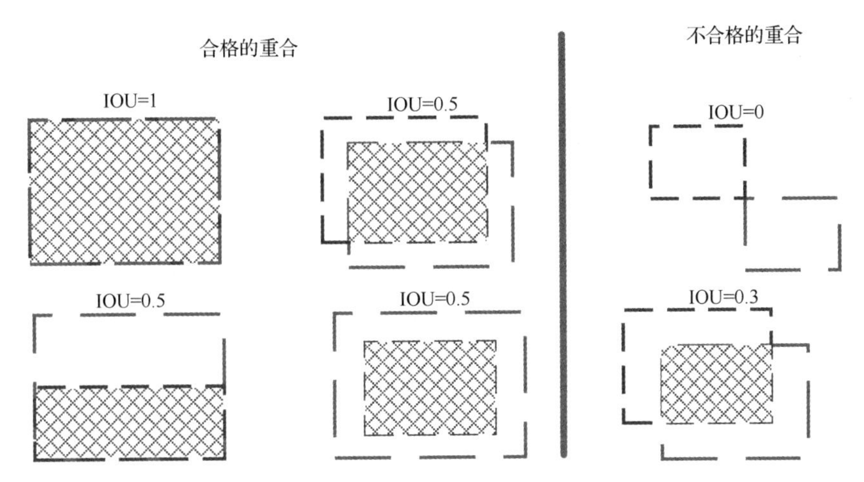

图 2-12　不同情况下的 IOU 示意图

将以上算法通过计算机实现，使用 box_1 和 box_2 表示需要计算的两个矩形框集合，它们都有 4 列，代表矩形框的两个角点的坐标值。编写 calc_iou(box_1, box_2)函数，它将 box_1 中的矩形框与 box_2 中的矩形框对齐后，计算 IOU，结果被存储在 iou 变量中，iou 变量的形状是(num,1)，其中，num 代表 box_1 和 box_2 两个矩形框集合中分别拥有的矩形框数量。代码如下。

```
def calc_iou(box_1, box_2):
    int_w = tf.maximum(
        tf.minimum(box_1[..., 2], box_2[..., 2]) -
        tf.maximum(box_1[..., 0], box_2[..., 0]),0)
    int_h = tf.maximum(
        tf.minimum(box_1[..., 3], box_2[..., 3]) -
        tf.maximum(box_1[..., 1], box_2[..., 1]), 0)
    int_area = int_w * int_h
    box_1_area = (box_1[..., 2] - box_1[..., 0]) * \
        (box_1[..., 3] - box_1[..., 1])
    box_2_area = (box_2[..., 2] - box_2[..., 0]) * \
        (box_2[..., 3] - box_2[..., 1])
    iou = int_area / (box_1_area + box_2_area - int_area)
    return iou
```

计算几个简单的 IOU 案例。代码如下。

```
if __name__ == '__main__':
    bbox_a = tf.constant([[-3, -3, -1, -1],
                          [0, 0, 3, 2],
```

```
                    [3, 3, 5, 5],
                    [6, 6, 7, 7]
                    ])
    bbox_b = tf.constant([[-3, -3, -1, -1],
                    [0, 0, 2, 3],
                    [4, 3, 5, 5],
                    [7, 7, 8, 8]
                         ])
    iou=calc_iou(bbox_a, bbox_b) # iou 计算结果为[1.0, 0.5, 0.5, 0.0]
```

在实际使用中，需要计算两个集合的 IOU。例如，*A* 集合拥有 *a* 个矩形框，*B* 集合拥有 *b* 个矩形框，*A* 与 *B* 的矩形框数量可能不一致，需要将 *A* 集合的全部矩形框与 *B* 集合的全部矩形框逐一进行 IOU 计算。更一般地，神经网络预测的矩形框可能出现“零面积”的异常数据，这很正常。这就要求 IOU 计算方法能应对除以零的特殊情况。为此，一般需要设计一个更加安全和强大的 IOU 计算函数。

假设有集合 *A* 中的 4 个矩形框需要和集合 *B* 中的 2 个矩形框进行逐一匹配的 IOU 计算。集合 *A* 中有 4 个矩形框，分别为[−3,−3,−1,−1]、[0,0,3,2]、[4,3,5,4]、[8,1,8,1]，使用 bbox1_x1y1x2y2 存储，形状为[4,4]，由于神经网络的计算需要，将 bbox1_x1y1x2y2 的形状修改为[2,2,3,4]，即将 4 个矩形框两两排列，使用 tf.tile 函数复制 3 次，这样形成了 12 个矩形框。集合 *B* 中有 2 个矩形框，分别为[0,0,2,3]、[8,1,8,1]，使用 bbox2_x1y1x2y2 存储，形状为[2,4]。拟进行 IOU 计算的 4 个矩形框如图 2-13 所示。

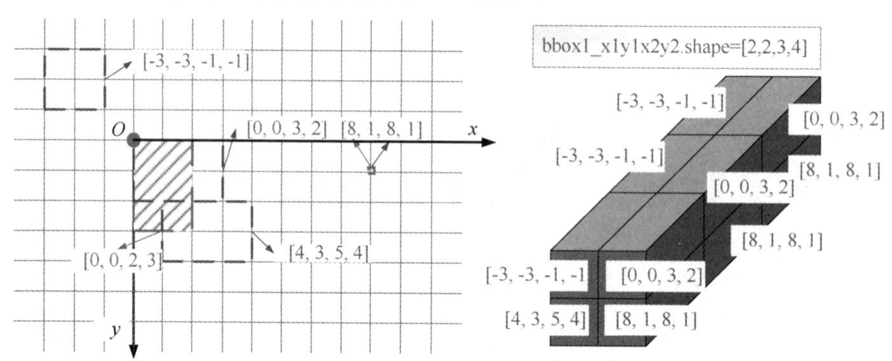

图 2-13　拟进行 IOU 计算的 4 个矩形框

为模拟今后神经网络的计算场景，将 bbox1_x1y1x2y2 的形状修改为[13,13,3,4]，即将 4 个矩形框放到一个 13×13 的网格内，其余空位使用全零元素代替。代码如下。

```
bbox1_x1y1x2y2 = tf.constant([[-3, -3, -1, -1],
                         [0, 0, 3, 2],
```

```
                        [1, 2, 4, 4],
                        [8, 1, 8, 1]],dtype=tf.float32)
# 将 bbox1_x1y1x2y2 的形状调整为[2,2,4]
bbox1_x1y1x2y2 = tf.reshape(bbox1_x1y1x2y2,[2,2,4])
# 将 bbox1_x1y1x2y2 的形状调整为[2,2,1,4]
bbox1_x1y1x2y2 = tf.expand_dims(bbox1_x1y1x2y2,axis=-2)
# 将 bbox1_x1y1x2y2 的形状调整为[2,2,3,4]
bbox1_x1y1x2y2 = tf.tile(bbox1_x1y1x2y2,[1,1,3,1])
bbox1_x1y1x2y2 = tf.concat([tf.zeros([5,2,3,4]),
                       bbox1_x1y1x2y2,
                       #将 bbox1_x1y1x2y2 的形状调整为[13,2,3,4]
                       tf.zeros([6,2,3,4])],axis=0)
bbox1_x1y1x2y2 = tf.concat([tf.zeros([13,5,3,4]),
                       bbox1_x1y1x2y2,
                       #将 bbox1_x1y1x2y2 的形状调整为[13,13,3,4]
                       tf.zeros([13,6,3,4])],axis=1)
bbox2_x1y1x2y2 = tf.constant([[0, 0, 2, 3],
                        [8, 1, 8, 1]],dtype=tf.float32)
```

构造一个更安全的 IOU 匹配矩阵计算函数 broadcast_iou，它接收两个矩形框，第一个矩形框的形状为[grid_cells, grid_cells,anchor_idxs,4]，第二个矩形框的形状为[nums,4]，它将逐一计算 IOU，形成矩阵输出，输出的形状为[grid_cells, grid_cells,anchor_idxs,nums]。在计算 IOU 除法时，使用 TensorFlow 提供的 tf.math.divide_no_nan 函数，当出现除以 0 的情况时，该 tf.math.divide_no_nan 函数将返回 0 而不是 NaN。代码如下。

```
def broadcast_iou(box1_x1y1x2y2, box2_x1y1x2y2):
    # box1_x1y1x2y2 的形状为(..., (x1, y1, x2, y2))
    # box2_x1y1x2y2 的形状为(Nums, (x1, y1, x2, y2))
    # broadcast boxes，形状广播
    box1_x1y1x2y2 = tf.expand_dims(box1_x1y1x2y2, -2)
    box2_x1y1x2y2 = tf.expand_dims(box2_x1y1x2y2, 0)
    # 新的形状为 (..., N, (x1, y1, x2, y2))
    new_shape = tf.broadcast_dynamic_shape(
        tf.shape(box1_x1y1x2y2), tf.shape(box2_x1y1x2y2))
    box1_x1y1x2y2 = tf.broadcast_to(
        box1_x1y1x2y2, new_shape)
    box2_x1y1x2y2 = tf.broadcast_to(
        box2_x1y1x2y2, new_shape)

    int_w = tf.maximum(
```

```
        tf.minimum(
            box1_x1y1x2y2[...,2],box2_x1y1x2y2[...,2]) -
        tf.maximum(
            box1_x1y1x2y2[...,0], box2_x1y1x2y2[..., 0]), 0)
    int_h = tf.maximum(
        tf.minimum(
            box1_x1y1x2y2[...,3], box2_x1y1x2y2[...,3]) -
        tf.maximum(
            box1_x1y1x2y2[...,1],box2_x1y1x2y2[..., 1]), 0)
    int_area = int_w * int_h
    box_1_area = (box1_x1y1x2y2[..., 2] - box1_x1y1x2y2[..., 0]) *
(box1_ x1y1x2y2[..., 3] - box1_x1y1x2y2[..., 1])
    box_2_area = (box2_x1y1x2y2[..., 2] - box2_x1y1x2y2[..., 0]) *
(box2_ x1y1x2y2[..., 3] - box2_x1y1x2y2[..., 1])

    iou= tf.math.divide_no_nan(int_area , (box_1_area + box_2_area -
int_area))
    return iou
```

使用 IOU 匹配矩阵计算函数 broadcast_iou 将 4 个矩形框 bbox1_x1y1x2y2（形状为[13,13,3,4]）与 bbox2_x1y1x2y2（形状为[2,4]）逐一计算 IOU，计算结果同样被放到 13×13 的网格内，计算结果的形状为[13,13,3,2]。代码如下。

```
result=broadcast_iou(bbox1_x1y1x2y2,bbox2_x1y1x2y2)
print(result.shape)
print(result[5,5,0,:])
print(result[5,6,0,:])
print(result[6,5,0,:])
print(result[6,6,0,:])
```

输出如下。

```
(13, 13, 3, 2)
tf.Tensor([0. 0.], shape=(2,), dtype=float32)
tf.Tensor([0.5 0. ], shape=(2,), dtype=float32)
tf.Tensor([0.09090909 0.        ], shape=(2,), dtype=float32)
tf.Tensor([0. 0.], shape=(2,), dtype=float32)
```

IOU 匹配矩阵示意图如图 2-14 所示。

显然，在计算 bbox1_x1y1x2y2 中矩形框[8,1,8,1]与 bbox2_x1y1x2y2 中矩形框[8,1,8,1]的 IOU 时，发现两个矩形框的交集是 0，并集也是 0，此时遇到除以 0 的情况，但由于使用了 tf.math.divide_no_nan 函数的安全除法，所以计算过程不会报错。

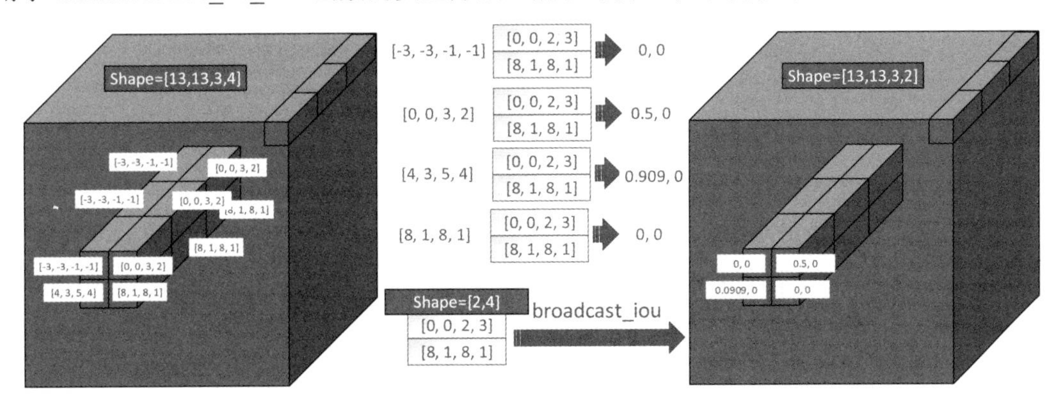

图 2-14　IOU 匹配矩阵示意图

第 3 章
一阶段目标检测神经网络的特征融合和中段网络

一阶段目标检测神经网络具有逻辑清晰、训练收敛稳定的特点，获得了广泛的应用。随着目标检测神经网络技术的成熟，虽然其实现方式五花八门，但大部分一阶段目标检测神经网络都具备骨干（Backbone）网络、中段（Neck）网络、预测（Head）网络的三段式结构。本章重点介绍负责特征融合的中段网络。对骨干网络感兴趣的读者可以阅读本书的先导书籍《深入理解计算机视觉：关键算法解析与深度神经网络设计》。

3.1　一阶段目标检测神经网络的整体结构

目标检测神经网络的输入图像一般具有很高的分辨率，但是不包含任何图义信息，它只是若干像素的规则排列。

输入图像后面一般紧接着骨干网络。骨干网络以大量的 CNN 单元提取图像的高维度图义信息。大量的 CNN 单元以首尾相接或残差连接的方式反复堆叠，组合的核心思路主要是残差连接和小核卷积。得益于图像分类神经网络技术的快速进步，骨干网络只需要选择较为流行的 ResNet 家族、VGG 家族、DarkNet 家族，就可以获得较高的特征提取能力。

骨干网络后面一般紧接着中段网络，中段网络主要用于多尺度的特征融合。我们知道，骨干网络是负责特征提取的。随着骨干网络的层级不断提升，特征图的分辨率逐渐降低，通道数逐渐增加。特征图的通道数增加，意味着特征图上的像素点所携带的图义信息越来越强；特征图的分辨率降低，意味着特征图上的像素点所携带的定位信息越来越弱。中段网络的作用就是将低分辨率特征图上的定位信息与高分辨率特征图上的图义信息进行相互融合。得益于图像分割神经网络技术的进步，图像分割神经网络中广泛使用的单向融合网络、简单双向融合网络、复杂双向融合网络已经被应用在目标检测神经网络中，并且提供了多种尺度融合的技术方案。

中段网络后面一般紧接着预测网络，预测网络的主要作用是利用融合之后的高维度特征进行预测，因此也称预测网络。预测网络一般使用一个浅层神经网络架构，接收融合后的高维度图义信息，根据不同像素所处的位置信息进行计算，形成预测输出。预测网络的结构相对简单，对于 YOLO 神经网络而言，一般采用密集预测（Dense Prediction）；对于两阶段目标检测神经网络而言，一般采用稀疏预测（Sparse Prediction）。

预测网络的输出，按照不同阶段分为两种用途。在训练阶段，预测网络的输出张量经过解码后被送入损失函数，与真实标签进行对比后将差异量化为一个具体的损失值。在预测阶段，预测网络的输出被解码后，将大于阈值的矩形框送入 NMS 算法，进行“去重”处理后形成预测输出。

一阶段目标检测神经网络的整体结构框图如图 3-1 所示。

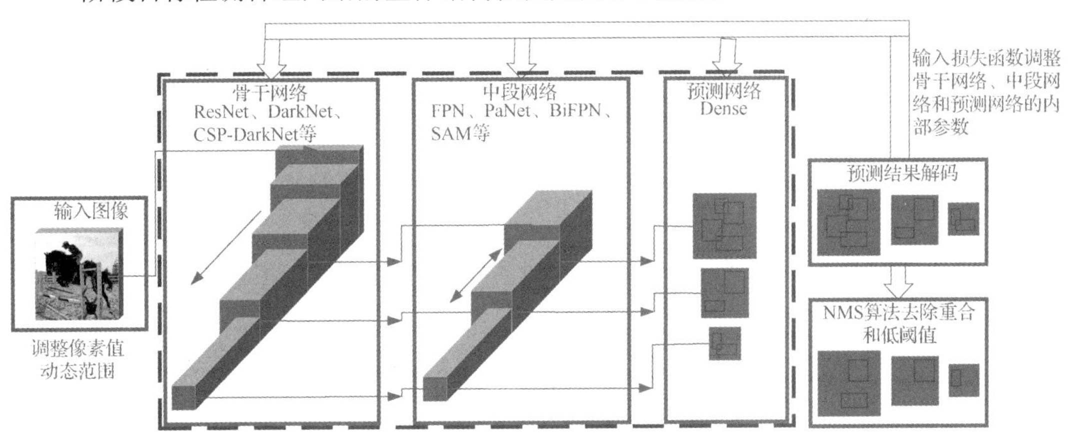

图 3-1　一阶段目标检测神经网络的整体结构框图

3.2　一阶段目标检测神经网络的若干中段网络介绍

目标检测神经网络的骨干网络虽然结构复杂，但目的单一，就是为了提取高维度的特征信息；中段网络结构多种多样，目的是将骨干网络提取的不同尺度的特征进行融合。特征融合一般有 3 种策略：单向融合、简单双向融合、复杂双向融合。当然也有类似于 SSD 神经网络那种不使用专门中段网络的神经网络，这里不做展开。

⋘ 3.2.1　单向融合的中段网络

单向融合的中段网络具有多种多样的融合方式，由于融合的方式比较简单，所以每个具体的融合方法没有自己特有的名称，而是采用特征金字塔网络（Feature Pyramid Network，FPN）作为这个种类中段网络的统称。具体来说，Faster R-CNN、Mask-R-CNN、YOLOV3 神经网络、RetinaNet、Cascade R-CNN 等目标检测神经网络内部，都有不同的单向融合的中段网络。

假设骨干网络的输出根据分辨率从高到低用 C1～C*n* 来表示，即 C1 具有最高的分辨率和最少的通道数，C*n* 具有最低的分辨率和最多的通道数。

对于 Faster/Mask/Cascade R-CNN，它们的骨干网络只有 6 层，其 FPN 只利用了其中的第 2～6 层 5 个层次的特征图信息，即根据分辨率从高到低只使用骨干网络输出的 C2～C6，其中，C6 是从 C5 直接施加池化尺寸为 1×1、步进为 2 的最大值池化操作后得到的。中段网络产生的特征融合输出，根据分辨率从高到低，分别对应 P2～P6，即 P2 的分辨率等于 C2，P3 的分辨率等于 C3，以此类推。FPN 的 P6 输出直接等于 C6。FPN 的 P5 输出是 C5 先经过卷积核尺寸为 1、步进为 1 的二维卷积层，再经过卷积核尺寸为 3、步进为 1 的二维卷积层操作后得到的。FPN 融合后得到的 P2、P3、P4 均是 C2、C3、C4 先经过卷积核尺寸为 1、步进为 1 的二维卷积层，然后融合分辨率低一层次的特征的二倍上采样，最后经过卷积核尺寸为 3、步进为 1 的二维卷积层操作后得到的。

对于 RetinaNet，它们的骨干网络只有 7 层，其 FPN 只利用了其中的第 3～7 层 5 个层次的特征图信息，即根据分辨率从高到低只使用骨干网络输出的 C3～C7，其中，C7 是从 C6 直接施加卷积核尺寸为 3、步进为 2 的二维卷积层操作后得到的，C6 是从 C5 直接施加卷积核尺寸为 3、步进为 2 的二维卷积层操作后得到的。中段网络产生的特征融合输出，根据分辨率从高到低，分别对应 P3～P7，即 P3 的分辨率等于 C3，P4 的分辨率等于 C4，以此类推。FPN 的 P6 输出直接等于 C6，P7 输出直接等于 C7。FPN 的 P5 输出是 C5 先经过卷积核尺寸为 1、步进为 1 的二维卷积层，再经过卷积核尺寸为 3、步进为 1 的二维卷积层操作后得到的。FPN 融合后得到的 P3、P4 均是 C3、C4 先经过卷积核尺寸为 1、步进为 1 的二维卷积层，然后融合分辨率低一层次的特征的二倍上采样，最后经过卷积核尺寸为 3、步进为 1 的二维卷积层操作后得到的。

对于 YOLOV3 的 FPN，与上述两个 FPN 有比较大的区别。首先，YOLOV3 的骨干网络一共有 5 层，其 FPN 只利用了其中的第 3～5 层 3 个层次的特征图信息，即根据分辨率从高到低分别只使用骨干网络输出的 C3、C4、C5。中段网络 FPN 产生的特征融合输出，根据分辨率从高到低，分别对应 P3～P5，即 P3 的分辨率等于 C3，P4 的分辨率等于 C4，P5 的分辨率等于 C5。FPN 的 P5 输出是 C5 先经过一个步进均为 1 的 5 层二维卷积层操作（卷积核尺寸分别为 1、3、1、3、1），再经过卷积核尺寸为 3、步进为 1 的二维卷积层得到的。FPN 的 P4 输出是先将本层信息和前一层信息进行矩阵拼接（Concat）后，再进行一次 5 层二维卷积和卷积核尺寸为 3、步进为 1 的二维卷积层得到的。其中，本层信息指的是 C4，前一层信息指的是 C5 先经过 5 层二维卷积，再经过一个卷积核尺寸为 1、步进为 1 的二维卷积层和一个二倍上采样层所形成的输出。FPN 的 P3 输出，是先将本层信息和前一层信息进行矩阵拼接后，再进行一次 5 层二维卷积和卷积核尺寸为 3、步进为 1 的二维卷积层得到。其中，本层信息指的是 C3，前一层信息指的是形成 P4 的数据处理链路的最后一个卷积核尺寸为 3、步进为 1 的二维卷积层的输入端的数据。

3 种典型的单向融合中段网络数据流示意图如图 3-2 所示。其中，1×1Conv 指的是二维卷积层的卷积核的尺寸为 1×1，3×3Conv 指的是二维卷积层的卷积核的尺寸为 3×3，以此类推。

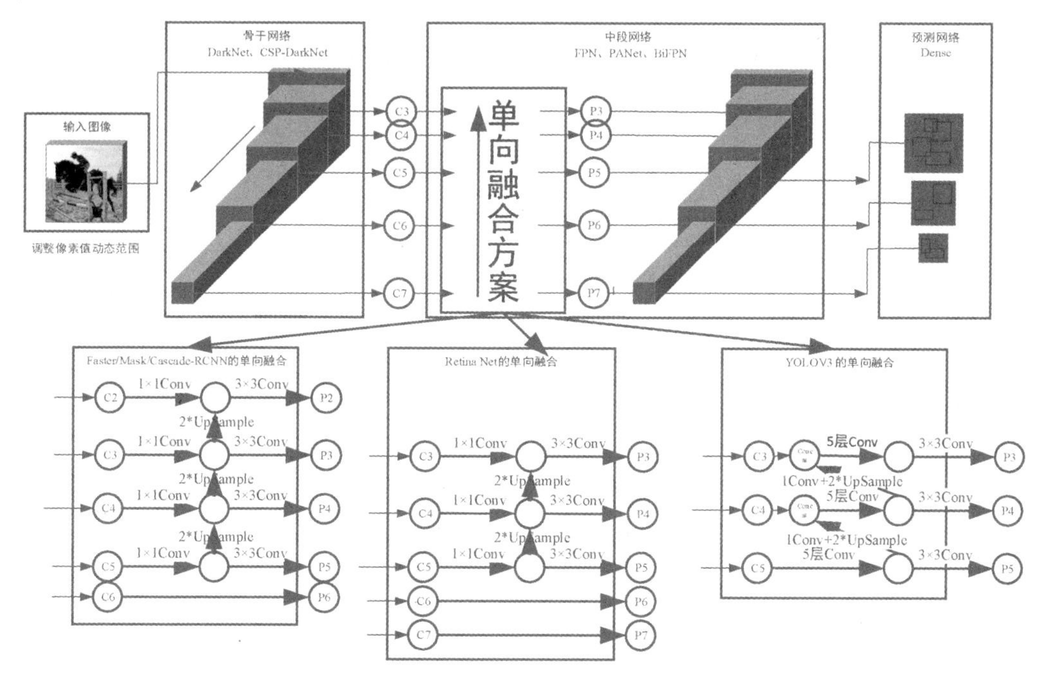

图 3-2　3 种典型的单向融合中段网络数据流示意图

单向融合的中段网络都是从低分辨率、多通道数的特征图向高分辨率、少通道数的特征图方向进行融合的，不同实现方式的差别仅仅是涉及的不同层次的特征图数量和不同层次特征图的融合连接的实现方式。

3.2.2　简单双向融合的中段网络

鉴于单向融合的中段网络的局限性，PANet 在 FPN 单向融合的基础上，增加了从反方向进行二次融合的额外通路，这条额外通路是从高分辨率、少通道数的特征图向低分辨率、多通道数的特征图进行融合的。在 2017 年的 MS COCO 挑战赛中，PANet 获得了实例分割的第 1 名和目标检测的第 2 名，相关论文在 2018 年 5 月发表。

假设骨干网络的输出根据分辨率从高到低用 C1～C*n* 来表示，即 C1 具有最高的分辨率和最少的通道数，*Cn* 具有最低的分辨率和最多的通道数。

对于 PANet 论文中使用的实例分割骨干网络来说，它的骨干网络只有 7 层。其中，中段网络 PANet 只利用了骨干网络的第 3～7 层 5 个层次的特征图信息，即根据分辨率从高到低只使用骨干网络输出的 C3～C7，其中，C7 与 C6 分别是 C6 和 C5 直接施加池化尺寸为 3×3、步进为 2 的二维卷积层操作后得到的。中段网络产生的特征融合输出，根据分辨率从高到低，分别对应 P3～P7，即 P3 的分辨率等于 C3，P4 的分辨率等于 C4，以此类推。PANet 的内部分为左半部分和右半部分，左半部分负责低分辨率向高分辨率的融合，右半部分负责高分辨率向低分辨率的二次融合。左半部分对 C6 和 C7 不做任何操作，但对 C3、C4、C5 这 3 个层次的特征图信息进行处理，C3、C4 都先进行尺寸为 1、步进为 1 的二维卷积层操作，然后与分辨率低一层次的特征图融合，最后进行一个尺寸为 3、步进为 1 的二维卷积层操作后完成左半部分的操作。右半部分对第 3 层先不进行处理，直接形成 P3 输出，然后依次将 P3～P6 输出，进行尺寸为 3、步进为 2 的二维卷积层操作后给到第 4～7 层的左半部分输出，融合后经过尺寸为 3、步进为 1 的二维卷积层操作后形成 P4 到 P7 输出。

YOLOV4 的中段网络使用改版的 PANet，它汲取了 PANet 的灵感，在 FPN 的基础上增加了从高分辨率、少通道数向低分辨率、多通道数的反向二次融合，具有自己独特的方式。YOLOV4 的骨干网络使用的是 CSP-DarkNet，它是一个 5 层的骨干网络，其 PANet 只取用骨干网络输出的 C3、C4、C5。融合结果处理后形成中段网络输出，输出结果按照分辨率从高到低依次被命名为 P3、P4、P5，P3、P4、P5 的分辨率分别与 C3、C4、C5 一致。YOLOV4 的 PANet 同样分为左、右两部分，左半部分负责低分辨率向高分辨率的融合，右半部分负责高分辨率向低分辨率的二次融合。左半部分对 C5 不做任何操作，对 C4 和 C3 则首先进行一个尺寸为 1、步进为 1 的二维卷积层操作，然后与分辨率低一层次的左半部分输出进行融合，分辨率低一层次的左半部分输出在参与融合前需要进行一个尺寸为 1、步进为 1 的二维卷积层操作和二倍上采样操作，融合后的结果进行一个 5 层二维卷积层操作（5 层的卷积核尺寸分别为 1、3、1、3、1，步进均为 1）。右半部分的 P3 输出是由第 3 层的左半部分输出通过一个尺寸为 3、步进为 1 的二维卷积层操作后得到的。右半部分的 P4 输出是由第 3 层的左半部分输出先经过一个尺寸为 3、步进为 2 的二维卷积层操作，然后与第 4 层的左半部分输出进行矩阵拼接，最后通过一个 5 层二维卷积层操作（5 层的卷积核尺寸分别为 1、3、1、3、1，步进均为 1）和一个尺寸为 3、步进为 1 的二维卷积层操作后得到的。P5 输出是 P4 在最后一个二维卷积层操作前的变量先进行卷积核尺寸为 1，步进为 2 的二维卷积层的处理，然后与第 5 层的左半部分输出进行矩阵拼接后，通过一个 5 层二维卷积层操作（5 层的卷积核尺寸分别为 1、3、1、3、1，步进均为 1）和一个尺寸为 3、步进为 1 的二维卷积层操作后得到的。

两种典型的 PANet 中段网络结构和数据流示意图如图 3-3 所示。其中，1×1Conv 代表卷积核尺寸为 1×1 的二维卷积层，3×3/2Conv 代表卷积核尺寸为 3×3 且步进为 2（具有二分之一下采样效果）的二维卷积层，以此类推。

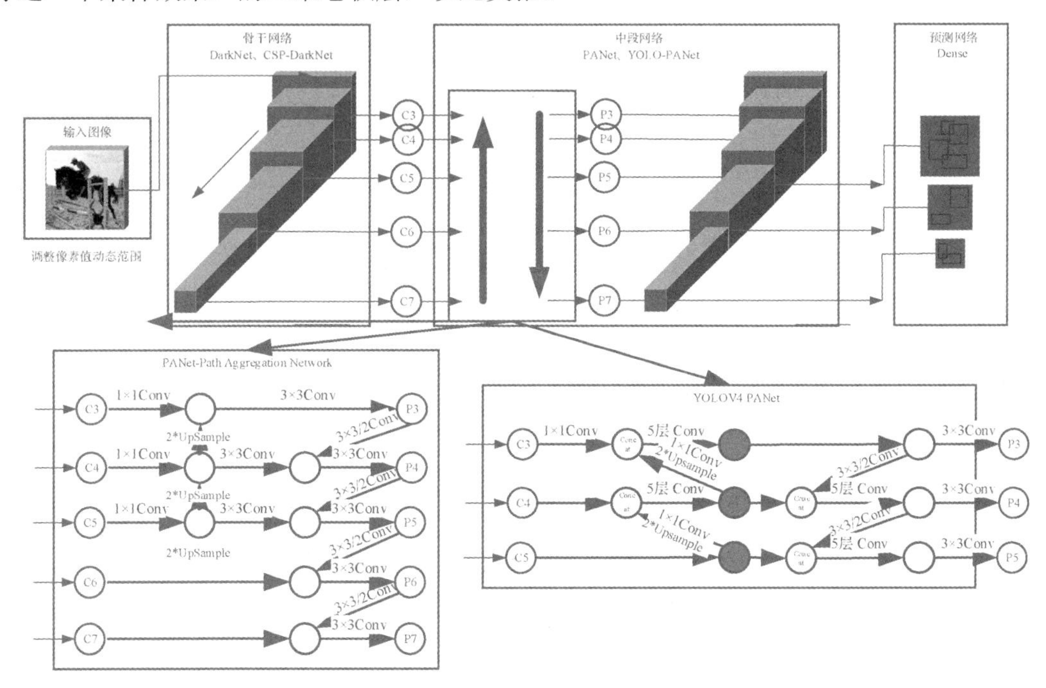

图 3-3　两种典型的 PANet 中段网络结构和数据流示意图

3.2.3　复杂双向融合的中段网络

复杂双向融合的中段网络是一个统称，它将中段网络看成一个小的神经网络，将神经网络设计中用到的特征卷积、特征拼接、跨层残差等操作运用到中段网络的设计中，因此叫作复杂双向融合的中段网络。复杂双向融合的中段网络的一个典型案例是加权双向特征金字塔网络（Weighted Bi-directional Feature Pyramid Network，BiFPN）。

BiFPN 最早是由谷歌团队提出的，首次使用在 EfficientDet 目标检测神经网络中。EfficientDet 是由谷歌团队推出的目标检测神经网络，其骨干网络采用的是 EfficientNet 神经网络，中段网络采用的是 BiFPN。BiFPN 的思路很清晰，它觉得 PANet 只进行了相邻分辨率特征图的融合，并没有实现其他跨分辨率特征图的融合，并且进行多特征图融合时，为多路特征图分配不同的权重会更加合适。基于这个思路，BiFPN 将中段网络看成整个神经网络的一层，由路径搜索算法来确定内部的权重，这就是 BiFPN 的英文全称中带“Weighted”（加权）关键字的原因。并且既然 BiFPN 是层，那么可以反复堆叠，让神经网络自己决定堆叠内部的各个层次特征相互融合的权重。论文找到与其骨干网络 EfficientNet 最为匹配的 BiFPN 的堆叠个数是 3。EfficientNet 神经网络及其内部的 BiFPN 如图 3-4 所示。

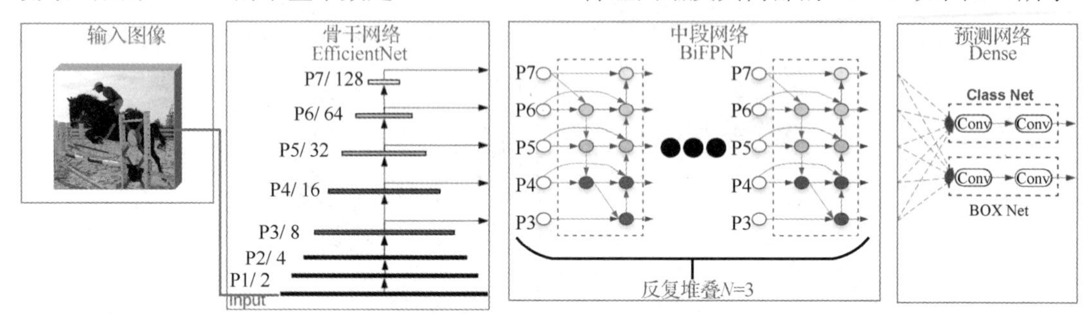

图 3-4　EfficientNet 神经网络及其内部的 BiFPN

除 BiFPN 外，还有其他的复杂双向融合的中段网络，如自适应空间特征融合中段网络、架构搜索特征金字塔中段网络，以及其他层出不穷的中段网络，它们的共同特点是坚持双向融合和多次融合堆叠，只是融合的层级和方式有所不同。

3.3　不同融合方案中段网络的关系和应用

从参与融合的不同层次特征图的角度上看，单向融合的中段网络和简单双向融合的中段网络都是与相邻分辨率特征图的融合方案，复杂双向融合的中段网络是增加更多层次特征图的融合方案。从融合权重的角度上看，单向融合的中段网络和简单双向融合的中段网络都是权重恒为 1 的融合方案，而复杂双向融合的中段网络是可变权重的融合方案。

从某种程度上来说，BiFPN 是 FPN 和 PANet 的一种推广，而 FPN 和 PANet 是 BiFPN 在权重取特殊值时的一种特例。将无融合的中段网络、单向融合的中段网络、简单双向融合的中段网络、复杂双向融合的中段网络放在一起对比，除去具体融合的层级和方式后，3 种典型的中段网络数据流示意图如图 3-5 所示。

单向融合的中段网络、简单双向融合的中段网络、复杂双向融合的中段网络，分别被 3 个典型的目标检测神经网络采用。

YOLOV3 的骨干网络采用的是 DarkNet53，中段网络采用的是名为 FPN 的单向融合的中段网络。YOLOV4 的骨干网络采用的是 CSP-DarkNet，中段网络采用的是名为 PANet 的简单双向融合的中段网络。EfficientDet 目标检测神经网络的骨干网络采用的是 EfficientNet，中段网络采用的是名为 BiFPN 的复杂双向融合的中段网络。

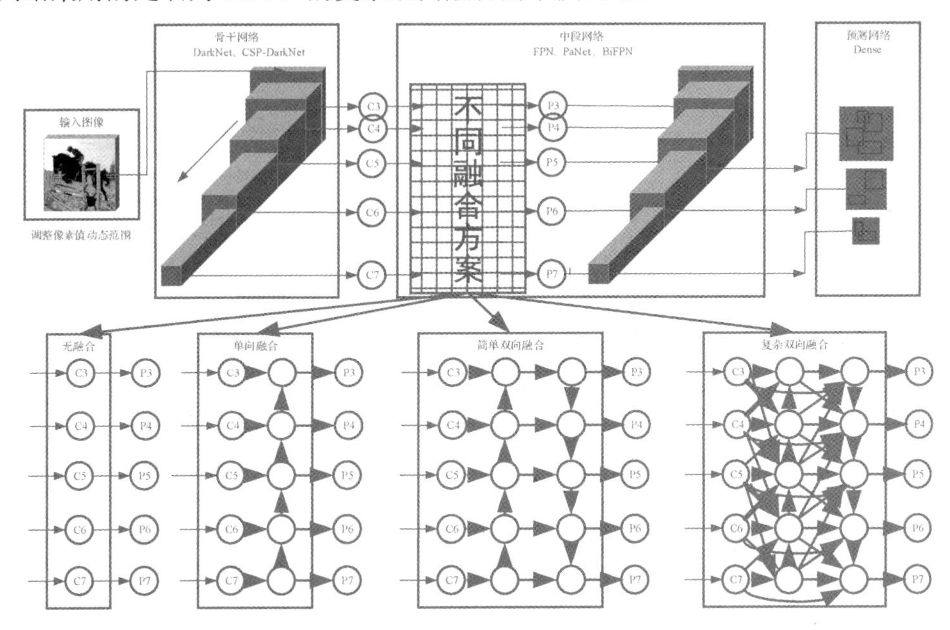

图 3-5　3 种典型的中段网络数据流示意图

4 种典型的目标检测神经网络的骨干网络和中段网络方案组合如表 3-1 所示。

表 3-1　4 种典型的目标检测神经网络的骨干网络和中段网络方案组合

目标检测神经网络	骨干网络	中段网络类型	中段网络名称
SSD	VGG/ResNet/MobileNet	无融合	无
YOLOV3	DarkNet53	单向融合	YOLO-FPN
YOLOV4	CSP-DarkNet	双向融合	PANet（PAN）
EfficientDet	EfficientNet	双向融合	BiFPN

3.4　YOLO 的多尺度特征融合中段网络案例

YOLOV3 和 YOLOV4 分别使用 DarkNet 和 CSP-DarkNet 作为其骨干网络，骨干网络的层数都是 5，YOLO 的中段网络都选用骨干网络中的第 3、4、5 层输出（C3、C4、C5）作为其中段网络的特征融合来源。其中，C3 具有最高的分辨率，其分辨率是输入图像分辨率的 1/8；C4 具有居中的分辨率，其分辨率是输入图像分辨率的 1/16；C5 具有最低的分辨率，其分辨率是输入图像分辨率的 1/32。

YOLOV3 采用单向融合的中段网络，YOLOV4 采用简单双向融合的中段网络 PANet。本节根据之前介绍的中段网络的原理，重点介绍其源代码实现。

3.4.1 YOLOV3 的中段网络及实现

YOLOV3 目标检测神经网络，其中段网络的输入是骨干网络 DarkNet53（不包含分类预测层的实际层数为 52）的第 3、4、5 层的输出特征图（C3、C4、C5）。它们的分辨率分别是输入图像分辨率的 1/8、1/16、1/32，特征图通道数分别是 256、512、1024。根据其分辨率从高到低，C3、C4、C5 分别被命名为 high_res_fm、med_res_fm、low_res_fm（其中的 fm 是 feature map 的简称）。代码如下。

```
def YOLOv3(input_layer, NUM_CLASS):
    high_res_fm, med_res_fm, low_res_fm = backbone.darknet53(
        input_layer)
```

这里为了方便说明，可以约定使用二维卷积层的通道数、卷积核尺寸和步进指代 DarkNet 专用卷积块 DarkNetConv 的通道数、卷积核尺寸和步进。因为每个 DarkNet 专用卷积块 DarkNetConv 内部都有且只有一个二维卷积层，并且数据处理效果也与二维卷积层类似，所以在某种程度上，可以将 DarkNet 专用卷积块 DarkNetConv 视为一种功能更为强大的二维卷积层。

根据中段网络的算法原理，低分辨率特征图（在代码中使用 low_res_fm 表示）通过 5 个级联的 DarkNet 专用卷积块 DarkNetConv 和单个 DarkNet 专用卷积块 DarkNetConv 的处理后形成低分辨率的特征融合输出，在代码中将低分辨率的特征融合输出张量命名为 conv_lobj_branch。其中，lobj 的含义是，低分辨率特征融合输出所预测的目标是大尺寸的目标（Large Object）。5 个级联的 DarkNet 专用卷积块 DarkNetConv 的通道数分别为 512、1024、512、1024、512，卷积核尺寸为 1、3、1、3、1，步进均为 1；单个 DarkNet 专用卷积块 DarkNetConv 的通道数为 1024、卷积核尺寸为 3、步进为 1。至于低分辨率的预测网络，则使用一阶段目标检测常用的 DensePrediction 预测网络，它实际上是一个卷积核尺寸为 1、步进为 1、通道数为 3*(NUM_CLASS+5)的 DarkNet 专用卷积块 DarkNetConv。其中，NUM_CLASS 为目标检测的物体分类数量，预测网络的输出结果被命名为 conv_lbbox。代码如下。

```
    conv = darknetconv(low_res_fm, (1, 1, 1024, 512))
    conv = darknetconv(conv, (3, 3, 512, 1024))
    conv = darknetconv(conv, (1, 1, 1024, 512))
    conv = darknetconv(conv, (3, 3, 512, 1024))
    conv = darknetconv(conv, (1, 1, 1024, 512))
```

```
    conv_lobj_branch = darknetconv(conv, (3, 3, 512, 1024))
    conv_lbbox = darknetconv(
        conv_lobj_branch,
        (1, 1, 1024, 3 * (NUM_CLASS + 5)),
        activate=False, bn=False)
```

中分辨率特征图 med_res_fm 在通过 5 个 DarkNet 专用卷积块 DarkNetConv（它内部含有 5 个二维卷积层）处理之前，需要和来自低分辨率层次的特征信息进行矩阵拼接。拼接的低分辨率层次的特征信息是 low_res_fm 先通过 5 个 DarkNet 专用卷积块 DarkNetConv 所产生的输出，再经过通道数为 256、卷积核尺寸和步进均为 1 的 DarkNet 专用卷积块 DarkNetConv 和二倍上采样处理后形成的输出。拼接后的中分辨率特征图通过 5 个级联的 DarkNet 专用卷积块 DarkNetConv（通道数分别为 256、512、256、512、256，卷积核尺寸为 1、3、1、3、1，步进均为 1）的处理后，形成的输出通过一个通道数为 512、卷积核尺寸为 3、步进为 1 的 DarkNet 专用卷积块 DarkNetConv 的处理后，形成中分辨率的特征融合输出，在代码中将中分辨率的特征融合输出张量命名为 conv_mobj_branch。其中，mobj 的含义是，中分辨率特征融合输出所预测的目标是中尺寸的目标（Medium Object）。至于中分辨率的预测网络，则使用一个卷积核尺寸为 1、步进为 1、通道数为 3*(NUM_CLASS+5) 的 DarkNet 专用卷积块 DarkNetConv。其中，NUM_CLASS 为目标检测的目标分类数量，预测网络的输出结果被命名为 conv_mbbox。代码如下。

```
    conv = darknetconv(conv, (1, 1, 512, 256))
    conv = tf.keras.layers.UpSampling2D(
        2,name="UpSample1")(conv)
    conv = tf.keras.layers.Concatenate(
        axis=-1,name='low_med_Concat')(
            [conv, med_res_fm])

    conv = darknetconv(conv, (1, 1, 768, 256))
    conv = darknetconv(conv, (3, 3, 256, 512))
    conv = darknetconv(conv, (1, 1, 512, 256))
    conv = darknetconv(conv, (3, 3, 256, 512))
    conv = darknetconv(conv, (1, 1, 512, 256))

    conv_mobj_branch = darknetconv(conv, (3, 3, 256, 512))
    conv_mbbox = darknetconv(conv_mobj_branch, (1, 1, 512, 3 *
(NUM_CLASS + 5)), activate=False, bn=False)
```

高分辨率特征图 high_res_fm 的处理方式和中分辨率特征图 med_res_fm 的处理方式一样，只是与其拼接的矩阵，是来自中分辨率层次的特征信息通过的是通道数为 128 的 DarkNet 专用卷积块 DarkNetConv 和二倍上采样处理后的包含了中分辨率特征信息的矩阵，并且后续处理通过的 5 个级联的 DarkNet 专用卷积块 DarkNetConv 的通道数分别为 128、256、128、256、128，卷积核尺寸为 1、3、1、3、1，步进均为 1。在形成高分辨率的特征融合输出之前，还需要经过一个通道数为 256、卷积核尺寸为 3、步进为 1 的 DarkNet 专用卷积块 DarkNetConv 的处理，处理后形成高分辨率的特征融合输出，在代码中将高分辨率的特征融合输出张量命名为 conv_sobj_branch。其中，sobj 的含义是，高分辨率特征融合输出所预测的目标是小尺寸的目标（Small Object）。至于高分辨率的预测网络，同样使用一个卷积核尺寸为 1、步进为 1、通道数为 3*(NUM_CLASS+5)的 DarkNet 专用卷积块 DarkNetConv。其中，NUM_CLASS 为目标检测的目标分类数量，预测网络的输出结果被命名为 conv_sbbox。代码如下。

```
        conv = darknetconv(conv, (1, 1, 256, 128))
        conv = tf.keras.layers.UpSampling2D(
            2,name="UpSample2")(conv)
        conv = tf.keras.layers.Concatenate(
            axis=-1,name='med_high_Concat')(
                [conv, high_res_fm])

        conv = darknetconv(conv, (1, 1, 384, 128))
        conv = darknetconv(conv, (3, 3, 128, 256))
        conv = darknetconv(conv, (1, 1, 256, 128))
        conv = darknetconv(conv, (3, 3, 128, 256))
        conv = darknetconv(conv, (1, 1, 256, 128))

        conv_sobj_branch = darknetconv(conv, (3, 3, 128, 256))
        conv_sbbox = darknetconv(conv_sobj_branch, (1, 1, 256, 3 *
(NUM_CLASS + 5)), activate=False, bn=False)
```

YOLOV3 的中段网络在代码层面是和预测网络一起编写的。每个分辨率的最后两个 DarkNet 专用卷积块 DarkNetConv 属于预测网络。YOLOV3 的 FPN 算法和数据流图如图 3-6 所示。

需要特别注意的是，产生 conv_lobj_branch、conv_mobj_branch、conv_sobj_branch 的 3 个 DarkNet 专用卷积块 DarkNetConv 内部是不使用 BN 层的，其内部的二维卷积层使用偏置变量，但不使用激活函数，这在加载权重时要格外注意。

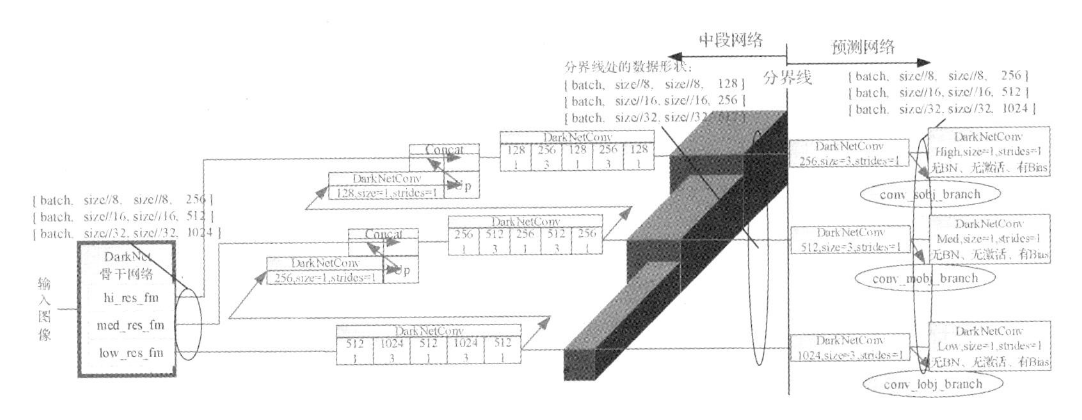

图 3-6　YOLOV3 的 FPN 算法和数据流图

将预测网络关于高分辨率和低分辨率的输出组合成一个列表后，作为整个 YOLOV3 函数的输出，今后将给出预测结果的解码模块。代码如下。

```
def YOLOv3(input_layer, NUM_CLASS):
    ……
    return [conv_sbbox, conv_mbbox, conv_lbbox]
```

假设输入图像的分辨率为 416 像素×416 像素，需要预测的分类数量为 80，那么根据输出的 3 个融合特征图的张量尺寸计算原理，可以计算得到输出的 3 个特征图的分辨率下降到 52 像素×52 像素、26 像素×26 像素、13 像素×13 像素，通道数均为 3×(80+5)=255。测试代码如下。

```
if __name__ == '__main__':
    input_shape = [416,416,3]
    input_data = tf.keras.layers.Input(shape = input_shape)
    NUM_CLASS=80
    model_yolov3 = tf.keras.Model(
        input_data,YOLOv3(input_data, NUM_CLASS))
    # Total params: 62,001,757
    # Trainable params: 61,949,149
    # Non-trainable params: 52,608
    print(model_yolov3.output_shape)
```

输出如下。

```
[(None, 52, 52, 255),
(None, 26, 26, 255),
(None, 13, 13, 255)]
```

3.4.2 YOLOV4 的中段网络 PANet 及实现

假设 YOLOV4 的骨干网络 CSP_DarkNet（不包含分类预测层的实际层数为 78）输出的第 3、4、5 层输出特征图，根据分辨率从高到低分别用 C3、C4、C5 表示，同时根据其分辨率的高低，将其命名为 high_res_fm、med_res_fm、low_res_fm。它们的分辨率分别是输入分辨率的 1/8、1/16、1/32，特征图通道数分别为 256、512、512。需要特别注意的是，low_res_fm 的通道数为 512，它是经过空间金字塔池化结构后的输出，包含了 C5 特征图内的多尺度信息。严格意义上说，空间金字塔池化结构也是中段网络的组成部分，但在 YOLOV4 的官方源代码中，它被放到了骨干网络的末端进行实现，读者需要特别注意。

```
def YOLOv4(input_layer, NUM_CLASS):
    high_res_fm, med_res_fm, low_res_fm = backbone.cspdarknet53(input_layer)
    ……
```

根据 YOLOV4 的中段网络 PANet①的算法原理，YOLOV4 的 PANet 分为左、右两部分。

YOLOV4 的 PANet 左半部分接收来自 CSP-DarkNet 骨干网络的 3 个分辨率的特征图 high_res_fm、med_res_fm、low_res_fm，产生 3 个分辨率的左侧输出 Route_high、Route_med、Route_low。对低分辨率特征图 low_res_fm 不进行任何处理，直接产生左侧的低分辨率输出 Route_low。代码如下（中段网络左半部分输出的 Route_low 在代码中用 route_low 表示）。

```
    route_low = low_res_fm
```

对于中分辨率特征图 med_res_fm，首先通过一个通道数为 256、卷积核尺寸和步进均为 1 的 DarkNet 专用卷积块 DarkNetConv 的处理后，与来自低分辨率特征图的处理输出进行矩阵拼接。其中，低分辨率特征图的处理算法为，将低分辨率特征图 low_res_fm 通过同样的通道数为 256、卷积核尺寸和步进均为 1 的 DarkNet 专用卷积块 DarkNetConv 的处理后，再进行二倍上采样处理，形成处理输出。然后，矩阵拼接后的数据通过 5 个级联的 DarkNet 专用卷积块 DarkNetConv（通道数分别为 256、512、256、512、256，卷积核尺寸为 1、3、1、3、1，步进均为 1）的处理后，形成的输出作为中分辨率左侧输出（中段网络左半部分输出的 Route_med 在代码中使用 route_med 表示）。代码如下。

```
    low_res = darknetconv(
        low_res_fm, (1, 1, 512, 256))
    low_res = tf.keras.layers.UpSampling2D(
        2,name="UpSample1")(low_res)
    med_res = darknetconv(med_res_fm, (1, 1, 512, 256))
```

① YOLOV4 的中段网络 PANet 的结构与 PANet 论文中所提到的中段网络类似但又不完全相同，但为简便起见，以下简称为 YOLOV4 的 PANet。

```
med_low_Concat = tf.keras.layers.Concatenate(
    axis=-1,name='med_low_Concat')(
        [med_res, low_res])
conv = darknetconv(med_low_Concat, (1, 1, 512, 256))
conv = darknetconv(conv, (3, 3, 256, 512))
conv = darknetconv(conv, (1, 1, 512, 256))
conv = darknetconv(conv, (3, 3, 256, 512))
conv = darknetconv(conv, (1, 1, 512, 256))
route_med = conv
```

对于高分辨率特征图 high_res_fm，首先通过一个通道数为 128、卷积核尺寸和步进均为 1 的 DarkNet 专用卷积块 DarkNetConv 的处理后，与来自中分辨率左侧输出的处理输出进行矩阵拼接；其中，中分辨率左侧输出的处理算法为，将中分辨率左侧输出 Route_med 通过同样的通道数为 128、卷积核尺寸和步进均为 1 的 DarkNet 专用卷积块 DarkNetConv 的处理后，再进行二倍上采样处理形成处理输出。然后，矩阵拼接后的数据通过 5 个级联的 DarkNet 专用卷积块 DarkNetConv（通道数分别为 128、256、128、256、128，卷积核尺寸为 1、3、1、3、1，步进均为 1）的处理后，形成的输出作为高分辨率左侧输出（中段网络左半部分输出的 Route_high 在代码中使用 route_high 表示）。代码如下。

```
conv = darknetconv(conv, (1, 1, 256, 128))
conv = tf.keras.layers.UpSampling2D(
    2,name="UpSample2")(conv)
high_res = darknetconv(high_res_fm, (1, 1, 256, 128))
high_med_Concat = tf.keras.layers.Concatenate(
    axis=-1,name='high_med_Concat')(
        [high_res, conv])
conv = darknetconv(high_med_Concat, (1, 1, 256, 128))
conv = darknetconv(conv, (3, 3, 128, 256))
conv = darknetconv(conv, (1, 1, 256, 128))
conv = darknetconv(conv, (3, 3, 128, 256))
conv = darknetconv(conv, (1, 1, 256, 128))
route_high = conv
```

这样，从 YOLOV4 的骨干网络 CSP-DarkNet 的 3 个分辨率特征图输出（在代码中分别使用 high_res_fm、med_res_fm、low_res_fm 表示），通过中段网络左侧处理，形成的从低分辨率向高分辨率融合的左侧输出分别被命名为 Route_high、Route_med、Route_low，它们的通道数分别为 128、256、512，它们的分辨率与同级别的输入特征图的分辨率保持不变。YOLOV4 的 PANet 左侧算法和数据流图如图 3-7 所示。

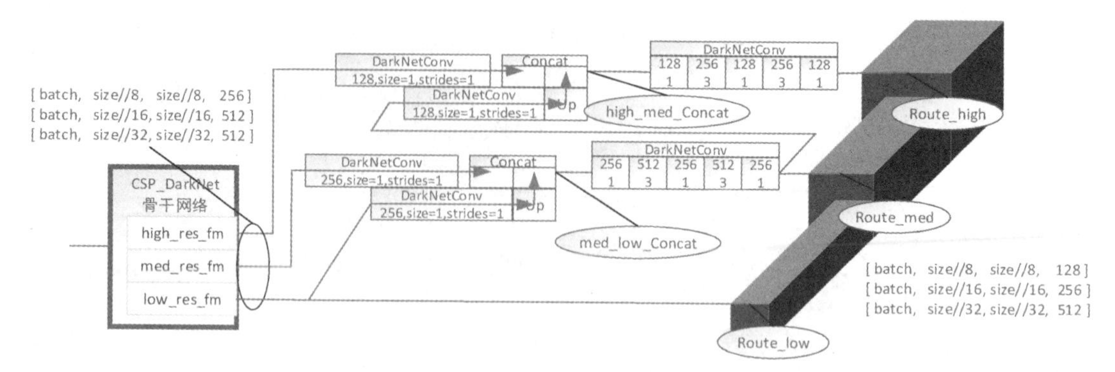

图 3-7　YOLOV4 的 PANet 左侧算法和数据流图

YOLOV4 的 PANet 右侧接收来自 PANet 左侧的 3 个分辨率的融合特征图输出（分别为 Route_high、Route_med、Route_low），产生整个特征融合中段网络输出，输出分别被命名为 conv_sbbox, conv_mbbox, conv_lbbox。其中，高分辨率中段网络输出被命名为 conv_sbbox，因为高分辨率中段网络输出可以预测尺寸较小的矩形框，sbbox 表示小尺寸矩形框。同理，中分辨率中段网络输出被命名为 conv_mbbox，可以预测中尺寸矩形框。低分辨率中段网络输出被命名为 conv_lbbox，可以预测大尺寸矩形框。

对于图 3-7 中 PANet 左侧的高分辨率输出 Route_high，PANet 右侧网络的处理较为简单，直接将 Route high 连接一个通道数为 256、卷积核尺寸为 3、步进为 1 的 DarkNet 专用卷积块 DarkNetConv 后，再连接一个通道数为 3 * (NUM_CLASS + 5)的 DarkNet 专用卷积块 DarkNetConv，这样该条通路的数据通道数将被调整为 3 * (NUM_CLASS + 5)，这就是最终的高分辨率的预测输出，输出结果被命名为 conv_sbbox。注意，最后的这个通道数为 3 * (NUM_CLASS + 5)的 DarkNet 专用卷积块 DarkNetConv 的内部是不包含 BN 层组件的，即 BN 层的开关被设置为关闭，代码中对应“bn=False”的部分。根据 DarkNet 专用卷积块 DarkNetConv 的性质，如果其内部不设置 BN 层组件，那么其内部的二维卷积层就一定是“无激活、有 Bias”的（二维卷积层不设置激活函数，但是具备偏置变量）。设置代码如下。

```
conv = darknetconv(conv, (3, 3, 128, 256))
conv_sbbox = darknetconv(
    conv, (1, 1, 256, 3 * (NUM_CLASS + 5)),
    activate=False, bn=False)
```

对于图 3-7 中 PANet 左侧的中分辨率输出 Route_med，首先，PANet 右侧网络将其与来自 Route_high 的数据进行矩阵拼接，形成图 3-8 中名为 high_med_R_concat 的数据。其中，Route_high 的数据处理算法为，将 Route_high 数据送入一个通道数为 256、卷积核尺寸为 3、步进为 2 的 DarkNet 专用卷积块 DarkNetConv，由于该 DarkNet 专用卷积块 DarkNetConv 的步进为 2，所以它具有二分之一下采样的作用。然后，PANet 右侧网络将 high_med_R_concat

数据送入 5 个级联的 DarkNet 专用卷积块 DarkNetConv（通道数分别为 256、512、256、512、256，卷积核尺寸为 1、3、1、3、1，步进均为 1）进行处理，形成中分辨率通路在右侧的中间过程数据。这个中间过程数据在图 3-8 中被命名为 Route_med_R。Route_med_R 分为两支，其中一支通过一个通道数为 512、卷积核尺寸为 3、步进为 1 的 DarkNet 专用卷积块 DarkNetConv 后，再通过一个 DarkNet 专用卷积块 DarkNetConv 调整为通道数为 3 * (NUM_CLASS + 5)的数据后，形成中分辨率的预测输出，该预测输出被命名为 conv_mbbox。注意，最后的这个通道数为 3 * (NUM_CLASS + 5)的 DarkNet 专用卷积块 DarkNetConv 的内部不设置 BN 层组件，同时其内部的二维卷积层不设置激活函数，但是具备偏置变量。设置代码如下。

```
conv = darknetconv(
    route_high, (3, 3, 128, 256), downsample=True)
high_med_R_Concat = tf.keras.layers.Concatenate(
    axis=-1,name='high_med_R_Concat')(
        [conv, route_med])
conv = darknetconv(high_med_R_Concat, (1, 1, 512, 256))
conv = darknetconv(conv, (3, 3, 256, 512))
conv = darknetconv(conv, (1, 1, 512, 256))
conv = darknetconv(conv, (3, 3, 256, 512))
conv = darknetconv(conv, (1, 1, 512, 256))
route_med_R = conv
conv = darknetconv(conv, (3, 3, 256, 512))
conv_mbbox = darknetconv(
    conv, (1, 1, 512, 3 * (NUM_CLASS + 5)),
    activate=False, bn=False)
```

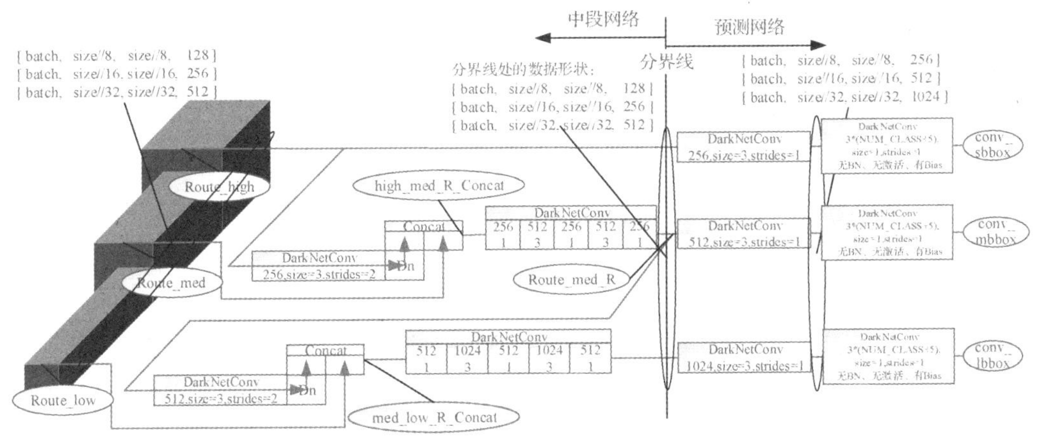

图 3-8　YOLOV4 的 PANet 右侧算法和数据流图

对于图 3-7 中 PANet 左侧的低分辨率输出 Route_low，首先，PANet 右侧网络将其与来自 Route_med_R 的数据进行矩阵拼接，形成图 3-8 中名为 med_low_R_concat 的数据。其中 Route_med_R 的数据处理算法为，将 Route_med_R 数据送入一个通道数为 512、卷积核尺寸为 3、步进为 2 的 DarkNet 专用卷积块 DarkNetConv，由于该 DarkNet 专用卷积块 DarkNetConv 的步进为 2，所以它具有二分之一下采样的作用。然后，PANet 右侧网络将 med_low_R_concat 数据送入 5 个级联的 DarkNet 专用卷积块 DarkNetConv（通道数分别为 512、1024、512、1024、512，卷积核尺寸为 1、3、1、3、1，步进均为 1）进行处理，形成低分辨率通路在右侧的中间过程数据。这个中间过程数据通过一个通道数为 1024、卷积核尺寸为 3、步进为 1 的 DarkNet 专用卷积块 DarkNetConv 后，再通过一个 DarkNet 专用卷积块 DarkNetConv 调整为通道数为 3 * (NUM_CLASS + 5)的数据后，形成低分辨率的预测输出，该预测输出被命名为 conv_lbbox。注意，最后的这个通道数为 3 * (NUM_CLASS + 5)的 DarkNet 专用卷积块 DarkNetConv 的内部不设置 BN 层组件，同时其内部的二维卷积层不设置激活函数，但是具备偏置变量。设置代码如下。

```
conv = darknetconv(
    route_med_R, (3, 3, 256, 512), downsample=True)
med_low_R_Concat = tf.keras.layers.Concatenate(
    axis=-1,name='med_low_R_Concat')(
        [conv, route_low])
conv = darknetconv(med_low_R_Concat, (1, 1, 1024, 512))
conv = darknetconv(conv, (3, 3, 512, 1024))
conv = darknetconv(conv, (1, 1, 1024, 512))
conv = darknetconv(conv, (3, 3, 512, 1024))
conv = darknetconv(conv, (1, 1, 1024, 512))

conv = darknetconv(conv, (3, 3, 512, 1024))
conv_lbbox = darknetconv(
    conv, (1, 1, 1024, 3 * (NUM_CLASS + 5)),
    activate=False, bn=False)
```

总的来说，从 YOLOV4 的骨干网络 CSP-DarkNet 的 3 个分辨率特征图（high_res_fm、med_res_fm、low_res_fm）输出，先通过中段网络左侧处理，形成从低分辨率向高分辨率融合的左侧输出（Route_high、Route_med、Route_low，它们的通道数分别为 128、256、512，分辨率与输入的分辨率保持不变）；然后经过中段网络右侧处理，形成与 Route_med_R 上下相邻的右侧中间数据，这些右侧中间数据的通道数分别为 128、256、512，它们的分辨率与输入的分辨率保持不变；最后 3 个分辨率的中间数据经过卷积核尺寸为 3、步进为 1 的

DarkNet 专用卷积块 DarkNetConv 和用于调整通道数的 DarkNet 专用卷积块 DarkNetConv 处理后，形成通道数均为 3 * (NUM_CLASS + 5)、但分辨率各自保持不变的中段网络输出，中段网络输出共计 3 个，分别将其命名为 conv_sbbox、conv_mbbox、conv_lbbox。

值得注意的是，YOLOV4 的 PANet 在代码层面是和预测网络一起编写的。与 Route_med_R 上下相邻的右侧中间数据的通道数分别为 128、256、512，它们是真正的 YOLOV4 的 PANet 输出。每个分辨率的最后两个 DarkNet 专用卷积块 DarkNetConv 属于预测网络，负责将融合数据转换为预测数据。

将预测网络关于高分辨率和低分辨率的输出组合成一个列表后，作为整个 YOLOV4 函数的输出，今后将给到预测结果的解码模块。代码如下。

```
def YOLOv4(input_layer, NUM_CLASS):
    ......
    return [conv_sbbox, conv_mbbox, conv_lbbox]
```

假设输入图像的分辨率是 416 像素×416 像素，需要预测的分类数量为 80，那么根据输出的 3 个融合特征图的张量尺寸计算原理，可以计算得到输出的 3 个特征图的分辨率下降到 52 像素×52 像素、26 像素×26 像素、13 像素×13 像素，通道数均为 3×(80+5)=255。测试代码如下。

```
if __name__ == '__main__':
    input_shape = [416,416,3]
    input_layer = tf.keras.layers.Input(shape = input_shape)
    NUM_CLASS=80
    model_yolov4 = tf.keras.Model(
        input_layer,YOLOv4(input_layer, NUM_CLASS))
    # Total params: 64,429,405
    # Trainable params: 64,363,101
    # Non-trainable params: 66,304
    print(model_yolov4.output_shape)
```

输出如下。

```
[(None, 52, 52, 255),
(None, 26, 26, 255),
(None, 13, 13, 255)]
```

相应地，在输入图像的分辨率为 512 像素×512 像素的情况下，输出分辨率为 64 像素×64 像素、32 像素×32 像素、16 像素×16 像素。

更一般地，如果将不同形状的矩阵看作存储着不同分辨率下的特征信息的载体，那么中段网络就是在矩阵形状不一致（或者称为在分辨率不一致）情况下，实现特征融合功能的一种有效方法。这种方法具备一般性，不仅仅适用于目标识别神经网络中。

3.4.3 YOLOV3-tiny 和 YOLOV4-tiny 版本的中段网络及实现

YOLOV3-tiny 和 YOLOV4-tiny 版本主要针对资源开销敏感的应用场景，其骨干网络也分别采用较为简单的 DarkNet-tiny（不包含分类预测层的实际层数为 7）和 CSP-DarkNet-tiny（不包含分类预测层的实际层数为 15）版本，为其中段网络提供的特征图也仅限于中分辨率和低分辨率特征图，同时，中段网络本身采用的也是最为简单的单向融合的中段网络。

假设 YOLOV3-tiny 和 YOLOV4-tiny 版本的骨干网络输出的特征图按照分辨率从中到低分别被命名为 C4、C5，在代码中分别被命名为 med_res_fm、low_res_fm，它们的分辨率分别是输入图像分辨率的 1/16、1/32。YOLOV3-tiny 的 med_res_fm、low_res_fm 特征图通道数分别为 256、1024，YOLOV4-tiny 的 med_res_fm、low_res_fm 特征图通道数分别为 256、512。

YOLOV3-tiny 和 YOLOV4-tiny 版本的中段网络的算法及数据流图完全一样，以 YOLOV3-tiny 为例，其低分辨率特征图 low_res_fm 通过一个通道数为 256、卷积核尺寸为 1、步进为 1 的 DarkNet 专用卷积块 DarkNetConv 后直接作为中段网络部分的低分辨率输出，紧接着通过预测网络[①]后产生输出，输出结果被命名为 conv_lbbox。代码如下。

```
def YOLOv3_tiny(input_layer, NUM_CLASS):
    med_res_fm, low_res_fm = backbone.darknet53_tiny(
        input_layer)
    # 调试时可使用tf.print(med_res_fm.shape,low_res_fm.shape)
    # 矩阵尺寸为[None, 26, 26, 256] [None, 13, 13, 1024]
    conv = darknetconv(low_res_fm, (1, 1, 1024, 256))

    conv_lobj_branch = darknetconv(conv, (3, 3, 256, 512))
    conv_lbbox = darknetconv(
        conv_lobj_branch,
         (1, 1, 512, 3 * (NUM_CLASS + 5)),
        activate=False, bn=False)
```

低分辨率特征图 low_res_fm 通过第一个 DarkNet 专用卷积块 DarkNetConv 后的输出（变量名为 conv）实际上进行了二分支，其中一个分支用于生成 conv_lbbox，另一个分支则

① 预测网络由一个通道数为 512、卷积核尺寸为 3、步进为 1 的 DarkNet 专用卷积块 DarkNetConv 和一个通道数为 3 * (NUM_CLASS + 5)、卷积核尺寸为 1、步进为 1 的 DarkNet 专用卷积块 DarkNetConv 组成。

提供给中分辨率进行特征融合。中分辨率进行特征融合分支上的 conv 先通过一个通道数为 128、卷积核尺寸为 1、步进为 1 的 DarkNet 专用卷积块 DarkNetConv，再进行二倍上采样，与中分辨率特征图 med_res_fm 进行矩阵拼接，作为中段网络部分的中分辨率输出，紧接着通过预测网络[①]后产生输出，输出结果被命名为 conv_mbbox。

将预测网络关于中分辨率和低分辨率的输出组合成一个列表后，作为整个 YOLOV3-tiny 函数的输出。代码如下。

```
    conv = darknetconv(conv, (1, 1, 256, 128))
    conv = tf.keras.layers.UpSampling2D(2)(conv)
    conv = tf.keras.layers.Concatenate(
        axis=-1,name='low_med_Concat')(
            [conv, med_res_fm])

    conv_mobj_branch = darknetconv(conv, (3, 3, 384, 256))
    conv_mbbox = darknetconv(
        conv_mobj_branch, (1, 1, 256, 3 * (NUM_CLASS + 5)),
        activate=False, bn=False)

    return [conv_mbbox, conv_lbbox]
```

YOLOV3-tiny 的中段网络（含预测网络部分）的算法和数据流图如图 3-9 所示。

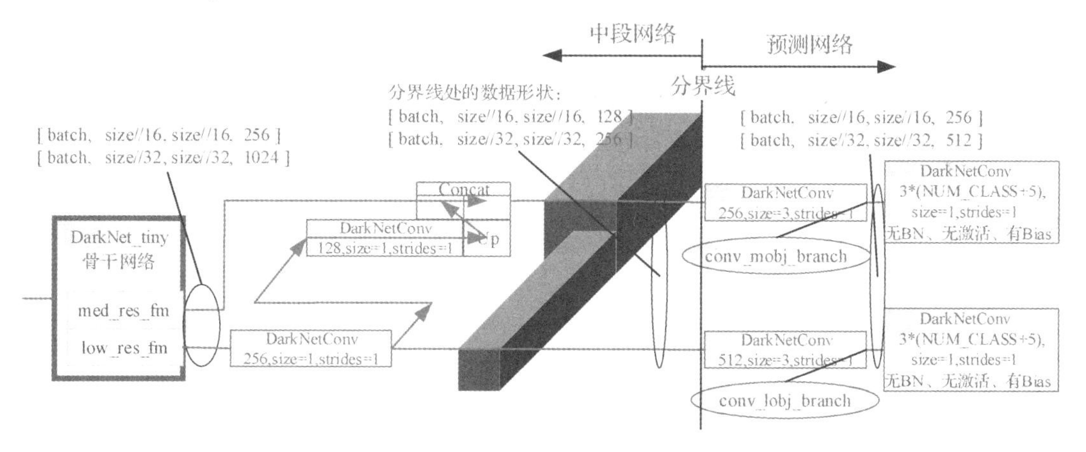

图 3-9　YOLOV3-tiny 的中段网络（含预测网络）的算法和数据流图

除函数名称不同外，YOLOV4-tiny 的中段网络代码与 YOLOV3-tiny 的中段网络代码的

① 预测网络由一个通道数为 256、卷积核尺寸为 3、步进为 1 的 DarkNet 专用卷积块 DarkNetConv 和一个通道数为 3 * (NUM_CLASS + 5)、卷积核尺寸为 1、步进为 1 的 DarkNet 专用卷积块 DarkNetConv 组成。

算法代码一模一样，也是将预测网络关于中分辨率和低分辨率的输出组合成一个列表后，作为整个 YOLOV4-tiny 函数的输出。代码如下。

```
def YOLOv4_tiny(input_layer, NUM_CLASS):
    med_res_fm, low_res_fm = backbone.cspdarknet53_tiny(
        input_layer)
    # 调试时不得使用 Python 的 print，只能使用 tf.print(med_res_fm.shape,
low_res_fm. shape)
    # 矩阵尺寸为[None, 26, 26, 256]、[None, 13, 13, 512]

    conv = darknetconv(low_res_fm, (1, 1, 512, 256))

    conv_lobj_branch = darknetconv(conv, (3, 3, 256, 512))
    conv_lbbox = darknetconv(
        conv_lobj_branch, (1, 1, 512, 3 * (NUM_CLASS + 5)),
        activate=False, bn=False)

    conv = darknetconv(conv, (1, 1, 256, 128))
    conv = tf.keras.layers.UpSampling2D(2)(conv)
    conv = tf.keras.layers.Concatenate(
        axis=-1,name='low_med_Concat')(
            [conv, med_res_fm])

    conv_mobj_branch = darknetconv(conv, (3, 3, 384, 256))
    conv_mbbox = darknetconv(
        conv_mobj_branch, (1, 1, 256, 3 * (NUM_CLASS + 5)),
        activate=False, bn=False)

    return [conv_mbbox, conv_lbbox]
```

YOLOV4-tiny 的中段网络的算法和数据流图如图 3-10 所示。

总的来说，YOLOV3-tiny 和 YOLOV4-tiny 都只从骨干网络中提取两个分辨率的特征图输出，并将这两个分辨率的特征图输出分别将 med 和 low 作为前缀进行命名，将其分别命名为 med_res_fm、low_res_fm。这两个分辨率的特征图输出通过单向融合的中段网络形成通道数分别为 128、256 的中段网络输出。中段网络输出经过预测网络的处理，形成通道数都是 3 * (NUM_CLASS + 5)、但分辨率各自保持不变的预测网络输出，预测网络的输出分别命名被为 conv_mbbox、conv_lbbox。

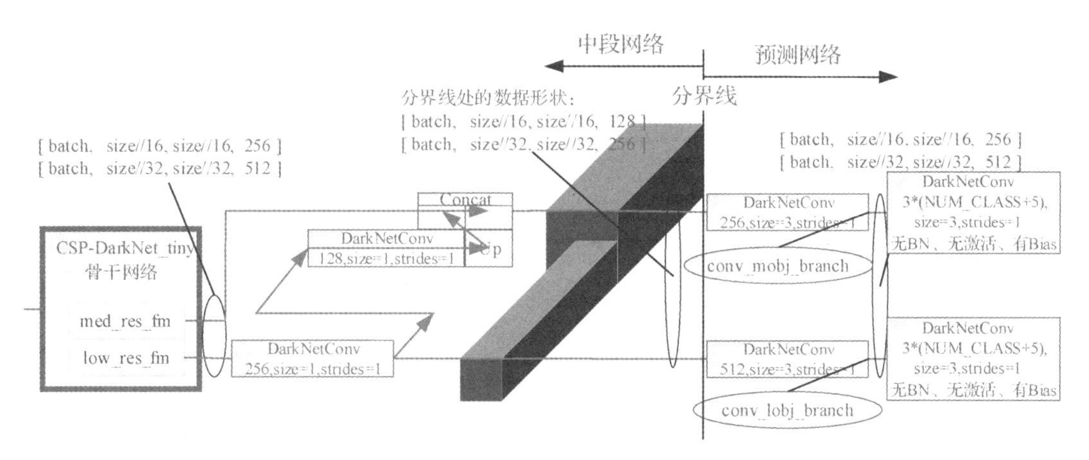

图 3-10　YOLOV4-tiny 的中段网络的算法和数据流图

假设输入图像的分辨率是 416 像素×416 像素，需要预测的分类数量为 80，那么根据输出的 2 个融合特征图的张量尺寸计算原理，可以计算得到输出的 2 个特征图分辨率下降到 26 像素×26 像素、13 像素×13 像素，通道数均为 3×(80+5)=255。YOLOV3-tiny 模型的测试代码如下。

```
if __name__ == '__main__':
    input_shape = [416,416,3]
    input_layer = tf.keras.layers.Input(shape = input_shape)
    NUM_CLASS=80
    model_yolov3_tiny = tf.keras.Model(
        input_layer,YOLOv3_tiny(input_layer, NUM_CLASS))
    # Total params: 8,858,734
    # Trainable params: 8,852,366
    # Non-trainable params: 6,368
    print(model_yolov3_tiny.output_shape)
    # [(None, 26, 26, 255), (None, 13, 13, 255)]
```

YOLOV4-tiny 模型的测试代码如下。

```
if __name__ == '__main__':
    input_shape = [416,416,3]
    input_layer = tf.keras.layers.Input(shape = input_shape)
    NUM_CLASS=80
    model_yolov4_tiny = tf.keras.Model(
        input_layer,YOLOv4_tiny(input_layer, NUM_CLASS))
    # Total params: 6,062,814
```

```
# Trainable params: 6,056,606
# Non-trainable params: 6,208
print(model_yolov4_tiny.output_shape)
# [(None, 26, 26, 255), (None, 13, 13, 255)]
```

3.5 神经网络输出的解码

中段网络和预测网络的输出需要继续通过解码网络的处理，才能形成具有物理含义的预测信息。

3.5.1 融合特征图的几何含义

预测网络的输出是具有不同分辨率特征的数据，如果是 YOLOV3 或 YOLOV4 模型的预测网络，那么输出的融合特征图有高、中、低 3 个分辨率：[conv_sbbox, conv_mbbox, conv_lbbox]。其中，高分辨率特征图可以预测小尺寸矩形框（small bounding box，sbbox），以此类推。如果使用的是 YOLOV3-tiny 或 YOLOV4-tiny 模型的预测网络，那么输出的融合特征图有中、低两个分辨率：[conv_mbbox, conv_lbbox]。

如果输入图像的尺寸用 size 标记，目标检测需要区分的物体种类有 NUM_CLASS 类，那么 conv_sbbox 的形状是[batch, size/32, size/32, 3*(NUM_CLASS+5)]，conv_mbbox 的形状是[batch, size/16, size/16, 3*(NUM_CLASS+5)]，conv_lbbox 的形状是[batch, size/32,size/32, 3*(NUM_CLASS+5)]。

如果将 conv_sbbox、conv_mbbox、conv_lbbox 统一用 conv_output 表示，代表融合特征图，将 size/32、size/16、size/8 统一用 grid_size 表示，代表融合特征图的分辨率，那么神经网络输出的形状为[batch, grid_size, grid_size, 3*(5+NUM_CLASS)]的四维矩阵 conv_output 就可以重组成形状为[batch, grid_size, grid_size, 3, (5+NUM_ CLASS)]的五维矩阵，重组后的矩阵依旧被命名为 conv_output。

我们需要关注重组后矩阵 conv_output 的[grid_size, grid_size]这个维度，可以将融合特征图理解为神经网络的预测结果，按照 grid_size×grid_size 的排列方式密集地堆满整个画幅。根据感受野（Receptive Field，RF）理论，显然，conv_output 中的每个元素都对应着原图上的某个像素范围的感受野。例如，假设原始图像是分辨率为 416 像素×416 像素 RGB 彩色图像，产生的低分辨率融合特征图的分辨率为 13 像素×13 像素，那么缩放比等于 1/32，其含义是融合特征图的一个特征像素点对应原图某个局部感受野区域，这个局部感受野区域的位置可能根据特征像素点的位置变化而变化，但这个局部感受野区域一定是一个 32 像素×32 像素的局部区域。

如果提取 conv_output 矩阵中索引为[batch, 0, 0, :, :]的元素，那么将会得到一个形状为[3, (5+NUM_CLASS)]的矩阵，这个矩阵代表了根据神经网络针对融合特征图的第 0 行第 0 列处进行预测，也就是对原图左上角分辨率为 32 像素×32 像素的原图感受野（即原图第 0 行到第 31 行，第 0 列到第 32 列所组成的感受野）所进行的预测。同理，[batch, 7, 6, :, :]可以提取到根据神经网络针对融合特征图的第 7 行第 6 列（zero_based，从 0 开始算起，而不是从 1 开始算起）所进行的预测，也就是对原图从左上角向下第 7 个和向右第 6 个区域（32 像素×32 像素范围的感受野区域）所进行的预测。融合特征图像素在原图上的感受野对应关系示意图如图 3-11 所示。

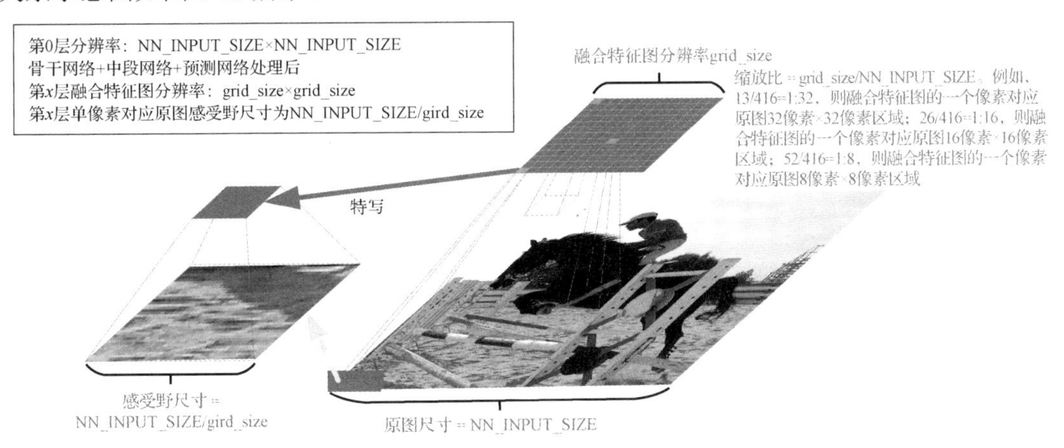

图 3-11　融合特征图像素在原图上的感受野对应关系示意图

接下来，我们设计一个解码网络的函数，该函数的名称为 decode_train，利用 conv_output 矩阵的像素排列几何含义，对需要预测的矩形框中心点坐标、宽度和高度、前背景概率分类概率进行解码。解码网络函数 decode_train 不涉及任何可训练的神经网络，仅根据输出数据的物理定义，将输入数据进行动态范围、相互关系、矩阵形状的转换。

解码网络的第一步是从输入数据中提取特征融合的相关信息，包括输入数据的第一个维度——打包信息（batch_size），输入数据的第二个、第三个维度——本层次的特征图分辨率（grid_size），提取这些信息后供后续解码网络处理使用。解码网络的第二步是对特征融合的数据进行矩阵形状的重组，将最后一个维度从 3*(NUM_CLASS+5)扩充两个维度，即成为[3,(NUM_CLASS+5)]，从而使得整个矩阵的形状成为[batch,grid_size,grid_size,3,(5+NUM_CLASS)]，变量被命名为 conv_output。代码如下。

```
def decode_train(
        conv_output,NUM_CLASS,anchors,xyscale=1,
        decode_output_name=None):
    # conv_output 的形状是[b,grid_size,grid_size,3*(5+NUM_CLASS)]
```

```
    # 如果NUM_CLASS=20，那么形状是[batch,grid_size,grid_size,75]
    # 提取特征图参数
    batch_size = tf.shape(conv_output)[0]
    grid_size = tf.shape(conv_output)[1:3]
    # Reshape和Split神经网络输出矩阵
    conv_output = tf.reshape(
        conv_output,
        (batch_size,grid_size[0],grid_size[1],3,5+NUM_CLASS))
```

我们可以人为定义 conv_output 矩阵的倒数第二个维度代表 3 种横纵比的矩形锚框。人为定义 conv_output 矩阵的最后一个维度的信息如下。

第 0 位到第 1 位被命名为 conv_raw_dxdy，代表了预测矩形框的中心点 x、y 坐标的相关信息，动态范围是(−inf, +inf)。

第 2 位到第 3 位被命名为 conv_raw_dwdh，代表了预测物体宽度和高度的相关信息，动态范围是(−inf, +inf)。

第 4 位被命名为 conv_raw_conf，代表了该区域包含物体的置信度，动态范围是[−inf, +inf]。

第 5 位到第[(NUM_CLAS+5)-1]位（合计 NUM_CLASS 位）被命名为 conv_raw_prob，代表了在存在物体的前提下属于某个分类的条件概率相关信息，动态范围是(−inf, +inf)。

YOLO 网络预测结果的数据结构内涵图如图 3-12 所示。

将神经网络输出按照其物理含义进行拆分的代码如下。

```
    (conv_raw_dxdy, conv_raw_dwdh,
     conv_raw_conf, conv_raw_prob) = tf.split(
        conv_output,(2, 2, 1, NUM_CLASS), axis=-1)
```

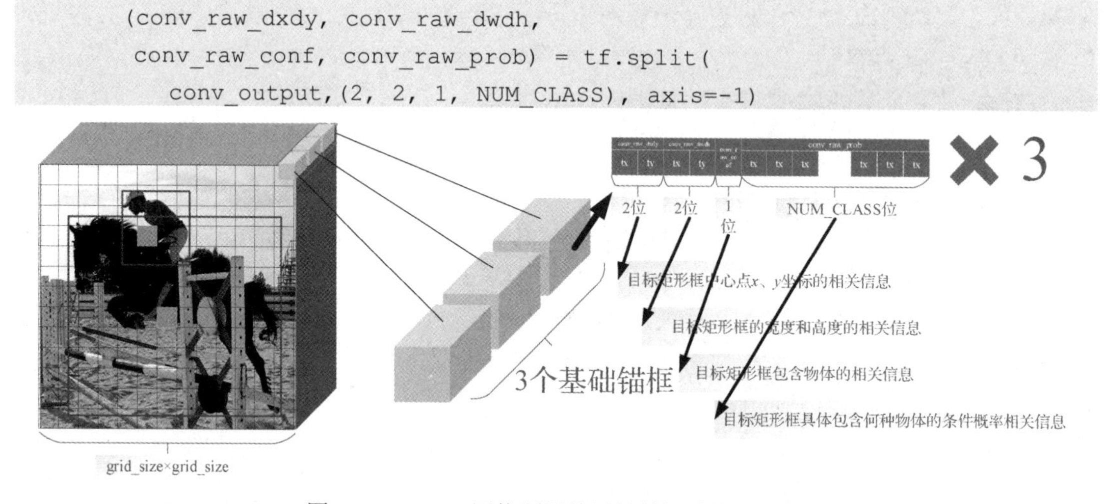

图 3-12　YOLO 网络预测结果的数据结构内涵图

3.5.2 矩形框中心点坐标的解码

虽然人为定义了 conv_raw_dxdy（conv_output 最后一个维度的第 0、1 个切片）的含义是预测矩形框中心点 x、y 坐标，但其动态范围是(−inf,+inf)，这是非常糟糕的。因为矩形框中心点坐标不会超出整个画幅，如果以整个画幅为单位 1，那么中心点坐标的动态范围应该是[0,1]。计算机视觉工程师要做的就是对 conv_raw_dxdy 进行适当变换，让它的动态范围更符合其物理意义。

sigmoid 函数具有良好的性质，它的定义域为(−inf,+inf)，值域为[0,1]，符合矩形框中心点坐标的物理意义。sigmoid 函数的定义如式（3-1）所示。

$$y = f_{\text{sigmoid}}(x) = \frac{1}{1+\mathrm{e}^{-x}}，\ x \in (-\infty, +\infty)，\ f_{\text{sigmoid}}(x) \in (0,1) \tag{3-1}$$

同时，它在定义域内是连续的光滑函数，这意味着它的导数处处存在，在进行梯度计算时不会出现不确定的梯度数值，sigmoid 函数的导数如式（3-2）所示。

$$\frac{\mathrm{d}y}{\mathrm{d}x} = \frac{\mathrm{d}\left(f_{\text{sigmoid}}\right)}{\mathrm{d}x} = \frac{\mathrm{e}^{x}}{\left(1+\mathrm{e}^{x}\right)^{2}} = f_{\text{sigmoid}}(x)\left[1 - f_{\text{sigmoid}}(x)\right] \tag{3-2}$$

sigmoid 函数及其导数的示意图如图 3-13 所示。

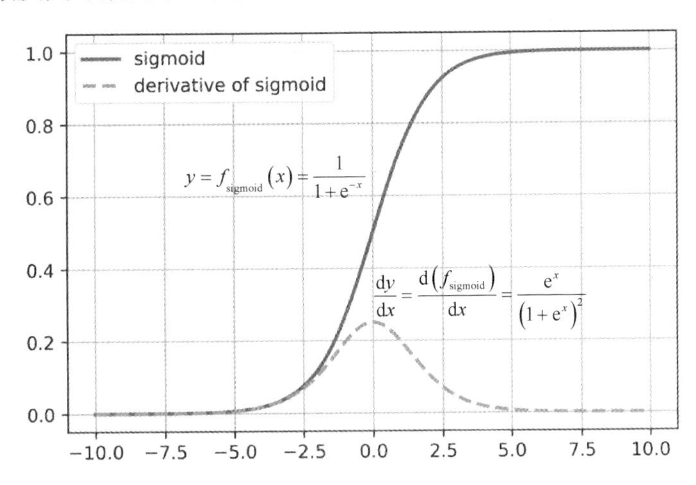

图 3-13　sigmoid 函数及其导数的示意图

这样，我们可以结合融合特征图的感受野性质，将每个感受野预测矩形框中心点位置进行如下定义。定义一个 pred_dxdy，它的几何含义是预测矩形框中心点位于感受野覆盖范围内的相对坐标，坐标原点为感受野的左上角。从它的几何含义看，pred_dxdy 的动态范围应该是[0,1]。这样，通过 sigmoid 函数获得的数值可以被视作 pred_dxdy，也可以被定义为感受野局部范围内的精确中心点坐标。动态范围为[0,1]的 pred_dxdy 与动态范围为(−inf,+inf)的 conv_raw_dxdy 的关系表达式如式（3-3）所示。

$$\begin{cases} \text{pred}_{dx} = f_{\text{sigmoid}}\left(\text{conv\_raw\_dx}\right) \\ \text{pred}_{dy} = f_{\text{sigmoid}}\left(\text{conv\_raw\_dy}\right) \end{cases} \tag{3-3}$$

如果需要将矩形框中心点相对于感受野原点的坐标转化为相对于画幅原点的坐标，那么只需要将 pred_dxdy 加上感受野坐标原点的相对坐标（感受野坐标原点的相对坐标用 xy_grid 表示）后除以整个画幅的感受野数量（感受野数量等于融合特征图的分辨率 grid_size）即可，计算出来的预测矩形框中心点相对于整个画幅的相对坐标被定义为 pred_xy。将 pred_xy 拆分为 pred_x 和 pred_y，并分别用 pred_x 和 pred_y 表示，如式（3-4）所示。

$$\begin{cases} \text{pred}_x = \dfrac{\text{pred}_{dx} + \text{grid}_x}{\text{grid\_size}}，\ \text{pred}_x \in [0,1] \\ \text{pred}_y = \dfrac{\text{pred}_{dy} + \text{grid}_y}{\text{grid\_size}}，\ \text{pred}_y \in [0,1] \end{cases} \tag{3-4}$$

感受野相对坐标的动态范围如式（3-5）所示。

$$\text{grid}_x, \text{grid}_y \in [0, \text{grid\_size} - 1] \tag{3-5}$$

总的来说，使用 sigmoid 函数完成了动态范围的转换，得到矩形框中心点相对于感受野原点的相对坐标 pred_dxdy，通过坐标系转换得到矩形框中心点相对于画幅原点的坐标 pred_xy，其中，pred_dxdy 和 pred_xy 的动态范围都是[0,1]。矩形框中心点预测数值的几何含义 1 如图 3-14 所示。

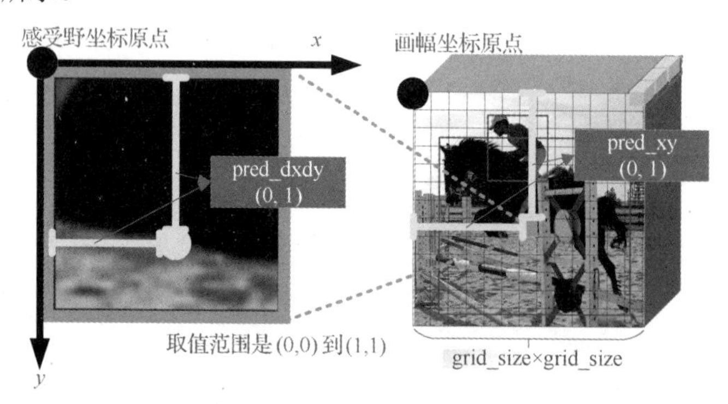

图 3-14　矩形框中心点预测数值的几何含义 1

推导预测矩形框中心点坐标的计算链条对应代码如下。代码中，在计算 xy_grid 时，由于自动形状广播机制无法适用于此处场景，所以需要用手动调整形状代替自动形状广播。

```
pred_dxdy = tf.sigmoid(conv_raw_dxdy)
!!! 注意! 矩阵 grid[x][y] 寻址得到图像上(y, x)坐标点的像素值
x_grid,y_grid = tf.meshgrid(
    tf.range(grid_size[1]), tf.range(grid_size[0]))
xy_grid = tf.expand_dims(
    tf.stack([x_grid,y_grid], axis=-1), axis=2)
xy_grid = tf.tile(tf.expand_dims(xy_grid, axis=0),
     # 由于自动形状广播机制无法适用于此处场景，所以需要用手动调整形状代替自动形状广播
     [batch_size, 1, 1, 3, 1])
xy_grid = tf.cast(xy_grid, tf.float32)
pred_xy=1.0/tf.cast(grid_size, tf.float32)*(
    (pred_dxdy*xyscale)-0.5*(xyscale-1) + xy_grid)
```

在代码中需要特别注意的是，在用到网格生成函数 tf.meshgrid 时，需要交换 x 和 y 的顺序，这是因为 meshgrid 函数是按照先“行”后“列”的顺序生成坐标的，而矩阵的“行”号的增长方向对应图像坐标系的 y 轴，矩阵的“列”号的增长方向对应图像坐标系的 x 轴。另外，代码中用到了比例因子 XYSCALE，它主要是为了处理 sigmoid 函数只有在负无穷（-inf）时才能取到 0、在正无穷（+inf）时才能取到 1 的尴尬情况，使 conv_raw_dxdy 无须取值到正、负无穷也可以快速地计算出 0 和 1。可根据经验选择比例因子 XYSCALE：在 YOLOV4 的论文中，低分辨率融合特征图的 XYSCALE 经验取值为 1.05，中分辨率融合特征图的 XYSCALE 经验取值为 1.1，高分辨率融合特征图的 XYSCALE 经验取值为 1.2。在无先验经验的情况下，开发者可以将 XYSCALE 统一设置为 1。

3.5.3　矩形框宽度和高度的解码

神经网络输出的 conv_raw_dwdh（conv_output 最后一个维度的第 2、3 个切片）的含义是预测矩形框的宽度和高度，它的动态范围同样是(-inf,+inf)。我们要做的就是对 conv_raw_dxdy 进行适当变换，让它更符合它所对应物理量的现实意义。

指数函数的定义域是(-inf,+inf)，值域是(0,+inf)，并且指数函数在定义域内是连续光滑的，其导数等于自身。当自变量取值为 0 时，指数函数的函数值和导数都等于 1，如果先验锚框的选择合理，那么能够将与先验锚框具有类似尺度和比例的预测矩形框快速高效地拟合出来。指数函数的动态范围示意图如图 3-15 所示。

这样，我们可以根据指数函数的优良性质，对每个预测矩形框的宽度和高度进行更合理的定义。定义一个 pred_dwdh，它的几何含义是预测矩形框的宽度和高度除以先验锚框的宽度和高度的倍数比例。显然，从它的几何含义看，pred_dwdh 应该是一个取值范围为(0,+inf)的数值，这样符合指数函数输出的动态范围。我们可以将指数函数处理 conv_raw_dwdh 所产

生的输出定义为 pred_dwdh，以表示预测矩形框的宽度和高度与先验锚框的宽度和高度的比例。动态范围是[0,+inf]的 pred_dwdh 与动态范围是(−inf,+inf)的 conv_raw_dwdh 的关系表达式如式（3-6）所示。

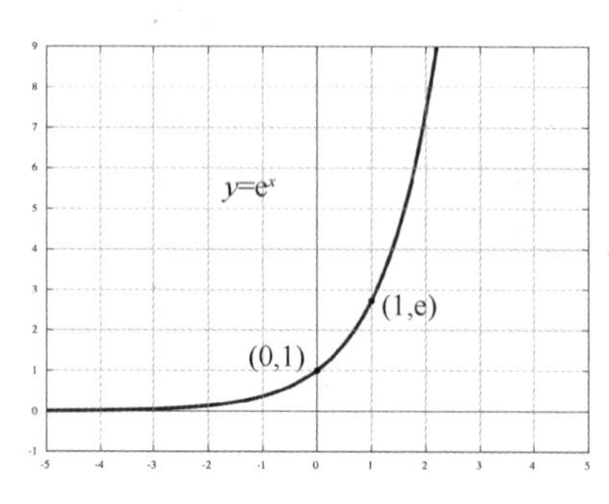

图 3-15　指数函数的动态范围示意图

$$\begin{cases} \text{pred}_{dw} = e^{\text{conv\_raw\_dw}}, & \text{pred}_{dw} \in [0,+\infty] \\ \text{pred}_{dh} = e^{\text{conv\_raw\_dh}}, & \text{pred}_{dh} \in [0,+\infty] \end{cases} \tag{3-6}$$

注意，此时获得的预测矩形框的宽度和高度是倍数，如果要获得预测矩形框的真正宽度和高度 pred_wh，那么必须将 pred_dwdh（$e^{\text{conv\_raw\_dw}}$ 和 $e^{\text{conv\_raw\_dh}}$）乘以先验锚框的宽度和高度 anchor_wh（anchor_w 和 anchor_h）。由于先验锚框的宽度和高度一般是相对于整个画幅宽度和高度的归一化数值，所以获得的 pred_wh 也是相对于整个画幅宽度和高度的归一化数值，如式（3-7）所示。

$$\begin{cases} \text{pred}_w = \text{anchor}_w * e^{\text{conv\_raw\_dw}} \\ \text{pred}_h = \text{anchor}_h * e^{\text{conv\_raw\_dh}} \end{cases} \tag{3-7}$$

总的来说，我们使用指数函数完成预测矩形框的宽度和高度的动态范围调整。首先从神经网络得到宽高比的指数 conv_raw_dwdh 及其动态范围(−inf,+inf)；然后通过指数函数获得宽高比的倍数 pred_dwdh 及其动态范围(0,+inf)；最后乘以归一化数值的先验锚框的宽度和高度获得预测矩形框的实际归一化宽度和高度 pred_wh 及其动态范围(0,+inf)。矩形框中心点预测数值的几何含义 2 如图 3-16 所示。

以上算法原理使用 TensorFlow 进行实现，最后将算出的预测矩形框的宽度和高度存储到 pred_wh 变量中，代码如下。

```
pred_dwdh = tf.exp(
    tf.clip_by_value(conv_raw_dwdh,tf.float32.min, 40))
pred_wh = pred_dwdh * anchors
```

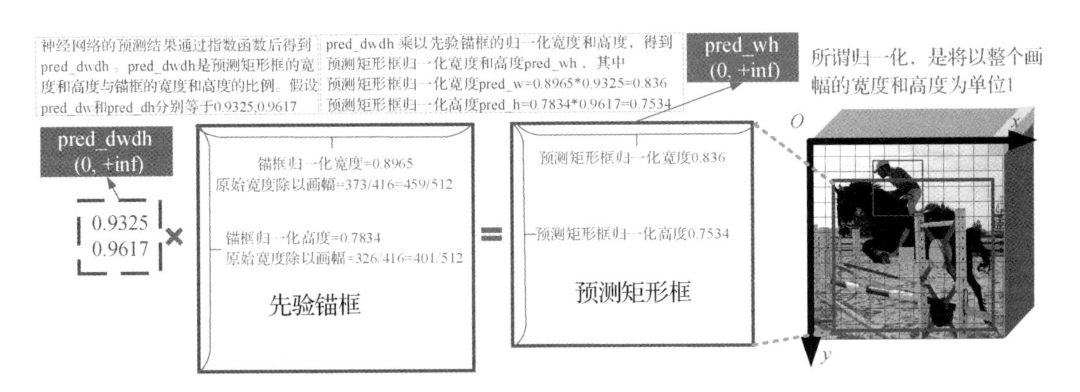

图 3-16　矩形框中心点预测数值的几何含义 2

代码中使用了 tf.clip_by_value 函数，这是因为指数函数在 TensorFlow 默认的 float32 的编码精度条件下，对于指数是有数值限制的。根据浮点 32 位能表达的最大值的对数，可以得知以自然数 e 为底的指数运算，其指数数值最大只能取到 88.72284[tf.math.log(tf.float32.max)=88.72284]。一旦指数超过 88.72284，指数计算的结果就会超过浮点 32 位所能表示的最大数值，即 tf.exp(89)的计算结果就等于 INF 了，INF 是无法参与后续运算的。所以，理论上 conv_ raw_dwdh 数值的动态范围应该控制在(−inf,88.72]，考虑到后面代码中需要将宽度和高度进行平方操作，再考虑一些余量，作者将其设置在了(tf.float32.min,+40]，这样避免了 pred_dwdh 出现+inf 的计算结果，从而避免后续计算出现更多 INF 或者 NaN 的情况。值域钳制的后果是将 pred_dwdh 的动态范围控制在(0,2.3538525e+17)，并且当宽高比超出这个范围时，梯度将停止传递。这样的后果我们是可以接受的，因为预测矩形框与先验锚框的倍数一般不会超出这个范围，而且如果预测矩形框与先验锚框的倍数超过这个数值，那么一定属于极少出现的预测失败案例，即使梯度不传递也是可以接受的。

3.5.4　前背景概率和分类概率的解码

之前我们人为定义了 conv_raw_conf（conv_output 最后一个维度的第 4 个切片）的含义是预测矩形框包含我们感兴趣的物体的概率，若包含物体则被视为前景，若不包含物体则被视为背景。接下来，我们需要进一步利用融合特征图的几何含义，对这个切片进行更加合理的人为定义。

conv_raw_conf 的动态范围是(−inf,+inf)，但某个预测矩形框包含物体的概率的动态范围是[0,1]，所以我们可以对 conv_raw_conf 运用 sigmoid 运算后，将预测矩形框包含物体的概率取值的动态范围压缩在[0,1]之间。相应地，我们将动态范围被 sigmoid 函数压缩在[0,1]之间的变量命名为 pred_objectness。这样，pred_objectness 的物理含义是，当 pred_objectness 取值为 0 时，表示不包含我们感兴趣的物体，属于背景；当 pred_objectness 取值为 1 时，表示包含我们感兴趣的物体，属于前景。

同理，conv_raw_prob 是 conv_output 最后一个维度的第 5～[(NUM_CLAS +5)−1]个切片，其物理含义是某个预测矩形框在包含物体的前提下属于某个分类的条件概率。但是 conv_raw_prob 的元素的动态范围是(−inf,+inf)，而条件概率的动态范围是[0,1]，所以可以对 conv_raw_prob 运用 sigmoid 运算后，将预测矩形框包含何种物体的条件概率控制在[0,1]的动态范围内。相应地，我们将动态范围被 sigmoid 函数压缩在[0,1]之间的变量命名为 pred_cls_prob。这样，pred_cls_prob 的物理含义就真正成为在矩形框包含物体的情况下，属于各个分类的条件概率（取值范围为 0～1），而 conv_raw_prob 的物理含义就是这个条件概率的指数。

由于 pred_objectness 和 pred_cls_prob 的动态范围是[0,1]，恰好符合概率分布的取值范围，因此，我们称 pred_objectness 和 pred_cls_prob 是具有概率意义的变量。由于 conv_raw_conf 和 conv_raw_prob 的动态范围是(−inf,+inf)，这个动态范围恰好符合指数函数的自变量范围，因此，我们称 conv_raw_conf 和 conv_raw_prob 是具有指数意义的变量。具有概率意义的动态范围是[0,1]的 pred_objectness 和 pred_cls_prob，与具有指数意义的动态范围是(−inf,+inf)的 conv_raw_conf 和 conv_raw_prob 的关系表达式如式（3-8）所示。

$$\begin{cases} \text{pred\_objectness} = f_{\text{sigmoid}}(\text{conv\_raw\_conf}) \\ \text{pred\_cls\_prob} = f_{\text{sigmoid}}(\text{conv\_raw\_prob}) \end{cases} \tag{3-8}$$

既然 pred_cls_prob 是条件概率，那么根据全概率公式，可以推导出某个矩形框包含第 i 个物体的实际概率 $\text{pr}(\text{class}_i)$ 等于某个矩形框包含物体的概率 pred_objectness（定义为 $\text{pr}(\text{objness})$）乘以某个矩形框在包含物体的前提下属于第 i 个物体的条件概率 pred_cls_prob（定义为 $\text{pr}(\text{class}_i \mid \text{objness})$），公式如式（3-9）所示。

$$\begin{cases} \text{pr}(\text{objness}) = \text{pred\_objectness} \\ \text{pr}(\text{class}_i | \text{objness}) = \text{pred\_cls\_prob} \\ \text{pr}(\text{class}_i) = \text{pr}(\text{objness})\,\text{pr}(\text{class}_i \mid \text{objness}) = \text{pred\_objness} \times \text{pred\_cls\_prob} \end{cases} \tag{3-9}$$

矩形框包含物体的概率 pred_objectness 和矩形框包含何种物体的条件概率 pred_cls_prob 的算法代码如下。

```
pred_objectness = tf.sigmoid(conv_raw_conf)
pred_cls_prob = tf.sigmoid(conv_raw_prob)
```

3.5.5 矩形框角点坐标和解码函数整体输出

至此，我们获得了预测矩形框的中心点、宽度和高度，包含物体的概率，包含何种物体的条件概率。我们还可以很方便地根据初等几何的知识，得出预测矩形框的左上角坐标和右下角坐标，将其用 pred_x1y1、pred_x2y2 表示。

预测矩形框左上角坐标 pred_x1y1 和右下角坐标 pred_x2y2 的坐标系和比例尺，与预测矩形框的中心点宽度和高度完全一致，都是以画幅左上角为坐标原点，用单位 1 表示整个画幅的宽度和高度，所以 pred_x1y1 和 pred_x2y2 的理论动态范围也是[0,1]，即左上角和右下角的坐标理论上不会超出画幅的边界，但由于预测矩形框左上角坐标 pred_x1y1 和右下角坐标 pred_x2y2 是通过中心点加、减一半的宽度和高度得到的，所以实际上 pred_x1y1 和 pred_x2y2 的动态范围是正、负无穷。pred_x1y1 和 pred_x2y2 的算法代码如下。

```
pred_x1y1 = pred_xy - pred_wh / 2
pred_x2y2 = pred_xy + pred_wh / 2
```

我们将预测矩形框的两种表达方式进行规整。将用相对坐标法存储的多个预测矩形框用 pred_x1y1x2y2 变量存储；将用相对中心法存储的多个预测矩形框用 pred_xywh 变量存储；将感受野原点的中心点坐标、宽度和高度相对于先验锚框的倍数用 pred_dxdydwdh 变量存储；将神经网络的原始输出用 conv_raw_dxdydwdh 变量存储。将存储了矩形框包含物体的概率的 pred_objectness 变量和存储了矩形框包含何种物体的条件概率的 pred_cls_prob 变量组合成一个形状为[batch, grid_size, grid_size, 3, (4+4+4+4+1+NUM_CLASS)]的新的预测矩阵，供解码函数进行返回输出。代码如下。

```
def decode_train(
        conv_output,NUM_CLASS,anchors,xyscale=1,
        decode_output_name=None):
    ......
    pred_x1y1x2y2 =tf.concat(
        [pred_x1y1, pred_x2y2],axis=-1)
    pred_xywh = tf.concat(
        [pred_xy, pred_wh], axis=-1)
    pred_ dxdydwdh =tf.concat(
        [pred_dxdy,pred_dwdh],axis=-1)
    conv_raw_dxdydwdh=tf.concat(
        [conv_raw_dxdy,conv_raw_dwdh],axis=-1)
    if decode_output_name:
        decode_output = tf.keras.layers.Concatenate(
            axis=-1,name=decode_output_name)(
                [pred_x1y1x2y2, pred_xywh, pred_dxdydwdh,
                 conv_raw_dxdydwdh,
                 pred_objectness, pred_cls_prob])
    else:
```

```
    decode_output = tf.keras.layers.Concatenate(
        axis=-1)(
            [pred_x1y1x2y2, pred_xywh, pred_dxdydwdh,
             conv_raw_dxdydwdh,
             pred_objectness, pred_cls_prob])
    return decode_output
```

代码中，decode_output 张量所包含的矩阵较多，有些是存储回归数据的矩阵，有些是存储分类概率数据的矩阵，有些是指数意义的矩阵，有些是概率意义的矩阵，它们的内部元素的取值拥有不同的动态范围。如果将这个神经网络进行量化，那么很可能导致量化失败，但作为训练或云计算部署是没有问题的。

代码中，最后一层的矩阵拼接层使用人为定义的名称，因为这一层的输出是神经网络的整体输出，TensorFlow 会提取这些层的名称，将其作为损失函数的命名前缀。所以，在解码网络的最后，将矩阵拼接层命名为 decode_output_name，以便后期调试。针对低、中、高 3 个分辨率，decode_output_name 一般被赋值为 Low_Res、Med_Res、High_Res，这样神经网络会自动将这些节点的损失值命名为 Low_Res_loss、Med_Res_loss、High_Res_loss、val_Low_Res_loss、val_Med_Res_loss、val_High_Res_loss 等。

总的来说，神经网络预测结果的解码函数 decode_train 完成了从适合神经网络计算的动态范围为(−inf,+inf)的预测数据到符合几何物理意义的[0,1]的动态范围的转换。解码函数的形状和动态范围示意图如图 3-17 所示。

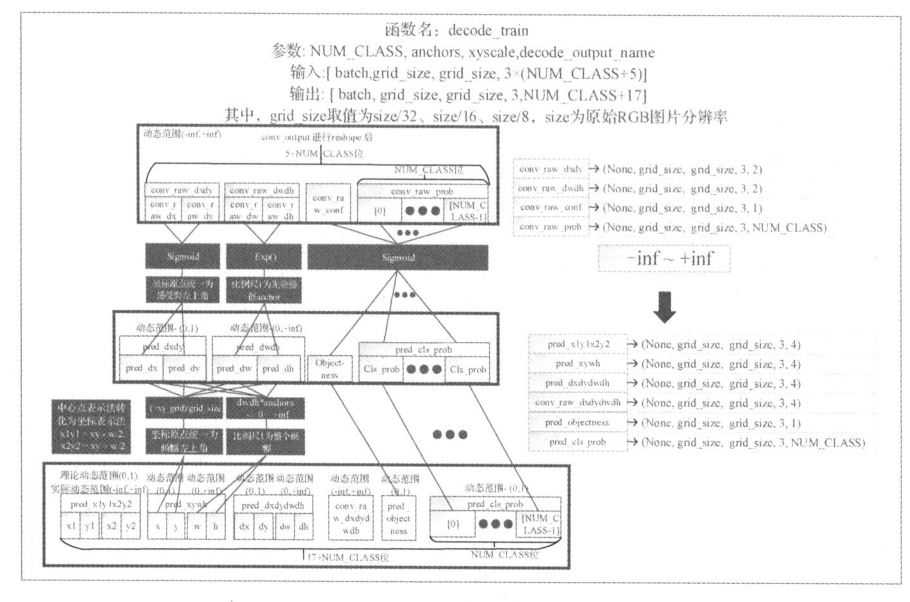

图 3-17　解码函数的形状和动态范围示意图

第4章
一阶段目标检测神经网络典型案例——YOLO解析

在众多一阶段目标检测神经网络中，YOLO 家族因其优良的网络结构而取得了推理速度和平均精确率的平衡，非常适合用于需要快速推理计算的边缘计算场景。由于 TensorFlow 官方并没有给出基于 TensorFlow 的 YOLO 高阶 API，所以本书将以一阶段目标检测神经网络中目前最具工程价值的 YOLO 算法作为重点进行介绍。

4.1 YOLO 家族目标检测神经网络简介

YOLO 神经网络是 You Only Look Once 的简称，第一版本的 YOLO 神经网络是由 Redmon 等人在 2015 年 7 月发表的“You Only Look Once: Unified, Real-Time Object Detection”论文中最早提出。YOLO 神经网络作为一阶段目标检测神经网络中应用最广的目标检测算法，经历了从 YOLOV1 到 YOLOV2、YOLOV3 的发展演化，直到 2020 年的 YOLOV4 在网络结构上实现了较为稳定的结构，成为一阶段目标检测神经网络的基准模型。在此基准模型的基础上，演化出不少变种版本，如基于 YOLOV3 进行优化的 PP-YOLO 神经网络、基于 YOLOV4 演化出的工程增强版 YOLOV5 和多尺度版本 Scaled-YOLOV4 神经网络，又如采用“无锚框”的矩形框预测策略的 YOLOX 神经网络等。2022 年 7 月发布的 YOLOV7 神经网络在预印刷论文发表不到半天的时间就获得了 YOLO 官网团队的认可，应该说 YOLO 作为开创性的一阶段目标检测神经网络，其开发者众多、开发者生态较为完善，YOLO 全系列的骨干网络、中段网络、预测网络的结构都具有较为稳定的传承和演化，任何时候都值得开发者从基础开始研究跟进。

YOLO 神经网络的官网和官方 GitHub 上也有不少关于 YOLO 算法的实现方式，其中 YOLOV3 和 YOLOV4 以官网推荐的 huanglc 版本可读性较高，且支持边缘计算格式 TFLite 的转换和 Android 转换。由于此版本基于 TensorFlow2.X 的计算框架，所以本书以此代码为基础介绍 YOLO 算法。

值得注意的是，虽然官方推荐的基于 TensorFlow2.X 的计算框架实现的 YOLO 算法代码已经非常优秀了，但也有不少值得改进之处，甚至是可能引起运行问题的 Bug，本书已经将这些瑕疵进行了修补，将相关代码进行了改进后再讲解。读者在直接参考 GitHub 上其他不同源代码时，需要注意在理解之后再加以改进。

4.2 先验锚框和 YOLO 神经网络的检测思路

经典的 YOLO 神经网络是典型的有先验锚框的目标检测神经网络。YOLO 神经网络的核心思路有两个。

第一，每个目标检测框都有一个（或多个）先验锚框与其对应。每个目标检测框都可以通过对一个先验锚框进行小幅度的平移和缩放调整后得到。那么相应地，我们就要为训练集中每一张图片的每一个矩形框找到为其负责的锚框，神经网络也是在先验锚框的基础上进行矩形框的预测的。先验锚框的选择非常重要，因为所有真实标注的矩形框，都会选择与其最匹配的先验锚框进行配对，如果先验锚框过大或者过小，那么会导致真实矩形框和先验锚框的交并比小于某个阈值，进而导致真实标注的矩形框找不到合适的先验锚框匹配，导致训练数据失效。

第二，与无锚框的方案不同，YOLO 神经网络从输入图像计算获得特征图、融合特征图，然后将其送入预测网络进一步获得存储了目标检测框信息的输出张量，但预测网络的输出张量并不直接给出目标检测框的位置和大小，而是给出目标检测框相对于先验锚框的位置偏移量和大小缩放比例。这是因为虽然神经网络相当于一个非线性的函数，但在一个很小的局部范围内可以被看成一个接近线性的函数，它的导数是一个接近常数的值。如果开发者设置一个位置合理、大小合理的先验锚框，能使神经网络通过微小的调整就得到预测准确的矩形框，那么神经网络在这个很小的范围内能够快速通过线性的全连接层，获得良好的预测性能。先验锚框的选择非常重要，不合理的锚框设定将会导致预测矩形框需要进行大幅度修正才能得到精确的预测矩形框。

有两种方式可以确定先验锚框的大小：人为设定方式和聚类回归方式。

4.2.1 用人为设定方式找到的先验锚框

人为设定方式用于 Faster-R-CNN 两阶段目标检测神经网络中。使用人为设定方式时，将先验锚框设计按照“面积不变，形状改变”的原则，按照（高度/宽度）分别为 1∶2、1∶1、2∶1 的 3 种比例进行变换。

假设神经网络的输入是一个宽度和高度分别为 900 像素和 600 像素的 RGB 图像，Faster-R-CNN 为该输入图像设定了 3 个面积：边长为 128 的正方形的面积 $AREA_{128}$，边长为 256 的正方形的面积 $AREA_{256}$，边长为 512 的正方形的面积 $AREA_{512}$。每种面积下，又设置 3 种面积相同，但（高度/宽度）分别为 1∶2、1∶1、2∶1 的 3 种比例的矩形框。

用代码生成这 9 个先验锚框，组合成一个 9 行 4 列的矩阵，可以看到矩阵的形状是(9, 4)，每行代表一个矩形框，矩形框的格式为[y1,x1, y2,x2]。先验锚框矩阵的打印如下。

```
[[ -37.254833  -82.50967    53.254833   98.50967 ]
 [ -82.50967  -173.01933    98.50967   189.01933 ]
 [-173.01933  -354.03867   189.01933   370.03867 ]
 [ -56.        -56.         72.         72.      ]
 [-120.       -120.        136.        136.      ]
 [-248.       -248.        264.        264.      ]
 [ -82.50967   -37.254833   98.50967    53.254833]
 [-173.01933   -82.50967   189.01933    98.50967 ]
 [-354.03867  -173.01933   370.03867   189.01933 ]]
```

从比例的角度上看，它的 0、1、2 行是 0.5 比例，3、4、5 行是正方形，6、7、8 行是 2 比例，这里的比例指的是（高度/宽度）。将这 9 个先验锚框按照比例画在原始图像的画幅上，如图 4-1 所示。

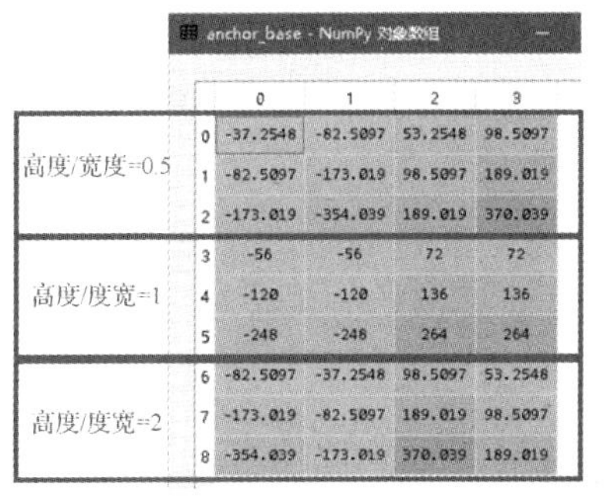
anchor_base - NumPy 对象数组

		0	1	2	3
高度/宽度=0.5	0	-37.2548	-82.5097	53.2548	98.5097
	1	-82.5097	-173.019	98.5097	189.019
	2	-173.019	-354.039	189.019	370.039
高度/度宽=1	3	-56	-56	72	72
	4	-120	-120	136	136
	5	-248	-248	264	264
高度/度宽=2	6	-82.5097	-37.2548	98.5097	53.2548
	7	-173.019	-82.5097	189.019	98.5097
	8	-354.039	-173.019	370.039	189.019

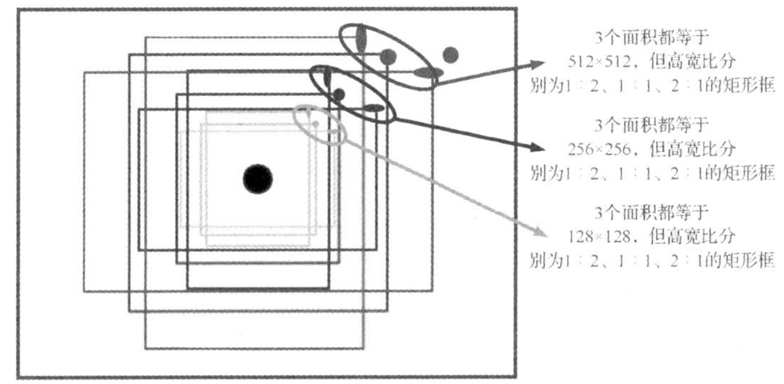

图 4-1　面积和横纵比都是人为设定的先验锚框

这从小到大 3 种面积合计 9 个的先验锚框，分别对应分辨率从高到低 3 个分辨率的融合特征图。其中，为高分辨率特征图的预测结果搭配面积为 $AREA_{128}$ 的小矩形框，小矩形框有 3 个，它们面积相同，但（高度/宽度）分别为 1∶2、1∶1、2∶1。为中分辨率特征图的预测结果搭配面积为 $AREA_{256}$ 的中矩形框，中矩形框有 3 个，它们面积相同，但（高度/宽度）分别为 1∶2、1∶1、2∶1。为低分辨率特征图的预测结果搭配面积为 $AREA_{512}$ 的大矩形框，大矩形框有 3 个，它们面积相同，但（高度/宽度）分别为 1∶2、1∶1、2∶1。3 种面积的先验锚框与 3 种分辨率的关系如图 4-2 所示。

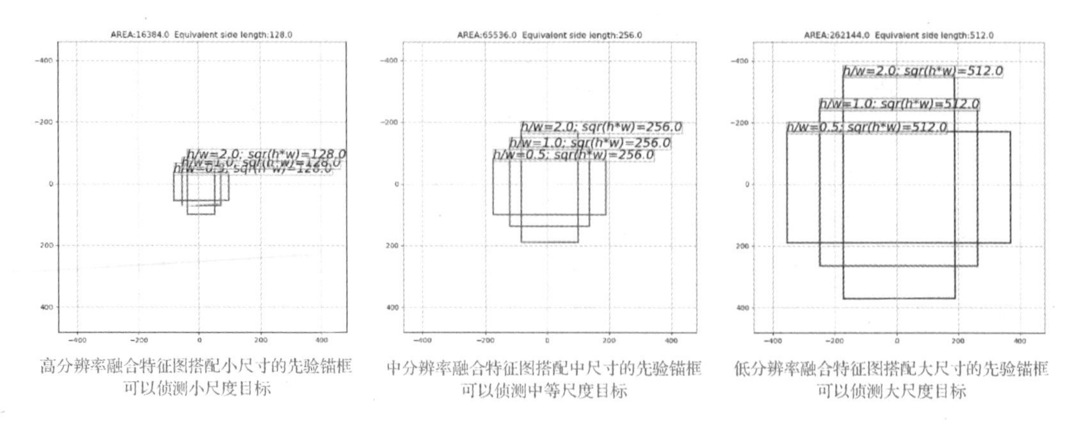

图 4-2　3 种面积的先验锚框与 3 种分辨率的关系

4.2.2　用聚类回归方式找到的先验锚框

YOLO 一阶段目标检测神经网络使用聚类回归方式找到先验锚框。使用聚类回归方式时，不再人为设定先验锚框的面积和比例，而是从数据集中找到最为匹配的锚框建议。

YOLO 使用 k-means 算法为 3 个分辨率设计了 9 个聚类中心。每个聚类中心其实就是一个先验锚框的宽度和高度，YOLO 计划找到 9 个先验锚框，平均每个分辨率 3 个先验锚框。YOLO 在 MS COCO 数据集上提取所有真实矩形框的宽度和高度，送入 k-means 算法进行不断迭代。

第 1 步，使真实矩形框的中心与某个先验锚框重合，计算二者的 IOU，将真实矩形框分配给 IOU 最大的先验锚框。如果将 IOU 数值看成真实矩形框与某个先验锚框在 IOU 空间上的距离度量的话，那么每个先验锚框都将找到与自己在距离度量空间上距离最近的真实矩形框。

第 2 步，每个真实矩形框都找到与自己距离最近的先验锚框后，重新更新先验锚框的宽度和高度，先验锚框的高度和宽度更新为属于它的真实矩形框的宽度平均值和高度平均值。

迭代过程不断进行，直至每个先验锚框的宽度和高度的修正量变化很小，则视为 k-means 算法收敛成功。

第 3 步，YOLO 算法找到了在高、中、低分辨率下的 9 个先验锚框，在中、低分辨率下的 6 个先验锚框。根据 YOLOV3 的论文，在这种先验锚框的设置情况下，直接与数据集真实矩形框进行 IOU 计算，得到的平均 IOU 重合度高达 67.2%，因此可以认为这（9+6）合计 15 个先验锚框是合理的锚框设计。

YOLOV3 的输入图像的分辨率是 416 像素×416 像素，YOLOV4 的输入图像的分辨率是 512 像素×512 像素，在它们输入图像分辨率不同的情况下，它们的 9 个先验锚框用 YOLOV3_ANCHORS 和 YOLOV4_ANCHORS 表示，简化版模型所使用的 6 个先验锚框用 YOLOV3_TINY_ANCHORS 和 YOLOV4_TINY_ANCHORS 表示。为了方便计算，将先验锚框尺寸转化为归一化尺寸后存储，即把先验锚框的像素尺寸除以输入图像像素分辨率，确保先验锚框尺寸的所有元素的取值范围都是[0,1]。代码如下。

```
    from easydict import EasyDict as edict
    YOLO_PARAMS=edict()
    YOLO_PARAMS.V3_PAPER_INPUT_SIZE = 416
    YOLO_PARAMS.YOLOV3_ANCHORS=1/YOLO_PARAMS.V3_PAPER_INPUT_SIZE*tf.constant(
        [(10, 13), (16, 30), (33, 23),
         (30, 61), (62, 45),(59, 119),
         (116, 90), (156, 198), (373, 326)],tf.float32)
    YOLO_PARAMS.YOLOV3_ANCHOR_MASKS = tf.constant(
        [[6, 7, 8],
         [3, 4, 5],
         [0, 1, 2]])
    YOLO_PARAMS.YOLOV3_TINY_ANCHORS = 1/YOLO_PARAMS.V3_PAPER_INPUT_SIZE*tf.
constant(
        [(10, 14), (23, 27), (37, 58),
         (81, 82), (135, 169),  (344, 319)],tf.float32)
    YOLO_PARAMS.YOLOV3_TINY_ANCHOR_MASKS = tf.constant(
        [[3, 4, 5],
         [0, 1, 2]])
    YOLO_PARAMS.V4_PAPER_INPUT_SIZE = 512
    YOLO_PARAMS.YOLOV4_ANCHORS = 1/YOLO_PARAMS.V4_PAPER_INPUT_SIZE * tf.
constant(
        [(12,16), (19,36), (40,28),
         (36,75), (76,55),(72,146),
         (142,110), (192,243), (459,401)],tf.float32)
    YOLO_PARAMS.YOLOV4_ANCHOR_MASKS = tf.constant(
        [[6, 7, 8],
         [3, 4, 5],
         [0, 1, 2]])
    YOLO_PARAMS.YOLOV4_TINY_ANCHORS = 1/YOLO_PARAMS.V3_PAPER_INPUT_SIZE*tf.
constant(
        [(23,27), (37, 58), (81, 82),
         (81,82), (135,169),(344,319)],tf.float32)
```

```
YOLO_PARAMS.YOLOV4_TINY_ANCHOR_MASKS = tf.constant(
    [[3, 4, 5],
     [0, 1, 2]])
```

细心的读者应该可以发现，在不考虑像素取整的精度影响的情况下，归一化之后，YOLOV3_ANCHORS 和 YOLOV4_ANCHORS 其实是完全相等的，只是在不同的输入图像分辨率下，先验锚框的分辨率会相应放大或者缩小，如图 4-3 所示。

yolo_anchors - NumPy object array

	0	1
0	0.0240385	0.03125
1	0.0384615	0.0721154
2	0.0793269	0.0552885
3	0.0721154	0.146635
4	0.149038	0.108173
5	0.141827	0.286058
6	0.278846	0.216346
7	0.375	0.475962
8	0.896635	0.783654

归一化后的9个先验锚框

yolo_tiny_anchors - NumPy object array

	0	1
0	0.0240385	0.0336538
1	0.0552885	0.0649038
2	0.0889423	0.139423
3	0.194712	0.197115
4	0.324519	0.40625
5	0.826923	0.766827

归一化后的6个先验锚框

图 4-3　（9+6）合计 15 个先验锚框的归一化结果

将标准版 YOLO 的 9 个先验锚框在分辨率为 416 像素×416 像素的原图下进行可视化展示，可见，小、中、大 3 个先验锚框恰好适合高、中、低 3 个分辨率的融合特征图，用于检测小、中、大 3 种目标，如图 4-4 所示。

高分辨率融合特征图搭配小尺寸的先验锚框可以侦测小尺度目标

中分辨率融合特征图搭配中尺寸的先验锚框可以侦测中等尺度目标

低分辨率融合特征图搭配大尺寸的先验锚框可以侦测大尺度目标

图 4-4　标准版 YOLO 神经网络所采用的 3 种（合计 9 个）先验锚框与 3 个分辨率的关系

4.2.3　YOLO 的先验锚框编号

对标准版 YOLO 神经网络的 9 个先验锚框分别进行从 0 到 8 的编号，对简版 YOLO 神经网络的 6 个先验锚框分别进行从 0 到 5 的编号。低分辨率融合特征图搭配 6、7、8 号先验锚框，用于检测大尺度目标；中分辨率融合特征图搭配 3、4、5 号先验锚框，用于检测中等尺度目标；高分辨率融合特征图搭配 0、1、2 号先验锚框，用于检测小尺度目标。

在 YOLOV3 的输入图像的分辨率为 416 像素×416 像素的情况下，高分辨率融合特征图的分辨率为 52 像素×52 像素，中分辨率融合特征图的分辨率为 26 像素×26 像素，低分辨率融合特征图的分辨率为 13 像素×13 像素。YOLOV3 在输入图像的分辨率为 416 像素×416 像素情况下的先验锚框分配表如表 4-1 所示。

表 4-1　YOLOV3 在输入图像的分辨率为 416 像素×416 像素情况下的先验锚框分配表

项目	融合特征图分辨率								
	高（如 52 像素×52 像素）			中（如 26 像素×26 像素）			低（如 13 像素×13 像素）		
感受野	小			中			大		
先验锚框编号	0	1	2	3	4	5	6	7	8
先验锚框	(10,13)	(16,30)	(33,23)	(30,61)	(62,45)	(59,119)	(116,90)	(156,198)	(373,326)
所使用的先验锚框编号	[0,1,2]			[3,4,5]			[6,7,8]		
先验锚框设计	yolo_anchors = np.array([(10, 13), (16, 30), (33, 23), (30, 61), (62, 45), (59, 119), (116, 90), (156, 198), (373, 326)], np.float32) / 416								

在 YOLOV4 的输入图像的分辨率为 512 像素×512 像素的情况下，高分辨率融合特征图的分辨率为 64 像素×64 像素，中分辨率融合特征图的分辨率为 32 像素×32 像素，低分辨率融合特征图的分辨率为 16 像素×16 像素。YOLOV4 在输入图像的分辨率为 512 像素×512 像素情况下的先验锚框分配表如表 4-2 所示。

表 4-2　YOLOV4 在输入图像的分辨率为 512 像素×512 像素情况下的先验锚框分配表

项目	融合特征图的分辨率								
	高（如 64 像素×64 像素）			中（如 32 像素×32 像素）			低（如 16 像素×16 像素）		
感受野	小			中			大		
先验锚框编号	0	1	2	3	4	5	6	7	8
先验锚框	(12,16)	(19,36)	(40,28)	(36,75)	(76,55)	(72,146)	(142, 110)	(192,243)	(459,401)

续表

项目	融合特征图的分辨率		
	高（如 64 像素×64 像素）	中（如 32 像素×32 像素）	低（如 16 像素×16 像素）
所使用的先验锚框编号	[0,1,2]	[3,4,5]	[6,7,8]
先验锚框设计	yolo_anchors = np.array([(12,16), (19,36), (40,28), (36,75), (76,55),(72,146), (142,110), (192,243), (459,401)], np.float32) / 512		

YOLOV3-tiny 和 YOLOV4-tiny 的输入图像的分辨率都是 416 像素×416 像素，中分辨率融合特征图的分辨率为 26 像素×26 像素，低分辨率融合特征图的分辨率为 13 像素×13 像素。YOLOV3-tiny 和 YOLOV4-tiny 在输入图像的分辨率为 416 像素×416 像素情况下的先验锚框分配表如表 4-3 所示。

表 4-3　YOLOV3-tiny 和 YOLOV4-tiny 在输入图像的分辨率为 416 像素×416 像素情况下的先验锚框分配表

项目	特征图分辨率					
	中（如 26 像素×26 像素）			低（如 13 像素×13 像素）		
感受野	中			大		
先验锚框编号	0	1	2	3	4	5
先验锚框	(10,14)	(23,27)	(37,58)	(81,82)	(135,169)	(344,319)
所使用的先验锚框编号	[0,1,2]			[3,4,5]		
先验锚框设计	yolov3_tiny_anchors = np.array([(10, 14), (23, 27), (37, 58), (81, 82), (135, 169), (344, 319)], np.float32) / 416					

以 YOLOV3 的 9 个先验锚框和 YOLOV3-tiny 的 6 个先验锚框为例，在输入图像的分辨率为 416 像素×416 像素的前提下，将不同编号的先验锚框与高、中、低分辨率融合特征图相互匹配，3 个分辨率下标准版 YOLO 和简版 YOLO 所采用的 9 个和 6 个先验锚框编号如图 4-5 所示。

相应地，为 YOLOV3 和 YOLOV4 的标准版和简版分别设计不同分辨率所使用的先验锚框编号分配表，代码如下。

```
YOLO_PARAMS.YOLOV3_ANCHOR_MASKS = tf.constant(
    [[6, 7, 8],
     [3, 4, 5],
```

```
        [0, 1, 2]])
YOLO_PARAMS.YOLOV3_TINY_ANCHOR_MASKS = tf.constant(
    [[3, 4, 5],
     [0, 1, 2]])
YOLO_PARAMS.YOLOV4_ANCHOR_MASKS = tf.constant(
    [[6, 7, 8],
     [3, 4, 5],
     [0, 1, 2]])
YOLO_PARAMS.YOLOV4_TINY_ANCHOR_MASKS = tf.constant(
    [[3, 4, 5],
     [0, 1, 2]])
```

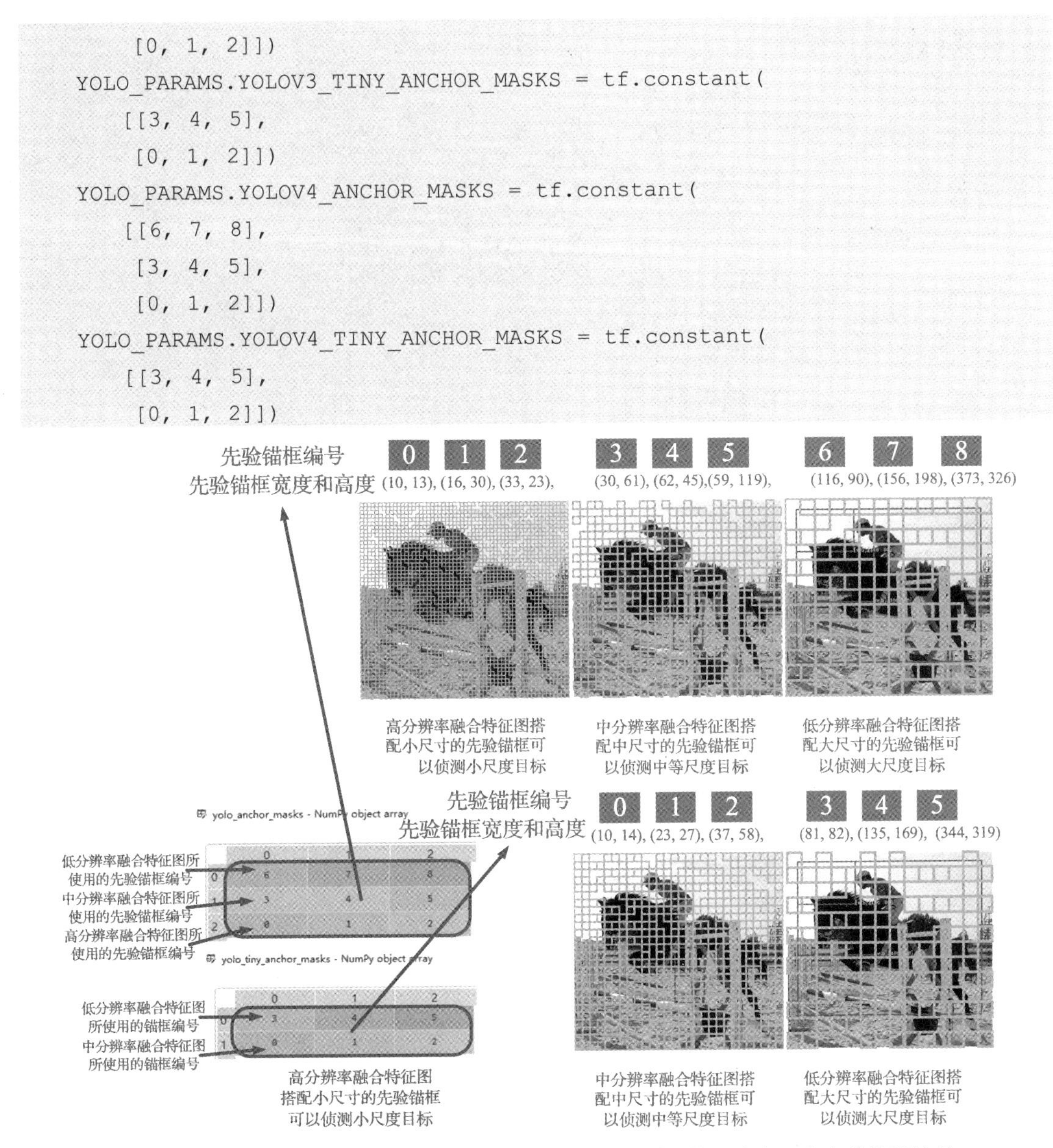

图 4-5　3 个分辨率下标准版 YOLO 和简版 YOLO 所采用的 9 个和 6 个先验锚框编号

4.2.4　YOLO 的 XYSCALE 和缩放比参数

之前介绍解码网络时，为了让预测矩形框尽快地逼近 0 和 1 的上、下限，我们使用了 XYSCALE。YOLO 同样根据经验为标准版的高、中、低 3 个分辨率各自搭配了一个

XYSCALE 参数，分别为 1.2、1.1、1.05；为简版的中、低两个分辨率搭配了一个 XYSCALE 参数：1.05。代码如下。

```
YOLO_PARAMS.XYSCALE = [1.05, 1.1,1.2 ]
YOLO_PARAMS.XYSCALE_TINY = [1.05, 1.05]
[YOLO_PARAMS.LOW_RES_XYSCALE,
 YOLO_PARAMS.MED_RES_XYSCALE,
 YOLO_PARAMS.HIGH_RES_XYSCALE]=YOLO_PARAMS.XYSCALE
[YOLO_PARAMS.LOW_RES_XYSCALE_TINY,
 YOLO_PARAMS.MED_RES_XYSCALE_TINY]=YOLO_PARAMS.XYSCALE_TINY
```

同样，根据 YOLO 骨干网络的不同，为标准版 YOLO 和简版 YOLO 提前预设好了它们将要产生的缩放比。标准版 YOLO 提供高、中、低 3 个分辨率的融合特征图，分辨率降为输入图像分辨率的 1/8、1/16、1/32；简版 YOLO 提供中、低两个分辨率的融合特征图，分辨率降为输入图像分辨率的 1/16、1/32。设置代码如下。

```
YOLO_PARAMS.STRIDES = [32,16,8]
YOLO_PARAMS.STRIDES_TINY = [32,16]
[YOLO_PARAMS.LOW_RES_STRIDES,
 YOLO_PARAMS.MED_RES_STRIDES,
 YOLO_PARAMS.HIGH_RES_STRIDES] = YOLO_PARAMS.STRIDES
[YOLO_PARAMS.LOW_RES_STRIDES_TINY,
 YOLO_PARAMS.MED_RES_STRIDES_TINY] = YOLO_PARAMS.STRIDES_TINY
```

先验锚框和先验锚框的分配编号非常重要，是神经网络的解码网络部分需要用到的重要参数。至于缩放比仅仅用于提示和验算，可以不使用。

4.3 建立 YOLO 神经网络

建立 YOLO 神经网络的参数分为两类：一类是 YOLO 模型的常规常量，一般开发者不需要改动，存储在 YOLO_PARAMS 中；另一类是根据开发者的实际工程进行配置的参数，主要用到的有 4 个参数：输入图像分辨率 NN_INPUT_SIZE、目标检测所需要分辨的物体种类数量 NUM_CLASS、希望选择的模型 MODEL、是否选择简版模型的布尔变量 IS_TINY（如果选择标准板模型，那么将 IS_TINY 参数设置为 False；如果选择简版模型，那么将 IS_TINY 参数设置为 True）。以上这些参数全部存储在变量名为 MODEL_PARAMS 的字典对象中。

4.3.1 根据选择确定 YOLO 神经网络参数

有了存储 YOLO 模型参数的 YOLO_PARAMS 字典对象，就可以根据开发者的模型选择推导出一个模型参数字典对象 MODEL_PARAMS。

模型参数字典对象的 MODEL 属性和 IS_TINY 属性是可以人为设置的，其他属性是根据这两个属性设置，并结合 YOLO 模型参数的 YOLO_PARAMS 字典对象的内容推导出来的。代码如下。

```
MODEL_PARAMS=edict()
MODEL_PARAMS.MODEL=MODEL # 可以配置为"YOLOV3" 或 "YOLOV4"
MODEL_PARAMS.IS_TINY=IS_TINY # 可以配置为True 或 False
```

如果开发者选择的是 YOLOV3 模型，那么模型参数字典 MODEL_PARAMS 的其他属性推导代码如下。

```
if MODEL_PARAMS.MODEL=="yolov3" and MODEL_PARAMS.IS_TINY==False:
    MODEL_PARAMS.WEIGHTS='./yolo_weights/yolov3_416.weights'
    MODEL_PARAMS.NN_INPUT_SIZE = [416,416]
    MODEL_PARAMS.STRIDES = YOLO_PARAMS.STRIDES
    MODEL_PARAMS.XYSCALE = YOLO_PARAMS.XYSCALE
    MODEL_PARAMS.GRID_CELLS = tf.constant([13,26,52],dtype=tf.int32)
    MODEL_PARAMS.ANCHORS = YOLO_PARAMS.YOLOV3_ANCHORS
    MODEL_PARAMS.ANCHOR_MASKS = YOLO_PARAMS.YOLOV3_ANCHOR_MASKS
```

如果开发者选择的是 YOLOV3-tiny 模型，那么模型参数字典 MODEL_PARAMS 的其他属性推导代码如下。

```
elif MODEL_PARAMS.MODEL=="yolov3" and MODEL_PARAMS.IS_TINY==True:
    MODEL_PARAMS.WEIGHTS='./yolo_weights/yolov3_tiny.weights'
    MODEL_PARAMS.NN_INPUT_SIZE = [416,416]
    MODEL_PARAMS.STRIDES = YOLO_PARAMS.STRIDES_TINY
    MODEL_PARAMS.XYSCALE = YOLO_PARAMS.XYSCALE_TINY
    MODEL_PARAMS.GRID_CELLS = tf.constant([13,26],dtype=tf.int32)
    MODEL_PARAMS.ANCHORS = YOLO_PARAMS.YOLOV3_TINY_ANCHORS
    MODEL_PARAMS.ANCHOR_MASKS = YOLO_PARAMS.YOLOV3_TINY_ANCHOR_MASKS
```

如果开发者选择的是 YOLOV4 模型，那么模型参数字典 MODEL_PARAMS 的其他属性推导代码如下。

```
elif MODEL_PARAMS.MODEL=="yolov4" and MODEL_PARAMS.IS_TINY==False:
    MODEL_PARAMS.WEIGHTS='./yolo_weights/yolov4-mish-512.weights'
```

```
    MODEL_PARAMS.NN_INPUT_SIZE = [512,512]
    MODEL_PARAMS.STRIDES = YOLO_PARAMS.STRIDES
    MODEL_PARAMS.XYSCALE = YOLO_PARAMS.XYSCALE
    MODEL_PARAMS.GRID_CELLS = tf.constant([16,32,64],dtype=tf.int32)
    MODEL_PARAMS.ANCHORS = YOLO_PARAMS.YOLOV4_ANCHORS
    MODEL_PARAMS.ANCHOR_MASKS = YOLO_PARAMS.YOLOV4_ANCHOR_MASKS
```

如果开发者选择的是 YOLOV4-tiny 模型，那么模型参数字典 MODEL_PARAMS 的其他属性推导代码如下。

```
elif MODEL_PARAMS.MODEL=="yolov4" and MODEL_PARAMS.IS_TINY==True:
    MODEL_PARAMS.WEIGHTS='./yolo_weights/yolov4_tiny.weights'
    MODEL_PARAMS.NN_INPUT_SIZE = [416,416]
    MODEL_PARAMS.STRIDES = YOLO_PARAMS.STRIDES_TINY
    MODEL_PARAMS.XYSCALE = YOLO_PARAMS.XYSCALE_TINY
    MODEL_PARAMS.GRID_CELLS = tf.constant([13,26],dtype=tf.int32)
    MODEL_PARAMS.ANCHORS = YOLO_PARAMS.YOLOV4_TINY_ANCHORS
    MODEL_PARAMS.ANCHOR_MASKS = YOLO_PARAMS.YOLOV4_TINY_ANCHOR_MASKS
```

设计一个配置的解析函数，它根据输入的模型选择和 IS_TINY 参数，返回推导得到模型参数字典 MODEL_PARAMS。代码如下。

```
def get_model_cfg(MODEL,IS_TINY):
    YOLO_PARAMS=edict()
    ……
    MODEL_PARAMS 的属性配置
    ……
    return MODEL_PARAMS
```

4.3.2 建立骨干网络、中段网络和预测网络

本节我们将设计一个函数，将该函数命名为 YOLO，它可以通过若干配置选项，分别生成 YOLOV3、YOLOV3-tiny、YOLOV4、YOLOV4-tiny 这 4 种神经网络。在建立具体神经网络之前，开发者必须首先确定模型版本，模型版本存储在 YOLO 函数的 model 配置参数中，model 配置参数只能是“yolov3”或者“yolov4”的字符串；然后确定是否建立简版的选择开关，简版开关存储在 YOLO 函数的 is_tiny 配置参数中，is_tiny 配置参数只能是 True 或 False 的布尔变量；最后确定物体分类的数量，物体分类的数量存储在 YOLO 函数的 NUM_CLASS 配置参数中，NUM_CLASS 配置参数只能是整型变量，因为分类数量一定是一个整数。函数 YOLO 需要返回的则是神经网络的输入层和融合特征图输出的函数关系式。代码如下。

```
from P06_yolo_core_yolov4 import(
    YOLOv3,YOLOv4,YOLOv3_tiny,YOLOv4_tiny)
def YOLO(input_layer, NUM_CLASS,
         model='yolov4', is_tiny=False):
    if is_tiny==True:
        if model == 'yolov4':
            return YOLOv4_tiny(input_layer, NUM_CLASS)
        elif model == 'yolov3':
            return YOLOv3_tiny(input_layer, NUM_CLASS)
    elif is_tiny==False:
        if model == 'yolov4':
            return YOLOv4(input_layer, NUM_CLASS)
        elif model == 'yolov3':
            return YOLOv3(input_layer, NUM_CLASS)
```

如果开发者选择的模型是 YOLOV3 模型，那么输入参数新建模型的代码如下。

```
NN_INPUT_SIZE=416;NUM_CLASS=80;MODEL='yolov3';IS_TINY=False
input_layer = tf.keras.layers.Input([NN_INPUT_SIZE, NN_INPUT_SIZE, 3])
fused_feature_maps = YOLO(input_layer, NUM_CLASS, MODEL,IS_TINY)
yolov3_Pred = tf.keras.Model(input_layer, fused_feature_maps)
print('yolov3_Pred',yolov3_Pred.input_shape)
print('yolov3_Pred',yolov3_Pred.output_shape)
```

YOLOV3 模型的预测网络输出规格如下。

```
yolov3_Pred (None, 416, 416, 3)
yolov3_Pred [(None, 52, 52, 255), (None, 26, 26, 255), (None, 13, 13,
255)]
```

如果开发者选择的模型是 YOLOV4 模型，那么输入参数新建模型的代码如下。

```
NN_INPUT_SIZE=512;NUM_CLASS=80;MODEL='yolov4';IS_TINY=False
input_layer = tf.keras.layers.Input([NN_INPUT_SIZE, NN_INPUT_SIZE, 3])
fused_feature_maps = YOLO(input_layer, NUM_CLASS, MODEL,IS_TINY)
yolov4_Pred = tf.keras.Model(input_layer, fused_feature_maps)
print('yolov4_Pred',yolov4_Pred.input_shape)
print('yolov4_Pred',yolov4_Pred.output_shape)
```

YOLOV4 模型的预测网络输出规格如下。

```
yolov4_Pred (None, 512, 512, 3)
```

```
yolov4_Pred [(None, 64, 64, 255), (None, 32, 32, 255), (None, 16, 16, 255)]
```

如果开发者选择的模型是 YOLOV3-tiny 模型，那么输入参数新建模型的代码如下。

```
NN_INPUT_SIZE=416;NUM_CLASS=80;MODEL='yolov3';IS_TINY=True
input_layer = tf.keras.layers.Input([NN_INPUT_SIZE, NN_INPUT_SIZE, 3])
fused_feature_maps = YOLO(input_layer, NUM_CLASS, MODEL,IS_TINY)
yolov3_tiny_Pred = tf.keras.Model(input_layer, fused_feature_maps)
print('yolov3_tiny_Pred',yolov3_tiny_Pred.input_shape)
print('yolov3_tiny_Pred',yolov3_tiny_Pred.output_shape)
```

YOLOV3-tiny 模型的预测网络输出规格如下。

```
yolov3_tiny_Pred (None, 416, 416, 3)
yolov3_tiny_Pred [(None, 26, 26, 255), (None, 13, 13, 255)]
```

如果开发者选择的模型是 YOLOV4-tiny 模型，那么输入参数新建模型的代码如下。

```
NN_INPUT_SIZE=416;NUM_CLASS=80;MODEL='yolov4';IS_TINY=True
input_layer = tf.keras.layers.Input([NN_INPUT_SIZE, NN_INPUT_SIZE, 3])
fused_feature_maps = YOLO(input_layer, NUM_CLASS, MODEL,IS_TINY)
yolov4_tiny_Pred = tf.keras.Model(input_layer, fused_feature_maps)
print('yolov4_tiny_Pred',yolov4_tiny_Pred.input_shape)
print('yolov4_tiny_Pred',yolov4_tiny_Pred.output_shape)
```

YOLOV4-tiny 模型的预测网络输出规格如下。

```
yolov4_tiny_Pred (None, 416, 416, 3)
yolov4_tiny_Pred [(None, 26, 26, 255), (None, 13, 13, 255)]
```

4.3.3 加上解码网络后建立完整的 YOLO 模型

有了能够建立骨干网络、中段网络、预测网络的 YOLO 函数后，我们就可以基于 YOLO 函数新建一个用于搭建 YOLO 模型的函数了，将其命名为 YOLO_MODEL 函数。该函数将在骨干网络、中段网络、预测网络之后，加上解码网络，从而完成 YOLO 模型的搭建工作。

首先，使用 YOLO 函数新建输入层 input_layer 和融合特征图 fused_feature_maps 的函数关系，这里需要用到目标检测所需要分辨的物体种类数量 NUM_CLASS、希望选择的模型 MODEL、是否选择简版模型 IS_TINY。

然后，根据 MODEL 和 IS_TINY 这两个参数，推导得到 XYSCALE、先验锚框 ANCHORS、先验锚框分配 ANCHOR_MASKS，送入解码网络，建立 3 个分辨率融合特征图 fused_feature_ maps 和 3 个尺度预测解码结果输出 bbox_tensors 的关系。代码如下。

```
def YOLO_MODEL(input_layer, NUM_CLASS,
            MODEL, IS_TINY):
    fused_feature_maps = YOLO(
        input_layer, NUM_CLASS, MODEL,IS_TINY)

    XYSCALE = get_model_cfg(MODEL,IS_TINY).XYSCALE
    ANCHORS = get_model_cfg(MODEL,IS_TINY).ANCHORS
    ANCHOR_MASKS = get_model_cfg(MODEL,IS_TINY).ANCHOR_MASKS
```

其中，如果将是否选择简版模型 IS_TINY 设置为 True，那么融合特征图 fused_feature_maps 只会被分解为中分辨率融合特征图 med_res_fm 和低分辨率融合特征图 low_res_fm；XYSCALE 会分解为低分辨率 XYSCALE_low_res 和中分辨率 XYSCALE_med_res；先验锚框也会根据 ANCHOR_MASKS 分解为供中分辨率融合特征图使用的用于检测中等尺度目标的先验锚框 ANCHORS_med_res 和供低分辨率融合特征图使用的用于检测大尺度目标的先验锚框 ANCHORS_low_res。解码网络输出的结果只有低分辨率融合特征图上的大尺度目标检测结果 bbox_tensor_low_res 和中分辨率融合特征图上的中等尺度目标检测结果 bbox_tensor_med_res 所组成的列表 bbox_tensors。代码如下。

```
    if IS_TINY==True:
        med_res_fm,low_res_fm = fused_feature_maps
        XYSCALE_low_res,XYSCALE_med_res = XYSCALE
        ANCHORS_med_res = tf.gather(ANCHORS, ANCHOR_MASKS[1])
        ANCHORS_low_res = tf.gather(ANCHORS, ANCHOR_MASKS[0])
        bbox_tensors = []
        bbox_tensor_med_res=decode_train (
            med_res_fm,
            NUM_CLASS, ANCHORS_med_res, XYSCALE_med_res,
            decode_output_name='Med_Res')
        bbox_tensor_low_res=decode_train (
            low_res_fm,
            NUM_CLASS, ANCHORS_low_res, XYSCALE_low_res
            decode_output_name='Low_Res')
        bbox_tensors=[
            bbox_tensor_low_res,bbox_tensor_med_res]
```

如果将是否选择简版模型 IS_TINY 设置为 False，那么融合特征图 fused_feature_maps 会被分解为高分辨率融合特征图 hi_res_fm、中分辨率融合特征图 med_res_fm 和低分辨率融合特征图 low_res_fm；XYSCALE 会被分解为低分辨率 XYSCALE_low_res、中分辨率 XYSCALE_med_res

和高分辨率 XYSCALE_hi_res；先验锚框也会根据 ANCHOR_MASKS 被分解为供高分辨率融合特征图使用的用于检测小尺度目标的先验锚框 ANCHORS_hi_res、供中分辨率融合特征图使用的用于检测中等尺度目标的先验锚框 ANCHORS_med_res 和供低分辨率融合特征图使用的用于检测大尺度目标的先验锚框 ANCHORS_low_res。解码网络输出的结果有低分辨率融合特征图上的大尺度目标检测结果 bbox_tensor_low_res、中分辨率融合特征图上的中等尺度目标检测结果 bbox_tensor_med_res 和高分辨率融合特征图上的小尺度目标检测结果 bbox_tensor_high_res 所组成的列表 bbox_tensors。请读者注意，此处检测小尺度目标对应的是使用高分辨率的融合特征图，检测大尺度目标对应的是使用低分辨率的融合特征图，为方便阅读和编写代码，高分辨率的融合特征图使用 hi_res 作为文字标识，低分辨率的融合特征图使用 low_res 作为文字标识，同样的文字标识也使用在大、中、小 3 个尺度的目标检测检测结果变量的命名规则中。代码如下。

```
    elif IS_TINY==False:
        hi_res_fm, med_res_fm,low_res_fm = fused_feature_maps
        XYSCALE_low_res,XYSCALE_med_res,XYSCALE_hi_res = XYSCALE
        ANCHORS_hi_res = tf.gather(ANCHORS, ANCHOR_MASKS[2])
        ANCHORS_med_res = tf.gather(ANCHORS, ANCHOR_MASKS[1])
        ANCHORS_low_res = tf.gather(ANCHORS, ANCHOR_MASKS[0])
        bbox_tensors = []
        bbox_tensor_high_res=decode_train(
            hi_res_fm ,
            NUM_CLASS, ANCHORS_hi_res,  XYSCALE_hi_res,
            decode_output_name='High_Res')
        bbox_tensor_med_res=decode_train (
            med_res_fm,
            NUM_CLASS, ANCHORS_med_res, XYSCALE_med_res,
            decode_output_name='Med_Res')
        bbox_tensor_low_res=decode_train (
            low_res_fm,
            NUM_CLASS, ANCHORS_low_res, XYSCALE_low_res,
            decode_output_name='Low_Res')
        bbox_tensors=[
            bbox_tensor_low_res,
            bbox_tensor_med_res,
            bbox_tensor_high_res]
    return bbox_tensors
```

使用制作好的 YOLO_MODEL 函数，制作在分类为 80 类情况下的 YOLOV3 和 YOLOV4 的标准版和简版模型，代码如下。

```
NN_INPUT_SIZE=416;NUM_CLASS=80;MODEL='yolov3';IS_TINY=False
input_layer = tf.keras.layers.Input([NN_INPUT_SIZE, NN_INPUT_SIZE, 3])
yolov3_model = tf.keras.Model(input_layer, YOLO_MODEL(
    input_layer, NUM_CLASS, MODEL, IS_TINY))

NN_INPUT_SIZE=512;NUM_CLASS=80;MODEL='yolov4';IS_TINY=False
input_layer = tf.keras.layers.Input([NN_INPUT_SIZE, NN_INPUT_SIZE, 3])
yolov4_model = tf.keras.Model(input_layer, YOLO_MODEL(
    input_layer, NUM_CLASS, MODEL, IS_TINY))

NN_INPUT_SIZE=416;NUM_CLASS=80;MODEL='yolov3';IS_TINY=True
input_layer = tf.keras.layers.Input([NN_INPUT_SIZE, NN_INPUT_SIZE, 3])
yolov3_tiny_model = tf.keras.Model(input_layer, YOLO_MODEL(
    input_layer, NUM_CLASS, MODEL, IS_TINY))

NN_INPUT_SIZE=416;NUM_CLASS=80;MODEL='yolov4';IS_TINY=True
input_layer = tf.keras.layers.Input([NN_INPUT_SIZE, NN_INPUT_SIZE, 3])
yolov4_tiny_model = tf.keras.Model(input_layer, YOLO_MODEL(
    input_layer, NUM_CLASS, MODEL, IS_TINY))
```

至此，完成了 YOLO 神经网络模型的建立。

4.4　YOLO 神经网络的迁移学习和权重加载

要进行 YOLO 神经网络的迁移学习，就需要加载 YOLO 的预训练权重。网上有大量的 YOLO 神经网络的预训练权重，但需要仔细区分预训练模型与模型的不同衍生型号的对应关系，否则会加载错误的模型权重，这样不仅无法加快模型训练收敛速度，而且可能导致不可预料的后果。

4.4.1　骨干网络关键层的起止编号

YOLO 模型分为骨干网络、中段网络、预测网络和解码网络 4 个部分。解码网络不涉及任何可训练变量，只是完成动态范围的映射和不同物理意义变量之间的换算，因此无须加载权重。预测网络与物体识别的分类数量相关，官方提供的预训练权重是 MS COCO 数据集的 80 个分类，但个性化物体识别的应用场景的分类数量往往不是 80 个分类，所以预训练权重也不需要加载。实际上，需要加载预训练权重的只有骨干网络和中段网络两个部分。此外，通过观察之前制作的 YOLO 模型，可以得出一个结论，模型内部涉及权重加载的层类型只有两个：Conv2D 二维卷积层和 BN 批次归一化层，其他如补零层、上采样层、DropOut 层等的层只是进行算法处理，不涉及任何需要加载的权重。

我们需要制作两个工具，分别用于探索模型内部的二维卷积层和 BN 层。今后读取预训练模型的权重时，根据模型分块结构，按照顺序先后加载预训练权重。

制作一个探索模型内部二维卷积层编号规律的函数，输入一个模型后，该函数将返回这个模型内部二维卷积层的编号规律，我们将其命名为 find_conv_layer_num_range。由于 TensorFlow 的二维卷积层会从 0 开始，并自动加 1 进行编号，所以我们只需要找到模型内部二维卷积层的编号起止范围即可。找到的编号起止范围后，将其命名为 conv_no_min 和 conv_no_max。函数设计代码如下。

```
    def find_conv_layer_num_range(model):
        import re
        layers=model.layers
        layer_names = [layer.name for layer in layers]
        conv_names =[ name for name in layer_names if name.startswith ('conv2d') ]
        conv_no=[]
        for conv_name in conv_names:
            if conv_name=='conv2d':
                conv_no.append(0)
            else:
                match= re.findall(r'(?<=_)\d+\d*',conv_name)
                # 此处使用正则表达式，范例为
re.findall(r'(?<=_)\d+\d*','conv2d_888')==['888']
                conv_no.append(int(match[0]))
        conv_no.sort(reverse = False)
        conv_no_min,conv_no_max=min(conv_no),max(conv_no)
        assert 1+conv_no_max-conv_no_min==len(conv_no)
        return (conv_no_min,conv_no_max)
```

制作一个探索模型内部 BN 层编号规律的函数，输入一个模型后，它将返回这个模型内部 BN 层的编号规律，我们将其命名为 find_bn_layer_num_range。由于 TensorFlow 的 BN 层会从 0 开始，并自动加 1 进行编号，所以我们只需要找到模型内部二维卷积层的编号起止范围即可。找到的编号起止范围后，将其命名为 bn_no_min 和 bn_no_max。函数设计代码如下。

```
    def find_bn_layer_num_range(model):
        import re
        layers=model.layers
        layer_names = [layer.name for layer in layers]
        bn_names =  [ name for name in layer_names if name.startswith
('batch_normalization') ]
        bn_no=[]
        for bn_name in bn_names:
            if bn_name=='batch_normalization':
                bn_no.append(0)
            else:
                match= re.findall(r'(?<=_)\d+\d*',bn_name)
                # 此处使用正则表达式，范例为
re.findall(r'(?<=_)\d+\d*','batch_normalization_888')==['888']
                bn_no.append(int(match[0]))
        bn_no.sort(reverse = False)
        bn_no_min,bn_no_max=min(bn_no),max(bn_no)
        assert 1+bn_no_max-bn_no_min==len(bn_no)
        return (bn_no_min,bn_no_max)
```

接下来，我们对 YOLO 模型的骨干网络运用我们制作的两个编号探索工具，探索骨干网络内部的二维卷积层和批次归一化层的序号规律。具体方法为，生成一个 DarkNet53 模型，将其命名为 model_darknet53，将 model_darknet53 送入使用本节制作的两个工具内，让这两个工具输出 model_darknet53 内部二维卷积层和 BN 层的编号范围，代码如下。

```
    NN_INPUT_SIZE=416;NUM_CLASS=80
    input_layer = tf.keras.layers.Input(
        shape = [NN_INPUT_SIZE, NN_INPUT_SIZE, 3])
    model_darknet53 = tf.keras.Model(
        input_layer,
        backbone.darknet53(input_layer),
        name='darknet53')
    conv_no_min,conv_no_max=find_conv_layer_num_range(model_darknet53)
    bn_no_min,bn_no_max=find_bn_layer_num_range(model_darknet53)
    print("darknet53 二维卷积层编号范围的下限和上限: ",conv_no_min, conv_no_max)
    print("darknet53 BN 层编号范围的下限和上限: ",bn_no_min, bn_no_max)
```

同理，生成 DarkNet-tiny、CSP-DarkNet 和 CSP-DarkNet-tiny 的骨干网络模型，探索其内部的二维卷积层和 BN 层的规律，代码如下。

```
NN_INPUT_SIZE=416;NUM_CLASS=80
input_layer = tf.keras.layers.Input(shape = [NN_INPUT_SIZE, NN_INPUT_SIZE, 3])
model_darknet53_tiny = tf.keras.Model(
    input_layer,
    backbone.darknet53_tiny(input_layer),
    name='darknet53_tiny')
    ......

NN_INPUT_SIZE=512;NUM_CLASS=80
input_layer = tf.keras.layers.Input(
    shape = [NN_INPUT_SIZE, NN_INPUT_SIZE, 3])
model_CSPdarknet53 = tf.keras.Model(
    input_layer,
    backbone.cspdarknet53(input_layer),
    name='CSPdarknet53')
    ......

NN_INPUT_SIZE=416;NUM_CLASS=80
input_layer = tf.keras.layers.Input(shape = [NN_INPUT_SIZE, NN_INPUT_SIZE, 3])
model_CSPdarknet53_tiny = tf.keras.Model(
    input_layer,
    backbone.cspdarknet53_tiny(input_layer),
    name='CSPdarknet53_tiny')
    ......
```

输出如下。

```
darknet53 二维卷积层编号范围的下限和上限： 0 51
darknet53 BN 层编号范围的下限和上限： 0 51
darknet53_tiny 二维卷积层编号范围的下限和上限： 52 58
darknet53_tiny BN 层编号范围的下限和上限： 52 58
CSPdarknet53 二维卷积层编号范围的下限和上限： 59 136
CSPdarknet53 BN 层编号范围的下限和上限： 59 136
CSPdarknet53_tiny 二维卷积层编号范围的下限和上限： 137 151
CSPdarknet53_tiny BN 层编号范围的下限和上限： 137 151
```

可见 DarkNet53 骨干网络的二维卷积层和 BN 层的编号顺序都是从 0 到 51，通过模型的 summary 方法查看，可以发现所有的二维卷积层的名称都遵循 conv2d、conv2d_1、conv2d_2，一直到 conv2d_50、conv2d_51 的命名规则。但是观察其他模型，发现其二维卷积层和 BN 层的编号并不是重新从 0 开始，而是从 52 开始，往后顺延。这就是 TensorFlow 对于 Keras 层的默认命名规则。在一个 Python 交互界面的生命周期内，TensorFlow 会全局性地为二维卷积层分配名称为 conv2d_{*n*}的层名称，其中 *n* 从 0 开始递增。所以，DarkNet53-tiny 模型的第一个二维卷积层就不是 conv2d，而是 conv2d_52，一直到 conv2d_58。

尽管如此，并不影响我们总结这 4 个 YOLO 骨干网络的层编号规律，YOLO 骨干网络的 Conv2D 层和 BN 层编号规律如表 4-4 所示。

表 4-4　YOLO 骨干网络的 Conv2D 层和 BN 层编号规律

项目	YOLO 骨干网络的 Conv2D 层和 BN 层编号			
	DarkNet53	DarkNet-tiny	CSP-DarkNet	CSP-DarkNet-tiny
开始编号/名称	0/conv2d	0/conv2d	0/conv2d	0/conv2d
结束编号/名称	51/conv2d_52	6/conv2d_6	77/conv2d_77	14/conv2d_14
合计层数量	52	7	78	15

4.4.2　中段网络和预测网络关键层的起止编号

同理，我们可以找到 YOLOV3 和 YOLOV4 的标准版和简版的包含中段网络和预测网络的命名规律。利用之前建立好的 YOLOV3 和 YOLOV4 的标准版和简版模型（不含解码网络），统计其中的二维卷积层和 BN 层的起止编号。代码如下。

```
for model in [yolov3_Pred, yolov3_tiny_Pred,
              yolov4_Pred,yolov4_tiny_Pred]:
    conv_no_min,conv_no_max=find_conv_layer_num_range(model)
    bn_no_min, bn_no_max =find_bn_layer_num_range(model)
    print(model.name,
          "的二维卷积层编号范围的下限和上限：",conv_no_min,conv_no_max)
    print(model.name,
          "的 BN 层编号范围的下限和上限：",bn_no_min, bn_no_max)
```

输出如下。

```
yolov3_Pred 的二维卷积层编号范围的下限和上限： 152 226
yolov3_Pred 的 BN 层编号范围的下限和上限： 152 223
yolov3_tiny_Pred 的二维卷积层编号范围的下限和上限： 227 239
yolov3_tiny_Pred 的 BN 层编号范围的下限和上限： 224 234
yolov4_Pred 的二维卷积层编号范围的下限和上限： 240 349
yolov4_Pred 的 BN 层编号范围的下限和上限： 235 341
yolov4_tiny_Pred 的二维卷积层编号范围的下限和上限： 350 370
yolov4_tiny_Pred 的 BN 层编号范围的下限和上限： 342 360
```

总结这 4 个网络的层命名规则，并假设每个模型的命名编号都是从 0 开始的，可以推理得到 4 个网络的层编号规律，如表 4-5 所示。

表 4-5　YOLO 骨干网络、中段网络和预测网络的 Conv2D 层和 BN 层的编号规律

项目		Conv2D 层和 BN 层编号			
		YOLOV3	YOLOV3-tiny	YOLOV4	YOLOV4-tiny
Conv2D 层	开始编号/名称	0/conv2d	0/conv2d	0/conv2d	0/conv2d
	结束编号/名称	74/conv2d_74	12/conv2d_12	109/conv2d_109	20/conv2d_20
	合计层数量	75	13	110	21
BN 层	开始编号/名称	0/batch_normalization	0/batch_normalization	0/batch_normalization	0/batch_normalization
	结束编号/名称	71/batch_normalization_71	10/batch_normalization_10	106/batch_normalization_106	18batch_normalization_18
	合计层数量	72	11	107	19

其中，BN 层的数量比 Conv2D 层的数量少 2 个或 3 个。那是因为对于标准版模型，中段网络输出的 3 个分辨率融合特征图经过预测网络时，预测网络安排了 3 个 DarkNet 专用卷积块 DarkNetConv 用于产生固定通道数的矩阵［固定通道数为 3*(5+ NUM_CLASS)］，这 3 个 DarkNet 专用卷积块 DarkNetConv 内部的 BN 层开关被设置为关（False），因此，整个标准版模型内部唯独这 3 个 DarkNet 专用卷积块 DarkNetConv 没有 BN 层。同理，对于简版模型，其应对中、低分辨率融合特征图的预测网络内部，也有两个 DarkNet 专用卷积块 DarkNetConv 内部的 BN 层开关被设置为关（False），因此，整个简版模型内部唯独这两个 DarkNet 专用卷积块 DarkNetConv 没有 BN 层。

接下来要对 Conv2D 层和 BN 层在各个模型内部的命名顺序进行研究。使用本书设计的模型检查工具，提取模型内部各个二维卷积层和 BN 层的详细规格。提取的规格包括层编号、层类型、层名称、层参数、输出形状、内存开销、乘法开销。代码如下。

```
detail_models={}
detail_model_smrys = {}
model_inspector = Model_Inspector()
for model in [yolov3_Pred, yolov3_tiny_Pred,
           yolov4_Pred,yolov4_tiny_Pred]:
    detail_model = model_inspector.model_inspect(model)
    detail_model_smry = model_inspector.summary(
        model,
        ['layer_no',"layer_type", "layer_name",
         "specs","output_shape",
```

```
            "memory_cost", "FLOP_cost"])
        detail_models[model.name]=detail_model
        detail_model_smrys[model.name]=detail_model_smry
```

本书制作的模型查看工具是通过 for layer in model.layers 方法逐层遍历模型内的全部层，并提取层信息的。细心的读者会发现，此时提取的层名称内所隐含的序号是不连续的，这是因为 TensorFlow 生成模型时，是按照节点延展的顺序生成模型的各个层，同时根据生成顺序自动生成层名称。但是，当我们使用模型的 summary 方法查看模型或者通过 for layer in model.layers 方法提取模型的各个层时，它是按照模型内部层的连接关系对各个层进行排序的，二者顺序不一致。这就导致一个问题，生成模型时内部各个层的默认名称上带的序号逐个递增，但是在模型建好后提取到或者看到的层的名称内的序号就不是递增的了，而是在有分支节点的地方按照层展示的逻辑进行特定顺序的编排，即层命名的“生成顺序”和层查看的“展示顺序”是不一样的。

例如，YOLOV3 模型的骨干网络的 Conv2D 层的编号从 0 开始，以 51 结束，合计 52 个 Conv2D 层和 52 个 BN 层，但骨干网络内部涉及了矩阵的分支和拼接，层自动命名的序号就出现不连续的情况。在 YOLOV3 的中段网络中，低分辨率特征图的 Conv2D 层的编号从 52 开始，以 56 结束，但编号为 57 的 Conv2D 层并不是分配给中分辨率特征图分支的，而是分配给预测网络中的低分辨率分支的，即预测网络的低分辨率分支占用了第 57 和第 58 层自动命名序号。相应地，YOLOV3 的中段网络中，中分辨率的 Conv2D 层的编号从 59 开始，以 64 结束，预测网络的中分辨率分支占用第 65 和第 66 层自动命名序号；高分辨率的 Conv2D 层的编号从 67 开始，以 72 结束，预测网络的高分辨率分支占用第 73 和第 74 层自动命名序号。

YOLOV3 模型的骨干网络的 BN 层的编号从 0 开始，以 51 结束，合计 52 个 Conv2D 层和 52 个 BN 层。对于中段网络中的低分辨率特征图分支，BN 层的编号从 52 开始，以 56 结束，预测网络中的 BN 层只有一个，编号为 57；对于中段网络中的中分辨率特征图分支，BN 层的编号从 58 开始，以 63 结束，预测网络中的 BN 层只有一个，编号为 64；对于中段网络中的高分辨率特征图分支，BN 层的编号从 65 开始，以 70 结束，预测网络中的 BN 层只有一个，编号为 71。

特别地，特征融合网络中编号为 59 的 Conv2D 层和编号为 58 的 BN 层处理的数据是低分辨率的特征图数据，所以一般把它们归类到低分辨率数据分支上。同理，编号为 67 的 Conv2D 层和编号为 65 的 BN 层处理的数据是中分辨率的特征图数据，所以一般把它们归类到中分辨率数据分支上。

感兴趣的读者可以使用模型的 summary 方法，结合模型检查工具查看提取的关键信息，特别是结合层参数和输出形状，找到模型代码中的各个网络段在各个分辨率上的交界面，摘抄其层名称，推导各个交界面上的二维卷积层和 BN 层的排列序号。虽然这个查找工作的工作量很大，需要仔细进行，但是仔细查找后会对模型有更深刻的理解。根据 TensorFlow 生成模型时的层自动命名规则，可以将 YOLOV3 模型的 Conv2D 层和 BN 层的层自动命名的编号分配顺序标注在模型结构图上，如图 4-6 所示。

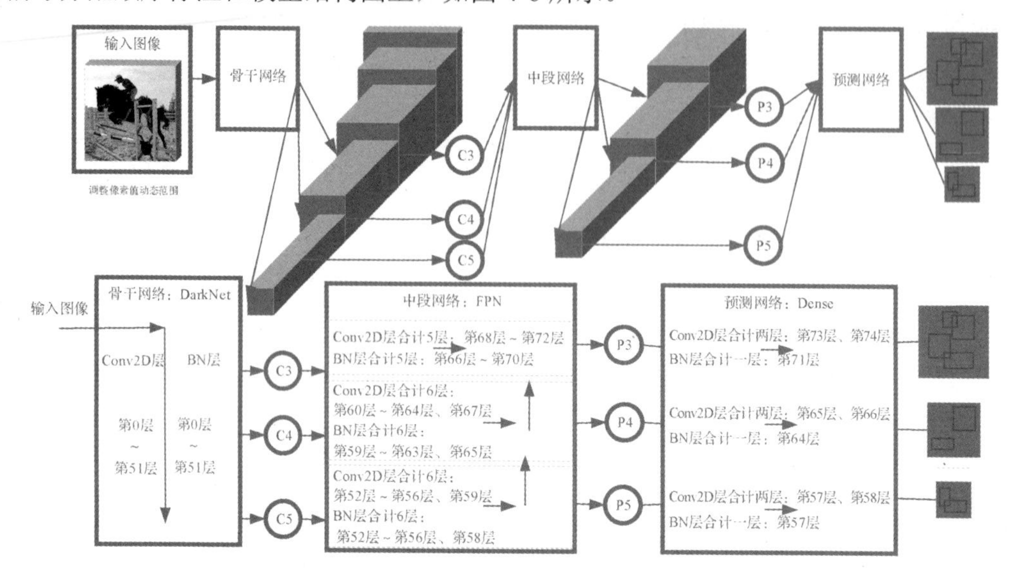

图 4-6　YOLOV3 模型的 Conv2D 层和 BN 层的自动编号示意图

YOLOV3-tiny 模型的骨干网络的 Conv2D 层的编号从 0 开始，以 6 结束，合计 7 个 Conv2D 层。对于中段网络的低分辨率特征图分支，Conv2D 层只有一个，编号为 7，预测网络有两个 Conv2D 层，编号为 8 和 9；对于中段网络的中分辨率特征图分支，Conv2D 层只有一个，编号为 10，预测网络有两个 Conv2D 层，编号为 11 和 12。

YOLOV3-tiny 模型的骨干网络的 BN 层的编号从 0 开始，以 6 结束，合计 7 个 BN 层。对于中段网络的低分辨率特征图分支，BN 层只有一个，编号为 7，预测网络有一个 Conv2D 层，编号为 8；对于中段网络的中分辨率特征图分支，BN 层只有一个，编号为 9，预测网络有一个 BN 层，编号为 10。

特征融合网络中的编号为 10 的 Conv2D 层和编号为 9 的 BN 层处理的是低分辨率数据，所以我们可以将其归属在低分辨率分支上；相应地，中分辨率分支的 Conv2D 层和 BN 层就标注为“无”。根据 TensorFlow 生成模型时的层自动命名规则，我们可以将 YOLOV3-tiny 模型的 Conv2D 层和 BN 层的层自动命名的编号分配顺序标注在模型结构图上，如图 4-7 所示。

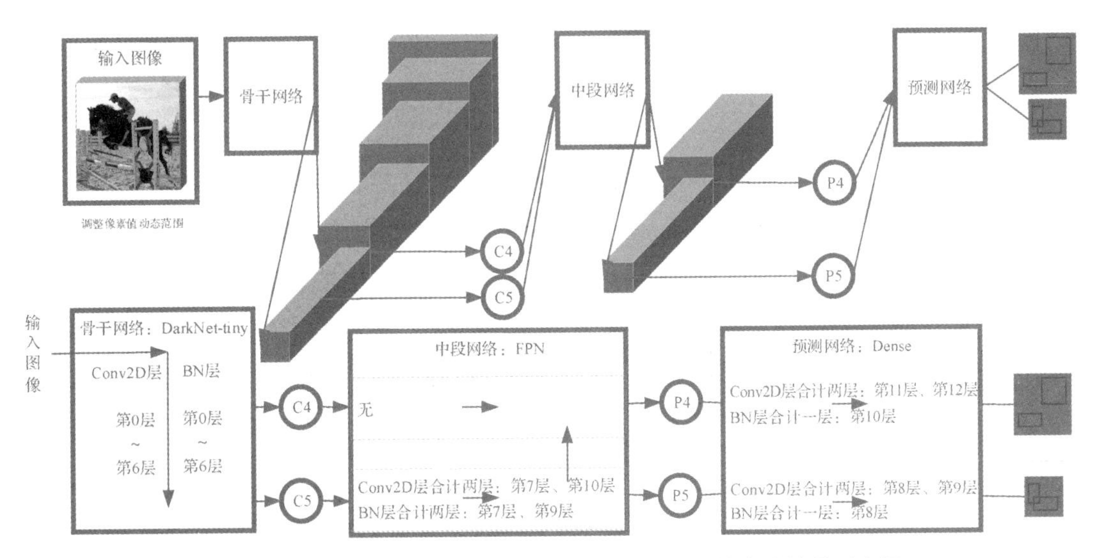

图 4-7　YOLOV3-tiny 模型的 Conv2D 层和 BN 层的自动编号示意图

YOLOV4 模型的骨干网络的 Conv2D 层的编号从 0 开始，以 77 结束，合计 78 个 Conv2D 层。

对于中段网络 PANet，Conv2D 层的新建顺序是先新建 PANet 左侧网络，产生编号为 78～91 的 Conv2D 层，然后直接连接预测网络的高分辨率分支的编号为 92 和 93 的 Conv2D 层。PANet 左侧的高分辨率分支输出（编号为 91 的 Conv2D 层输出）会在 PANet 右侧的高分辨率分支内，通过编号为 94 的 Conv2D 层处理后，通过下采样层给到 PANet 右侧的中分辨率分支，由于编号为 94 的 Conv2D 层处理的数据都是高分辨率的，所以将编号为 94 的 Conv2D 层归属在高分辨率分支上。

PANet 右侧的中分辨率分支将来自 PANet 左侧的中分辨率输出和来自 PANet 右侧的编号为 94 的 Conv2D 层的输出进行矩阵拼接后通过 5 个编号为 95～99 的 Conv2D 层处理后，给到预测网络的中分辨率分支的编号为 100 和 101 的 Conv2D 层。PANet 右侧的中分辨率输出（编号为 99 的 Conv2D 层输出）会在 PANet 右侧的中分辨率分支上，通过编号为 102 的 Conv2D 层处理后，通过下采样层给到 PANet 右侧的低分辨率分支，由于编号为 102 的 Conv2D 层处理的数据都是中分辨率的，所以将编号为 102 的 Conv2D 层归属在中分辨率分支上。

PANet 右侧的低分辨率分支将来自 PANet 左侧的低分辨率输出和来自 PANet 右侧的编号为 102 的 Conv2D 层的输出进行矩阵拼接，然后通过 5 个编号为 103～107 的 Conv2D 层处理后，给到预测网络的低分辨率分支的编号为 108 和 109 的 Conv2D 层。

至于 BN 层，除了预测网络的最后一个 Conv2D 层之后没有搭配 BN 层，其他 Conv2D 层后一定跟着一个 BN 层，BN 层的编号顺序和 Conv2D 层的编号顺序完全一致，这里就不展开叙述了。YOLOV4 模型的中段网络和预测网络的 Conv2D 层的编号示意图如图 4-8 所示。

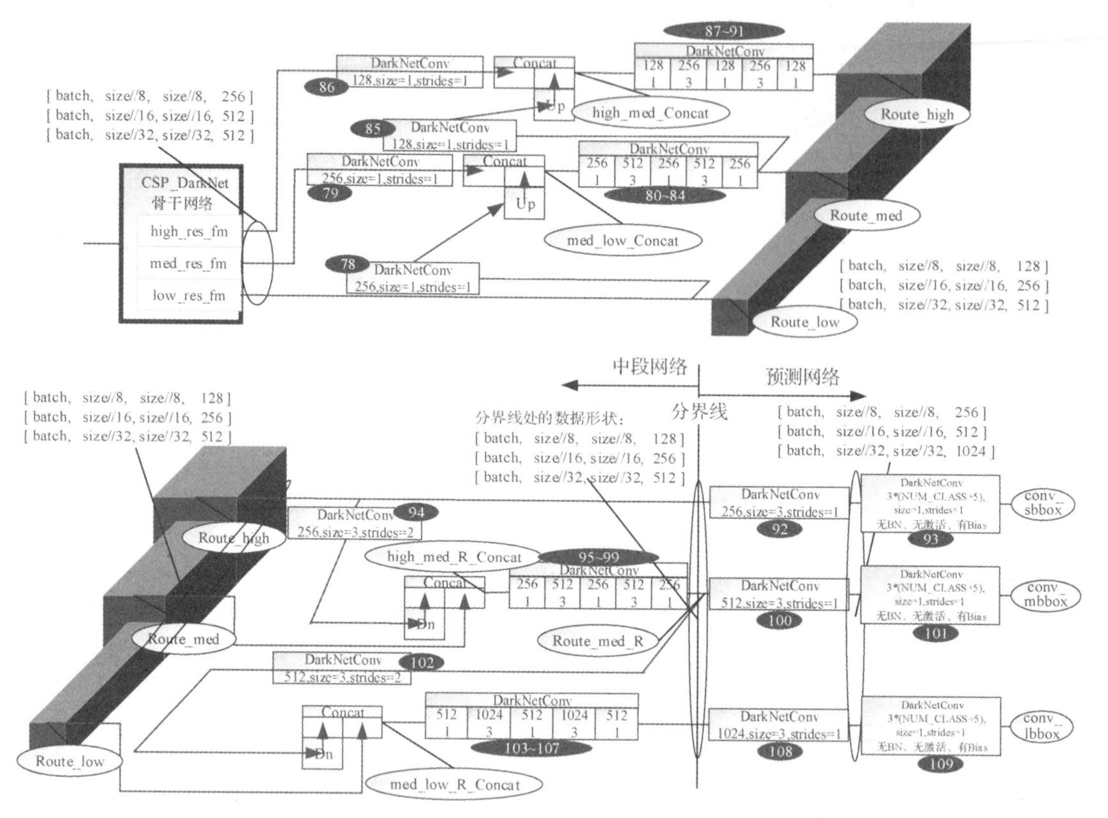

图 4-8　YOLOV4 模型的中段网络和预测网络的 Conv2D 层的编号示意图

根据 TensorFlow 生成模型时的层自动命名规则，我们可以将 YOLOV4 模型的 Conv2D 层和 BN 层的层自动命名的编号分配顺序标注在整个模型结构图上，如图 4-9 所示。

YOLOV4-tiny 模型的骨干网络的 Conv2D 层的编号从 0 开始，以 14 结束，合计 15 个 Conv2D 层。对于中段网络的低分辨率特征图分支，Conv2D 层只有一个，编号为 15，预测网络有两个 Conv2D 层，编号为 16 和 17。中段网络的低分辨率特征图输出（编号为 15 的 Conv2D 层输出）会通过一个编号为 18 的 Conv2D 层和上采样层，提供给中段网络的中分辨率特征图分支，由于编号为 18 的 Conv2D 层处理的数据是低分辨率数据，所以把它归属在低分辨率分支上。中段网络的中分辨率分支不做任何 Conv2D 处理，只是将来自编号为 18 的 Conv2D 层的输出和来自骨干网络的中分辨率输出进行矩阵拼接后，给到中分辨率的预测网络。中分辨率的预测网络有两个 Conv2D 层，编号为 19 和 20。

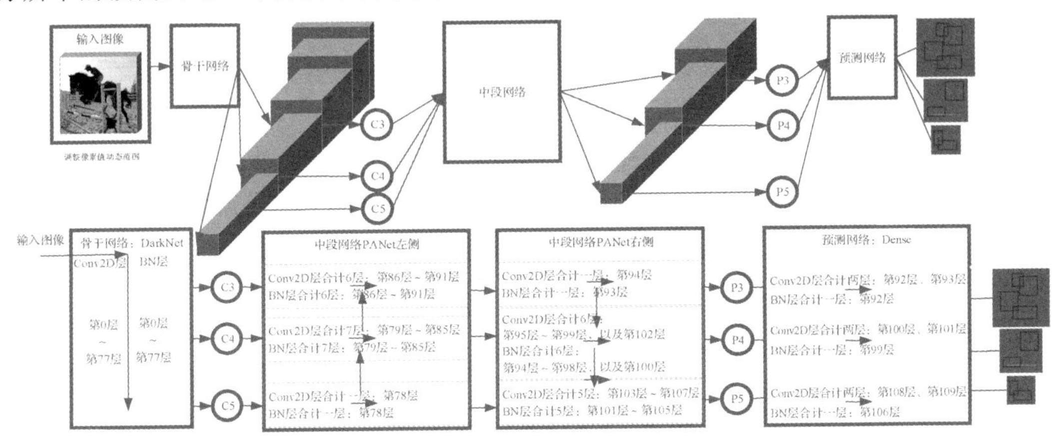

图 4-9　YOLOV4 模型的 Conv2D 层和 BN 层的自动编号示意图

YOLOV4-tiny 模型的骨干网络的 BN 层，基本都会出现在 Conv2D 层后面，但有两个特例，即位于预测网络的编号为 17 和 20 的 Conv2D 层后面没有跟着 BN 层。并且，BN 层的自动命名规则和 Conv2D 层完全一致，这里就不展开叙述了。

根据 TensorFlow 生成模型时的层自动命名规则，我们可以将 YOLOV4-tiny 模型的 Conv2D 层和 BN 层的层自动命名的编号分配顺序标注在模型结构图上，如图 4-10 所示。

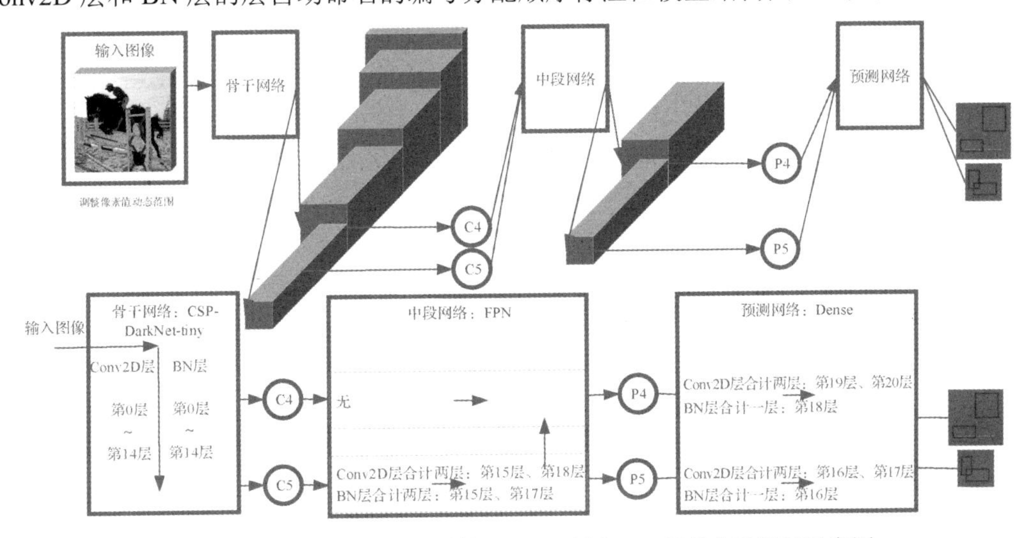

图 4-10　YOLOV4-tiny 模型的 Conv2D 层和 BN 层的自动编号示意图

模型的命名顺序之所以重要，是因为 YOLO 官网提供的权重文件是以 weights 为后缀的权重文件，weights 格式的权重文件是按照模型生成时节点延展的存储顺序将权重数值存储在文件中的，所以不能用 for layer in model.layers 方法逐层遍历加载权重，而需要提取所有需要加载权重的层，使用正则表达式识别其层名称中的编号，通过编号顺序逐个加载权重。

4.4.3 YOLO 模型的权重加载

读者可以从 YOLO 的 GitHub 官网很方便地获得 YOLOV3 和 YOLOV4 的标准版和简版的预训练权重。YOLO 官网提供的预训练权重下载文件如图 4-11 所示。

名称	类型	大小
yolov3.weights	WEIGHTS 文件	242,195 KB
yolov3_tiny.weights	WEIGHTS 文件	34,605 KB
yolov4.weights	WEIGHTS 文件	251,678 KB
yolov4_tiny.weights	WEIGHTS 文件	23,683 KB

图 4-11 YOLO 官网提供的预训练权重下载文件

这些权重是在 80 分类的 MS COCO 数据集上预训练得到的，可以大大加快开发者的训练收敛速度。YOLO 官网默认的权重文件和性能指标如表 4-6 所示。

表 4-6 YOLO 官网默认的权重文件和性能指标

权重文件名称	文件大小	性能指标
yolov3.weights	236 MB	yolov3.cfg - 55.3% mAP@0.5 - 66(R) FPS - 65.9 BFlops
yolov3-tiny.weights	33.7 MB	yolov3-tiny.cfg - 33.1% mAP@0.5 - 345(R) FPS - 5.6 BFlops
yolov4-tiny.weights	23.1 MB	yolov4-tiny.cfg - 40.2% mAP@0.5 - 371(1080Ti) FPS / 330(RTX2070) FPS - 6.9 BFlops
yolov4.weights	245 MB	width=608 height=608 in cfg: 65.7% mAP@0.5 (43.5% AP@0.5:0.95) - 34(R) FPS / 62(V) FPS - 128.5 BFlops width=512 height=512 in cfg: 64.9% mAP@0.5 (43.0% AP@0.5:0.95) - 45(R) FPS / 83(V) FPS - 91.1 BFlops width=416 height=416 in cfg: 62.8% mAP@0.5 (41.2% AP@0.5:0.95) - 55(R) FPS / 96(V) FPS - 60.1 BFlops width=320 height=320 in cfg: 60% mAP@0.5 (38% AP@0.5:0.95) - 63(R) FPS / 123(V) FPS - 35.5 BFlops

这些 weights 格式的权重文件的组织方式和 TensorFlow 有所不同，具体表现在以下几个方面。

第一，weights 格式的权重文件先存储 BN 层参数后存储 Conv2D 层参数，但 TensorFlow 建立的模型是 Conv2D 层在前面而 BN 层在后面的，因此加载权重时也遵循相应顺序调整。

第二，weights 格式的权重文件是串行存储权重，即将所有二维以上的矩阵都转化为一维向量进行存储，而 TensorFlow 的权重是以高维度矩阵的方式直接存储的，因此读取 weights 格式的权重后，需要根据加载需要，使用 TensorFlow 的 Reshape 函数将一维向量调整为高维矩阵。

第三，weights 格式的权重文件的 BN 层的参数的存储顺序为[beta, gamma, mean, variance]，而 TensorFlow 的 BN 层的参数的加载顺序为[gamma, beta, mean, variance]，所以加载权重时，需要用 Reshape 函数进行矩阵元素的顺序调整。

第四，weights 格式的权重文件的 Conv2D 层的参数的存储顺序为(filters, in_dim, k_size, k_size)，其中，filters 表示二维卷积层的输出通道数，in_dim 表示二维卷积层的输入通道数，k_size 表示卷积核尺寸，但 TensorFlow 的 Conv2D 层的参数存储顺序为(k_size, k_size, in_dim, filters)，所以加载权重后，需要使用 Transpose 函数对 weights 格式的权重矩阵（源权重）进行元素的顺序调整。Transpose 函数将提取源权重的第 2 个和第 3 个维度（k_size, k_size）并将其调整到目标权重的第 0 个和第 1 个维度，将提取源权重的第 1 个维度（in_dim）调整到目标权重的第 2 个维度，将提取源权重的第 0 个维度（filters）调整到目标权重的第 3 个维度，即在调用 Transpose 函数时使用[2, 3, 1, 0]的配置方式。

我们设计一个权重加载函数 load_weights，加载权重时，需要进行常规常量的配置，包括预训练权重的分类数量 NUM_CLASS_PRETRAIN、DarkNet 标准版和简版的 Conv2D 层的起止编号、CSP-DarkNet 的标准版和简版的 Conv2D 层的起止编号、YOLOV3 标准版和简版的 Conv2D 层的起止编号 convNo_range、YOLOV4 标准版和简版的 Conv2D 层的起止编号 convNo_range，以及 YOLOV3 标准版和简版的预测网络的三个（或两个）分辨率的最后一个 Conv2D 层的编号 output_pos、YOLOV4 标准版和简版的预测网络的三个（或两个）分辨率的最后一个 Conv2D 层的编号 output_pos，其中 output_pos 所指示的预测网络的 Conv2D 层需要配置偏置变量。Conv2D 层的起止编号一律从 0 开始，起止编号范围为左“闭”右“开”，以赋值为[0, 13]的 convNo_range 为例，表示编号从 0 开始，最后一个编号为 12。代码如下。

```
def load_weights(
    model, weights_file, model_name='yolov4', is_tiny=False):

    print("{}{} load with weights_file {}".format(
        model_name,'_tiny' if is_tiny else '',weights_file))
```

```
NUM_CLASS_PRETRAIN = 80

if is_tiny==True:
    if model_name == 'yolov3':
        convNo_range = [0, 13]
        output_pos = [9, 12]
    elif model_name == 'darknet':
        convNo_range =[0, 7] # 最大编号的层名称为 conv2d_6 (Conv2D)
        output_pos = [9, 12]

    elif model_name == 'yolov4':
        convNo_range = [0, 21]
        output_pos = [17, 20]
    elif model_name == 'CSP_darknet':
        convNo_range=[0, 15]# 最大编号的层名称为 conv2d_14 (Conv2D)
        output_pos = [17, 20]

elif is_tiny==False:
    if model_name == 'yolov3':
        convNo_range = [0, 75]
        output_pos = [58, 66, 74]
    elif model_name == 'darknet':
        convNo_range=[0, 52]# 最大编号的层名称为 conv2d_51 (Conv2D)
        output_pos = [58, 66, 74]

    elif model_name == 'yolov4':
        convNo_range = [0, 110]
        output_pos = [93, 101, 109]
    elif model_name == 'CSP_darknet':
        convNo_range =[0, 78]# 最大编号的层名称为 conv2d_77 (Conv2D)
        output_pos = [93, 101, 109]
```

使用 NumPy 的 Fromfile 函数，以逐个读取的方式读取磁盘上的 weights 格式的权重文件。虽然 weights 格式权重文件的前 5 个数据不是我们需要的权重，但是也需要使用 Fromfile 方法读取，只是读取后并不使用，以便使文件读取的指针停留在下一个需要读取的文件数据区块上，方便我们读取后面的权重数据。代码如下。

```
wf = open(weights_file, 'rb')
major, minor, revision, seen, _ = np.fromfile(
```

```
        wf, dtype=np.int32, count=5)
```

使用之前设计的 find_conv_layer_num_range 函数，找到本模型内的二维卷积层的开始编号，将它加在 Conv2D 层的起止编号常量 convNo_range 上，将结果覆盖赋值 Conv2D 层的起止编号常量 convNo_range。这样就可以获得修正后的本模型内 Conv2D 层的起止编号常量 convNo_range 了。代码如下。

```
    conv_no_min,conv_no_max =find_conv_layer_num_range(model)
    convNo_range=[x+conv_no_min for x in convNo_range]
    output_pos=  [x+conv_no_min for x in output_pos]
```

BN 层的起止编号也用同样的方法获得。将 BN 层的开始编号加在 BN 层的全局指针 j 上，并更新覆盖 BN 层的全局指针 j（此处的指针指的是层名称中的序号，并非 C 语言中的指针），代码如下。

```
    bn_no_min,bn_no_max = find_bn_layer_num_range(model)
    j = 0
    j=j+bn_no_min
```

下面开始 Conv2D 层的权重加载循环，首先根据 Conv2D 层的起止编号，使用 TensorFlow 模型的 get_layer 方法，提取相应的 Conv2D 层，获得其输出通道数 filters、卷积核尺寸 k_size、输入通道数 in_dim，然后根据 Conv2D 层是否为预测网络最后一层的判断进行两种情况的处理。

对于大部分并不位于预测网络最后一层的 Conv2D 层和 BN 层，它们实际上是在同一个 DarkNet 专用卷积块 DarkNetConv 内部的。根据 DarkNet 专用卷积块（DarkNetConv）的特点，其内部的 BN 层开关与 Conv2D 层的偏置变量开关是互斥的，因此这些 Conv2D 层内部的偏置变量是被屏蔽的。如果提取了 BN 层的权重，将其转化为 TensorFlow 的权重格式后，那么只需要提取 Conv2D 层的权重，将其转化为 TensorFlow 的权重格式，而并不需要提取这些 Conv2D 层的偏置变量。提取的参数分别存储在 bn_weights 和 conv_weights 中，使用 TensorFlow 的 Keras 层对象的 set_weights 方法，将权重设置到 Conv2D 层和 BN 层内部。代码如下。

```
  for i in range(convNo_range[0],convNo_range[1]):
      conv_layer_name = 'conv2d_%d' %i if i > 0 else 'conv2d'
      bn_layer_name = 'batch_normalization_%d' %j if j > 0 else 'batch_
normalization'

      conv_layer = model.get_layer(conv_layer_name)
      filters = conv_layer.filters
```

```
        k_size = conv_layer.kernel_size[0]
        in_dim = conv_layer.input_shape[-1]

        if i not in output_pos:
            # DarkNet 的weights 格式的BN 层参数的存储顺序为 [beta, gamma, mean, variance]
            bn_weights = np.fromfile(wf, dtype=np.float32, count=4 * filters)
            # TensorFlow 的 BN 层参数的存储顺序为 [gamma, beta, mean, variance]
            bn_weights = bn_weights.reshape((4, filters))[[1, 0, 2, 3]]
            bn_layer = model.get_layer(bn_layer_name)
            j += 1

            # DarkNet 的 weights 格式的二维卷积层的卷积核参数的存储顺序为(out_dim,
in_dim, height, width)
            conv_shape = (filters, in_dim, k_size, k_size)
            conv_weights = np.fromfile(wf, dtype=np.float32, count=np.product
(conv_shape))
            conv_weights = conv_weights.reshape(conv_shape).transpose([2, 3,
1, 0])
            # TensorFlow 的二维卷积核参数的存储顺序为(height, width, in_dim, out_dim)

            conv_layer.set_weights([conv_weights])
            bn_layer.set_weights(bn_weights)
```

对于位于预测网络最后一层的 Conv2D 层，其所在的 DarkNet 专用卷积块的 BN 层开关处于关闭状态，Conv2D 层的偏置变量处于开启状态，所以需要在读取权重矩阵的同时，也读取偏置变量。需要特别注意的是，预测网络最后一层的 Conv2D 层的权重形状，与 YOLO 官网预训练时分类的数量 NUM_CLASS_PRETRAIN=80 密切相关，所以此处的 filters 通道数应当设置为常数 3*(NUM_CLASS_PRETRAIN+5)，即 255。由于个性化目标检测的场景下需要识别的目标分类往往不是 80 类，所以这些位于预测网络最后一层的 Conv2D 层的预训练权重对我们没有丝毫帮助，所以此处使用了 try-except-else 的异常处理机制，如果因为矩阵形状与层权重形状不一致导致无法加载，那么 Python 运行环境将抛出异常，但不会引起错误而导致程序无法继续执行。当正确加载时，系统提示开发者目标分类是 80 类，权重加载成功。这里需要特别注意的是，如果开发者选择不加载权重，那么也必须使用 NumPy 的 Fromfile 方法读取后丢弃所读取的内容，以便使用 Fromfile 方法继续读取后续权重。代码如下。

```
        elif i in output_pos:
            filters=3*(NUM_CLASS_PRETRAIN+5)
            conv_bias = np.fromfile(wf, dtype=np.float32, count=filters)
```

```
        # DarkNet 的 weights 格式的二维卷积层的卷积核参数存储顺序为(out_dim, in_dim,
height, width)
        conv_shape = (filters, in_dim, k_size, k_size)
        conv_weights = np.fromfile(
            wf, dtype=np.float32, count=np.product(conv_shape))
        conv_weights = conv_weights.reshape(
            conv_shape).transpose([2, 3, 1, 0])
        # TensorFlow 的二维卷积层的卷积核参数的存储顺序：(height, width, in_dim,
out_dim)
        try:
            conv_layer.set_weights([conv_weights, conv_bias])
        except:
            print("layer shape and weight shape DO NOT Match in prediction
sub-network")
        else:
            print("your NUM_CLASS is 80, prediction sub-network weights
loaded!")
```

在程序的最后还应当加上权重文件是否读取完毕的判断。因为如果此时是为 YOLOV3 或者 YOLOV4 的标准版和简版模型加载权重，那么我们磁盘上的权重文件应该全部读取完毕，NumPy 的 Fromfile 函数的指针最后应当位于磁盘权重文件的末尾，此时再次让 NumPy 的 Fromfile 函数强行读取权重文件，那么它返回的应当是长度为 0 的数据。因此，可以设计一个文件末尾的判断，来判断 len(wf.read())是否等于 0，如果判断到达文件末尾，那么可以从侧面帮助我们判读之前磁盘的权重文件和模型的匹配是否无误。当然，如果我们仅仅是加载骨干网络权重的话，那么 NumPy 的 Fromfile 函数的指针不会位于磁盘权重文件的末尾，所以自然无须进行文件末尾的判断。代码如下。

```
    if model_name == 'yolov3' or  model_name == 'yolov4':
        assert len(wf.read()) == 0, 'failed to read all data'
    wf.close()
```

生成 YOLOV3 和 YOLOV4 的标准版和简版模型，并加载 4 个默认的权重文件。YOLOV3 的模型名称为 yolov3_model，对应的权重磁盘文件为 yolov3.weights，代码如下。

```
from P07_yolo_model_generate import YOLO_MODEL
NN_INPUT_SIZE=416;NUM_CLASS=80;MODEL='yolov3';IS_TINY=False
WEIGHTS='./yolo_weights/default_weights/yolov3.weights'
input_layer = tf.keras.layers.Input([NN_INPUT_SIZE, NN_INPUT_SIZE, 3])
yolov3_model = tf.keras.Model(input_layer, YOLO_MODEL(
```

```
    input_layer, NUM_CLASS, MODEL, IS_TINY))
load_weights(yolov3_model, WEIGHTS,
         model_name='yolov3', is_tiny=False)
```

YOLOV4 的模型名称为 yolov4_model，对应的权重磁盘文件为 yolov4.weights，代码如下。

```
NN_INPUT_SIZE=512;NUM_CLASS=80;MODEL='yolov4';IS_TINY=False
WEIGHTS='./yolo_weights/yolov4.weights'
input_layer = tf.keras.layers.Input([NN_INPUT_SIZE, NN_INPUT_SIZE, 3])
yolov4_model = tf.keras.Model(input_layer, YOLO_MODEL(
    input_layer, NUM_CLASS, MODEL, IS_TINY))
load_weights(yolov4_model, WEIGHTS,
            model_name='yolov4', is_tiny=False)
```

YOLOV3-tiny 的模型名称为 yolov3_tiny_model，对应的权重磁盘文件为 yolov3_tiny.weights，代码如下。

```
NN_INPUT_SIZE=416;NUM_CLASS=80;MODEL='yolov3';IS_TINY=True
WEIGHTS='./yolo_weights/default_weights/yolov3_tiny.weights'
input_layer = tf.keras.layers.Input([NN_INPUT_SIZE, NN_INPUT_SIZE, 3])
yolov3_tiny_model = tf.keras.Model(input_layer, YOLO_MODEL(
    input_layer, NUM_CLASS, MODEL, IS_TINY))
load_weights(yolov3_tiny_model, WEIGHTS,
            model_name='yolov3', is_tiny=True)
```

YOLOV4-tiny 的模型名称为 yolov4_tiny_model，对应的权重磁盘文件为 yolov4_tiny.weights，代码如下。

```
NN_INPUT_SIZE=416;NUM_CLASS=80;MODEL='yolov4';IS_TINY=True
WEIGHTS='./yolo_weights/default_weights/yolov4_tiny.weights'
input_layer = tf.keras.layers.Input([NN_INPUT_SIZE, NN_INPUT_SIZE, 3])
yolov4_tiny_model = tf.keras.Model(input_layer, YOLO_MODEL(
    input_layer, NUM_CLASS, MODEL, IS_TINY))
load_weights(yolov4_tiny_model, WEIGHTS,
            model_name='yolov4', is_tiny=True)
```

输出显示如下。

```
yolov3 load with weights_file ./yolo_weights/default_weights/yolov3.weights
your NUM_CLASS is 80, prediction sub-network weights loaded!
yolov4 load with weights_file ./yolo_weights/yolov4.weights
```

```
    your NUM_CLASS is 80, prediction sub-network weights loaded!
    yolov3_tiny load with weights_file ./yolo_weights/default_weights/yolov3_tiny.
weights
    your NUM_CLASS is 80, prediction sub-network weights loaded!
    yolov4_tiny load with weights_file ./yolo_weights/default_weights/yolov4_tiny.
weights
    your NUM_CLASS is 80, prediction sub-network weights loaded!
```

可见，权重已经全部加载成功，并且恰好读取到权重文件的末尾。

4.5 原版 YOLO 模型的预测

由于互联网提供了极为方便的预训练权重下载方式，所以当完成网络搭建以后就可以使用预训练权重进行模型的预测，以验证模型的准确率和目标检测能力了。

这里需要特别注意的是，用于预测的 YOLO 神经网络与用于训练的神经网络在结构上是有着细微的不同的。用于训练的神经网络，包含骨干网络、特征融合网络、预测网络、解码网络；而用于预测的神经网络，在原有神经网络的基础上增加了数据重组网络。这个数据重组网络的输出将不同分辨率下的预测解码结果进行整合，整合完毕后，所有的预测矩形框和预测概率将不再区分来自何种分辨率的特征图，预测的结果将被直接送入下一环节进行 NMS 算法的矩形框过滤。

4.5.1 原版 YOLO 模型的建立和参数加载

我们设计的 YOLO 神经网络的预测网络按照损失函数的需要，输出尽可能多的预测信息，大部分的信息是为了今后的训练使用的。如果仅仅用来预测，那么只需要矩形框顶点信息、前背景预测、分类概率预测这 3 部分信息，并将它们重组为行数等于预测数量，列数分别等于 4、1、NUM_CLASS 的 3 个矩阵。

首先，定义模型选择。我们只需要定义 MODEL 和 IS_TINY 这两个参数，就可以决定模型选择。由于使用官方在 MS COCO 的 80 分类数据集下的预训练权重，所以分类数量必须为 80 类。MS COCO 的 80 分类标签可以在 GitHub 网站上下载。最后一个需要手工配置的参数是每个尺度下的矩形框预测数量上限，这里将其设置为 100。代码如下。

```
from easydict import EasyDict as edict
from P06_yolo_core_config import get_model_cfg
CFG=edict()
CFG.MODEL='yolov4'; CFG.IS_TINY=False
```

```
CFG.NUM_CLASS=80
CFG.MAX_BBOX_PER_SCALE=100
```

然后，根据模型选择，提取其他常数配置。代码如下。

```
CFG.MODEL_NAME=CFG.MODEL+('_tiny' if CFG.IS_TINY==True else '')
CFG.WEIGHTS = get_model_cfg(CFG.MODEL,CFG.IS_TINY).WEIGHTS
CFG.NN_INPUT_SIZE = get_model_cfg(CFG.MODEL,CFG.IS_TINY).NN_INPUT_SIZE
CFG.GRID_CELLS = get_model_cfg(CFG.MODEL,CFG.IS_TINY).GRID_CELLS
CFG.STRIDES = get_model_cfg(CFG.MODEL,CFG.IS_TINY).STRIDES
CFG.XYSCALE = get_model_cfg(CFG.MODEL,CFG.IS_TINY).XYSCALE
CFG.ANCHORS = get_model_cfg(CFG.MODEL,CFG.IS_TINY).ANCHORS
CFG.ANCHOR_MASKS = get_model_cfg(CFG.MODEL,CFG.IS_TINY).ANCHOR_MASKS
NN_INPUT_H, NN_INPUT_W=CFG.NN_INPUT_SIZE
```

最后，使用这些参数建立模型，模型被命名为 model_mine。使用权重加载函数 load_weights 加载官方权重。代码如下。

```
from P07_yolo_model_generate import YOLO_MODEL
input_layer = tf.keras.layers.Input([NN_INPUT_H, NN_INPUT_W, 3])
model_mine=tf.keras.Model(input_layer, YOLO_MODEL(
    input_layer, CFG.NUM_CLASS, CFG.MODEL, CFG.IS_TINY),
    name=CFG.MODEL_NAME)
import P06_yolo_core_utils as utils
utils.load_weights(
    model_mine, weights_file=CFG.WEIGHTS,
    model_name=CFG.MODEL, is_tiny=CFG.IS_TINY)
```

至此，完成了模型的建立和参数的加载。如果需要制作 YOLOV3 和 YOLOV4-tiny 的神经网络，那么只需要调整 CFG 字典下的 MODEL 和 IS_TINY 这两个参数即可。

4.5.2 神经网络的输入/输出数据重组

首先选择磁盘上的若干图片，使用 TensorFlow 的 read_file 函数读取图片文件，使用 decode_jpeg 函数进行图像解码。然后按照数据集处理的流程，进行图像缩放，这里可以选择有失真的强行缩放或者无失真的补零缩放。对于强行缩放的代码已经通过“#”进行注释，如果需要使用强行缩放，那么将非失真的补零缩放代码屏蔽，并且使用强行缩放的相关代码。

神经网络采用了 BN 批次归一化层，根据归一化层的原理，输入数据的动态范围格外重要，否则会引起神经网络一连串的数据失真。因此，这里需要将图像的 0～255 的动态范围调整为 0～1 的动态范围，这样送入神经网络的图像的像素点的动态范围与训练集中训练图像的像素点的动态范围保持严格一致。将数据的第一个维度增加一个批次维度，生成的 image_batch 就可以送入神经网络进行预测了。代码如下。

```
    filename_jpg=" val_image_01"
    filename_jpg="val_IMG_20210911_181100_2.jpg
    "image_string = tf.io.read_file(filename_jpg)
    image_decode = tf.image.decode_jpeg(image_string,channels=3)
    from P07_dataset_b4_batch import image_preprocess_padded,image_preprocess_
resize
    image_resize=image_preprocess_padded(
        image_decode,target_size=[NN_INPUT_H,NN_INPUT_W]) # 若使用非失真的补零缩
放，则使用此行代码
    image_resize=image_preprocess_resize(
        image_decode,target_size=[NN_INPUT_H,NN_INPUT_W]) # 若使用强行缩放，则使
用此行代码
    image_batch = tf.expand_dims(image_resize,axis=0)
    print(image_batch.shape)
    print('dynamic range:',
        tf.reduce_min(image_batch).numpy(),
        tf.reduce_max(image_batch).numpy())
    outputs=model_mine(image_batch,training=False)
```

根据之前我们所设计的神经网络的输出规格，神经网络的输出包含以下多个具有物理含义的变量。这些变量包括：用相对坐标法存储的多个预测矩形框（变量名为 pred_x1y1x2y2）；用相对中心法存储的多个预测矩形框（变量名为 pred_xywh）；以感受野左上角为坐标原点的预测矩形框的中心点坐标，以及预测矩形框的宽度和高度相对于先验锚框的宽度和高度的倍数（变量名为 pred_dxdydwdh）；神经网络的原始输出（变量名为 conv_raw_dxdydwdh）；存储了矩形框包含物体的概率（变量名为 pred_objectness）；存储了矩形框包含何种物体的条件概率（变量名为 pred_cls_prob）。这些具有物理含义的变量组合成一个形状为[batch, grid_size, grid_size, 3, (4+4+4+4+1+NUM_CLASS)]的具有 5 个维度的新的预测矩阵。

这种输出数据格式是按照损失函数的需要，输出尽可能多的预测信息，而对于目标检测的推理预测，太过冗余。我们只需要神经网络输出的多个物理量中的部分信息，即可完成预测，我们需要的信息包括矩形框顶点信息、前背景预测、分类概率预测这 3 部分，并将它们重组为行数等于预测数量，列数分别等于 4、1、NUM_CLASS 的 3 个矩阵。具体方法如下。

首先将神经网络输出分解为我们需要的数据和无须使用的数据。无须使用的数据一般使用“_”临时接收。我们需要的数据是预测矩形框顶点数据 x1y1x2y2、前背景预测 objectness、分类概率预测 cls_prob。这些需要的预测信息是用 low、med、hi 等分辨率关键字对不同分辨率进行区分的，代码如下。

```
if CFG.IS_TINY==False:
    output_low_res,output_med_res,output_hi_res=outputs
    (x1y1x2y2_low_res, _, _,_,
     objectness_low_res, cls_prob_low_res)=tf.split(
         output_low_res,[4,4,4,4,1,CFG.NUM_CLASS],axis=-1)
    (x1y1x2y2_med_res, _, _,_,
     objectness_med_res, cls_prob_med_res)=tf.split(
         output_med_res,[4,4,4,4,1,CFG.NUM_CLASS],axis=-1)
    (x1y1x2y2_hi_res, _, _,_,
     objectness_hi_res, cls_prob_hi_res)=tf.split(
         output_hi_res,[4,4,4,4,1,CFG.NUM_CLASS],axis=-1)
```

然后提取批次信息，即当前送入神经网络的批次数据中含有多少幅图像，使用 BATCH 存储。对预测矩形框的顶点数据统一进行形状重组，将其重组为 3 个维度。第 1 个维度是批次，第 2 个维度是预测数量，第 3 个维度恒为 4，因为矩形框顶点数量一定是 4 个数值。对前背景预测矩阵进行重组，将其重组为 3 个维度。第 1 个维度是批次，第 2 个维度是预测数量，第 3 个维度恒为 1，因为矩形框前背景预测只有 1 位，元素的取值范围为 0～1。对分类概率预测矩阵进行重组，将其重组为 3 个维度，第 1 个维度是批次，第 2 个维度是预测数量，第 3 个维度恒为 NUM_CLASS，因为对于 80 个分类，相应分类的概率预测数值应当最高（接近 1），其他分类概率预测的理论值应当为一个非常接近 0 的数。代码如下。

```
    BATCH1=tf.shape(x1y1x2y2_low_res)[0]
    BATCH2=tf.shape(objectness_med_res)[0]
    BATCH3=tf.shape(cls_prob_hi_res)[0]
    assert BATCH1==BATCH2==BATCH3
    BATCH=BATCH1
    boxes_x1y1x2y2=tf.concat(
        [tf.reshape(x1y1x2y2_low_res,(BATCH,-1,4)),
         tf.reshape(x1y1x2y2_med_res,(BATCH,-1,4)),
         tf.reshape(x1y1x2y2_hi_res,(BATCH,-1,4)),],
        axis=-2)
    conf=tf.concat(
        [tf.reshape(objectness_low_res,(BATCH,-1,1)),
         tf.reshape(objectness_med_res,(BATCH,-1,1)),
```

```
        tf.reshape(objectness_hi_res,(BATCH,-1,1)),],
       axis=-2)
    cls_prob=tf.concat(
       [tf.reshape(cls_prob_low_res,
            (BATCH,-1,CFG.NUM_CLASS)),
        tf.reshape(cls_prob_med_res,
            (BATCH,-1,CFG.NUM_CLASS)),
        tf.reshape(cls_prob_hi_res,
            (BATCH,-1,CFG.NUM_CLASS)),],
       axis=-2)
```

对于简版模型，CFG.IS_TINY 等于 True，高分辨率的相应代码删除即可，这里不再展开叙述。

具体矩形框属于何种分类的绝对概率值可以根据条件概率公式计算得到，即矩形框的分类绝对概率等于前景概率乘以前景概率条件下的具体分类概率预测。特别地，对于单分类情况，前背景概率已经是目标分类概率，是无须再乘以分类概率的。但考虑到 TensorFlow 数值计算的局限性，此时的分类概率预测矩阵会出现 NaN 异常值，我们应当做出相应的特殊情况处理。将单分类（NUM_CLASS 为 1）情况下的分类概率预测数据全部替换为 100%。代码如下。

```
cls_prob = tf.cond(
    tf.equal(CFG.NUM_CLASS,1),
    lambda:tf.ones_like(cls_prob), lambda:cls_prob)
prob = conf * cls_prob
```

至此，得到了全部预测矩形框的顶点坐标和全部预测矩形框的分类概率。它们数量众多，并且大部分矩形框预测都是重复和低概率的。例如，不包含物体的矩形框，其分类概率会非常低（接近 0），包含物体的矩形框会出现多个重复的冗余预测，但一定会有一个矩形框的预测最为准确。我们要对这些预测矩形框进行遴选，选择合适的矩形框作为正式的矩形框预测输出。

4.6　NMS 算法的原理和预测结果可视化

目标检测神经网络会为每个感受野提供多个预测矩形框，因此多个感受野的预测矩形框的总数量往往是大于实际物体数量的。换个角度，从真实物体的角度看，每个真实物体的周围一定有多个矩形框对其进行预测，但只有其中的少数矩形框的定位预测是最为准确的。基于这种情况，目标检测神经网络需要使用一定的算法找到并保留那个最为有效的预测，去除对同一个物体的其他重复预测，这就是非极大值抑制（Non Maximum Suppression，NMS）算法。近年来涌现的基于转换器（Transformer）的 DETR 及其后续模型，将矩形框预测视为更广义的集合预测（Set Prediction）问题，它使用解码器（Decoder）的方法预测矩形框，但注意力机制的资源开销更大，感兴趣的读者可以阅读相关论文。

4.6.1 传统 NMS 算法原理

对于一个真实物体，几乎所有的目标检测模型都会给出数量众多的备选矩形框。这些备选矩形框都是基于它们所处的特征图位置、根据周围的特征信息给出的。可以预见，其中必定有一个是最佳预测，其余预测都是冗余预测。但在遇到两个 IOU 很大的目标框时，则可能出现两种情况：情况一，这两个预测矩形框可能是同一个物体的重复检测，需要删除其中的一个预测矩形框；情况二，这两个预测矩形框可能是对两个的确存在重合的真实物体的有效预测。NMS 算法效果示意图如图 4-12 所示。

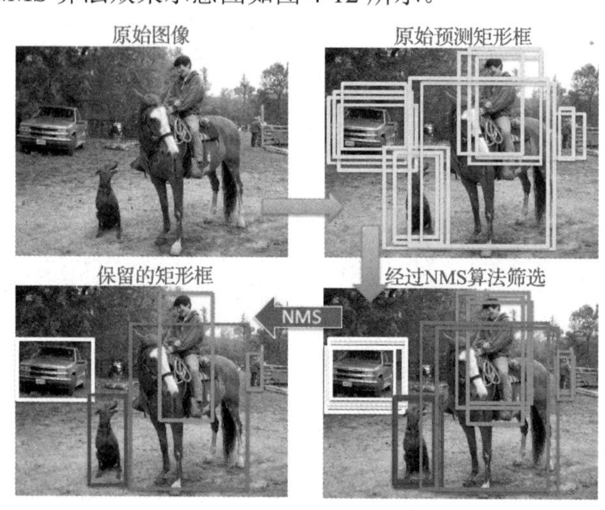

图 4-12　NMS 算法效果示意图

有锚框的目标检测框架并没有给出一个可以直接推导出最佳预测的算法，但我们可以通过最佳预测的性质，反向推导出最佳预测的计算方法。最佳预测具有两个特点：第一，最佳预测矩形框应该具有最高的预测概率；第二，冗余预测矩形框应当与最佳预测矩形框之间有着较大的 IOU。

从最佳预测的这两个宏观属性出发，我们可以找到一种方法，就是在对同一类型物体的众多预测中，筛选出具有极高预测概率的矩形框，而将其余与其具有较大 IOU 的矩形框视为冗余预测、一律删除，这就是传统的 NMS 算法。NMS 算法是一个概念上清晰，但工程上复杂的算法。

传统的 NMS 算法处理的是搭配有各自置信度的若干预测矩形框（下面简称矩形框）。这里假设有一个存储了多个矩形框的列表 *B*，其内部包含全部 *N* 个矩形框，每个矩形框有一个与其对应的预测概率 *S*。预测概率 *S* 也是一个列表，列表 *B* 与列表 *S* 的元素一一对应。NMS 算法会构造一个存放最优框的集合 *M*，该集合被初始化为空集，按照以下流程进行迭代优化。

第 1 步，将集合 *B* 中所有的矩形框按照概率进行排序，选出概率最高的矩形框，将它从集合 *B* 移到集合 *M*。

第 2 步，遍历集合 *B* 中的矩形框，并将每个矩形框分别与集合 *M* 中的矩形框计算 IOU，如果某个矩形框与集合 *M* 中的矩形框的 IOU 大于某个阈值（一般为 0.3～0.5），那么认为此矩形框与集合 *M* 所保留的矩形框重合，将此矩形框从集合 *B* 中删除。

第 3 步，回到第 1 步进行迭代，直到集合 *B* 为空集。集合 *M* 为我们所需要的处理后的矩形框集合。

NMS 算法中的 IOU 阈值通常设置为 0.3～0.5。以预测概率分别为 0.9、0.8、0.75 的 3 个预测矩形框为例，最终预测概率为 0.9 的矩形框会得以保留，而其他两个预测概率分别为 0.8 和 0.75 的矩形框被 NMS 算法判定为重复矩形框，将被删除。NMS 算法处理流程示意图如图 4-13 所示。

图 4-13　NMS 算法处理流程示意图

NMS 算法虽然复杂，但是逻辑是非常清晰和明确的，因此 TensorFlow 为其制作了高阶 API 供开发者调用，函数有很多种：combined_non_max_suppression、non_max_suppression_overlaps、non_max_suppression_padded、non_max_suppression_with_scores，它们在输入格式上略有差别，具体可以查阅 TensorFlow 官网。下面以 combined_non_max_suppression 为例，介绍这个高阶 API 的用法。combined_non_max_suppression 的函数输入有 9 个参数。代码如下。

```
tf.image.combined_non_max_suppression(
    boxes,
    scores,
    max_output_size_per_class,
    max_total_size,
    iou_threshold=0.5,
    score_threshold=float('-inf'),
    pad_per_class=False,
    clip_boxes=True,
    name=None
)
```

其中，boxes是形状如[batch_size, num_boxes, q, 4]的矩阵。q应当等于分类数量，但当q等于1时，表示矩形框对分类不做区分，其最后一个维度拥有4个自由度，形状为[y1,x1, y2,x2]，其中(y1,x1)是矩形框的左上角，(y2,x2)是矩形框的右下角，这种变量排列顺序和模型输出的矩形框顶点坐标x1y1x2y2略有不同，但不影响使用。scores的形状是[batch_size, num_boxes, num_classes]，num_classes表示分类的数量。max_output_size_per_class表示每个种类遴选的矩形框数量上限，max_total_size表示全部矩形框遴选的数量上限。iou_threshold是一个浮点数，表示能够允许两个矩形框的IOU的上限，若超过上限，则认为二者重复；score_threshold也是一个浮点数，当矩形框的预测概率小于或者等于该数值时，不论其IOU如何，都要将其删除。

combined_non_max_suppression函数返回的是4个变量。nmsed_boxes的形状是[batch_size, max_detections, 4]，表示遴选后的矩形框顶点坐标；nmsed_scores是与矩形框相互搭配的概率预测，形状是[batch_size, max_detections]；nmsed_classes是与矩形框搭配的分类编号，形状是[batch_size, max_detections]；valid_detections是遴选出的矩形框数量，形状是[batch_size,]的一维整型变量。

使用NMS算法高阶API函数，对一幅600像素×600像素的图像上的5个预测矩形框进行遴选，将IOU阈值设置为0.3，即IOU大于0.3的预测矩形框才被认为是对同一物体所预测的不同矩形框，否则认为是对同一物体的冗余预测；将预测概率阈值设置为0.5，即凡是预测概率小于0.5的预测矩形框全部被删除。代码如下。

```
img = tf.ones([1, 600, 600, 3])
boxes=1/600*tf.convert_to_tensor(
    [[50,200,250,450], # 1号矩形框
     [100,50,400,400], # 2号矩形框
```

```
    [0,250,200,550], # 3 号矩形框
    [300,150,500,500], # 4 号矩形框
    [200,100,350,350]],dtype=tf.float32) # 5 号矩形框
BATCH=1
boxes=tf.reshape(boxes,[BATCH,-1,4])
colors = np.array([[0.0, 0.0, 1.0],
                [0.0, 1.0, 0.0],
                [0.0, 1.0, 1.0],
                [1.0, 0.0, 0.0],
                [1.0, 0.0, 1.0]]) # 在红色和蓝色之间交替
b4_NMS=tf.image.draw_bounding_boxes(img, boxes, colors)
scores=tf.convert_to_tensor([0.75,0.50,0.72,0.90,0.51],dtype=tf.float32)
labels=tf.convert_to_tensor([1,1,1,1,1],dtype=tf.int32)
fig,ax=plt.subplots(1,2);ax[0].imshow(b4_NMS[0])
(boxes, scores, classes, valid_detections
 ) = tf.image.combined_non_max_suppression(
   boxes=tf.reshape(
      boxes, (BATCH, -1, 1, 4)),
   scores=tf.reshape(
      scores, (BATCH,  tf.shape(scores)[-1],-1)),
   max_output_size_per_class=30,
   max_total_size=100,
   iou_threshold=0.3,
   score_threshold=0.5
   )
aft_NMS=tf.image.draw_bounding_boxes(img, boxes, colors)
ax[1].imshow(aft_NMS[0])
```

这样遴选矩形框后，1 号矩形框和 3 号矩形框的 IOU 大于 0.3，将会保留预测概率较高的 1 号矩形框；2 号矩形框的预测概率小于或等于 0.5，该矩形框被丢弃；4 号矩形框和 5 号矩形框的 IOU 较小，它们的预测概率大于预测概率阈值，都得以保留。运用 NMS 算法前后的效果对比图如图 4-14 所示。

对于本案例，只需要将数据改为 NMS 算法高阶 API 函数要求的数据，即可实现对 YOLO 神经网络所输出的多个矩形框运用 NMS 算法进行遴选。这里将 IOU 阈值设置为 0.4，即 IOU 大于 0.4 的同一分类矩形框将被进行合并遴选；将预测概率阈值设置为 0.5，即预测概率小于或等于 0.5 的矩形框将一律被删除。代码如下。

```
(boxes, scores, classes, valid_detections
 ) = tf.image.combined_non_max_suppression(
    boxes=tf.reshape(
        boxes_x1y1x2y2, (BATCH, -1, 1, 4)),
    scores=tf.reshape(
        prob, (BATCH, -1, tf.shape(prob)[-1])),
    max_output_size_per_class=30,
    max_total_size=100,
    iou_threshold=0.4,
    score_threshold=0.5
    )
```

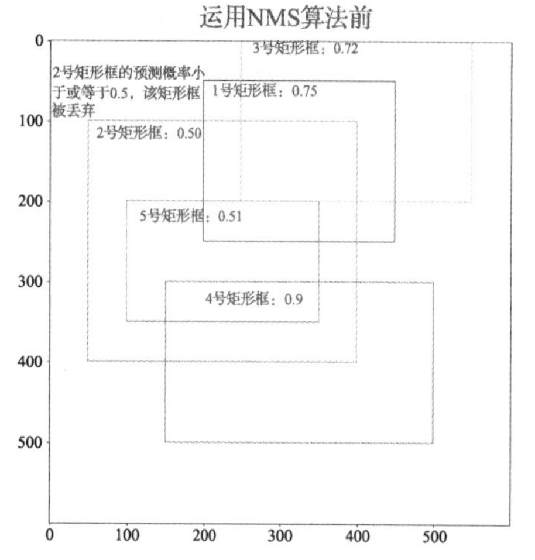

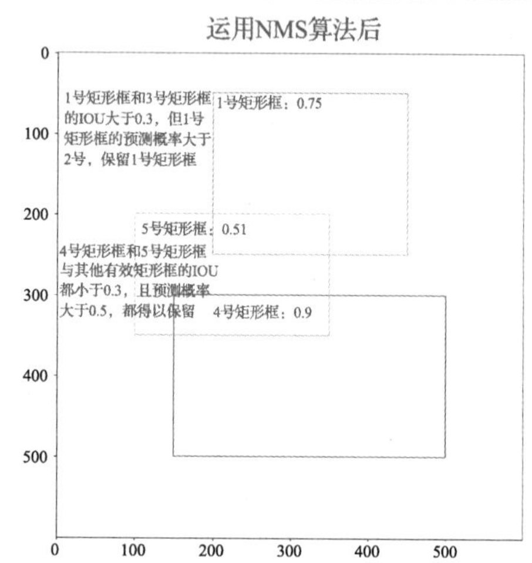

图 4-14 运用 NMS 算法前后的效果对比图

将不同图像作为输入，使用神经网络预测、NMS 算法遴选矩形框。遴选后剩余的矩形框数量使用 valid_detections 进行存储，剩下的 3 个变量 boxes、scores、classes 都是具有 valid_detections 行的矩阵，可以打印查看或者将矩形框画在图像上。

4.6.2 NMS 算法的变种

对于数量众多的备选矩形框，如果仅仅使用传统 NMS 算法的检测后处理技术，就显得十分单一，因为 NMS 算法的核心在于保留得分最高的矩形框，对于其他矩形框，则一律删除。这可能导致两个问题：第一，如果两个同类别物体的确在位置上十分接近，其 IOU 也显然大于 NMS 算法的筛选值，那么必定有一个预测概率低的物体的矩形框将被错误地删除；第二，传统 NMS 算法采用重复矩形框多选一的方式，仅仅保留了其中一个矩形框的预测信息，对于其他冗余的预测矩形框，则一律删除，这明显没有利用到其他冗余矩形框提供的预测信息，信息利用率不高。为此，NMS 算法近年来也发展出了多个变种分支，来解决以上问题。

与传统 NMS 算法对于 IOU 较大的“劣质”矩形框采用简单粗暴删除的处理策略不同，有论文提出更为“柔软”的处理策略。对于 IOU 较大的矩形框不是简单删除，而是乘以一个系数，用于略微降低其置信度（系数有线性系数和高斯系数两种），待全部矩形框都处理完，再决定是否删除或者保留。如果将传统 NMS 算法称为硬非极大值抑制（Hard-NMS）算法的话，那么将这种先降低置信度再决定是否删除的方法称为软非极大值抑制（Soft-NMS）算法。Hard-NMS 算法和 Soft-NMS 算法流程对比图如图 4-15 所示。

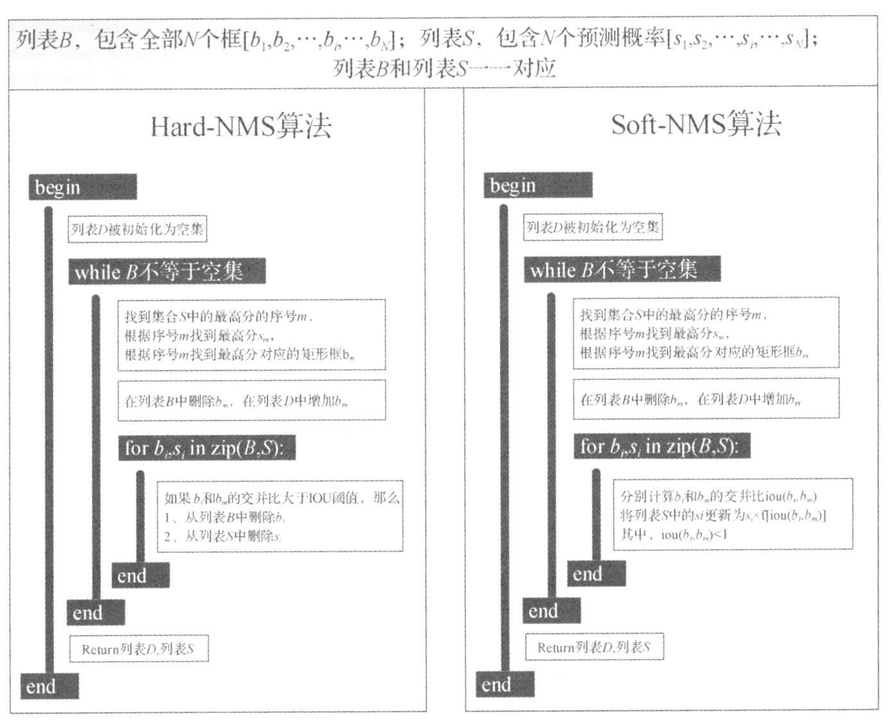

图 4-15　Hard-NMS 算法和 Soft-NMS 算法流程对比图

应该说，Hard-NMS 算法是 Soft-NMS 算法的一个特例。图 4-15 中，全部矩形框集合 S 中的某个矩形框 s_i 进行更新时，如果将更新系数设置为 0，那么 Soft-NMS 算法就退化为 Hard-NMS 算法。

使用了 Soft-NMS 算法后，在物体较为拥挤的图像中进行目标检测，就不会出现因为 IOU 太大导致的目标消失现象。假设目标检测神经网络给出了两个矩形框，它们都具备较高的置信度：1.0、0.64，并且目标较为拥挤，即两个矩形框也具有较大的 IOU（大于 0.5）。如果使用 Hard-NMS 算法，那么只有置信度为 1.0 的矩形框得以保留，另一个矩形框将被删除。如果使用 Soft-NMS 算法，那么保留置信度为 1.0 的矩形框时，第二个矩形框的置信度会略微下降（假设略微下降 0.1，成为 0.54）。虽然置信度为 0.64 的矩形框经历了一次置信度下降后，其置信度成为 0.54，但仍旧大于 0.5（这里将 IOU 阈值设置为 0.5），所以得以保留，从而使得在物体较为拥挤的图像中进行目标检测，不会出现因为 IOU 太大导致的目标消失现象。Hard-NMS 算法和 Soft-NMS 算法效果示意图如图 4-16 所示。

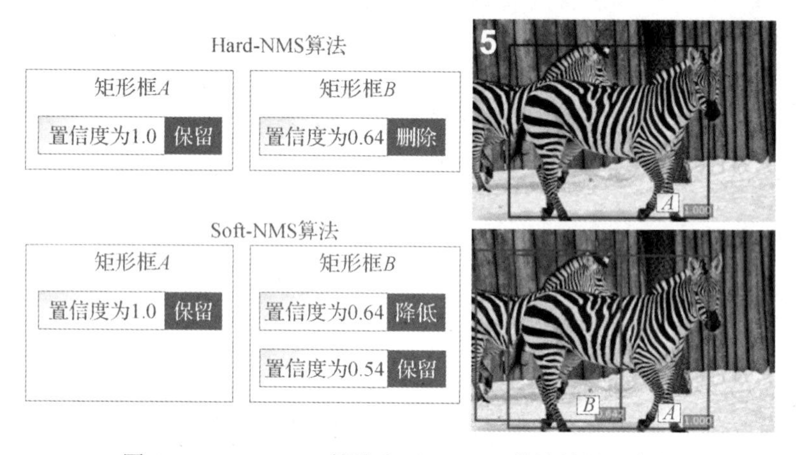

图 4-16 Hard-NMS 算法和 Soft-NMS 算法效果示意图

无论 Hard-NMS 算法和 Soft-NMS 算法如何处理 IOU 较大的矩形框，它们最终的做法都是保留或者丢弃，应该说，即使丢弃的矩形框也携带了少量的矩形框预测信息，如果将其丢弃，那么意味着信息的丢失。针对这个问题，2019 年发表的“Weighted boxes fusion Ensembling boxes from different object detection models”论文，提出一个全新的加权融合矩形框（Weighted Boxes Fusion，WBF）算法。该算法认为：预测矩形框应当充分利用整个矩形框簇的全部信息，而不是置信度最高的那个。矩形框簇是指由 IOU 大于阈值的若干矩形框所组成的集合。

该论文的核心观点是使用一个权重系数，对矩形框的坐标进行加权融合。假设一个矩形框簇内有 N 个矩形框，其中第 i 个矩形框用 $[x_{\mathrm{LT}i}, y_{\mathrm{LT}i}, x_{\mathrm{RB}i}, y_{\mathrm{RB}i}]$ 表示，该矩形框的置信度用 c_i 表示，那么加权融合后的矩形框坐标 $[x_{\mathrm{LT}}, y_{\mathrm{LT}}, x_{\mathrm{RB}}, y_{\mathrm{RB}}]$ 和融合后的矩形框置信度 C 可用如下方式表示。

$$
\begin{cases}
x_{\mathrm{LT}} = \dfrac{\sum_{i=1}^{N} c_i x_{\mathrm{LT}i}}{\sum_{i=1}^{N} c_i} \\
y_{\mathrm{LT}} = \dfrac{\sum_{i=1}^{N} c_i y_{\mathrm{LT}i}}{\sum_{i=1}^{N} c_i} \\
x_{\mathrm{RB}} = \dfrac{\sum_{i=1}^{N} c_i x_{\mathrm{RB}i}}{\sum_{i=1}^{N} c_i} \\
y_{\mathrm{RB}} = \dfrac{\sum_{i=1}^{N} c_i y_{\mathrm{RB}i}}{\sum_{i=1}^{N} c_i} \\
C = \dfrac{\sum_{i=1}^{N} c_i}{N}
\end{cases}
$$

这里可以使用每个矩形框置信度 c_i 作为加权系数，也可以使用 square(c_i)或者 sqrt(c_i)作为加权系数，这需要根据实际情况进行测试和选择。

使用了加权融合矩形框算法后，如果出现一个矩形框簇内拥有多个矩形框的，那么可以根据其置信度产生一个新的矩形框，这个矩形框与簇内的所有矩形框都不一样，但是却融合了每个矩形框的坐标信息。例如，某图片包含了一个真实的物体，但是给出的 3 个矩形框预测都有所失真，那么 3 个矩形框融合后将形成一个新的融合矩形框，其坐标点是这 3 个矩形框的置信度的加权平均值，显然加权后的融合矩形框与真实矩形框相比，具有更高的匹配度。加权融合的 NMS 算法效果示意图如图 4-17 所示。

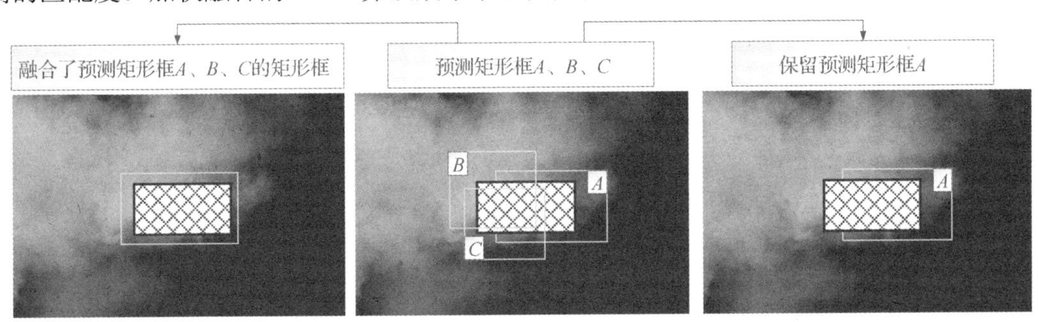

图 4-17 加权融合的 NMS 算法效果示意图

NMS 算法还在不断发展演进的过程中，Hard-NMS 算法、Soft-NMS 算法、WBF 算法需要根据实际需要选择使用。当前开源的 NMS 算法有很多，本书以 WBF 算法作者在 GitHub 所公开的源代码为例进行介绍。

根据 WBF 算法作者提供的 3 种 NMS 算法及其实现，作者总结出不同 NMS 算法及其函数的对应关系，如表 4-7 所示。

表 4-7　不同 NMS 算法及其函数的对应关系表

算法名称	函数名称
Non Maximum Suppression（NMS）	nms()
Soft-NMS	soft_nms()
Non Maximum Weighted（NMW）	non_maximum_weighted()
Weighted Boxes Fusion（WBF）	weighted_boxes_fusion()

这些 NMS 算法变种的实现函数不仅支持多模型预测矩形框的融合，而且支持多个输入参数。在输入参数中的 boxes_list 参数传递多模型的矩形框预测结果，它是一个列表。如果是 M 个模型的预测矩形框进行非极大值抑制，那么 boxes_list 就拥有 M 个元素，每个元素的形状是[N_m,4]，其中 N_m 为第 m 个模型的预测矩形框数量。scores_list 参数和 labels_list 参数传递 M 个模型的预测置信度和预测物体编号，它同样是一个列表，拥有 M 个元素，每个元素的形状是[N_m,1]。Weight 参数传递 M 个模型的权重，形状是[M,]，Weight 参数是一个经验值，可以将性能最好的模型设置较高的权重值，将性能一般的模型设置较低的权重值。iou_thr 参数传递两个矩形框同属于一个矩形框簇的阈值，如果 IOU 大于 iou_thr（一般设置为 0.55），那么视为同属于一个矩形框簇。skip_box_thr 表示置信度阈值，如果矩形框的置信度低于 skip_box_thr，那么将被直接丢弃而不参与计算。

以下代码演示了如何使用多种 NMS 算法对预测矩形框进行后处理。所用到的 NMS 算法一共有 4 种，分别是传统 NMS 算法、Soft-NMS 算法、NMW 算法、WBF 算法。预测矩形框来自两个神经网络，这两个神经网络分别给出 4 个和 5 个预测矩形框，预测矩形框被存储在 boxes_list 列表中。后处理的代码如下。

```
from ensemble_boxes import (nms,
                            soft_nms,
                            non_maximum_weighted
                            weighted_boxes_fusion
boxes_list = [[
    [0.00, 0.51, 0.81, 0.91],
    [0.10, 0.31, 0.71, 0.61],
    [0.01, 0.32, 0.83, 0.93],
    [0.02, 0.53, 0.11, 0.94],
    [0.03, 0.24, 0.12, 0.35],
],[
```

```
    [0.04, 0.56, 0.84, 0.92],
    [0.12, 0.33, 0.72, 0.64],
    [0.38, 0.66, 0.79, 0.95],
    [0.08, 0.49, 0.21, 0.89],
]]
scores_list=[[0.9, 0.8, 0.2, 0.4, 0.7], [0.5, 0.8, 0.7, 0.3]]
labels_list=[[0, 1, 0, 1, 1], [1, 1, 1, 0]]
weights = [2, 1]
iou_thr = 0.5
skip_box_thr = 0.0001
sigma = 0.1

boxes, scores, labels = nms(
    boxes_list, scores_list, labels_list,
    weights=weights, iou_thr=iou_thr)
boxes, scores, labels = soft_nms(
    boxes_list, scores_list, labels_list, weights=weights,
    iou_thr=iou_thr, sigma=sigma, thresh=skip_box_thr)
boxes, scores, labels = non_maximum_weighted(
    boxes_list, scores_list, labels_list, weights=weights,
    iou_thr=iou_thr, skip_box_thr=skip_box_thr)
boxes, scores, labels = weighted_boxes_fusion(
    boxes_list, scores_list, labels_list, weights=weights,
    iou_thr=iou_thr, skip_box_thr=skip_box_thr)
```

如果是单模型的非极大值抑制，那么只需要将 weights 参数设置为 None 即可。

⋘ 4.6.3　预测结果的筛选和可视化

如果将 NMS 算法处理后“幸存”的矩形框画在图像上，那么可以制作一个可视化工具 draw_output。它接收 4 个输入：第 1 个是图像矩阵 image；第 2 个是 outputs，对应着 NMS 算法输出的 4 个变量；第 3 个是 class_id_2_name，它是一个字典，负责将分类编号映射到分类名称上，用于可视化显示；第 4 个是 show_label，该参数默认为 True，用于在图像矩形框上显示分类名称。dwaw_output 函数使用 open-cv 的 rectangle 函数，将矩形框和标签名称画在图像上，返回画好的图像矩阵 image。代码如下。

```
def draw_output(
        image, outputs, class_id_2_name, show_label=True):
```

```
        image_h, image_w, _ = image.shape
        num_classes = len(class_id_2_name)
        colors = gen_color_step(num_classes)
        out_boxes, out_scores, out_classes, num_boxes = outputs
        for i in range(num_boxes[0]):
            if (int(out_classes[0][i]) < 0 or
                int(out_classes[0][i]) > num_classes): continue
            x1y1x2y2 = out_boxes[0][i]
            xmin = int(x1y1x2y2[0]*image_w)
            ymin = int(x1y1x2y2[1]*image_h)
            xmax = int(x1y1x2y2[2]*image_w)
            ymax = int(x1y1x2y2[3]*image_h)
            x1y1=(xmin,ymin)
            x2y2=(xmax,ymax)

            fontScale = 0.5
            score = out_scores[0][i]
            class_ind = int(out_classes[0][i])
            bbox_color = colors[class_ind]
            bbox_thick = int(0.6 * (image_h + image_w) / 600)
            cv2.rectangle(
                image, x1y1, x2y2, bbox_color, bbox_thick)
            if show_label:
                bbox_mess='%s: %.2f'%(
                    class_id_2_name[class_ind],score)
                t_size=cv2.getTextSize(
                    bbox_mess,0,fontScale,
                    thickness=bbox_thick//2)[0]
                x3y3 = (x1y1[0]+t_size[0],x1y1[1]-t_size[1]-3)
                cv2.rectangle(image, x1y1, (np.float32(x3y3[0]),
np.float32(x3y3[1])), bbox_color, -1) # 画出分类标签文字的外框

                cv2.putText(image, bbox_mess, (x1y1[0], np.float32(x1y1[1] -
2)), cv2.FONT_HERSHEY_SIMPLEX,
                            fontScale, (0, 0, 0), bbox_thick // 2,
lineType=cv2.LINE_AA)
```

```
    return image
```

使用可视化函数 draw_output 对 NMS 算法处理结果进行可视化。代码如下。

```
from pathlib import Path
class_file = 'D:/…/coco_80labels_2014_2017.names'
class_name_2_id = {name: idx for idx, name in enumerate(
    Path(class_file).open().read().splitlines())}
class_id_2_name = {value: key for key, value in class_name_2_id.items()}
outputs0 = (boxes,scores,classes,valid_detections)
img0=image_batch[0].numpy()
img0 = draw_output(
    img0, outputs0, class_id_2_name, show_label=True)
fig,ax=plt.subplots(1,2)
ax[0].imshow(image_resize);ax[1].imshow(img0)
```

反复运用如上方法，获得 YOLOV4 和 YOLOV3 的标准版和简版模型的预测结果对比。不同 YOLO 模型加载预训练模型检出物体数量可视化结果图如图 4-18 所示。

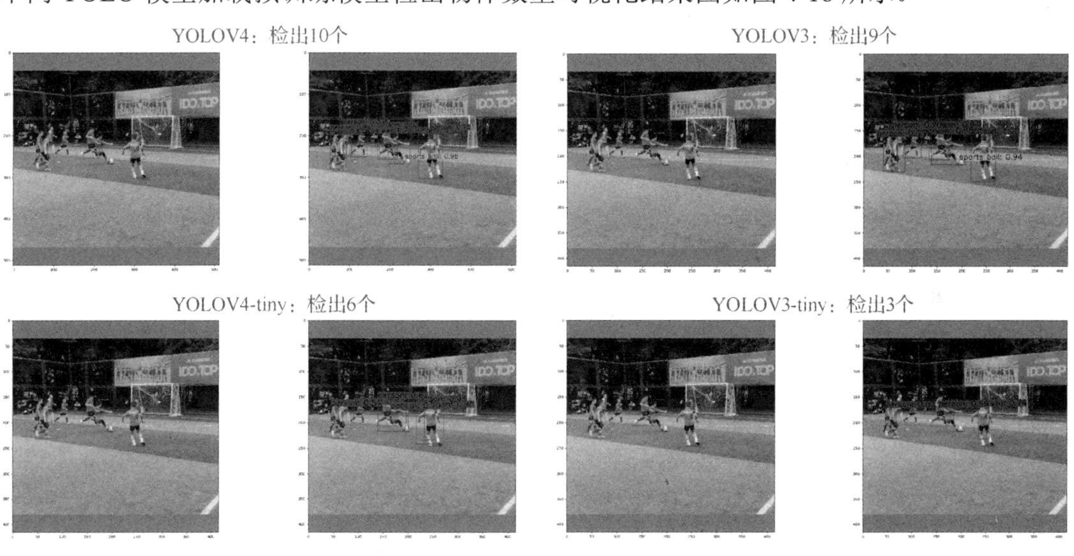

图 4-18　不同 YOLO 模型加载预训练模型检出物体数量可视化结果图

以上结果是在各个模型默认的配置条件下（例如，YOLOV4 骨干网络使用 Mish 激活函数，SPP 网络使用 LeakyReLU 激活函数）测试得出的，不同的预训练模型变种将会有不同的效果。感兴趣的读者可以自行修改模型并加载相应参数进行测试，找到最适合自己的模型变种和预训练参数。

4.7 YOLO 模型的多个衍生变种简介

YOLO 的 GitHub 官网提供了众多衍生变种的权重文件，使用权重文件之前，必须要懂得与其配套的 cfg 文件，否则会导致权重无法加载或导致出现 NaN 的计算结果。

YOLO 提供的 cfg 文件其实是一个文本文件，它描述了从神经网络的输入端到输出端的全部关键参数，可以用 Netron 软件打开。以 YOLOV4 为例，YOLOV4 模型的 cfg 文件包含如下两个部分。

（1）以[net]为关键字的基础信息。例如，标准版的 YOLOV4 使用 512 像素×512 像素分辨率的输入，预训练时样本的打包数量参数为 64，预训练时所设置的学习率为 0.00261，预训练时训练的步数是 40 万步（意味着合计训练过程中送入神经网络的图片张数为 2560 万，64×40 万=2560 万）。

（2）以[convolutional]为关键字的 DarkNet 专用卷积块 DarkNetConv 配置信息。例如，BN 层开关 batch_normalize、二维卷积层的通道数 filters、卷积核尺寸 size、步进 stride、补零机制 pad，以及所使用的激活函数 activation。此外，还有以[route]、[shortcut]、[maxpool]为关键字的分支和残差连接信息。

在 YOLOV4 模型的 cfg 文件中，描述 SPP（Spatial Pyramid Pooling，空间金字塔池化）模块时，其文本以### End SPP ###、### End SPP ###标识起止位置，其中的“#”表示注释信息。YOLO 模型的解码网络模块以[yolo]为关键字，内部包含了先验锚框的配置常量、scale_x_y 的配置常量、交并比损失函数计算方式 iou_loss、交并比忽略阈值 ignore_thresh 等。YOLOV4 模型的 cfg 文件部分截图（节选）和模型的对应关系如图 4-19 所示。

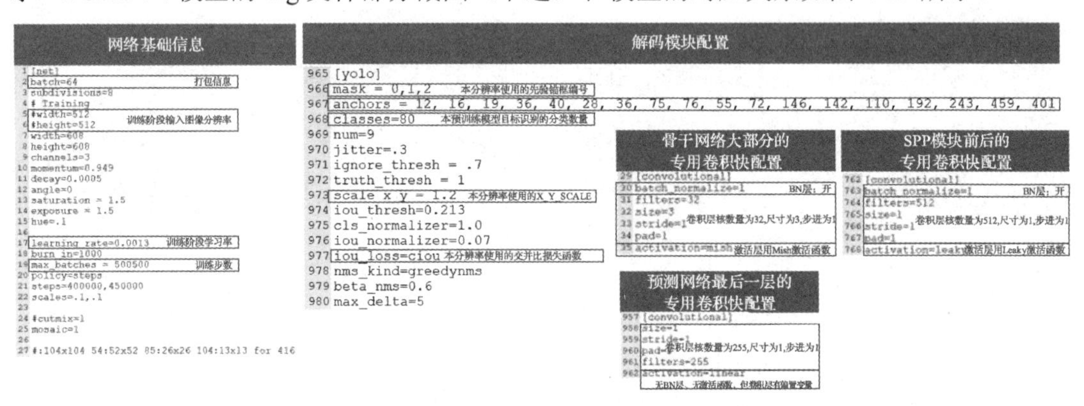

图 4-19　YOLOV4 模型的 cfg 文件部分截图（节选）和模型的对应关系

YOLO 的 GitHub 官网不仅提供了标准版的权重及其配置说明，而且提供了众多变种版本的配置说明和预训练权重，甚至提供了变种版本的参考源代码下载链接。YOLO 的 GitHub 官网的“模型公园”（Model Zoo）提供了 YOLOV4 的主流变种版本的资源信息。YOLOV4 的每个主流变种版本有两大块：一块是针对分辨率为 512 像素×512 像素的输入图像的预训练模型；另外一块是使用 YOLOV3 所使用的分辨率为 416 像素×416 像素的输入图像的预训练模型信息。每个变种模型都提供一行说明信息，说明信息包括模型名称、性能参数、配置说明文件（cfg 文件）、权重文件下载信息。

例如，YOLOV4-Mish 变种版本和 YOLOV4 标准版本比起来，主要的区别是 SPP 结构前后的 3 个专用卷积块的激活层的激活函数，YOLOV4-Mish 变种版本将 YOLOV4 标准版本所配置的 Leaky 激活函数改为 Mish 激活函数，如图 4-20 所示。

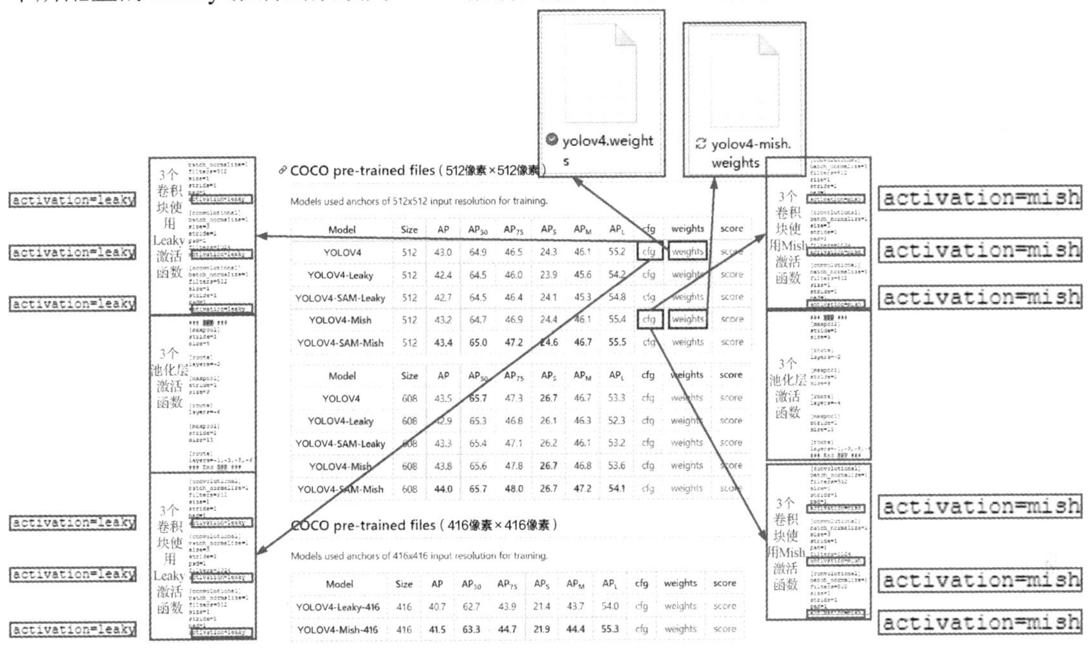

图 4-20　YOLOV4-Mish 变种版本和 YOLOV4 标准版本的异同点

此外，YOLOV4-Leaky 变种版本和 YOLOV4 标准版本比起来，YOLOV4-Leaky 变种版本将骨干网络部分的所有激活层的激活函数都使用 Leaky 激活函数。变种版本除了激活函数的替换，也包括中段网络的子模块配置。例如，YOLOV4-SAM-Leaky 变种版本和 YOLOV4 标准版本比起来，YOLOV4-SAM-Leaky 变种版本在中段网络部分额外使用了空间注意力机制（Spatial Attention Module，SAM）子网络并将骨干网络部分的所有激活层的激活函数都使用 Leaky 激活函数。YOLOV4-SAM-Mish 变种版本和 YOLOV4 标准版本比起来，

YOLOV4-SAM-Mish 变种版本做了两个网络结构的微调，第一个微调是在中段网络部分额外增加使用了 SAM 子网络，第二个微调是对 SPP 结构前后的 3 个专用卷积块内部的激活层的激活函数进行了调整，激活函数类型从 YOLOV4 标准版本所配置的 Leaky 激活函数改为 Mish 激活函数，如表 4-8 所示。

表 4-8　YOLOV4 主流的变种版本名称与激活函数、SAM 子网络的关系表

权重命名含义	骨干网络		中段网络	预测网络
	主体	末端		
	从输入端到 SPP 结构之前的各层所用的激活函数	SPP 结构前后 3 层所用的激活函数	使用的网络结构	
YOLOV4	Mish	Leaky	PANet	Dense
YOLOV4-Leaky	Leaky	Leaky	PANet	
YOLOV4-SAM-Leaky	Leaky	Leaky	PANet 和 SAM	
YOLOV4-Mish	Mish	Mish	PANet	
YOLOV4-SAM-Mish	Mish	Mish	PANet 和 SAM	

YOLOV4 和 YOLOV3 的其他变种版本说明如图 4-21 所示。

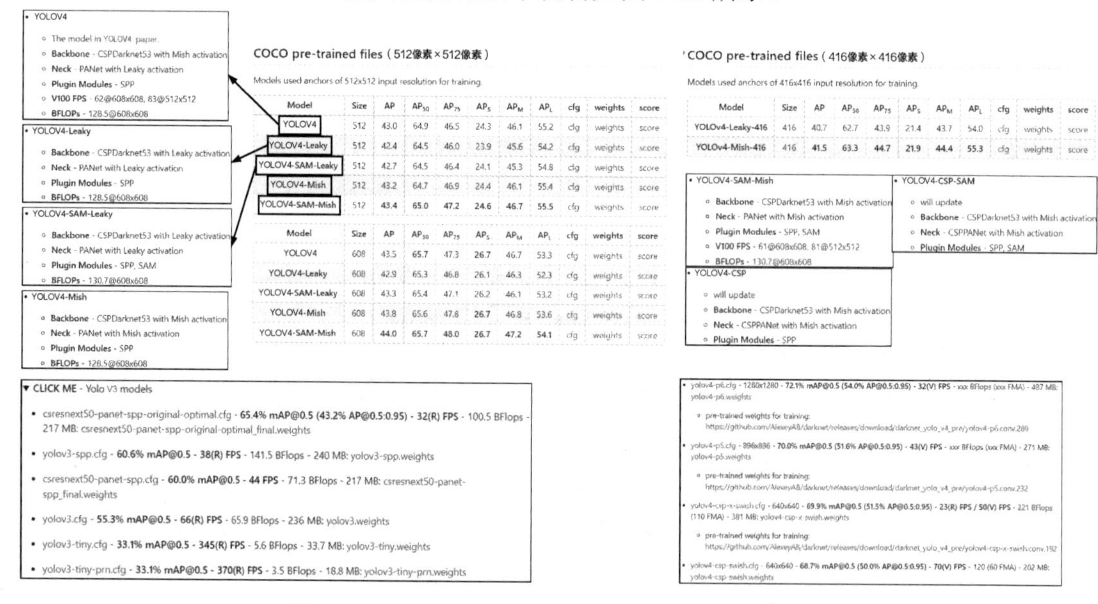

图 4-21　YOLOV4 和 YOLOV3 的其他变种版本说明

更多关于 YOLOV3 标准版和简版、YOLOV4 简版的预训练权重名称、网络结构说明、性能指标、下载地址详见 YOLO 的 GitHub 官网说明，这里不再展开叙述。

4.8　YOLO 模型的发展与展望

本书所介绍的 YOLOV4 标准版本提供高、中、低 3 个分辨率融合特征图，且每个分辨率下提供 3 个不同横纵比的先验锚框。实际上，YOLOV4 的变种版本也提供了在分辨率数量和先验锚框数量上的多种实现方式，这一类模型称为 Scale-YOLOV4 模型。

Scale-YOLOV4 模型于 2021 年 2 月在“Scaled-YOLOV4: Scaling Cross Stage Partial Network”论文中被提出。该论文对 YOLOV4-tiny 模型进行了小幅度的改进，在不改变整体网络结构的基础上，对 YOLOV4 模型的细节进行了较大范围的调整，提出了 YOLOV4-large 模型，该模型内含 3 个变种：YOLOV4-P5、YOLOV4-P6 和 YOLOV4-P7。不把输入分辨率包含在内的话，YOLOV4-P5 具有 5 个特征图分辨率，YOLOV4-P6 具有 6 个特征图分辨率，YOLOV4-P7 具有 7 个特征图分辨率。YOLOV4-P5 在高、中、低 3 个分辨率维度上进行预测，YOLOV4-P6 在 4 个分辨率维度上进行预测，YOLOV4-P7 在 5 个分辨率维度上进行预测。YOLOV4-large 的 3 个模型和传统 YOLOV4 模型的对比图如图 4-22 所示。

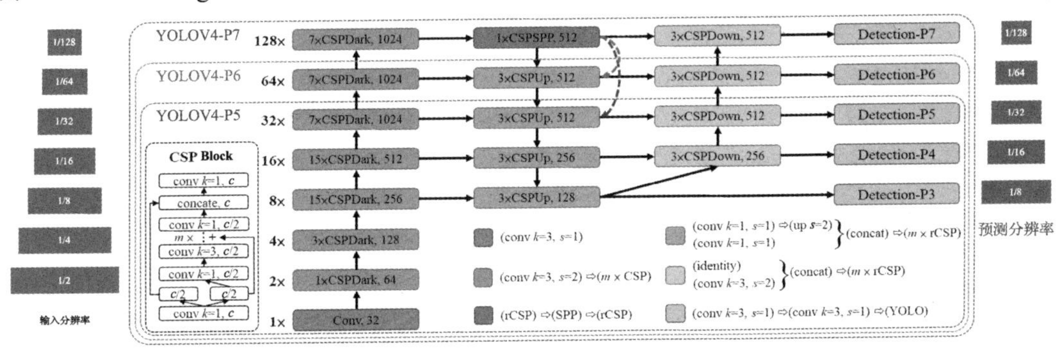

图 4-22　YOLOV4-large 的 3 个模型和传统 YOLOV4 模型的对比图

图 4-22 中，各个 YOLO 神经网络的变种均采用名为的跨阶段局部网络架构（CSP Block）的微观结构，CSP Block 微观结构中的 c 表示通道数（channel），k 表示卷积核尺寸（kernel）。应该说，Scale-YOLOV4 模型并没有对 YOLO 模型的整体结构进行太大范围的调整，只是在某些超参数上进行了调整，从而引起网络结构的变化，并期望能得到一些特殊应用场景的适配性。Scale-YOLOV4 模型的这些小改进的确能改善神经网络的性能，但并没有达到变革性的程度，因此，一般把它归类到 YOLOV4 的变种分支中。

此外，2021 年还有人提出 YOLOV5 模型，但严格意义上说，YOLOV5 并不是 YOLO 的第 5 个版本，它也是在 YOLOV4 版本的基础上，针对工程应用在细节上做了一些修改。

2021年有人对YOLO的基于锚框的预测网络部分进行了修改，推出无锚框的预测框架，并将其称为YOLOX。由于它们并没有对YOLO的骨干网络和中段网络进行根本性的升级，因此被认为是YOLO版本迭代主线之外的分支。在2022年7月发布的YOLOV7神经网络中，开发者探讨了YOLO微观残差结构的原理，提出了扩展的高效分层聚合网络（E-ELAN，Extended Efficient Layer Aggregation Networks），探讨了YOLO使用矩阵拼接层处理多尺度特征图融合的策略，提出了更为有效的模型缩放策略。YOLOV7神经网络获得了YOLO团队的认可，被融入YOLO的发展主线中。YOLO作为目前最为流行的一阶段目标检测神经网络，其主线开发者活跃，变种神经网络层出不穷，是一个值得开发者深入研究和持续跟进的神经网络家族。

第 2 篇 YOLO 神经网络的损失函数和训练

本篇将以 PASCAL VOC2012 为例，介绍数据集的预处理和 YOLO 神经网络的训练。

第5章 将数据资源制作成标准 TFRecord 数据集文件

在日常工程中，无论是自己的标注团队，还是亚马逊劳务外包平台（Amazon Mechanical Turk，AMT），它们的标注格式都有可能是各式各样的，我们不能苛求它们提供上手即可使用的训练集，因此除了需要对标注信息进行检查和统计，我们还需要做一个非常重要的事情，那就是将各式各样的数据资源转化为 TensorFlow 的标准 TFRecord 文件格式。

一旦将数据资源转化为标准 TFRecord 文件格式后，不仅可以将不同格式的数据规范化，还可以使生成的 TFRecord 文件被神经网络直接读取，大大提升了训练速度。具体的转换方法大致可以分为 3 步：数据资源的加载、数据资源的解析和提取、TFRecord 数据集文件的制作。

5.1 数据资源的加载

在日常工程中，关于目标检测，我们一般会遇到两种数据标注格式：PASCAL VOC 格式和 MS COCO 格式。

对于 MS COCO 格式的数据集，一般多张图片和多个标注都存储在一个文本格式的文件中。对于 PASCAL VOC 格式的数据集，图片和标注会分开存储在相应的目录中。假设磁盘的 P07_data 目录下存储这两种格式的数据资源，此处出于演示需要，数据资源仅提供两张图片。MS COCO 格式的数据集存储在 FORMAT_COCO_CONVERTED 目录中，PASCAL VOC 格式的数据集存储在 FORMAT_PASCAL_VOC 目录中。它们使用相同的分类名称与分类编号对照表，文件名为 voc2012.names。MS COCO 格式与 PASCAL VOC 格式的数据资源存储结构如图 5-1 所示。

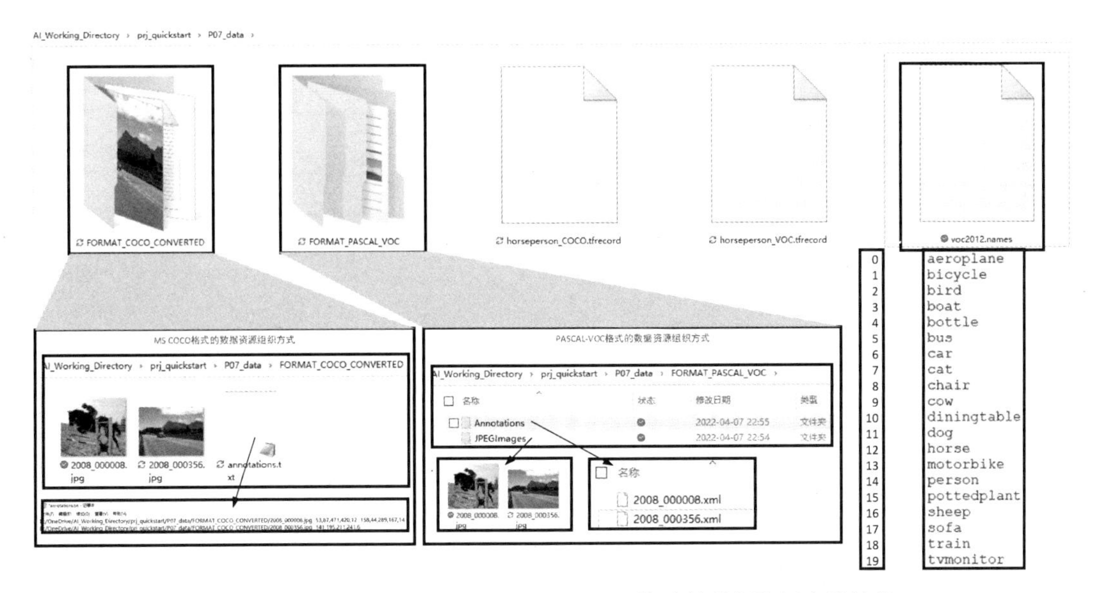

图 5-1　MS COCO 格式与 PASCAL VOC 格式的数据资源存储结构

定义分类名称和分类编号对应表文件 class_file、数据资源输入常量和数据集输出常量。MS COCO 格式的数据集存储在 download_COCO_DS_path 中，制作好的 TFRecord 数据集文件存储在本地磁盘的 output_file_COCO 位置下；PASCAL 格式的数据集存储在 download_PASCAL_DS_path 中，制作好的 TFRecord 数据集文件存储在本地磁盘的 output_file_VOC 位置下。代码如下。

```
from pathlib import Path
class_file = Path('D:/…/P07_data/voc2012.names')
download_COCO_DS_path=Path('D:/ …/P07_data/FORMAT_COCO_CONVERTED')
download_PASCAL_DS_path=Path('D:/…/P07_data/FORMAT_PASCAL_VOC')
output_file_COCO = 'D:/…/P07_data/horseperson_COCO.tfrecord'
output_file_VOC = 'D:/…/P07_data/horseperson_VOC.tfrecord'
```

加载定义分类名称和分类编号对应表。class_file 是一个文本文件，一共 20 行，按照顺序记录识别物体的种类名称，识别物体的种类编号从 0 开始，一直到 19。设计 load_class_file 函数，它读取本地磁盘的 class_file 文本文件，返回两个字典变量。其中，class_name_2_id 字典以分类名称为键、以分类编号为值，class_id_2_name 以分类编号为键、以分类名称为值。代码如下。

```
def load_class_file(class_file):
    class_name_2_id = {name: idx for idx, name in enumerate(
        class_file.open().read().splitlines())}
```

```
    print("class_name_2_id",class_name_2_id)
    class_id_2_name = {
        value: key for key, value in class_name_2_id.items()}
    print("class_id_2_name",class_id_2_name)
    logging.info(
        "Class mapping loaded: %s", len(class_name_2_id))
    return class_name_2_id,class_id_2_name
if __name__=='__main__':
    (class_name_2_id,
    class_id_2_name) = load_class_file(class_file)
```

以上代码执行完毕，将获得两个字典对象，分别是 class_name_2_id 和 class_id_2_name。对于 class_name_2_id，我们可以通过分类名称查找分类编号；对于 class_id_2_name，我们可以通过分类编号查找分类名称。这两个字典对象的信息打印如下。

```
class_name_2_id {'aeroplane': 0, 'bicycle': 1, 'bird': 2, 'boat': 3,
'bottle': 4, 'bus': 5, 'car': 6, 'cat': 7, 'chair': 8, 'cow': 9,
'diningtable': 10, 'dog': 11, 'horse': 12, 'motorbike': 13, 'person': 14,
'pottedplant': 15, 'sheep': 16, 'sofa': 17, 'train': 18, 'tvmonitor': 19}

class_id_2_name {0: 'aeroplane', 1: 'bicycle', 2: 'bird', 3: 'boat', 4:
'bottle', 5: 'bus', 6: 'car', 7: 'cat', 8: 'chair', 9: 'cow', 10:
'diningtable', 11: 'dog', 12: 'horse', 13: 'motorbike', 14: 'person', 15:
'pottedplant', 16: 'sheep', 17: 'sofa', 18: 'train', 19: 'tvmonitor'}
```

设计两个函数，分别有针对性地读取 COCO 格式与 PASCAL VOC 格式的数据资源。

对于 COCO 格式的数据资源，设计资源加载函数 load_converted_coco_annotations。由于 COCO 格式对于多样本资源也采用单标注文件的标注方式，所以该函数只需要处理一个标注文件即可加载整个数据集，即输入一个标注文件的磁盘位置，返回一个包含全部样本资源的列表。列表中一行表示一个样本，每行均包含图片文件存储位置、每个真实矩形框的左上角坐标、右下角坐标和分类编号。

COCO 格式标注文件读取函数 load_converted_coco_annotations 的代码如下。

```
def load_converted_coco_annotations(annot_path):
    dataset_type="converted_coco"
    with open(annot_path, "r") as f:
        txt = f.readlines()
        if dataset_type == "converted_coco":
            annotations = [
```

```
                line.strip()
                for line in txt
                if len(line.strip().split()[1:]) != 0
            ]
    print("coco label list loaded: {:05d}".format(
        len(annotations)))
    np.random.shuffle(annotations)
    return annotations
```

测试该函数，我们设置一个名为 download_COCO_DS_path 的变量，负责存储当前数据资源的磁盘存储路径；设置一个名为 COCO_ANNOT_PATH 的变量，负责存储当前数据资源的标注文件。根据当前数据存储现状，数据资源的标注文件位于数据资源目录下的 annotations.txt 文本文件中。运用标注读取函数，可以获得一个列表 annotations。由于本案例只存储了两个样本的数据，所以该列表应该包含两个元素，每个元素对应数据资源中两张图片标注的信息。代码如下。

```
download_COCO_DS_path = Path('D:/…/OneDrive/AI_Working_Directory/prj_quickstart/P07_data/FORMAT_COCO_CONVERTED')
if __name__=='__main__':
    COCO_ANNOT_PATH = download_COCO_DS_path/"annotations.txt"
    annotations = load_converted_coco_annotations(
        COCO_ANNOT_PATH)
    print('第一个样本:',annotations[0])
```

COCO 格式的数据资源的打印如下。

```
coco label list loaded: 00002
第一个样本:
'D:/OneDrive/AI_Working_Directory/prj_quickstart/P07_data/FORMAT_COCO_CONVERTED/2008_000356.jpg 141,195,211,241,6'
```

对于 PASCAL VOC 格式的数据资源，设计资源加载函数 load_pascal_data。由于 PASCAL VOC 格式的数据资源采用的是多图片、多 XML 文件的资源存储方式，图片文件存储在其下的 JPEGImages 子目录中，XML 文件存储在其下的 Annotations 子目录中，所以资源加载函数需要同时加载图片资源和 XML 文件资源。加载函数将返回一个列表，列表中的每个元素都是一个双元素的元组，双元素分别是 XML 文件名和图片文件名的逐一对应关系。PASCAL VOC 格式的资源文件读取函数 load_pascal_data 的代码如下。

```
def load_pascal_data(download_PASCAL_DS_path):
    anno_path = download_PASCAL_DS_path / 'Annotations'
```

```
    xml_list = list(anno_path.glob('**/*.xml'))
    print("voc label list loaded: {:05d}".format(
        len(xml_list)))

    img_path = download_PASCAL_DS_path / 'JPEGImages'
    img_list = list(img_path.glob('**/*.jpg'))
    print("voc Image list loaded: {:05d}".format(
        len(img_list)))

    sample_list=list(zip(xml_list,img_list))
    np.random.shuffle(sample_list)
    return sample_list
```

使用该函数装载实际数据进行可视化。假设数据资源存储在download_PASCAL_DS_path中，运用 PASCAL VOC 格式的数据资源读取函数，可以获得一个包含全部数据资源的列表sample_list。对于 sample_list 中的每个元素，又以元组的形式存储标注文件存储位置和图片文件存储位置，其中，元组的第一个元素是标注文件存储位置，第二个元素是图片文件存储位置。提取第一个样本的标注文件存储位置信息和图片文件存储位置信息并打印。代码如下。

```
if __name__=='__main__':
    sample_list = load_pascal_data(download_PASCAL_DS_path)
    xml_name,img_name=sample_list[0]
    print('第一个样本:',sample_list[0])
```

以上代码运行的打印如下。

```
voc label list loaded: 00002
voc Image list loaded: 00002
'第一个样本:'
(WindowsPath('D:/OneDrive/AI_Working_Directory/prj_quickstart/P07_data/F
ORMAT_PASCAL_VOC/Annotations/2008_000008.xml'),
WindowsPath('D:/OneDrive/AI_Working_Directory/prj_quickstart/P07_data/FO
RMAT_PASCAL_VOC/JPEGImages/2008_000008.jpg'))
```

至此，完成了数据资源的加载，对于 COCO 格式只加载了标注文件，后期需要根据标注文件中的图片文件存储位置，读取图像数据。注意，由于标注文件中的图片存储位置是在新建图片标注文件时的图片文件所在的目录，可能和使用时图片文件的所在目录不一致，这时就需要开发者根据自己的实际情况判断，是修改标注文件还是先加载标注文件，然后在代码中修改图片文件存储位置。

PASCAL VOC 格式的数据资源没有这类问题。对于 PASCAL VOC 格式的数据资源，我们加载了全部标注文件和图片文件，并将它们一一对应，所以作者在日常研发中，一般以 PASCAL VOC 格式进行标注和处理。COCO 格式和 PASCAL VOC 格式的数据资源加载结果如图 5-2 所示。

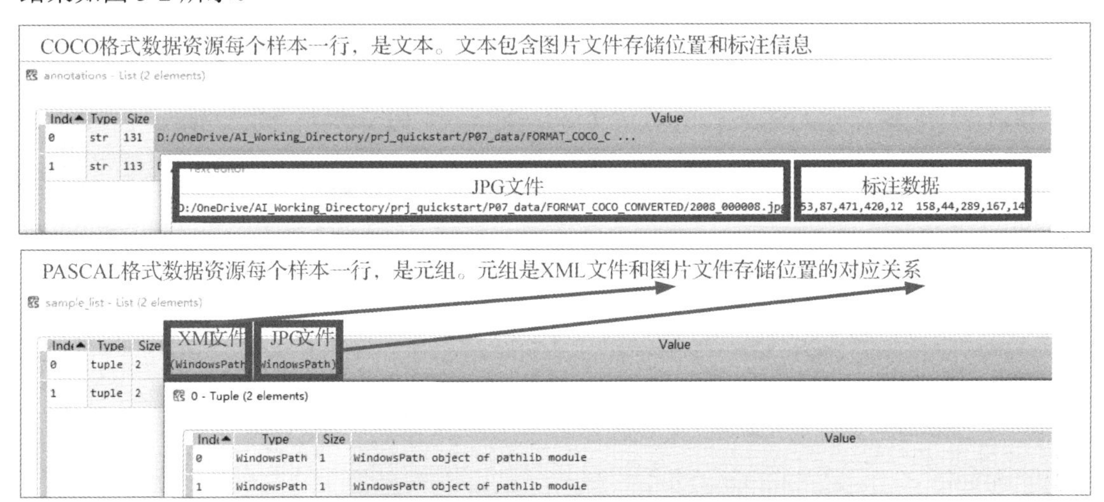

图 5-2　COCO 格式和 PASCAL VOC 格式的数据资源加载结果

5.2　数据资源的解析和提取

对于 COCO 格式的数据资源，设计解析函数 parse_single_coco_annotation。由于 COCO 格式的数据资源所存储的标注信息也比较简单，只有文件名、图像矩阵、真实矩形框、目标分类编号这 4 个信息，所以它不需要分类名称和分类编号的对应关系字典，只需要将加载好的全部数据资源列表 annotations 输入解析函数 parse_single_coco_annotation 中即可，它将先处理全部数据资源列表 annotations 中的每个单样本标注 annotation，然后返回文件位置 img_file、图像矩阵 image、图片文件的二进制数据 img_raw、该图片的多个真实矩形框 bboxes。代码如下。

```
def parse_single_coco_annotation(annotation):
    dataset_type="converted_coco"
    line = annotation.split()
    img_file = line[0]
    if not Path(img_file).exists():
    # if not os.path.exists(image_path):
        raise KeyError("%s does not exist"%img_file)
    img_raw = Path(img_file).read_bytes()
```

```
    image = cv2.imread(img_file)
    if dataset_type == "converted_coco":
        bboxes = np.array(
            [list(map(int, box.split(","))) for box in line[1:]]
        )
    image = cv2.cvtColor(image, cv2.COLOR_BGR2RGB)
    return img_file, image, img_raw, bboxes
```

提取第一张图片的标注数据，解读该图片及其标注，将读取的信息进行展示。代码如下。

```
if __name__=='__main__':
    annotation = annotations[0]
    (img_file, image, img_raw,
        bboxes) = parse_single_coco_annotation(annotation)
    print(img_file)
    print(image.shape)
    print(type(img_raw),len(img_raw))
    print(bboxes)
```

打印如下。

```
D:/OneDrive/AI_Working_Directory/prj_quickstart/P07_data/FORMAT_COCO_CON
VERTED/2008_000008.jpg
(442, 500, 3)
<class 'bytes'> 129982
[[ 53  87 471 420  12]
 [158  44 289 167  14]]
```

可见，数据资源中的第一个样本 2008_000008.jpg 是一个 441 行 500 列的三通道彩色图片，图片的二进制文件读取后是 bytes 数据类型，长度为 129982，它有两个真实矩形框，第一个属于编号为 12 的分类（horse），第二个属于编号为 14 的分类（person）。读取 MS COCO 格式的数据资源较为简单，并且此处载入的是经过变换后的 MS COCO 数据资源，其矩形框标注信息遵从[xmin, ymin, xmax, ymax]的数据格式。但是请读者注意，理论上 MS COCO 格式的矩形框标注信息遵从[xmin, ymin, width, height]的数据格式，因此如果读取的是原始的 MS COCO 格式的矩形框，那么后续数据集处理就需要调整处理方法。由于本书以 PASCAL VOC 格式为重点进行演示，所以 MS COCO 格式的矩形框数据的后续处理代码此处略去。

对于 PASCAL VOC 格式的数据资源，设计用于单个解析 XML 文件的解析函数 parse_single_xml，它将处理存储着全部数据资源的列表，列表名为 sample_list。sample_list 中的每个元素对应着每个 XML 文件的本地磁盘存储位置。由于 XML 文件格式内可能包含多个对象，所以还需要设计一个能够递归解析 ElementTree 对象的解析函数 recursive_parse_xml。

parse_single_xml 函数使用 XML 处理工具，打开某个 XML 文件，将其读取为 lxml.etree._Element 对象并命名为 ET_element_obj。由于一个 XML 文件内可能包含多个真实矩形框，所以还需设计一个能够递归的 recursive_parse_xml 函数，它将 lxml.etree._Element 对象转化为 Python 字典。parse_single_xml 函数代码如下。

```
def parse_single_xml(xml_name):
    ET_element_obj = ET.fromstring(xml_name.open().read())
    annotation = recursive_parse_xml(
        ET_element_obj)['annotation']
    return annotation
```

可递归的 recursive_parse_xml 函数将反复运用 lxml.etree._Element 对象的 tag 和 text 属性，将标注内容转化为字典。代码如下。

```
def recursive_parse_xml(ET_element_obj):
    if not len(ET_element_obj):
        # print(xml.tag, xml.text)
        return {ET_element_obj.tag: ET_element_obj.text}
    result = {}
    for child in ET_element_obj:
        child_result = recursive_parse_xml(child)
        if child.tag != 'object':
            result[child.tag] = child_result[child.tag]
        else:
            if child.tag not in result:
                result[child.tag] = []
            result[child.tag].append(child_result[child.tag])
    return {ET_element_obj.tag: result}
```

读取第一个样本的 XML 文件存储位置，打开对应的 XML 文件后进行解读，将解读的信息进行展示。代码如下。

```
if __name__=='__main__':
    xml_name,img_name=sample_list[0]
    annotation=parse_single_xml(xml_name)
    print(annotation)
```

提取解析好的标注字典，通过开发工具的内存监视器查看字典结构，如图 5-3 所示。由于当前处理的样本拥有两个矩形框，分别指示出两个目标（horse 和 person），所以字典的 object 字段内拥有两个子字典，每个字典分别存储每个目标的标注信息。

同理，设计图片文件解析函数 parse_single_img，它将处理全部数据资源的列表

sample_list 中单样本的图片文件位置，返回的是包含了图片存储文件夹名和图片文件名的完整访问路径 img_file、图像矩阵 image、图片文件的二进制数据 img_raw。函数设计完成后，用它解析第一个样本的图片文件存储位置。代码如下。

```
def parse_single_img(img_name):
    img_file=str(img_name)
    img_raw = img_name.read_bytes()
    image = cv2.imread(img_file)
    image = cv2.cvtColor(image, cv2.COLOR_BGR2RGB)
    return img_file, image, img_raw
if __name__=='__main__':
    xml_name,img_name=sample_list[0]
    img_file, image, img_raw=parse_single_img(img_name)
    print(img_file)
    print(image.shape)
    print(type(img_raw),len(img_raw))
```

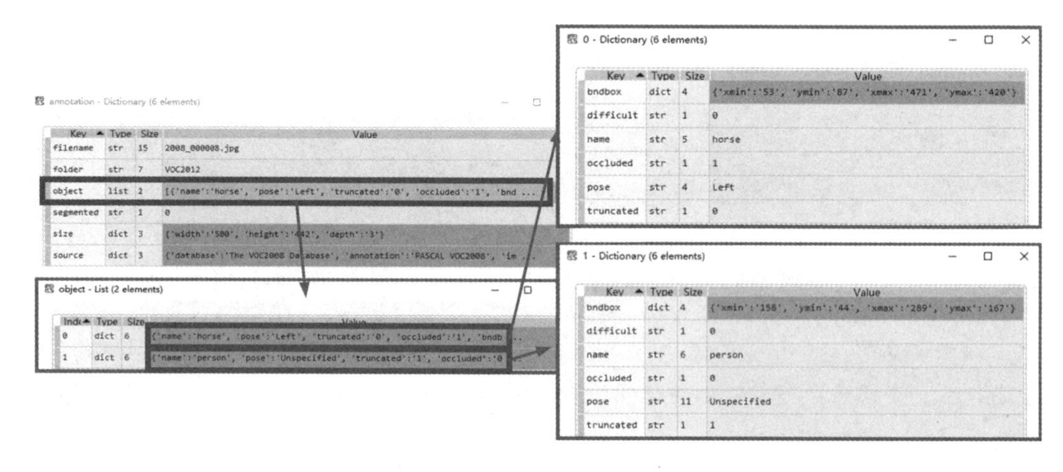

图 5-3　对 PASCAL VOC 格式的单个 XML 文件进行解析的结果展示

测试输出如下。

```
D:\…\2008_000008.jpg
(442, 500, 3)
<class 'bytes'> 129982
```

至此，完成了两种数据资源的解析，提取了图片文件，也将标注信息进行解读，接下来，就需要将这些信息存储打包为 TFRecord 数据集文件。

5.3　TFRecord 数据集文件的制作

解析和提取数据集后，可以将单样本生成为 TensorFlow 的 example 对象，将这个 example 对象写入磁盘。对全部样本进行遍历，将全部样本的 example 对象都写入磁盘后，就可以完成整个 TFRecord 数据集文件的制作和保存了。将数据集存储为 TFRecord 格式后，就可以使用 TensorFlow 提供的数据集 prefetch、map、batch、shuffle 等工具，提高训练过程中数据集交互的效率。TFRecord 数据集文件制作完成后，就可以不再使用分散存储在计算机上的各个图片文件和 XML 文件了。

5.4　单样本的 example 对象制作

调整解析到的样本的数据结构。从 XML 文件的组织形式看，每一个目标物体的标注信息都由以下几个部分的信息组成：name、pose、truncated、occluded、xmin、ymin、xmax、ymax、difficult 等。

对于一张图片内有多个目标物体的，其标注信息按照目标物体为整体进行组织。

这种组织形式对于存储和再次标注是有利的，但对于计算是不利的。需要将多个目标物体的标注信息按照共同的属性进行横向的组织，组织成为一个列表。改变数据集标注信息的组织形式示意图如图 5-4 所示。特别地，对于 xmin、ymin、xmax、ymax 这 4 个字段，需要除以图像的分辨率，即 xmin、ymin、xmax、ymax 这 4 个字段记录了相对坐标，而不是绝对坐标。

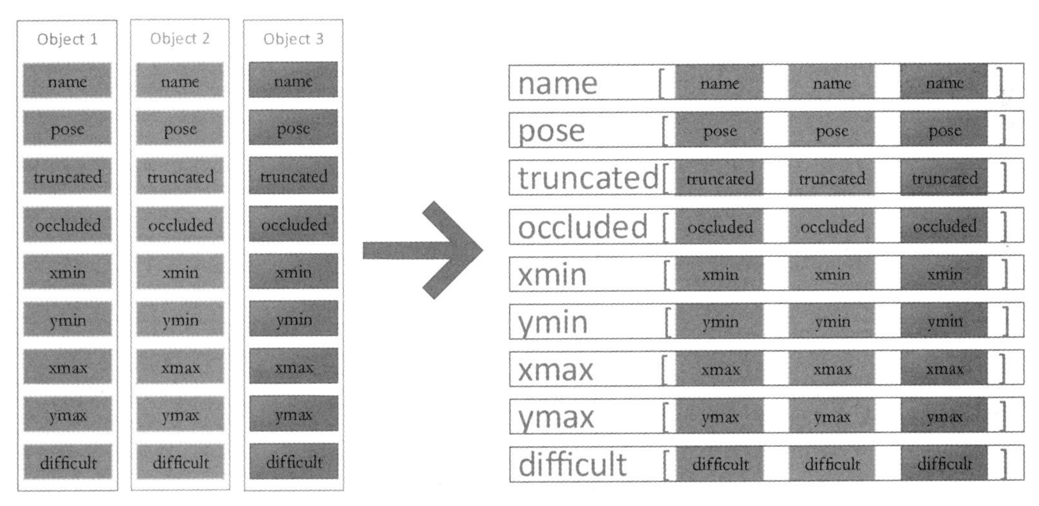

图 5-4　改变数据集标注信息的组织形式示意图

按照这种组织方式，编写一个用于生成 example 对象的函数，函数的名称根据被处理数据的格式不同略微有所不同。对于COCO格式的数据资源，函数被命名为build_converted_coco_example (annotation, class_id_2_name)；对于 PASCAL VOC 格式的数据资源，函数被命名为 build_voc_example(sample, class_name_2_id)。

对于 COCO 格式的数据资源，使用 parse_single_coco_annotation 获得样本图片的完整访问路径名 img_file（包含了图片存储文件夹名和图片文件名）、图像矩阵 image、图片文件的二进制数据 img_raw、真实矩形框 bboxes，进而获得图像的高度 height 和宽度 width、图片文件的二进制 sha256 编码。在处理真实矩形框 bbox、分类编号 classes、分类名称 classes_text，以及其他信息时，需要使用改变这些数据的组织形式，将同一类信息组合成一个列表，列表的长度等于此样本所包含的真实矩形框数量。代码如下。

```
def build_converted_coco_example(
        annotation, class_id_2_name):
    (img_file,
     image,
     img_raw,
     bboxes) = parse_single_coco_annotation(annotation)
    img_name = Path(img_file).name
    height,width,channel = image.shape
    key = hashlib.sha256(img_raw).hexdigest()

    xmin=[];ymin=[]; xmax =[];ymax=[]
    classes = []; classes_text = []
    truncated = [];views = [];difficult_obj = []

    if len(bboxes)>0:
        found_tag = 1
        for bbox in bboxes:
            difficult_obj.append(int(-1))
            xmin.append(float(bbox[0]/width))
            ymin.append(float(bbox[1]/height))
            xmax.append(float(bbox[2]/width))
            ymax.append(float(bbox[3]/height))
            classes.append(int(bbox[4]))
            classes_text.append(
```

```
                class_id_2_name[bbox[4]].encode('utf8'))
            truncated.append(int(-1))
            views.append("unspecified".encode('utf8'))
    else:
        found_tag=0
    ……
    return found_tag, example
```

对于 PASCAL VOC 格式的数据资源，首先使用 parse_single_xml 获得 XML 文件的详细信息，并将其存储在 annotation 中，这是一个字典，包含了多个物体的真实矩形框 bndbox、图像的高度 height 和宽度 width、真实矩形框 bbox、分类名称 classes_text 等信息。然后使用 parse_single_img，获得图片文件的详细信息，包括图片文件名 img_file、图像矩阵 image、图片文件的二进制数据 img_raw，以及图片文件的二进制 sha256 编码。最后插入一行用于验证的代码（可使用 Python 的 assert 断言函数实现），验证 XML 文件中所记录的图像名称、宽度和高度是否与磁盘读取的图片文件的文件名、宽度和高度一致，如果不一致，那么会引起代码运行错误，这里提醒开发者注意。

确认无误后，从物体分类名称推导得到物体分类编号，并将真实矩形框的像素坐标转化为归一化的相对坐标。将同一类信息组合成一个列表，列表的长度等于此样本所包含的真实矩形框数量。代码如下。

```
def build_voc_example(sample, class_name_2_id):
    xml_name,img_name=sample
    annotation=parse_single_xml(xml_name)
    img_file, image, img_raw=parse_single_img(img_name)
    key = hashlib.sha256(img_raw).hexdigest()
    assert img_name.name==annotation['filename']
    assert int(annotation['size']['width'])==image.shape[1]
    assert int(annotation['size']['height'])==image.shape[0]

    width = int(annotation['size']['width'])
    height = int(annotation['size']['height'])

    xmin=[];ymin=[]; xmax =[];ymax=[]
    classes = []; classes_text = []
    truncated = [];views = [];difficult_obj = []
```

```
    if 'object' in annotation:
        found_tag = 1
        for obj in annotation['object']:
            difficult = bool(int(obj['difficult']))
            difficult_obj.append(int(difficult))

            xmin.append(float(obj['bndbox']['xmin'])/ width)
            ymin.append(float(obj['bndbox']['ymin'])/height)
            xmax.append(float(obj['bndbox']['xmax'])/width)
            ymax.append(float(obj['bndbox']['ymax'])/height)
            classes_text.append(obj['name'].encode('utf8'))
            classes.append(class_name_2_id[obj['name']])
            truncated.append(int(obj['truncated']))
            views.append(obj['pose'].encode('utf8'))
    else:
        found_tag=0
    ......
    return found_tag, example
```

使用 TensorFlow 的 TFRecord 的 tf.train.Example 函数，将多个列表封装为一个 example，进行返回输出。注意，对于图片文件的二进制数据 img_raw、文件名 filename、分类名称 classes_text，都按照 tf.train.BytesList 格式存储，由于 xmin、ymin、xmax、ymax 这 4 个字段已经进行了相对坐标的归一化，是浮点数，所以按照 tf.train.FloatList 格式存储。代码如下。

```
def build_voc_example(
    sample, class_name_2_id):
或
def build_converted_coco_example(
    annotation, class_id_2_name):
    ......
    example = tf.train.Example(features=tf.train.Features(feature={
        'image/height': tf.train.Feature(
            int64_list=tf.train.Int64List(value=[height])),
        'image/width': tf.train.Feature(
            int64_list=tf.train.Int64List(value=[width])),
        'image/filename': tf.train.Feature(
```

```
            bytes_list=tf.train.BytesList(value=[
            annotation['filename'].encode('utf8')])),
        'image/source_id': tf.train.Feature(
            bytes_list=tf.train.BytesList(value=[
            annotation['filename'].encode('utf8')])),
        'image/key/sha256': tf.train.Feature(
            bytes_list=tf.train.BytesList(
                value=[key.encode('utf8')])),
        'image/encoded': tf.train.Feature(
            bytes_list=tf.train.BytesList(value=[img_raw])),
        'image/format': tf.train.Feature(
            bytes_list=tf.train.BytesList(
                value=['jpeg'.encode('utf8')])),
        'image/object/bbox/xmin': tf.train.Feature(
            float_list=tf.train.FloatList(value=xmin)),
        'image/object/bbox/xmax': tf.train.Feature(
            float_list=tf.train.FloatList(value=xmax)),
        'image/object/bbox/ymin': tf.train.Feature(
            float_list=tf.train.FloatList(value=ymin)),
        'image/object/bbox/ymax': tf.train.Feature(
            float_list=tf.train.FloatList(value=ymax)),
        'image/object/class/text': tf.train.Feature(
            bytes_list=tf.train.BytesList(value=classes_text)),
        'image/object/class/label': tf.train.Feature(
            int64_list=tf.train.Int64List(value=classes)),
        'image/object/difficult': tf.train.Feature(
            int64_list=tf.train.Int64List(
                value=difficult_obj)),
        'image/object/truncated': tf.train.Feature(
            int64_list=tf.train.Int64List(value=truncated)),
        'image/object/view': tf.train.Feature(
            bytes_list=tf.train.BytesList(value=views)),
    }))
    return found_tag, example
```

5.5 遍历全部样本制作完整数据集

完成了单样本的 example 对象制作，我们就可以对全部样本进行遍历，逐个将每个样本的 example 对象写入磁盘，即可完成 TFRecord 数据集的制作。

对于COCO格式的数据资源，先使用tf.io.TFRecordWriter新建磁盘文件output_file_COCO，新建文件的句柄被命名为 writer，然后遍历其包含了所有标注信息的列表 annotations，将每个 example 对象串行化后，通过文件读写句柄（writer）的 write()方法将串行后的 example 对象写入磁盘。这里使用具有上下管理功能的 with 关键字将文件写入的代码组合成一个作用域，就不需要对文件读写句柄执行 close()关闭操作了。代码如下。

```
if __name__=='__main__':
    COCO_ANNOT_PATH = download_COCO_DS_path/"annotations.txt"
    annotations = load_converted_coco_annotations(
    COCO_ANNOT_PATH)
    with tf.io.TFRecordWriter(output_file_COCO) as writer:
        for annotation in tqdm.tqdm(annotations):
            (found_tag,
             tf_example) = build_converted_coco_example(
                annotation, class_id_2_name)
            if found_tag:
                writer.write(tf_example.SerializeToString())
    logging.info("Done")
```

对于 PASCAL VOC 格式的数据资源，先使用 tf.io.TFRecordWriter 新建磁盘文件 output_file_VOC，新建文件的句柄被命名为 writer，然后遍历其包含了所有标注文件存储位置和图片文件存储位置的样本列表 sample_list，将每个 example 对象串行化后，通过文件读写句柄将串行后的 example 对象写入磁盘。代码如下。

```
if __name__=='__main__':
    sample_list = load_pascal_data(download_PASCAL_DS_path)
    with tf.io.TFRecordWriter(output_file_VOC) as writer:
        for sample in tqdm.tqdm(sample_list):
            found_tag, tf_example = build_voc_example(
                sample, class_name_2_id)
            if found_tag:
```

```
            writer.write(tf_example.SerializeToString())
    logging.info("Done")
```

这里采用 tqdm 进行任务进度可视化跟踪，执行后 Python 交互窗口将出现全部样本遍历的进度条，进度条执行完毕后，磁盘上就新增了 TFRecord 文件。确认数据集制作无误后，可以将数据资源扩展到整个 PASCAL VOC2012 数据集，这个数据集拥有 5717 个训练样本和 5823 个验证样本，执行后可以获得两个数据集文件。执行过程的交互输出如下。

```
100%|██████████| 5717/5717 [00:30<00:00, 186.31it/s]
100%|██████████| 5823/5823 [00:28<00:00, 204.68it/s]
```

本案例的双图片数据集被命名为 horseperson_COCO.tfrecord 和 horseperson_VOC.tfrecord，PASCAL VOC2012 数据集的两个数据集文件分别被命名为 voc2012_train.tfrecord 和 voc2012_val.tfrecord，如图 5-5 所示。

图 5-5　保存在磁盘上的数据集文件

5.6　从数据集提取样本进行核对

完成了数据集文件 TFRecord 的制作和保存，应当保持良好的习惯，在制作完成后，立即进行样本的提取和核对，确保保存在磁盘上的数据集文件的准确性。根据 TensorFlow 的 TFRecord 文件的解析原理，我们需要根据当时存储的内部结构，先制作一个数据集字典。将数据集字典变量命名为 IMAGE_FEATURE_MAP，它的字段定义内容需要和所保存的全部数据类型逐一对应。

由于制作 TFRecord 文件时，我们以最大化存档为原则，保存了大量的有关或无关的数据，所以在提取、核对时，只需要提取我们感兴趣的数据，包括图像、物体分类、物体矩形框 3 个关键信息。因此，可以仅保留 IMAGE_FEATURE_MAP 中我们感兴趣的存储字段，对不感兴趣的信息，可以在字典变量中使用 Python 的注释符号“#”进行屏蔽。数据集字典变量 IMAGE_FEATURE_MAP 定义代码如下。注意，代码中以“#”开头的代码均已经进行了整行屏蔽，但为了方便读者将其与写入 TFRecord 文件时的字典变量进行对比，此处对被屏蔽代码不做删除。开发者在实际开发过程中，可以通过“#”屏蔽和启用相关代码行，实现数据集信息的忽略或提取。

```
IMAGE_FEATURE_MAP = {
    # 'image/width': tf.io.FixedLenFeature([], tf.int64),
    # 'image/height': tf.io.FixedLenFeature([], tf.int64),
    # 'image/filename': tf.io.FixedLenFeature([], tf.string),
    # 'image/source_id': tf.io.FixedLenFeature([], tf.string),
    # 'image/key/sha256': tf.io.FixedLenFeature([], tf.string),
    'image/encoded': tf.io.FixedLenFeature([], tf.string),
    # 'image/format': tf.io.FixedLenFeature([], tf.string),
    'image/object/bbox/xmin': tf.io.VarLenFeature(tf.float32),
    'image/object/bbox/ymin': tf.io.VarLenFeature(tf.float32),
    'image/object/bbox/xmax': tf.io.VarLenFeature(tf.float32),
    'image/object/bbox/ymax': tf.io.VarLenFeature(tf.float32),
    'image/object/class/text': tf.io.VarLenFeature(tf.string),
    # 'image/object/class/label': tf.io.VarLenFeature(tf.int64),
    # 'image/object/difficult': tf.io.VarLenFeature(tf.int64),
    # 'image/object/truncated': tf.io.VarLenFeature(tf.int64),
    # 'image/object/view': tf.io.VarLenFeature(tf.string),
}
```

这里将大部分字段注销，因为从 TFRecord 文件中仅仅提取需要的字段：image、xmin、ymin、xmax、ymax、object/class/text 这些信息。调用 tf.data.TFRecordDataset 方法时，通过参数 output_file_VOC 传递 TFRecord 数据集文件的位置信息。这里为方便演示，加载了仅仅包含两张图片的 tfrecord 数据集文件，并使用自制的 sample_counter 数据样本统计函数和 sample_selector 样本提取函数进行处理，代码如下。

```
raw_dataset = tf.data.TFRecordDataset(output_file_VOC)
print('total sample amount is ',sample_counter(raw_dataset))
# total sample amount is  2
record = sample_selector(raw_dataset,1)
# sample_selector(raw_dataset,1)等价于 next(iter(raw_dataset.take(1)))
x = tf.io.parse_single_example(record, IMAGE_FEATURE_MAP)
```

此时解析好的数据集单样本 x 就包含了第一个样本的全部信息，围绕这个解码出来的样本 x，可以通过字典键值的寻址方式，获得样本数据内容。

可以使用 x['image/encoded']方法提取样本 x 的'image/encoded'键值，该键值存储了图像的原始信息，通过 tf.image.decode_jpeg 可以获得图像的三维矩阵，将三维矩阵存储在 x_train

变量中。可以使用 TensorFlow 的图像工具进行尺寸调整，或使用统计工具统计图像像素值的动态范围，并使用 matplotlib 进行可视化。代码如下。

```
x_train = tf.image.decode_jpeg(x['image/encoded'], channels=3)
print(' x_train spec:',x_train.dtype,x_train.shape,'\n',
      'x_train range from-to:',
      tf.reduce_min(x_train).numpy(),
      tf.reduce_max(x_train).numpy())
from matplotlib import pyplot as plt
plt.imshow(x_train.numpy()/255.0)
```

打印如下。

```
x_train spec: <dtype: 'uint8'> (442, 500, 3)
 x_train range from-to: 0.0 255.0
```

可以看到，该样本的图像高度为 442 像素，宽度为 500 像素，拥有 RGB 三通道，图像像素值的动态范围输出显示为 0～255。

对于其他键值，可以通过 x['键值']的方式提取。由于 TFRecord 格式的数据集会自动将密集矩阵数据格式存储为稀疏矩阵数据格式，所以需要用 tf.sparse.to_dense 函数对分类名称 class_text、真实矩形框坐标进行解码。代码如下。

```
class_text = tf.sparse.to_dense(
   x['image/object/class/text'], default_value='')
print('image/object/class/text',class_text)
print(tf.sparse.to_dense(x['image/object/bbox/xmin']),'\n',
      tf.sparse.to_dense(x['image/object/bbox/ymin']),'\n',
      tf.sparse.to_dense(x['image/object/bbox/xmax']),'\n',
      tf.sparse.to_dense(x['image/object/bbox/ymax']))
```

打印如下。

```
image/object/class/text tf.Tensor([b'horse' b'person'], shape=(2,), dtype=
string)
tf.Tensor([0.106 0.316], shape=(2,), dtype=float32)
 tf.Tensor([0.19683258 0.09954751], shape=(2,), dtype=float32)
 tf.Tensor([0.942 0.578], shape=(2,), dtype=float32)
 tf.Tensor([0.95022625 0.37782806], shape=(2,), dtype=float32)
```

可以看到，该样本的两个物体（horse 和 person），其物体分类名称、xmin、ymin、xmax、ymax 分别都有两个元素，并且矩形框坐标已经是归一化（0～1）的数值了。

由于采用了归一化的矩形框标注方式，所以无论图像如何进行缩放，都无须调整它的标注数据，只需要将归一化的矩形框标注乘以图像的宽度和高度，就可以获得新尺寸图像下的矩形框坐标。图像缩放后的新的矩形框覆盖存储在 xmin、ymin、xmax、ymax 中，由于坐标是一个整型变量，所以需要使用 tf.cast 方法将计算结果转化为 INT32 的整数。代码如下。

```
    NN_INPUT_SIZE = 416
    size_new = NN_INPUT_SIZE
    x_train = tf.image.resize(x_train, (size_new, size_new))

    xmin = tf.sparse.to_dense(x['image/object/bbox/xmin'])
    ymin = tf.sparse.to_dense(x['image/object/bbox/ymin'])
    xmax = tf.sparse.to_dense(x['image/object/bbox/xmax'])
    ymax = tf.sparse.to_dense(x['image/object/bbox/ymax'])
    class_text = tf.sparse.to_dense(x['image/object/class/text'], default_
value='')
    xmin = tf.cast(xmin*size_new,tf.int32)
    ymin = tf.cast(ymin*size_new,tf.int32)
    xmax = tf.cast(xmax*size_new,tf.int32)
    ymax = tf.cast(ymax*size_new,tf.int32)
```

使用 cv2 工具将标注的矩形框画在图像上，进行可视化查看，确保标注数据准确无误。代码如下。

```
    import cv2
    img = cv2.cvtColor(x_train.numpy(), cv2.COLOR_RGB2BGR)
    img = cv2.resize(img, (size_new, size_new), interpolation=cv2.INTER_CUBIC)
    B=0;G=0;R=255;Thickness=2
    for i in range(class_text.shape[0]):
        left_up_coor    = (round(xmin[i].numpy()),round(ymin[i].numpy()))
        right_down_coor = (round(xmax[i].numpy()),round(ymax[i].numpy()))
        cv2.rectangle(img, left_up_coor, right_down_coor, (B,G,R), Thickness)
    cv2.namedWindow("click any to exit")
    cv2.imshow('click any to exit',img/255)
    cv2.waitKey(9000)
    cv2.destroyAllWindows()
```

读取 TFRecord 数据集文件并进行可视化如图 5-6 所示。

图 5-6　读取 TFRecord 数据集文件并进行可视化

第 6 章
数据集的后续处理

之前对存储在硬盘上的以 jpg 为后缀的图片文件和以 xml 为后缀的标注文件数据进行了基本的处理，制作了 TFRecord 格式的数据集，但值得注意的是，此时的数据集只是帮助我们进行存储，并不适合进行神经网络计算，还需要进行后续处理才能被神经网络所使用。TensorFlow 为数据集的后续处理提供了高效的数据管道，通过数据管道可以方便地对数据集内的样本数据进行批量映射处理。

6.1 数据集的加载和打包

假设当前硬盘上存储着之前制作的 PASCAL VOC2012 的训练集和验证集文件，文件名分别为 voc2012_train.tfrecord 和 voc2012_val.tfrecord，接下来将以它们为例进行数据集的加载和打包。

6.1.1 数据集的加载和矩阵化

设计一个数据集加载函数 load_tfrecord_dataset，它接收数据集存储位置 ds_file 和物体分类名称文本文件 class_file，以及之前制作数据集时同步制作的数据集解析字典 IMAGE_FEATURE_MAP，首先在函数内部解析物体分类名称文本文件 class_file，生成一个 StaticHashTable 对象（对象名为 class_table，该对象可以通过分类名称查找分类编号），然后调用数据集对象的 map()映射方法，对每个样本都反复调用 parse_tfrecord 解析函数，从而实现对数据集中的每个样本的解析处理，最后将返回一个名为 dataset 的数据集对象。代码如下。

```
def load_tfrecord_dataset(ds_file, class_file,
                          IMAGE_FEATURE_MAP):
    LINE_NUMBER = -1
    class_table = tf.lookup.StaticHashTable(
        tf.lookup.TextFileInitializer(
```

```
            class_file, tf.string, 0, tf.int64,
            LINE_NUMBER, delimiter="\n"), -1)
    dataset = tf.data.TFRecordDataset(ds_file)
    dataset = dataset.map(
        lambda x: parse_tfrecord(
            x, class_table, IMAGE_FEATURE_MAP))
    return dataset
```

在数据集调用 parse_tfrecord 函数对每个样本进行解析之前，tf.data.TFRecordDataset 方法读取出来的只是串行数据，而 parse_tfrecord 函数的作用不仅是对读取的串行数据进行解码，更重要的是将图像矩阵与标注信息从分散存储改为按照 x_train 和 y_train 的一一对应关系进行组织，其中 x_train 是图像矩阵，y_train 是真实矩形框标注矩阵，二者一一对应。

将真实矩形框标注矩阵 y_train 按照一定的排列方式组织成为一个矩阵。y_train 矩阵的行数等于标注数据中的真实矩形框数量，列数等于 5，第 0、1、2、3 列存储 xmin、ymin、xmax、ymax 这 4 个矩形框坐标，第 4 列存储矩形框分类编号。这样，如果把图像矩阵 x_train 看成自变量，将真实矩形框标注矩阵 y_train 看成函数输出，神经网络就在真正意义上成为一个有输入和输出的函数，而后需要做的就是使这个神经网络函数的内部参数能够收敛确定。

parse_tfrecord 函数的输入变量有 3 个：第 1 个是数据集的单样本输入 tfrecord；第 2 个是 TensorFlow 的 StaticHashTable 对象，被命名为 class_table；第 3 个是数据集字典 IMAGE_FEATURE_MAP。函数返回的是具有一一对应关系的图像矩阵 x_train 与真实矩形框标注矩阵 y_train。parse_tfrecord 函数代码如下。

```
def parse_tfrecord(tfrecord, class_table, IMAGE_FEATURE_MAP):
    x = tf.io.parse_single_example(
        tfrecord, IMAGE_FEATURE_MAP)
    x_train = tf.image.decode_jpeg(
        x['image/encoded'], channels=3)
    class_text = tf.sparse.to_dense(
        x['image/object/class/text'], default_value='')
    labels = tf.cast(
        class_table.lookup(class_text), tf.float32)
    y_train = tf.stack(
        [tf.sparse.to_dense(x['image/object/bbox/xmin']),
         tf.sparse.to_dense(x['image/object/bbox/ymin']),
         tf.sparse.to_dense(x['image/object/bbox/xmax']),
         tf.sparse.to_dense(x['image/object/bbox/ymax']),
```

```
            labels], axis=1)
        return x_train, y_train
```

测试集加载函数 load_tfrecord_dataset，让它加载磁盘上的 PASCAL VOC2012 的训练集和验证集文件（voc2012_train.tfrecord 和 voc2012_val.tfrecord）。代码如下。

```
    if __name__ == '__main__':
        IMAGE_FEATURE_MAP = {
            'image/encoded': tf.io.FixedLenFeature(
                [], tf.string),
            'image/object/bbox/xmin': tf.io.VarLenFeature(
                tf.float32),
            'image/object/bbox/ymin': tf.io.VarLenFeature(
                tf.float32),
            'image/object/bbox/xmax': tf.io.VarLenFeature(
                tf.float32),
            'image/object/bbox/ymax': tf.io.VarLenFeature(
                tf.float32),
            'image/object/class/text': tf.io.VarLenFeature(
                tf.string),
        }

        train_dataset = 'D:/…/voc2012_train.tfrecord'
        val_dataset  = 'D:/…/voc2012_val.tfrecord'
        class_file = 'D:/…/voc2012.names'

        train_dataset = load_tfrecord_dataset(
            train_dataset, class_file, IMAGE_FEATURE_MAP)
        val_dataset = load_tfrecord_dataset(
            val_dataset, class_file, IMAGE_FEATURE_MAP)
        print('train_dataset total sample amount is ',
sample_counter(train_dataset))
        print('val_dataset total sample amount is ',
sample_counter(val_dataset))

        sample = sample_selector(train_dataset, 1)
        print(sample[0].shape,sample[1].shape)
        x_train = sample[0].numpy()
        y_train = sample[1].numpy()
```

输出如下。

```
(442, 500, 3) (2, 5)
```

可见，图像已经被成功读取为一个三通道的矩阵。该图像的矩形框有两个，矩形框和分类编号已经被组织成一个 2 行 5 列的矩阵。通过开发工具的内存查看功能，对第一个和第二个样本的图像矩阵 x_train 与真实矩形框标注矩阵 y_train 进行可视化，如图 6-1 所示。

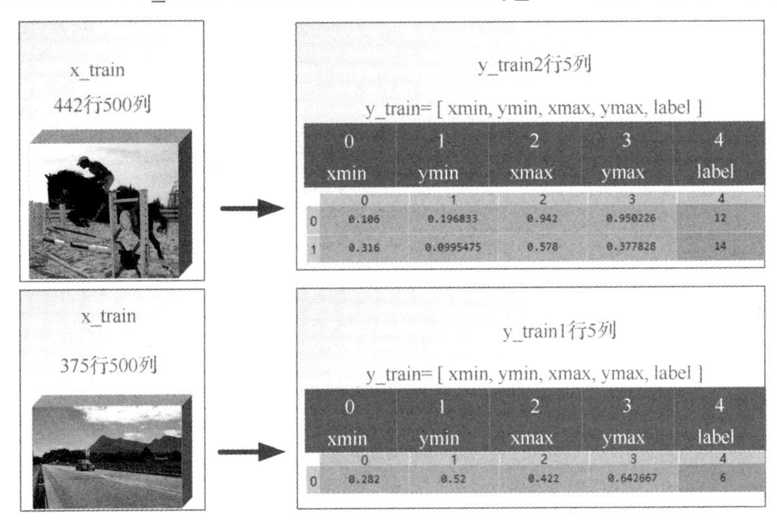

图 6-1　真实矩形框标注矩阵对齐示意图

但此时应当注意到，不同图像的矩阵尺寸是不一样的。例如，有的图像矩阵 x_train 的尺寸是 442 行 500 列，有的是 375 行 500 列。有的图像上包含两个标注物体，那么它的 y_train 矩阵有两行。有的图像上包含一个标注物体，那么它的 y_train 矩阵有一行。这样的数据结构是不整齐的，是无法进行数据集样本打包（batch）的。

<<< 6.1.2　图像矩阵尺寸的标准化

要想解决样本数据的打包问题，就要解决图像矩阵 x_train 的形状不一致问题，我们一般采用缩放的方法解决。具体来说，缩放有两种方法：强行缩放和不失真缩放，开发者可以根据需要自行选择。但是训练集的缩放方式，将要和未来部署时的图像预处理方式一致。

对于强行缩放，顾名思义就是对图像直接进行缩放操作。但这会导致一个后果——图像的失真。例如，将一个行列比例为 1∶2 的图像强行缩放为某分辨率的正方形尺寸，一定会导致所有的横向像素被压缩，从而导致所有物体看起来都“瘦瘦高高”的。但强行缩放的好处也显而易见，因为它代码简单，所以只需要一个 resize 命令即可完成缩放操作，并且无须对 y_train 真实矩形框标注矩阵做任何调整，因为缩放并没有影响横纵方向上的相对坐标系。

一个典型的缩放函数被命名为 image_preprocess_resize，该函数使用 tf.image.resize 函数对图像进行缩放操作，并且将图像的像素取值范围压缩为 0～1。由于缩放函数是需要反复被调用的函数，所以在定义 image_preprocess_resize 函数时，在代码上方增加了一行 @tf.function 装饰代码，这会引导 TensorFlow 将此函数封装为静态图以便提高处理效率。代码如下。

```
@tf.function
def image_preprocess_resize(
    image, target_size, gt_boxes_label):

    image_resized = tf.image.resize(image, [tar_h,tar_w])
    image_resized = image_resized/255
    return image_resized, gt_boxes_label
```

不失真缩放方式使用的是 image_preprocess_padded 函数，它会将图像进行一定比例的缩放，当宽度或高度达到目标尺寸后，对尚未达到目标尺寸的另一个维度进行居中补零操作，直到新图像的分辨率达到目标尺寸。由于 TensorFlow 的矩阵补零操作不支持多通道，所以 RGB 三通道将分开进行补零操作，像素的动态范围也一样进行 0～1 的等比例缩小。由于不失真缩放方式在横纵坐标上不是等比例的，所以就需要相应调整矩形框，具体方法是先进行比例的缩放，然后根据左侧和上方补零的像素数量进行坐标调整，最后需要除以新的图像尺寸，从而获得和输入真实矩形框单位一致的相对坐标。代码如下。

```
def image_preprocess_padded(
    image, target_size, gt_boxes_label=None):
    image=tf.cast(image,tf.float32)
    tar_h, tar_w = target_size
    h,w= tf.shape(image)[0], tf.shape(image)[1]
    tar_h=tf.cast(tar_h,tf.float32)
    tar_w=tf.cast(tar_w,tf.float32)
    h=tf.cast(h,tf.float32)
    w=tf.cast(w,tf.float32)

    scale=tf.math.minimum(tar_w/w, tar_h/h)

    nw, nh = tf.math.round(scale*w),tf.math.round(scale*h)
```

```
        image_resized = tf.image.resize(image, [tf.cast(nh,tf.int32),tf.cast
(nw,tf.int32)])

        dw=tf.math.floordiv((tar_w-nw),2)
        dh=tf.math.floordiv((tar_h-nh),2) # 图像居中

        up=dh;down=tar_h-(nh+dh);left=dw;right=tar_w-(nw+dw)
        paddings = [[up,down],[left,right]]
        image_padded_R = tf.pad(
            image_resized[...,0], paddings,
            "CONSTANT",constant_values=128)
        image_padded_G = tf.pad(
            image_resized[...,1], paddings,
            "CONSTANT",constant_values=128)
        image_padded_B = tf.pad(
            image_resized[...,2], paddings,
            "CONSTANT",constant_values=128)
        image_padded = tf.stack(
            [image_padded_R,image_padded_G,image_padded_B],
            axis=-1)
        # print(image_padded.shape)，调试时启用此行
        image_padded=image_padded / 255.

        if gt_boxes_label is None:
            return image_padded

        else:
            gt_boxes_label=tf.cast(gt_boxes_label,tf.float32)
            gt_boxes=gt_boxes_label[:,0:4]
            gt_label=gt_boxes_label[:,4:5]
            gt_boxes_pixel=gt_boxes*scale*tf.cast(
                [w,h,w,h],dtype=tf.float32) # 此处相乘的 3 个变量虽然形状不一样，但
TensorFlow 会自动使用带广播乘法将它们的形状进行广播匹配
            gt_boxes_pixel+=tf.cast(
                [dw,dh,dw,dh],dtype=tf.float32)# 此处相加的两个变量虽然形状不一样，
但 TensorFlow 会自动使用带广播加法将它们的形状进行广播匹配
            gt_boxes = gt_boxes_pixel/tf.cast(
                [tar_w,tar_h,tar_w,tar_h],dtype=tf.float32)
```

```
        gt_boxes_label_out = tf.concat(
            [gt_boxes,gt_label],axis=-1)
        return image_padded, gt_boxes_label_out
```

对两幅图像分别执行强行缩放和不失真缩放两种图像预处理方式。第一幅图像有两个真实矩形框，分别属于第 12 类和第 14 类；第二幅图像有一个真实矩形框，属于第 6 类。图像和真实矩形框信息录入代码如下。

```
image_path = 'D:/…/2008_000008.jpg'
image = cv2.imread(image_path)
image_h , image_w, channel = image.shape
image = cv2.cvtColor(image, cv2.COLOR_BGR2RGB)
gt_bboxes=[]
xmin,ymin,xmax,ymax=53,87, 471,420
gt_bboxes.append([xmin,ymin,xmax,ymax])
xmin,ymin,xmax,ymax=158,44, 289, 167
gt_bboxes.append([xmin,ymin,xmax,ymax])
gt_bboxes=np.array(gt_bboxes)
scale_bboxes=gt_bboxes/[image_w,image_h,image_w,image_h]
num_boxes=np.expand_dims(np.array(2),axis=0)
out_classes = np.expand_dims(np.array([12,14]),axis=0)
out_scores = np.expand_dims(np.array([1.0,1.0]),axis=0)
scale_bboxes_label=np.column_stack(
    (scale_bboxes,out_classes.reshape([-1,1])))
image_path = 'D:/…/2008_000356.jpg'
……
gt_bboxes=[]
xmin,ymin,xmax,ymax=141,195, 211,241
gt_bboxes.append([xmin,ymin,xmax,ymax])
gt_bboxes=np.array(gt_bboxes)
scale_bboxes=gt_bboxes/[image_w,image_h,image_w,image_h]
num_boxes=np.expand_dims(np.array(1),axis=0)
out_classes = np.expand_dims(np.array([6]),axis=0)
out_scores = np.expand_dims(np.array([1.0]),axis=0)
scale_bboxes_label=np.column_stack(
    (scale_bboxes,out_classes.reshape([-1,1])))
```

对两幅图像执行目标分辨率为 416 像素×416 像素的缩放操作，在画出图像的同时，将真实矩形框画在图像上。代码如下。

```
img0=np.copy(image); img1=np.copy(image); img2=np.copy(image)

img1, gt_bboxes1_label = image_preprocess_padded(
    img1,target_size, scale_bboxes1_label)
gt_bboxes1=gt_bboxes1_label[:,0:4]

img2, gt_bboxes2_label = image_preprocess_resize(
    img2,target_size, scale_bboxes2_label)
gt_bboxes2=gt_bboxes2_label[:,0:4]

import matplotlib.pyplot as plt
fig,ax=plt.subplots(1,3)
ax[0].imshow(img0/255);
ax[1].imshow(img1/255);
ax[2].imshow(img2/255);
```

图像矩阵的强行缩放、不失真缩放及标注数据处理效果图如图 6-2 所示。可见，在图像缩放的同时，真实矩形框能跟随缩放方式做出调整，以确保数据集不失真。

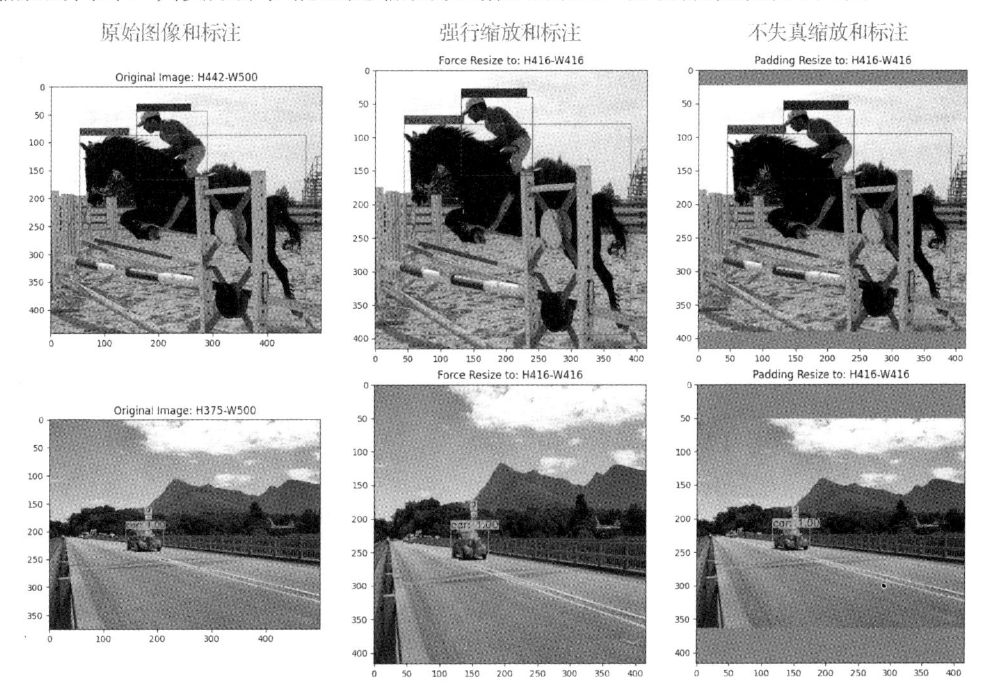

图 6-2　图像矩阵的强行缩放、不失真缩放及标注数据处理效果图

这样，不论使用何种方法对不同分辨率的图像执行缩放操作，都可以在不使矩形框失真漂移的前提下，获得相同形状的图像矩阵 x_train，这样有利于 TensorFlow 的数据集打包操作。图像缩放与标注数据同步调整示意图如图 6-3 所示。

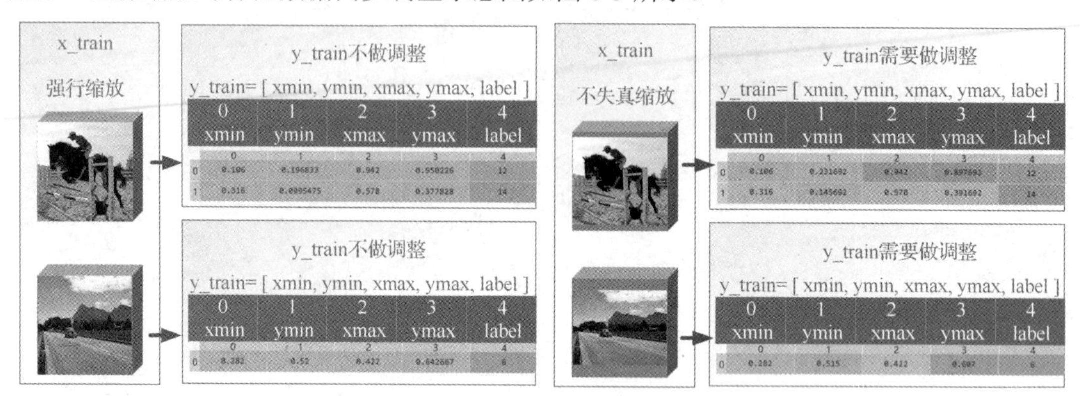

图 6-3　图像缩放与标注数据同步调整示意图

6.1.3　真实矩形框标注矩阵尺寸的标准化

不同的样本可能有不同数量的标注对象，少则 1 个，多则 3 个、5 个。具体表现出来就是真实矩形框标注矩阵 y_train 的行数可能不一致，这是非标准化的数据，不利于数据集的打包和并行计算。我们的目标是将所有样本的标注数据规整为统一形状的矩阵，这样不论样本中目标数量如何变化，y_train 矩阵都能保持同一个形状。

设计一个规整化的 y_train 矩阵，它有 5 列，但行数将会是预先设定的 MAX_BBOX_PER_SCALE 行。y_train 矩阵的第一行对应第一个真实矩形框，第二行对应第二个真实矩形框，全部真实矩形框填写完毕后，剩下的行用全零填充；y_train 矩阵的列被定义为：xmin、ymin、xmax、ymax、label。后面使用时只需要判断 xmax 或 ymax 是否为 0 就可以判定该行是填充数据还是真实矩形框数据，因为 xmax 和 ymax 均不可能为 0。

设计 bboxes_align 函数，计算得到标注矩阵的补零规则（在代码中用 paddings 表示），使用 tf.pad 函数对标注矩阵进行补零操作。设定一幅图像中包含目标的数量上限为 BBOX_PER_SCALE（如 100 个），如果标注中仅包含两个目标，那么这个矩阵的头两行存储了两个目标的位置和标签信息，除此之外的 98 行元素都将会是 0，从而输出一个 100 行 5 列的矩阵。bboxes_align 函数的测试代码如下。

```
def bboxes_align(bboxes, max_bbox_per_scale=100):
    paddings = [[0, max_bbox_per_scale - tf.shape(bboxes)[0]], [0, 0]]
    bboxes = tf.pad(bboxes, paddings)
```

```
        return bboxes
    if __name__=='__main__':
        MAX_BBOX_PER_SCALE=100
        bboxes_align = bboxes_align(
            gt_bboxes,MAX_BBOX_PER_SCALE)
```

通过开发工具的内存变量查看工具，查看标注矩阵形状对齐的结果。第一幅图像有两个目标，标注矩阵有两行有效数据，剩下 98 行都被填充 0；第二幅图像有一个目标，标注矩阵有一行有效数据，剩下 99 行都被填充 0。矩形框数量不一致情况下的数据对齐如图 6-4 所示。

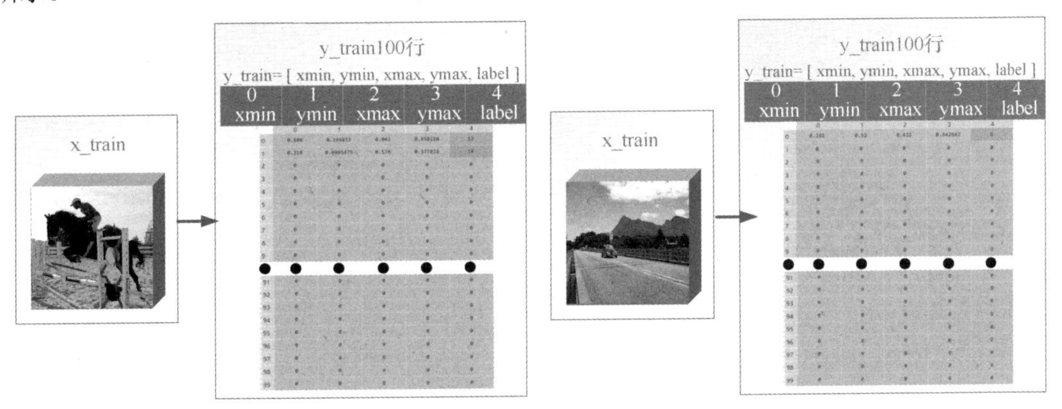

图 6-4　矩形框数量不一致情况下的数据对齐

6.1.4　数据集的打包处理

TensorFlow 的数据集工具支持多样本打包，打包通过数据集对象的 batch 方法实现。由于它支持大量的数据集预加载和加速算法，所以我们一般不对 batch 方法进行重载。以 YOLO 为代表的多尺度目标检测神经网络往往需要将数据集处理为多分辨率的训练集，即一个样本的标注信息会扩展为低分辨率标注信息、中分辨率标注信息、高分辨率标注信息的元组形式，这是 TensorFlow 的数据集的 batch 方法无法支持的。所以，将样本的标注信息扩展为低分辨率标注信息、中分辨率标注信息、高分辨率标注信息的元组形式的转换工作就需要在数据集的 batch 操作之后进行，即数据集处理顺序为数据集加载→预处理→打包→扩展为三分辨率元组。

假设数据集为磁盘上的 PASCAL VOC2012 数据集，该数据集已经转化为 TFRecord 数据集文件，加载此数据集，同时提取数据集的前 3 幅图像，用以查看数据集的 x_train 和 y_train 的形状。代码如下。

```
TRAIN_DS = 'D:/OneDrive/…/voc2012_train.tfrecord'
VAL_DS  = 'D:/OneDrive/…/voc2012_val.tfrecord'
CLASS_FILE = 'D:/OneDrive/…/voc2012.names'
from P07_dataset_b4_batch import load_tfrecord_dataset
train_dataset = load_tfrecord_dataset(
    TRAIN_DS, CLASS_FILE, IMAGE_FEATURE_MAP)
val_dataset = load_tfrecord_dataset(
    VAL_DS , CLASS_FILE, IMAGE_FEATURE_MAP)
print("读取数据集","="*30)
for i,(x,y) in enumerate(train_dataset.take(3)):
    print("="*30)
    print('第{}幅图像'.format(i),x.shape,y.shape)
    print('第{}个标注'.format(i),y)
```

输出如下。

```
第 0 幅图像 (442, 500, 3) (2, 5)
第 0 个标注 [[ 0.106   0.196832  0.942     0.950226 12.    ]
 [ 0.316    0.099547  0.578     0.377828 14.      ]]
第 1 幅图像 (327, 500, 3) (2, 5)
第 1 个标注 [[5.40e-01 3.058e-03 7.560e-01 5.382e-01 4.00e+00]
         [1.14e-01 3.058e-03 3.280e-01 4.587e-01 4.00e+00]]
第 2 幅图像 (272, 480, 3) (3, 5)
第 2 个标注 [[2.895e-01 7.352e-03 7.749e-01 7.242e-01 1.10e+01]
         [3.437e-01 2.426e-01 6.625e-01 8.676e-01 1.100e+01]
         [7.52e-01 3.676e-03 1.00e+00 4.117e-01 1.1000e+01]]
```

原始 TFRecord 数据集文件加载完成，可以发现图像矩阵和真实矩形框标注矩阵的形状各式各样。接下来对图像进行强行缩放调整，将缩放目标尺寸 NN_INPUT_SIZE 设置为 416。代码如下。

```
from P07_dataset_b4_batch import image_preprocess_resize
NN_INPUT_SIZE = [416,416]
train_dataset=train_dataset.map(
    lambda x, y: (image_preprocess_resize(image=x,
                              target_size=NN_INPUT_SIZE,
                              gt_boxes_label=y)))
for i,(x,y) in enumerate(train_dataset.take(3)):
    print('第{}幅图像'.format(i),x.shape,y.shape)
    print('第{}个标注'.format(i),y.numpy())
```

输出如下。

```
第 0 幅图像 (416, 416, 3) (2, 5)
第 0 个标注 [[0.106   0.196  0.942   0.95  12. ]
          [0.316   0.099  0.578   0.377 14. ]]
第 1 幅图像 (416, 416, 3) (2, 5)
第 1 个标注 [[5.40e-01 3.05e-03 7.56e-01 5.38e-01 4.00e+00]
          [1.14e-01 3.058e-03 3.28e-01 4.58e-01 4.00e+00]]
第 2 幅图像 (416, 416, 3) (3, 5)
第 2 个标注 [[2.895e-01 7.352e-03 7.74e-01 7.242e-01 1.1e+01]
           [3.437e-01 2.426e-01 6.6252e-01 8.676e-01 1.1e+01]
           [7.520e-01 3.676e-03 1.000e+00 4.117e-01 1.1e+01]]
```

可见，所有图像的尺寸已经缩放到相同尺寸，由于运用强行缩放，图像比例失真，但真实矩形框标注信息无须改变，保持原样。交互界面的打印如下。

```
第 0 幅图像 (416, 416, 3) (2, 5)
第 0 个标注 [[0.106   0.196  0.942   0.95  12. ]
          [0.316   0.099  0.578   0.377 14. ]]
第 1 幅图像 (416, 416, 3) (2, 5)
第 1 个标注 [[5.40e-01 3.05e-03 7.56e-01 5.38e-01 4.00e+00]
          [1.14e-01 3.058e-03 3.28e-01 4.58e-01 4.00e+00]]
第 2 幅图像 (416, 416, 3) (3, 5)
第 2 个标注 [[2.895e-01 7.352e-03 7.74e-01 7.242e-01 1.1e+01]
           [3.437e-01 2.426e-01 6.6252e-01 8.676e-01 1.1e+01]
           [7.520e-01 3.676e-03 1.000e+00 4.117e-01 1.1e+01]]
```

运用不失真缩放方式，将缩放目标尺寸 NN_INPUT_SIZE 设置为 416，代码如下。

```
from P07_dataset_b4_batch import image_preprocess_padded
train_dataset=train_dataset.map(
    lambda x, y: (image_preprocess_padded(image=x,
                                target_size=NN_INPUT_SIZE,
                                gt_boxes_label=y)))
for i,(x,y) in enumerate(train_dataset.take(3)):
    print('第{}幅图像'.format(i),x.shape,y.shape)
    print('第{}个标注'.format(i),y.numpy())
```

输出如下。

```
第 0 幅图像 (416, 416, 3) (2, 5)
第 0 个标注 [[0.106    0.231  0.942   0.897  12.]
```

```
          [0.316    0.145  0.578    0.391  14.]]
第 1 幅图像 (416, 416, 3) (2, 5)
第 1 个标注 [[0.54    0.175 0.756    0.525  4.]
          [0.114    0.175 0.328    0.473  4.]]
第 2 幅图像 (416, 416, 3) (3, 5)
第 2 个标注 [[ 0.289  0.220  0.775  0.626  11. ]
           [ 0.343  0.353  0.662  0.708  11. ]
           [ 0.752  0.218  1.     0.449  11. ]]
```

可见，所有图像的尺寸已经缩放到相同尺寸，由于运用不失真缩放，画面不失真，但真实矩形框的归一化标注信息已经改变。

以最多 100 个真实矩形框为上限，进行真实矩形框标注信息的对齐。代码如下。

```
from P07_dataset_b4_batch import bboxes_align
MAX_BBOX_PER_SCALE=100
train_dataset=train_dataset.map(
    lambda x, y: (x,bboxes_align(bboxes=y,
                    max_bbox_per_scale=MAX_BBOX_PER_SCALE)))
for i,(x,y) in enumerate(train_dataset.take(3)):
    print('第{}幅图像'.format(i),x.shape,y.shape)
```

输出如下。

```
第 0 幅图像 (416, 416, 3) (100, 5)
第 1 幅图像 (416, 416, 3) (100, 5)
第 2 幅图像 (416, 416, 3) (100, 5)
```

可见，所有的真实矩形框标注信息已经被调整为 100 行 5 列，有效真实矩形框的 xmin、ymin、xmax、ymax、label 标注信息位于标注矩阵的头部，后续行补零。

将所有数据样本进行打包处理，将打包尺寸 BATCH_SIZE 设置为 16。代码如下。

```
BATCH_SIZE = 16
train_dataset = train_dataset.batch(BATCH_SIZE)
for i,(x,y) in enumerate(train_dataset.take(3)):
    print('第{}个 batch 的图像和标注'.format(i),x.shape,y.shape)
```

输出如下。

```
第 0 个 batch 的图像和标注 (16, 416, 416, 3) (16, 100, 5)
第 1 个 batch 的图像和标注 (16, 416, 416, 3) (16, 100, 5)
第 2 个 batch 的图像和标注 (16, 416, 416, 3) (16, 100, 5)
```

可见，由于数据集的预处理，所有样本的图像矩阵和真实矩形框标注矩阵都已经具有相同形状，经过打包操作后，能够将 BATCH_SIZE 个样本的图像矩阵和真实矩形框标注矩阵分别组合成高一个维度的打包数据。

总之，从磁盘的数据集开始算起，数据经过了一系列的流程变成了可以打包的形状统一的矩阵。这一系列的流程可以描述为：分散存储的图像和 XML 文件→集中存储的 TFRecord 文件→读取并映射为标准矩阵 x_train 和 y_train，如图 6-5 所示。

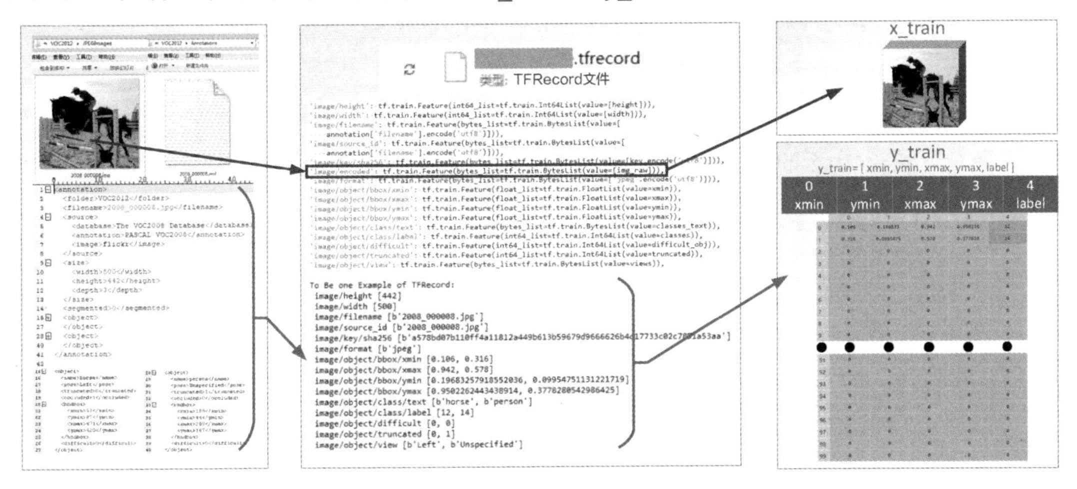

图 6-5 数据集存储读取和预处理整体流程

6.2 将原始数据集打包为可计算数据集

以 YOLO 为代表的多尺度目标检测算法，不是简单粗暴地从 x_train 映射到 y_train，而是将 y_train 进行了一个变换，使 y_train 中的真实矩形框分散到分辨率不同的特征图中，对于 YOLO 的标准版模型而言，分辨率一共有低、中、高 3 个，而简版的分辨率一共有低分辨率、中分辨率 2 个。这个变换非常重要，它既解决了真实矩形框和预测矩形框的排列组合问题，又解决了前景矩形框和背景矩形框之间的正负样本问题，是 YOLO 算法的精髓所在。

以 YOLO 标准版为例，从数据的角度上看，就是使 y_train 变成一个元组，这个元组内包含 3 个矩阵，其形状分别对应低、中、高 3 个分辨率的预测矩阵。y_train 的作用是告诉神经网络几个信息：第一，真实矩形框的大小尺寸，需要归类到低、中、高的哪个分辨率上；第二，真实矩形框的横纵比，对应某分辨率特征图的哪一个先验锚框；第三，每个矩形框的中心点需要定位在某分辨率特征图的第几行第几列。有了这个 y_train 元组，就可以使神经网络计算出的 3 个分辨率下的预测矩阵，可以想象，当神经网络趋近于完美时，3 个分辨率下的预测矩阵应当与 3 个矩阵的元组无限接近。由于三矩阵元组与神经网络给出的

3 个分辨率下的预测矩阵，二者之间在形状上完全相同，于是我们就可以设计损失函数，量化二者之间的误差，进而对神经网络进行梯度下降的优化。

这里暂且称这个三矩阵元组 y_train 为可计算数据集。得到可计算数据集需要经过两步：第一步，计算每个真实矩形框的尺度信息，找到与之最匹配的若干先验锚框；第二步，计算真实矩形框的位置信息，将真实矩形框分散到低、中、高分辨率特征图的几何空间中。

6.2.1 计算真实矩形框与先验锚框的匹配度排名

先验锚框与尺度有天然的联系。YOLO 标准版模型的 9 个先验锚框对应低、中、高 3 个分辨率，YOLO 简版模型的 6 个先验锚框对应低、中两个分辨率。根据之前介绍先验锚框时的编号，YOLO 标准版模型的 6 号、7 号、8 号先验锚框（大矩形框）对应低分辨率预测结果，3 号、4 号、5 号先验锚框（中矩形框）对应中分辨率预测结果；0 号、1 号、2 号先验锚框（小矩形框）对应高分辨率预测结果；YOLO 简版模型的 3 号、4 号、5 号先验锚框（大矩形框）对应低分辨率预测结果，0 号、1 号、2 号先验锚框（中矩形框）对应中分辨率预测结果。真实矩形框与先验锚框的匹配度计算出来以后，自然就可以得到真实矩形框与低、中、高 3 个分辨率的关联信息了。

量化真实矩形框与先验锚框的匹配度的度量是交并比，我们需要根据 IOU 指标确认 9 个（或者 6 个）先验锚框与真实矩形框的匹配度。计算真实矩形框与先验锚框的匹配度一般有两种方法：最大 IOU 方法和 IOU 阈值方法。对于最大 IOU 方法，算法会为每个真实矩形框选择具有最大 IOU 的那个先验锚框；对于 IOU 阈值方法，算法会将保留先验锚框的判定规则会改为 IOU 是否大于 IOU 阈值的判定规则，即若某个先验锚框与真实矩形框的交并比大于预先设定的 IOU 阈值，则会被保留（即使它不是“最佳”的）。

最大 IOU 方法的优势是每个真实矩形框必然会找到一个 IOU 最大的先验锚框与之对应，但仅仅只能保留一个。那些与真实矩形框匹配的可能具有较大 IOU 但并不是最大 IOU 的先验锚框就会被丢弃，数据集的有效训练数据无法超过真实矩形框数量。

IOU 阈值方法的优势是只要先验锚框与真实矩形框的 IOU 超过 IOU 阈值，就可以得到保留，可训练数据数量必定大于或等于真实矩形框数量；但缺陷也很明显，即 IOU 阈值的选择很难。若 IOU 阈值设置高了，则很有可能使极限条件下的真实矩形框与所有先验锚框的 IOU 都小于阈值，导致训练数据被丢弃；若 IOU 阈值设置低了，则容易引入了过多 IOU 性能较差的先验锚框，导致数据质量降低。

例如，某两个列表（xmin、ymin、xmax、ymax、label）指示了 horse 和 person 的真实矩形框，这两个列表分别为[53,87,471,420,12]与[158,44,289,167,14]。假设图像的分辨率为 442 像素×500 像素，那么构造一个由图像宽度和高度数据生成的列表[500,442,500,442]，然后将真实矩形框除以构造的[500,442,500,422]列表，就可以获得归一化的矩形框标注，归一化后的标注信息列表为[0.106, 0.232, 0.942, 0.898, 12]和[0.316, 0.146, 0.578, 0.392, 14]。假设先验锚框有 9 个，分别为[10., 14.]、[23., 27.]、[37., 58.]、[81., 82.]、[135., 169.]、[344., 319.]，在图像分辨率为 416 像素×416 像素的预设条件下，先验锚框的归一化尺寸为[[0.024, 0.031]、[0.038, 0.072]、[0.079, 0.055]、[0.072, 0.147]、[0.149, 0.108]、[0.142, 0.286]、[0.279, 0.216]、[0.375, 0.476]、[0.897, 0.784]]。注：根据 Python 的数字输入规范，小数点后如果只有 0，那么 0 可以不写，例如，10.0 可以简写为 10.，但是小数点不可不写，因为这涉及数据的类型，即，如果某变量等于 10，那么该变量是一个整型变量，如果某变量等于 10.，那么这个小数点就代表该变量是一个浮点变量。因此本书在编码或截取 Python 输出时，若在整数后增加小数点，则表示此时的数据格式为浮点类型。

获得了归一化的先验锚框尺寸后，我们可以很方便地计算 horse、person 的真实矩形框与 YOLO 的先验锚框的 IOU，如表 6-1 所示。

表 6-1　horse、person 的真实矩形框与 YOLO 的先验锚框的 IOU

先验锚框（416 分辨率）			真实矩形框（H442W500 分辨率）	
			分类为 horse 即标签为 12 的真实矩形框	分类为 person 即标签为 14 的真实矩形框
			[53,87,471,420,12]	[158,44,289,167,14]
			[0.106, 0.232, 0.942, 0.898, 12]	[0.316, 0.146, 0.578, 0.392, 14]
所属分辨率	序号	宽度和高度尺寸	IOU 指标	
低分辨率	6	[0.279,0.216]	0.108（第三）	0.832（第一）
	7	[0.375,0.476]	0.321（第二）	0.361（第三）
	8	[0.897,0.784]	0.792（第一）	0.092
中分辨率	3	[0.072,0.147]	0.019	0.164
	4	[0.149,0.108]	0.029	0.250
	5	[0.142,0.286]	0.073	0.497（第二）
高分辨率	0	[0.024,0.031]	0.001	0.012
	1	[0.038,0.072]	0.005	0.043
	2	[0.079,0.055]	0.008	0.068

可以看到，如果使用 IOU 阈值方法并将阈值设置为 0.8，那么标签为 12 的真实矩形框将找不到任何与之匹配的先验锚框，因为所有先验锚框与它的 IOU 最大值为 0.792；如果使用最大 IOU 方法，那么标签为 14 的真实矩形框只有编号为 6 的先验锚框得以保留，编号为 5、7 的先验锚框虽然与真实矩形框的重合度也很高（IOU 分别为 0.497 和 0.361），但

并不是最高的，将不得不被丢弃。

实际上，YOLO 算法使用的是最大 IOU 方法结合 IOU 阈值等于 0.3 的方法，即不管 IOU 取值多少，先记录与真实矩形框具有最大的 IOU 的那个先验锚框编号，然后查看全部先验锚框与真实矩形框的 IOU 是否超过阈值 0.3，如果超过 0.3，那么将这些先验锚框编号也记录下来。这就是计算真实矩形框与先验锚框匹配度的算法核心。

设计一个计算真实矩形框与先验锚框匹配度的函数 find_overlay_anchors，由于它是对数据集每个样本打包都需要应用的函数，所以使用@tf.function 进行装饰，以便 TensorFlow 将其封装为静态图函数进行加速。find_overlay_anchors 函数接收打包后的如下数据：第一个是真实矩形框标注矩阵（在代码中用 bboxes_x1y1x2y2_label 表示），第二个是全部先验锚框（在代码中用 anchors 表示），第三个是 IOU 阈值（在代码中用 IOU_THRESH 表示，并且默认设置为0.3）。打包后的真实矩形框标注矩阵 bboxes_x1y1x2y2_label 的形状为[batch, 100, 5]，存储全部先验锚框的矩阵的形状为[NUM_ANCHORS, 2]，其中对于 YOLO 标准版和简版来说，NUM_ANCHORS 分别是 9 和 6。

find overlay anchors 函数使用@tf.function 进行装饰，函数内部工作原理如下。

首先，提取全部先验锚框的面积 anchor_area，形状为[NUM_ANCHORS,]。

其次，计算真实矩形框的宽度和高度 box_wh，将形状从[batch, 100, 2]调整为[batch, 100, 1, 2]，使用 tf.tile 函数将全部数值从倒数第二个维度的一个切片复制到 NUM_ANCHORS 个切片，形状最终变成[batch, 100, NUM_ANCHORS, 2]，计算得到每个真实矩形框的面积 box_area，形状为[batch, 100, NUM_ANCHORS]。

再次，计算真实矩形框与先验锚框的交集面积 intersection，形状也是[batch, 100, NUM_ANCHORS]。

最后，使用之前得到的交集面积 intersection、真实矩形框的面积 box_area、先验锚框的面积 anchor_area，使用带广播的加法和除法得到每个真实矩形框与每个先验锚框的 IOU 指标 iou，IOU 指标的形状是[batch, 100, NUM_ANCHORS]。

代码如下。

```
@tf.function
def find_overlay_anchors(
        bboxes_x1y1x2y2_label,anchors,IOU_THRESH=0.3):
    anchors = tf.cast(anchors, tf.float32) # 形状为[9, 2]
    NUM_ANCHORS =tf.shape(anchors)[0]
    anchor_area = anchors[..., 0] * anchors[..., 1]
```

```
    box_wh=bboxes_x1y1x2y2_label[...,2:4]-bboxes_x1y1x2y2_label[...,0:2]
    box_wh = tf.expand_dims(box_wh, -2) # 形状为[batch, 100, 1, 2]
    box_wh = tf.tile(box_wh,(1, 1, NUM_ANCHORS, 1))
    box_area = box_wh[..., 0] * box_wh[..., 1] # 形状为[batch,100,9]
    intersection=tf.minimum(box_wh[...,0],anchors[...,0])*\
        tf.minimum(box_wh[...,1],anchors[...,1])# 形状为[batch,100,9]
    iou = intersection/(
        box_area + anchor_area - intersection)
    # iou 形状为[batch, 100, 9]
    # 在 iou 计算代码中，矩阵形状的广播机制可以被形象地描述为[batch, 100, 9] = [batch,
100, 9] / ([batch, 100, 9] + [9] - [batch, 100, 9])
    ......
    return bboxes_x1y1x2y2_withOverlayAnchors
```

有了每个真实矩形框与每个先验锚框的 IOU 指标 iou，就可以先使用 tf.sort 对真实矩形框每个先验锚框的 iou 进行降序排序得到 sorted_iou，并使用 tf.argsort 得到 iou 从高到低排序的先验锚框的编号 sorted_iou_arg。例如，对于标签编号为 12 的真实矩形框，它与 9 个先验锚框的 IOU 降序排序的结果为[0.792,0.321,0.108,0.073,0.029,0.019,0.008,0.005,0.001]，先验锚框的编号是[8,7,6,5,4,3,2,1,0]；对于标签编号为 14 的真实矩形框，它与 9 个先验锚框的 IOU 降序排序的结果为[0.832,0.497,0.361,0.250,0.164,0.092,0.068,0.043,0.012]，先验锚框的编号是[6,5,7,4,3,8,2,1,0]。

记录下最大 IOU 的锚框编号 keeped_iou_arg_by_IOU_MAX，它的形状是[batch, 100, 1]。计算 IOU 超过阈值的锚框编号 keeped_iou_arg_by_IOU_THRESH，将小于阈值的锚框编号全部设置为 INF，它的形状是[batch, 100, NUM_ANCHORS]。将最大的 IOU 锚框编号与 IOU 超过阈值的锚框编号进行最后一个维度的矩阵拼接，这样，对于每个真实矩形框，最大 IOU 的锚框编号会在第一列，其他 IOU 如果大于阈值，那么会在第二列、第三列，以此类推。如果 IOU 小于阈值，那么锚框编号一律以 INF 代替，以便后续识别处理。

find_overlay_anchors 函数将 IOU 锚框编号取舍结果与输入的真实矩形框坐标和分类编号进行组合拼接，拼接后进行返回输出，返回输出的变量被命名为 bboxes_x1y1x2y2_withOverlayAnchors，它的形状是[batch, 100, 4+1+NUM_ANCHORS]。代码如下。

```
@tf.function
def find_overlay_anchors(
    bboxes_x1y1x2y2_label,anchors,IOU_THRESH=0.3):
    ......
```

```
    sorted_iou=tf.sort(
        iou,direction='DESCENDING',axis=-1)# 形状为[batch, 100, 9]
    sorted_iou_arg=tf.argsort(
        iou,direction='DESCENDING',axis=-1)# 形状为[batch, 100, 9]

    keeped_iou_arg_by_IOU_MAX=tf.cast(
        sorted_iou_arg[...,0:1],tf.float32)
    keeped_iou_arg_by_IOU_THRESH=tf.where(
        sorted_iou>IOU_THRESH,
        x=tf.cast(sorted_iou_arg,tf.float32),
        y=1.0/tf.zeros_like(
            sorted_iou_arg,dtype=tf.float32) )# 形状为[batch,100,9]
    keeped_iou_arg=tf.concat(
         [keeped_iou_arg_by_IOU_MAX,
          keeped_iou_arg_by_IOU_THRESH[...,1:]],axis=-1)

    bboxes_x1y1x2y2_withOverlayAnchors=tf.concat(
        [bboxes_x1y1x2y2_label, keeped_iou_arg], axis=-1)

    return bboxes_x1y1x2y2_withOverlayAnchors
```

接下来测试 find_overlay_anchors 函数。测试图像使用的是 PASCAL VOC2012 数据集中的文件名为 2008_000008.jpg 的图片文件，该图像有两个真实矩形框，分别是分类编号为 12 的 horse 和分类编号为 14 的 person。find_overlay_anchors 函数将计算每个真实矩形框与 YOLO 标准版的 9 个先验锚框的 IOU 重合度。将 IOU 阈值设置为 0.3，即若阈值小于 0.3，则先验锚框不录用。测试代码如下。

```
train_dataset = train_dataset.map(
    lambda x, y: (x,find_overlay_anchors(y,anchors)))
for i,(x,y) in enumerate(train_dataset.take(1)):
    print('第{}个 batch 的图像和标注'.format(i),x.shape,y.shape)
print(y[0][0:2])
bboxes_x1y1x2y2_withBestAnchors=y[0].numpy()
```

将计算结果存储在 bboxes_x1y1x2y2_withBestAnchors 中，矩阵内容打印如下。

```
    ([[ 0.106, 0.23169231, 0.942, 0.8976924 , 12.,8., 7., inf, inf, inf,
inf, inf, inf, inf],
    [ 0.316, 0.14569232, 0.578, 0.39169234, 14., 6., 5., 7., inf, inf, inf,
inf, inf, inf]]
```

可见，与分类标签为 12 的真实矩形框匹配度较高的先验锚框的编号为 8 和 7，与分类标签为 14 的真实矩形框匹配度较高的先验锚框的编号为 6、5 和 7。提取训练集的第一阶段转换结果 bboxes_x1y1x2y2_withBestAnchors，计算得到的真实矩形框与先验锚框的匹配度排名（IOU 阈值为 0.3）如图 6-6 所示。

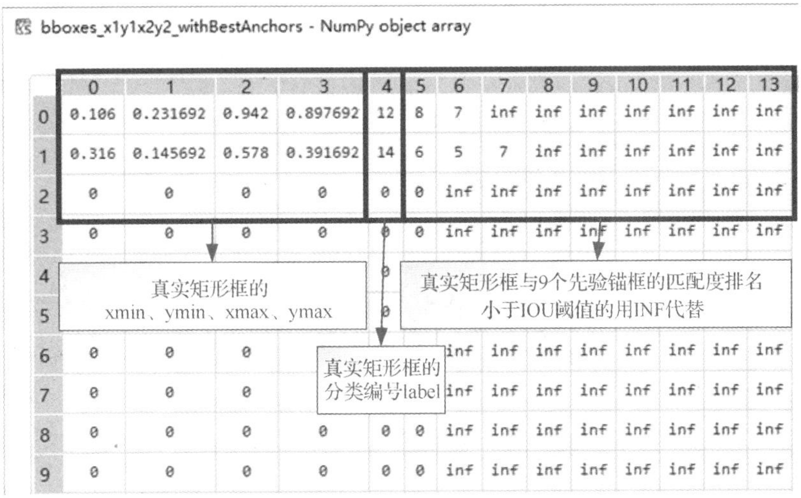

bboxes_x1y1x2y2_withBestAnchors - NumPy object array

	0	1	2	3	4	5	6	7	8	9	10	11	12	13
0	0.106	0.231692	0.942	0.897692	12	8	7	inf	inf	inf	inf	inf	inf	inf
1	0.316	0.145692	0.578	0.391692	14	6	5	7	inf	inf	inf	inf	inf	inf
2	0	0	0	0	0	0	inf	inf	inf	inf	inf	inf	inf	inf
3	0	0	0	0	0	0	inf	inf	inf	inf	inf	inf	inf	inf
4					0									
5					0									
6	0	0	0				inf	inf	inf	inf	inf	inf	inf	inf
7	0	0	0				inf	inf	inf	inf	inf	inf	inf	inf
8	0	0	0	0	0	0	inf	inf	inf	inf	inf	inf	inf	inf
9	0	0	0	0	0	0	inf	inf	inf	inf	inf	inf	inf	inf

图 6-6　计算得到的真实矩形框与先验锚框的匹配度排名（IOU 阈值为 0.3）

6.2.2　找到真实矩形框所对应的网格下的先验锚框

前面已经提取标注数据，并将其与先验锚框进行比对，获得最佳 IOU 的若干先验锚框的编号，这对于数据集来说，已经算是全部的关键信息了，但是对于神经网络来说，还不足以对神经网络给出的错误预测给予矫正。此时数据集还需要进行进一步的转换，使其可以直接参与损失函数的计算。

YOLO 是典型的一阶段目标检测模型，其特点就是将两阶段目标检测的大量“if-else”的逻辑操作转换为矩阵运算。要想实现一阶段的目标检测，就需要构造一个虚拟的特征图，将真实矩形框的信息放置在这个虚拟的特征图上，后面的计算都围绕特征图高维矩阵进行计算。

前面描述先验锚框时，我们知道编号为 6、7、8 的 3 个先验锚框是大锚框，对应低分辨率预测矩阵；编号为 3、4、5 的 3 个先验锚框是中锚框，对应中分辨率预测矩阵；编号为 0、1、2 的 3 个先验锚框是小锚框，对应高分辨率预测矩阵。所以这里需要生成虚拟的 3 个分辨率的预测矩阵，并将多个真实矩形框根据分辨率和几何位置放入虚拟预测矩阵的相应位置。

根据尺度关系，将虚拟的预测矩阵按照如下方法进行构造。按照低、中、高的顺序构造 3 个分辨率的预测矩阵，将它们的分辨率也按照从低到高的顺序存储在变量 grid_sizes 中，YOLO 标准版的 grid_sizes 有低、中、高 3 个元素表示 3 个分辨率，YOLO 简版的 grid_sizes 有两个元素表示低、中两个分辨率。对于某个真实矩形框，与它匹配的先验锚框归属于哪个尺度分辨率，就将真实矩形框归属到哪个分辨率尺度上。

解决了真实矩形框的分辨率归属问题，就要解决真实矩形框的几何位置问题。具体方法是，计算虚拟预测矩阵与原图的感受野关系，得到虚拟预测矩阵的某个像素对应原图的哪块区域的感受野，真实矩形框中心点的 x、y 坐标坐落于哪一块感受野，就把这个真实矩形框放入虚拟预测矩阵的相应行和列。

根据以上方法设计一个函数，将真实矩形框放入我们构造的虚拟预测矩阵，将函数命名为 bboxes_scatter_into_gridcell，它接收 3 个输入。第 1 个输入是存储真实矩形框与先验锚框匹配度的矩阵 bboxes_x1y1x2y2_withOverlayAnchors，它的形状是 [batch, 100, 4+1+NUM_ANCHORS]。第 2 个输入是需要生成的虚拟预测矩阵的分辨率 grid_sizes，它是一个列表。如果是 YOLO 标准版的 3 个分辨率的预测矩阵，那么 grid_sizes 是一个三元素列表；如果是 YOLO 简版的两个分辨率的预测矩阵，那么 grid_sizes 是一个二元素列表。第 3 个输入是虚拟预测矩阵的分辨率先验锚框编号 anchor_masks，如果是 YOLO 标准版，那么 3 个分辨率的预测矩阵对应的 anchor_masks 是 3 行的向量；如果是 YOLO 简版，那么两个分辨率的预测矩阵对应的 anchor_masks 是 2 行的向量。

在代码中，将存储真实矩形框与先验锚框匹配度的矩阵 bboxes_x1y1x2y2_withOverlayAnchors 拆分为真实矩形框坐标信息 bboxes_x1y1x2y2、分类编号信息 bboxes_label、先验锚框匹配度信息 AnchorsSortedOnIOU。代码如下。

```
@tf.function
def bboxes_scatter_into_gridcell(
        bboxes_x1y1x2y2_withOverlayAnchors,
        grid_sizes,
        anchor_masks):
    # 输入真实矩形框的形状为[BATCH,boxes,(x1,y1,x2,y2, class, NUM_ANCHORS)]
    (bboxes_x1y1x2y2,
     bboxes_label,
     AnchorsSortedOnIOU)=tf.split(
         bboxes_x1y1x2y2_withOverlayAnchors,[4,1,-1],axis=-1)
    ……
```

从输入的变量中提取必要的常量信息。SCALES_NUM 表示分辨率数量，在 YOLO 标准版和简版中的分辨率数量分别为 3 和 2；样本打包信息 BATCH_NUM 根据打包的情况而定，一般为 4、8、16、32 或 64；每个样本最多包含的真实矩形框数量 BOXES_NUM，是在对真实矩形框标注信息进行预处理时定下的数值，一般为 100 或 150 等足够大的数值；每个尺度下包含的先验锚框数量 ANCHORS_NUM_PER_SCALE 一般为 3；先验锚框的总数量 ANCHORS_NUM，在 YOLO 标准版和简版中分别为 9 和 6。代码如下。

```
@tf.function
def bboxes_scatter_into_gridcell(
        bboxes_x1y1x2y2_withOverlayAnchors,
        grid_sizes,
        anchor_masks):
    # 输入真实矩形框的形状为[BATCH,boxes,(x1,y1,x2,y2, class, NUM_ANCHORS)]
    ……
    SCALES_NUM_1=anchor_masks.shape[0]
    SCALES_NUM_2=len(grid_sizes)
    tf.debugging.assert_equal(
        SCALES_NUM_1, SCALES_NUM_2,
        message='TOTAL-SCALES-NOT-EQUAL!')
    SCALES_NUM = SCALES_NUM_1

    BATCH_NUM = tf.shape(
        bboxes_x1y1x2y2_withOverlayAnchors)[0]
    BOXES_NUM = tf.shape(
        bboxes_x1y1x2y2_withOverlayAnchors)[1]

    ANCHORS_NUM_PER_SCALE = tf.shape(anchor_masks)[1]
    ANCHORS_NUM_1 = ANCHORS_NUM_PER_SCALE*SCALES_NUM
    ANCHORS_NUM_2 = tf.shape(AnchorsSortedOnIOU)[2]
    tf.debugging.assert_equal(
        ANCHORS_NUM_1, ANCHORS_NUM_2,
        message='TOTAL-ANCHORS-NOT-EQUAL!')
    ANCHORS_NUM = ANCHORS_NUM_1
    ……
```

代码会构造一个包含 3 个或 2 个尺度的虚拟预测矩阵的列表 y_outs，开始进行不同尺度的循环迭代，每次循环所提取的尺度序号为 scale_idx，根据尺度序号提取本尺度的先验锚框编号 anchor_idxs 和本尺度的分辨率 grid_size（grid_size 是 grid_sizes 列表中的一个元素），构造的本尺度的虚拟预测矩阵被命名为 y_true_out，它是一个形状为[batch, gird_size, gird_size,

ANCHORS_NUM_PER_SCALE,6]的矩阵，矩阵被初始化为 0。需要特别注意的是，由于此处 y_outs 是一个 Python 的列表对象（list 对象），Python 的列表对象不被 TensorFlow 的静态图所支持，所以循环的代码必须使用 Python 的[for scale_idx in range(SCALES_NUM)]循环结构体，而不能使用 TensorFlow 的[for scale_idx in tf.range(SCALES_NUM)]的循环结构体，否则会提示列表对象 y_outs 无法转化为静态图。虚拟预测矩阵生成代码如下。

```
@tf.function
def bboxes_scatter_into_gridcell(
        bboxes_x1y1x2y2_withOverlayAnchors,
        grid_sizes, anchor_masks):
    # 输入真实矩形框的形状为[BATCH, boxes, (x1,y1,x2,y2, class,NUM_ANCHORS)]
    ......

    y_outs = []
    for scale_idx in range(SCALES_NUM): # 此处不能使用 tf.range
        anchor_idxs = anchor_masks[scale_idx]
        anchor_idxs = tf.cast(anchor_idxs, tf.int32)
        grid_size=grid_sizes[scale_idx]

        y_true_out = tf.zeros(
            (BATCH_NUM,
            grid_size, grid_size,
            tf.shape(anchor_idxs)[0],
            6))
    ......
```

虚拟的预测矩阵形状虽然已经搭建成功，但目前是全零矩阵，需要通过迭代循环对其内部的每个元素进行修改。由于 TensorFlow 不支持以寻址的方式对矩阵内部的元素进行修改，但是支持使用 tf.tensor_scatter_nd_update 函数，对张量内部的单个元素进行修改。tf.tensor_scatter_nd_update 函数的使用方法关键是需要配置 3 个变量：被修改张量、坐标张量、更新值张量。此处，被修改张量为 y_true_out 矩阵，坐标张量为 indexes（它指示了虚拟预测矩阵 y_true_out 内部的哪些元素需要修改），更新值张量为 updates（它指示了虚拟预测矩阵 y_true_out 内部由坐标张量指示的那些元素需要修改成什么数值）。

由于坐标张量和更新值张量分别是整型的和浮点 32 位的，它们的行数是可变的，所以需要使用 TensorFlow 的可变数组对象 tf.TensorArray，并设置可变数组对象的 dynamic_size 参数位为 True。由于坐标张量 indexes 和更新值张量 updates 的行数是一致的，所以它们共享行数计数器 idx，计数器从 0 开始计数。代码如下。

```
@tf.function
def bboxes_scatter_into_gridcell(
        bboxes_x1y1x2y2_withOverlayAnchors,
        grid_sizes, anchor_masks):
    # 输入真实矩形框的形状为[BATCH, boxes, (x1,y1,x2,y2, class,NUM_ANCHORS)]
    ……
    for scale_idx in range(SCALES_NUM):
    ……
        indexes=tf.TensorArray(
            tf.int32,1,dynamic_size=True)
        updates=tf.TensorArray(
            tf.float32,1,dynamic_size=True)
        idx = 0
        ……
```

设计 3 层循环。第 1 层循环为打包循环，代码从每个打包 i 开始，直至 BATCH_NUM 结束，其中 BATCH_NUM 为每个打包内的图像样本数量。第 2 层循环为真实矩形框循环，代码从每个真实矩形框 j 开始，直至 BOXES_NUM 结束，其中 BOXES_NUM 为每个样本最多包含的真实矩形框数量上限，一般为 100 或 150。在第 1 层和第 2 层循环体内，程序如果发现真实矩形框的 xmax 等于 0，那么就判定此真实矩形框是为了真实矩形框标注矩阵对齐形状而设计的全零占位矩形框，跳过此次循环。如果真实矩形框的 xmax 不等于 0，那么提取此真实矩形框的所有先验锚框匹配度排序编号 OverlayAnchors，它的形状为[ANCHORS_NUM,]。过滤掉 OverlayAnchors 中编号为 INF 的先验锚框编号，统计有效的先验锚框数量为 ANCHOR_MATCH_NUM 个。第 3 层循环为先验锚框循环，代码从 k 开始，直至 ANCHOR_ MATCH_NUM 结束。在第 3 层循环体内，代码会逐个处理与某一个真实矩形框相匹配的 ANCHOR_MATCH_NUM 个有效的先验锚框。代码如下。

```
@tf.function
def bboxes_scatter_into_gridcell(
        bboxes_x1y1x2y2_withOverlayAnchors,
        grid_sizes, anchor_masks):
    # 输入真实矩形框的形状为[BATCH, boxes, (x1,y1,x2,y2, class,NUM_ANCHORS)]
    ……
    for scale_idx in range(SCALES_NUM):
        ……
        for i in tf.range(BATCH_NUM):
            for j in tf.range(BOXES_NUM):
                if tf.equal(
```

```
                    bboxes_x1y1x2y2[i][j][2], 0):
                    continue
                OverlayAnchors = AnchorsSortedOnIOU[i,j,:]
                ANCHOR_MATCH_NUM=tf.reduce_sum(
                tf.cast(
                    tf.math.is_finite(OverlayAnchors),tf.int32))
                for k in tf.range(ANCHOR_MATCH_NUM):
                    ……
```

提取第 i 个打包的第 j 个真实矩形框的第 k 个有效先验锚框编号 anchor_pointer，判断 anchor_pointer 与本分辨率的先验锚框编号 anchor_idxs 是否吻合，将吻合结果存储在 anchor_eq 中。如果第 k 个有效先验锚框编号和本分辨率的第 1 个先验锚框编号吻合，那么 anchor_eq = [1 0 0]；如果第 k 个有效先验锚框编号和本分辨率的第 2 个先验锚框编号吻合，那么 anchor_eq =[0 1 0]；如果第 k 个有效先验锚框编号和本分辨率的第 3 个先验锚框编号吻合，那么 anchor_eq =[0 0 1]。代码如下。

```
@tf.function
def bboxes_scatter_into_gridcell(
        bboxes_x1y1x2y2_withOverlayAnchors,
        grid_sizes, anchor_masks):
    # 输入真实矩形框的形状为[BATCH, boxes, (x1,y1,x2,y2, class,NUM_ANCHORS)]
    ……
    for scale_idx in range(SCALES_NUM):
        ……
        for i in tf.range(BATCH_NUM):
            for j in tf.range(BOXES_NUM):
                ……
                for k in tf.range(ANCHOR_MATCH_NUM):
                    anchor_pointer = tf.cast(
                        AnchorsSortedOnIOU[i][j][k], tf.int32)
                    anchor_eq = tf.equal(
                        anchor_idxs, anchor_pointer)
                        # anchor_idxs 是否等于 anchor_idx
                        # anchor_eq 的取值只能是[1 0 0]或[0 1 0]或[0 0 1]中的一个
                        ……
```

如果第 i 个打包的第 j 个真实矩形框的第 k 个有效先验锚框编号 anchor_pointer，与本分辨率的先验锚框编号 anchor_idxs 有任何一个吻合，那么计算第 i 个打包的第 j 个真实矩形框的中心点坐标落在虚拟预测矩阵的行列位置 grid_xy，将中心点的行列位置记录在坐标张量中，将第 i 个打包的第 j 个真实矩形框的坐标信息记录在更新值张量中的头 4 个元素中。更新值张量中的第 5 个元素恒为 1，表示真实矩形框包含物体的概率为 100%，第 6 个元素为真实矩形框包含的物体编号。将坐标张量和更新值张量的行数计数器 idx 加 1 保存，结束 i、j、k 循环。代码如下。

```
@tf.function
def bboxes_scatter_into_gridcell(
        bboxes_x1y1x2y2_withOverlayAnchors,
        grid_sizes, anchor_masks):
    # 输入真实矩形框的形状为[BATCH, boxes, (x1,y1,x2,y2, class,NUM_ANCHORS)]
    ……
    for scale_idx in range(SCALES_NUM):
        ……
        for i in tf.range(BATCH_NUM):
            for j in tf.range(BOXES_NUM):
                ……
                for k in tf.range(ANCHOR_MATCH_NUM):
                    ……
                    if tf.reduce_any(anchor_eq):
                        box_x1y1x2y2 = bboxes_x1y1x2y2[i][j][0:4]
                        box_xy = (
                            box_x1y1x2y2[0:2]+box_x1y1x2y2[2:4]
                                  )/ 2
                            # 计算中心点的 x、y 坐标

                        anchor_idx = tf.cast(
                            tf.where(anchor_eq), tf.int32)

                        grid_xy = tf.cast(
                            tf.cast(
                                box_xy,tf.float32)//tf.cast(
                                    (1/grid_size),tf.float32),
                                tf.int32)
                      # grid_xy[0]存储真实矩形框宽度（x 轴）信息
                      # grid_xy[1]存储真实矩形框高度（y 轴）信息
                        indexes = indexes.write(
                            idx, [i,
```

```
                                    grid_xy[1],
                                    grid_xy[0],
                                    anchor_idx[0][0]])
                       updates = updates.write(
                           idx, [box_x1y1x2y2[0],
                                box_x1y1x2y2[1],
                                box_x1y1x2y2[2],
                                box_x1y1x2y2[3],
                                1,
                                bboxes_label[i][j][0]])
                       idx += 1
                       # 结束 i、j、k 循环
    ......
```

回到本尺度的 scale_idx 循环，根据坐标张量 indexes 指示的相应元素位置，将更新值张量 updates 写入本尺度内的虚拟预测矩阵 y_true_out 内的相应元素。使用 y_outs 列表的 append 方法，将更新后的本尺度内的虚拟预测矩阵 y_true_out 加入 y_outs 列表的末端。代码如下。

```
@tf.function
def bboxes_scatter_into_gridcell(
        bboxes_x1y1x2y2_withOverlayAnchors,
        grid_sizes, anchor_masks):
    # 输入真实矩形框的形状为[BATCH, boxes, (x1,y1,x2,y2, class,NUM_ANCHORS)]
    ......
    for scale_idx in range(SCALES_NUM):
        ......
        idx = 0
        for i in tf.range(BATCH_NUM):
            for j in tf.range(BOXES_NUM):
                ......
                for k in tf.range(ANCHOR_MATCH_NUM):
                    ......

        if tf.math.greater(idx, 0):
            y_true_out = tf.tensor_scatter_nd_update(
                y_true_out, indexes.stack(), updates.stack())
        y_outs.append(y_true_out)
    return tuple(y_outs)
```

6.2.3 可计算数据集测试

使用刚刚设计的 bboxes_scatter_into_gridcell 函数对数据集进行映射处理。假设此时是 YOLO 标准版，那么先验锚框是 9 个，一共有低、中、高 3 个分辨率，低分辨率尺度上有编号为 6、7、8 的 3 个尺寸较大的先验锚框，中分辨率尺度上有编号为 3、4、5 的 3 个尺寸居中的先验锚框，高分辨率尺度上有编号为 0、1、2 的 3 个尺寸较小的先验锚框。代码如下。

```
if __name__ == '__main__':
    V3_PAPER_INPUT_SIZE = 416
    yolov3_anchors=1/V3_PAPER_INPUT_SIZE*np.array(
        [(10, 13), (16, 30), (33, 23),
         (30, 61), (62, 45),(59, 119),
         (116, 90), (156, 198), (373, 326)],np.float32)
    yolov3_anchor_masks=np.array([[6,7,8],[3,4,5],[0,1,2]])

    yolov3_tiny_anchors=1/V3_PAPER_INPUT_SIZE*np.array(
        [(10, 14), (23, 27), (37, 58),
         (81, 82), (135, 169),  (344, 319)],np.float32)
    yolov3_tiny_anchor_masks = np.array([[3,4,5],[0,1,2]])

    V4_PAPER_INPUT_SIZE = 512
    yolov4_anchors = 1/V4_PAPER_INPUT_SIZE * np.array(
        [(12,16), (19,36), (40,28),
         (36,75), (76,55),(72,146),
         (142,110), (192,243), (459,401)],np.float32)
    yolov4_anchor_masks=np.array([[6,7,8],[3,4,5],[0,1,2]])

    yolov4_tiny_anchors =  1/V3_PAPER_INPUT_SIZE*np.array(
        [(10, 14), (23,27), (37,58),
         (81, 82), (135, 169),(344, 319)],np.float32)
    yolov4_tiny_anchor_masks=np.array([[3,4,5],[0,1,2]])

    anchors=yolov3_anchors; anchor_masks=yolov3_anchor_masks
```

在输入图像分辨率为 416 像素×416 像素的情况下，3 个分辨率的预测矩阵的分辨率分别为输入分辨率的 1/32、1/16、1/8，即分辨率为 13 像素×13 像素、26 像素×26 像素、52 像素×52 像素。代码如下。

```
    grid_sizes = [13,26,52]
```

使用数据集的 map 方法，对每个打包后的样本运用 bboxes_scatter_into_gridcell 自定义函数进行处理，那么每个打包样本的真实矩形框标注矩阵都将变成 3 个分辨率的虚拟预测矩阵 y。低分辨率的预测矩阵为 y[0]，中分辨率的预测矩阵为 y[1]，高分辨率的预测矩阵为 y[2]。提取数据集的第一个样本，查看映射后的可计算数据集的形状。代码如下。

```
    train_dataset = train_dataset.map(lambda x, y:
(x,bboxes_scatter_into_ gridcell(y,grid_sizes,anchor_masks)))
    for i,(x,y) in enumerate(train_dataset.take(1)):
        print('第{}个batch的图像和标注'.format(i),
              x.shape,y[0].shape,y[1].shape,y[2].shape)
```

输出如下。

```
    第 0 个 batch 的图像和标注 (16, 416, 416, 3) (16, 13, 13, 3, 6) (16, 26, 26,
3, 6) (16, 52, 52, 3, 6)
```

可见，此时的数据集已经不再是简单记录真实矩形框的数字信息，而是根据蕴藏在数字中的尺度信息和位置信息，将真实矩形框放入合适分辨率的虚拟预测矩阵的合适的几何位置。我们提取 PASCAL VOC2012 数据集的 2008_000008.jpg 的标注信息，经过简单计算可知，在低分辨率虚拟预测矩阵上，分类名称为 horse、分类编号为 12 的矩形框位于虚拟预测矩阵的第 7 行第 6 列，分类名称为 person、分类编号为 14 的矩形框位于虚拟预测矩阵的第 3 行第 5 列；在中分辨率虚拟预测矩阵上，分类名称为 horse、分类编号为 12 的矩形框位于虚拟预测矩阵的第 14 行第 13 列，分类名称为 person、分类编号为 14 的矩形框位于虚拟预测矩阵的第 6 行第 11 列；在高分辨率预测矩阵上，分类名称为 horse、分类编号为 12 的矩形框位于虚拟预测矩阵的第 29 行第 27 列，分类名称为 person、分类编号为 14 的矩形框位于虚拟预测矩阵的第 13 行第 23 列。计算得到真实矩形框中心点在不同分辨率预测矩阵下的几何位置如图 6-7 所示。

每个分辨率下的虚拟的预测矩阵都有 3 个切片。低分辨率预测矩阵的第 0、1、2 个切片对应编号为 6、7、8 的 3 个先验锚框，中分辨率预测矩阵的第 0、1、2 个切片对应编号为 3、4、5 的 3 个先验锚框，高分辨率预测矩阵的第 0、1、2 个切片对应编号为 0、1、2 的 3 个先验锚框。根据该图像的真实矩形框与先验锚框的匹配度，与分类标签为 12 的矩形框匹配度较高的锚框编号为 7 和 8，与分类标签为 14 的矩形框匹配度较高的锚框编号为 5、6 和 7，那么可以知道，低分辨率预测矩阵的第 1 个（对应锚框编号 7）、第 2 个（对应锚框编号 8）切片将出现分类标签为 12 的矩形框，第 0 个（对应锚框编号 6）、第 1 个（对应锚框编号 7）切片将出现分类标签为 14 的矩形框；中分辨率预测矩阵的第 2 个（对应锚框编号 5）切片将出现分类标签为 14 的矩形框。将真实矩形框放入不同分辨率预测矩阵的合适切片上的几何位置如图 6-8 所示。

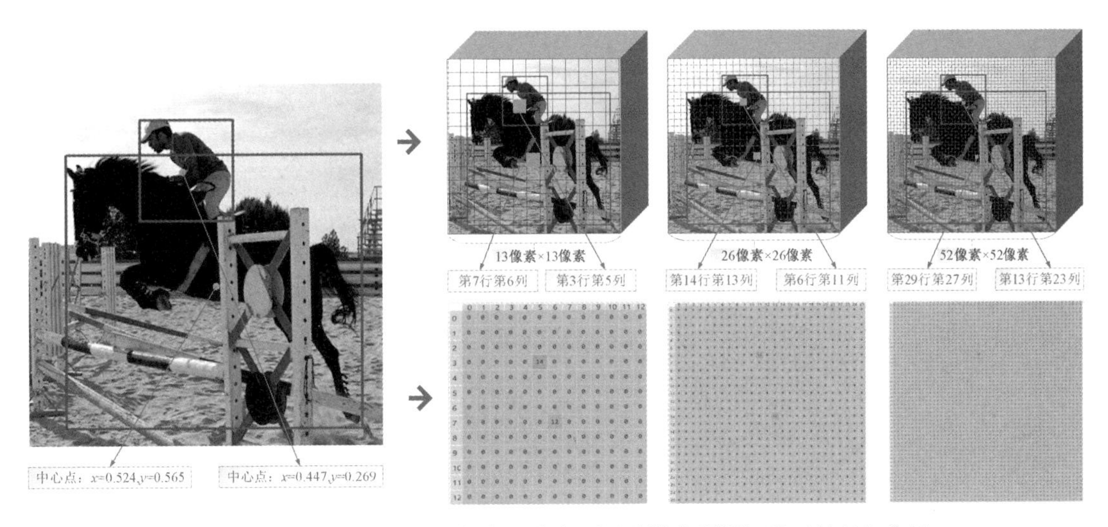

图 6-7　计算得到真实矩形框中心点在不同分辨率预测矩阵下的几何位置

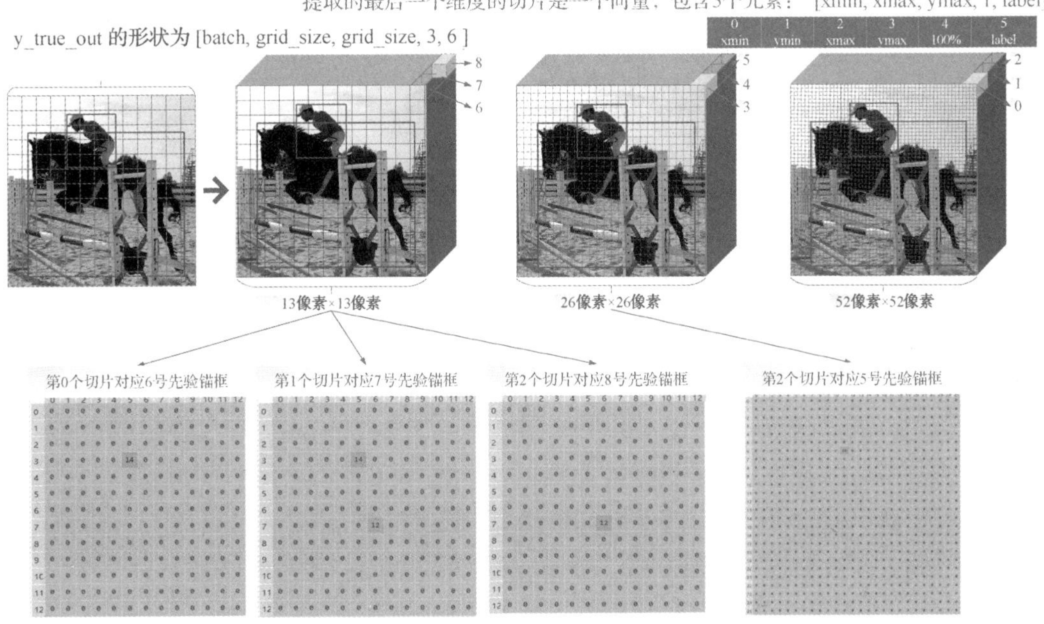

图 6-8　将真实矩形框放入不同分辨率预测矩阵的合适切片上的几何位置

根据上述分析，先提取不同分辨率下的虚拟预测矩阵的对应行列位置，再根据行列位置提取真实矩形框的 6 个元素。这 6 个元素中，第 1～4 个元素存储真实矩形框的坐标信息；第 5 个元素恒为 1，表示真实矩形框包含物体的概率为 100%；第 6 个元素为矩形框所包含的物体编号。代码如下。注释中的【】符号特别标注出该行的真实矩形框所对应的先验锚框的编号。

```
for i,(x,y) in enumerate(train_dataset.take(1)):
    print('第{}个batch的图像和标注'.format(i),
        x.shape,y[0].shape,y[1].shape,y[2].shape)
print(y[0][0,3,5,0])  # [【6】,  7  ,  8  ]
print(y[0][0,7,6,1])  # [  6  , 【7】  ,8]
print(y[0][0,3,5,1])  # [  6  , 【7】  ,8]
print(y[0][0,7,6,2])  # [  6  ,  7  ,【8】]
print(y[1][0,6,11,2])  # [  3  ,  4  ,【5】]
```

输出如下。

```
    tf.Tensor([ 0.316 0.14569232 0.578 0.39169234 1. 14.], shape=(6,),
dtype=float32)
    tf.Tensor([ 0.106 0.23169231 0.942 0.8976924 1. 12.], shape=(6,),
dtype=float32)
    tf.Tensor([ 0.316 0.14569232 0.578 0.39169234 1. 14.], shape=(6,),
dtype=float32)
    tf.Tensor([ 0.106 0.23169231 0.942 0.8976924 1. 12.], shape=(6,),
dtype=float32)
    tf.Tensor([ 0.316 0.14569232 0.578 0.39169234 1. 14.], shape=(6,),
dtype=float32)
```

可见，真实矩形框的 6 个元素的信息已经存储在不同分辨率虚拟预测矩阵的相应切片的相应几何位置上，这个矩阵就是可以组成一个用于损失值计算的可训练数据集。

第 7 章 一阶段目标检测的损失函数的设计和实现

神经网络经过骨干网络、中段网络、预测网络、解码网络的处理，形成了一个五维的样本预测矩阵 y_pred，这 5 个维度分别是[batch, grid_size, grid_size, anchor_per_scale, (4+4+4+4+1+NUM_CLASS)]。原始数据集经过数据集读取操作，再经过图像矩阵和标注矩阵的对齐、打包、转化操作，也形成了一个五维的可计算数据集样本矩阵 y_true，这 5 个维度分别是[batch, grid_size, grid_size, anchor_per_scale, (4+1+1)]。以 YOLO 标准版为例，它有低、中、高 3 个分辨率，因此每个样本图片会产生 3 对五维矩阵，每对五维矩阵由样本预测矩阵和可计算数据集样本矩阵构成。对于 YOLO 标准版而言，由于每个分辨率下都有 3 个先验锚框，所以 anchor_per_scale 等于 3，假设此时输入图像的分辨率是 416 像素×416 像素，那么可以推导出样本预测矩阵和可计算数据集样本矩阵的分辨率数值（grid_size）分别是 13 像素、26 像素、52 像素。样本预测矩阵和可计算数据集样本矩阵的一一对应关系如图 7-1 所示。

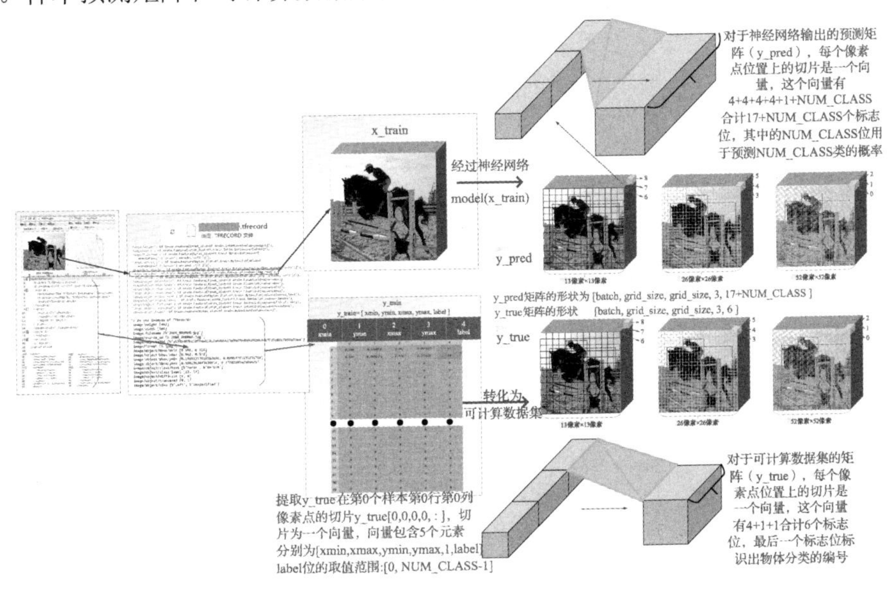

图 7-1　样本预测矩阵和可计算数据集样本矩阵的一一对应关系

接下来我们逐一分析单样本预测矩阵 y_pred 和可计算数据集单样本矩阵 y_true 中的每一“位”，将具有相同物理意义的“位”一一对应后，分别为它们设计损失函数，将各部分损失函数相加，计算出最后的总的损失函数值。

7.1 损失函数框架和输入数据的合理性判别

设计损失函数生成器 create_loss_func，它会根据当前的先验锚框 any_res_anchors 生成当前分辨率下的损失函数计算器 compute_loss，也就是说，对于标准版 YOLO 模型，需要分 3 次调用损失函数生成器 create_loss_func，3 次调用时分别输入 3 个分辨率下的先验锚框，为 3 个分辨率生成 3 个损失函数计算器，对于 YOLO 简版模型，需要输入两次先验锚框，生成两个损失函数计算器，对应两个分辨率。

损失函数计算器 compute_loss 能接收预测矩阵 y_true 和真实样本 y_pred 的输入，根据 TensorFlow 模型训练的函数调用要求，必须使真实值在前、预测值在后。由于损失函数是用来度量矩形框的，所以需要设置常量 IOU_LOSS_THRESH，一般将其设置为 0.5，该常量将在后面介绍前景蒙版 obj_mask、非前景非背景蒙版 partobj_mask、背景蒙版 no_obj_mask 时作为前景、背景、非前景非背景的判定标准。代码如下。

```
def create_loss_func(any_res_anchors):
    # @tf.function
    def compute_loss(y_true,y_pred,  IOU_LOSS_THRESH=0.5):
        # y_pred 的形状为[batch, grid_size,grid_size,
                       9+NUM_CLASS(4+4+4+4+1+NUM_CLASS)]
        # y_true 的形状为[batch, grid_size,grid_size, 6(4+1+1)]
        # any_res_anchors.shape=[3,2]
        ……
        return [损失值 1, 损失值 2,…, 损失值 n-1, 损失值 n]
    return compute_loss
```

在代码中使用了@tf.function 关键字进行装饰，这是因为我们一般会要求 TensorFlow 将损失函数转化为静态图进行计算加速。但在损失函数的设计初期，建议开发者将@tf.function 关键字装饰代码使用“#”进行屏蔽，这样方便开发者进行调试。待损失函数测试无误后，再启用@tf.function 关键字装饰代码。

compute_loss 损失函数计算器首先对输入的预测矩阵 y_true 和真实样本 y_pred 进行合理性验证。因为神经网络的数据精度是有限的，如果前期的数据合理性处理不当，那么后期在做指数运算或者批次归一化层计算时，都可能出现数值超过神经网络动态范围极大值的 INF，或者出现除以 0 的 NaN 的计算结果。这些异常情况都必然会导致损失函数计算失败，出现

NaN 的计算结果时，NaN 的计算结果一旦传播，必然会对后续自动微分和链式求导计算造成毁灭性影响。所以首先要使用 TensorFlow 提供的 tf.math.is_nan 函数和 tf.math.is_inf 函数对输入数据的合理性进行判断。代码如下。

```
def create_loss_func(any_res_anchors):
    # @tf.function # 调试阶段屏蔽@tf.function，待调试成功后再启用
    def compute_loss(y_true,y_pred,  IOU_LOSS_THRESH=0.5):
        if tf.reduce_any(tf.math.is_nan(y_pred)):
            indices = tf.where(tf.math.is_nan(y_pred))
            tf.print("y_pred nan cnt:",tf.shape(indices)[0])
            # tf.print(indices) # 根据调试需要打印那些 NaN 元素的位置
        if tf.reduce_any(tf.math.is_inf(y_pred)):
            indices = tf.where(tf.math.is_inf(y_pred))
            tf.print("y_pred inf cnt:",tf.shape(indices)[0])
        tf.assert_equal(tf.shape(y_pred)[1:3],
                        tf.shape(y_true)[1:3])
        ……
        return [损失值 1, 损失值 2,…, 损失值 n-1, 损失值 n]
    return compute_loss
```

若损失函数的输入数据没有非法数据，则后续需要提取必要的参数常量，包括打包数量 BATCH、特征图分辨率高度 GRID_CELLS_H 和宽度 GRID_CELLS_W。我们从预测矩阵 y_true 和真实样本 y_pred 中能各提取一套参数常量，它们应当完全一致。通过特征图分辨率高度 GRID_CELLS_H 和宽度 GRID_CELLS_W 可以获得特征图的一个像素对应原图的感受野尺寸 CELL_WH，感受野尺寸 CELL_WH 是对全画幅的归一化。还要从预测矩阵 y_true 中提取物体分类的总数 NUM_CLASS。代码如下。

```
def create_loss_func(any_res_anchors):
    # @tf.function
    def compute_loss(y_true,y_pred,  IOU_LOSS_THRESH=0.5):
        ……
        tf.assert_equal(tf.shape(y_pred)[0],
            tf.shape(y_true)[0])
        BATCH = tf.shape(y_pred)[0]
        ANCHOR_PER_SCALE=tf.shape(y_pred)[3]
        tf.assert_equal(tf.shape(y_pred)[1:3],
            tf.shape(y_true)[1:3])
        GRID_CELLS_H = tf.shape(y_pred)[1]
        GRID_CELLS_W=tf.shape(y_pred)[2]
```

```
        CELL_WH = tf.cast(
            1/tf.stack([GRID_CELLS_W,GRID_CELLS_H],axis=-1),
            dtype=tf.float32)

        NUM_CLASS=tf.shape(y_pred)[-1]-(4+4+4+4+1)
        IOU_LOSS_THRESH=IOU_LOSS_THRESH
        ……
        return [损失值 1, 损失值 2,…, 损失值 n-1, 损失值 n]
    return compute_loss
```

损失函数在 model.fit 训练方式中是以静态图方式运行的，所以提取 y_pred 矩阵形状时，必须使用 tf.shape(y_pred)函数，而不能使用 y_pred.shape 函数，因为后者返回的是 TensorShape 对象，TensorShape 对象是无法参与静态图运算的，而 tf.shape 函数返回的是一个张量，张量是可以参与静态图运算的。

7.2 真实数据和预测数据的对应和分解

若确认预测矩阵无 INF 和 NaN 等异常情况并提取预测矩阵形状等参数后，则需要根据矩阵最后一个维度下的各个“位”的含义，提取预测矩阵和可计算数据集矩阵中的各个物理量，将它们转化为同一个量纲后进行损失度量。

对于预测矩阵，最后一个维度一共 17+ NUM_CLASS 位，根据之前解码网络的分析和定义，预测数据的拆分和物理含义如表 7-1 所示。

表 7-1 预测数据的拆分和物理含义

分类	子类	变量名称	切片	位数	取值	物理含义
矩形框位置相关	顶点坐标	pred_x1y1x2y2	0:3	4	理论[0, 1] 实际(−inf,+inf)	以画幅宽高为单位 1，左上角坐标和右下角坐标占画幅的比例
	中心点坐标和宽高	pred_xywh	4:7	4	xy:(0, 1) wh:(0:+inf)	以画幅宽高为单位 1，坐标和宽高占画幅的比例
		pred_dxdydwdh	8:11	4	dxdy:(0, 1) dwdh:(0,+inf)	相对于感受野原点的矩形框中心点坐标，单位 1 是感受野宽高；宽高相对于先验锚框的倍数
		conv_raw_dxdydwdh	12:15	4	(−inf, +inf)	矩形框中心点坐标的 logit 数值；宽高相对于先验锚框倍数的指数

续表

分类	子类	变量名称	切片	位数	取值	物理含义
矩形框前景判断		pred_obj	16	1	(0, 1)	真实矩形框包含物体的概率
物体分类相关		pred_cls_prob	17:NUM_CLASS+16	NUM_CLASS	(0, 1)	真实矩形框属于 NUM_CLASS 类物体的条件概率
合计位数		17+NUM_CLASS				

计算距离的前提是变量的物理量纲一致，但在目前的可计算数据集中，只有真实矩形框的角点表示法，并没有真实矩形框中心点和宽高的物理量，因此需要设计一系列变量，找到真实数据集的另一种表达方式，让这种表达方式与预测矩阵中的各个物理量含义一致。

对于真实矩形框，我们需要根据可计算数据集数据进行复制或译码，得到 6 个变量。

true_x1y1x2y2 表示真实矩形框的左上角坐标和右下角坐标，坐标系是相对于整个画幅的归一化后的数值，它存储在可计算数据集最后一个维度的第 0～3 个切片上，与预测矩阵的 pred_ x1y1x2y2 位的物理含义一致。

true_xywh 表示真实矩形框的中心点宽高表示方法所描述的矩形框，xy 是相对于整个画幅左上角原点坐标系的数值，是相对于整个画幅宽高的归一化比例数值；wh 是相对于整个画幅宽高的归一化比例数值。true_xywh 在可计算数据集中并没有出现，需要在损失函数中计算得到，它与预测矩阵的 pred_xywh 位的物理含义一致。

true_dxdydwdh 表示真实矩形框中心点相对于感受野原点的偏移量，偏移量数值 dxdy 是相对于感受野宽高的归一化比例数值，dwdh 是真实矩形框宽高相对于先验锚框的倍数。true_dxdydwdh 在可计算数据集中并没有出现，需要在损失函数中计算得到，它与预测矩阵的 pred_dxdydwdh 位的物理含义一致。

true_wh_log 表示真实矩形框宽高相对于先验锚框的倍数的指数，它在可计算数据集中没有出现，需要在损失函数中计算，它与预测矩阵的 conv_raw_dwdh 位的物理含义一致。

true_obj 表示真实矩形框的前背景信息，若为 1，则表示包含物体；若为 0，则表示不包含物体。true_obj 存储在可计算数据集最后一个维度的第 4 个切片上，恒为 1，表示真实矩形框包含物体的概率是 100%。它和预测矩阵最后一个维度的 pred_obj 位对应，即具有完全一致的物理含义。

true_class_idx 表示真实矩形框的物体分类编号，编号从 0 开始。true_class_idx 若为 0，则表示属于第 1 个分类；若为 1，则表示属于第 2 个分类；若为 NUM_CLASS-1，则表示属于第 NUM_CLASS 个分类。true_class_idx 在物理意义上与预测矩阵最后一个维度的 pred_cls_prob 位对应。若 true_class_idx 等于 0，且预测准确，则 pred_cls_prob 的第 0 位应该具有最高的预测概率；若 true_class_idx 等于 NUM_CLASS-1，且预测准确，则 pred_cls_prob

的第 NUM_CLASS−1 位应该具有最高的预测概率。

真实数据与预测矩阵最后一个维度的物理含义的对应关系如表 7-2 所示。

表 7-2　真实数据与预测矩阵最后一个维度的物理含义的对应关系

真实数据				预测数据		
变量名	动态范围	位数	来源	变量名	动态范围	位数
true_x1y1x2y2	[0, 1]	4	数据集	pred_x1y1x2y2	理论(0, 1) 实际(−inf,+inf)	4
true_xy true_wh	[0, 1] (0,+inf)	2 2	计算	pred_xy pred_wh	(0, 1) (0,+inf)	2 2
true_dxdy true_dwdh	(0, 1) (0,+inf)	2 2	计算	pred_dxdy pred_dwdh	(0, 1) (0,+inf)	2 2
true_wh_log	(−inf,+inf)	2	计算	conv_raw_dxdy conv_raw_dwdh	(−inf,+inf) (−inf,+inf)	2 2
true_obj	恒为 1	1	数据集	pred_obj	恒为 1	1
true_class_idx	[0, NUM_CLASS−1]	1	数据集	pred_cls_prob	(0, 1)	NUM_CLASS

出于对数据精度和动态范围的考虑，我们一定要从数据源头提取相关数据计算损失值，而不应该从数据链条的末端提取数据并经逆向推导后计算损失值。这个原则在动态范围受限的情况下格外重要。例如，需要计算真实矩形框和预测矩形框中心点的欧氏距离时，应该直接从 pred_xy 中提取数据，而不应该从 pred_x1y1x2y2 中推导矩形框中心点，因为 pred_x1y1x2y2 的顶点数据来源于 pred_xy，pred_x1y1x2y2 的数据精度不可能高于 pred_xy 的数据精度，并且计算得到 pred_x1y1x2y2 时必定需要使用 pred_wh 数据，而 pred_wh 可能会出现类似于 INF 或 NaN 之类的数据异常。

一般来说，计算矩形框中心点误差时，会直接从 true_xy 和 pred_xy 中提取数据；计算宽高比误差时，会直接从 true_wh_log 和 conv_raw_dwdh 中提取数据；计算前背景损失时，会从 true_obj 和 pred_obj 中提取数据；计算预测概率损失时，会直接从 true_class_idx 和 pred_cls_prob 中提取数据。只有计算预测矩形框和真实矩形框的 IOU 时，才会从 true_x1y1x2y2 和 pred_x1y1x2y2 中提取数据。如果 IOU 损失值、中心点距离和宽高有关时，也建议开发者依次从最原始的 true_x1y1x2y2 和 conv_raw_dxdydwdh 中提取需要的数据进行计算。

数据集真实数据和神经网络预测数据各层级数据的对应关系如图 7-2 所示。

由于神经网络预测数据的各层级数据在解码网络中已经生成，因此只需要使用 tf.split 函数进行切片分割即可。因为可计算数据集只存储了真实矩形框的顶点坐标 true_x1y1x2y2，所以需要先进行切片分割，然后进行解码计算得到 true_xywh。代码如下。

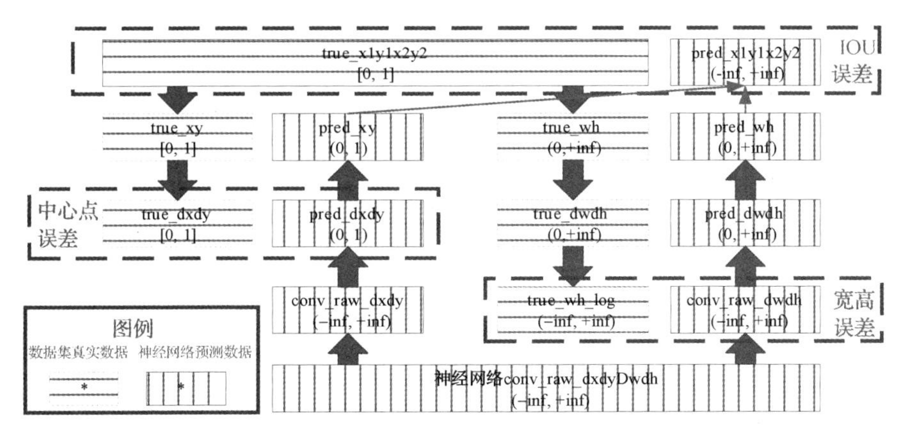

图 7-2　数据集真实数据和神经网络预测数据各层级数据的对应关系

```
def create_loss_func(any_res_anchors):
    @tf.function
    def compute_loss(y_true,y_pred,  IOU_LOSS_THRESH=0.5):
        ……
        (pred_x1y1x2y2, pred_xywh,
         pred_dxdydwdh,conv_raw_dxdydwdh,
         pred_obj, pred_cls_prob) = tf.split(
            y_pred, (4,4,4,4, 1, NUM_CLASS), axis=-1)

        true_x1y1x2y2, true_obj, true_class_idx = tf.split(
            y_true, (4, 1, 1), axis=-1)
        true_xy=(true_x1y1x2y2[...,0:2]+
                 true_x1y1x2y2[...,2:4])/2.0
        true_wh=true_x1y1x2y2[...,2:4]-true_x1y1x2y2[...,0:2]
        true_xywh=tf.concat([true_xy,true_wh],axis=-1)
        pred_xy = pred_xywh[...,0:2]
        pred_wh = pred_xywh[...,2:4]
        x_grid,y_grid = tf.meshgrid(
            tf.range(GRID_CELLS_W), tf.range(GRID_CELLS_H))
        xy_grid = tf.expand_dims(
            tf.stack([x_grid,y_grid], axis=-1), axis=2)
        xy_grid = tf.tile(
            tf.expand_dims(xy_grid, axis=0),
            [BATCH, 1, 1, ANCHOR_PER_SCALE, 1])
        true_dxdy = tf.stack(
             [true_xy[...,0]*tf.cast(GRID_CELLS_W,tf.float32),
```

```
            true_xy[...,1]*tf.cast(GRID_CELLS_H,tf.float32)],
            axis=-1) - tf.cast(xy_grid, tf.float32)
        true_wh_log = tf.math.log(true_wh / any_res_anchors)
        #range fro -inf, +inf
        true_wh_log=tf.where(
            tf.math.is_inf(true_wh_log),
            tf.zeros_like(true_wh_log),
            true_wh_log) # 防止先验锚框太小
        ......
        return [损失值 1, 损失值 2,…, 损失值 n-1, 损失值 n]
    return compute_loss
```

至此，完成了损失函数输入数据的分解和预处理，接下来需要进行损失值的函数设计和计算。

7.3 预测矩形框的前背景归类和权重分配

以 Faster-R-CNN 为代表的两阶段目标检测在计算损失函数时，在做前背景判断的阶段需要进行大量的条件判断，从而降低了算法效率。一阶段目标检测将原先两阶段目标检测中的前背景判断转化为蒙版计算，这样就可以通过大量的矩阵运算代替大量的 if-else 判断，从而提高计算效率。

YOLO 损失函数计算并不是对所有的预测都进行损失值计算的，而是需要在蒙版的指示下，对相应位置的损失值进行累加计算。蒙版矩阵具有和预测值、真实值完全相同的空间分辨率。蒙版矩阵分为 3 类：前景蒙版 obj_mask、非前景非背景蒙版 partobj_mask、背景蒙版 no_obj_mask。可以约定当蒙版矩阵的对应元素为 1 时，表示该位置的数据属于本模板；当蒙版矩阵的对应元素为 0 时，表示该位置的数据不属于本模板。以前景蒙版为例，如果其中某个元素等于 0，那么表示该位置的数据不属于前景。类似于集合划分的定义，3 种蒙版构成了对一个完整分辨率矩阵的完整分割，即它们的并集等于整个画幅的全集，它们两两的交集为空集。

前景蒙版 obj_mask 是一个与神经网络输出、真实数据集相同分辨率的矩阵。在 obj_mask 中，数值为 1 的元素被标记为正样本（前景），正样本参与前背景损失值计算。正样本被定义为满足如下条件的神经网络的预测结果：位于真实矩形框所在的网格中。根据正样本的定义，可以预见，正样本数量少，所以前景蒙版中被标记为 1 的矩阵也较少。

非前景非背景蒙版 partobj_mask 是一个与神经网络输出、真实数据集具备相同空间分辨率的矩阵。在 partobj_mask 中，数值为 1 的元素被标记为非正非负样本，它不参与前背景损失值计算。非正非负样本被定义为需要同时满足以下两个条件的神经网络的预测结果：①与真实矩形框的 IOU 大于阈值；②不位于真实矩形框所在的网格中。

背景蒙版 no_obj_mask 是一个与神经网络输出、真实数据集具有相同分辨率的矩阵。在 no_obj_mask 中，数值为 1 的元素被标记为负样本（背景），负样本参与前背景损失值计算。负样本被定义为需要同时满足以下两个条件的神经网络的预测结果：①与真实矩形框的 IOU 小于阈值（代码中默认为 0.5）；②不位于真实矩形框所在的网格中。可以预见，大部分网格都属于背景，所以神经网络的预测结果大部分都会被判定为负样本，背景蒙版中的被标记为 1 的元素较多。

前景蒙版 obj_mask、非前景非背景蒙版 partobj_mask、背景蒙版 no_obj_mask 的生成代码如下。

```
def create_loss_func(any_res_anchors):
    # @tf.function
    def compute_loss(y_true,y_pred,  IOU_LOSS_THRESH=0.5):
        ……
        obj_mask = tf.squeeze(true_obj, -1)
        best_iou = tf.map_fn(
            lambda x: tf.reduce_max(
                utils.broadcast_iou(
                    x[0],
                    tf.boolean_mask(
                        x[1], tf.cast(x[2], tf.bool))) ,
                axis=-1),
            (pred_x1y1x2y2, true_x1y1x2y2, obj_mask),
             tf.float32)
        # 而 tf.map_fn 函数可以以计算时间换内存空间，它们的第一个维度都是 batch
        no_obj_mask = (1-obj_mask)*tf.cast(
            best_iou < IOU_LOSS_THRESH, tf.float32)
        partobj_mask = (1-obj_mask)*(
            1-tf.cast(best_iou<IOU_LOSS_THRESH, tf.float32))
        ……
        return [损失值 1, 损失值 2,…, 损失值 n-1, 损失值 n]
    return compute_loss
```

假设某个图像数据上有两个真实矩形框，将它们转化为可计算数据集后，提取并查看其中的 13 像素×13 像素的分辨率的网格，查看工具为 IDE 编程工具的矩阵可视化工具，矩阵中数值为 1 的元素在可视化工具中被渲染为深色，矩阵中数值为 0 的元素在可视化工具中被渲染为浅色。可以看到前景蒙版 obj_mask、非前景非背景蒙版 partobj_mask、背景蒙版 no_obj_mask 形成了对一个画幅的完整分割，两两之间没有交集，并且两两互斥。将 13 像素×13 像素分辨率的网格完整分割为前景蒙版、背景蒙版和非前景非背景蒙版 3 个子集，如图 7-3 所示。

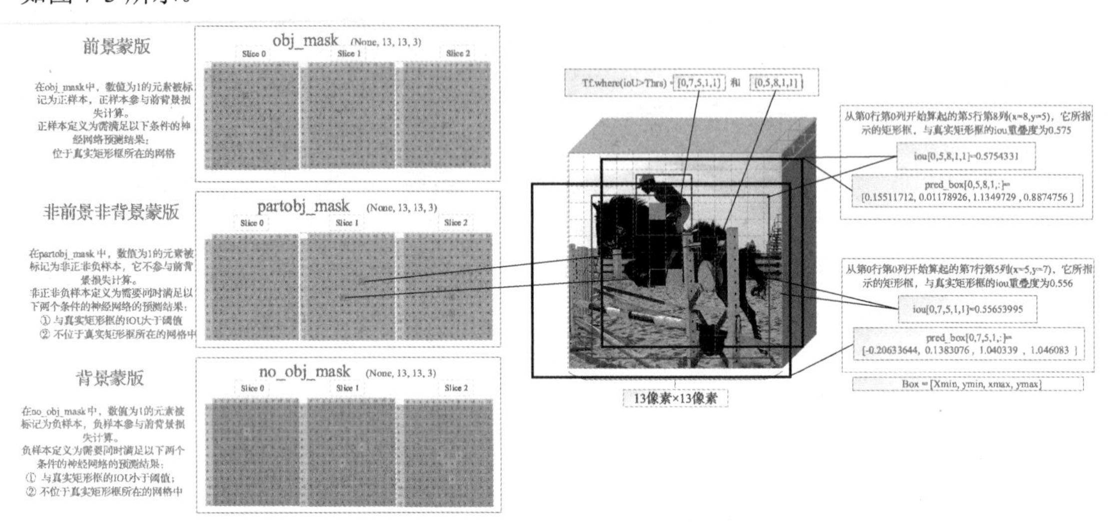

图 7-3　将 13 像素×13 像素分辨率的网格完整分割为前景蒙版、背景蒙版和非前景非背景蒙版原理图

在前景蒙版的计算中，使用了 tf.map_fn 函数，这是矩阵计算中非常常见的“以计算时间换内存空间”的案例。tf.map_fn 函数能将所有的输入数据都在第一个维度上进行拆分，先将从第一个维度上拆分的第一个切片送入函数进行计算和存储，再将第二个切片送入函数进行计算和存储，以此类推，直至将第一个维度上的所有切片都计算和存储完毕，最后将每个切片的计算结果重新组合成第一个维度进行输出。这么操作虽然无法利用并行计算的快捷性，但能使得送入函数计算的数据减少一个维度，从而使得内存开销极大地降低，这就是我们说的以计算时间换内存空间的折中。事实上，best_iou = tf.map_fn(…)的那行代码可以被拆分为多条代码，但是由于 broadcast_iou 函数进行了矩阵形状的广播，导致内存开销极大，以至于 32GB 的内存也无法满足拆分后的内存开销。感兴趣的读者可以自行测试以下等效代码。

```
        best_iou = tf.map_fn(
            lambda x: tf.reduce_max(
                utils.broadcast_iou(
                    x[0],
                    tf.boolean_mask(
```

```
                x[1], tf.cast(x[2], tf.bool))) ,
            axis=-1),
          (pred_x1y1x2y2, true_x1y1x2y2, obj_mask),
          tf.float32)
# 它们的第一个维度都是 batch，tf.map_fn 可以将计算时间转换为内存空间
"""以下以“#”开头的代码内存开销极大
# true_bboxes=tf.boolean_mask(
#   true_x1y1x2y2, tf.cast(obj_mask, tf.bool))
# true_x1y1x2y2.shape = [1, 13, 13, 3, 4]
# obj_mask.shape      = [1, 13, 13, 3  ]
# true_bboxes.shape TensorShape([2, 4])
# iou_pred_on_each_gt=utils.broadcast_iou(
#    pred_x1y1x2y2,true_bboxes) # 此步骤内存开销极大
# iou_pred_on_each_gt .shape=[1, 13, 13, 3, 2]
# best_iou=tf.reduce_max(iou_pred_on_each_gt, axis=-1)
# best_iou.shape[1, 13, 13, 3]
# 注释掉的这种方法内存开销超过 32GB
"""
```

除了根据真实矩形框将预测矩形框进行前背景判定归类，还需要根据真实矩形框的面积大小，对预测矩形框的损失值进行加权。

我们知道在低、中、高不同分辨率的尺寸之间，小尺寸矩形框的误差数值与大尺寸矩形框的误差数值之间会存在尺度比例差异，这会导致在整体损失值中，小尺寸矩形框的误差占比较小，即在同一个分辨率内，小尺寸矩形框会较比它大的矩形框获得较小的误差值，从而导致迭代收敛较慢。一个常用的方法是，为小尺寸矩形框的损失值赋予一个较大的补偿权重。由于损失值是“能量”层面的量纲，尺度是“幅度”层面的量纲，所以损失值一般是尺度的平方倍量纲。例如，均方误差是误差的平方倍，IOU 损失值是面积误差也是长度的平方倍，所以可以采用矩形框的面积作为尺度的补偿权重。将矩形框的面积记为 true_area，将矩形框的补偿权重记为 loss_scale。2-true_area 会使小尺寸矩形框获得接近 2 的权重，大尺寸矩形框获得接近 1 的权重，达到权重补偿的目的。代码如下。

```
true_area = true_wh[...,0]*true_wh[...,1]
# trun_area 的动态范围为 0～1，可以给小尺寸矩形框以更大的补偿权重
loss_scale= 2 - true_area
```

以后计算损失值时，只需要将损失值都乘以这个 loss_scale 就可以使所有大小不同的矩形框的损失值都在尺度上进行归一化。

7.4 预测矩形框的误差度量

预测矩形框和真实矩形框不可能出现完美的重合，度量这种不完美程度的方式有许多种，下面将一一进行介绍。开发者在实现自己的目标检测神经网络损失函数及其他神经网络损失函数时，可以参考选择适合自己的损失函数算法。但需要特别注意的是，在同一种场景下，同一种误差的度量一般采用一种损失度量方法即可，无须全部运用。

7.4.1 用中心点表示的位置误差

矩形框的中心点误差计算的是 true_dxdy 和 pred_dxdy 变量之间的差异。true_dxdy 和 pred_dxdy 的物理意义是矩形框中心点相对于感受野原点坐标系的坐标，坐标值单位 1 为感受野宽高数据，true_dxdy 和 pred_dxdy 的取值范围均为[0,1]。

在量化方法上，将中心点位置的物理含义视为信号幅度，因此预测矩形框和真实矩形框的中心点位置之间的差异使用平方和误差算法进行量化。在累加范围上，预测矩形框中心点误差仅累计前景部分，即需要使用前景蒙版 obj_mask 相乘后进行累加，累加后需要乘以每个前景的补偿权重 loss_scale。

将 true_dx 用 x_i 表示，将 true_dy 用 y_i 表示，它们合并起来用 xy_i 表示；将 pred_dx 用 $\hat{x}_i$ 表示，将 pred_dy 用 $\hat{y}_i$ 表示，它们合并起来用 $\widehat{xy}_i$ 表示，其中 i 的取值范围为 K 行 K 列的二维区域，在公式中用 $\sum_{i=0}^{K\times K}$ 表示。将前景蒙版 obj_mask 用 I_{ij}^{obj} 表示，其中 j 的取值范围为 0～M 的整数，M 表示先验锚框的数量。预测矩形框中心点误差 xy_loss 的计算公式如式（7-1）所示。

$$\text{loss}_{xy} = \sum_{i=0}^{K\times K}\sum_{j=0}^{M} I_{ij}^{\text{obj}}\text{scale}_{ij}\text{SE}\left(xy_i, \widehat{xy}_i\right) = \sum_{i=0}^{K\times K}\sum_{j=0}^{M} I_{ij}^{\text{obj}}\left(2 - w_i \times h_i\right)\left[\left(x_i - \hat{x}_i\right)^2 + \left(y_i - \hat{y}_i\right)^2\right] \tag{7-1}$$

函数代码如下。

```
xy_loss = obj_mask * loss_scale * tf.reduce_sum(
    tf.square( (true_dxdy - pred_dxdy) ) , axis=-1)
```

如果用 grid_size 表示当前预测矩阵的分辨率，用 ANCHOR_PER_SCALE 表示当前分辨率尺度下的先验锚框数量，那么 xy_loss 的形状为[batch, grid_size, grid_size, ANCHOR_PER_SCALE]。

7.4.2 用宽度和高度表示的位置误差

预测矩形框的宽度和高度的误差度量的是 true_wh_log 和 conv_raw_dwdh 变量之间的

差异，它们的物理含义是矩形框的宽度和高度与先验锚框的宽度和高度的比例指数，取值范围为(0,+inf)。这里的 true_wh_log 中涉及的矩形框指的是真实矩形框，conv_raw_dwdh 中涉及的矩形框指的是预测矩形框。

量化矩形框宽高误差时，我们度量的是预测矩形框宽度和高度（在公式中将宽度和高度合并起来用 $\widehat{wh_i}$ 表示）相对于真实矩形框宽度和高度（在公式中将宽度和高度合并起来用 wh_i 表示）的比例指数的平方和。由于比例指数的平方和等效于指数的差的平方和，因此可以将其看作均方误差，在公式中用SE表示。可以设想如果宽高一致，那么比例为1，指数为0，平方和累积后能够达到累积的误差最小值。在累加范围上，仅累计前景部分，即需要使用前景蒙版 obj_mask 与全部像素点的误差相乘后进行累加，前景蒙版 obj_mask 用 I_{ij}^{obj} 表示。累加之前若考虑增加矩形框尺度上的补偿，则需要将每个像素点的损失值乘以每个前景的补偿权重 loss_scale，补偿权重在公式中用 scale_{ij} 表示，如式（7-2）所示。

$$
\begin{aligned}
\text{loss}_{wh} &= \sum_{i=0}^{K\times K}\sum_{j=0}^{M} I_{ij}^{\text{obj}}\text{scale}_{ij}\text{SE}\left(wh_i,\widehat{wh_i}\right) \\
&= \sum_{i=0}^{K\times K}\sum_{j=0}^{M} I_{ij}^{\text{obj}}\left(2-w_i\times h_i\right)\left[\left(\ln\frac{w_{\text{pred}}}{w_{\text{true}}}\right)^2+\left(\ln\frac{h_{\text{pred}}}{h_{\text{true}}}\right)^2\right]
\end{aligned}
\tag{7-2}
$$

式中，i 的取值范围为 K 行 K 列的二维区域，在公式中用 $\sum_{i=0}^{K\times K}$ 表示；j 的取值范围为 0～M 的整数，表示第 j 个先验锚框。

为了缩短神经网络输出数据的解码链条，我们直接利用了神经网络输出的 conv_raw_dwdh，因为根据指数的换底公式，预测矩形框相对于真实矩形框的比例指数，可以等于预测矩形框相对于先验锚框的指数（在代码中对应 conv_raw_dw 和 conv_raw_dh）与真实矩形框相对于先验锚框的指数（在代码中对应 true_w_log 和 true_h_log）的差值。将 true_w_log 用 w_i 表示，将 true_h_log 用 h_i 表示，它们组合起来用 wh_i 表示；将 conv_raw_dw 用 $\hat{w}_i$ 表示，将 conv_raw_dh 用 $\hat{h}_i$ 表示，它们组合起来用 $\widehat{wh_i}$ 表示，由此得到等效的预测矩形框宽高误差计算公式如式（7-3）所示。

$$
\begin{aligned}
\text{loss}_{wh} &= \sum_{i=0}^{K\times K}\sum_{j=0}^{M} I_{ij}^{\text{obj}}\text{scale}_{ij}\text{SE}\left(wh_i,\widehat{wh_i}\right) \\
&= \sum_{i=0}^{K\times K}\sum_{j=0}^{M} I_{ij}^{\text{obj}}\left(2-w_i\times h_i\right)\left[\left(w_i-\hat{w}_i\right)^2+\left(h_i-\hat{h}_i\right)^2\right]
\end{aligned}
\tag{7-3}
$$

式中，w_i 和 h_i 表示真实矩形框相对于先验锚框的比例指数；$\hat{w}_i$ 和 $\hat{h}_i$ 表示预测矩形框相对于先验锚框的比例指数，公式如式（7-4）所示。

$$
\begin{cases}
w_i = \ln \dfrac{w_{\text{true}}}{w_{\text{anchor}}}, & h_i = \ln \dfrac{h_{\text{true}}}{h_{\text{anchor}}} \\
\hat{w}_i = \ln \dfrac{w_{\text{pred}}}{w_{\text{anchor}}}, & \hat{h}_i = \ln \dfrac{h_{\text{pred}}}{h_{\text{anchor}}}
\end{cases}
\tag{7-4}
$$

w_i 和 h_i 在代码中对应的是 true_wh_log 变量，$\hat{w}_i$ 和 $\hat{h}_i$ 在代码中对应的是 conv_raw_dwdh 变量，将式（7-3）转化为代码，如下所示。

```
        wh_loss = obj_mask * loss_scale * \
            tf.reduce_sum(
                tf.square(true_wh_log-conv_raw_dwdh),axis=-1)
```

7.4.3 用通用交并比表示的矩形框误差

之前介绍了 IOU（交并比）的基本概念，IOU 是一个比值，它的取值范围为[0,1]，并且对于具体尺度不敏感，作为矩形框的定性判断是足够的，但是作为损失函数是有缺陷的。IOU 在对于预测矩形框和真实矩形框存在交集，但又不完全包含的情况下，具有良好的连续度量能力。在矩形框不相交的情况下，IOU 取值将恒为 0，缺乏度量能力；在矩形框出现全包含的情况下，IOU 取值恒定，也缺乏度量能力；在有可能出现 IOU 相同但横纵比不同的情况，IOU 同样也缺乏甄别能力。传统 IOU 的度量局限性示意图如图 7-4 所示。

1号预测矩形框和2号预测矩形框相比，它们与真实矩形框的IOU均为0，但1号预测矩形框距离真实矩形框更近

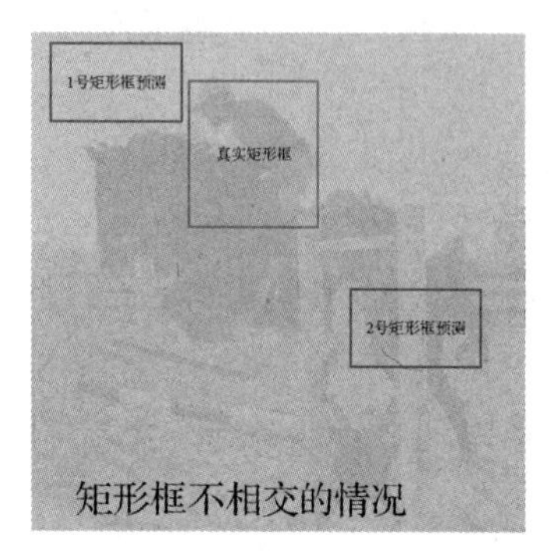

1号预测矩形框和2号预测矩形框相比，它们与真实矩形框的IOU相等，但1号预测矩形框的中心点更接近真实矩形框

1号预测矩形框和2号预测矩形框相比，它们与真实矩形框的IOU相等，且矩形框中心点与真实矩形框重合，但1号预测矩形框的横纵比更接近真实矩形框

图 7-4　传统 IOU 的度量局限性示意图

如果将传统 IOU 作为矩形框预测质量的度量损失函数，那么当传统 IOU 遇到缺乏度量能力的情况时，它将无法指导可训练变量进行梯度下降收敛。通用交并比（Generalized

Intersection Over Union，GIOU）概念的提出，使 IOU 算法不仅能用于矩形框的定性，而且能在更广阔的定义域内具备良好的矩形框预测质量度量能力，解决了传统 IOU 算法的局限性。

设计一个可以计算多种 IOU 的函数，将函数命名为 bbox_IOUS，它接受两个矩形框的中心点表达方式：true_xywh 和 pred_xywh，这里我们遵循真实数据在前、预测数据在后的良好编程习惯。bbox_IOUS 函数将计算返回多个 IOU 的数值，包括 IOU 和本小节将会介绍的 GIOU、DIOU、CIOU。

bbox_IOUS 函数处理输入的两个矩形框数据，计算与其等效的矩形框坐标表示方式：true_x1y1x2y2 和 pred_x1y1x2y2。使用 inter_wh 表示两个矩形框的交集部分的宽度和高度，计算出两个矩形框的面积 true_area 和 pred_area、交集面积 inter_area、并集面积 union_area，进而可以得到第一个 IOU 指标，将其存储在 IOU 变量中。代码如下。

```
def bbox_IOUS(true_xywh, pred_xywh):
    true_area = true_xywh[..., 2]*true_xywh[..., 3]
    pred_area = pred_xywh[..., 2]*pred_xywh[..., 3]

    true_x1y1x2y2 = tf.concat(
        [true_xywh[..., :2]-true_xywh[..., 2:]*0.5,
         true_xywh[..., :2]+true_xywh[..., 2:]*0.5,],
        axis=-1,)
    pred_x1y1x2y2 = tf.concat(
        [pred_xywh[..., :2]-pred_xywh[..., 2:]*0.5,
         pred_xywh[..., :2]+pred_xywh[..., 2:]*0.5,],
        axis=-1,)

    inter_left_up = tf.maximum(
        true_x1y1x2y2[..., :2], pred_x1y1x2y2[..., :2])
    inter_right_down = tf.minimum(
        true_x1y1x2y2[..., 2:], pred_x1y1x2y2[..., 2:])
    inter_wh = tf.maximum(
         (inter_right_down-inter_left_up), 0.0)
    inter_area = inter_wh [...,0] * inter_wh [...,1]
    union_area = true_area + pred_area - inter_area
    iou = tf.math.divide_no_nan(inter_area, union_area)
    ......
    return iou,giou,diou,ciou
```

针对传统 IOU 度量方式在遇到矩形框不相交情况时只能取 0 的局限性，我们可以使用性能更优的 GIOU 作为预测矩形框吻合程度的度量方式。GIOU 专门针对 A、B 矩形框不相交的情况，补足重合度度量的定义。GIOU 的数学表达式如式（7-5）所示。

$$\text{GIOU}=\text{IOU}-\frac{C-(A\cup B)}{C}=\begin{cases}\text{IOU}, & A\subseteq B \text{ 或 } B\subseteq A\\ \dfrac{A\cap B}{A\cup B}-\dfrac{C-(A\cup B)}{C}, & A-B\neq\varnothing\\ -\dfrac{C-(A\cup B)}{C}, & A\cap B=0\end{cases}\tag{7-5}$$

式（7-5）中的 C 表示刚好能覆盖 A、B 矩形框的最小外接矩形框的面积。对 GIOU 进行分析。在 A、B 矩形框不相交的情况下，第一项（A、B 矩形框的 IOU）为 0，GIOU 退化为第二项。在 A、B 矩形框存在全包含的情况下，A、B 矩形框的最小外接矩形面积 C 等于 A、B 矩形的并集，第二项等于 0，GIOU 退化为第一项，如图 7-5 所示。

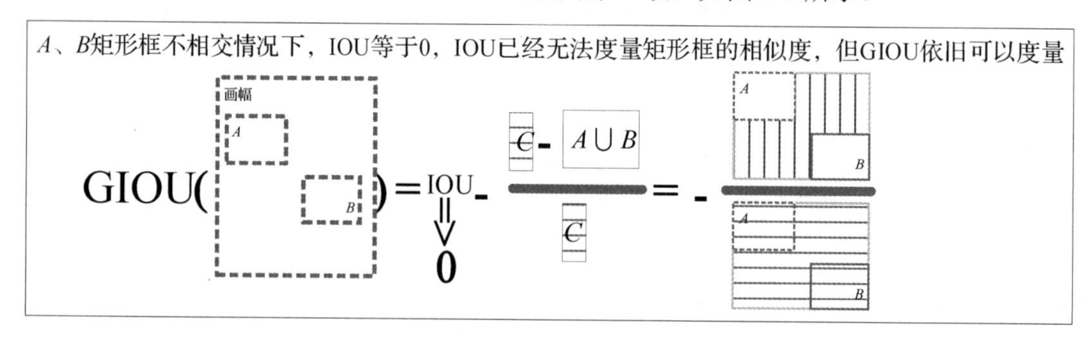

图 7-5　两矩形框无交集情况下的 GIOU 变化示意图

在匹配度极差的极端情况下，即两个矩形框的距离无穷远时，GIOU 的第一项（IOU）为 0，第二项趋近于 1，两项相减使得 GIOU 取到其极限值，极限值为−1。

当两个矩形框逐渐接近并刚刚要接触时，GIOU 的第一项（IOU）仍旧为 0，GIOU 的第二项存在数值，这使得 GIOU 仍为负数，但随着匹配度变好，GIOU 逐渐增大，GIOU 的取值范围为(−1,0)。

当两个矩形框相交但又不相互包含时，GIOU 的第一项（IOU）存在一个正值，但此时 GIOU 的第二项同样存在，二者相减的计算结果的取值范围为(−1,1)，即计算结果可能是负数、0、正数，具体取值根据重合度而定。

当两个矩形框相互包含时，GIOU 的第二项等于 0，GIOU 退化为第一项，GIOU 的取值范围为(0,1)。

当两个矩形框完全重合时，GIOU 的第二项为 0，GIOU 的第一项（IOU）等于 1，此时 GIOU 取到最大值 1。

根据 *A*、*B* 矩形框相互重合的质量从差到好的变化过程，绘制出的 GIOU 的变化趋势图，如图 7-6 所示。

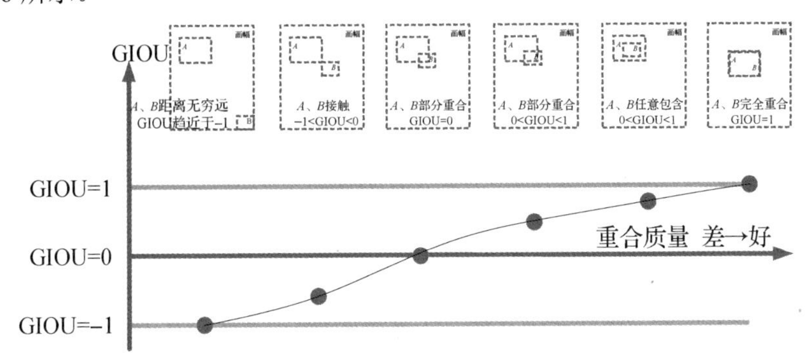

图 7-6　两矩形框重合质量从差到好的 GIOU 变化趋势图

在 GIOU 的计算代码中，使用 enclose_wh 存储 *A*、*B* 矩形框最小外接矩形的宽度和高度，使用 enclose_area 存储 *A*、*B* 矩形框最小外接矩形面积 *C*，使用 GIOU 计算公式计算 GIOU 并将得到的 GIOU 数值存储在 giou 变量中。代码如下。

```
def bbox_IOUS(true_xywh, pred_xywh):
    ……
    enclose_left_up = tf.minimum(
        true_x1y1x2y2[...,:2], pred_x1y1x2y2[...,:2])
    enclose_right_down = tf.maximum(
        true_x1y1x2y2[...,2:], pred_x1y1x2y2[...,2:])
    enclose_wh = enclose_right_down - enclose_left_up
    enclose_wh = tf.maximum( enclose_wh, 0.0)
    enclose_area = enclose_wh [..., 0] * enclose_wh [..., 1]
    giou = iou - tf.math.divide_no_nan(
        enclose_area - union_area, enclose_area)
    ……
    return iou,giou,diou,ciou
```

根据 GIOU 的相关论文“Generalized Intersection Over Union: A Metric and A Loss for Bounding Box Regression”，在 PASCAL VOC2007、MS COCO2018 的数据集和 YOLOV3 算法中，以 GIOU 作为损失度量的神经网络，较以矩形框宽高的比例指数的平方和作为损失度量的神经网络，能将准确率提高 4～8 个百分点。

7.4.4 用距离交并比表示的矩形框误差

GIOU 使用面积比例的方法度量两个矩形框的重合度，与其类似的还有距离交并比（Distance Intersection Over Union，DIOU）。DIOU 在 IOU 的基础上，增加了使用预测矩形框和真实矩形框的中心点距离来度量两个矩形框的重合度的方法。DIOU 使用 A、B 矩形框中心点距离 $\rho\left(xy,\widehat{xy}\right)$ 占 A、B 矩形框最小外接矩形对角线长度 c 的比例的平方来做 IOU 的修正项。之所以使用距离比例的平方，是因为第一项（IOU）是面积的比例，而距离比例需要平方后才能取到与 IOU 相同的量纲。DIOU 的数学表达式如式（7-6）所示。

$$\text{DIOU}=\text{IOU}-\frac{\rho^2\left(xy,\widehat{xy}\right)}{c^2}=\begin{cases}\text{IOU，当}A\text{和}B\text{两个矩形框的中心点重合时}\\ \text{IOU}-\dfrac{\rho^2\left(xy,\widehat{xy}\right)}{c^2}\text{，其他情况下}\\ -\dfrac{\rho^2\left(xy,\widehat{xy}\right)}{c^2}\text{，当}A\text{和}B\text{两个矩形框无交集时}\end{cases} \tag{7-6}$$

分析 DIOU 的公式可以发现，当 A、B 矩形框没有交集时，DIOU 的第一项（IOU）退化为 0，但 DIOU 的第二项（距离项）在发挥作用；当 A、B 矩形框的中心点重合时，DIOU 的第二项（距离项）取值为 0，不发挥作用，但此时 A、B 矩形框必定有交集，因此 DIOU 的第一项（IOU）可以发挥作用。两矩形框无交集情况下的 DIOU 变化示意图如图 7-7 所示。

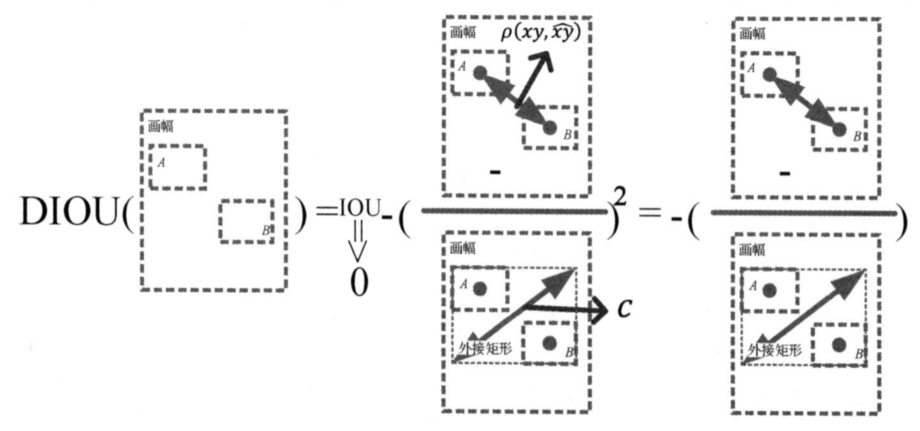

图 7-7　两矩形框无交集情况下的 DIOU 变化示意图

当 A 矩形框包含 B 矩形框时，如果 B 矩形框的形状不变，那么无论 B 矩形框的中心点怎么向 A 矩形框的中心点靠近，IOU 都将不会变化，但 DIOU 的第二项在这种情况下将会随着中心点的重合而逐渐减小，这能清晰地为神经网络指明优化方向。两矩形框形状中心点相向移动的 DIOU 变化示意图如图 7-8 所示。

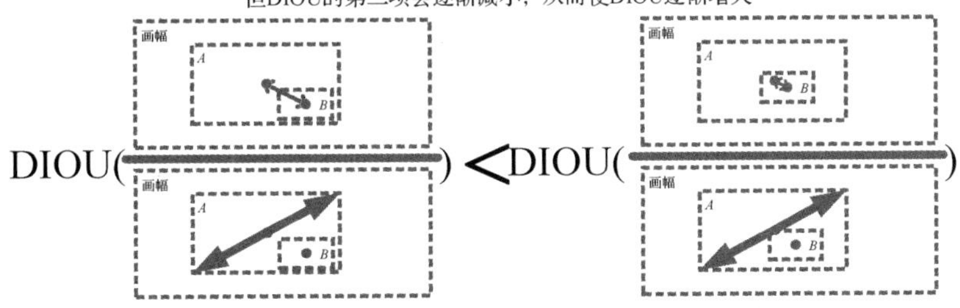

图 7-8　两矩形框形状中心点相向移动的 DIOU 变化示意图

考虑 *A*、*B* 矩形框偏离无穷远的极端情况，此时 DIOU 的第一项（IOU）为 0，第二项趋近于 1，此时 DIOU 取最小值，最小值的极限为−1。

当两个矩形框逐渐接近并刚刚要接触时，DIOU 的第一项（IOU）仍旧为 0，DIOU 的第二项存在数值，这使得 DIOU 仍为负数，但随着匹配度变好，DIOU 逐渐增大，DIOU 的取值范围为(−1,0)。

在两个矩形框相交但又不相互包含时，DIOU 的第一项（IOU）存在一个正值，但此时 DIOU 的第二项同样存在，二者相减的计算结果的取值范围为(−1,1)，计算结果可能是负数、0 或正数，具体取值根据重合度而定。

当两个矩形框相互包含但中心点不重合时，IOU 和 GIOU 都只能度量面积的变化，无法度量位置的变化，而 DIOU 的第二项仍旧在工作，并且随着两个矩形框中心点的逐渐靠近而逐渐减小，从而使 DIOU 的整体数值逐渐增大，此时的 DIOU 取值范围为(−1,1)。

当两个矩形框的中心点完全重合时，DIOU 的第二项为 0，DIOU 就退化为 IOU，此时 DIOU 的取值范围为(0,1)。

当两个矩形框完全重合时，DIOU 的第一项（IOU）为 1，第二项为 0，此时 DIOU 取到最大值 1。

假设 *B* 矩形框的尺寸不变化，根据 *A*、*B* 矩形框相互重合的质量从差到好的变化过程，绘制出的 DIOU 的变化趋势图，如图 7-9 所示。

在 DIOU 的计算代码中，使用 c_square 存储 *A*、*B* 矩形框最小外接矩形的对角线长度的平方，使用 bboxes_centers_vector 存储 *A*、*B* 矩形框中心点的向量，使用 rho_square 存储 *A*、*B* 矩形框中心点的距离的平方，使用 DIOU 计算公式计算 DIOU 并将得到的 DIOU 数值存储在 diou 变量中。代码如下。

```
def bbox_IOUS(bboxes1_xywh, bboxes2_xywh):
    ……
    c_square = enclose_wh[...,0]**2 + enclose_wh[...,1]**2
    bboxes_centers_vector=pred_xywh[...,:2]-true_xywh[...,:2]
    rho_square=bboxes_centers_vector[...,0]**2+\
        bboxes_centers_vector[...,1]**2
    diou = iou - tf.math.divide_no_nan(rho_square,c_square)
    ……
    return iou,giou,diou,ciou
```

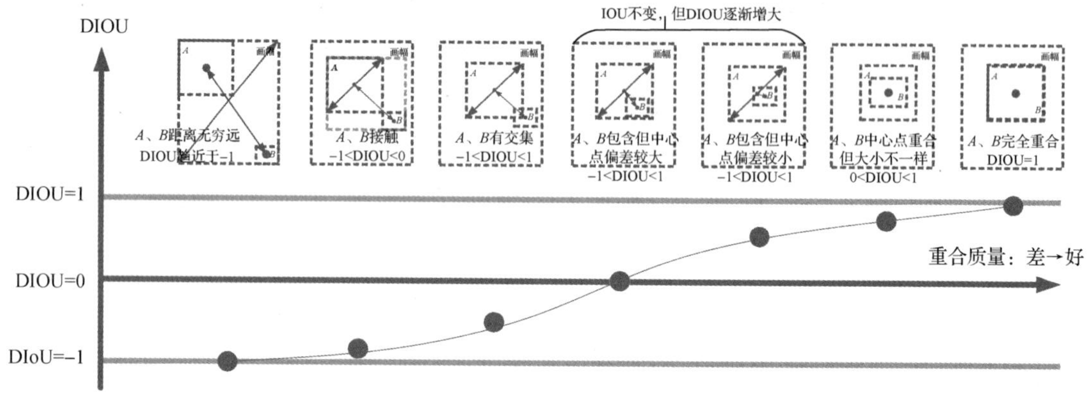

图 7-9　两矩形框重合质量从差到好的 DIOU 变化趋势图

根据 DIOU 的相关论文“Distance-IOU Loss: Faster and Better Learning for Bounding Box Regression”，在 PASCAL VOC2007 数据集和 YOLOV3 算法中，以 DIOU 作为损失度量的神经网络，较以 GIOU 作为损失度量的神经网络，能将准确率提高 0.5～1 个百分点。

7.4.5　用完整交并比表示的矩形框误差

GIOU 在 IOU 的基础上引入了外接矩形的面积，以解决两个矩形框不相交情况下的 IOU 为 0 的两个矩形框的重合度测量问题，DIOU 在 IOU 的基础上引入了两个矩形框中心点距离，结合 IOU 能够解决两个矩形框从无穷远到中心点重合和到两个矩形完全重合过程的两矩形框重合度测量问题。但 GIOU 和 DIOU 都没有使用宽高比的数据，无法处理某些特殊情况，如当两个预测矩形框与真实矩形框的中心点都完全重合，且两个预测矩形框的面积一样，只是两个预测矩形框的宽高比不同时，GIOU 和 DIOU 都无法度量出这两个预测矩形框与真实矩形框的重合度差异。完整交并比（Complete Intersection Over Union，CIOU）[47]在 DIOU 的基础上增加了一个宽高比的度量项，使得它能够充分利用预测矩形框的面积信息、中心点信息、宽高比信息，成为一个较为完整的交并比损失函数。

CIOU 最早由天津大学数学学院和智能与计算学部的研究人员提出，它在 DIOU 的基础上增加了一个关于矩形框宽高比的惩罚项，使得 CIOU 的公式包含 3 项，第 1 项是 IOU，第 2 项是由中心点距离带来的惩罚项，第 3 项是由宽高比带来的惩罚项。CIOU 的数学表达式如式（7-7）所示。

$$\text{CIOU} = \text{DIOU} - \alpha v = \text{IOU} - \frac{\rho^2\left(xy, \widehat{xy}\right)}{c^2} - \alpha v \tag{7-7}$$

式中，v 是对预测矩形框宽高比吻合程度的度量，它使用反正切函数的差作为度量值，v 的计算公式如式（7-8）所示。

$$v = \left[\frac{2}{\pi}\left(\arctan\frac{w}{h} - \arctan\frac{\hat{w}}{\hat{h}}\right)\right]^2 \tag{7-8}$$

由于公式中矩形框宽高比的反正切函数的取值范围为$\left[0, \frac{\pi}{2}\right]$，如果预测矩形框和真实矩形框的宽高比严重失调，那么二者的反正切函数的差取到最大值$\frac{\pi}{2}$，所以式（7-8）中的反正切函数的差要乘以$\frac{2}{\pi}$，以获得[0,1]的动态范围。v 的动态范围从吻合程度极差到吻合程度极好的动态范围是[1,0]。

式（7-7）中的α是一个平衡参数，不参与梯度计算，α的计算公式如式（7-9）所示。

$$\alpha = \frac{v}{\left(1 - \text{IOU}\right) + v} \tag{7-9}$$

引入宽高比惩罚项后，在预测矩形框中心点不变、面积不变的情况下，损失函数依旧能为优化指明方向。例如，一个真实 A 矩形框全包含 B 矩形框和 C 矩形框，B 矩形框和 C 矩形框的面积一样，并且它们的中心点都与 A 矩形框的中心点完全重合，此时 B 矩形框和 C 矩形框的 GIOU 退化为 IOU，并且 DIOU 的第 2 项（距离惩罚项）也完全一样，也就是说，GIOU 和 DIOU 已经无法为优化指明方向。但 CIOU 的第 3 项（宽高比惩罚项）还能度量出差异，因为 B 矩形框的宽高比更接近 A 矩形框，而 C 矩形框的宽高比与 A 矩形框相差较大，从而使得 B 矩形框的 CIOU 大于 C 矩形框的 CIOU，这符合我们的主观判断，也为 C 矩形框向 B 矩形框的方向优化提供了梯度下降的指引，如图 7-10 所示。

在 CIOU 的第 3 项（关于矩形框宽高比的惩罚项）中，α是一个平衡参数，用于调整

v 的权重。α 是 IOU 和 v 的增函数，即在 IOU 不变的情况下，随着 v 不断变小，α 也不断变小；在 v 不变的情况下，随着 IOU 不断变大，α 也会不断变大，这体现了第 3 项在优化的不同阶段的参与程度。α 不参与梯度下降的优化，不参与梯度传递计算，我们只把它看成一个可变系数。这一点在编程中需要格外注意。

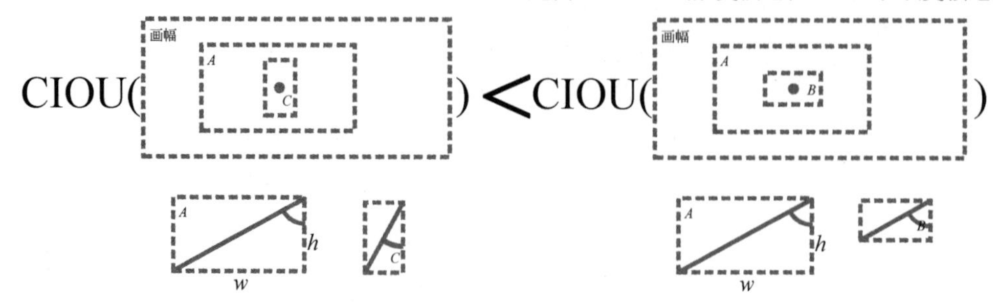

图 7-10　矩形框宽高比变化引起的 CIOU 差异示意图

另外，根据 CIOU 论文的分析，在使 v 对 $\hat{w}$ 和 $\hat{h}$ 进行求导时，v 对 $\hat{w}$ 和 $\hat{h}$ 的导数具有一个 $\frac{1}{\hat{w}^2+\hat{h}^2}$ 因子，如式（7-10）所示。

$$\begin{cases}\dfrac{\partial v}{\partial \hat{w}}=-\dfrac{8}{\pi^2}\left(\arctan\dfrac{w}{h}-\arctan\dfrac{\hat{w}}{\hat{h}}\right)\times\dfrac{\hat{h}}{\hat{w}^2+\hat{h}^2}\\ \dfrac{\partial v}{\partial \hat{h}}=\dfrac{8}{\pi^2}\left(\arctan\dfrac{w}{h}-\arctan\dfrac{\hat{w}}{\hat{h}}\right)\times\dfrac{\hat{w}}{\hat{w}^2+\hat{h}^2}\end{cases} \tag{7-10}$$

$\frac{1}{\hat{w}^2+\hat{h}^2}$ 因子在 $\hat{w}$ 和 $\hat{h}$ 的[0,1]的动态范围内可能导致梯度爆炸，所以在计算梯度时，一般会通过自定义梯度的办法，抵消 $\frac{1}{\hat{w}^2+\hat{h}^2}$ 因子的影响。在编程中遇到 CIOU 项出现 INF 或者 NaN 的情况时，可以在 v 前增加一个调整系数的步骤。自定义 v 函数可以通过 TensorFlow 的自定义梯度装饰器@tf.custom_gradient 实现（根据 Python 编程规范，一般使用符号“@”作为各种用途装饰器的标识符）。

设计一个 v 的计算函数_get_v，它接收真实矩形框高度和宽度（gt_height 和 gt_width）、预测矩形框高度和宽度（pred_height 和 pred_width）的输入，函数内部只有一个自定义梯度算子_get_grad_v。_get_grad_v 内部被分为两个部分：一个部分负责计算 v 的数值，另一个部分是自定义梯度成员函数_grad_v，_grad_v 根据式（7-10）进行了梯度的定义，但根据

算法要求排除 $\frac{1}{\hat{w}^2+\hat{h}^2}$ 因子的影响，其中链式求导中上一层级的梯度用 upstream 表示。_grad_v 的返回值是 v 对 pred_w 和 pred_h 的梯度计算出来后所组成的列表。_get_grad_v 函数返回的是 v 的数值和自定义梯度成员函数_grad_v。v 的计算函数_get_v 直接将自定义了梯度的 v 算子_get_grad_v 作为返回输出。代码如下。

```
from typing import Union
import math
CompatibleFloatTensorLike = Union[
    tf.Tensor,float,np.float32, np.float64]
def _get_v(
    gt_height: CompatibleFloatTensorLike,
    gt_width: CompatibleFloatTensorLike,
    pred_height: CompatibleFloatTensorLike,
    pred_width: CompatibleFloatTensorLike,) -> tf.Tensor:
    @tf.custom_gradient
    def _get_grad_v(pred_height, pred_width):
        arctan = tf.atan(
            tf.math.divide_no_nan(gt_width, gt_height))-\
            tf.atan(
                tf.math.divide_no_nan(
                    pred_width, pred_height))
        v = 4 * ((arctan / math.pi) ** 2)

        def _grad_v(upstream): # upstream from 链式求导
            gdw= -upstream*8*arctan*pred_height/(math.pi**2)
            gdh= upstream*8*arctan*pred_width/(math.pi**2)
            return [gdh, gdw]
        return v, _grad_v
    return _get_grad_v(pred_height, pred_width)
```

测试自定义梯度的_get_v 算子。假设某时刻真实矩形框的宽度和高度分别为 0.6 和 0.3（此处数值表示真实矩形框相对于画幅宽度和高度的归一化的宽度和高度），预测矩形框的宽度和高度都是 0.6。为简化测试手段，我们假设预测矩形框的宽度已经完全准确且已被锁定。可以计算出此时的 IOU 为 0.5，预测矩形框和真实矩形框的中心点完全重合，DIOU 退化为 IOU（等于 0.5）。CIOU 的自定义 v 算子测试环境如图 7-11 所示。

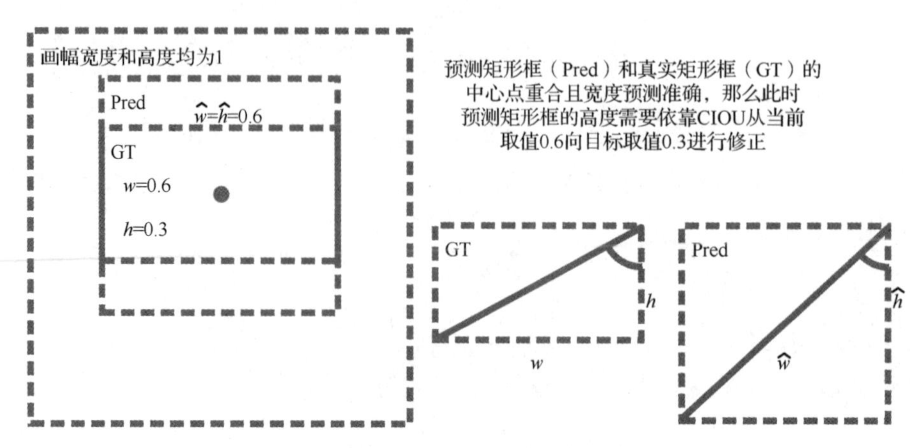

图 7-11　CIOU 的自定义 v 算子测试环境

此时主观直觉是，在 $\hat{w}$ 已经预测准确的情况下，$\hat{h}$ 应当从 0.6 减小到 0.3，当 $\hat{h}$ 朝着减小的方向修正时，CIOU 度量（在代码中对应 ciou）应该逐渐增大，而 CIOU 损失值（在代码中对应 loss_ciou）应当逐渐减小，即 $\hat{h}$ 与 CIOU 损失值同增同减，即 CIOU 损失值对 $\hat{h}$ 的导数是一个正数。测试代码如下。

```
iou=0.5;rho=0.0
diou=0.5-rho
gt_height=0.3;gt_width=0.6
pred_height=tf.Variable(0.6,dtype=tf.float32)
pred_width=tf.Variable(0.6,dtype=tf.float32)
optimizer=tf.optimizers.Adam(1e-1)

for epoch in range(200):
    print(
    'before:',(gt_height, gt_width),'VS',
     (pred_height.numpy().round(3),
      pred_width.numpy().round(3)))
    with tf.GradientTape() as tape:
        v = _get_v(
            gt_height, gt_width, pred_height, pred_width)
        alpha = tf.stop_gradient(
            tf.math.divide_no_nan(v, ((1 - iou) + v)))
        ciou = diou- alpha * v
        loss_ciou=1-ciou
    grads = tape.gradient(loss_ciou, [pred_height])
    print('tf grads:',[_.numpy().round(10) for _ in grads])
```

对 h 变量运用 TensorFlow 的梯度下降算法（assign-sub 减法），放入的梯度是 CIOU 损失值对 $\hat{h}$ 的导数，那么将使得 $\hat{h}$ 逐渐减小并逼近 0.3。代码如下。

```
    optimizer.apply_gradients(zip(grads, [pred_height]))
    print(
        'after:',(gt_height, gt_width),'VS',
          (pred_height.numpy().round(3),
           pred_width.numpy().round(3)))
```

输出如下。

```
before: (0.3, 0.6) VS (0.6, 0.6)
tf grads: [0.012114217]
after: (0.3, 0.6) VS (0.5, 0.6)
before: (0.3, 0.6) VS (0.5, 0.6)
tf grads: [0.0046646213]
after: (0.3, 0.6) VS (0.411, 0.6)
before: (0.3, 0.6) VS (0.411, 0.6)
tf grads: [0.0009915617]
after: (0.3, 0.6) VS (0.337, 0.6)
before: (0.3, 0.6) VS (0.337, 0.6)
tf grads: [4.41844e-05]
after: (0.3, 0.6) VS (0.277, 0.6)
```

可见，$\hat{h}$ 在梯度下降的作用下，朝着 0.3 的真实值逐渐靠近；在 $\hat{h}$ 尚未减小到 0.3 附近时，CIOU 损失值对 $\hat{h}$ 的导数恒为正数。

确认_get_v 函数无误后，我们可以使用定义好梯度的_get_v 函数得到 v 变量，计算平衡参数 α（在代码中对应 alpha）后，按照公式计算 CIOU 的数值。其中，由于论文中将平衡参数 α 设置为不参与梯度计算，所以此处使用 tf.stop_gradient 函数使 TensorFlow 对 α 停止梯度跟踪。CIOU 的编程代码如下。

```
def bbox_IOUS(bboxes1_xywh, bboxes2_xywh):
    ......
    gt_height=true_xywh[..., 3]
    gt_width=true_xywh[..., 2]
    pred_height=pred_xywh[..., 3]
    pred_width=pred_xywh[..., 2]
    v = _get_v(gt_height, gt_width, pred_height, pred_width)
    alpha = tf.stop_gradient(
```

```
        tf.math.divide_no_nan(v, ((1 - iou) + v)))
    ciou = diou - alpha * v
        return iou,giou,diou,ciou
```

7.4.6 用交并比量化矩形框预测误差的实践

随着深度学习技术的发展，目标检测中使用的预测矩形框位置误差也在不断发展，从最开始的中心点误差和宽高误差，到 GIOU、DIOU 误差，到目前最新的 CIOU 误差，都在不断地为目标检测神经网络提供性能更优良的损失度量方式。在实际工程中，并没有一成不变的损失函数，开发者需要根据实际需要测试不同的损失函数，调整损失度量策略。对于某些条件下，中心点误差和宽高误差具有最高的计算稳定性，不容易出现 INF 或者 NaN 的异常情况，适合初学者使用；GIOU 和 DIOU 误差在一般情况下已经足够使用，CIOU 需要应对系数调整、梯度追踪等复杂操作，调试的难度较大，一般在 GIOU 和 DIOU 提供的性能无法胜任的情况下，使用 CIOU 作为矩形框误差的度量方式。

关于各种 IOU 的度量方式，都是随着重合度升高，IOU 数值逐渐升高的，当使用 GIOU、DIOU、CIOU 作为损失函数时，需要使用 1 减去相关的 IOU 数值，才能作为损失函数，如式（7-11）所示。

$$\begin{cases} \text{loss}_{\text{GIOU}} = 1 - \text{GIOU} \\ \text{loss}_{\text{DIOU}} = 1 - \text{DIOU} \\ \text{loss}_{\text{CIOU}} = 1 - \text{CIOU} \end{cases} \tag{7-11}$$

在累加范围上，交并比误差同样是仅累计前景部分，即需要使用前景蒙版 obj_mask 相乘后进行累加，累加后需要乘以每个前景的补偿权重 loss_scale。使用交并比指标度量预测矩形框和真实矩形框重合度的损失函数代码如下。

```
        iou,giou,diou,ciou =utils.bbox_IOUS(
              true_xywh,pred_xywh)
        # iou.shape(None, 13, 13, 3)
        giou_loss = obj_mask * loss_scale * (1- giou)
        diou_loss = obj_mask * loss_scale * (1- diou)
        ciou_loss = obj_mask * loss_scale * (1- ciou)
```

测试我们设计的 IOU 误差计算函数，设计一个真实矩形框和 3 个预测矩形框，计算 IOU、GIOU、DIOU、CIOU 的退化和变化情况。不同矩形框吻合情况下的 IOU 退化和变化示意图如图 7-12 所示。

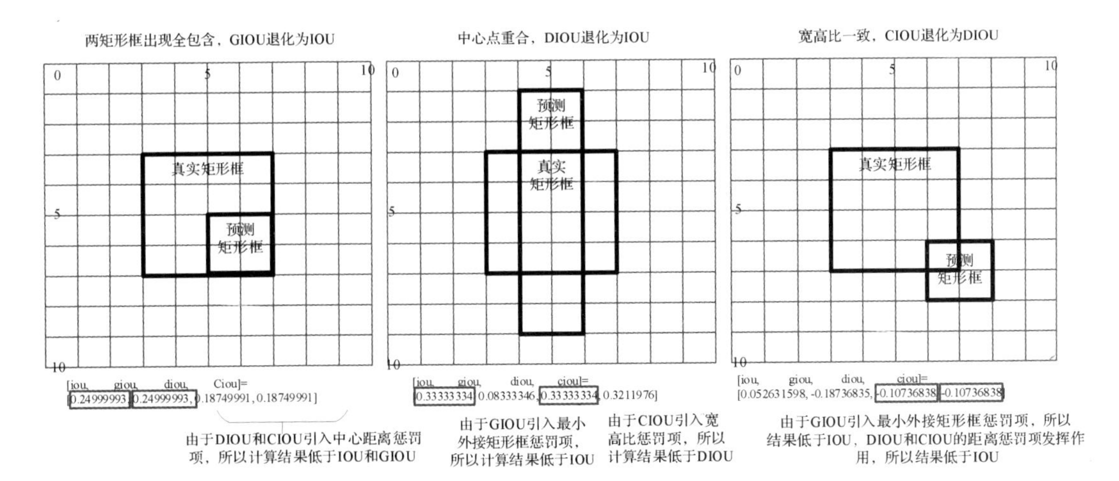

图 7-12　不同矩形框吻合情况下的 IOU 退化和变化示意图

计算它们的各种交并比结果，代码如下。

```
if __name__=='__main__':
    b1_x=2.0 ;b1_y=2.0 ;b1_w=4.0 ;b1_h=4.
    b2_x=3.0 ;b2_y=3.0 ;b2_w=2.0 ;b2_h=2.
    b1=np.array([b1_x,b1_y,b1_w,b1_h])/10.
    b2=np.array([b2_x,b2_y,b2_w,b2_h])/10.
    iou,giou,diou,ciou=bbox_IOUS(b1, b2)
    print("两矩形框出现全包含，giou 退化为 iou")
    tf.debugging.assert_near(giou,iou)
    print("[iou,giou,diou,ciou]分别为",[_.numpy() for _ in [iou,giou,diou,
ciou]])

    b1_x=2.0 ;b1_y=2.0 ;b1_w=4.0 ;b1_h=4.
    b2_x=2.0 ;b2_y=2.0 ;b2_w=2.0 ;b2_h=8.
    b1=np.array([b1_x,b1_y,b1_w,b1_h])/10.
    b2=np.array([b2_x,b2_y,b2_w,b2_h])/10.
    iou,giou,diou,ciou=bbox_IOUS(b1, b2)
    assert diou==iou
    print("中心点重合，diou 退化为 iou")
    print("[iou,giou,diou,ciou]分别为",[_.numpy() for _ in [iou,giou,diou,
ciou]])

    b1_x=2.0 ;b1_y=2.0 ;b1_w=4.0 ;b1_h=4.
    b2_x=3.0 ;b2_y=3.0 ;b2_w=2.0 ;b2_h=2.
```

```
    b1=np.array([b1_x,b1_y,b1_w,b1_h])/10.
    b2=np.array([b2_x,b2_y,b2_w,b2_h])/10.
    iou,giou,diou,ciou=bbox_IOUS(b1, b2)
    print("宽高比一致，ciou 退化为 diou")
    assert ciou==diou
    print("[iou,giou,diou,ciou]分别为",[_.numpy() for _ in [iou,giou,diou,
ciou]])
```

由于计算精度限制，某些理论计算值应当等于 0.25 的，可能会显示为 0.24999993，所以代码中使用 tf.debugging.assert_near 函数对精度问题引起的数据不相等情况进行模糊处理，交互界面的打印结果如下。

```
两矩形框出现全包含，giou 退化为 iou
[iou,giou,diou,ciou]分别为[0.24999993, 0.24999993, 0.18749991, 0.18749991]
中心点重合，diou 退化为 iou
[iou,giou,diou,ciou]分别为[0.33333334, 0.08333346, 0.33333334, 0.3211976]
宽高比一致，ciou 退化为 diou
[iou,giou,diou,ciou]分别为[0.052631598, -0.18736835, -0.10736838, -0.10736838]
```

7.5 前景和背景的预测误差

前景和背景的预测误差指的是整个画幅上的每个网格是否包含物体（若包含物体则为前景，若不包含物体则为背景）的前背景属性预测，与每个网格是否的确包含物体的真实情况之间的差异。为称呼简便，前景和背景的预测误差可简称为前背景预测误差，前背景预测的误差量化，本质上是二分类预测的误差量化，误差量化的方式也采用分类计算中常用的交叉熵。

7.5.1 前景误差和背景误差的定义

网格前背景真实值被存储在 true_obj 矩阵变量中，在公式中用 obj_{ij} 表示。此变量取自训练集，真实矩形框的所在网格已经被标记为 1，其余网格被标记为 0。

网格前背景预测值被存储在 pred_obj 矩阵变量中，在公式中用 $\widehat{\mathrm{obj}}_{ij}$ 表示。此变量中的数据含义是，每个网格下面的预测矩形框是否框住了物体，0 表示没有物体，1 表示有物体，此变量的取值范围为[0,1]。

在量化方法上，网格前背景预测和网格前背景真实值之间的差异使用 binary_crossentropy（二元交叉熵）算法进行量化，在公式中用 $\mathrm{CrossEntropy}\left(\mathrm{obj}_{ij},\widehat{\mathrm{obj}}_{ij}\right)$ 表示。

在累加范围上，仅对前景网格和背景网格进行累加计算，既非前景也非背景的部分（框住了物体的部分）不参与前背景误差计算，实现方式则是分别乘以前景蒙版 obj_mask 和背景蒙版 no_obj_mask，前景蒙版在公式中用 I_{ij}^{obj} 表示，背景蒙版在公式中用 I_{ij}^{noobj} 表示。

前景预测误差计算公式如式（7-12）所示。

$$\begin{aligned}\text{loss}_{\text{obj}} &= \sum_{i=0}^{K\times K}\sum_{j=0}^{M} I_{ij}^{\text{obj}}\text{CrossEntropy}\left(\text{obj}_{ij},\widehat{\text{obj}}_{ij}\right) \\ &= \sum_{i=0}^{K\times K}\sum_{j=0}^{M} I_{ij}^{\text{obj}}\left[\left(\text{obj}_{ij}\times\ln\left(\widehat{\text{obj}}_{ij}\right)+\left(1-\text{obj}_{ij}\right)\right)\times\ln\left(1-\widehat{\text{obj}}_{ij}\right)\right]\end{aligned} \tag{7-12}$$

式中，$\ln(x)$ 表示以自然数 e 为底的对数；i 的取值范围为 K 行 K 列的二维区域，在公式中用 $\sum_{i=0}^{K\times K}$ 表示；j 的取值范围为 0～M 的整数，表示第 j 个先验锚框；M 表示每个分辨率下的先验锚框的数量。

背景预测误差计算公式如式（7-13）所示。

$$\begin{aligned}\text{loss}_{\text{noobj}} &= \sum_{i=0}^{K\times K}\sum_{j=0}^{M} I_{ij}^{\text{noobj}}\text{CrossEntropy}\left(\text{obj}_{ij},\widehat{\text{obj}}_{ij}\right) \\ &= \sum_{i=0}^{K\times K}\sum_{j=0}^{M} I_{ij}^{\text{noobj}}\left[\text{obj}_{ij}\times\ln\left(\widehat{\text{obj}}_{ij}\right)+\left(1-\text{obj}_{ij}\right)\times\ln\left(1-\widehat{\text{obj}}_{ij}\right)\right]\end{aligned} \tag{7-13}$$

总的来说，整体的前背景误差等于前景误差叠加背景误差。

7.5.2　样本均衡原理和 Focal-Loss 应用

根据前背景误差的定义，读者应该能想象到，神经网络关于一幅图像的预测，能对应上真实矩形框的正样本预测数量的毕竟是少数，而大量的预测都是被定性为不与任何真实矩形框重合的背景。这会导致在整体误差中，背景误差占据了较大份额，而前景误差仅仅来源于少量的前景预测矩形框，二者相加相当于变相地抑制了前景预测的学习过程，这就是样本不均衡的现象。

Focal-Loss 算法最早出现在 2018 年的“Focal Loss for Dense Object Detection”论文中，是目标检测中使用较为普遍的解决正负样本均衡和难易样本均衡问题的超参数解决方案。Focal-Loss 内的有两个超参数：α 和 γ。它们不是神经网络的组成部分，不可通过训练获得。超参数 α 和超参数 γ 是需要开发者根据经验设置的参数。一般来说，需要经过多次设置尝试，获得一个最优的 γ。

根据前背景的定义，我们可以看到一个很明显的解决方案，就是为前景误差增加一个衰减系数α，为背景误差增加一个衰减系数（$1-\alpha$），α的取值范围为[0,1]。α是一个根据经验决定的超参数，当α的取值范围为[0,0.5)时，正样本被压缩，负样本被放大；当α的取值为0.5时，不对前背景样本的数量进行平衡；当α的取值范围为(0.5,1]时，背景样本被压缩，前景样本被放大。

如果超参数α选择合理，使α大于（$1-\alpha$），那么就能放大前景误差，压缩背景误差，达到正负样本均衡的目的。修改后的交叉熵公式如式（7-14）所示。

$$\text{CrossEntropy}\left(\text{obj}_{ij},\widehat{\text{obj}_{ij}}\right)=\alpha\times\text{obj}_{ij}\times\ln\left(\widehat{\text{obj}_{ij}}\right)+\left(1-\alpha\right)\left(1-\text{obj}_{ij}\right)\times\ln\left(1-\widehat{\text{obj}_{ij}}\right) \quad (7\text{-}14)$$

一般来说，前景数量小于背景数量，所以必须将α设置为大于0.5的数值。目标检测中的物体识别的种类数量越多，α应当设置得越低（越接近0.5）；目标检测的种类数量越少，α应当设置得越接近1。根据Focal-Loss的相关论文，合理设置α能将准确率提升1～3个百分点，如图7-13所示。

	α	AP	AP_{50}	AP_{75}	
	0.10	0.0	0.0	0.0	
	0.25	10.8	16.0	11.7	
单独使用	0.50	30.2	46.7	32.8	合理设置
时，α	0.75	31.1	49.4	33.0	α，能提
大于0.5	0.90	30.8	49.7	32.3	升准确率
	0.99	28.7	47.4	29.9	
	0.999	25.1	41.7	26.1	

图7-13　不同正负样本均衡参数带来的准确率变化

除了正负样本不均衡带来的训练问题，还应该看到随着训练的推进，有的样本已经被神经网络"学会"了，我们称之为"易样本"，有些样本的识别难度较大，神经网络还没有"学会"，我们称之为"难样本"。从损失值的角度看，易样本的损失值已经很低了，难样本的损失值很高。Focal-Loss内的超参数γ就是为了解决难易样本均衡问题的。合理设置超参数γ，可以放大难样本的损失值，压缩易样本的损失值，从而使神经网络更关注难样本的数据拟合，加快训练过程和提升训练效果。

为此，可以设计一个与二分类预测概率$\widehat{\text{obj}_{ij}}$相关的超参数$\gamma$，$\gamma$取值为一个正数。为正样本（$\text{obj}_{ij}$应当等于1）搭配一个$\left(1-\widehat{\text{obj}_{ij}}\right)^{\gamma}$系数，为负样本（$\text{obj}_{ij}$应当等于0）搭配一个$\widehat{\text{obj}_{ij}}^{\gamma}$系数。修改后的交叉熵公式如式（7-15）所示。

$$\begin{aligned}\text{CrossEntropy}\left(\text{obj}_{ij},\widehat{\text{obj}_{ij}}\right)=&\left(1-\widehat{\text{obj}_{ij}}\right)^{\gamma}\times\text{obj}_{ij}\times\ln\left(\widehat{\text{obj}_{ij}}\right)\\&+\widehat{\text{obj}_{ij}}^{\gamma}\left(1-\text{obj}_{ij}\right)\times\ln\left(1-\widehat{\text{obj}_{ij}}\right)\end{aligned} \quad (7\text{-}15)$$

通过简单推理可以知道，对于正样本来说，其 obj_{ij} 应当等于 1，如果是预测正确的易样本，那么 $\widehat{\text{obj}}_{ij}$ 应当是一个接近 1 的预测，$\left(1-\widehat{\text{obj}}_{ij}\right)^{\gamma}$ 应当是一个非常小的小数，这样易样本的损失值就被压制；如果是预测错误的难样本，那么 $\widehat{\text{obj}}_{ij}$ 应当是一个接近 0 的预测，$\left(1-\widehat{\text{obj}}_{ij}\right)^{\gamma}$ 应当是一个比较接近 1 的小数，这样难样本的损失值就被放大了。对于负样本来说，同理，易样本的损失值被压制，难样本的损失值被放大。

γ 取值为一个根据经验选取的正数，当 γ 大于 0 时，难易样本均衡机制启动。γ 取值越大，难样本的放大作用越明显；γ 取值越小，难样本的放大作用越弱。当 γ 等于 0 时，超参数 γ 的作用被屏蔽。在工程上，一般选择 γ 等于 2。根据 Focal-Loss 的论文，合理地确定 γ 的取值，可以将目标检测准确率提升 1～3 个百分点，如图 7-14 所示。

	γ	α	AP	AP_{50}	AP_{75}	
先选定 γ，然后寻找最佳的 α	0	0.75	31.1	49.4	33.0	
	0.1	0.75	31.4	49.9	33.1	
	0.2	0.75	31.9	50.7	33.4	
	0.5	0.50	32.9	51.7	35.2	
	1.0	0.25	33.7	52.0	36.2	合理设置 γ，能提升准确率
	2.0	0.25	**34.0**	**52.5**	**36.5**	
	5.0	0.25	32.2	49.6	34.8	

图 7-14　不同难易样本均衡参数带来的准确率变化

结合了正负样本平衡超参数 α 和难易样本平衡超参数 γ 后，修正的交叉熵公式如式(7-16)所示。

$$
\begin{aligned}
\text{CrossEntropy}\left(\text{obj}_{ij},\widehat{\text{obj}}_{ij}\right)=&\ \alpha\times\left(1-\widehat{\text{obj}}_{ij}\right)^{\gamma}\times\text{obj}_{ij}\times\ln\left(\widehat{\text{obj}}_{ij}\right)\\
&+(1-\alpha)\times\widehat{\text{obj}}_{ij}^{\ \gamma}\times\left(1-\text{obj}_{ij}\right)\times\ln\left(1-\widehat{\text{obj}}_{ij}\right)
\end{aligned}
\tag{7-16}
$$

在 YOLO 算法中，根据经验一般预先设置正负样本平衡超参数 $\alpha=0.8$ 和难易样本平衡超参数 $\gamma=2$，然后根据效果适当微调尝试。Focal-Loss 使用 conf_focal 变量存储。前背景真实值被存储在 true_obj 中，前背景预测值被存储在 pred_obj 中，二者使用 TensorFlow 的二分类交叉熵函数计算未进行均衡的交叉熵损失值，计算结果被存储在 obj_loss_all 中。经过正负样本均衡和难易样本均衡后的正样本交叉熵损失值被存储在 obj_loss_pos 中，负样本交叉熵损失值被存储在 obj_loss_neg 中。代码如下。

```
alpha=0.8;gamma=2
conf_focal = alpha*tf.pow(true_obj - pred_obj, gamma)
# conf_focal 的形状为[batch,grid_sizes,grid_size,3,1]
conf_focal = tf.squeeze(conf_focal,[-1]) # 缩减无效维度
```

```
    # conf_focal.shape=( batch, grid_size, grid_size, 3)
    obj_loss_all = tf.keras.losses.binary_crossentropy(
        true_obj, pred_obj)
    obj_loss_pos = obj_mask * obj_loss_all
    obj_loss_neg = no_obj_mask * obj_loss_all
    obj_loss_pos=conf_focal*obj_loss_pos
    obj_loss_neg=conf_focal*obj_loss_neg
    # obj_loss 的形状为[batch, grid_size, grid_size, 3]
```

7.6 分类预测误差

分类预测误差指的是整个画幅上的每个网格在包含物体的条件下属于何种物体的概率预测，与的确包含物体的那些网格内包含何种物体的概率（100%）之间的差异。

分类预测误差被存储在 pred_class 变量中。此变量中的数据含义是，每个网格下面的预测矩形框在框住物体的条件下具体属于哪个种类的物体的概率，这个变量的最后一个维度有“物体类别数量”个位，每个位表示某一类物体的概率，每个位的数字的取值范围为[0,1]。0 表示概率为 0，1 表示概率为 100%。

真实分类被存储在 true_class_idx 变量中。此变量取自训练集，这个变量的最后一个维度只有 1 个位，存储的数据指示着真实矩形框的所在网格含有第几类物体。如果目标检测的分类数量有 20 类，那么 true_class_idx 变量的最后一个维度的数字的取值范围为[0,19]。

在量化方法上，分类预测和真实分类之间的差异使用 sparse_categorical_crossentropy（多分类交叉熵）算法进行量化。

在累加范围上，仅对前景网格进行累加计算，实现方式是将交叉熵损失值乘以前景蒙版 obj_mask。

一个 K 行 K 列的网格上的某一个网格（第 i 个）的第 j 个先验锚框的第 c 个分类的概率预测用 $\hat{p}_{ijc}$ 表示，网格上第 i 个网格的第 j 个先验锚框对第 c 个分类的真值用 p_{ijc} 表示，列出分类预测误差的计算公式，如式（7-17）所示。

$$\begin{aligned}\text{loss}_{\text{cls}} &= \sum_{i=0}^{K\times K}\sum_{j=0}^{M} I_{ij}^{\text{obj}}\text{CrossEntropy}\left(p_{ij},\hat{p}_{ij}\right) \\ &= \sum_{i=0}^{K\times K}\sum_{j=0}^{M}\left(I_{ij}^{\text{obj}}\sum_{c=0}^{\text{NUM\_CLS-1}}\left[p_{ijc}\times\ln\left(\hat{p}_{ijc}\right)+\left(1-p_{ijc}\right)\times\ln\left(1-\hat{p}_{ijc}\right)\right]\right)\end{aligned} \tag{7-17}$$

式中，i 的取值范围为 K 行 K 列的二维区域，在公式中用 $\sum_{i=0}^{K\times K}$ 表示；j 的取值范围为 0～M

的整数，表示第 j 个先验锚框；c 的取值范围为 0～NUM_CLS−1 之间的整数，NUM_CLS 表示待识别物体分类的总数量。

在统计范围上，分类预测误差仅仅统计前景网格，所以需要将分类预测误差乘以前景蒙版 obj_mask，在分类误差计算上，使用 TensorFlow 的 sparse_categorical_crossentropy 函数。代码如下。

```
        class_loss=obj_mask * \
            tf.keras.losses.sparse_categorical_crossentropy(
                true_class_idx, pred_cls_prob)
```

7.7　总误差的合并和数值合理性确认

截至目前，我们获得了 3 类误差。第 1 类误差和预测矩形框形状位置相关，它们是和预测矩形框位置相关的中心点误差 xy_loss、宽高误差 wh_loss，以及和预测矩形框面积相关的 giou_loss、diou_loss、ciou_loss。第 2 类误差和预测矩形框前背景分类相关，它们是前景分类误差 obj_loss_pos、背景分类误差 obj_loss_neg。第 3 类误差和预测矩形框物体分类相关，是分类误差 class_loss。一般情况下，我们会从第 1 类形状位置相关误差中选择一套度量方式，是 xy_loss+wh_loss，或者是 giou_loss、diou_loss、ciou_loss 中的一个，如果多选，那么相当于变相增加第 1 类误差的累加权重。

此外，我们通过前背景归类，还得到了前景蒙版 obj_mask 和背景蒙版 no_obj_mask。由于不同数据集在不同分辨率上的矩形框数量密度不同，损失度量方式的损失值的动态范围不同，所以作者习惯将前景数量、背景数量、不同类别不同度量方式的误差全部输出，通过 TensorBoard 可视化工具查看每个损失值的下降收敛情况，以便确定选择何种损失度量方式作为最终的损失函数。

在损失函数生成器上，多设计一个损失值选择开关 LOSSES，它是一个列表，它将根据列表内的蒙版选择和损失值选择，组合一个选择值列表 SEL_LOSSES_RESULT。如果对损失值选择开关不做配置，那么它被默认为 None，含义是返回全部前背景蒙版和全部损失度量值。代码如下。

```
def create_loss_func(any_res_anchors, LOSSES=None):
    @tf.function
    def compute_loss(y_true,y_pred, IOU_LOSS_THRESH=0.5):
        ......
        if LOSSES:
            ALL_LOSSES_NAME= [
```

```
            'obj_mask','no_obj_mask',
            'xy_loss','wh_loss',
            'giou_loss','diou_loss','ciou_loss',
            'obj_loss_pos','obj_loss_neg',
            'class_loss']
        ALL_LOSSES_RESULT=[
            obj_mask,no_obj_mask,
            xy_loss,wh_loss,
            giou_loss,diou_loss,ciou_loss,
            obj_loss_pos,obj_loss_neg,
            class_loss]
        assert set(
            LOSSES).issubset(set(
                ALL_LOSSES_NAME)), 'ContainIllegalLossName!'
        assert set(
            LOSSES).intersection(
                set(ALL_LOSSES_NAME)),'NoneLegalLossName!'
        print('the losses select is :',LOSSES)
        SEL_LOSSES_RESULT=[
            loss  for (name,loss) in
            zip(ALL_LOSSES_NAME,ALL_LOSSES_RESULT)
            if name in LOSSES]
    elif LOSSES==None:
        ALL_LOSSES_RESULT=[obj_mask,no_obj_mask,
                        xy_loss,wh_loss,
                     giou_loss,diou_loss,ciou_loss,
                     obj_loss_pos,obj_loss_neg,
                     class_loss]
        SEL_LOSSES_RESULT=ALL_LOSSES_RESULT
```

将选择的损失值或者蒙版组成一个列表 SEL_LOSSES_RESULT，我们可以用 TensorFlow 的 stack 函数将它们组成一个矩阵 losses_matrix，它的形状是[batch,gx,gy,anchors, losses]。如果选择全部蒙版和损失值，那么 losses 就等于 10；如果只选择 ciou 损失值、前景损失值 obj_loss_pos、背景损失值 obj_loss_neg、分类损失值 class_loss 这 4 个损失值，那么 SEL_LOSSES_RESULT 矩阵的形状就是[batch,gx,gy,anchors, 4]。

对于这个损失矩阵，我们首先要做的就是对本次打包内的每个图像样本进行损失值的求和计算，得到 loss_total_eachBatch，它的形状应该是[batch, losses]。然后对本次打包中的每个图像样本的各种损失值进行平均，得到 loss_total_batchMean，它的形状应该是[losses,]。loss_total_batchMean 是一个一维向量，它表示本批次所有图像的所有损失值除以本批次内的图像数量所得到的商。它的含义是具有通用性的，因为随着开发者硬件环境的切换，送入神经网络的打包数量可能变化，但平均每幅图像的总损失值是一个稳定的数值，具有可比性。损失函数将以 loss_total_batchMean 作为返回输出，而损失函数本身将作为损失函数生成器的输出进行返回。代码如下。

```
    def create_loss_func(any_res_anchors, LOSSES=None):
        @tf.function
        def compute_loss(y_true,y_pred,  IOU_LOSS_THRESH=0.5):
            # y_pred 的形状为[batch, grid_size,grid_size,
                            9+NUM_CLASS(4+4+1+NUM_CLASS)]
            # y_true 的形状为[batch, grid_size,grid_size, 6(4+1+1)]
            # any_res_anchors 的形状为[3,2]
            ……
            # 将 losses_matrix 的形状从[batch,gx,gy,anchors]改为[batch,gx,gy,
anchors,losses]
            losses_matrix=tf.stack(SEL_LOSSES_RESULT,axis=-1)
            # 将 loss_total_eachBatch 的形状从[batch,gx,gy,anchors,losses] 改为
[batch,losses]
            loss_total_eachBatch=tf.reduce_sum(
               losses_matrix,axis=(1,2,3))
            # 将 loss_total_batchMean 的形状从[batch, losses] 改为[losses,]
            loss_total_batchMean=tf.reduce_mean(
               loss_total_eachBatch, axis=0)
            return loss_total_batchMean
        return compute_loss
```

第一次设计损失函数时，一般会在损失函数的最后加上一个数值合理性的判定。例如，定义大于 3000 的损失值属于异常损失值，或者当损失值出现 NaN 或 INF 时，需要进行异常值位置的打印提示。样例代码如下。

```
            if tf.reduce_any(loss_total_batchMean>3000.):
               indices = tf.where(loss_total_batchMean>3000.)
               tf.print(indices)
               tf.print('loss_total_batchMean',
                  loss_total_batchMean)
            ……
```

```
        if tf.reduce_any(
                tf.math.is_inf(loss_total_batchMean)):
            indices = tf.where(tf.math.is_inf(y_pred))
            tf.print("y_pred nan cnt:", tf.shape(indices)[0])
            tf.print(indices)
            ……
        if tf.reduce_any(
            tf.math.is_nan(loss_total_batchMean)):
            indices = tf.where(tf.math.is_nan(y_pred))
            tf.print("y_pred nan cnt:",tf.shape(indices)[0])
            tf.print(indices)
            ……
```

测试损失函数的输入/输出形状。代码如下。

```
if __name__=="__main__":
    y_pred=tf.zeros([1,13,13,3,29])
    y_true=tf.zeros([1,13,13,3,6])
    low_res_compute_loss = create_loss_func(low_res_anchors)
    losses=low_res_compute_loss(
            y_true,y_pred,  IOU_LOSS_THRESH=0.5)
    print(losses.shape)
```

输出如下。

```
(10,)
```

可见，每次损失函数计算中一共有 10 个损失值输出，其中，前 2 个损失值是正样本数量的计数，不应当加入总损失值中，后 8 个损失值需要有选择性地加入总损失值中。确认函数运行无误后，可以将 compute_loss 函数定义前的@tf.function 装饰符重新启用，使 TensorFlow 以静态模式运行损失函数，可以大幅提高损失函数的计算效率。

第8章
YOLO 神经网络的训练

YOLO 神经网络的训练分为参数配置、数据集预处理、模型建立、动态模式训练、静态模式训练 5 个部分。

参数配置主要是指根据选择的模型，建立先验锚框、XYSCALE、输入分辨率等常量；数据集预处理主要是指读取磁盘上的 TFRecord 文件，并转化可计算数据集，可计算数据集的样本真实矩阵与神经网络输出的样本预测矩阵几乎具有同样的形状和物理意义；模型建立是指根据参数配置建立 YOLO 神经网络模型并根据需要加载相应权重。这 3 个部分已经通过前面的章节进行了详细的介绍，本章将一带而过。

神经网络的训练一般分为两种模式：动态模式和静态模式。动态模式训练的主要工作是手动编写数据集循环，手动计算损失值，使用梯度下降原理优化神经网络参数，并使用 TensorBoard 工具监控训练过程。动态模式训练神经网络的速度较慢，但出错有提示，可以随时进行调试。工程中为了确保神经网络和损失函数设计无误，一般会首先使用动态模式训练神经网络，然后才使用静态模式训练神经网络。因为静态模式训练利用 Keras 模型对象的编译方法指定损失函数和优化器，并使用 Keras 模型的 fit 方法自动进行模型的训练收敛，静态模式难以调试，但其训练速度是动态模式的 1.5～2 倍。

8.1 数据集和模型准备

本节将快速回顾数据集准备工作和迁移学习模式下的模型加载工作。

⋘ 8.1.1 参数配置

建立模型需要先确定两个重要参数：模型类型参数 MODEL 和简版开关的参数 IS_TINY，其他参数都是根据这两个参数提取或推导出来的。YOLO 模型的选择配置表如表 8-1 所示。

表 8-1　YOLO 模型的选择配置表

模型类型	MODEL 参数	IS_TINY 参数	默认模型名称
YOLOV3 标准版	yolov3	False	yolov3
YOLOV3 简版	yolov3	True	yolov3_tiny
YOLOV4 标准版	yolov4	False	yolov4
YOLOV4 简版	yolov4	True	yolov4_tiny

以 YOLOV4 为例，建立一个字典对象 CFG，存储两个最重要的基础信息。代码如下。

```
CFG=edict()
CFG.MODEL="yolov4"
CFG.IS_TINY=False
CFG.MODEL_NAME=CFG.MODEL+('_tiny' if CFG.IS_TINY==True else '')
```

根据这两个关键配置，使用 get_model_cfg 函数获得其他常量信息。这些常量信息是根据模型研发的论文进行存储的，在搞清楚原理的前提下，开发者可进行修改。代码如下。

```
CFG.WEIGHTS = get_model_cfg(CFG.MODEL,CFG.IS_TINY).WEIGHTS
CFG.NN_INPUT_SIZE = get_model_cfg(
CFG.MODEL,CFG.IS_TINY).NN_INPUT_SIZE
CFG.GRID_CELLS = get_model_cfg(CFG.MODEL,CFG.IS_TINY).GRID_CELLS
CFG.STRIDES = get_model_cfg(CFG.MODEL,CFG.IS_TINY).STRIDES
CFG.XYSCALE = get_model_cfg(CFG.MODEL,CFG.IS_TINY).XYSCALE
CFG.ANCHORS = get_model_cfg(CFG.MODEL,CFG.IS_TINY).ANCHORS
CFG.ANCHOR_MASKS = get_model_cfg(CFG.MODEL,CFG.IS_TINY).ANCHOR_MASKS
```

4 种 YOLO 模型的参数常量配置情况如图 8-1 所示。

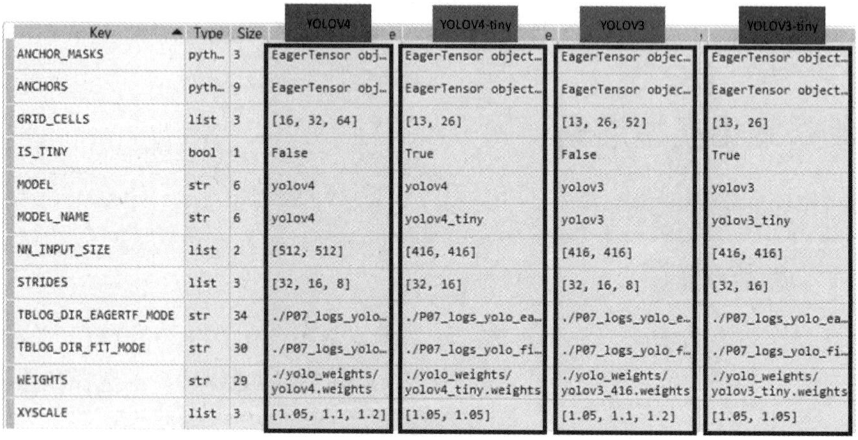

Key	Type	Size	YOLOV4	YOLOV4-tiny	YOLOV3	YOLOV3-tiny
ANCHOR_MASKS	pyth…	3	EagerTensor obj…	EagerTensor object…	EagerTensor objec…	EagerTensor object…
ANCHORS	pyth…	9	EagerTensor obj…	EagerTensor object…	EagerTensor objec…	EagerTensor object…
GRID_CELLS	list	3	[16, 32, 64]	[13, 26]	[13, 26, 52]	[13, 26]
IS_TINY	bool	1	False	True	False	True
MODEL	str	6	yolov4	yolov4	yolov3	yolov3
MODEL_NAME	str	6	yolov4	yolov4_tiny	yolov3	yolov3_tiny
NN_INPUT_SIZE	list	2	[512, 512]	[416, 416]	[416, 416]	[416, 416]
STRIDES	list	3	[32, 16, 8]	[32, 16]	[32, 16, 8]	[32, 16]
TBLOG_DIR_EAGERTF_MODE	str	34	./P07_logs_yolo…	./P07_logs_yolo_ea…	./P07_logs_yolo_e…	./P07_logs_yolo_ea…
TBLOG_DIR_FIT_MODE	str	30	./P07_logs_yolo…	./P07_logs_yolo_fi…	./P07_logs_yolo_f…	./P07_logs_yolo_fi…
WEIGHTS	str	29	./yolo_weights/ yolov4.weights	./yolo_weights/ yolov4_tiny.weights	./yolo_weights/ yolov3_416.weights	./yolo_weights/ yolov3_tiny.weights
XYSCALE	list	3	[1.05, 1.1, 1.2]	[1.05, 1.05]	[1.05, 1.1, 1.2]	[1.05, 1.05]

图 8-1　4 种 YOLO 模型的参数常量配置情况

其中，根据标准版模型和简版模型将先验锚框 ANCHORS 分别配置为 9 个和 6 个，标准版模型的先验锚框编号从 0 到 8，先验锚框的尺寸从小到大，分别归属高、中、低 3 个分辨率；简版模型的先验锚框编号从 0 到 5，先验锚框的尺寸从小到大，分别归属中、低两个分辨率，归属情况由 ANCHOR_MASKS 常量记录，如图 8-2 所示。

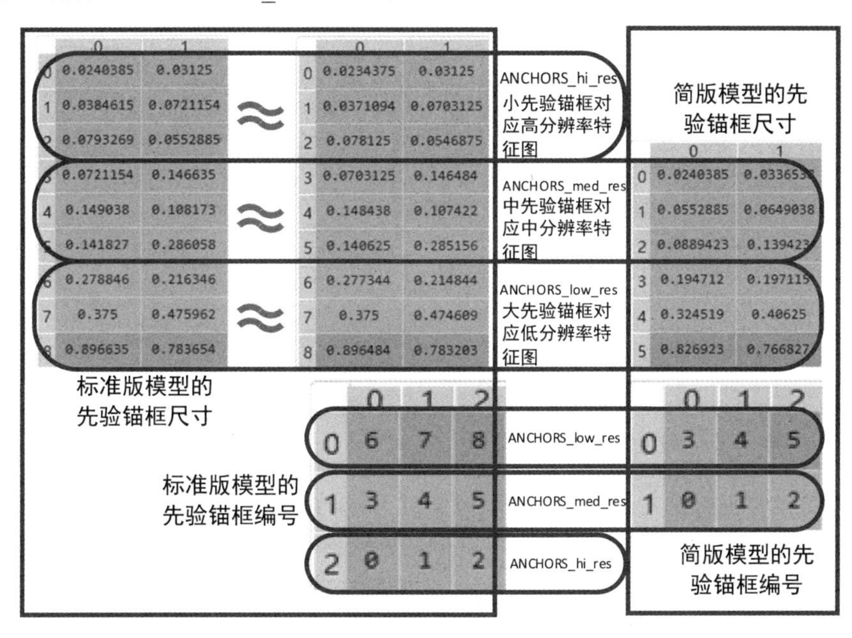

图 8-2　YOLOV3、YOLOV4 的标准版和简版的先验锚框和锚框编号配置情况

使用先验锚框 ANCHORS 和先验锚框归属关系 ANCHOR_MASKS，提取不同分辨率下的锚框和 XYSCALE。代码如下。

```
if CFG.IS_TINY:
    XYSCALE_low_res,XYSCALE_med_res = XYSCALE
    ANCHORS_med_res = tf.gather(ANCHORS, ANCHOR_MASKS[1])
    ANCHORS_low_res = tf.gather(ANCHORS, ANCHOR_MASKS[0])
else:
    XYSCALE_low_res,XYSCALE_med_res,XYSCALE_hi_res = XYSCALE
    ANCHORS_hi_res = tf.gather(ANCHORS, ANCHOR_MASKS[2])
    ANCHORS_med_res = tf.gather(ANCHORS, ANCHOR_MASKS[1])
    ANCHORS_low_res = tf.gather(ANCHORS, ANCHOR_MASKS[0])
```

为了将 TFRecord 格式数据集转化为可计算数据集，需要先配置每张图片最多支持的矩形框数量，本案例设置为 100 个，开发者可以根据自己的需要配置，没有特别要求。然后设置每个 BATCH 内所容纳的图片张数，本案例受限于显卡显存只有 6GB，所以样本打包数量只能是 2 张，建议实际工程中将打包数量设置为 32 张或 64 张，此时需要配备大显存的机器学习服务器进行神经网络的训练。代码如下。

```
CFG.MAX_BBOX_PER_SCALE=100
CFG.BATCH_SIZE=2          # 企业级训练阶段建议改为 32 或官方建议的 64
```

设置与训练相关的参数：如将训练的轮数 EPOCHS 设置为 40；将初始化学习率 LEARNING_RATE 设置为 0.001（在 Python 中可以用 1e-3 表示 0.001）；将神经网络用于物体识别的物体分类数量 NUM_CLASS 设置为 20；将训练方式关键字设置为'eager_tf'或者'fit'，前者使用动态模式训练神经网络，后者使用静态模式训练神经网络。初始时，建议开发者使用动态模式训练，确认无误后再使用静态模式训练。代码如下。

```
CFG.EPOCHS=40
CFG.LEARNING_RATE = 1e-3          # 或设置为官方建议的 0.0013
CFG.NUM_CLASS=20
CFG.TRAINING_MODE = 'eager_tf'  # 将训练方式关键字设置为'eager_tf' 或 'fit'
```

8.1.2 数据集预处理

案例中使用前面的章节介绍的 PASCAL VOC 数据集及当时制作好的 TRRecord 文件。由于制作数据集时已经对数据集的准确性进行了验证，所以当处于训练阶段时，就无须再次验证集的准确性了，只需要提取与训练相关的数据即可，即数据字典 IMAGE_FEATURE_MAP 中仅保留与图像、矩形框顶点坐标、分类名称这 3 个需要解析的字段有关的信息。代码如下。

```
IMAGE_FEATURE_MAP = {
    'image/encoded': tf.io.FixedLenFeature([], tf.string),
    'image/object/bbox/xmin': tf.io.VarLenFeature(
        tf.float32),
    'image/object/bbox/ymin': tf.io.VarLenFeature(
        tf.float32),
    'image/object/bbox/xmax': tf.io.VarLenFeature(
        tf.float32),
    'image/object/bbox/ymax': tf.io.VarLenFeature(
        tf.float32),
    'image/object/class/text': tf.io.VarLenFeature(
        tf.string),}
TRAIN_DS = 'D:/…/voc2012_train.tfrecord'
VAL_DS  = 'D:/…/voc2012_val.tfrecord'
CLASS_FILE = 'D:/…/voc2012.names'
```

使用前面的章节所制作的函数读取数据集，并进行缓存为 1000 的随机打乱。代码如下。

```
    train_dataset = load_tfrecord_dataset(
        TRAIN_DS, CLASS_FILE, IMAGE_FEATURE_MAP)
    train_dataset=train_dataset.shuffle(
        1000,reshuffle_each_iteration=True)
```

在数据打包前，可以进行图像大小的重置、标注信息规整对齐等工作。代码如下。

```
    # 图像缩放
    train_dataset=train_dataset.map(
       lambda x, y: (image_preprocess_resize(image=x,
                                   target_size=NN_INPUT_SIZE,
                                   gt_boxes=y)))
    # 标注信息规整对齐
    # MAX_BBOX_PER_SCALE 可默认设置为 100
    MAX_BBOX_PER_SCALE = CFG.MAX_BBOX_PER_SCALE
    train_dataset=train_dataset.map(
       lambda x, y: (x,bboxes_align(
           bboxes=y,
           max_bbox_per_scale=MAX_BBOX_PER_SCALE)))
```

将数据集按照配置信息进行打包。代码如下。

```
    BATCH_SIZE = CFG.BATCH_SIZE
    train_dataset = train_dataset.batch(BATCH_SIZE)
```

打包后，就可以为每个真实矩形框寻找与其匹配的先验锚框，并根据真实矩形框的位置将真实矩形框放入与样本预测矩阵具有相同空间分辨率的网格。代码如下。

```
    # 寻找与真实矩形框匹配的先验锚框
    train_dataset = train_dataset.map(lambda x, y: (x,find_overlay_anchors
(y,ANCHORS,IOU_THRESH=0.5)))
    # 根据先验锚框的匹配情况，将真实矩形框的存储方式从串行存储改为分散存储，并将真实矩形框
存储在网格中
    train_dataset = train_dataset.map(lambda x, y: (x,bboxes_scatter_into_
gridcell(y,GRID_CELLS,ANCHOR_MASKS)))
```

对数据集进行预读取处理。代码如下。

```
    train_dataset=train_dataset.prefetch( tf.data.experimental.AUTOTUNE )
```

对验证集也进行同样的预处理操作。代码如下。

```
    val_dataset = load_tfrecord_dataset(
       VAL_DS, CLASS_FILE, IMAGE_FEATURE_MAP)
```

```
val_dataset=val_dataset.map(
    lambda x, y: (image_preprocess_resize(
        image=x,
        target_size=NN_INPUT_SIZE,
        gt_boxes=y)))
val_dataset=val_dataset.map(
    lambda x, y: (x,bboxes_align(
        bboxes=y,
        max_bbox_per_scale=MAX_BBOX_PER_SCALE)))
val_dataset = val_dataset.batch(BATCH_SIZE)
val_dataset = val_dataset.map(
    lambda x, y: (x,find_overlay_anchors(y,ANCHORS)))
val_dataset = val_dataset.map(
    lambda x, y: (
        x,bboxes_scatter_into_gridcell(
            y,GRID_CELLS,ANCHOR_MASKS)))
```

提取数据集的前 3 个样本，确认一下可计算数据集的形状。代码如下。

```
for i,(x,y_true) in enumerate(train_dataset.take(3)):
    print("="*30)
    print('第{}batch 图像'.format(i),x.shape)
    print('第{}batch 标注{}个'.format(i,len(y_true)))
    print([ y_t.numpy().shape for y_t in y_true])
```

以上代码运行输出如下。

```
第 0batch 图像 (2, 512, 512, 3)
第 0batch 标注 3 个
[(2, 16, 16, 3, 6), (2, 32, 32, 3, 6), (2, 64, 64, 3, 6)]
==============================
第 1batch 图像 (2, 512, 512, 3)
第 1batch 标注 3 个
[(2, 16, 16, 3, 6), (2, 32, 32, 3, 6), (2, 64, 64, 3, 6)]
==============================
第 2batch 图像 (2, 512, 512, 3)
第 2batch 标注 3 个
[(2, 16, 16, 3, 6), (2, 32, 32, 3, 6), (2, 64, 64, 3, 6)]
```

可见，数据集已经将每两幅图像进行打包，并且已经将图像的分辨率调整为 512 像素×512 像素。可计算数据集样本矩阵的分辨率数值（grid_size）分别是 16 像素、32 像素、64 像素。可计算数据集样本矩阵已经为每个分辨率下的 3 个先验锚框生成了 6 个元素。在这

6 个元素中，第 1～4 个元素存储真实矩形框的坐标信息；第 5 个元素恒为 1，表示真实矩形框包含物体的概率为 100%；第 6 个元素为矩形框所包含的物体编号。

以上数据集已经被转变为与神经网络输出具有类似结构的可计算数据集。

8.1.3　模型参数加载和冻结

根据模型输入图像的分辨率，首先使用 tf.keras.layers.Input 类定义输入张量的占位符对象，然后使用之前定义的 YOLO 模型输入/输出变量函数关系的 YOLO_MODEL 函数定义模型的输入和输出之间的函数关系。在定义 YOLO_MODEL 函数时，需要提供物体分类数量 NUM_CLASS 及其他信息。最后使用 tf.keras.Model 类所提供的函数式模型生成方法，建立 YOLO 模型。模型建立后，使用 load_weights 函数为其加载 YOLO 官方提供的 weight 格式的模型权重。代码如下。

```
input_layer = tf.keras.layers.Input(
    [NN_INPUT_H, NN_INPUT_W, 3])
model=tf.keras.Model(input_layer, YOLO_MODEL(
   input_layer, NUM_CLASS, CFG.MODEL, CFG.IS_TINY),
   name=CFG.MODEL_NAME)
utils.load_weights(
   model, weights_file=CFG.WEIGHTS,
   model_name=CFG.MODEL, is_tiny=CFG.IS_TINY)
```

此时的神经网络中的骨干网络部分、中段网络部分已经加载好权重，唯独预测网络部分的参数处于初始状态，这是因为实际应用中的物品分类数量和预训练权重的 80 类分类数量往往不同，导致预测网络的二维卷积层形状不一致，不能加载权重。

骨干网络的权重是在 COCO 数据集的训练下获得的，具有良好的特征提取能力，训练的必要性较低；而预测网络的初始参数是随机产生的，训练的必要性较高。此时，需要将骨干网络的权重进行冻结，仅留下中段网络和预测网络部分进行训练。为此，需要设计一个骨干网络的冻结和解冻函数 set_backbone。

set_backbone 函数接收 4 个输入：第 1 个输入是模型对象，第 2 个和第 3 个输入是模型的配置条件，用于告知 set backbone 函数正在处理的模型的属性，第 4 个输入（参数 frozen）是一个布尔变量，该变量若为真，则冻结骨干网络；该变量若为假，则解冻骨干网络。

根据之前对 YOLO 神经网络的分析，首先通过一个列表定义骨干网络的编号范围常量，该列表被命名为 bb_convNo_range。然后使用 find_conv_layer_num_range 函数提取神经网络中的二维卷积层的编号起点，该编号起点被命名为 conv_no_min。将编号起点与骨干网络的编号范围相加，就是当前模型的全部二维卷积层的实际编号范围。代码如下。

```
    def set_backbone(
            model,model_name='yolov4',
            is_tiny=False,frozen=True):
        trainable= not frozen
        if is_tiny==True:
            if model_name == 'yolov3':
                bb_convNo_range = [0, 7] # 编号最大的二维卷积层的名称为conv2d_6
            elif model_name == 'yolov4':
                bb_convNo_range = [0, 15] # 编号最大的二维卷积层的名称为conv2d_14
        elif is_tiny==False:
            if model_name == 'yolov3':
                bb_convNo_range = [0, 52] # 编号最大的二维卷积层的名称为conv2d_51
            elif model_name == 'yolov4':
                bb_convNo_range = [0, 78] # 编号最大的二维卷积层的名称为conv2d_77
        conv_no_min,conv_no_max =find_conv_layer_num_range(model)
        bb_convNo_range=  [
            x+conv_no_min for x in bb_convNo_range]
        for i in range(bb_convNo_range[0],bb_convNo_range[1]):
          ......
        return None
```

由于骨干网络中的二维卷积层和BN层是先后出现的，所以可以在二维卷积层的遍历循环中先后冻结骨干网络中的二维卷积层和BN层，这样就无须逐一定位BN层了。代码如下。

```
    def set_backbone(
            model,model_name='yolov4',
            is_tiny=False,frozen=True):
        ......
        for i in range(bb_convNo_range[0],bb_convNo_range[1]):
            bb_conv_layer_name='conv2d_%d' %i if i>0 else 'conv2d'
            bb_conv_layer=model.get_layer(bb_conv_layer_name)
            assert bb_conv_layer.use_bias==False
            bb_conv_layer.trainable=trainable

            bb_bn_layer_name='batch_normalization_%d' %i if i>0 else
'batch_normalization'
            bb_bn_layer=model.get_layer(bb_bn_layer_name)
            bb_bn_layer.trainable=trainable
        return None
```

新建网络和加载参数完成后，可以立即进行骨干网络的冻结，待动态模式训练若干（一般为 20 个）周期后，再将骨干网络设置为“可训练”模式，以便进行微调。代码如下。

```
for epoch in range(1, CFG.EPOCHS + 1):
    if epoch==1:
        set_backbone(
            model,model_name=CFG.MODEL,
            is_tiny=CFG.IS_TINY,frozen=True)
    elif epoch==20:
        set_backbone(
            model,model_name=CFG.MODEL,
            is_tiny=CFG.IS_TINY,frozen=False)
    for step, (images, labels) in enumerate(train_dataset):
        ......
```

8.2　动态模式训练

使用动态模式对神经网络进行训练的好处是，我们可以很方便地通过 Python 的逻辑控制实现更为复杂的训练行为定义和丰富的训练数据提取。在动态模式下，我们希望不仅能使神经网络实现基本的损失函数梯度下降和神经网络的参数收敛，而且能监控训练过程产生的众多数据。

8.2.1　监控指标的设计和日志存储

开发者需要定义好训练过程所需要提取的关键指标，关键指标主要有两类：多种度量方式下的具体损失值和正负样本数量。这里定义一个 SEL_LOSSES 变量，它是一个列表，我们使用它作为一个容器，将它作为参数传递给损失函数，使损失函数按照这个容器内所指定的关键字返回具体的损失值或者正负样本统计结果。代码如下。

```
SEL_LOSSES=[
    'pos_cnt','neg_cnt',
    'xy_loss','wh_loss',
    'giou_loss','diou_loss','ciou_loss',
    'obj_loss_pos','obj_loss_neg',
    'class_loss']
```

其中，'pos_cnt'和'neg_cnt'分别表示送入损失函数的前景样本数量和背景样本数量，'obj_loss_pos'和'obj_loss_neg'分别表示前景的损失值和背景的损失值。开发者可以根据需要，删除开关内的关键字。需要特别注意的是，在正式训练（静态模式训练）阶段，神经网络输出的这些监控指标其实并不是全部都需要。

由于神经网络输出的是 2 个或者 3 个分辨率下的预测矩阵，所以这些监控指标也分为不同的分辨率。我们设计一个网格，既能存储某分辨率下的某个指标，也能按照指标维度进行统计，还能按照分辨率维度进行统计。每个分辨率的指标被列为一行，多分辨率形成多行。在网格的最后增加一列，该列元素存储每个分辨率的损失值之和；在网格的最后增加一行，该行元素存储每个指标在不同分辨率下的和。代码如下。

```
def meshgrid_metrics_name(IS_TINY=False,NAMES=None):
    if IS_TINY==False:
        row_names=['low_res','med_res','high_res','all_res']
    elif IS_TINY==True:
        row_names=['low_res','med_res','all_res']
    if NAMES==None:
        NAMES=[
            'pos_cnt','neg_cnt',
            'xy_loss','wh_loss',
            'giou_loss','diou_loss','ciou_loss',
            'obj_loss_pos','obj_loss_neg',
            'class_loss']
    column_names=NAMES+['all_losses']
    metrics_names=[['/'.join([i,j]) for j in column_names] for i in row_names]
    return metrics_names
```

动态模式下训练的多指标数据名称阵列如图 8-3 所示。图中的多指标数据排列中，只有深色部分的数据来源于损失函数，其余浅色部分的数据是统计计算的结果，是按照行或列累加后计算所得的数值。

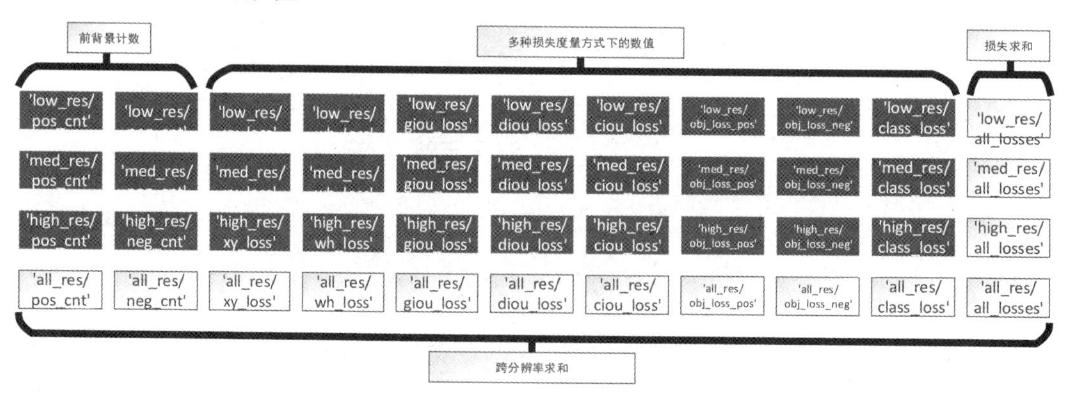

图 8-3　动态模式下训练的多指标数据名称阵列

相应地，我们需要根据多指标结构，对损失函数输出的数据进行对应的补充处理，使得数据的数值与多指标数据排列结构相同。假设将一个分辨率的多个损失值组成一个列表，将多个分辨率的列表组成一个大列表 result_list，那么经过函数处理，将属于损失值的数值按行进行累加，将不同分辨率的数值按列进行累加。代码如下。

```
def preprocess_metrics_output(result_list,NAMES=None):
    metrics_matrix=tf.convert_to_tensor(result_list)
    if NAMES==None:
        NAMES=['pos_cnt','neg_cnt',
                'xy_loss','wh_loss',
                'giou_loss','diou_loss','ciou_loss',
                'obj_loss_pos','obj_loss_neg',
                'class_loss']
    losses=[]
    for i, name in enumerate(NAMES):
        if 'loss' in name:
            # print(i)
            losses.append(metrics_matrix[:,i:i+1])
    _=tf.concat(losses,axis=-1)
    reduce_losses_sum=tf.reduce_sum(_,keepdims=True,axis=-1)
    metrics_matrix=tf.concat(
        [metrics_matrix,reduce_losses_sum],axis=-1)
    reduce_res_sum=tf.reduce_sum(
        metrics_matrix,keepdims=True,axis=0)
    output=tf.concat([metrics_matrix,reduce_res_sum],axis=0)
    return output
```

设计一个简单的测试，通过输入/输出对比，确认损失值和前背景计数是否正确累加。

```
if __name__=='__main__':
    a=tf.cast([1,2,3,4,5,6,7,8,9,10],dtype=tf.float32);
    b=tf.ones((10));c=tf.ones((10))
    d=preprocess_metrics_output([a,b,c])
    print(tf.convert_to_tensor([a,b,c]).numpy())
    print(d.numpy())
```

输出如下。

```
[[ 1.  2.  3.  4.  5.  6.  7.  8.  9. 10.]
 [ 1.  1.  1.  1.  1.  1.  1.  1.  1.  1.]
 [ 1.  1.  1.  1.  1.  1.  1.  1.  1.  1.]]
```

```
[[ 1.  2.  3.  4.  5.  6.  7.  8.  9. 10. 52.]
 [ 1.  1.  1.  1.  1.  1.  1.  1.  1.  1.  8.]
 [ 1.  1.  1.  1.  1.  1.  1.  1.  1.  1.  8.]
 [ 3.  4.  5.  6.  7.  8.  9. 10. 11. 12. 68.]]
```

根据多指标数据阵列的设计原理，输入数据的第 1 列和第 2 列存储的是正负样本的计数，第 2～10 列存储的是损失值，从输出结果看正负样本并没有被累加进总的损失值中，并且输出数据的排列结构和指标名称阵列的结构一一对应，输出数据计算无误。

在训练神经网络时，我们需要记录不同训练阶段的各个指标，这就需要使用 TensorFlow 的高阶 Metric 对象，这里我们使用用于计算平均值的 Metric 对象，对象数量等于指标名称阵列 metrics_names 的元素个数。新建的这些 Metric 对象的代码如下。

```
def create_metrics(metrics_names):
    I = len(metrics_names)
    J = len(metrics_names[0])
    metrics_matrix=[[None for j in range(J)] for i in range(I)]
    for i in range(I):
        for j in range(J):
            metrics_name=metrics_names[i][j]
            metrics_matrix[i][j]=tf.keras.metrics.Mean(
                metrics_name,dtype=tf.float32)
    return metrics_matrix
```

使用了 TensorFlow 的高阶 Metric 对象，我们就可以使用 Metric 对象的 update 和 reset 成员函数对指标进行更新。更新这些 Metric 对象代码如下。其中，losses_matrix 来自 preprocess_metrics_output 函数的输出结果。

```
def update_state_metrics(losses_matrix,metrics_matrix):
    I,J=losses_matrix.shape.as_list()
    for i in range(I):
        for j in range(J):
            metrics_matrix[i][j].update_state(
                losses_matrix[i][j])
    return None
def reset_metrics(metrics_matrix):
    I = len(metrics_matrix)
    J = len(metrics_matrix[0])
    for i in range(I):
```

```
        for j in range(J):
            metrics_matrix[i][j].reset_states()
    return None
```

为了更好地监控各个指标的动态趋势，我们还可以将这些指标写入磁盘的日志文件，方便使用 TensorBoard 进行可交互查看。由于这些指标都是标量，所以我们使用 tf.summary.scalar 函数进行标量写入，在函数的最后不要忘记使用日志文件句柄的 flush 方法及时更新，以便我们在 TensorBoard 网页窗口内随时查看最新写入的指标数据。写入的日志文件句柄为 file_writer，写入数据的横坐标编号用 epoch 变量存储，这些都在 write_scalars 函数的输入接口处进行命名。将 Metric 对象数值写入磁盘的代码如下。

```
def write_scalars(metrics_matrix,metrics_names,
                  file_writer,epoch):
    I = len(metrics_matrix)
    J = len(metrics_matrix[0])
    with file_writer.as_default():
        for i in range(I):
            for j in range(J):
                tf.summary.scalar(
                    metrics_names[i][j],
                    metrics_matrix[i][j].result(),
                    step=epoch)
    file_writer.flush()
    return None
```

构建好这些函数后，我们就可以在动态模式训练前新建指标名称阵列、Metric 阵列、日志文件句柄了。对于日志文件句柄，我们为训练和验证提供不同的日志文件句柄，分别为 file_writer_train 和 file_writer_val。新建 Metric 对象的代码如下。请读者注意，这两个句柄所写入的磁盘文件位于 CFG.TBLOG_DIR_EAGERTF_MODE 所指示的同一个磁盘文件夹下，这是日志写入的规范，方便 TensorBoard 后期读取；另外，记录训练数据的 Metric 对象和记录评估数据的 Metric 对象的命名都使用了 metrics_names，这意味着训练和评估时所记录的 Metric 对象是同名的，这样做的好处是，可以让“train”和“val”所产生的同名曲线被画在同一张变化趋势图上，方便开发者进行可视化对比。

```
metrics_names=meshgrid_metrics_name(
    CFG.IS_TINY,NAMES=SEL_LOSSES)
metrics_matrix=create_metrics(metrics_names)
val_metrics_matrix=create_metrics(metrics_names)
avg_loss = tf.keras.metrics.Mean(
```

```
    'total/avg_loss', dtype=tf.float32)
val_avg_loss = tf.keras.metrics.Mean(
    'total/val_avg_loss', dtype=tf.float32)

file_writer_train = tf.summary.create_file_writer(
    CFG.TBLOG_DIR_EAGERTF_MODE+'/train')
file_writer_val = tf.summary.create_file_writer(
    CFG.TBLOG_DIR_EAGERTF_MODE+'/val')
file_writer_train.set_as_default()
file_writer_val.set_as_default()
```

8.2.2 动态模式下神经网络的训练和调试

对于标准版 YOLO 和简版 YOLO，分别有 3 个分辨率和 2 个分辨率，相应地要建立 3 个损失函数和 2 个损失函数。将损失函数组成一个列表，这样 TensorFlow 会自动根据输出的 3 个/2 个数据元组，与 3 个/2 个损失函数列表 loss_funcs 自动逐一对应。代码如下。

```
if CFG.IS_TINY==True:
    compute_loss_low_res = create_loss_func(
        ANCHORS_low_res,LOSSES=SEL_LOSSES)
    compute_loss_med_res = create_loss_func(
        ANCHORS_med_res,LOSSES=SEL_LOSSES)
    loss_funcs=[compute_loss_low_res,compute_loss_med_res]
else:
    compute_loss_low_res = create_loss_func(
        ANCHORS_low_res,LOSSES=SEL_LOSSES)
    compute_loss_med_res = create_loss_func(
        ANCHORS_med_res,LOSSES=SEL_LOSSES)
    compute_loss_hi_res = create_loss_func(
        ANCHORS_hi_res,LOSSES=SEL_LOSSES)
    loss_funcs=[compute_loss_low_res,
                compute_loss_med_res,
                compute_loss_hi_res]
```

在优化器方面，选择最简单且最有效的 Adam 优化器，开发者也可以根据自己的需要调整优化器类型。代码如下。

```
optimizer = tf.keras.optimizers.Adam(lr=CFG.LEARNING_RATE)
```

使用动态模式训练神经网络，开发者需要构造周期循环和批次循环。在每个周期循环中，将全部的数据集进行一次全集合迭代，周期循环结束后，需要对指标记录器进行重置。在每个批次循环中，首先记录每个批次的总损失值 total_loss 和可训练变量，然后计算总损失值对可训练变量的梯度，最后使用优化器对神经网络内部的可训练变量进行梯度方向上的优化。这里设置了一个负责存储批次编号（步数编号）的 global_step 变量，这样日志文件记录的每个批次的指标数值都有一个批次编号与其对应，并且在进入下一个周期循环时，开发者可以手工编写代码，使批次编号继续递增而不会重置为 0。代码如下。

```
global_step=-1
for epoch in range(1, CFG.EPOCHS + 1):
    ……
    for step, (images, labels) in enumerate(train_dataset):
        global_step+=1
        print("\n step:{}".format(step))
        with tf.GradientTape() as tape:
            outputs = model(images, training=True)
            regularization_loss = tf.reduce_sum(model.losses)
            losses=[loss_fn(label,output)
                    for output, label, loss_fn
                    in zip(outputs, labels, loss_funcs)]
            losses_matrix=preprocess_metrics_output(
                losses,SEL_LOSSES)
            total_loss=losses_matrix[
                -1,-1]+regularization_loss
        grads = tape.gradient(
            total_loss, model.trainable_variables)
        grad_nan=tf.reduce_sum(
             [tf.reduce_sum(grads_i) for grads_i in grads])
        if tf.math.is_nan(grad_nan):
            print('grads nan!!!')
        optimizer.apply_gradients(
            zip(grads, model.trainable_variables))
        print('epoch:{}, step:{}, total_loss:{}'.format(
                epoch, step,total_loss.numpy().round(4)))
        print("losses_matrix",losses_matrix)
```

每个批次循环中的梯度计算都会进行数据合理性判定，如果梯度计算中出现 NaN 或者 INF 的情况，那么系统及时停止循环、报错，此时就可以利用动态模式训练的优势，对开发集成环境所暂存的各个变量进行仔细的检查。由于集成环境中存储了大量的指标，开发者甚至可以查看是哪个指标引起 NaN，是哪个分辨率上的数据计算链条错误，引发了 NaN 扩散现象。

对于验证集的动态模式验证也类似，只是不需要对损失值计算梯度，只需要将各类损失和指标进行更新和写入日志即可。代码如下。

```
    for step, (val_images, val_labels) in enumerate(val_dataset):
        val_global_step+=1
        val_outputs = model(val_images,training=False)
        val_regularization_loss = tf.reduce_sum(model.losses)
        val_losses = []
        for val_output, val_label, loss_fn in zip(
                val_outputs, val_labels, loss_funcs):
            val_losses.append(loss_fn(val_label,val_output))
        val_losses_matrix=preprocess_metrics_output(
            val_losses,SEL_LOSSES)
        val_total_loss = val_losses_matrix[-1,-1] + \
            val_regularization_loss
        print(
            '\r',"VAL - epoch:{:03d} step:{:04d} val_total_loss:{:.6f}".
format(
                epoch, step, val_total_loss.numpy()), end='\r')
```

将训练集和验证集遍历各个关键指标并写入日志文件。代码如下。

```
global_step=-1
for epoch in range(1, CFG.EPOCHS + 1):
    ......
    for step, (images, labels) in enumerate(train_dataset):
        global_step+=1
        ......
        # 开始写入批次指标数据
        update_state_metrics(losses_matrix,metrics_matrix)
        write_scalars(
            metrics_matrix,metrics_names,
            file_writer_train,global_step)
        file_writer_train.flush()
        avg_loss.update_state(total_loss)

    reset_metrics(metrics_matrix)# 开始写入周期指标数据
```

```
    with file_writer_train.as_default():
          tf.summary.scalar(
             'total_loss',avg_loss.result(),step=epoch)
    file_writer_train.flush()
    avg_loss.reset_states()

    for step,(val_images,val_labels) in enumerate(
          val_dataset):
        ……
        val_global_step+=1
        update_state_metrics(
           val_losses_matrix,val_metrics_matrix)
        write_scalars(
           val_metrics_matrix,metrics_names,
           file_writer_val,val_global_step)
        file_writer_val.flush()
        val_avg_loss.update_state(val_total_loss)

    reset_metrics(val_metrics_matrix)
    with file_writer_val.as_default():
        tf.summary.scalar(
           'total_loss',val_avg_loss.result(),step=epoch)
    file_writer_val.flush()
    val_avg_loss.reset_states()
    val_global_step=global_step
```

启动动态模式训练后，可以通过交互界面看到每个批次数据训练的各项指标。交互界面输出如下。

```
……
step:1257
2022-05-19 15:21:02 epoch:15, step:1257, total_loss:49.489498138427734
losses_matrix tf.Tensor(
[[    1.5          745.5            0.6566707      0.12298211
     0.20423235    0.05425854     1.0381438 ]
 [    2.5         3039.5           1.7559586      0.5408696
     0.04197795    3.3967195      5.7355256 ]
 [    0.         12288.            0.             0.
     0.11722418    0.             0.11722418]
```

```
 [    4.         16073.              2.4126291     0.66385174
      0.3634345     3.450978      6.8908935 ]], shape=(4, 7), dtype=float32)

 step:1258
2022-05-19 15:21:03 epoch:15, step:1258, total_loss:46.68619918823242
losses_matrix tf.Tensor(
[[    1.5          720.              0.5044115     0.11840896
      0.11807875     0.16446947      0.9053687 ]
 [    0.5        3063.5              0.18811841     0.33444571
      0.02931922     1.8046079      2.356491  ]
 [    1.        12281.5              0.52721083     0.18604809
      0.05630372     0.05637211      0.82593477]
 [    3.        16065.              1.2197407     0.6389028
      0.20370167     2.0254495      4.087795  ]], shape=(4, 7), dtype=float32)

 step:1259
2022-05-19 15:21:04 epoch:15, step:1259, total_loss:43.05099868774414
losses_matrix tf.Tensor(
[[    1.          734.5             0.22612381     0.01942621
      0.1321907     0.02155579      0.39929652]
 [    0.         3072.              0.             0.
      0.01322163     0.              0.01322163]
 [    0.        12288.              0.             0.
      0.04031147     0.              0.04031147]
 [    1.        16094.5             0.22612381     0.01942621
      0.18572381     0.02155579     0.45282963]], shape=(4, 7), dtype=float32)
......
```

由于设置了 tf..summary 日志写入和及时刷新，所以开始训练以后（在第一个周期完成、第一个验证开始时），就可以很快通过 TensorBoard 看到训练指标数据，当第一个验证周期结束时，也可以很快检测到验证指标数据。第一个周期内的多指标数据监控如图 8-4 所示。有赖于 TensorFlow 提供的日志跟踪和交互机制，我们可以通过数据图表看到，在训练的初期，负样本的数量最多，因此负样本的训练效果最为明显，宏观的体现就是负样本损失值下降最为明显。

虽然只采用 CIOU 作为损失函数，但从图 8-4 中可见，在训练的第一个周期内，引起损失函数快速下降的是负样本（背景）损失值，而且其他损失值（交并比损失、分类损失、正样本损失）并没有明显下降，并且由于采用的是公开的 PASCAL VOC 数据集，所以高、中、低 3 个分辨率的矩形框数量基本均衡，3 个分辨率的损失值下降速度也基本一致。

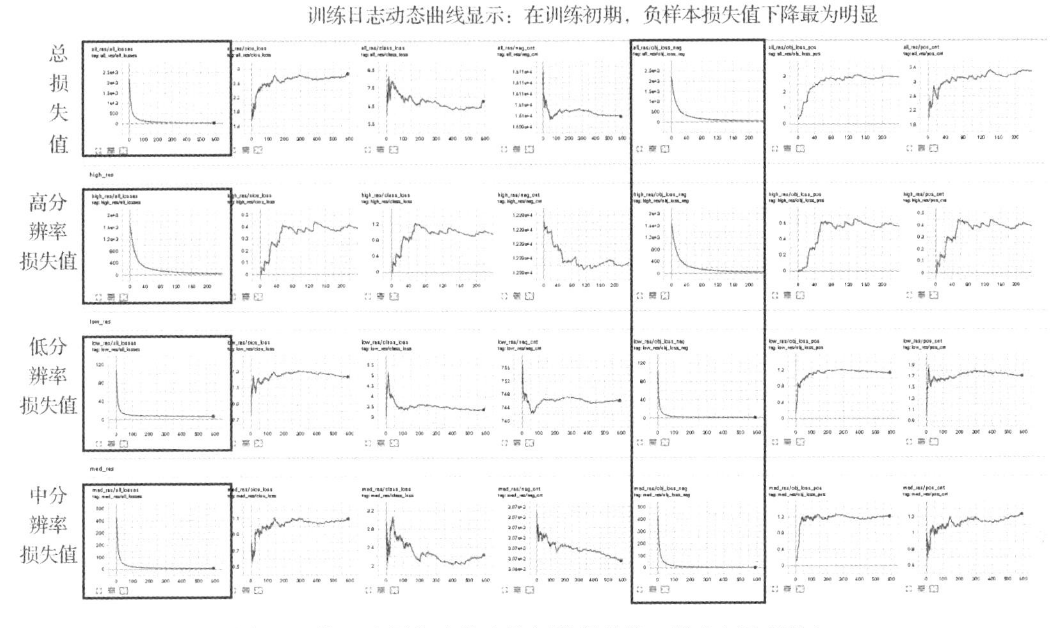

图 8-4　第一个周期内的多指标数据监控（横坐标为批次）

持续监控 10 个周期，在 10 个周期内大约执行了 3 万个批次的训练，总损失值持续下降。查看此时总损失值下降的原因，可以看到是分类损失值和正样本损失值的下降引发的总损失值下降。分类损失值下降意味着神经网络在物体分类方面得到良好训练；正样本损失值下降意味着神经网络在物体检出方面得到良好训练。虽然 CIOU 损失值也在持续下降，但在不同分辨率下的下降速度不一致，以低分辨率 CIOU 损失值下降最为明显，可见神经网络在低分辨率下（大尺寸矩形框）的预测准确率正在持续提升。第 10 个周期内的多指标数据监控如图 8-5 所示（图中被放大的曲线图的横坐标为周期，未被放大的曲线图的横坐标为批次）。

由于每次样本被随机打乱后，样本顺序不可能相同，所以每次模型收敛的速度和先后也会略有不同。如果开发者每次训练使用相同的数据集，那么大致都会呈现一个略有先后的收敛速度和最终收敛结果。如果开发者使用自己的数据集，而这个数据集恰好又在某个分辨率特别富集、某个分辨率特别稀少的情况下，可能就会发生不同分辨率的收敛速度不一致的情况。从总的损失值看，在第 15 个周期出现了验证集的指标最低值，之后虽然训练集的损失值持续下降，但验证集的指标在第 20 个周期时就已经停止下降，如图 8-6 所示（图中被放大的曲线图的横坐标为周期，未被放大的曲线图的横坐标为批次）。

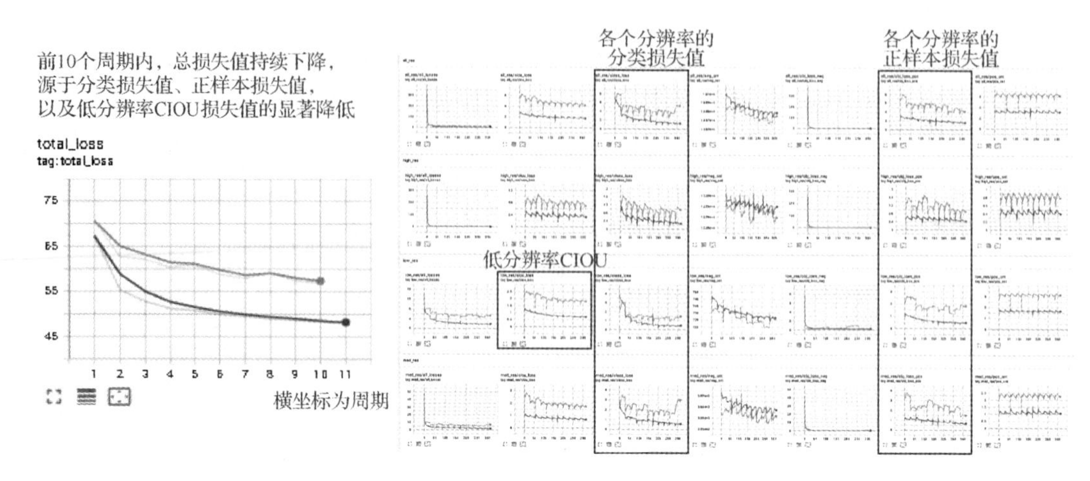

图 8-5　第 10 个周期内的多指标数据监控

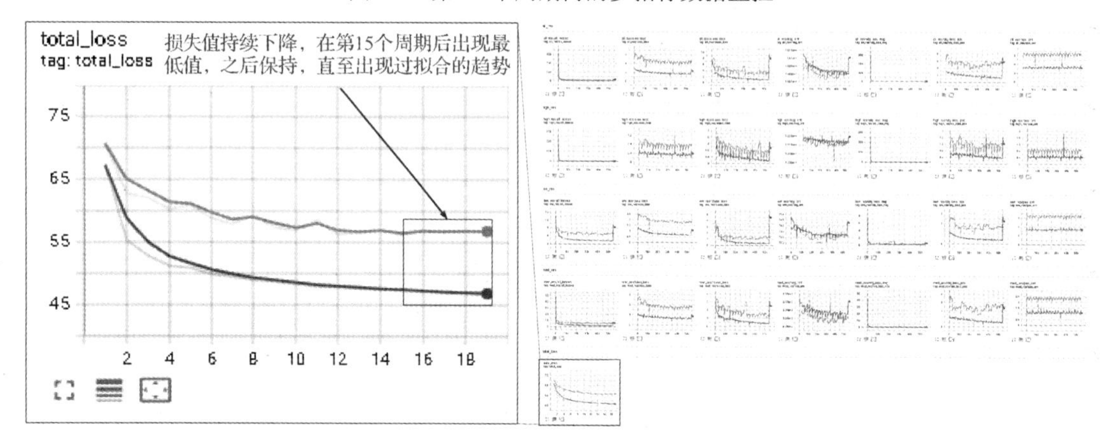

图 8-6　评估指标在第 15 个周期后停止下降并出现过拟合趋势

之所以此时出现过拟合的趋势，是因为我们将拥有大量神经元的骨干网络进行了冻结，神经网络中可训练的部分仅仅是特征融合和预测的子网络。这些子网络的参数量较少，拟合能力有限。所以在神经网络经过冻结和训练 20 个周期之后，就一定要将骨干网络解冻，进入神经网络的微调（Fine Tune）训练阶段。

至此，我们通过动态模式训练，确认了神经网络训练的代码可正常运行，并且找到了当前数据集下的冻结骨干网络的损失最小值和过拟合时刻（第 15 个周期到第 20 个周期之间均可，但不宜迟于第 20 个周期），接下来我们需要做的就是进入静态模式训练，并使神经网络在过拟合到来的那个周期及时解冻骨干网络，对整个神经网络进行微调训练。开发者可以根据自己的总损失值和各指标细项的收敛最小值和过拟合时刻，折中确定神经网络的最佳解冻时刻。

8.3 训练中非法数值的监控和调试

在神经网络训练中，可能会出现 NaN 或 INF 的情况，遇到这种非法数值时，TensorFlow 并不会停止计算而是会使非法数值继续进行计算。若非法数值的情况发生扩散，则必然会导致后续计算得出的损失值都变成 NaN，甚至由于梯度下降算法的梯度传递和权重更新，导致整个神经网络的全部参数都变成 NaN。常见的引发训练过程中出现 NaN 或 INF 现象的原因及说明如表 8-2 所示。

表 8-2　常见的引发训练过程中出现 NaN 或 INF 现象的原因及说明

原因	说明
算子超定义域	神经网络的数据格式具有一定的动态范围，指数、对数除法等算子可能引起超动态范围
不合格的算子	稳定性较差的算子（特别是自定义算子）极可能对极端情况无法进行判断和处理，引发 NaN 或 INF 现象。开发者应当特别注意，定义算子中的自定义梯度能否应对过程数据超定义域的情况
梯度爆炸	在神经网络设计过程中，梯度的期望值若从 1 附近偏移到 0 附近，则会发生梯度消失；若偏移到远大于 1 的数，则会发生梯度爆炸
“脏”数据	良好的“干净”数据会使神经网络的梯度和损失值逐渐变小，但“脏数据”会使神经网络的梯度和损失值瞬间变大，若超出数据表达的上限，则会发生 INF 现象

<<< 8.3.1 发现和监控非法数值计算结果

我们应当及时发现 NaN 或 INF 的非法数值现象，具体方法有两个。

第一个方法是使用 enable_check_numerics 函数，开启 TensorFlow 的全局非法数值核对机制。TensorFlow 默认该机制是关闭的，所以对于超出定义域的计算行为，能给出 NaN 或 INF 的计算结果，并没有给开发者任何提示，如以下案例。

```
x = tf.cast([[0.0, 88.0], [-3.0, 89.0]],dtype=tf.float32)
print(tf.math.sqrt(x).numpy())
print(tf.math.log(x).numpy())
print(tf.math.exp(x).numpy())
```

虽然输出正常，但是计算结果中出现 NaN 或 INF 的非法结果，如下所示。

```
[[0.        9.380832]
 [      nan 9.433981]]

[[      -inf 4.477337 ]
 [       nan 4.4886365]]
```

```
[[1.0000000e+00 1.6516363e+38]
 [4.9787067e-02          inf]]
```

如果开启非法数值核对机制，那么 TensorFlow 会在非法数值出现时抛出 InvalidArgumentError 错误类型并出现异常数值的输入数据和对应算子。代码如下。

```
tf.debugging.enable_check_numerics()
print(tf.math.sqrt(x).numpy())
print(tf.math.log(x).numpy())
print(tf.math.exp(x).numpy())
```

对于对负数求平方根的情况，会出现如下错误提示。

```
InvalidArgumentError:

!!! Detected Infinity or NaN in output 0 of eagerly-executing op "Sqrt"
(# of outputs: 1) !!!
  dtype: <dtype: 'float32'>
  shape: (2, 2)
  # of +NaN elements: 1

  Input tensor: tf.Tensor(
[[ 0. 88.]
 [-3. 89.]], shape=(2, 2), dtype=float32)

 : Tensor had NaN values [Op:CheckNumericsV2]
```

对于对负数和 0 求对数的情况，会出现如下错误提示。

```
InvalidArgumentError:

!!! Detected Infinity or NaN in output 0 of eagerly-executing op "Log"
(# of outputs: 1) !!!
dtype: <dtype: 'float32'>
shape: (2, 2)
# of -Inf elements: 1
# of +NaN elements: 1

Input tensor: tf.Tensor(
[[ 0. 88.]
```

```
[-3. 89.]], shape=(2, 2), dtype=float32)

: Tensor had -Inf and NaN values [Op:CheckNumericsV2]
```

现有一个指数超出动态范围的数，对于求其指数的情况，如在浮点 32 位情况下，以自然数 e 为底，指数达到 89，就会出现 INF 的非法数值现象。

```
InvalidArgumentError:

!!! Detected Infinity or NaN in output 0 of eagerly-executing op "Exp"
(# of outputs: 1) !!!
  dtype: <dtype: 'float32'>
  shape: (2, 2)
  # of +Inf elements: 1

  Input tensor: tf.Tensor(
[[ 0. 88.]
 [-3. 89.]], shape=(2, 2), dtype=float32)

 : Tensor had +Inf values [Op:CheckNumericsV2]
```

第二个监控非法数值的方法就是编写函数代码进行监控。例如，一般在损失函数的头尾，使用 tf.math.is_inf 函数和 tf.math.is_nan 函数来监控非法数值。这些函数将核对神经网络输出的样本预测矩阵 y_pred，并将核对结果以一个矩阵的形式进行输出。核对结果输出矩阵的形状和 y_pred 矩阵的形状一模一样，并在非法数值出现的位置出现 True，在合法数值的位置出现 False。结合 tf.reduce_any 函数就可以实现条件判断，结合 tf.where 函数就可以实现非法数值位置的追踪。此外，我们也可以用同样的方法监控损失函数处理的异常值。样例代码如下。

```
def create_loss_func(any_res_anchors,LOSSES=None):
    def compute_loss(y_true,y_pred,  IOU_LOSS_THRESH=0.5):
        if tf.reduce_any(tf.math.is_inf(y_pred)):
            decode_output=y_pred
            indices = tf.where(tf.math.is_inf(decode_output))
            tf.print("y_pred inf cnt:",tf.shape(indices))
            ……
        if tf.reduce_any(tf.math.is_nan(y_pred)):
            indices = tf.where(tf.math.is_nan(y_pred))
            tf.print("y_pred nan cnt:",tf.shape(indices))
            ……
```

```
    # ====================
    ......
    # ====================
    if tf.reduce_any(losses>30000.):
        indices = tf.where(losses>30000.)
        tf.print(indices)
        tf.print("y_pred TOO BIG cnt:",tf.shape(indices))
        tf.print('losses',losses)
    if tf.reduce_any(tf.math.is_inf(losses)):
        indices = tf.where(tf.math.is_inf(losses))
        tf.print(indices)
        tf.print("y_pred INF cnt:",tf.shape(indices))
        tf.print('INF - losses',losses)
    if tf.reduce_any(tf.math.is_nan(losses)):
        indices = tf.where(tf.math.is_nan(losses))
        tf.print(indices)
        tf.print("y_pred NaN cnt:",tf.shape(indices))
        tf.print('NAN - losses',losses)
    return loss_total_batchMean
```

8.3.2 计算结果出现非法数值的原因和对策

神经网络的个性化定制程度越深，出现非法数值的概率越高。如果发现非法数值，那么需要寻找引发非法数值的原因。在神经网络的计算中，出现输入数据超出算子定义域的情况，会出现 NaN 非法数值。当计算结果超出当前精度能表达的数据范围时，会引发 INF（无穷）非法数值。从经验看，经常导致非法数值的情况包括但不限于，除以 0、求负数对数 log、对大数值求指数 exp。遇到算子输入动态范围的确可能超出算子定义域的情况时，可以使用相应的 TensorFlow 的安全算子进行预处理。

例如，某个节点的输出需要进行被除运算时，可以使用 tf.math.divide_no_nan 安全除法函数，当出现除以 0 的情况时，函数将输出 0，而不会输出 INF 或 NaN。对于对数和指数运算，可以使用 tf.clip_by_value 函数对输入数据的动态范围进行钳制，避免超出算子定义域的情况发生。对于交并比算法这类不可避免的需要除以 0 的场景，运用 divide_no_nan 安全除法的样例代码如下。

```
x = tf.cast([[0.0, 88.0], [-3.0, 89.0]],dtype=tf.float32)
print((1.0/x).numpy())
print(tf.math.divide_no_nan(1.0,x).numpy())
```

输出如下。

```
[[         inf  0.01136364]
 [-0.33333334  0.01123596]]

[[ 0.          0.01136364]
 [-0.33333334  0.01123596]]
```

可见，除以 0 的结果已经被替换为 0，而不是 INF。

对于不可避免的需要对负数进行开根号或者对非正数求对数的情况，可以使用 tf.clip_by_value 函数，将输入数据的动态范围钳制在相应数据精度的无穷小和最大值之间。其中，浮点 32 位的无穷小可以通过 tf.keras.backend.epsilon()获得，浮点 32 位的最大值可以通过 tf.float32.max 获得。案例代码如下。

```
x = tf.cast([[0.0, 88.0], [-3.0, 89.0]],dtype=tf.float32)
x_hat=tf.clip_by_value(x,tf.keras.backend.epsilon(),tf.float32.max)
print('clip_by_value:',x_hat)
print(tf.math.sqrt(x_hat).numpy())
print(tf.math.log(x_hat).numpy())
```

输出如下。

```
clip_by_value: tf.Tensor(
[[ 0.0000001 88.       ]
 [ 0.0000001 89.       ]], shape=(2, 2), dtype=float32)
[[0.00031623 9.380832  ]
 [0.00031623 9.433981  ]]
[[-16.118095    4.477337 ]
 [-16.118095    4.4886365]]
```

可见，0 和负数已经被钳制在平方根函数和对数函数的合理定义域范围内，从而避免了 NaN 的情况发生。

对于不可避免的需要对一个较大的数进行指数运算的情况，可以使用 tf.clip_by_value 函数，把输入数据的动态范围钳制在相应数据精度的负无穷小和 88.72 之间。其中，浮点 32 位的负无穷可以通过 tf.float32.min 获得。案例代码如下。

```
x = tf.cast([[0.0, 88.0], [-3.0, 89.0]],dtype=tf.float32)
x_hat=tf.clip_by_value(x,tf.float32.min,88.72)
print('clip_by_value:',x_hat)
print(tf.math.exp(x_hat))
```

输出如下。

```
clip_by_value: tf.Tensor(
[[ 0.   88.  ]
 [-3.   88.72]], shape=(2, 2), dtype=float32)
tf.Tensor(
[[1.0000000e+00 1.6516363e+38]
 [4.9787067e-02 3.3931806e+38]], shape=(2, 2), dtype=float32)
```

可见，导致出现 INF 的 exp(89)已经被钳制在 exp(88.72)，所以不会出现 INF 的运算结果。

了解了导致计算结果出现 NaN 或 INF 情况的原因，就需要考察神经网络训练中，哪些环节可能导致出现这种非法数值的情况。一般来说，有 3 个环节的问题可能导致神经网络训练过程的 NaN 或 INF 现象。

神经网络前向计算过程中自定义算子可能导致前向计算时产生非法数据。一般情况下，优先选用 TensorFlow 的 Keras 高阶层对象，它们能很有效地帮助我们规避 NaN 或 INF 现象，计算结果异常的情况一般发生在开发者自定义的个性化层。建议开发者关注个性化层（如 YOLO 神经网络的解码网络部分）的过程数值的动态范围，它们极有可能发生不安全计算行为。使用 Keras 的高阶 API 层对象在某些特定时间也无法完全规避非法数值的出现。例如，批次归一化层对于推理阶段的数据白化处理，需要除以滑动平均方差，在权重加载错误的情况下，滑动平均方差可能会出现 0，因此数据白化处理可能会出现除以 0 而产生 INF 的情况。遇到这种情况，开发者需要手动处理，提取可疑层的参数，确认异常来源。

自定义损失函数计算过程中也可能产生非法计算结果。神经网络的输出数据一般是具有当前数据精度的负无穷到正无穷的动态范围，如浮点 32 位情况下，神经网络的输出动态范围是[-3.4028235e+38, 3.4028235e+38]。如果神经网络的输出紧接着一个 exp 指数运算，那么只要输入数据 x 大于 88.72284，就一定会造成 exp(x)算子输出 INF 的情况。对于开根号、对数运算也类似，只是定义域范围略有不同而已。

神经网络的梯度计算过程中也可能产生非法计算结果。梯度计算产生 NaN 的根本原因是众所周知的梯度爆炸。相比起梯度消失，其实梯度爆炸更容易处理。因为当梯度消失现象发生时，层内部参数的梯度会逐渐趋近于 0，趋近于 0 的梯度和正常梯度混合在一起，较难发现。但如果发生梯度爆炸，那么一定是神经网络某一层的某一个参数或某一列参数出现 INF，这个非法数值随着链式求导法则的推进，进而“感染”与其存在函数关系的后续层的梯度，导致后续层的参数更新为 NaN。由于梯度计算是 TensorFlow 自动进行的，因此开发者较难调试，但可以通过以下代码追踪神经网络中第一个出现非法数值梯度的层，以便进行故障排查。

假设在动态模式下进行训练，并在梯度出现非法数值时触发停止代码。此时的所有可训练变量的梯度存储在 grads 中。grads 是一个列表，其中的元素的数量等于可训练层的可训练矩阵的数量。此时可以对 grads 列表中的全部梯度矩阵逐一核对，确定是否出现 NaN 或 INF 现象，以及可训练变量的矩阵形状。样例代码如下。

```
cnt_grads_nan=[(tf.reduce_any(tf.math.is_nan(grad)).numpy(),
            grad.shape.as_list())
           for grad in grads if grad is not None]
cnt_grads_inf=[(tf.reduce_any(tf.math.is_inf(grad)).numpy(),
            grad.shape.as_list())
           for grad in grads if grad is not None]
print(tf.where(tf.math.is_nan(grads[218][0,0,:,:]))
print(tf.where(tf.math.is_nan(grads[219])))
```

使用集成编程环境查看 NaN 和 INF 的核对结果。可以发现此时在梯度传播方向上的第 219 层和第 218 层首次出现 NaN 的梯度，自此往后尚未出现 NaN，但如果此时进行梯度下降算法应用，那么神经网络的参数和梯度全部都会变成 NaN。开发者应当及时查找 NaN 出现的时间特征和位置特征，结合神经网络算子的动态范围和梯度特点，定位问题所在。例如，在 CIOU 的计算中，v 参数对宽高的导数计算中有一个倒数的因子，在宽高数值很小时，很容易导致除以一个更小的数，从而产生一个极大的数，最终使计算结果超出当前精度的动态范围。正是因为需要避免遇到此情况，所以 CIOU 的论文中及本书的样例代码中不得不使用自定义梯度的算子，使 v 的梯度乘以“归一化的宽高平方和”（“归一化的宽高平方和”是一个远小于 1 的正数，乘以它相当于缩小 v 的梯度）以后，再向后传递梯度。虽然此时的梯度不准确，但并不影响梯度优化的方向。以作者所遇到的真实案例为例，此时第 219 层的 75 个可训练变量的某一个梯度出现了 NaN，第 218 层的 512×75 个可训练变量的某一列出现了 NaN，根据矩阵求导法则和算法中的自变量关系，定位到出现问题的原因是矩形的宽高计算，从而找到 CIOU 自定义梯度算子的优化方案，如图 8-7 所示。

另外，开发者应当谨慎并尽可能地避免大量使用 clip_by_value 函数。它固然可以避免 NaN 或 INF 计算结果的发生，但 clip_by_value 在钳制数值的范围外的导数是不可靠的，可能引起神经网络的大幅波动。因此，clip_by_value 函数一般仅仅在发现非法数值以后才会使用。

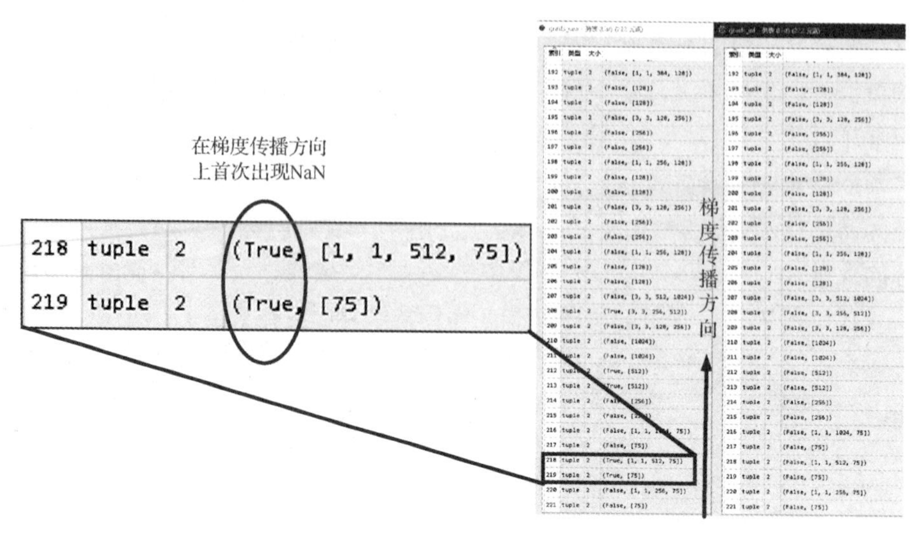

图 8-7　首次出现梯度计算 NaN 的瞬间状态追踪

8.4　静态模式训练和 TensorBoard 监控

确认动态模式的训练收敛无误后，可以启动静态模式的训练。静态模式的训练速度更快，在交互界面上的信息管理更为简洁。

首先使用同样的方法新建不同分辨率的相应损失函数，组合成损失函数列表 loss_funcs，然后使用同样的 adam 优化器，进行模型的编译。代码如下。

```
if CFG.IS_TINY==True:
    compute_loss_low_res = create_loss_func(ANCHORS_low_res,LOSSES=SEL_LOSSES)
    compute_loss_med_res = create_loss_func(ANCHORS_med_res,LOSSES=SEL_LOSSES)
    loss_funcs=[compute_loss_low_res,
                compute_loss_med_res]
else:
    compute_loss_low_res = create_loss_func(ANCHORS_low_res,LOSSES=SEL_LOSSES)
    compute_loss_med_res = create_loss_func(ANCHORS_med_res,LOSSES=SEL_LOSSES)
    compute_loss_hi_res = create_loss_func(ANCHORS_hi_res,LOSSES=SEL_LOSSES)
    loss_funcs=[compute_loss_low_res,
                compute_loss_med_res,
                compute_loss_hi_res]
optimizer = tf.keras.optimizers.Adam(lr=CFG.LEARNING_RATE)
```

```
model.compile(optimizer=optimizer,
            loss=loss_funcs,  )
```

设置 fit 训练模式下的回调函数，这里新建 5 个回调函数，这 5 个回调函数组成一个列表。第 1 个回调函数是动态学习率调整的回调函数。第 2 个回调函数是早期停止回调函数，早期停止回调函数的高阶 API 的“容忍度”（patience）参数被设置为 5，表示当验证集的损失连续升高 5 个周期时标志着过拟合现象发生，此时应当触发停止训练的操作。第 3 个回调函数是检查点自动保存回调函数，被设置为每个周期自动保存检查点，且使用损失函数值命名检查点文件名，方便后期识别。第 4 个回调函数是 TensorBoard 的自动日志写入回调函数。第 5 个回调函数是网络冻结和解冻的回调函数。

网络冻结和解冻的回调函数并无现成的 API 可调用，开发者可以利用自定义回调，新建一个个性化的 FrozenCallback 的回调类，它继承自 Keras 的回调基础类。自定义的回调类只有两个成员函数：初始化成员函数和周期开始成员函数。初始化成员函数中定义了两个关键常数：froze_at 和 unfroze_at。froze_at 表示在训练的第 froze_at 个周期冻结骨干网络，unfroze_at 表示在训练的第 unfroze_at 个周期解冻骨干网络。

周期开始成员函数可以通过重载 on_epoch_begin 成员函数实现，周期开始成员函数内部定义了冻结或者解冻骨干网络的行为代码。注意，虽然训练时代码打印界面显示的 epoch 是从 1 开始计数的，但此处回调函数的 epoch 是训练机制内部的 epoch，是从 0 开始计数递增的。两个语境下的 epoch 的区别，可以从打印结果中看出端倪。代码如下。

```
class FrozenCallback(tf.keras.callbacks.Callback):
    def __init__(self, froze_at=-1,unfroze_at=0):
        super(FrozenCallback, self).__init__()
        self.froze_at   = froze_at
        self.unfroze_at = unfroze_at
    def on_epoch_begin(self, epoch, logs=None):
        print("epoch:",epoch)
        if epoch==self.froze_at:
            set_backbone(
                self.model,model_name=CFG.MODEL,
                is_tiny=CFG.IS_TINY,frozen=True)
            tf.print(
                CFG.MODEL+('
                    _tiny' if CFG.IS_TINY==True else ''),
              ' is Freezed at epoch ',epoch,
```

```
                'until epoch ',self.unfroze_at-1)
        if epoch==self.unfroze_at:
            set_backbone(
                self.model,model_name=CFG.MODEL,
                is_tiny=CFG.IS_TINY,frozen=False)
            tf.print(
                CFG.MODEL+(
                    '_tiny' if CFG.IS_TINY==True else ''),
                ' is UN-Frozened at epoch ',epoch)
```

使用模型的 fit 方法设置训练集和验证集，设置训练周期为 CFG. EPOCHS，设置回调函数列表为 callbacks。在回调函数列表中，网络冻结被设置在第 0 个周期，即第 0～19 个周期内的骨干网络为冻结状态，网络解冻被设置在第 20 个周期。代码如下。

```
callbacks = [
    ReduceLROnPlateau(verbose=1),
    EarlyStopping(patience=5, verbose=1), # 若验证集超过 5 个周期无改善，则停止训练，也可以将 patience 设置为 3
    ModelCheckpoint(('P07_peroid_cpkt_yolo/'+
                     CFG.MODEL_NAME+'/'+
                     CFG.MODEL_NAME+
                     '_train_{epoch:03d}'+
                     '_at_loss{loss:.5f}'+
                     '_valloss{val_loss:.5f}.tf'),
                    verbose=1,
                    save_weights_only=True,
                    # save_freq='epoch',# 每个周期都保存一次
                    period=5,# 每间隔 5 个周期保存一次
    TensorBoard(log_dir=CFG.TBLOG_DIR_FIT_MODE),
    FrozenCallback(froze_at=0,unfroze_at=20)
    ]
history = model.fit(train_dataset,
                    epochs=CFG.EPOCHS,
                    callbacks=callbacks,
                    validation_data=val_dataset)
```

开启训练后，交互窗口将训练过程、检查点保存、动态学习率调整进行打印，打印输出如下。

```
epoch: 0
yolov4 is Freezed at epoch 0 until epoch 15
Epoch 1/40
2859/2859 [==============================] - 1223s 419ms/step - loss: 50.6475 - Low_Res_loss: 1.4797 - Med_Res_loss: 1.3638 - High_Res_loss: 1.6123 - val_loss: 48.8386 - val_Low_Res_loss: 2.4689 - val_Med_Res_loss: 2.7700 - val_High_Res_loss: 0.9607 - lr: 0.0010
……
epoch: 4
Epoch 5/40
2859/2859 [==============================] - ETA: 0s - loss: 43.7119 - Low_Res_loss: 0.7134 - Med_Res_loss: 0.9781 - High_Res_loss: 0.4537
Epoch 5: saving model to
P07_PeriodCpkt_yolo/yolov4/005\yolov4_train_005_at_loss43.71186_valloss46.63668.tf
2859/2859 [==============================] - 1233s 430ms/step - loss: 43.7119 - Low_Res_loss: 0.7134 - Med_Res_loss: 0.9781 - High_Res_loss: 0.4537 - val_loss: 46.6367 - val_Low_Res_loss: 1.7235 - val_Med_Res_loss: 2.3151 - val_High_Res_loss: 1.0264 - lr: 0.0010
……
Epoch 40/40
2859/2859 [==============================] - ETA: 0s - loss: 42.3272 - Low_Res_loss: 0.3783 - Med_Res_loss: 0.4539 - High_Res_loss: 0.2353
Epoch 40: saving model to
P07_PeriodCpkt_yolo/yolov4/040\yolov4_train_040_at_loss42.32721_valloss44.71339.tf
2859/2859 [==============================] - 1206s 421ms/step - loss: 42.3272 - Low_Res_loss: 0.3783 - Med_Res_loss: 0.4539 - High_Res_loss: 0.2353 - val_loss: 44.7134 - val_Low_Res_loss: 1.1156 - val_Med_Res_loss: 1.6085 - val_High_Res_loss: 0.7390 - lr: 1.0000e-04
```

与 eager 模型主要用来确认训练流程是否无误不同，静态模式训练主要追求准确和快速。因此，静态模式的损失函数不能像 eager 模型那样，将全部损失函数无差别累加作为总损失值，因为这样可能会造成某些物理量的度量被重复计算，如在 CIOU、GIOU、DIOU、XYWH 均方误差这 4 个关于预测矩形框宽高的误差量化方式中，只能选择一种而不能全部选择。

静态模式下，使用 TensorBoard 监控训练过程的损失值变化趋势如图 8-8 所示。

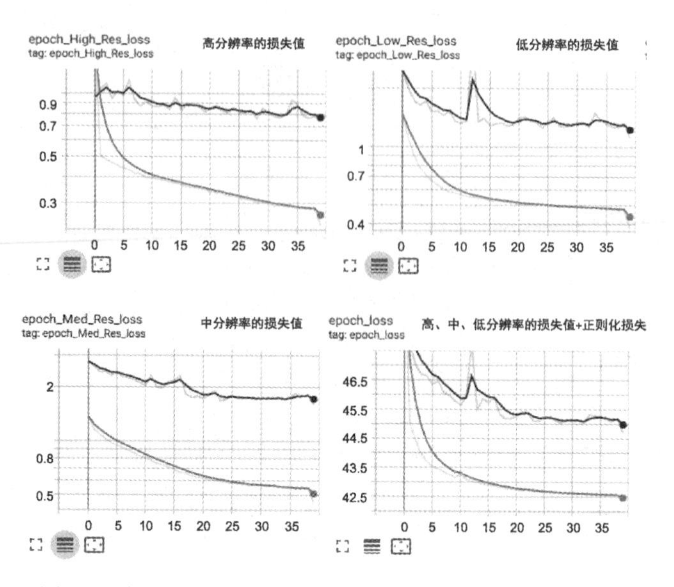

图 8-8　使用 TensorBoard 监控训练过程的损失值变化趋势

第 3 篇　目标检测神经网络的云端和边缘端部署

目标检测神经网络的训练模型和推理模型是有些许差异的。本篇旨在运用目标检测神经网络的训练成果，搭建完整的目标检测推理模型。推理模型支持云端部署和边缘端部署。云端部署以主流的亚马逊云为例进行介绍；边缘端部署以谷歌 Coral 开发板为例，介绍神经网络量化模型的基础原理和模型编译逻辑。

第 9 章
一阶段目标检测神经网络的云端训练和部署

神经网络的云端部署依靠 TensorFlow Serving 可以获得很流畅的部署体验，但边缘端部署就需要根据边缘计算硬件的特性进行定制化调整，较为考验开发者对神经网络的理解和调整能力。

9.1 一阶段目标检测神经网络的推理模型设计

由于目标检测模型涉及不同尺度的目标，所以训练时需要按照不同的尺度进行损失累加和训练，但目标检测的推理模型不需要考虑不同尺度的差异，只需要将不同尺度的预测结果合并起来，对合并后的预测结果进行后处理即可，因此目标检测的训练模型和推理模型会存在细微的差别。

⋘ 9.1.1 一阶段目标检测神经网络的推理形态

截至解码网络的输出，我们可以得到不同分辨率的预测结果。这些结果是分布在二维网格上的。经过数据重组网络的输出，我们进一步将二维网格上的预测输出重组为关于矩形框坐标的预测结果（4 列）和关于分类的预测结果（NUM_CLASS 列）。这些预测结果大部分是针对同一个物体的多次预测，这些冗余的预测结果需要使用 NMS 算法进行预测结果的合并和筛选。

以上流程合并起来就构成了一个云端部署的一阶段目标检测神经网络模型的全部结构。这样，只需要以 POST 方式向服务器输入一幅图像，就可以获得神经网络的预测结果，并且预测结果是经过解码、重组和 NMS 算法过滤的。最终输出的将会是目标检出数量 x，以及 x 行 4 列的矩形框顶角坐标、x 个分类编号、x 个分类概率。云端的一阶段目标检测模型结构如图 9-1 所示。

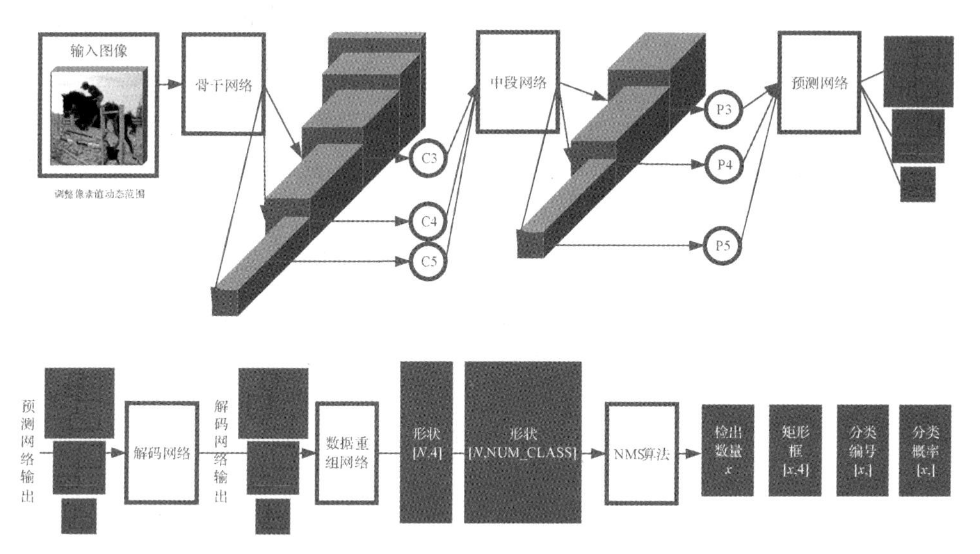

图 9-1　云端的一阶段目标检测模型结构

⋘ 9.1.2　推理场景下的数据重组网络

根据推理场景下的 YOLO 模型结构，构造其独有的数据重组网络，将其命名为 gather_decode_train。gather_decode_train 函数接收来自解码网络的某个分辨率的输出，函数将分散在网格内的预测结构重组为 3 个矩阵。第 1 个矩阵是形状为[N,4]的矩形框位置矩阵，被命名为 pred_x1y1x2y2_xxx_res，它存储着全部矩形框的位置预测结果，其中的 xxx 可以是 low、med 或 high；第 2 个矩阵是形状为[N,4]的前（背）景矩阵，被命名为 pred_objectness_xxx_res，它存储着每个矩形框包含物体的概率；第 3 个矩阵是形状为[N,NUM_CLASS]的分类矩阵，被命名为 pred_cls_prob_xxx_res，它存储着每个矩形框所包含物体的具体分类的条件概率。矩阵形状中的 N 等于各个分辨率下的各个网格下的各个先验锚框的数量总和。例如，YOLOV4 标准版输入图像的分辨率为 512 像素×512 像素，神经网络预测分为 3 个分辨率进行预测，3 个分辨率的网格分辨率分别是 16 像素×16 像素、32 像素×32 像素、64 像素×64 像素，3 个分辨率的网格的像素点分别是 256 个、1024 个、4096 个，每个像素点中有 3 个先验锚框负责预测物体，合计的预测矩形框总数为 16128 个（3×256+3×1024+3×4096=16128）。代码如下。

```
def gather_decode_train(
        outputs,is_tiny=False,NUM_CLASS=None):
    if is_tiny==False:
        output_low_res,output_med_res,output_hi_res=outputs
        (pred_x1y1x2y2_low_res, _, _,_,
         pred_objectness_low_res,
```

```
 pred_cls_prob_low_res)=tf.split(
     output_low_res,[4,4,4,4,1,NUM_CLASS],axis=-1)
(pred_x1y1x2y2_med_res, _, _,_,
 pred_objectness_med_res,
 pred_cls_prob_med_res)=tf.split(
     output_med_res,[4,4,4,4,1,NUM_CLASS],axis=-1)
(pred_x1y1x2y2_hi_res, _, _,_,
 pred_objectness_hi_res,
 pred_cls_prob_hi_res)=tf.split(
     output_hi_res,[4,4,4,4,1,NUM_CLASS],axis=-1)

pred_x1y1x2y2_low_res=tf.keras.layers.Reshape(
    (-1,4),name='pred_x1y1x2y2_low_res')(
        pred_x1y1x2y2_low_res)
pred_x1y1x2y2_med_res=tf.keras.layers.Reshape(
    (-1,4),name='pred_x1y1x2y2_med_res')(
        pred_x1y1x2y2_med_res)
pred_x1y1x2y2_hi_res=tf.keras.layers.Reshape(
    (-1,4),name='pred_x1y1x2y2_hi_res')(
        pred_x1y1x2y2_hi_res)

pred_objectness_low_res=tf.keras.layers.Reshape(
    (-1,1),name='pred_objectness_low_res')(
        pred_objectness_low_res)
pred_objectness_med_res=tf.keras.layers.Reshape(
    (-1,1),name='pred_objectness_med_res')(
        pred_objectness_med_res)
pred_objectness_hi_res=tf.keras.layers.Reshape(
    (-1,1),name='pred_objectness_hi_res')(
        pred_objectness_hi_res)

pred_cls_prob_low_res=tf.keras.layers.Reshape(
    (-1,NUM_CLASS),name='pred_cls_prob_low_res')(
        pred_cls_prob_low_res)
pred_cls_prob_med_res=tf.keras.layers.Reshape(
    (-1,NUM_CLASS),name='pred_cls_prob_med_res')(
        pred_cls_prob_med_res)
pred_cls_prob_hi_res=tf.keras.layers.Reshape(
```

```
            (-1,NUM_CLASS),name='pred_cls_prob_hi_res')(
               pred_cls_prob_hi_res)
```

将不同分辨率的预测结果组合起来，并将前背景概率乘以分类条件概率，得到最终的预测概率结果 prob_score。代码如下。

```
          pred_x1y1x2y2 = tf.keras.layers.Concatenate(
              axis=-2,name='pred_x1y1x2y2')(
                  [pred_x1y1x2y2_low_res,
                   pred_x1y1x2y2_med_res,
                   pred_x1y1x2y2_hi_res,
                  ],)
          pred_objectness = tf.keras.layers.Concatenate(
              axis=-2,name='pred_objectness')(
                 [pred_objectness_low_res,
                  pred_objectness_med_res,
                  pred_objectness_hi_res,
                 ],)
          pred_cls_prob = tf.keras.layers.Concatenate(
              axis=-2,name='pred_cls_prob')(
                 [pred_cls_prob_low_res,
                  pred_cls_prob_med_res,
                  pred_cls_prob_hi_res,
                 ],)
      elif is_tiny==True:
          ……
      pred_cls_prob =
tf.cond(tf.equal(NUM_CLASS,1),lambda:tf.ones_like(pred_cls_prob),
lambda:pred_cls_prob)
      prob_score = tf.keras.layers.Multiply(name='prob_score')(
          [pred_objectness , pred_cls_prob])

      return pred_x1y1x2y2,prob_score
```

最终推理场景下的数据重组网络的输出有两个：形状为[N,4]的预测矩形框位置的矩阵 pred_x1y1x2y2，它存储着全部矩形框的位置预测结果；形状为[N, NUM_CLASS]的预测矩形框分类概率的矩阵 prob_score，它存储着全部预测矩形框的各分类的概率预测结果。

9.1.3 构造推理场景下的 YOLO 模型函数

根据推理场景下的 YOLO 模型结构，构造其输入和输出的函数关系，将函数关系命名为 YOLO_TFServe_MODEL。YOLO_TFServe_MODEL 的构造原理和训练时构造的 YOLO_MODEL 函数基本一致，只是增加了 gather_decode_train 函数对各个分辨率输出的处理，以及 NMS 算法对 gather_decode_train 函数输出的处理。代码如下。

```
def YOLO_TFServe_MODEL(
        input_layer, NUM_CLASS,MODEL, IS_TINY):
    fused_feature_maps = YOLO(
        input_layer, NUM_CLASS, MODEL,IS_TINY)
    ……
    if IS_TINY==False:
        hi_res_fm, med_res_fm,low_res_fm = fused_feature_maps
        XYSCALE_low_res,XYSCALE_med_res,XYSCALE_hi_res = XYSCALE
        ANCHORS_hi_res = tf.gather(ANCHORS, ANCHOR_MASKS[2])
        ANCHORS_med_res = tf.gather(ANCHORS, ANCHOR_MASKS[1])
        ANCHORS_low_res = tf.gather(ANCHORS, ANCHOR_MASKS[0])

        bbox_tensors = []
        bbox_tensor_high_res=decode_train(
            hi_res_fm , NUM_CLASS, ANCHORS_hi_res,
            XYSCALE_hi_res, 'High_Res')
        bbox_tensor_med_res=decode_train (
            med_res_fm, NUM_CLASS, ANCHORS_med_res,
            XYSCALE_med_res,'Med_Res',)
        bbox_tensor_low_res=decode_train (
            low_res_fm, NUM_CLASS, ANCHORS_low_res,
            XYSCALE_low_res, 'Low_Res')
        bbox_tensors=[
            bbox_tensor_low_res,
            bbox_tensor_med_res,
            bbox_tensor_high_res]

    elif IS_TINY==True:
       ……
    pred_x1y1x2y2,prob_score = gather_decode_train(
        bbox_tensors,is_tiny=IS_TINY,NUM_CLASS=NUM_CLASS)
```

```
    (boxes, scores, classes, valid_detections
     ) = tf.image.combined_non_max_suppression(
        boxes=tf.reshape(
            pred_x1y1x2y2,
            (tf.shape(pred_x1y1x2y2)[0], -1, 1, 4)),
        scores=tf.reshape(
            prob_score,
            (tf.shape(prob_score)[0],-1,tf.shape(prob_score)[-1])),
        max_output_size_per_class=30,
        max_total_size=100,
        iou_threshold=0.4,  # 也可以根据经验将此参数设置为 0.5
        score_threshold=0.5  # 也可以根据经验将此参数设置为 0.3
        )

    return boxes, scores, classes, valid_detections
```

最终形成的输出有 4 个。在 NMS 算法中的 max_total_size 被设置为 100 的情况下，第 1 个输出 boxes 的形状为[batch,100,4]，存储着每幅图像的 100 个矩形框预测结果；第 2 个输出 scores 的形状为[batch,100]，存储着每幅图像的 100 个矩形框预测结果的概率数值（从高到低排列）；第 3 个输出 classes 的形状为[batch,100]，存储着每幅图像的 100 个预测结果的分类编号；第 4 个输出 valid_detections 的形状为[batch,]，存储着每幅图像有效矩形框预测的数量，由于每幅图像内包含的目标数量往往少于 100 个，因此每幅图像有效的矩形框预测的数量往往少于 100 个，具体哪些矩形框作为有效预测被保留，是根据 NMS 算法所设置的 score_threshold 决定的。

假设神经网络对于某幅图像所计算出的 valid_detections 的数值等于 N（N 小于或等于 100），那么 boxes、scores、classes 的前 N 行对应着 N 个有效预测，其余的 N+1～100 个预测则可以忽略。

⋘ 9.1.4　构造和测试 YOLO 推理模型

以 80 分类的 YOLOV4 模型为例，构造模型输入层 input_layer，模型输出使用 YOLO_TFServe_MODEL 函数定义，加载 tmp_weights 中的权重后，形成用于云端部署的推理模型，将该模型命名为 model_NMS。获取推理模型输入/输出形状的代码如下。

```
input_layer = tf.keras.layers.Input(
    [NN_INPUT_H, NN_INPUT_W, 3])
```

```
    model_NMS = tf.keras.Model(
        input_layer,
        YOLO_TFServe_MODEL(
            input_layer, CFG.NUM_CLASS, CFG.MODEL, CFG.IS_TINY))
    utils.load_weights(model_NMS, weights_file=tmp_weights, model_name=CFG.MODEL,
is_tiny=CFG.IS_TINY)
    print(model_NMS.output_shape)
    model_NMS.save(
        './ModelSaved_DIR/TFServe_Model/yolov4')
```

从以下输出可以看出，神经网络处理 512 像素×512 像素的图像后，输出的是 4 个矩阵，包含最多 100 个预测目标，符合模型设计构想。

```
    ((None, 100, 4), (None, 100), (None, 100), (None,))
```

将模型以 TensorFlow Serving 所要求的 PB 格式保存在磁盘，用于服务器推理。

将一幅图像送入神经网络，从输出端提取 4 个输出数据，并将 valid_detections 指定的前 N 个预测结果提取打印。代码如下。

```
    outputs_keras=model(image_batch_float,training=False)
    for i in range(len(outputs_keras)):
        output_keras=outputs_keras[i]
        output_keras_shape = output_keras.shape
        output_keras_dtype = output_keras.dtype
        print("model(iamge_batch) done! \n",
              "No {} output_shape is {},dtype is {}.".format(
            i,output_keras_shape,output_keras_dtype))
    boxes, scores, classes, valid_detections=outputs_keras
    print(valid_detections[0].numpy())
    print(classes[0,0:valid_detections[0]].numpy())
    print(boxes[0,0:valid_detections[0]].numpy())
    print(scores[0,0:valid_detections[0]].numpy())
```

本地测试探测到的目标个数可能和云端略微有所差别，这是因为云端传递的图像矩阵是以 json 格式传递的，精度低于本地测试环境的浮点数值。

9.2 目标检测推理模型的云端部署

本节介绍如何使用亚马逊云端服务器进行目标检测神经网络的云端部署。

9.2.1　亚马逊 EC2 云计算实例选型

亚马逊弹性云计算（Amazon Elastic Compute Cloud，Amazon EC2）是由亚马逊云科技公司提供的网页服务，借由该服务，用户可以以租用云端计算机的形式运行所需的应用。Amazon EC2（又称 AWS EC2）提供的是网页服务的方式，这使得用户可以方便地运行自己的 Amazon 机器映像文件和虚拟机，用户将可以在这个虚拟机上运行任何自己想要的软件或应用程序。

在 AWS EC2 界面上，选择新建实例，在新建的页面选择适合自己的实例类型。AWS EC2 提供了适合机器学习的若干不同类型的实例选择，如表 9-1 所示（截至 2022 年 12 月 31 日）。

表 9-1　AWS EC2 的加速计算型云计算服务器类型

实例类型	GPU 类型	GPU 数量/块	GPU 显存/GB
P4 系列	NVIDIA A100 GPU	8	320、640
P3 系列	NVIDIA V100 GPU	8、4、1	256、128、64、16
P2 系列	NVIDIA K80 GPU	16、8、1	192、96、16

由于 TensorFlow 的计算机制在未进行设置的情况下会占用全部 GPU 显存，但只会调用第一个 GPU 进行计算，因此如果未对代码进行多 GPU 并行计算优化，那么建议选择 P2 和 P3 系列的单 GPU 大显存实例类型，大显存意味着开发者可以设置更大的批次数量，从而使神经网络的批次归一化层获得更大的样本统计规模。对于刚刚使用 AWS EC2 的开发者而言，建议先使用免费的 Ubuntu 操作系统和免费的 t2 实例，熟练操作后再转向费用较高的加速计算型云计算实例，如图 9-2 所示。

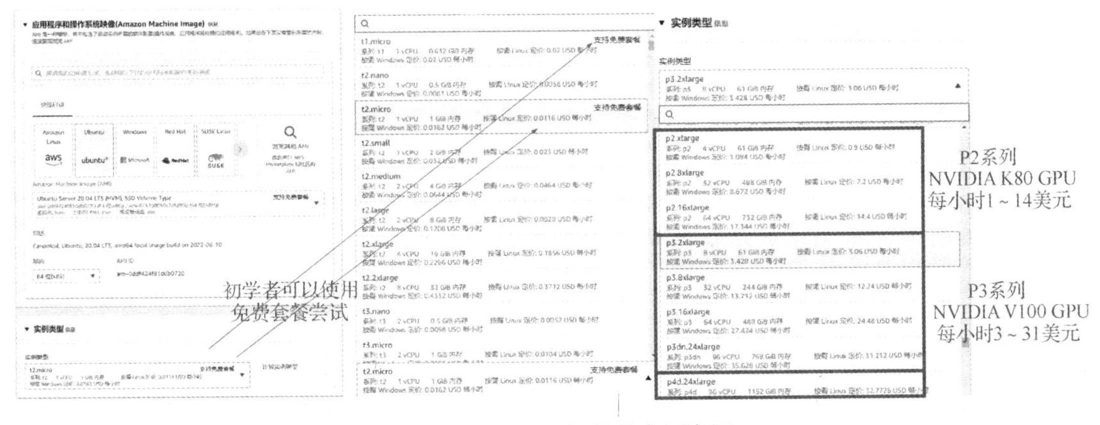

图 9-2　AWS EC2 提供的实例资源

9.2.2　使用云端服务器部署模型并响应推理请求

生成云计算服务器实例后，就可以使用 SSH 进行远程连接了。AWS EC2 默认支持密钥文件的非对称加密连接，需要将 AWS EC2 管理后台的 pem 密钥进行本地保存，并通过 SSH 客户端使用 pem 密钥连接 AWS EC2 实例。以 xshell 客户端为例，使用 pem 密钥连接服务器。使用 SSH 连接 AWS EC2 实例如图 9-3 所示。

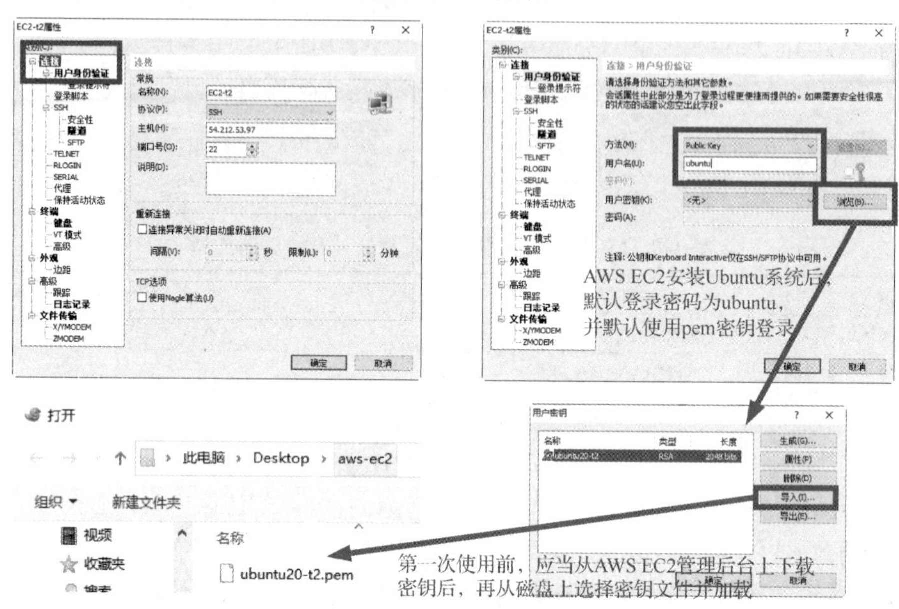

图 9-3　使用 SSH 连接 AWS EC2 实例

TensorFlow Serving 使用的是服务器的 8500 和 8501 端口，因此需要在 AWS EC2 管理后台服务器的安全策略中将 8500 和 8501 端口打开。具体可参考 AWS EC2 管理后台的帮助，这里不一一展开。确认端口打开后，可以通过 SSH 客户端的命令行运行 TensorFlow Serving，运行时指定服务器模型的名称和存储位置。SSH 客户端远程启动服务器的 TensorFlow Serving 的代码如下。

```
ubuntu@ip-172-31-29-142:~$ pwd
/home/ubuntu
ubuntu@ip-172-31-29-142:~$ tree
.
└── yolov4_models
    └── 1
        ├── assets
        ├── saved_model.pb
        ├── this_is_yolov4_realds5717_clip5.txt
        └── variables
```

```
        ├── variables.data-00000-of-00001
        └── variables.index

4 directories, 4 files
ubuntu@ip-172-31-29-142:~$ tensorflow_model_server --rest_api_port=8501
--model_name=yolov4 --model_base_path="/home/ubuntu/yolov4_models/"
......
[evhttp_server.cc : 245] NET_LOG: Entering the event loop ...
```

通过计算机的任意浏览器打开服务器 IP 地址的 8501 端口，查看此时正在服务的模型的输入/输出信息。

```
http://xxx.xxx.xxx.xx:8501/v1/models/yolov4/metadata
```

使用 POSTMAN 模拟客户端发起的图像目标检测请求，请求根据 TensorFlow Serving 的规范设置为 POST 格式。从云端可以获得推理请求的回复结果，回复结果分为 4 个部分：目标概率、目标分类编号、目标数量、目标矩形框顶点坐标，如图 9-4 所示。

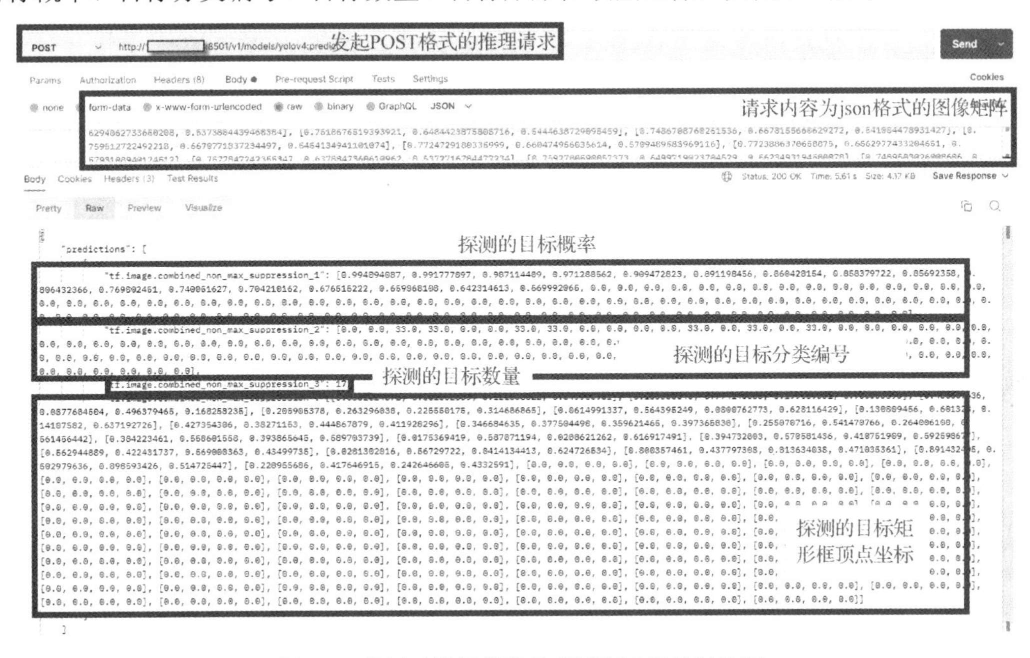

图 9-4 使用云端部署的推理模型进行目标检测

9.3 在亚马逊 SageMakerStudio 上训练云计算模型

亚马逊的人工智能云计算产品都包含在 AWS SageMaker 中。AWS SageMaker 中包含多个子产品，如提供机器学习训练服务的 SageMakerStudio，提供机器学习推理部署的 SageMakerMLOps，以及无代码机器学习 Canvas。其中，与机器学习密切相关的主要是 SageMakerStudio 和 SageMakerMLOps，服务机器学习训练的 SageMakerStudio 下设大量训练工具，如提供编程环境的 SageMakerNotebook，提供数据处理服务的 SageMaker Ground Truth 等。

使用 SageMakerStudio 进行机器学习的云计算训练，首先要通过亚马逊的 S3 存储桶上传标注数据。亚马逊简单存储业务（Amazon Simple Storage Service，Amazon S3）又称 AWS S3，是一种对象存储服务，它提供行业领先的可扩展性、数据可用性、安全性和高性能服务。各种规模和行业的客户都可以使用 AWS S3 存储和保护任意数量的数据，用于数据湖、网站、移动应用程序、备份和恢复、归档、企业应用程序、IoT 设备和大数据分析。AWS S3 提供了管理功能，使开发者可以优化、组织和配置对数据的访问，以满足特定业务、组织和合规性要求。AWS S3 网络存储功能的具体使用方法是，在 AWS S3 的管理界面新建一个存储桶，选择上传文件或文件夹，等待上传完成，如图 9-5 所示。

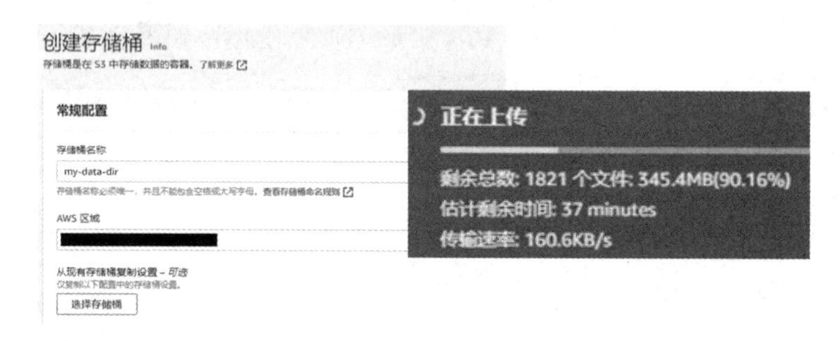

图 9-5　使用 AWS S3 提供的免费空间存储图像数据

完成数据上传工作后，就可以使用 SageMaker 下的 Notebook 了，借助 AWS S3 提供的大显存 GPU，进行大批次（将 Batch 设置为 32 或 64）训练，大批次训练不仅可以加快训练过程，而且可以使神经网络的批次归一化层学习到更多的统计特性。AWS SageMaker 的 Notebook 和谷歌的 Colab 一样，使用 Jupyter 提供网页交互的编程环境，所有代码编辑自动保存，打印结果自动保存。Jupyter 网页编程环境的背后，是亚马逊提供的配备 GPU 的机器学习实例的算力支撑。AWS SageMaker 为新注册的账户提供免费的 Notebook 服务时长，用户可以根据当时的免费政策，申请使用。AWS SageMaker 的 StudioNotebook 产品提供的免费额度如图 9-6 所示。

使用 AWS SageMaker 不仅可以使用线上的 Notebook 等资源，而且可以通过 AWS SageMaker 自动构建集群做分布式训练，自动调优，自动获取训练中的实时指标，针对特定硬件做指令级优化等，这对于机器学习工程化、云端训练非常实用。

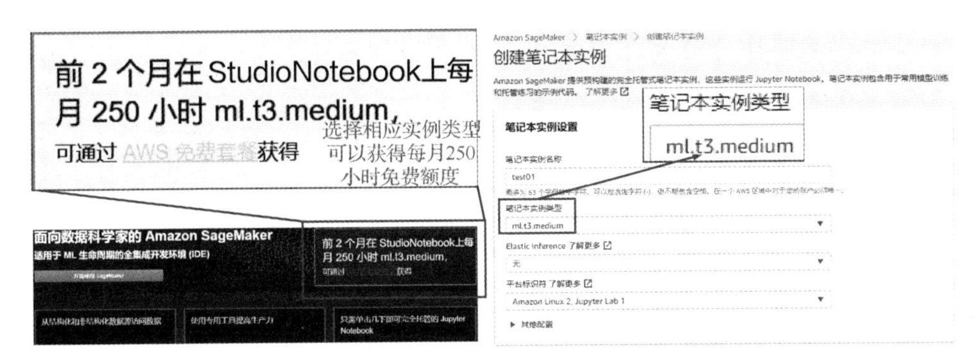

图 9-6　AWS SageMaker 的 StudioNotebook 产品提供的免费额度

第 10 章 神经网络的 INT8 全整数量化原理

神经网络在训练时使用的是浮点模型，它们大部分是工作在 float32 或者 float64 的数据格式下。在进行边缘计算时，出于对硬件效率、速度和功耗的要求，往往需要神经网络工作在 INT8 或者 float16 的数据格式下。如果神经网络需要在边缘计算环境中运行，那么模型一定要根据边缘计算硬件的特点，转换为符合目标运行环境的数据格式要求的量化模型。常见的量化方式有 INT8、float16 等。本章将重点介绍 INT8 全整数量化的工作原理，其他量化方式工作原理类同。

在使用整型数据时，要特别注意整型数据的特点。整型数据在超出动态范围时，不会像浮点数据那样给出 INF 的无穷数值，而是会给出其补码，即令动态范围上限的那个数据增加 1，该数据会变成动态范围的下限。以无符号 8 比特整型数据（UINT8）为例，其动态范围为 0～255，对应二进制的 0b00000000 和 0b11111111（其中的 b 代表 binary 二进制）。如果在 0b11111111 的基础上增加 1，那么理论上会形成 0b100000000。但 0b100000000 是一个 9 比特数据，会造成硬件寄存器溢出，数据溢出的寄存器只能保存其最后的 8 比特，所以实际储存的数据只有 0b00000000，该数据是原数据（0b11111111）的补码，0b00000000 对应等效浮点数据“-128”，所以从编程角度看，如果 UINT8 数据格式下的 127 加 1，那么会得到-128 的计算结果。这在神经网络数据处理过程中极容易造成异常数据，且难以发现，请开发者特别关注。

10.1 神经网络量化模型的基本概念

本节重点为读者建立量化模型的基本概念。

10.1.1 神经网络量化模型速览和可视化

神经网络从结构上可以被抽象为节点和边。节点就是神经网络的各个算子，它们按照一定顺序进行排列和连接；边就是神经网络计算过程中产生的张量，某条边一定是某个节点的输出，同时也是下一个节点的输入。Netron 是一款跨平台开源软件，它支持以可视化的方式查看神经网络内部的节点和边。使用 Netron 不仅可以看到神经网络的结构，而且可以看到神经网络保存的权重。Netron 既支持 Windows、macOS、Linux，也支持浏览器打开模型，Netron 支持多平台生成的神经网络，它支持的文件后缀如表 10-1 所示。

表 10-1　Netron 支持的神经网络文件后缀

支持的计算框架	文件后缀
ONNX 格式	*.onnx
TensorFlow Lite 格式	*.tflite
TensorFlow 格式	*.pb
Keras 格式	*.h5
TorchScript 格式	*.pt
Core ML 格式	*.mlmodel
DarkNet 格式	*.cfg

Netron 是一个非常强大的神经网络可视化工具，感兴趣的开发者可以登录其 GitHub 主页下载使用。接下来设计一个极简的双层 Conv2D 模型，分别保存为 Keras 的 h5 格式和 INT8 量化的 TFLite 格式，使用 Netron 进行可视化。其中，INT8 的量化取值范围为[−128, 127]。

极简双卷积层神经网络包含两个二维卷积层。将第一个二维卷积层的卷积核设置为 0.6，偏置变量设置为-0.3，第一个 BN 层的γ（在代码中使用 gamma 表示）和β（在代码中使用 beta 表示）分别设置为 0.2 和 2.0，滑动平均和滑动方差设置为 0 和 1/12。将第二个二维卷积层的卷积核设置为 0.6，无偏置变量，第二个 BN 层的γ和β分别设置为 1.0 和 0.0，滑动平均和滑动方差设置为 0.0 和 1.0。将两个 BN 层后面紧跟着的 PReLU 激活函数的负轴斜率设置为 0.1。代码如下。

```
input_layer = tf.keras.layers.Input([20, 20, 4])
x=input_layer
y=tf.keras.layers.Conv2D(
    filters=8,kernel_size=3,strides=1,padding='same',
    kernel_initializer=tf.keras.initializers.Constant(0.6),
    bias_initializer=tf.keras.initializers.Constant(-0.3),
    )(x)
y=tf.keras.layers.BatchNormalization(
moving_mean_initializer=tf.keras.initializers.Constant(0.0),
moving_variance_initializer=tf.keras.initializers.Constant(1/12),
gamma_initializer=tf.keras.initializers.Constant(0.2),
beta_initializer=tf.keras.initializers.Constant(2.),)(y)
```

```
    y = tf.keras.layers.PReLU(
        alpha_initializer=tf.initializers.constant(0.1),
        shared_axes=[1, 2],
        )(y)
    y=tf.keras.layers.Conv2D(
        filters=16,kernel_size=3,strides=2,padding='same',
        kernel_initializer=tf.keras.initializers.Constant(0.6),
        use_bias=False )(y)
    y=tf.keras.layers.BatchNormalization(
    moving_mean_initializer=tf.keras.initializers.Constant(0.0),
    moving_variance_initializer=tf.keras.initializers.Constant(1.0),
    gamma_initializer=tf.keras.initializers.Constant(1.0),
    beta_initializer=tf.keras.initializers.Constant(0.0),)(y)
    y = tf.keras.layers.PReLU(
        alpha_initializer=tf.initializers.constant(0.1),
        shared_axes=[1, 2],
        )(y)
    tmp_model=tf.keras.Model(x, y,name='tmp_model')
    tmp_model.summary()
    print([_.name for _ in tmp_model.layers])
    tmp_model.save('P08_quantization_demo.h5')
```

该神经网络接收分辨率为20像素×20像素的4通道图像，输入数据的动态范围为-1～1，其网络结构和所包含的层名称打印如下。

```
    ['input_1', 'conv2d', 'batch_normalization', 'p_re_lu', 'conv2d_1',
'batch_normalization_1', 'p_re_lu_1']

    _________________________________________________________________
     Layer (type)                Output Shape              Param #
    =================================================================
     input_1 (InputLayer)         [(1, 20, 20, 4)]          0
     conv2d (Conv2D)             (None, 20, 20, 8)         296
     batch_normalization (Batc  (None, 20, 20, 8)          32
     hNormalization)
     p_re_lu (PReLU)             (None, 20, 20, 8)         8
     conv2d_1 (Conv2D)           (None, 10, 10, 16)        1152
     batch_normalization_1 (Ba  (None, 10, 10, 16)         64
     tchNormalization)
    p_re_lu_1 (PReLU)           (None, 10, 10, 16)        16
```

```
==========================================================
Total params: 1,568
Trainable params: 1,520
Non-trainable params: 48
```

使用 Netron 打开其保存的 h5 模型。可以看到 h5 模型内包含一个“input_1”输入节点，紧接着一个 Conv2D 二维卷积层，单击这个二维卷积层可以看到代码中对其设置的滤波器数量、卷积核尺寸、步进及初始化的权重变量和偏置变量等。使用 Netron 打开其保存的量化后的 TFLite 模型，可以看到进行了 INT8 量化后的模型出现了 3 个变化。

第 1 个变化是增加了“Quantize”（量化）和“Dequantize”（去量化）算子，如图 10-1 所示，这对算子是用于数据转换的。在 Quantize 算子之后的所有其他算子都会运行在相同的数据格式下，当数据即将进入一个不同数据格式的算子时，神经网络会将数据进行去量化操作，待这个算子计算完毕后，通过另一个 Quantize 算子将数据格式转化为当前所需的数据格式。所以，当一个 INT8 模型中反复出现 INT8 和 float32 数据格式的算子时，就会在 INT8 算子出现之前放置一个 Quantize 算子，在 float32 算子出现之前放置一个 Dequantize 算子，以确保数据格式不断交替变换，如图 10-1 所示。

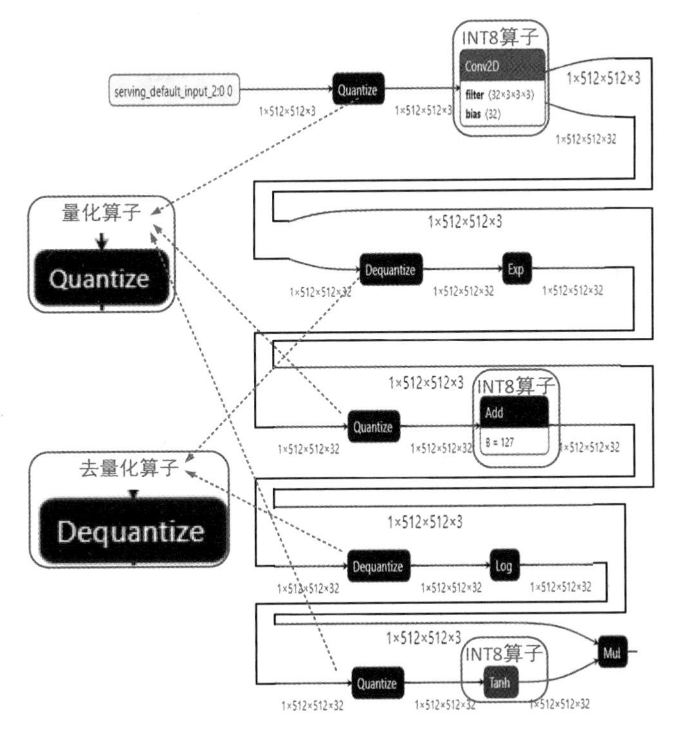

图 10-1　使用量化算子和去量化算子实现数据格式的转换

第 2 个变化是模型内部的第 2 个二维卷积层的权重从原先的 0.6 变成了 127。原先的 0.6 是 float32 数据类型，转换后的 127 是 INT8 数据类型，127 乘以该二维卷积层算子的缩放因子 0.004722048528492451 等于 0.6。

第 3 个变化是算子的合并和映射。TensorFlow 对 Conv2D 层和 BN 层的两个算子进行 INT8 量化时，将它们合并映射成了一个 Conv2D 算子。这是因为 BN 层的操作只是使用线性变换对同一个特征通道内的数据进行重分布，这与稍后会提到的量化操作的线性变换复合起来后，在计算层面上是冗余的，所以必须进行简化合并。因此，虽然第 1 个二维卷积层的权重从原先的 0.6 变成了 127，缩放因子等于 0.003253702772781253，但显然 127 乘以该二维卷积层算子的缩放因子 0.0032537 并不等于 0.6，这是因为 TensorFlow 对二维卷积层和与其相邻的 BN 层做了算子的合并，如果去掉 BN 层合并的影响，那么 127 乘以缩放因子就等于 0.6 了。

量化前的 h5 模型和 INT8 量化后的 TFLite 模型在算子映射和权重映射方面的差异可以通过 Netron 可视化界面查看，如图 10-2 所示。

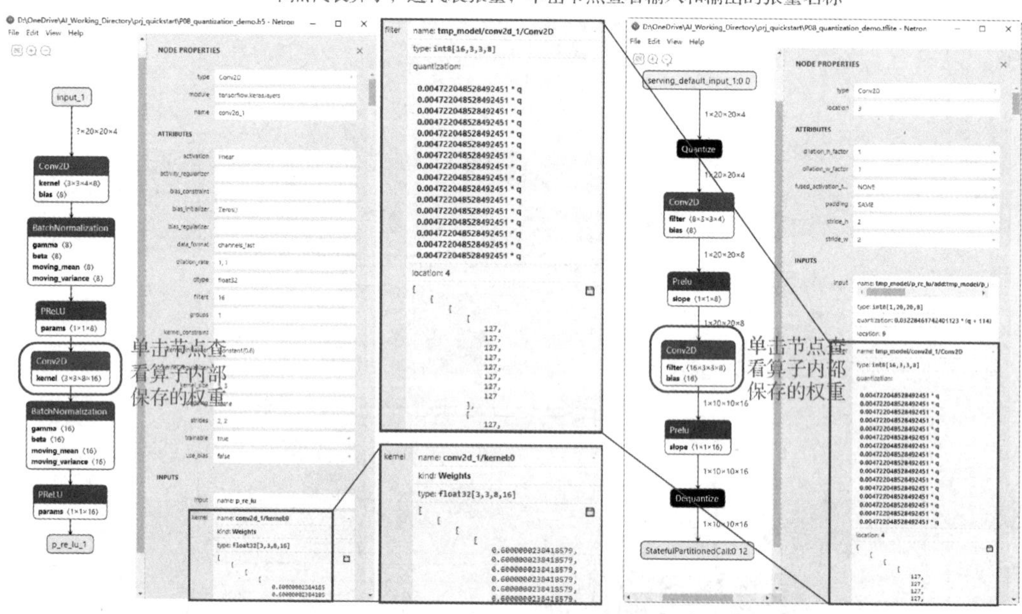

图 10-2 使用 Netron 查看量化模型的算子映射和权重映射

针对量化模型的这些变化，可以相应地使用 TensorFlow 的 TFLiteConverter 工具，对存储在磁盘上的静态图文件或者存储在内存中的 Keras 模型进行量化和保存。

限制模型的输入批次为 1（表示只进行单样本推理），新建一个读取内存 Keras 模型的转换器，将其命名为 converter。代码如下。

```
tmp_model.input.set_shape((1,) + tmp_model.input.shape[1:])
converter = tf.lite.TFLiteConverter.from_keras_model(
    tmp_model)
```

将转换器的优化设置为默认，设置神经网络输入数据为伪数据（满足-1～1 的均匀分布）。代码如下。

```
converter.optimizations = [tf.lite.Optimize.DEFAULT]
def representative_dataset():
    for img_bat in range(100):
        data = np.random.rand(1, 20, 20, 4)*2-1
        print('representative_dataset:',data.shape,
              'from',data.min(),'to',data.max())
        yield [data.astype(np.float32)]
converter.representative_dataset = representative_dataset

converter.experimental_new_converter = True
```

设置转换器的内部计算数据格式为 INT8、输入数据格式为 UINT8，若输出格式不做限制，则默认输出 float32 类型数据。

```
converter.target_spec.supported_types = [tf.int8]
converter.inference_input_type = tf.uint8
```

进行模型量化时，需要指定转换器对神经网络算子进行转化的目标算子集，此处设置为 TensorFlow 内置的 INT8 算子集。代码如下。

```
converter.target_spec.supported_ops = [
    tf.lite.OpsSet.TFLITE_BUILTINS_INT8,]
```

设置完毕后，就可以使用转换器的 convert 方法执行转换操作了。转换操作需要完成多个工作，若模型较大，则转换时间可能长达 30min 以上，具体视模型大小和算子复杂程度而定。代码如下。

```
tflite_model = converter.convert()
```

接下来，将转换器转换成功的模型写入磁盘文件即可。转换好的 TFLite 文件是按照 FlatBuffer 数据格式进行存储的。FlatBuffer 数据格式是谷歌公司开源的一种二进制序列化格式，它类似于用于存储 pb 模型文件的 Protobuf 数据格式。代码如下。

```
tflite_model_filename='P08_quantization_demo.tflite'
with open(tflite_model_filename, 'wb') as f:
    f.write(tflite_model)
```

以上代码中的 f.write 方法执行完成后，磁盘中将出现 TFLite 量化模型文件，如图 10-3 所示。

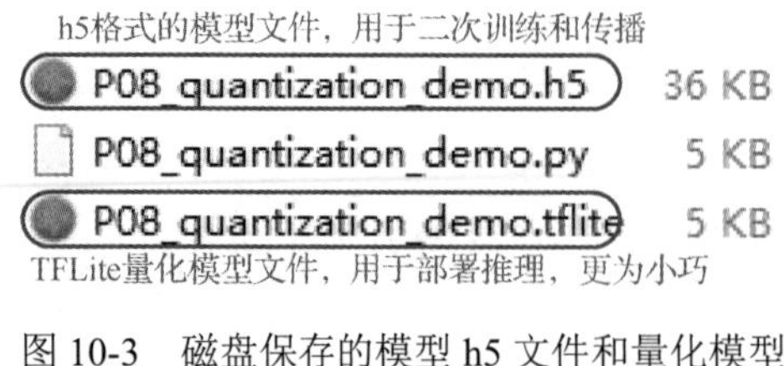

图 10-3　磁盘保存的模型 h5 文件和量化模型 TFLite 文件

总的来说，模型量化存储需要经历几个步骤：新建模型或从磁盘中读取静态图文件，新建和配置转换器，让转换器执行转换操作，存储转换好的模型文件。由于 TensorFlow 将转换器所要执行的量化操作进行了封装，所以只要调用转换器的convert方法即可实现模型量化的复杂操作。

10.1.2　浮点数值的量化存储和计算原理

整数量化，简称量化（Quantization），指的是使用有限个离散值表示无穷多个连续值的技术。以图像像素为例，如果用 0 表示黑，用 1 表示白，那么在 0～1 的范围内有无穷多个连续值，它们表示从黑到白的无穷多个灰度阶梯。但实际上，我们无法使用数值表达这么精细的颗粒度，只能使用有限的位数表示有限个离散数值，离散数值之间的连续值只能使用最临近的值代替。例如，使用 8 比特整数量化一个 0～255 的连续区间，那么 8 比特变量拥有从 00000000 到 11111111 的一共 2^8（256）种表达方式，那么这 256 种表达方式就是 8 比特变量所能表达的离散数值数量上限。我们只能将 0～1 的连续区间划分为 256 份，对应 8 比特变量的 256 种表达方式。

8 比特整数量化（简称 8 比特量化）是方式又细分为两种：INT8 和 UINT8。INT8 量化具有[−128, 127]的动态范围，它的第一位是用来表示正负的符号位；UINT8 没有符号位，它的 8 个比特全部用来表达数字绝对值，它具有[0,255]的动态范围。16 比特量化、32 比特量化技术以此类推。

从本质上看，整数量化技术是将真实数值按照一定的规律重新调整到新位置上的技术，新位置上的数值叫作仿射数值。仿射数值和真实数值构成一个映射关系，这个映射关系是一个可逆的双射，从仿射数值到真实数值的映射叫作反量化（Dequantization）。如果这个映射关系是线性的，那么就是线性映射量化；如果这个映射关系是非线性的，那么就是非线性映射量化。浮点数是典型的非线性量化，但一般情况下，边缘计算使用较多的是线性映射量化（简称量化），如果量化的结果是 8 比特整数，那么这个量化称为 8 比特量化。

8 比特量化与 32 比特浮点量化相比，不可避免地会出现精度的下降，但模型大小将下降为后者的四分之一，硬件资源开销呈指数级下降，推理速度大幅提升。在 16 比特计算硬件尚未普及之前，8 比特量化是工业界的主流选择。

8 比特量化的线性映射分为对称量化和非对称量化。对于非对称量化技术，我们使用两个量化参数进行定义：缩放因子（scale）和零点（zero-point）。缩放因子表示浮点数值的动态范围与 INT8 量化的动态范围（256）的比例关系，零点的物理含义是二者动态范围的偏置关系。我们以一个具有足够精度的浮点数 float 来表示一个动态区间上的某个连续值，用一个 8 比特的数值 INT8 来表示量化后的离散值，浮点数 float 和量化数 INT8 的关系如式（10-1）所示。对于对称量化，式（10-1）中的零点恒为 0。

$$\text{float} = \text{scale} \times (\text{INT8} - \text{zero-point}) \tag{10-1}$$

从几何角度看，zero-point 表示 INT8 数值在缩放前应当平移的长度。基于缩放因子和零点偏置的线性量化映射关系图如图 10-4 所示。例如，取值为-128 的 INT 数值在进行缩放前必须先向左平移 zero-point 的长度，平移后的数值为-128-zp，其中，zp 是 zero-point 的缩写。

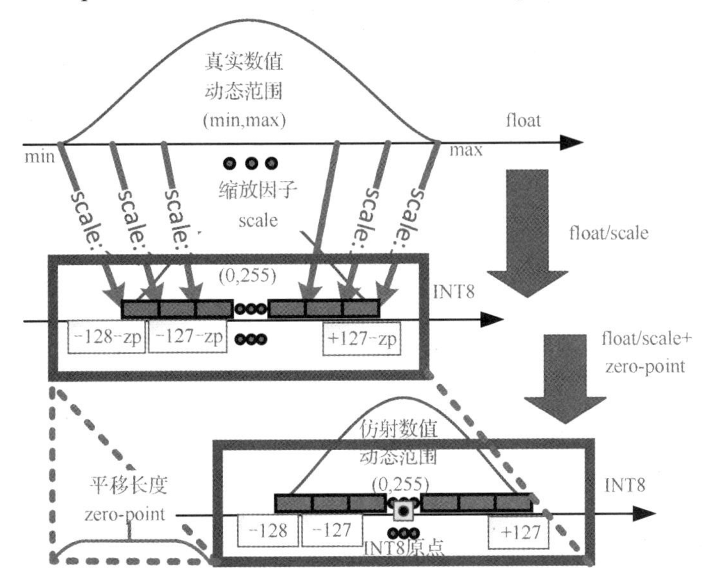

图 10-4　基于缩放因子和零点偏置的线性量化映射关系图

打开生成的二层示例模型，单击第一个量化算子 Quantization，就可以看到该算子对输入数据和输出数据的量化处理方式。在量化处理方式的展示界面，可以看到量化后的变量 q 的相关属性（q 一般用来表示量化后的整数数值）。

对于第一个量化算子的输入端，数据张量名称为“serving_default_input_1:0”，张量数据格式为 UINT8，张量形状为[1,20,20,4]，从量化张量求取对应的浮点值的计算方法为 $0.00784297101199627\times(q-127)$，即将仿射线性变换的缩放因子设置为 0.00784302782267332，将零点设置为 127，其中，q 为一个格式为 UINT8 的量化数值。因为是按照 UINT8 量化的，所以 q 是取值范围为 0～255 的整数，进而可以通过量化数值和浮点数值的映射关系得到浮点数值的动态范围为[-1,1]，这与我们设计神经网络所使用的输入数据动态范围一致。

对于第一个量化算子的输出端，数据张量名称为“tfl.quantize”，张量数据格式为 INT8，张量形状为[1,20,20,4]，张量对应的浮点值计算方法为 $0.00784297101199627 \times (q+1)$，即将仿射线性变换的缩放因子设置为 0.00784302782267332，将零点设置为-1，其中 q 为一个格式为 INT8 的量化数值。因为是按照 INT8 量化的，所以 q 是取值范围为-128～127 的整数，进而可以通过量化数值和浮点数值的映射关系得到浮点数值的动态范围为[-1,1]，这与我们设计神经网络所使用的输入数据动态范围一致，因为量化算子只负责数据的格式转换，不应当对浮点数值做任何修改。

基于缩放因子和零点偏置的线性量化映射案例如图 10-5 所示。

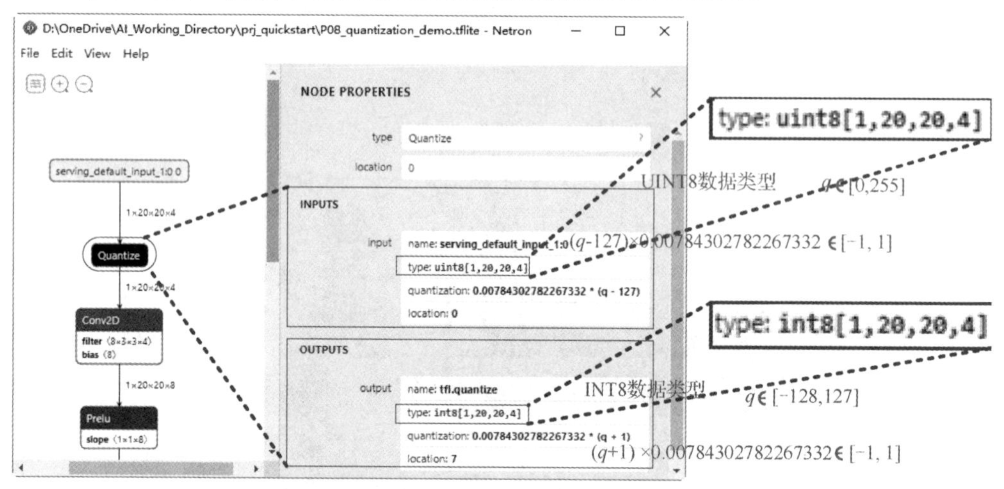

图 10-5 基于缩放因子和零点偏置的线性量化映射案例

对于 INT8 线性量化可以预料到：如果真实浮点数值的分布较为平均，那么 INT8 量化能较好地拟合浮点运算结果；如果真实浮点数值的确出现过极少数取值很大的情况（真实浮点数值是非均匀分布的），那么 INT8 量化将不得不模拟很大的动态范围，但其实大部分真实浮点数值都集中在一个很小的区间内。显然大部分取值接近的真实浮点数值，将被量化为同一个整数，在这种情况下，INT8 线性量化的拟合性能较差。合理规划神经网络每个中间张量的动态范围、合理设定整型量化的缩放因子和零点，不仅可以在很大程度上获得整型量化的效率优势，而且可以保持较高的精度。

数据的整型量化不仅需要解决数值的存储表达问题，而且需要解决数值的乘法和加法计算问题。神经网络中每个算子之间的张量并不一定具有相同的动态范围，它们也并非使用相同的量化参数，这里就需要了解量化计算的基本原理。假设有两个不同量化参数的浮点数值 a_{float} 和 b_{float} 需要进行相乘运算，那么显然有

$$\begin{cases} a_{\text{float}} = a_{\text{scale}} \times \left(a_{\text{INT8}} - a_{\text{zero-point}}\right) \\ b_{\text{float}} = b_{\text{scale}} \times \left(b_{\text{INT8}} - b_{\text{zero-point}}\right) \end{cases} \tag{10-2}$$

我们需要计算 a_{float} 与 b_{float} 的乘积，结果用 y_{float} 表示，那么有

$$y_{\text{float}} = a_{\text{float}} \times b_{\text{float}} = a_{\text{scale}} \times \left(a_{\text{INT8}} - a_{\text{zero-point}}\right) \times b_{\text{scale}} \times \left(b_{\text{INT8}} - b_{\text{zero-point}}\right) \tag{10-3}$$

化简后得到

$$y_{\text{float}} = a_{\text{scale}} b_{\text{scale}} \times \left(a_{\text{INT8}} - a_{\text{zero-point}}\right)\left(b_{\text{INT8}} - b_{\text{zero-point}}\right) \tag{10-4}$$

得到 y_{float} 之后，还需要对 y_{float} 进行量化，于是可以得到

$$y_{\text{INT8}} = \frac{a_{\text{scale}} b_{\text{scale}}}{y_{\text{scale}}} \times \left(a_{\text{INT8}} - a_{\text{zero-point}}\right)\left(b_{\text{INT8}} - b_{\text{zero-point}}\right) + y_{\text{zero-point}} \tag{10-5}$$

式中，$\frac{a_{\text{scale}} b_{\text{scale}}}{y_{\text{scale}}}$ 是常数，可以预先计算得到足够精度的精确数值，$y_{\text{zero-point}}$ 的计算结果也是一个整数。实际上，我们需要在推理现场临时计算的只有 $\left(a_{\text{INT8}} - a_{\text{zero-point}}\right)\left(b_{\text{INT8}} - b_{\text{zero-point}}\right)$ 的结果，而这 4 个数值都是整数，可以很方便地通过硬件进行加速。

对于加法也是一样的，结果用 z_{float} 表示，那么有

$$z_{\text{float}} = a_{\text{float}} + b_{\text{float}} = a_{\text{scale}} \times \left(a_{\text{INT8}} - a_{\text{zero-point}}\right) + b_{\text{scale}} \times \left(b_{\text{INT8}} - b_{\text{zero-point}}\right) \tag{10-6}$$

这里设计两个整数 a_q 和 b_q，并确保它们与 a_{scale} 和 b_{scale} 的乘积相等，由于算子的 a_{scale} 和 b_{scale} 是预先计算的，所以 a_q 和 b_q 也是可以预先计算存储的，如式（10-7）所示。

$$a_q \times a_{\text{scale}} = b_q \times b_{\text{scale}} \tag{10-7}$$

有了 a_q 和 b_q 后，我们可以将 $a_{\text{float}} + b_{\text{float}}$ 改写为式（10-8），

$$a_{\text{float}} + b_{\text{float}} = b_q \times \frac{1}{b_q} \times a_{\text{scale}} \times \left(a_{\text{INT8}} - a_{\text{zero-point}}\right) + a_q \times \frac{1}{a_q} \times b_{\text{scale}} \times \left(b_{\text{INT8}} - b_{\text{zero-point}}\right) \tag{10-8}$$

根据式（10-7），我们定义 scale_{ab}，如式（10-9）所示，

$$\text{scale}_{ab} = \frac{a_{\text{scale}}}{b_q} = \frac{b_{\text{scale}}}{a_q} \tag{10-9}$$

那么此时加法运算的结果如式（10-10）所示。

$$a_{\text{float}} + b_{\text{float}} = \text{scale}_{ab}\left[b_q\left(a_{\text{INT8}} - a_{\text{zero-point}}\right) + a_q \times \left(b_{\text{INT8}} - b_{\text{zero-point}}\right)\right] \tag{10-10}$$

进而得到加法结果的整数形式 z_{INT8}，如式（10-11）所示。

$$z_{\text{INT8}} = \frac{\text{scale}_{ab}}{y_{\text{scale}}}\left[b_q\left(a_{\text{INT8}} - a_{\text{zero-point}}\right) + a_q \times \left(b_{\text{INT8}} - b_{\text{zero-point}}\right)\right] + z_{\text{zero-point}} \tag{10-11}$$

式中，$\frac{\text{scale}_{ab}}{y_{\text{scale}}}$ 是可以提前计算和存储的，剩下的部分都是整数，可以使用硬件进行加速。

神经网络的算子虽然复杂，但是算子内部用到的运算只是初等数学运算，它们都可以被抽象为乘法和加法运算。使用两个 INT8 整数数值的乘法和加法，只要能成功模拟两个高精度的浮点数的乘法和加法，就可以对神经网络各种复杂的算子进行 INT8 量化模拟计算。

以本章提供的极简二层神经网络为例，查看量化模型中第二个二维卷积层所存储的卷积核，可以看到其内部存储的卷积核都已经是量化后的 INT8 整数数值（即图中左侧的浮点数值 0.6 经过量化后，变为了图中右侧的整型数值 127），并搭配了相应的缩放因子 0.004722，如图 10-6 所示。

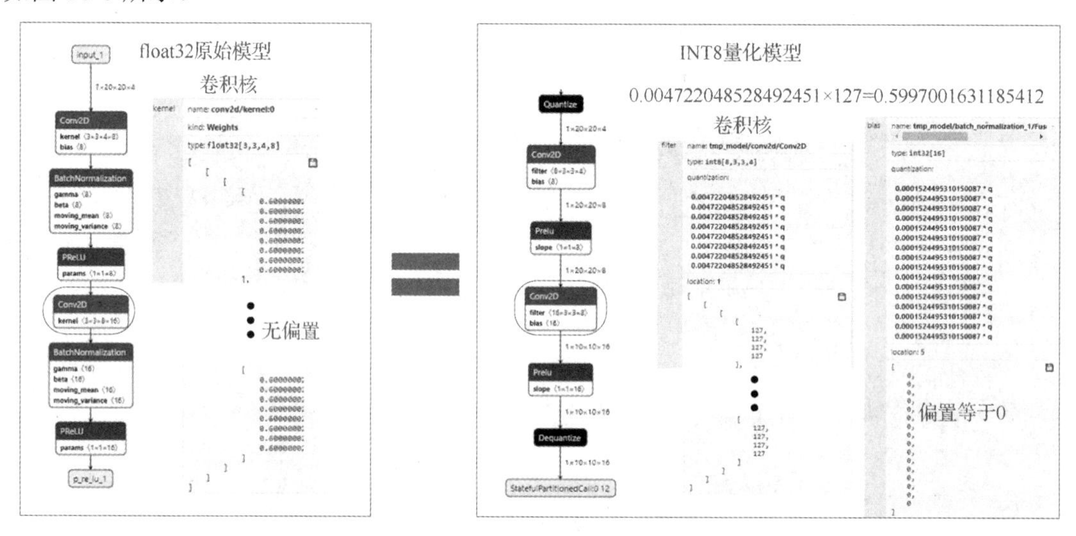

图 10-6　模型文件内存储的卷积核变量和偏置变量

在推理量化模型时，只需要将前一个算子输出的整型数值与此二维卷积层存储的卷积核整型数值进行等效乘法，其结果与偏置的整型数值进行等效加法，从而实现高精度的乘法和加法运算。等效乘法和等效加法实际上就是通过本小节介绍的 INT8 量化乘法和加法技巧实现的。具体可以参考高通公司在 2021 年发表的关于神经网络量化的神经网络量化白皮书 *a White Paper on Neural Network Quantization*。

10.2　神经网络量化模型的制作和分析

了解了神经网络量化模型的基本概念，接下来我们从原理的角度剖析 TensorFlow 在模型量化转换中所做的具体工作。

10.2.1　算子的映射和合并

就像每个 CPU 都有自己的指令集一样，神经网络的运行环境也有自己能支持的独特的算子集。神经网络在 x86 架构的主机上运行时，x86 主机一般有着冗余的计算硬件和充足的计算精度，因此 x86 主机的神经网络运行环境可以提供庞大的算子集支撑，此时神经网络可以利用的算子集一般比较丰富。

神经网络经过量化后，生成的模型为 TFLite 格式的模型。TFLite 格式是一种跨平台的模型格式，只能用于推理。TFLite 格式的模型并不能支持所有的 TensorFlow 运算符，它所能支持的算子集有 3 类，如表 10-2 所示。

表 10-2　TensorFlow Lite 在 tf.lite.OpsSet 下的算子集

算子集	算子集使用
TFLITE_BUILTINS	TensorFlow Lite 内置算子
TFLITE_BUILTINS_INT8	TensorFlow Lite 内置的 8 位量化算子
SELECT_TF_OPS	使用 TensorFlow 算子转换模型。已经支持的 TensorFlow 算子的完整列表可以在白名单 lite/delegates/flex/whitelisted_flex_ops.cc 中查看

TensorFlow 官方推荐优先使用 TFLITE_BUILTINS 转换模型，也可以同时使用 TFLITE_BUILTINS 和 SELECT_TF_OPS，或者只使用 SELECT_TF_OPS。同时使用两个选项（TFLITE_BUILTINS 和 SELECT_TF_OPS）会让转换器调用 TensorFlow Lite 内置的运算符转换支持的运算符，遇到某些 TensorFlow Lite 无法支持的 TensorFlow 运算符时，可以使用 SELECT_TF_OPS 选项。

模型在为边缘端部署进行转换时，其内部算子不仅受到 TFLite 模型的相关制约，也受到硬件规格的制约。对于功耗敏感的边缘端来说，其支持的算子集一般更少，有些算子虽然被支持但是仍然有许多限制条件。以谷歌推出的 Edge TPU 为例，它支持了大部分的 TensorFlow 算子，但对于指数函数 exp、对数函数 log 等运算，就无法支持；另外，矩阵拼接算子、形状变换算子、二维卷积算子在超过 512 分辨率 4 通道的情况下，也无法支持。具体硬件的算子集及其限制条件，可以登录相应硬件的官网查看，谷歌的 Edge TPU 的算子集可以在其官网上查到。Edge TPU 的算子支持情况如图 10-7 所示。

进行模型量化时，不仅要针对模型格式（如 TFLite 格式）进行算子的核对检查，而且要针对最终目标硬件进行算子的核对和检查。对于 TFLite 格式的边缘端模型，一般需要为模型量化转换器设置算子集。为转换器配置算子集可以通过向 target_spec.supported_ops 接口传递列表的方式实现，列表内包含表 10-2 所示的 3 个算子集的一个或若干。典型的配置代码如下。

```
import tensorflow as tf
converter=tf.lite.TFLiteConverter.from_saved_model(
    saved_model_dir)
converter.target_spec.supported_ops = [
    tf.lite.OpsSet.TFLITE_BUILTINS,
    # 将 TensorFlow Lite ops.算子纳入模型转换的算子集中
    tf.lite.OpsSet.SELECT_TF_OPS
    # 将 TensorFlow ops.算子纳入模型转换的算子集中 ]
tflite_model = converter.convert()
open("converted_model.tflite", "wb").write(tflite_model)
```

算子支持情况

When building your own model architecture, be aware that only the operations in the following table are supported by the Edge TPU. If your architecture uses operations not listed here, then only a portion of the model will execute on the Edge TPU.

Note: When creating a new TensorFlow model, also refer to the list of **operations compatible with TensorFlow Lite.**

Table 1. All operations supported by the Edge TPU and any known limitations

算子名称	运行环境版本	算子限制
Add	All	
AveragePool2d	All	不允许带激活函数
Concatenation	All	不允许带激活函数 如果是常量进行矩阵拼接，那么最多允许两个输入
……		

图 10-7　Edge TPU 的算子支持情况

这里需要特别注意的是，对于硬件无法支持的算子，开发者依旧可以对其强行进行量化，但这些无法支持的算子是无法在硬件上找到相应的硬件资源进行计算加速的。届时，这些无法支持的算子将在 CPU 上运行，虽然不影响模型的推理运算，但付出的代价是降低神经网络推理的速度。编译完成的模型会被迫加入大量的成对出现的“去量化”和“量化”算子，被去量化算子和量化算子包裹住的就是那些硬件无法加速的算子，这会导致数据在加速硬件和内存之间反复复制，从而降低推理速度。如果模型的大部分算子都无法被边缘计算硬件加速，那么边缘计算加速也就失去了意义。

TensorFlow 在进行模型量化时，不仅完成了算子的替换映射，还进行了算子的合并融合。细心的读者可能已经发现，在本章图 10-6 所演示的极简二层神经网络中，在 h5 模型中成对出现的二维卷积层和批次归一化层，在 TFLite 模型中只出现了二维卷积层，而批次归一化层不见了。这是因为 TensorFlow 在进行模型量化时，将二维卷积层和批次归一化层进行了算子融合。

我们知道数据的量化会引入误差，误差随着层的叠加而不断累加。从计算原理上看，批次归一化层的计算实际上是一个输入数据到输出数据的线性仿射变换，它与对二维卷积层进行量化操作所使用的线性仿射变换是可以进行融合的，因为线性变换对乘法和加法运算封闭（连续两次线性变换可以等效于单次线性变换）。

极简二层神经网络的 h5 模型中的二维卷积层和批次归一化层在 TFLite 模型中融合成单个二维卷积层，如图 10-8 所示。从图中所展示的输出张量名称可以看到，这些合并后的算子包含了原始模型的二维卷积层和批次归一化层的名称信息，方便开发者“望文生义”。

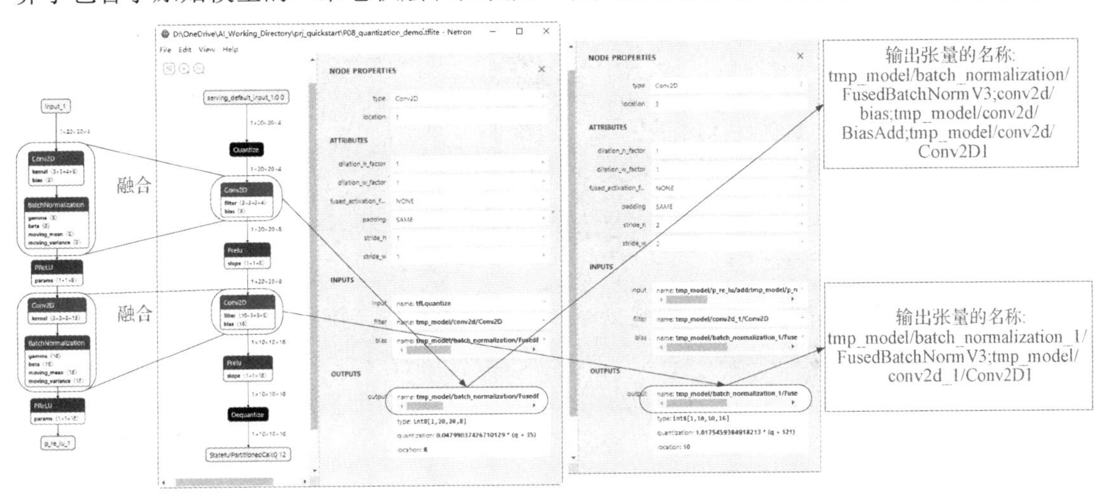

图 10-8　模型量化中的算子融合

这里以极简二层模型的第一个二维卷积层和第一个 BN 层的算子融合为例，进行算子融合在权重上的等价变换理论推导。

假设第一个二维卷积层的输入数据为 x，形状为[1,20,20,4]；二维卷积层的卷积核变量为 kernel，形状为[3,3,4,8]；偏置变量为 bias，形状为[8,]；输出数据为 conv，形状为[1,20,20,8]。如果使用 ⊚ 表示图像的卷积运算，并且加法运算使用广播加法（在最后一个维度进行广播），有

$$\mathrm{conv} = x \circledcirc \mathrm{kernel} + \mathrm{bias} \tag{10-12}$$

如果批次归一化层的输入对应二维卷积层的输出，那么批次归一化层的输入变量为

conv。令批次归一化层的数据重分布算法中的缩放因子为γ，偏置为β，从训练数据中提取的滑动平均为moving_mean，从训练数据中提取的滑动方差为moving_variance，它们的形状都是[8,]。令批次归一化层的输出为y，那么根据BN层在推理阶段的算法行为，有

$$y=\gamma\times\frac{\text{conv}-\text{moving\_mean}}{\sqrt{\text{moving\_variance}}}+\beta \tag{10-13}$$

将式（10-12）中二维卷积层的输出conv代入式（10-13），化简后有

$$y=\frac{\gamma}{\sqrt{\text{moving\_variance}}}\times x\circledcirc\text{kernel}+\left[\frac{\text{bias}-\text{moving\_mean}}{\sqrt{\text{moving\_variance}}}\times\gamma+\beta\right] \tag{10-14}$$

将式（10-14）转为标准的二维卷积表达式，有

$$y=x\circledcirc\text{kernel}_{\text{identical}}+\text{bias}_{\text{identical}} \tag{10-15}$$

式中，$\circledcirc$表示图像的卷积运算；$\text{kernel}_{\text{identical}}$和$\text{bias}_{\text{identical}}$表示算子合并后等效的新卷积核变量和新偏置变量，它们由式（10-16）计算得到。

$$\begin{cases}\text{kernel}_{\text{identical}}=\dfrac{\gamma}{\sqrt{\text{moving\_variance}}}\times\text{kernel}\\ \text{bias}_{\text{identical}}=\dfrac{\text{bias}-\text{moving\_mean}}{\sqrt{\text{moving\_variance}}}\times\gamma+\beta\end{cases} \tag{10-16}$$

这样，进行模型量化时，转换器将提取所有前后相连的二维卷积层和批次归一化层进行算子合并，根据算子融合计算原理，合并后的等效二维卷积层内部的权重变量和偏置变量根据式（10-16）计算得出，合并后的等效二维卷积层的名称也将体现被合并的二维卷积层和批次归一化层的原名称，方便开发者定位和调试。

实际上，TensorFlow会对所有可以实施算子合并的多个算子实施合并操作，并在量化阶段提早使用高精度的计算资源，将等效的卷积核变量和等效偏置变量提前存储好。使用提前计算并存储好的等效卷积核变量和等效偏置变量进行量化计算，可以避免拆分量化带来的误差累积。

10.2.2 量化参数搜索和代表数据集

在介绍浮点数的整型量化原理时，我们引入了关键的两个参数：缩放因子和零点。缩放因子和零点的确定，取决于转换器探测到的等效浮点数的动态范围。如果浮点数的动态范围很大，那么缩放因子也要相应设置为较大的数值；如果浮点数的动态范围偏移，那么零点也需要相应偏移。

存储在模型算子内部的权重是静态的，开发者可以很容易地获得其动态范围，但神经网络从输入节点到模型内部每个张量（边）的动态范围，就需要取决于外部输入激励了。因此，TensorFlow 引入了代表数据集的概念。

代表数据集是训练数据或验证数据的一个小子集（大约 100～500 个样本），转换器将使这个代表数据集的样本流过神经网络，这样转换器就可以使用高精度计算资源，探知每个样本将在神经网络的输入端、内部每个“边”、输出端产生什么动态范围的高精度数据了。当代表数据集的样本足够多时，转换器就可以确定在整个神经网络的计算过程中，将在内部张量上制造多大的动态范围。

在 TensorFlow 中，代表数据集生成函数是一个以 yeild 为关键字返回的可迭代生成器。该生成器在每次迭代时可以提供一个数据样本。假设输入数据的动态范围是 0～1，那么一个能提供 100 个伪数据的代表数据集生成器的代码如下。

```
def representative_dataset():
    for _ in range(100):
      data = np.random.rand(1, 244, 244, 3)
      yield [data.astype(np.float32)]
```

使用这个伪数据生成器可以依次获得累计 100 个伪数据样本，测试代码如下。

```
def representative_dataset():
    for _ in range(100):
      data = np.random.rand(1, 244, 244, 3)
      yield [data.astype(np.float32)]
for i in representative_dataset():
  print(np.sum(i)/(244*244*3))
```

测试输出如下。

```
0.49982731036683686
0.507663867939846
……
0.5002079449128819
0.4981200100219475
```

需要特别注意的是，这里仅仅是为了说明而使用了 NumPy 的随机数来模拟代表数据集，在实际生产中应当避免使用。因为虚拟随机数也许在神经网络的头几层能充分模拟真实数据的动态范围，但在神经网络的后端，将产生没有明显特征的数据输出，会给转换器传递虚假的动态范围信息，因为只有在真实数据激励下的神经网络才能在神经网络的输出层产生低熵数据，而随机数据在神经网络的最后几层的输出依旧保持高熵状态，无法充分模拟图像分类或目标检测结果的低熵数据（高概率预测值）分布。

基于真实数据的代表数据集可以根据具体数据集自行编写，一个简易的真实代表数据集的函数代码如下。

```
def representative_dataset():
    for img_bat in train_dataset.batch(1).take(200):
        data=tf.cast(img_bat,tf.float32)
        # 确认输入数据的动态范围
        data = data.numpy()
        print('representative_dataset:',data.shape,
              'from',data.max(),'to',data.min())
        yield [data.astype(np.float32)]
```

制作好代表数据集的函数后，将函数命名为 representative_dataset，就可以将函数名传递给转换器的 representative_dataset 字段了。代码如下。

```
converter.representative_dataset = representative_dataset
```

使用转换器的 convert 方法执行转换操作，转换器将自动生成代表数据集样本张量，让样本张量在神经网络内部的传递，从而确认神经网络内部各个张量的动态范围，并自动确定张量量化时所需要使用的缩放因子和零点。convert 方法执行完毕后，就可以使用磁盘写入工具，将量化模型写入磁盘文件。代码如下。

```
converter.experimental_new_converter = True
converter.inference_input_type = tf.uint8
tflite_model = converter.convert()
tflite_model_filename='P08_quantization_demo.tflite'
with open(tflite_model_filename, 'wb') as f:
    f.write(tflite_model)
```

在实际转换过程中，开发者将看到代表数据集生成器的打印结果，可以二次确认输入数据的动态范围是否满足要求。输出如下。

```
representative_dataset: (1, 512, 512, 3) from 0.972628 to 0.0
representative_dataset: (1, 512, 512, 3) from 0.925201 to 0.0
representative_dataset: (1, 512, 512, 3) from 1.0 to 0.0
representative_dataset: (1, 512, 512, 3) from 1.0 to 0.0
representative_dataset: (1, 512, 512, 3) from 0.987633 to 0.0
......
```

值得注意的是，由于每次进行模型转换时，TensorFlow 的转换器会使用内置的量化算法重新感知一次张量的浮点数值的动态范围，所以同样的数据在两次转换时所找到的缩放因子和零点可能会有细微差别，这属于正常现象。另外，转换器的 convert 方法是较为耗时的，因为它需要进行多次数据的前向传播，需要对神经网络内部的全部张量进行动态范围的统计分析。以作者的经验，转换器对大型模型执行量化操作的计算耗时可能超过 30min，甚至达到数小时。

⋘ 10.2.3　TFLite 量化模型的算子和张量分析

以 FlatBuffer 格式制作或保存好量化模型文件后，TensorFlow 提供了模型的分析工具，用于查看模型结构和模拟推理。TensorFlow 提供的量化模型分析工具是 tf.lite.experimental.Analyzer.analyze。它接收两种形式的 FlatBuffer 格式量化模型输入：可以向 model_path 标志位传递磁盘上的 TFLite 量化模型文件，或者向 model_content 标志位传递存储在内存中的 TFLite 量化模型对象。此外，分析工具还支持检查 TFLite 量化模型文件对 GPU 代理器的支持情况，具体方法是设置其 gpu_compatibility 标志位为 True。

使用模型分析工具检查刚刚保存的 TFLite 量化模型文件。代码如下。

```
tf.lite.experimental.Analyzer.analyze(
    model_path=tflite_model_filename, gpu_compatibility=True)
```

分析工具将提交分析结论和模型算子张量清单。分析结论包括 GPU 支持情况、量化模型子图数量、输入/输出张量编号、模型尺寸分析等。分析结论样例如下。

```
Your model looks compatibile with GPU delegate with TFLite runtime
version 2.8.0.
But it doesn't guarantee that your model works well with GPU delegate.
There could be some runtime incompatibililty happen.
--------------------------------------------------------------
Your TFLite model has '1' signature_def(s).

Signature#0 key: 'serving_default'
- Subgraph: Subgraph#0
- Inputs:
    'input_1' : T#0
- Outputs:
    'p_re_lu_1' : T#12

---------------------------------------------------------------
            Model size:      5016 bytes
    Non-data buffer size:      3440 bytes (68.58 %)
```

```
    Total data buffer size:       1576 bytes (31.42 %)
      (Zero value buffers):        64 bytes (01.28 %)
  ......
```

分析工具还将提供整个模型的算子清单和张量清单。本案例中使用的极简二层模型加上量化算子和反量化算子后，一共拥有 8 个算子。量化后将两个 BN 层算子合并进二维卷积层，所以减掉两个算子合计 6 个算子（Op#0～Op#5）。分析工具的输出范例如下。

```
  === P08_quantization_demo.tflite ===
  Your TFLite model has '1' subgraph(s). In the subgraph description below,
  T# represents the Tensor numbers. For example, in Subgraph#0, the QUANTIZE
op takes
  tensor #0 as input and produces tensor #7 as output.

  Subgraph#0 main(T#0) -> [T#12]
    Op#0 QUANTIZE(T#0) -> [T#7]
    Op#1 CONV_2D(T#7, T#1, T#2) -> [T#8]
    Op#2 PRELU(T#8, T#3) -> [T#9]
    Op#3 CONV_2D(T#9, T#4, T#5) -> [T#10]
    Op#4 PRELU(T#10, T#6) -> [T#11]
    Op#5 DEQUANTIZE(T#11) -> [T#12]
```

应该说，算子的本质是对两个或两个以上的张量的计算，算子对于量化模型来说只是计算图上的“节点”，张量才是计算图上的“边”，分析工具还提供了量化模型内的全部张量的分析清单。本案例中使用的极简二层模型的张量数量远远多于算子数量。量化模型内部的张量被分为两类：变量张量和常数张量。变量张量指的是由输入数据激励所形成的数据链条上的过程张量，常数张量指的是算子内部储存的常量。

对于变量张量来说，其数量与算子数量存在相关性，在全部都是单输入和单输出算子的情况下，变量张量的数量比算子数量多 1。以本例来看，量化模型内部的算子数量为 6，变量张量的数量为 7。

对于常数张量来说，其数量计算需要考虑算子融合的影响，接下来我们将举两个例子。第一个例子是带偏置变量的二维卷积层和 BN 层所组成的微结构，它们经过融合后形成了融合的二维卷积算子，其内部拥有两个融合后的常数张量（融合卷积核和融合偏置）。第二个例子是不带偏置变量的二维卷积层和 BN 层所组成的微结构，虽然二维卷积层不带偏置，但它经过与 BN 层融合后就相当于有了偏置，也形成了一个融合二维卷积算子，其内部也拥有两个融合后的常数张量（融合卷积核和融合偏置）。二维卷积层和 BN 层进行算子融合的两个例子及这两个例子的常数张量分布示意图如图 10-9 所示。

两个融合二维卷积算子的 4 个常数张量，加上两个激活层的两个常数张量，合计 6 个常数张量。6 个常数张量加上 7 个变量张量合计 13 个张量，所以该模型一共具有 13 个张量，张量编号为 T#0～T#12。模型分析工具输出的张量名称也能体现出算子融合的关键单词，模型分析工具输出如下。

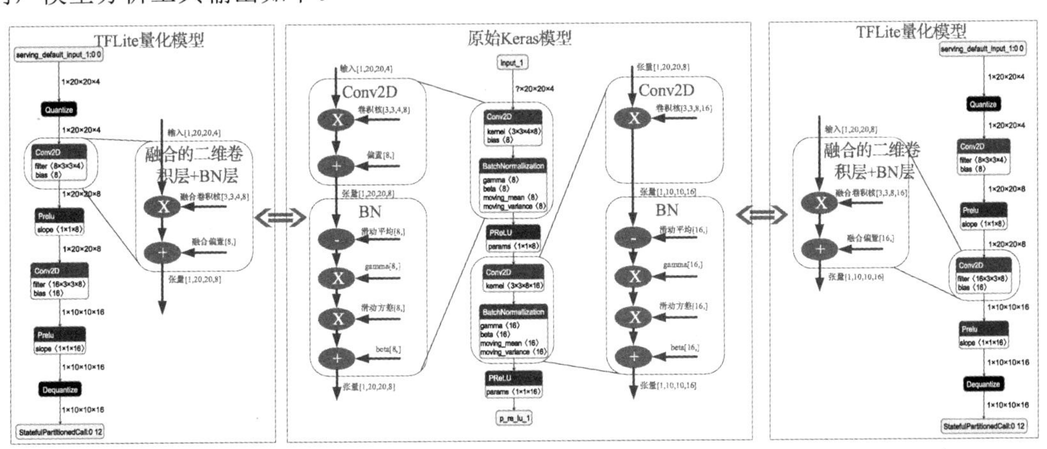

图 10-9 二维卷积层和 BN 层进行算子融合的两个例子及这两个例子的常数张量分布示意图

```
  Tensors of Subgraph#0
    T#0(serving_default_input_1:0) shape:[1, 20, 20, 4], type:UINT8
    T#1(tmp_model/conv2d/Conv2D) shape:[8, 3, 3, 4], type:INT8 RO 288 bytes
    T#2(tmp_model/batch_normalization/FusedBatchNormV3;conv2d/bias;tmp_model/
conv2d/BiasAdd;tmp_model/conv2d/Conv2D) shape:[8], type:INT32 RO 32 bytes
    T#3(tmp_model/p_re_lu/add;tmp_model/p_re_lu/Relu;tmp_model/p_re_lu/Neg_1;
tmp_model/p_re_lu/Relu_1;tmp_model/p_re_lu/mul) shape:[1, 1, 8], type:INT8
RO 8 bytes
    T#4(tmp_model/conv2d_1/Conv2D) shape:[16, 3, 3, 8], type:INT8 RO 1152 bytes
    T#5(tmp_model/batch_normalization_1/FusedBatchNormV3;tmp_model/conv2d_1/
Conv2D) shape:[16], type:INT32 RO 64 bytes
    T#6(tmp_model/p_re_lu_1/add;tmp_model/p_re_lu_1/Relu;tmp_model/
p_re_lu_1/Neg_1;tmp_model/p_re_lu_1/Relu_1;tmp_model/p_re_lu_1/mul)
shape:[1, 1, 16], type:INT8 RO 16 bytes
    T#7(tfl.quantize) shape:[1, 20, 20, 4], type:INT8
    T#8(tmp_model/batch_normalization/FusedBatchNormV3;conv2d/bias;tmp_model/
conv2d/BiasAdd;tmp_model/conv2d/Conv2D1) shape:[1, 20, 20, 8], type:INT8
    T#9(tmp_model/p_re_lu/add;tmp_model/p_re_lu/Relu;tmp_model/p_re_lu/Neg_1;
tmp_model/p_re_lu/Relu_1;tmp_model/p_re_lu/mul1) shape:[1, 20, 20, 8], type:INT8
    T#10(tmp_model/batch_normalization_1/FusedBatchNormV3;tmp_model/conv2d_1/
Conv2D1) shape:[1, 10, 10, 16], type:INT8
```

```
T#11(StatefulPartitionedCall:01) shape:[1, 10, 10, 16], type:INT8
T#12(StatefulPartitionedCall:0) shape:[1, 10, 10, 16], type:FLOAT32
```

TensorFlow 除了提供了量化模型分析工具，还提供了量化模型的解释器。量化模型解释器是一个边缘计算硬件的模拟器，它能够模拟边缘计算硬件上的量化模型推导行为。量化模型解释器位于 tf.lite.Interpreter 位置下，它接收两种形式的 FlatBuffer 格式量化模型输入：可以向 model_path 标志位传递磁盘上的 TFLite 量化模型文件，或者向 model_content 标志位传递存储在内存中的 TFLite 量化模型对象。此外，分析工具还支持通过设置 num_threads 标志位使解释器调用当前计算机的中央处理器的多核处理机制进行量化模型的推导加速。由于解释器使用软件模拟量化模型的边缘计算硬件进行计算，所以速度较慢。因此，建议读者在进行解释器模拟推导时，合理设置多核机制，缩短模拟推导的耗时。另外，解释器为了模拟边缘计算硬件的内存复用机制，不会保存模拟过程中产生的中间张量，这对于逐层调试量化模型十分不利。TensorFlow 在 2.6 版本以后，为解释器配备了是否保留全部张量的配置开关，可以通过在编译器中设置 experimental_preserve_all_tensors 选项为 True 的方法开启“保留全部张量”的开关。解释器默认此项为关闭，关闭状态下中间张量的数值是随机的，不可用于调试。

解释器拥有多个成员方法供调用。解释器常用的成员方法及用途如表 10-3 所示。

表 10-3　解释器常用的成员方法及用途

成员方法	用途
allocate_tensors()	张量初始化
set_tensor()	将张量数据赋值给某编号的张量
invoke()	量化模型执行一次推导
get_tensor()	提取某编号的张量数据
get_input_details()	获取模型输入端的张量数据详情
get_output_details()	获取模型输出端的张量数据详情
get_tensor_details()	获取模型所有张量的全部数据详情，返回长度为张量数量的列表，每个张量数据详情为一个字典

使用模型解释器加载刚刚保存的 TFLite 量化模型文件，将模型解释器的 num_threads 配置参数设置为 8，这样让模型解释器使用 CPU 的全部 8 核参与推理，可以大幅提高推理速度，同时将模型解释器的 experimental_preserve_all_tensors 配置参数设置为布尔变量 True，这样模型解释器将保留中间张量，方便开发者提取量化模型中的中间张量用于调试。代码如下。

```
interpreter = tf.lite.Interpreter(
    model_path=tflite_model_filename,
    num_threads=8,
    experimental_preserve_all_tensors=True)
```

使用解释器的 get_input_details 和 get_output_details 成员方法，获取模型的输入/输出张量的细节。代码如下。

```
interpreter.allocate_tensors()
input_details = interpreter.get_input_details()
output_details = interpreter.get_output_details()

# 探索模型输入/输出的形状
print(input_details)
print(output_details)
input_shape = input_details[0]['shape']
input_dtype = input_details[0]['dtype']
print("input_shape is ",input_shape,input_dtype)

for i, output_detail in enumerate(output_details):
    output_shape = output_detail['shape']
    output_dtype = output_detail['dtype']
    print("No. {} output_shape is {}, type is {}.".format(
        i,output_shape,output_dtype))
```

对于本例的极简二层模型来说，输入/输出的数据类型和张量形状如下。

```
input_shape is  [ 1 20 20  4] <class 'numpy.uint8'>
No. 0 output_shape is [ 1 10 10 16], type is <class 'numpy.float32'>.
```

打印输入/输出的张量详情，可以看到张量的详细信息。每个张量的详细信息是一个字典，它具有的字段和含义如表 10-4 所示。

表 10-4　解释器获取的量化模型张量详情字典的字段及含义

<table>
<tr><th colspan="2">字段</th><th>含义</th></tr>
<tr><td colspan="2">name</td><td>张量名称</td></tr>
<tr><td colspan="2">index</td><td>张量编号</td></tr>
<tr><td colspan="2">shape</td><td>张量形状</td></tr>
<tr><td colspan="2">shape_signature</td><td>形状签名</td></tr>
<tr><td colspan="2">dtype</td><td>张量数据类型</td></tr>
<tr><td colspan="2">quantization</td><td>张量量化参数</td></tr>
<tr><td rowspan="4">quantization_parameters</td><td>scales</td><td>缩放因子</td></tr>
<tr><td>zero_points</td><td>零点</td></tr>
<tr><td>quantized_dimension</td><td>量化维度</td></tr>
<tr><td>sparsity_parameters</td><td>稀疏参数</td></tr>
</table>

对于本例的极简二层模型来说，输入的张量名称为 serving_default_input_1:0，张量编号为 0；输出的张量名称为 StatefulPartitionedCall:0，张量编号为 12。更多关于输入/输出的数据类型和张量形状情况如下。

```
[{'name': 'serving_default_input_1:0',
  'index': 0,
  'shape': array([ 1, 20, 20,  4]),
  'shape_signature': array([ 1, 20, 20,  4]),
  'dtype': <class 'numpy.uint8'>,
  'quantization': (0.00784297101199627, 127),
  'quantization_parameters': {
      'scales': array([0.00784297], dtype=float32),
      'zero_points': array([127]),
      'quantized_dimension': 0},
      'sparsity_parameters': {}}
]

[{'name': 'StatefulPartitionedCall:0',
  'index': 12,
  'shape': array([ 1, 10, 10, 16]),
  'shape_signature': array([ 1, 10, 10, 16]),
  'dtype': <class 'numpy.float32'>,
  'quantization': (0.0, 0),
  'quantization_parameters': {
      'scales': array([], dtype=float32),
      'zero_points': array([], dtype=int32),
      'quantized_dimension': 0},
      'sparsity_parameters': {}}
]
```

我们当然可以使用解释器的 get_tensor 方法获得整型张量的数值，并通过 get_tensor_details 方法获得整型张量的配置信息，从而获得神经网络中张量的等效浮点数值，但需要记忆张量详情字典的关键字。为方便量化模型的检查，作者设计了个性化的量化模型张量检查工具 interpreter_inspector，具体可以登录 GitHub 网站上用户名为 fjzhangcr 的代码仓库获取个性化张量检查工具源代码。个性化的量化模型张量检查工具 interpreter_inspector 被设计为一个类，初始化时需要向其传递一个具体的解释器对象。它具有多个成员函数，函数名可“望文生义”，具体不再展开叙述。个性化的量化模型张量检查工具成员函数如表 10-5 所示。

表 10-5　个性化的量化模型张量检查工具成员函数

成员函数名称	用途
__init__	初始化函数，仅需要传递一个解释器对象
get_tensors_details	获取全部张量的详情字典，返回一个列表
get_detail_by_name	输入张量名称，返回张量详情字典
get_detail_by_index	输入张量编号，返回张量详情字典
get_name_by_index	通过张量编号查找张量名称
get_index_by_name	通过张量名称查找张量编号
get_tensor_by_index	输入张量编号，获取张量的整型数值
get_tensor_by_name	输入张量名称，获取张量的整型数值
get_scale_and_zero_point_by_index	输入张量编号，获取张量的缩放因子和零点
get_scale_and_zero_point_by_name	输入张量名称，获取张量的缩放因子和零点
get_float_value_by_index	输入张量编号，获取张量的浮点数值
get_float_value_by_name	输入张量名称，获取张量的浮点数值

使用以上工具可以提取第一个融合二维卷积层的卷积核张量和偏置张量。注意，由于第一个融合二维卷积层对模型中的二维卷积层和 BN 层执行了算子融合操作，所以其内部的整型参数的等效浮点参数相应地也融合了二维卷积层和 BN 层的参数信息，这些等效参数是转换器在量化搜索时计算出来的。

从 TFLite 量化模型中提取第一个融合二维卷积层的卷积核张量。使用 Netron 查看 TFLite 量化模型结构，可以看到融合二维卷积层的卷积核张量名称为'tmp_model/conv2d/Conv2D'，使用量化模型张量检查工具 interpreter_inspector 提取名称为'tmp_model/conv2d/Conv2D'的张量，该张量是整型的张量，将提取出的张量存储在 kernel_tflite_INT8 中。注意，TFLite 量化模型文件中的卷积核矩阵的维度顺序为[输出通道,卷积核尺寸,卷积核尺寸,输入通道]，这与 TensorFlow 的 Keras 模型的卷积核矩阵的维度顺序[卷积核尺寸,卷积核尺寸,输入通道,输出通道]是不同的，所以需要使用 tf.transpose 函数对矩阵的维度进行调换，调换好的卷积核矩阵命名为 kernel_tflite_INT8_T。代码如下。

```
from P08_interpreter_tools import interpreter_inspector
it=interpreter_inspector(interpreter)

tensor_name='tmp_model/conv2d/Conv2D'
kernel_tflite_INT8=it.get_tensor_by_name(tensor_name)
kernel_tflite_INT8_T=tf.transpose(kernel_tflite_INT8,[1,2,3,0])
print('kernel_tflite_INT8[out,ks,ks,in]:',kernel_tflite_INT8.shape)
print('kernel_tflite_INT8_T[ks,ks,in,out]: ',kernel_tflite_INT8_T.shape)
print(kernel_tflite_INT8.shape,'->',kernel_tflite_INT8_T.shape)
```

输出如下。

```
kernel_tflite_INT8    [out,ks,ks,in]: (8, 3, 3, 4)
kernel_tflite_INT8_T  [ks,ks,in,out]:  (3, 3, 4, 8)
(8, 3, 3, 4)  ->  (3, 3, 4, 8)
```

此时提取的卷积核张量只是 INT8 的整型数值，需要继续通过其张量名称提取张量的缩放因子和零点，去找到其所代表的浮点数值。我们将提取到的缩放因子和零点分别存储在名为 scale 和 zero_point 的变量中，根据量化原理恢复量化前的等效浮点数值将存储在 kernel_tflite_float 变量中。代码如下。

```
scale,zero_point=it.get_scale_and_zero_point_by_name(tensor_name)
kernel_tflite_float=scale*(tf.cast(kernel_tflite_INT8_T,tf.float32)-
zero_point)
```

同理，我们提取 INT8 整型的偏置张量，将其存储在 bias_tflite_INT8 中，计算出的等效浮点偏置张量将存储在 bias_tflite_float 变量中。代码如下。

```
tensor_name='tmp_model/batch_normalization/FusedBatchNormV3;conv2d/bias;
tmp_model/conv2d/BiasAdd;batch_normalization/beta'
bias_tflite_INT8=it.get_tensor_by_name(tensor_name)
scale,zero_point=it.get_scale_and_zero_point_by_name(tensor_name)
bias_tflite_float=scale*(tf.cast(bias_tflite_INT8,tf.float32)-zero_point)
```

以上已经从量化模型中提取了融合二维卷积层的权重张量和偏置张量，接下来要提取浮点 32 位模型中的权重张量和偏置张量。我们直接从内存的 tmp_model 中提取第一个二维卷积层和第一个 BN 层的权重信息。卷积层的卷积核张量和偏置张量被存储在 kernel_keras 和 bias_keras 变量中，BN 层的 4 个参数分别使用 gamma、beta、moving_mean 和 moving_var 变量存储。代码如下。

```
kernel_keras=tmp_model.layers[1].kernel
bias_keras=tmp_model.layers[1].bias
gamma=tmp_model.layers[2].gamma.numpy()
beta=tmp_model.layers[2].beta.numpy()
moving_mean=tmp_model.layers[2].moving_mean.numpy()
moving_var=tmp_model.layers[2].moving_variance.numpy()
print('BN: gamma={},beta=={},ma={},mv={}'.format(
    gamma,beta,moving_mean,moving_var))
```

BN 层的 4 个参数输出如下。

```
BN: gamma=[0.2 0.2 0.2 0.2 0.2 0.2 0.2 0.2],
beta==[2. 2. 2. 2. 2. 2. 2. 2.],
```

```
ma=[0. 0. 0. 0. 0. 0. 0. 0.],
mv=[0.08333334 0.08333334 0.08333334 0.08333334 0.08333334 0.08333334
 0.08333334 0.08333334]
```

根据算子融合计算原理，利用二维卷积层和 BN 层算子融合的等效卷积核矩阵与等效偏置矩阵计算公式，我们可以计算出等效的卷积核矩阵和偏置的矩阵，分别用 fused_kernel_keras 和 fused_bias_keras 存储。代码如下。其中，moving_std 为滑动标准差，它等于滑动方差的平方根。

```
moving_std=tf.sqrt(moving_var)
fused_kernel_keras=gamma*kernel_keras/moving_std
fused_bias_keras=(bias_keras-moving_mean)/moving_std*gamma+beta
```

理论上，等效卷积核 fused_kernel_keras 应当等于从量化模型中提取的融合二维卷积算子的卷积核浮点数值 kernel_tflite_float，等效偏置矩阵 fused_bias_keras 应当等于从量化模型中提取的融合二维卷积算子的偏置浮点数值 bias_tflite_float。由于这些矩阵都是超过三维的矩阵，并且元素数量众多，所以这里仅提取一个切片查看误差。代码如下。

```
check_fused_kernel_keras=fused_kernel_keras[:,:,0,0].numpy()
check_fused_bias_keras=fused_bias_keras.numpy()
check_kernel_tflite=kernel_tflite_float[:,:,0,0].numpy()
check_bias_tflite=bias_tflite_float.numpy()
```

通过集成编程工具的内存变量查看工具，我们可以看到量化模型中的融合二维卷积算子已经成功地将 Keras 模型中的二维卷积层和 BN 层进行了融合，并且进行了权重量化，量化误差在可以接受的范围之内。算子融合后的卷积矩阵与偏置矩阵的精确数值和量化数值对比如图 10-10 所示。

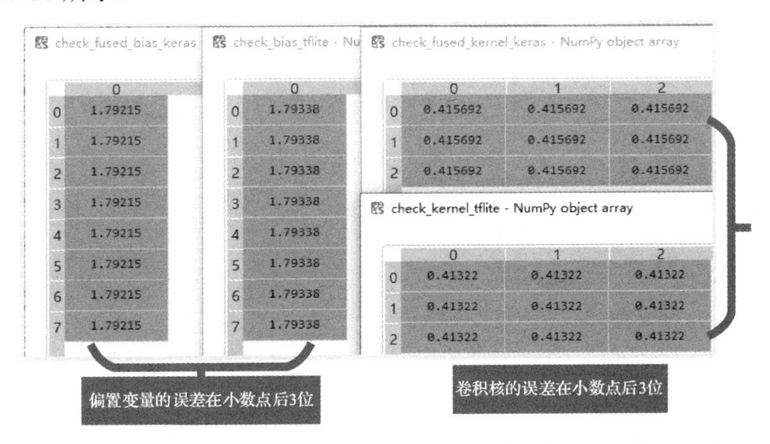

图 10-10　算子融合后的卷积核矩阵与偏置矩阵的精确数值和量化数值对比

对于整个模型的量化推导，我们可以采用同样的方法，对比量化模型输出和浮点模型输出是否吻合。为量化模型生成一个虚拟的样本数据 input_batch_uint8，它是 UINT8 的数据格式。我们使用解释器的 set_tensor 方法，将样本数据赋值给量化模型的输入节点，调用解释器的 invoke 方法进行一次推理，使用 get_tensor 方法从输出节点提取输出数据，将输出数据存储在 outputs_tflite 中。由于模型输出的数据格式已经被设置为浮点 32 位（float32），所以输出的数据无须进行格式转换。代码如下。

```
input_batch_uint8=tf.random.uniform(
    (1,20,20,4),minval=0,maxval=255,dtype=tf.int32)
input_batch_uint8=tf.cast(input_batch_uint8,tf.uint8)
interpreter.set_tensor(input_details[0]['index'], input_batch_uint8)
interpreter.invoke()
outputs_tflite = interpreter.get_tensor(
    output_details[i]['index'])
```

我们使用同样的样本数据将送入内存的 Keras 模型进行推导，对比量化模型推导的误差。由于内存模型是接受 float32 数据输入的，所以我们必须使用输入张量的数据转换参数，将量化模型的 UINT8 格式的输入转换为 float32 格式。转换方法是，首先通过 Netron 找到输入张量的名称（名称为'serving_default_input_1:0'），然后使用工具提取缩放因子和零点，最后使用缩放因子和零点计算等效的浮点数值，将等效的浮点数值存储在 input_batch_ float 中。代码如下。

```
tensor_name='serving_default_input_1:0'
scale,zero_point=it.get_scale_and_zero_point_by_name(
   tensor_name)
input_batch_float=tf.cast(input_batch_uint8,tf.float32)
input_batch_float=scale *(input_batch_float-zero_point)
```

使用等效的浮点数值对神经网络进行一次精确推导，将推导结果存储在 outputs_keras 中。代码如下。

```
outputs_keras=tmp_model(
   input_batch_float,training=False).numpy()
```

由于量化模型的输出 outputs_tflite 和内存模型的输出 outputs_keras 都是四维矩阵，所以我们提取其中的一个切片进行对比。代码如下。

```
check_outputs_tflite=outputs_tflite[0,:,:,0]
check_outputs_keras=outputs_keras[0,:,:,0]
```

通过集成编程工具的内存变量查看工具对比二者在第一个切片上的推理结果数值，可以看到数值计算的结果已经非常接近。同等条件下量化模型输出和内存（精确）模型输出的误差对比如图 10-11 所示。

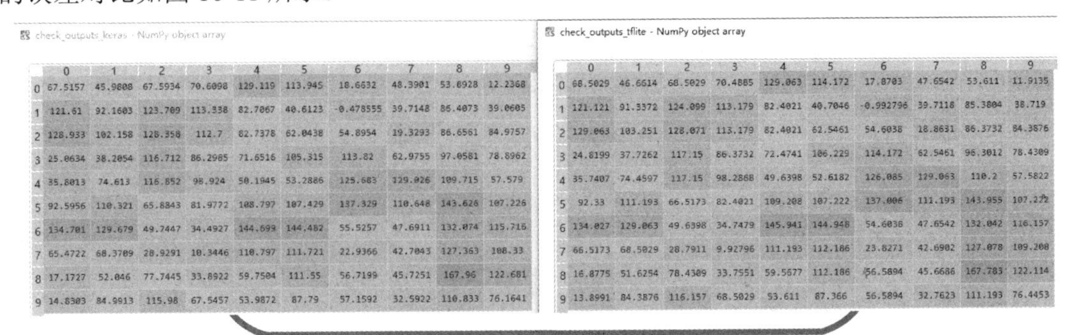

check_outputs_keras - NumPy object array

	0	1	2	3	4	5	6	7	8	9
0	67.5157	45.9808	67.5934	70.6098	129.119	113.945	18.6632	48.3901	53.8928	12.2368
1	121.61	92.1603	123.709	113.338	82.7067	40.6123	-0.478555	39.7148	85.4073	39.0605
2	128.933	102.158	128.358	112.7	82.7378	62.0438	54.8954	19.3293	86.6561	84.9757
3	25.0634	38.2054	116.712	86.2985	71.6516	105.315	113.82	62.9755	97.0581	78.8962
4	35.8013	74.613	116.852	98.924	50.1945	53.2886	125.683	129.026	109.715	57.579
5	92.5956	110.321	65.8843	81.9772	108.797	107.429	137.329	110.648	143.626	107.226
6	134.701	129.679	49.7447	34.4927	144.699	144.482	55.5257	47.6911	132.074	115.716
7	65.4722	68.3709	28.9291	10.3446	110.797	111.721	22.9366	42.7043	127.363	108.33
8	17.1727	52.046	77.7445	33.8922	59.7504	111.55	56.7199	45.7251	167.96	122.681
9	14.8303	84.9913	115.98	67.5457	53.9872	87.79	57.1592	32.5922	110.833	76.1641

check_outputs_tflite - NumPy object array

	0	1	2	3	4	5	6	7	8	9
0	68.5029	46.6614	68.5029	70.4885	129.063	114.172	17.8703	47.6542	53.611	11.9135
1	121.121	91.3372	124.099	113.179	82.4021	40.7046	-0.992796	39.7118	85.3804	38.719
2	129.063	103.251	128.071	113.179	82.4021	62.5461	54.6038	18.8631	86.3732	84.3876
3	24.8199	37.7262	117.15	86.3732	72.4741	106.229	114.172	62.5461	96.3012	78.4309
4	35.7407	74.4597	117.15	98.2868	49.6398	52.6182	126.085	129.063	110.2	57.5822
5	92.33	111.193	66.5173	82.4021	109.208	107.222	137.006	111.193	143.955	107.222
6	134.027	129.063	49.6398	34.7479	145.941	144.948	54.6038	47.6542	132.042	116.157
7	66.5173	68.5029	28.7911	9.92796	111.193	112.186	23.8271	42.6902	127.078	109.208
8	16.8775	51.6254	78.4309	33.7551	59.5577	112.186	56.5894	45.6686	167.783	122.114
9	13.8991	84.3876	116.157	68.5029	53.611	87.366	56.5894	32.7623	111.193	76.4453

图 10-11　同等条件下量化模型输出和内存（精确）模型输出的误差对比

至此，我们充分理解了模型量化的基本原理，对其量化工作所完成的工作有了充分理解，具备了对今后任何量化模型的调试能力，接下来将介绍量化模型的调试方法。

10.3　量化性能分析和量化模型的逐层调试

量化性能分析的核心是度量模型量化前后的信息损失。假设某张量节点在样本数据集的激励下产生了 5 次输出，分别是[-0.9, -0.1, 0.2, 0.9, 126]，显然大部分的数值都分布在-1～1 范围内，只有 126 这一个离群点分布在-1～1 范围之外。此时量化策略有两种选择：一种选择是保持-1～1 的量化动态范围，这样能保证大部分数据获得较为精确的量化，但离群点将被错误量化，引入量化误差；另一种选择是兼顾离群点，使量化策略支持从-1～126 的动态范围，那么代价是由于动态范围太大将导致 0.2 和 0.9 很可能被量化为同一个整数数值，从而引入量化误差。目前有很多方法可以度量这种信息损失程度，最常用的如欧氏距离（L2 距离）、L1 距离、KL 散度、余弦距离等，感兴趣的读者可以参考不同的量化手册，本书将介绍从信噪比（均值、方差）角度出发的量化误差度量方式。

⋘ 10.3.1　量化信噪比分析原理

任何精确的模拟信号经过量化都会引入误差，无论是 32 位还是 8 位量化，无论是非均匀量化还是均匀量化，都会造成不同程度的信噪比损失。

以最简单的 M 比特均匀量化为例，假设 M 比特均匀量化函数的输入信号（signal）的动态区间是[a,b]，输入信号符合区间内的均匀分布，即 $\text{signal} \in \text{uniform}(a,b)$，那么定义输入信号的满量程动态范围（Full Scale Range，FSR）为 $\text{FSR}=b-a$。

经过 M 比特的均匀量化后的量化输出信号用 $q_M=Q_M(\text{signal})$ 表示。量化误差（noise_M）等于输入信号和输出信号的差，即

$$\text{noise}_M=q_M-\text{signal}=Q_M(\text{signal})-\text{signal} \tag{10-17}$$

如果将满量程区间根据均匀量化原则分为 2^M 份，那么每一份代表 M 比特量化所能表达的最小颗粒度，将其定义为最低有效位（Least Significant Bit，LSB），即 $\text{LSB}=\dfrac{\text{FSR}}{2^M}$。量化误差 Error_M 显然在 $\left(-\dfrac{\text{FSR}}{2^M},+\dfrac{\text{FSR}}{2^M}\right)$ 区间内也符合均匀分布，即

$$\text{Error}_M\in\text{uniform}(-\text{LSB},+\text{LSB}) \tag{10-18}$$

此时，量化函数和量化误差示意图如图 10-12 所示。

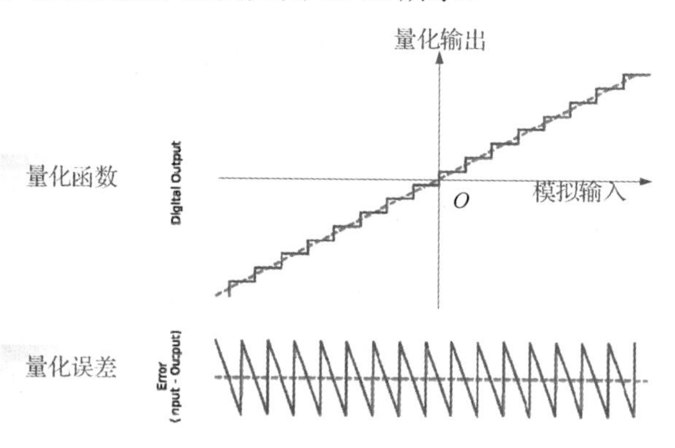

图 10-12　量化函数和量化误差示意图

根据均匀分布的一阶和二阶统计特征，可以知道动态范围是[a,b]的均匀分布随机变量的均值为 $\dfrac{a+b}{2}$、方差为 $\dfrac{(b-a)^2}{12}$，所以可以得到输入信号和量化误差信号（noise）的均值和方差，即

$$\begin{cases}E(\text{signal})=\dfrac{a+b}{2},\ D(\text{signal})=\dfrac{\text{FSR}^2}{12}\\ E(\text{noise})=0,\ D(\text{noise})=\dfrac{\text{LSB}^2}{12}\end{cases} \tag{10-19}$$

实际上可以证明，当输入信号均匀分布时，均匀量化函数可以使量化误差取到理论最小值，因此均匀量化器也被称为输入信号在均匀分布假设下的最优量化器。当输入信号在

取值区间上的分布发生变化以后，均匀量化器就不再是最优量化器了，量化误差也会随之上升。

INT8 全整数量化使用的是均匀量化器，它是以输入信号为均匀分布作为假设前提的，INT8 全整数量化是输入信号在均匀分布假设条件下，能使量化误差达到最小的最优量化器。本书关于 INT8 全整数量化的信噪比估值也是以输入信号为均匀分布作为假设前提的。

如果使用信噪比（Signal to Noise Ratio，SNR）来估计每一层量化模型的计算结果优劣，那么一般使用信号能量与噪声能量的比值来定义信噪比，即

$$\mathrm{SNR}=\frac{P_{\text{signal}}}{P_{\text{noise}}}=\frac{D(\text{signal})}{D(\text{noise})} \tag{10-20}$$

为将信噪比的除法转化为减法，在信号处理中，一般使用以 10 为底的对数表示信噪比，即 $\mathrm{SNR}_{\mathrm{dB}}(\mathrm{SNR})=10\lg(\mathrm{SNR})$，此时信噪比的单位就转化为分贝（dB）。当输入信号经过多次信号处理后，获得信噪比增益的同时也将引入额外的噪声。如果多次信号处理算法相互独立，那么引入的噪声可以相互叠加；如果信噪比采用分贝为单位，那么信噪比乘除运算就可以变为加减运算。

以 M 比特均匀量化为例，其信噪比用 SNR_M 表示，有

$$\mathrm{SNR}_M=\frac{D(\text{signal})}{D(\text{noise})}=\frac{\frac{\mathrm{FSR}^2}{12}}{\frac{\mathrm{LSB}^2}{12}}=\left(2^M\right)^2 \tag{10-21}$$

将信噪比单位转化为分贝后，有

$$\mathrm{SNR}_{M\text{-dB}}=10\lg\left[\left(2^M\right)^2\right]=20\lg\left(2^M\right)=20M\lg(2)=6.02M \tag{10-22}$$

式（10-22）表明，每一位比特将获得 6.02dB 的信噪比增益，8 比特均匀量化的理论信噪比上限为 48.16dB。对应地，定点 32 位的信噪比等于 192.64dB，对应的信号能量和量化噪声的能量比值是 1.8365e+19，所以一般情况下，我们认为定点 32 位的信号的量化误差约等于 0，可以使用定点 32 位（或非线性量化的浮点 32 位）的数值当作无损的原模拟信号。

要想取到量化的信噪比上限，需要同时满足两个条件：第一，输入信号是满量程的；第二，输入信号的分布服从满量程范围内的均匀分布。在实际的量化模型计算中，往往无法使每一层的张量都满足这两个条件。如果使用某个单样本激励量化模型，那么我们提取模型内部各个层形成计算过程张量并加以分析，以作者的调试经验，越靠近输入层的张量的概率密度分布越接近均匀分布，越靠近输出层的张量的概率密度分布越偏离均匀分布

（概率密度分布类似于截断正态分布）；输入层和输出层的动态范围往往接近量化模型所估计的全部数据样本所产生的动态范围，神经网络中间层的动态范围往往小于全部数据样本所塑造的动态范围。

因此，有必要对非满量程和非均匀分布的数据张量的信噪比进行估值统计。

假设量化模型某中间层的量化张量所对应的等效 32 位浮点矩阵为 y'，浮点 32 位的 Keras 模型计算的理论 32 位浮点矩阵为 x'，理论上 y' 和 x' 应当具有相同的动态范围。但实际上，理论计算的数值 x' 的元素的动态范围 FSR' 并非满量程 FSR，而是存在一个小于 1 的比例 k（$k<1$），即 $\mathrm{FSR}'=k\times\mathrm{FSR}$，那么在同分布的情况下，非满量程信号的能量（方差）相应缩小为满量程信号能量的 k^2 倍，但误差的分布不变，相应的信噪比缩小为满量程信号能量的 k^2 倍，信噪比分贝增加 $10\lg\left(k^2\right)$ ［$10\lg\left(k^2\right)$ 是一个负数，所以信噪比分贝数实际上是减少的］，此时的信噪比 SNR'_M 和以分贝计算的信噪比 $\mathrm{SNR}'_{M\text{-dB}}$ 如式（10-23）所示。

$$\begin{cases}\mathrm{SNR}'_M=\dfrac{\dfrac{\mathrm{FSR}'^2}{12}}{\dfrac{\mathrm{LSB}^2}{12}}=k^2\times\dfrac{\dfrac{\mathrm{FSR}^2}{12}}{\dfrac{\mathrm{LSB}^2}{12}}=k^2\times\mathrm{SNR}_M=k^2\times\left(2^M\right)^2\\ \mathrm{SNR}'_{M\text{-dB}}=10\lg\left(k^2\times\mathrm{SNR}_{M\text{-dB}}\right)=6.02M+20\lg\left(k\right)\end{cases} \tag{10-23}$$

因此，我们有推论，如果量化模型某一层输出的张量的动态范围并没有利用到量化器所设计的满量程，动态范围利用率为 k（$k<1$），那么信噪比将平方倍下降，（下降到原有信噪比的 k^2 倍，$k^2<1$），信噪比分贝将相应降低，降低的分贝数是 $20\lg\left(k\right)$ 的绝对值。

假设神经网络输入层是一幅 RGB 三通道图像，它的像素点取值的动态范围是 0～255。一般情况下，图像的像素动态范围符合均匀分布的假设，且像素取值的分布在 0～255 的动态范围内满足满量程均匀分布要求，那么输入层的信噪比应当能达到 48.16dB 的理论极限值。随着神经网络的计算，其内部各个中间张量的元素取值分布逐渐呈现出一定的非随机性。例如，某些元素对于输入图像的高维度特征表现出较高的响应速度，其他元素则被抑制。因此，如果用 x'' 表示实际神经网络内部张量，其方差 $D\left(x''\right)$ 一般小于或者远小于与 x'' 同动态范围的均匀分布 x' 的方差。如果考虑非均匀分布的方差与均匀分布方差的比例，该比例用 a 表示（$a<1$），那么此时的方差 $D\left(x''\right)$ 如式（10-24）所示。

$$D\left(x''\right)=a^2\times\frac{\mathrm{FSR}'^2}{12}=a^2k^2\times\frac{\mathrm{FSR}^2}{12} \tag{10-24}$$

在实际操作中，量程比例系数 k 的计算较为简单，但系数 a 的计算开销较大，一般从整体上提取量化模型张量的方差，将其与非满量程且均匀分布的理想信号方差做对比，从而确定由于数据分布不理想和数据分布非均匀所产生的两种信号能量衰减，这两种衰减分别由非满量程系数 k 和非均匀分布方差系数 a 决定。考虑这两种具有能量衰减作用的信噪比分贝值 $\mathrm{SNR}''_{M\text{-dB}}$ 可以通过理想信噪比分贝值 $\mathrm{SNR}_{M\text{-dB}}$ 计算得到，有

$$\mathrm{SNR}''_{M\text{-dB}} = 10\lg\left(a^2 \times k^2 \times \mathrm{SNR}_{M\text{-dB}}\right) = 6.02M + 20\lg(a) + 20\lg(k) \tag{10-25}$$

因此，我们有推论，如果量化模型某一层输出的张量的统计分布不服从均匀分布，其方差较均匀分布的方差缩小为原来的 a^2 倍（$a<1$），那么信噪比将按比例下降，信噪比分贝将增加 $20\lg(a)$（$20\lg(a)$ 是一个负数，所以信噪比分贝数实际上在减小）。

神经网络的推理计算是逐层向前计算的，每一层的量化误差和每一层内置硬件算子的计算误差也会逐层向前传递，所以将神经网络量化模型中的某一层的计算结果张量减去浮点 32 位模型中与该层对应的层的输出，所得到的误差的能量是包含了本层所产生的误差能量和前面若干层的误差能量的总和。由此可以预见，神经网络越往后的层，输出张量的误差的动态范围一定会突破[−LSB/2,LSB/2]的上下限。

总的说来，量化模型的输入信号质量最高，随着量化模型的逐层推理，信号质量逐层下降，我们使用信噪比 SNR 来量化每一层输出数据的质量恶化程度。对于某层的输出张量，我们用 y_{Keras} 表示精准的浮点 32 位模型提供的精确浮点张量，用 y_{TFLite} 表示量化模型提供的等效浮点张量，用 $\mathrm{error} = y_{\mathrm{Keras}} - y_{\mathrm{TFLite}}$ 表示二者之间的差，那么我们可以获得误差的均值 $\mathrm{mean}(\mathrm{error})$ 和能量 $\mathrm{var}(\mathrm{error})$，将信号的能量使用 y_{Keras} 的方差 $\mathrm{var}(y_{\mathrm{Keras}})$ 表示。最终，量化模型中某层的信噪比可以由信号能量除以误差能量计算得到，如式（10-26）所示。

$$\mathrm{SNR} = 10\lg\left(\frac{\mathrm{var}(y_{\mathrm{Keras}})}{\mathrm{var}(\mathrm{error})}\right) = 10\lg\left(\frac{\mathrm{var}(y_{\mathrm{Keras}})}{\mathrm{var}(y_{\mathrm{Keras}} - y_{\mathrm{TFLite}})}\right) \tag{10-26}$$

信噪比 SNR 从输入层到输出层呈现出递减的规律。在输入层，张量仅仅做了量化处理，并没有任何算子操作，因此信噪比 SNR 等于理论量化信噪比，即等于 48.16dB。随着神经网络逐层推理，信号幅度的概率密度分布逐渐远离均匀分布的假设，因此信号能量逐渐低于理论极限；同时由于信号幅度的动态范围往往低于满量程动态范围，因此量化噪声逐步增大。总之，每一层神经网络的信噪比由三个方面构成，第一个方面是输入数据携带前一层噪声叠加在本层输出的张量上，第二个方面是本层算子产生的计算误差形成的噪声，第三个方面是本层量化所产生的误差噪声。

信噪比只是观测量化模型性能的手段之一，它关注的是信号绝对值的差异；与之形成对比的是度量两个向量相似程度的余弦距离度量函数，余弦距离度量函数能分辨真实值和量化值在维度之间的差异，但不关注每个维度上数值的绝对值之间的差异。

10.3.2 量化模型的单层误差调试

TensorFlow 从 2.7 版本之后，开始提供 TFLite 量化模型调试工具，它会提供每一层的实际输出张量和理想输出张量的误差统计数据。感兴趣的读者可以登录 TensorFlow 官网学习使用。

生成一个调试器对象，将其命名为 debugger。在生成调试器时，需要为其指定两个输入：量化模型转换器和代表数据集。由于量化模型转换器已经包含了浮点 32 位的精准模型和量化模型生成参数，所以实际上，此时的调试器已经可以对精准模型和量化模型的内部张量进行对比统计了。代表数据集为调试器提供模型调试时必备的数据源，代表数据集越大，调试耗时越长，建议代表数据集规模为 3～10 个样本。调用调试器的 run 方法，使调试器逐层调试，调试耗时较长。调试完成后，调试器会将获得的结果存储在调试器内部，需要使用调试器的 layer_statistics_dump 方法提取调试结果，并将调试结果存储到磁盘中。提取调试结果的样例代码如下。

```
debugger = tf.lite.experimental.QuantizationDebugger(
  converter=converter, debug_dataset=representative_dataset)
debugger.run()
RESULTS_FILE = './P02_flower_classifier_tflite_debug.csv'
with open(RESULTS_FILE, 'w') as f:
  debugger.layer_statistics_dump(f)
```

将获得的调试结果以 CSV 的格式存储在磁盘中，我们可以使用 Python 下的 Pandas 模块读取和处理 CSV 文件，也可以使用 Excel 打开 CSV 文件。打开 CVS 文件后，我们可以看到张量名称及其统计信息。在统计信息中，调试器已经将多样本激励下的量化模型张量编号、名称、缩放因子、零点、矩阵元素个数进行了记录，同时统计了误差的绝对值、极值、均值、均值方差等信息。以某花卉分类神经网络的量化模型分析为例，逐层分析其内部的信号流和信噪比，如图 10-13 所示。

通过 CSV 文件提供的调试信息，我们可以进一步通过 pandas 的函数推导获得量化模型的每个张量的动态范围、信号能量等信息。

为方便自定义调试，TensorFlow 提供的量化模型调试器还提供了自定义的误差统计回调函数选择。开发者可以通过向调试器对象的 debug_options 标志位传递回调函数，实现个性化的调试算法。回调函数可以使用调试器提供的精确的输出张量（用 f 作变量名）、量化模型输出的张量（用 q 作变量名）、量化模型中该层的缩放因子（用 s 作变量名）、量化模型中该层的零点（用 zp 作变量名）。新建一个自定义回调函数，将函数命名为 debug_options，并将其传递给调试器的典型代码如下。

运算类型和输出张量编号	矩阵元素个数	误差的均值和标准差	误差的幅度均值和均值方差	缩放因子和零点	输出张量名称

	A	B	C	D	E	F	G	H	I	J	K	L
1	op_name	tensor_idx	num_elem	stddev	mean_erro	max_abs_e	mean_squared_	scale	zero_point	tensor_name		
2												
3	PAD	217	111747	0.002362	0.000182	0.003922	5.70E-06	0.00784	-1	functional_5/Conv1_pad/Pad		
4												
5	CONV_2D	221	294912	0.009009	-0.00022	0.084483	8.39E-05	0.02353	-128	functional_5/Conv1_relu/Relu6;fur		
6												
7	DEPTHWIS	225	294912	0.040043	-0.00245	0.237879	0.001624113	0.02353	-128	functional_5/expanded_conv_dep		
8												
9	CONV_2D	229	147456	0.122102	0.030455	0.512394	0.015842626	0.36671	8	functional_5/expanded_conv_proj		
10												
11	CONV_2D	233	884736	0.008871	8.65E-05	0.21615	8.04E-05	0.02353	-128	functional_5/block_1_expand_relu		
12												
13	PAD	237	903264	0	0	0	0	0.02353	-128	functional_5/block_1_pad/Pad		
14												
15	DEPTHWIS	241	221184	0.0114	0.0004	[illegible]	[illegible]	0.02353	-128	functional_5/block_1_depthwise_r		
16												
17	CONV_2D	245	55296	0.114525	0.004	[illegible]	[illegible]	0.32014	8	functional_5/block_1_project_BN/I		
18												
19	CONV_2D	249	331776	0.008743	4.31E-05	0.088036	7.67E-05	0.02353	-128	functional_5/block_2_expand_relu		
20												
21	DEPTHWIS	253	331776	0.013663	0.000375	0.178876	0.000187659	0.02353	-128	functional_5/block_2_depthwise_r		
22												
23	CONV_2D	257	55296	0.148641	0.002924	0.54802	0.022106392	0.45221	-10	functional_5/block_2_project_BN/I		
24												
25	ADD	261	55296	0.132971	0.000161	0.239537	0.017682549	0.461	-5	functional_5/block_2_add/add		

PAD层只添加元素，
不涉及任何运算，
不引入误差

图 10-13　某花卉分类神经网络量化模型的各层误差分析

```
debug_options=tf.lite.experimental.QuantizationDebugOptions(
    layer_debug_metrics={
        'mean_abs_error':(lambda diff:np.mean(np.abs(diff)))
    },
    layer_direct_compare_metrics={
        'correlation':
            lambda f, q, s, zp: (
                np.corrcoef(f.flatten(),
                (q.flatten() - zp) / s)[0, 1])},
    model_debug_metrics={
        'argmax_accuracy': (lambda f, q: np.mean(
            np.argmax(f) == np.argmax(q)))})
debugger=tf.lite.experimental.QuantizationDebugger(
    converter=converter,
    debug_dataset=representative_dataset(ds),
    debug_options=debug_options)
```

需要特别注意的是，TensorFlow 提供的调试器默认进行的是各层隔离的单层调试。即如果该层的输入数据精确无误，那么测量的是在此精确无误的输入数据的激励下所产生的理论输出和实际输出之间的误差。它并没有将前几层的误差累加到本层，所以通过该方法能快速找到引起误差最大的层，但是无法知晓模型到该层已经累积了多少误差。读者可以在合适的时候使用该调试功能。

10.3.3 量化模型的误差累积调试

对于大型模型的量化处理，如果仅仅对每一层做孤立的误差分析可能不够，因为可能每一层的误差有限，但误差最终会相互叠加在神经网络的输出端，从而发生严重的数据失真。此时我们就需要使用逐层累积调试的方法，从输入层到输出层逐层寻找数据发生最大失真的位置，才可能找到针对性的方法。

逐层调试要考虑每一层的缩放因子（也是 LSB），因为缩放因子越大，产生的误差绝对值也相应会放大；逐层调试也要考虑每一层的信号能量，信号能量越小，受误差的影响越显著。通过计算每一层的信号能量、误差能量，计算信号与噪声的比例，可以达到将误差归一化的目的，使不同的层的信噪比分析变得具备可比性。设计一个个性化的量化模型调试工具 tflite_debugger 类，根据表 10-6 所示的用途设计若干成员函数。

表 10-6　量化模型调试工具 tflite_debugger 类成员函数表

成员函数名称	成员函数用途
__init__	初始化成员函数，存储高精度的 Keras 模型和 TFLite 量化模型解释器，以及其他变量、常量
'get_expected_keras_statics'	输入 TFLite 量化模型张量名称，根据其缩放因子（LSB）和零点，计算该张量节点在设计之初，信号在理论上的最大动态范围、均值方差（dB），即 $E(\text{signal})$ 和 $D(\text{signal})$
'get_expected_quantize_error_statics'	输入 TFLite 量化模型张量名称，根据其缩放因子（LSB）和零点，计算该张量节点在设计之初，噪声在理论上的最大动态范围、均值方差（dB），即 $E(\text{noise})$ 和 $D(\text{noise})$
'get_tensor_keras'	输入 Keras 层名称，计算该层输出的精确的浮点 32 位张量
'get_tensor_tflite'	输入量化张量名称，获得该张量对应的浮点 32 位张量
'get_real_keras_statics'	输入 Keras 层名称，获得 Keras 模型的输出张量 x'' 的相关统计特征。这被认为是无任何误差的精准模拟量。输出内容包括该张量的动态范围、均值方差（dB），即 $E(x'')$ 和 $D(x'')$
'get_real_tflite_statics'	输入 TFLite 模型的张量名称，获得该张量的统计特征，即与 y_{TFLite} 相关的动态范围和均值方差。这是带噪声的信号，噪声不仅包含该节点上级传递给该节点的噪声，还叠加上了该节点自身产生的噪声
'get_real_error_statics'	输入 Keras 层的名称和 TFLite 模型的张量名称，获得 TFLite 量化模型输出和 Keras 精确模型输出的差异，统计这个差异的动态范围和均值方差（dB），即 $y_{\text{Keras}} - y_{\text{TFLite}}$ 及其相关的动态范围和均值方差

我们关心 TFLite 量化模型的张量 y_{TFLite} 的能量与该信号中包含的误差张量 $y_{\text{Keras}} - y_{\text{TFLite}}$ 的能量的比值，比值越接近理论极限值 48.16dB，说明量化模型的性能越好。以某花卉分类

神经网络的量化模型为例，提取输入层、骨干网络关键节点、输出层张量合计 9 个监测节点的信噪比。量化模型关键层的信噪比对比摘要如图 10-14 所示。

Inde	Type	Size	Value
0	dict	16	{'01_expected_SNR':48.1648, '02_real_SNR':48.4491, '03_SNR_increase':0 ...
1	dict	16	{'01_expected_SNR':48.1648, '02_real_SNR':44.7312, '03_SNR_increase':- ...
2	dict	16	{'01_expected_SNR':48.1648, '02_real_SNR':14.4042, '03_SNR_increase':- ...
3	dict	16	{'01_expected_SNR':48.1648, '02_real_SNR':7.6213, '03_SNR_increase':-4 ...
4	dict	16	{'01_expected_SNR':48.1648, '02_real_SNR':7.355, 03_SNR_increase':-40 ...
5	dict	16	{'01_expected_SNR':48.1648, '02_real_SNR':7.5853, '03_SNR_increase':-4 ...
6	dict	16	{'01_expected_SNR':48.1648, '02_real_SNR':3.0152, '03_SNR_increase':-4 ...
7	dict	16	{'01_expected_SNR':48.1648, '02_real_SNR':3.3916, '03_SNR_increase':-4 ...
8	dict	16	{'01_expected_SNR':48.1648, '02_real_SNR':48.6395, '03_SNR_increase':0 ...

图 10-14　量化模型关键层的信噪比对比摘要

对于输入层，由于只是执行信号的量化，所以量化模型输出的信噪比约等于理论极限值 48.16dB，并且信号、噪声的动态范围和均值方差都与精准的浮点 32 位 Keras 模型无限接近，如图 10-15 所示。

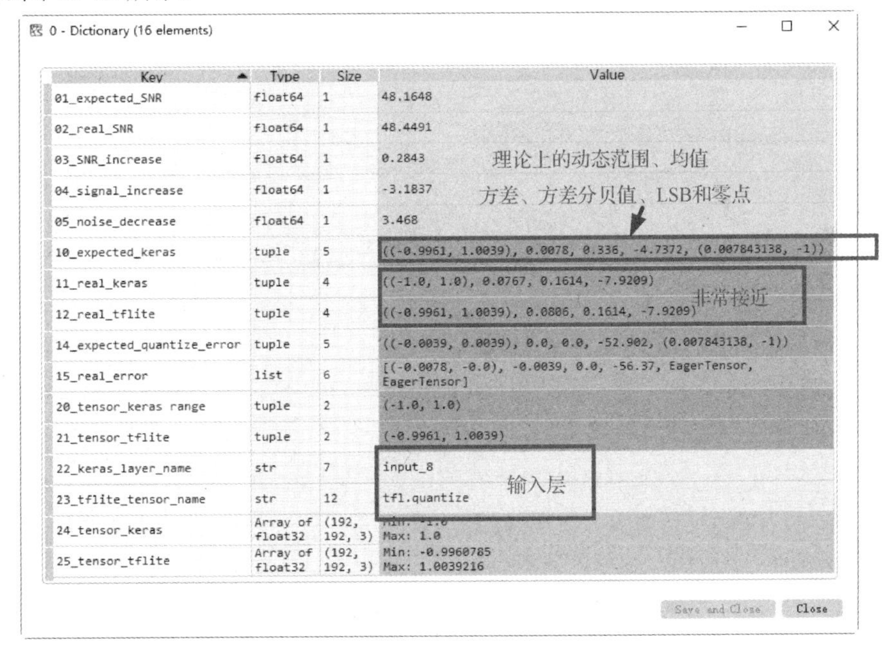

0 - Dictionary (16 elements)

Key	Type	Size	Value
01_expected_SNR	float64	1	48.1648
02_real_SNR	float64	1	48.4491
03_SNR_increase	float64	1	0.2843
04_signal_increase	float64	1	-3.1837
05_noise_decrease	float64	1	3.468
10_expected_keras	tuple	5	((-0.9961, 1.0039), 0.0078, 0.336, -4.7372, (0.007843138, -1))
11_real_keras	tuple	4	((-1.0, 1.0), 0.0767, 0.1614, -7.9209)
12_real_tflite	tuple	4	((-0.9961, 1.0039), 0.0806, 0.1614, -7.9209)
14_expected_quantize_error	tuple	5	((-0.0039, 0.0039), 0.0, 0.0, -52.902, (0.007843138, -1))
15_real_error	list	6	[(-0.0078, -0.0), -0.0039, 0.0, -56.37, EagerTensor, EagerTensor]
20_tensor_keras range	tuple	2	(-1.0, 1.0)
21_tensor_tflite	tuple	2	(-0.9961, 1.0039)
22_keras_layer_name	str	7	input_8
23_tflite_tensor_name	str	12	tfl.quantize
24_tensor_keras	Array of float32	(192, 192, 3)	[illegible] Max: 1.0
25_tensor_tflite	Array of float32	(192, 192, 3)	Min: -0.9960785 Max: 1.0039216

图 10-15　输入层的信噪比分析

对于模型的 block_5_add 节点的输出，TensorFlow 在全部数据集上探测到了(−41.2409, 37.83)的动态范围，但在单样本激励下的模型张量不满足满量程条件，仅仅达到了(−29.4886, 24.2041)的动态范围，所以信号能量大幅下降。如果仅仅考虑量化误差，那么噪声的动态范围较小，仅有(−0.155,0.155)，但该节点输出叠加了前面所有节点的噪声，所以动态范围较大，达到(−11.3403,14.6889)，噪声能量也较大，如图 10-16 所示。

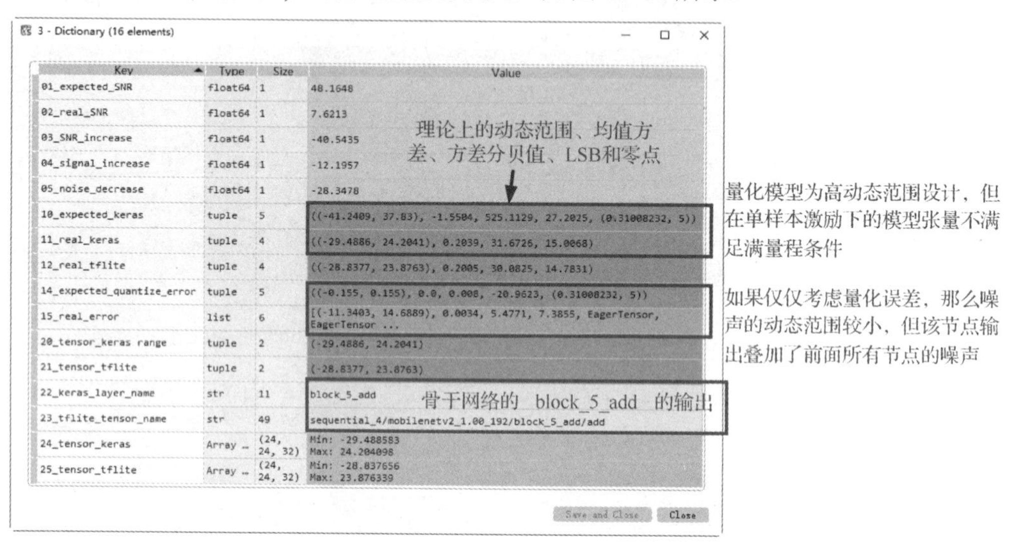

图 10-16　量化模型 block_5_add 层输出信噪比分析

对于模型的 block_15_add 节点的输出，它位于骨干网络的最后，在全部数据集上，TensorFlow 探测到了(−74.771, 34.8072) 的动态范围，但在单样本激励下的浮点 32 位模型张量只有(−62.7442, 34.7205)的动态范围，这将带来信噪比损失。另外，8 位整数量化的等效浮点张量受到前几层的噪声传递影响，动态范围缩小到(−15.0401, 13.751)，这将使得这一层的输出对噪声干扰更为敏感。实际上，该层的实际噪声的动态范围达到(−65.3225, 35.1502)，噪声的主要成分已经不是量化噪声，而是前几层传递下来的累积噪声。信号能量下降和噪声能量上升使得该层的信噪比降到最低的 3.0152dB，换算成比例的话，信号能量只有噪声能量的两倍，如图 10-17 所示。

虽然骨干网络的输出层信噪比恶化严重，但骨干网络负责提取特征，后面的决策网络（Dense 层和 Softmax 激活函数）会提取具有高响应幅度的神经节点，丢弃低响应幅度的神经节点，这会带来处理增益，处理后的信噪比将回归正常数值，这就是神经网络的特点。例如，我们提取分类神经网络的最后一层，可以看到经过 Dense 层的特征组合和 Softmax 激活函数的筛选，大动态范围的骨干网络输出已经被压缩到 0～1，实际信噪比重新回归理论极限，达到 48.6359dB，如图 10-18 所示。

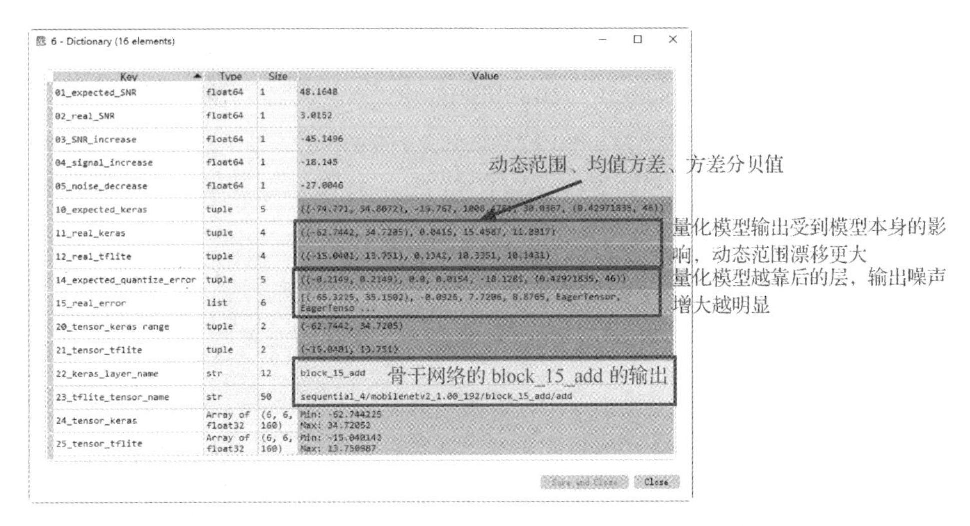

6 - Dictionary (16 elements)

Key	Type	Size	Value
01_expected_SNR	float64	1	48.1648
02_real_SNR	float64	1	3.0152
03_SNR_increase	float64	1	-45.1496
04_signal_increase	float64	1	-18.145
05_noise_decrease	float64	1	-27.0046
10_expected_keras	tuple	5	((-74.771, 34.8072), -19.767, 1008.[illegible], 30.0367, (0.42971835, 46))
11_real_keras	tuple	4	((-62.7442, 34.7205), 0.0416, 15.4587, 11.8917)
12_real_tflite	tuple	4	((-15.0401, 13.751), 0.1342, 10.3351, 10.1431)
14_expected_quantize_error	tuple	5	((-0.2149, 0.2149), 0.0, 0.0154, -18.1281, (0.42971835, 46))
15_real_error	list	6	[(-65.3225, 35.1502), -0.0926, 7.7206, 8.8765, EagerTensor, EagerTenso ...
20_tensor_keras range	tuple	2	(-62.7442, 34.7205)
21_tensor_tflite	tuple	2	(-15.0401, 13.751)
22_keras_layer_name	str	12	block_15_add
23_tflite_tensor_name	str	50	sequential_4/mobilenetv2_1.00_192/block_15_add/add
24_tensor_keras	Array of float32	(6, 6, 160)	Min: -62.744225 Max: 34.72052
25_tensor_tflite	Array of float32	(6, 6, 160)	Min: -15.040142 Max: 13.750987

图 10-17　量化模型 block_15_add 层输出信噪比分析

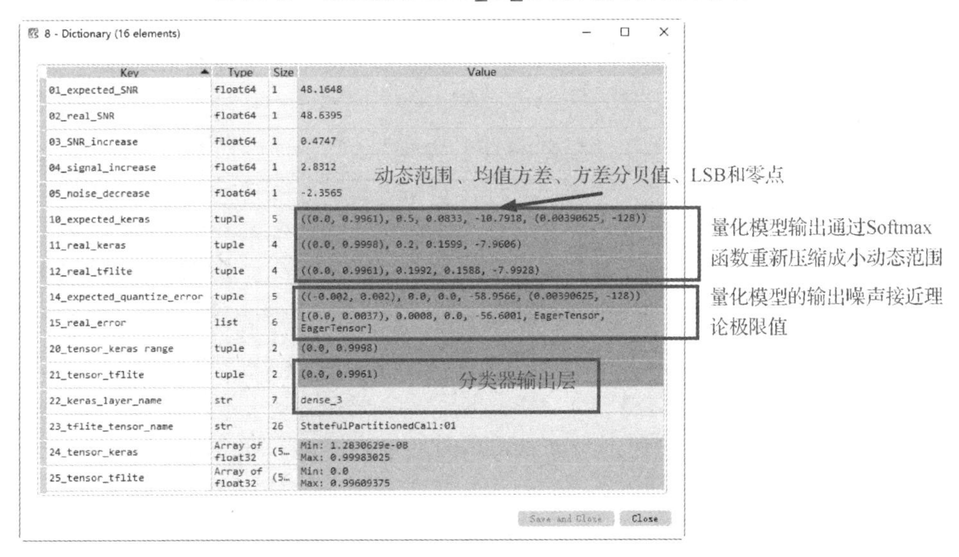

8 - Dictionary (16 elements)

Key	Type	Size	Value
01_expected_SNR	float64	1	48.1648
02_real_SNR	float64	1	48.6395
03_SNR_increase	float64	1	0.4747
04_signal_increase	float64	1	2.8312
05_noise_decrease	float64	1	-2.3565
10_expected_keras	tuple	5	((0.0, 0.9961), 0.5, 0.0833, -10.7918, (0.00390625, -128))
11_real_keras	tuple	4	((0.0, 0.9998), 0.2, 0.1599, -7.9606)
12_real_tflite	tuple	4	((0.0, 0.9961), 0.1992, 0.1588, -7.9928)
14_expected_quantize_error	tuple	5	((-0.002, 0.002), 0.0, 0.0, -58.9566, (0.00390625, -128))
15_real_error	list	6	[(0.0, 0.0037), 0.0008, 0.0, -56.6001, EagerTensor, EagerTensor]
20_tensor_keras range	tuple	2	(0.0, 0.9998)
21_tensor_tflite	tuple	2	(0.0, 0.9961)
22_keras_layer_name	str	7	dense_3
23_tflite_tensor_name	str	26	StatefulPartitionedCall:01
24_tensor_keras	Array of float32	(5…	Min: 1.2830629e-08 Max: 0.99983025
25_tensor_tflite	Array of float32	(5…	Min: 0.0 Max: 0.99609375

图 10-18　量化模型输出层的信噪比分析

逐层查看信噪比情况，可以找到信噪比急剧恶化的层，开展针对性的调试。遇到动态范围异常的层，建议增加 BN 层进行特征取值范围的重分布，遇到误差较大的算子，可以寻找该算子的最佳动态范围，在神经网络内部强制进行数据动态范围调整，使其分布在合理的定义域内。某些同时处理分类和回归计算的算子，可能无法调整，需要进行算子拆分或算子替换。某些大动态范围的算子在训练阶段可以不做任何域值限制，因为在训练时必须保持较大的动态范围，用于计算梯度；但在推理时，根据具体张量的物理含义进行峰值、谷值的抑制，才可以使量化模型工作在一个较小的量程范围内，因为量程范围越小，量化性能越优秀。

总之，量化模型的调试策略仅能提供量化误差的量化和定位，具体解决策略要根据开发者对模型的理解和对量化原理的掌握，针对特定情况下的特定算子进行等效或替换。

10.4 不支持算子的替换技巧

由于资源限制，无法对所有算子进行硬件加速。具体的资源限制分为以下几类。

第一，残差类算子可能影响量化模型的性能，典型的有矩阵拼接算子和加法算子。一般情况下，这两个算子本身不存在特殊的量化误差问题，但当这两个算子在处理多分支数据汇总时，可能因为多分支的动态范围差异，引入较大的量化误差。举一个例子，假设直连通路的动态范围是 0～15，残差通路的动态范围是 100～500，那么残差类算子就需要应付 0～500 的动态范围，不可避免地引入量化误差，并且直连通路受量化误差的影响极大，编译器很可能输出一个性能极差的编译模型甚至爆出编译错误。相对应的处理策略是，找到那些可能导致动态范围失配的层，通过归一化方法改造模型，对不同通路的数据的动态范围进行约束。

第二，大尺寸矩阵运算可能影响模型的算子替换，典型的有矩阵拆分算子、二维卷积算子、池化算子等。由于资源限制，边缘计算硬件对所处理的矩阵尺寸是有限制的。多通道特征图是三维矩阵，但随着神经网络的计算，中间张量可能出现四维甚至五维的矩阵，某些硬件可能无法支持超过三维的矩阵运算。类似的还有矩阵拆分算子，某些硬件无法支持拆分数量超过 8 的矩阵拆分。例如，将一个形状为[1,13,13,17]的矩阵在最后一个维度拆分为[2,2,2,2,2,2,2,2,1]的 9 个切片，超过了拆分数量 8 的限制，就无法被硬件所支持。又例如，某些硬件无法支持卷积核尺寸超过 31 的二维卷积算子，或池化尺寸超过 7 的池化算子。相对应的处理策略是，根据算子的基本原理，将大尺寸矩阵运算拆分为小尺寸矩阵运算的复合或叠加，如使用多级小核池化代替大核池化，用矩阵分步拆分代替矩阵一步拆分等。

第三，融合性大算子可能涉及动态尺寸矩阵，导致无法被硬件所支持，典型的有 NMS 算子。大部分 NMS 算子由于使用了 if-else 的编程逻辑来处理矩阵尺寸，编译器无法预先获知将要处理的矩阵的尺寸，因此这种类型的动态尺寸矩阵也无法被硬件所支持。相对应的处理方法是，使用蒙版矩阵（取值只能是 0 或 1）和乘法加法运算代替编程逻辑，使用特殊权重的矩阵和矩阵乘法实现等效的矩阵逻辑判断操作，或者在模型结构上作大范围改动，将 DETR 模型的集合预测和注意力机制替换传统的 NMS 算子。由于注意力机制处理的矩阵不是动态矩阵，是被边缘端硬件进行计算加速的。

第四，大动态范围的非线性运算也无法被硬件所支持，典型的有指数、对数算子。目前的边缘计算硬件大多数是采用均匀量化策略，根据量化原理，均匀量化要求数据在动态范围内均匀分布，而大动态范围的非线性算子极大地偏离这种概率分布假设，在这些算子计算结果分布较密集的区域，量化间隔显得太大、太宽，但在算子计算结果分布较为稀疏的区域，量化间隔显得太小，无论怎样调整量化策略都会使误差超出预期。目前，除非做特别的算子适配，否则大动态范围的非线性算子一般无法被边缘计算硬件所支持。相应的处理方法是基于多项式拟合的算子替换。

接下来以指数算子为例，介绍边缘计算中面对大动态范围的非线性运算时使用的算子替换技巧。

10.4.1　大动态范围非线性算子替换原理

大动态范围非线性算子支持问题，一般发生在使用全整数均匀量化技术的边缘计算硬件上。此时，我们可以根据非线性算子的定义域和值域情况，使用多项式拟合技术进行算子替换。

以指数函数 exp 为例，它具有非常大的动态范围，甚至于 exp(89)已经超出了浮点 32 位的表达范围，大多数的高速低功耗整数量化设备都无法支持指数函数。尽管如此，如果我们能清晰地知晓用到的指数函数的定义域（如[-5,+5]的范围），那么就可以通过多项式拟合找到精确的等效函数。等效函数虽然引入了拟合误差，但在可控范围之内。最为关键的是在硬件上实现多项式计算，只需要用乘法器和加法器即可实现，这样可以确保计算任务能被边缘计算硬件所接受。

用多项式拟合指数算子的前提是确定多项式系数。确定多项式系数需要使用 NumPy 的多项式拟合工具 np.polyfit()，具体方法如下。首先确定指数算子的动态范围和打算拟合的多项式阶数，一般来说，动态范围越大，阶数越要相应增加。假设神经网络中某个指数算子的动态范围是[-5,+5]，那么可以凭借经验确定多项式的阶数为 8。然后在动态范围内提取足够多的样本点输入 x 和精确输出 y，设置多项式拟合的阶数为 8，最后将 x、y 和阶数 8 传递给 np.polyfit()方法，将获得拟合的多项式的系数。将多项式系数从高到低排列，使用 coefficients_high_2_low 变量名存储。代码如下。

```
x = np.arange(-5,5,0.001)
y = np.exp(x)
coefficients_high_2_low = np.polyfit(x, y, 8)
# 用 8 次多项式拟合可改变多项式阶数
poly = np.poly1d(coefficients_high_2_low) # 得到的多项式系数按照阶数从高到低排列
print('coefficients_high_2_low:',coefficients_high_2_low)
print(poly)  # 显示多项式
```

显示的多项式系数和多项式如下。

```
coefficients_high_2_low: [
4.6e-05 4.0e-04 8.8e-04 4.3e-03 4.6e-02 1.9e-01 4.8e-01 9.5e-01
1.00e+00]
           8          7          6          5          4
4.69e-05 x +0.0004 x +0.00088 x +0.00437 x +0.04602 x
           3          2
 + 0.1934 x +0.4871 x +0.9532 x +1.006
```

继续监测 8 阶多项式拟合的效果，分别获得多项式拟合输出和指数函数的精确输出，对比它们在定义域[−5,+5]内的差异。代码如下。

```
yvals=poly(x) # 可直接使用 yvals=np.polyval(coefficients_high_2_low,x)
plt.plot(x, y, '*',label='original values')
plt.plot(x, yvals, 'r',label='polyfit values')
e=np.abs(y-yvals);e_mae=np.mean(e)
e_max=e.max();e_min=e.min()
e_mse=np.sqrt(np.mean(np.square(e)))
print('[{},{}]'.format(e_min,e_max))
# [2.947891067472952e-06,0.13330039726793075]
print('mae:',e_mae,' mse:',e_mse)
#mae: 0.020114841074557636  mse: 0.023912647073989768
```

绘制出拟合函数曲线和对比得出的误差曲线，如图 10-19 所示。

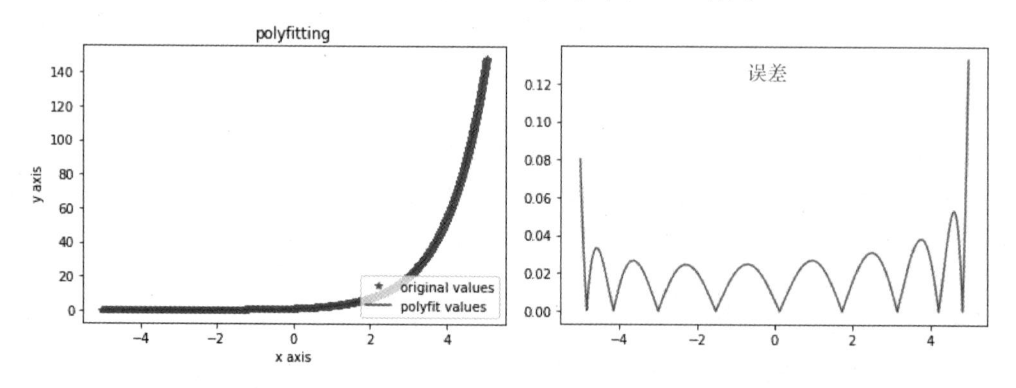

图 10-19　在[−5,+5]范围内的 8 阶多项式拟合的指数函数及误差

可见，在整个定义域内，拟合的误差已经足够小，在定义域的两端误差稍微增大，但也属于可以接受的范围。读者如果在实际使用时遇到精确率不足的情况，可以稍微扩大定

义域，并提高多项式拟合的阶数，一般可以通过计算的复杂度换取计算的精确率。不同函数的拟合方法和精确率评估方法大同小异，需要在实验室内做好验证再进行算子替代部署，这里就不展开叙述了。

以 YOLOV3 为例演示如何进行算子替换。YOLOV3 神经网络低、中、高 3 个分辨率下的融合特征图输出紧接着解码网络，解码网络内对 3 个分辨率输入分别使用了 3 个指数函数，3 个分辨率合计 9 个指数函数。一般情况下这 9 个指数函数将会由 CPU 负责计算，耗时较长。根据大动态范围非线性算子的替换技巧，对动态范围进行了控制，根据变量的物理含义将指数函数的定义域控制在-5～+5 范围内，并找到一个 8 阶多项式，以拟合此处的指数算子。

编程时，原指数算子被封装在一个包含了 tf.exp 算子的 Lambda 层内，现在将旧的 Lambda 层替换为包含了 tf.math.polyval 算子的新 Lambda 层。代码如下。

```
# pred_dwdh_0=tf.keras.layers.Lambda(
# lambda x: tf.exp(x),
# name=decode_output_name+'_pred_dwdh_0')(conv_raw_dwdh_0)
# 使用“#”注释掉的代码包含了 tf.exp 算子的 Lambda 层，以下代码为等效的包含了多项式算子的 Lambda 层
pred_dwdh_0=tf.keras.layers.Lambda(
    lambda x: tf.math.polyval([
        4.69518036e-05,4.03236951e-04,
        8.89445931e-04,4.37066110e-03,
        4.60172547e-02,1.93350180e-01,
        4.87116924e-01,9.53157208e-01,
        1.00595776], x),
    name=decode_output_name+'_pred_dwdh_0')(conv_raw_dwdh_0)
```

反复使用此方法，就可以将多个动态范围的不同指数算子都替换为边缘计算硬件支持的多项式算子了。

10.4.2　大动态范围非线性算子替换效果

算子替换后，进行同样的模型量化和模型编译操作，可以看到编译后的模型的子图从原先的 3 个减少为 2 个。图 10-20 中，左侧为未进行算子替换的编译模型，可见一共有 9 个指数函数没有被编译进 Edge TPU 的子图；右侧为进行了算子替换的编译模型，可见原有的 9 个指数算子已经被替换并完全被映射到 TPU 执行的子图中。

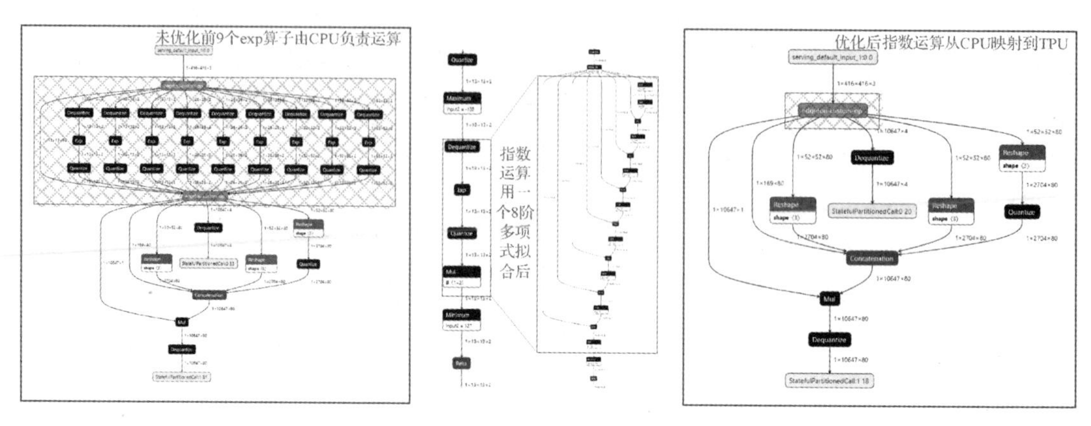

图 10-20　非线性算子被替换后可以合并到 TPU 可以执行的子图中

9 个指数算子被编译到 TPU 能执行的子图中，这意味着模型避免了 18 次往返 TPU 和 CPU 的内存复制时间，指数运算本身也更为快速。相较于未优化前，推理时间约节约 56ms，处理帧率从 3.4fps 提升到 4.2fps，如图 10-21 所示。

图 10-21　将指数算子替换为多项式后带来的加速效果

在实际工程中，读者首先需要根据对边缘加速硬件的理解，找到影响推理速度和精度的算子，然后根据对神经网络的了解，合理地确定动态范围和精确率敏感性，合理运用数学知识从理论上设计出替换算子。相信如果针对具体情况进行具体分析，就一定可以将全部算子均映射到边缘加速硬件的子图中，从而达到量化模型的推理速度极限。

第 11 章
以 YOLO 和 Edge TPU 为例的边缘计算实战

人工智能在国际市场上近几年的发展，在很大程度上受到美国的谷歌公司科研部门（Google Research）的谷歌大脑（Google Brain）团队于 2015 年 11 月发布的 TensorFlow 人工智能计算框架的影响。TensorFlow 在发布之后，以其技术优势和开源技术的吸引力，在很短的时间内发展成为业界人工智能模型开发的首选框架。当时这个新技术的快速发展趋势和未来发展前景激发了全球科技界对人工智能技术研发的大批投资，刺激和带动了更多的深度学习模型（Deep Learning Model）的发布。

谷歌公司看到了这个市场变化，意识到人工智能对未来技术发展影响的潜力，在公司内部也开始大力推动人工智能技术的应用，包括谷歌云计算部门和科研部门合作开发的用在云计算平台上的 TPU（Tensor Processing Unit，张量处理单元）产品，并于 2016 年的谷歌开发者大会上做了该产品的发布。TPU 是一个专门为计算 TensorFlow 模型而优化了的特制的芯片，其基本特性就是为基于 TensorFlow 框架所开发的人工智能模型提供特别的运算加速。TPU 的运算速度远远超过当时市场上普遍使用的采用图像加速器 GPU 做人工智能运算加速的速度，其计算能力达到了 23 TOPS（每秒 23 万亿次运算操作），因此在市场上获得了高度关注并被大量使用。

谷歌科研部门看到了深度学习模型运算加速的市场潜力，接着又用类似于 TPU 的技术开发了 Edge TPU，并于 2018 年 7 月发布了该产品。Edge 的英文原意是边缘，特指那些互联网的边缘端设备，也就是各种不见得能随时连接互联网，甚至完全不联网的各种小型和微型设备（因此它们属于互联网的边缘端设备）。那些不联网的设备，无法将深度学习模型所需的数据传送到云端服务器上进行运算加速，这也意味着云平台上的 TPU 无法为这些不联网的边缘端设备提供深度学习模型的运算加速服务。为解决边缘端设备在离线（本地）情况下的人工智能模型计算加速需求，Edge TPU 应运而生，Edge TPU 能够以 4 TOPS（每秒 4 万亿次操作）的高速计算能力为边缘端设备提供深度学习模型的运算加速服务。

谷歌科研部门的 AIY 团队紧接着围绕 Edge TPU 开发了一整套让用户方便使用的模组

和开发套件产品，将产品系列命名为 Coral，并于 2019 年 1 月发布了 Coral 产品系列中的第一个产品——Coral Dev Board。Coral Dev Board 是一个开发板，它是一个带有各种功能的单板计算机（Single Board Computer，SBC），它和市场上其他 SBC 的区别是它直接在开发板上嵌入了一个 Edge TPU 芯片模组，这样能让开发者和企业在这个开发平台上直接部署基于 TensorFlow Lite 框架的机器学习模型。AIY 产品团队因此也更名为 Coral 产品团队，并从 2019 年初至今持续发布了一系列的 Coral 产品，除了几种不同功能和性能的单板计算机，还有各种可接插的模组产品，比如 USB 插件、M.2 插件等。Coral 的模组产品，旨在不改变原有边缘端设备形态的前提下，以接插件的形态为边缘端设备赋能。不论开发者原有的边缘端设备是一个 Linux 计算机还是树莓派开发板，只需要插上 Coral 模组，就能进行不依赖云端的本地的深度学习模型的运算加速，这为企业和开发者们提供了巨大方便。内嵌了 Edge TPU 的 Coral 产品家族如图 11-1 所示。

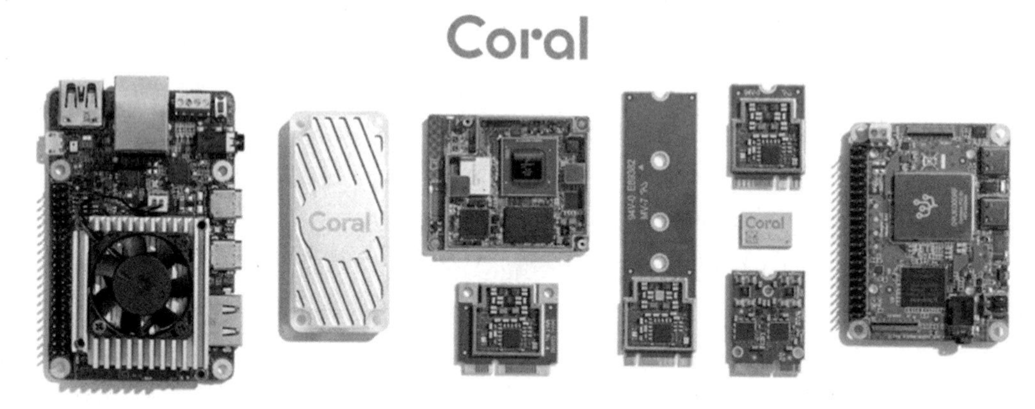

图 11-1　内嵌了 Edge TPU 的 Coral 产品家族

正是因为 Coral 产品家族丰富的产品形态，Edge TPU 和深度学习被带到无数边缘端设备和物联网设备上。Coral 产品家族也被全球开发者和企业大量采用，仅仅在 Coral Dev Board 发布后的头两年中，全球就有超过两千家企业使用 Coral 产品进行了各种新产品的开发和发布。Coral 产品家族的应用几乎覆盖了各个行业，从能观察和识别人体动作的各种智能相机到利用各种深度学习模型进行目标检测、图像分析的智能化管理系统等，也包括智能化生产流水线、智能化仓库和物流管理、智能化农业设备、智能化城市应用、智能化医疗设备和车载设备，以及无数的各种带有人工智能的家电设备和产品等。应该说，边缘端设备的人工智能掀起了一个可以与计算机面世相提并论的创新大潮。经过人工智能赋能的边缘端设备具有巨大的创新潜力，这意味着这些创新型产品有着广阔的市场前景。这也是为什么本书后面的章节将专门介绍如何利用 Coral Dev Board 开发板和 Edge TPU 的计算能力进行机器学习模型的开发和部署。

TensorFlow 模型要在 Edge TPU 上进行部署，就要先进行必要的量化、保存和编译操作。

所谓量化，指的是神经网络根据所接收的数据类型进行的内部算子和张量的量化调整。训练时我们一般使用 float32 或 float64 的数据格式，模型内部参数也是浮点 32 位或浮点 64 位的，这样可以确保较高的精准度。在推理时我们一般使用 INT8 全整数量化的数据格式，以便加快推理速度，当然也有少部分硬件支持 float32、float16 的量化技术。

所谓保存，指的是将量化后的神经网络以文件的格式保存在磁盘上后，网络中的算子和张量都将固定下来。算子编号以索引的方式指向算子集中的某个算子，量化张量以仿射变换的方式指向真实的浮点数值。

所谓编译，指的是根据硬件的支持情况，将硬件能够支持的临近算子合并为一个子图，将硬件无法支持的临近算子合并为另一个子图。编译后的模型内包含多个子图，边缘端的运行时（Runtime）工具将在边缘加速硬件和 CPU 之间交换数据，以便交替执行不同的子图。

11.1　TensorFlow 模型的量化

TensorFlow 提供了两种获得量化模型的方法：量化感知训练（Quantization-Aware Training）和训练后量化（Post-Training Quantization）。获得量化模型的两种方式如图 11-2 所示。

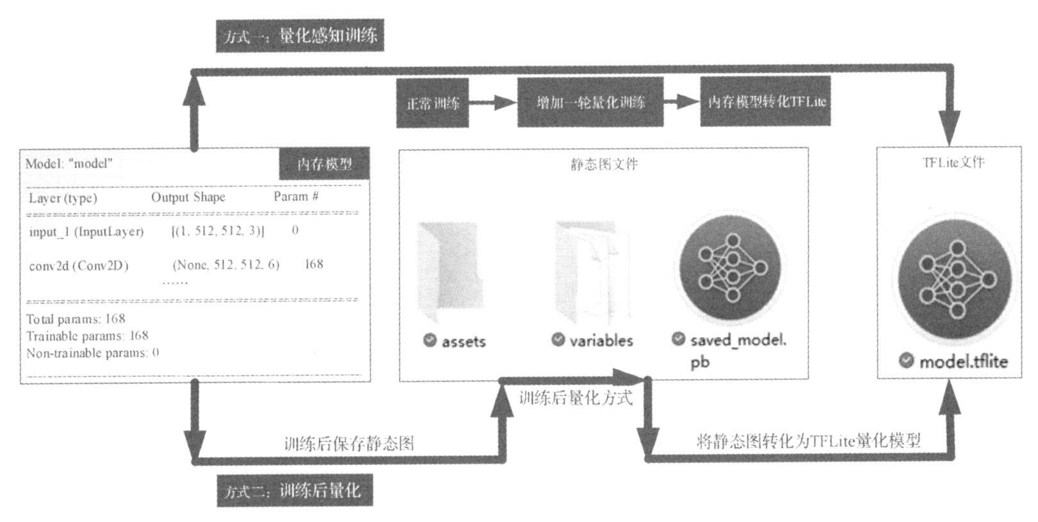

图 11-2　获得量化模型的两种方式

量化训练是 TensorFlow 官方推荐的方式，它能够最大限度地控制量化带来的性能损失，开发者可以根据实际情况选择合适的方式。

11.1.1 量化感知训练获得 INT8 整型模型

量化感知训练指的是先使用常规的 float32 方式对自定义神经网络进行训练，然后再 float32 训练的最后，使用 TensorFlow 提供的量化工具，将模型转为可训练的量化模型，然后再进行一个周期的量化感知训练，最终获得 INT8 量化模型。

接下来，我们将在个人计算机上新建一个简单模型进行演示。这个简单模型只包含一个二维卷积层，模型被命名为 model。代码如下。

```
mnist = tf.keras.datasets.mnist
(train_images, train_labels), (test_images, test_labels) = mnist.load_data()
# 将输入图像的像素点取值范围从[0,255]映射到[0,1]
train_images = train_images / 255.0
test_images = test_images / 255.0
# 进行模型结构的定义
model = tf.keras.Sequential([
  tf.keras.layers.InputLayer(input_shape=(28, 28)),
  tf.keras.layers.Reshape(target_shape=(28, 28, 1)),
  tf.keras.layers.Conv2D(filters=12, kernel_size=(3, 3), activation='relu'),
  tf.keras.layers.MaxPooling2D(pool_size=(2, 2)),
  tf.keras.layers.Flatten(),
  tf.keras.layers.Dense(10)
])
model.summary()
```

查看此神经网络的结构，输出如下。

```
Model: "hand_written_digit_reg"
_________________________________________________________________
 Layer (type)          Output Shape          Param #
=================================================================
 reshape_1 (Reshape)   (None, 28, 28, 1)    0
conv2d_136 (Conv2D)   (None, 26, 26, 12)   120
max_pooling2d_1 (Max  (None, 13, 13, 12)  0
 Pooling2D)
flatten_1 (Flatten)   (None, 2028)         0
```

```
 dense_28 (Dense)      (None, 10)          20290
=================================================================
Total params: 20,410
Trainable params: 20,410
Non-trainable params: 0
```

正常情况下，我们需要对网络进行若干周期的训练。代码如下。

```
model.fit(train_images,train_labels,
        epochs=1, validation_split=0.1,)
```

完成模型训练后，需要先使用模型量化工具 tfmot 对模型进行预处理。tfmot 预处理工具将对模型内的每一层进行量化感知（也称量化标记）。量化标记后，tfmot 将生成一个全新的量化模型，模型被命名为 q_aware_model。代码如下。

```
import tensorflow_model_optimization as tfmot
quantize_model = tfmot.quantization.keras.quantize_model
# q_aware 表示量化标记
q_aware_model = quantize_model(model)
# 量化标记后的模型需要重新编译
q_aware_model.compile(optimizer='adam',
    loss=tf.keras.losses.SparseCategoricalCrossentropy(
        from_logits=True),
   metrics=['accuracy'])
q_aware_model.summary() # 能看到所有的层都加上了 quantize 的前缀
```

虽然此时的 q_aware_model 内部的参数尚未被量化，但是查看这个被量化标记后的模型，可以看到其内部的每个层都被加上了“QuantizeWrapperV2”的后缀，这意味着在接下来的量化感知训练中，这些层都将被 TensorFlow 自动进行 INT8 的量化。量化标记后的模型的摘要如下。

```
Model: "hand_written_digit_reg"
_________________________________________________________________
 Layer (type)              Output Shape              Param #
=================================================================
 quantize_layer_2 (Quan  (None, 28, 28)           3
 tizeLayer)
 quant_reshape_2 (Quant  (None, 28, 28, 1)        1
 izeWrapperV2)
 quant_conv2d_137 (Quan  (None, 26, 26, 12)       147
```

```
 tizeWrapperV2)
quant_max_pooling2d_2  (None, 13, 13, 12)   1
 (QuantizeWrapperV2)
quant_flatten_2 (Quant  (None, 2028)        1
 izeWrapperV2)
quant_dense_29 (Quanti  (None, 10)         20295
 zeWrapperV2)
=================================================================
Total params: 20,448
Trainable params: 20,410
Non-trainable params: 38
```

使用少量的数据集对量化标记后的模型进行至少一个周期的训练。

```
train_images_subset = train_images[0:1000]
train_labels_subset = train_labels[0:1000]
q_aware_model.fit(
    train_images_subset, train_labels_subset,
   batch_size=500, epochs=1, validation_split=0.1)
```

对比模型正常训练的97.13%准确率和量化后训练的97%准确率，可见精度没有明显下降。

```
1688/1688 [==================] - 18s 10ms/step - loss: 0.2898 - accuracy: 0.9198 - val_loss: 0.1136 - val_accuracy: 0.9713
2/2 [========================] - 1s 388ms/step - loss: 0.1378 - accuracy: 0.9600 - val_loss: 0.1625 - val_accuracy: 0.9700
```

之后，我们可以使用TensorFlow的量化工具，将内存中的模型的TFLite量化模型文件写入磁盘。代码如下。

```
q_aware_model.input.set_shape(
    (1,) + q_aware_model.input.shape[1:])
converter = tf.lite.TFLiteConverter.from_keras_model(
   q_aware_model)
converter.optimizations = [tf.lite.Optimize.DEFAULT]
quantized_tflite_model = converter.convert()
tflite_model_filename='P08_tflite_INT8_Quantization_aware_training.tflite'
with open(tflite_model_filename, 'wb') as f:
   f.write(quantized_tflite_model)
print("wirte tflite file done!")
```

此时，磁盘出现名为'P08_tflite_INT8_Quantization_aware_training.tflite'的模型量化文件，可以使用 Netron 软件将其打开，查看模型结构，如图 11-3 所示。

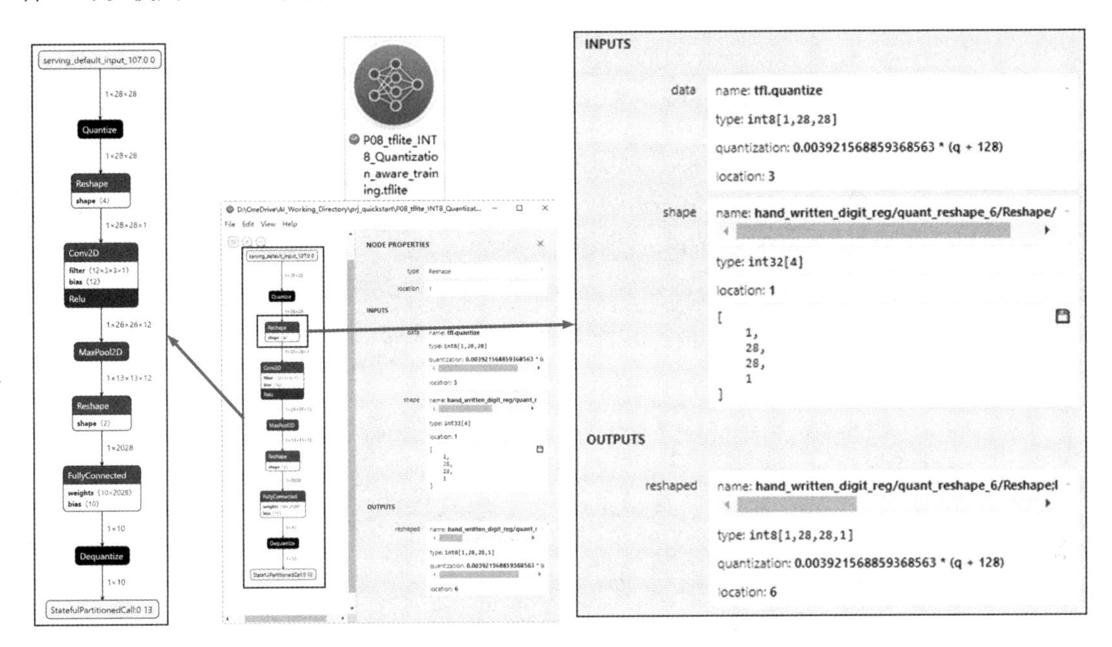

图 11-3　模型量化后的结构和 Netron 可视化

生成模型后，一定要用 TensorFlow 提供的 TFLite 模型检查工具 Analyzer 或者通过 TFLite 解释器尝试进行推理，确认 TFLite 量化模型文件转化成功。TFLite 模型检查工具 Analyzer 的用法如下。

```
tf.lite.experimental.Analyzer.analyze(
    model_path='model.tflite', gpu_compatibility=True)
```

检查工具输出如下。

```
=== P08_tflite_INT8_Quantization_aware_training.tflite ===
Your TFLite model has '1' subgraph(s). In the subgraph description below,
......
Your model looks compatibile with GPU delegate with TFLite runtime version
2.8.0.
----------------------------------------------------------------
......
----------------------------------------------------------------
            Model size:     23856 bytes
```

```
    Non-data buffer size:        3340 bytes (14.00 %)
   Total data buffer size:      20516 bytes (86.00 %)
    (Zero value buffers):           0 bytes (00.00 %)
……
```

可见，模型正常生成并被量化为一个子图，可以进行编译。

接下来我们需要使用 TFLite 解释器对生成的 TFLite 量化模型文件进行一次推理。解释器会解读 TFLite 量化模型文件，提供输入数据的类型要求。根据该要求生成随机输入数据 input_data，调用解释器的 set_tensor 方法向模型输入数据，通过解释器的 invoke 方法迫使模型进行一次推理，最后通过解释器的 get_tensor 方法提取模型输出 output_data_tmp。此时可以分析模型输出 output_data_tmp，查看是否符合设计要求。模型解释器尝试推理的样例代码如下。

```
interpreter=tf.lite.Interpreter(model_path=tflite_model_filename)
interpreter.allocate_tensors()
input_details = interpreter.get_input_details()
output_details = interpreter.get_output_details()
# 展示输入、输出数据规格
print(input_details)
print(output_details)
# 根据输入规范，产生随机数据
input_data = np.array(np.random.random_sample(input_shape),
dtype=np.float32)
interpreter.set_tensor(input_details[0]['index'], input_data)
print("模型输入完毕，输入格式为",input_data.shape)
# 执行一次模型推理
interpreter.invoke()
for i in range(len(output_details)):
    output_data_tmp=interpreter.get_tensor(
        output_details[i]['index'])
    output_shape_tmp = output_data_tmp.shape
    print("模型推理完成，第{}个输出格式为{}".format(i,output_shape_tmp))
```

以上代码运行后的打印结果如下。

```
[{'name': 'serving_default_input_108:0',
  'index': 0,
  'shape': array([ 1, 28, 28]),
```

```
  'shape_signature': array([ 1, 28, 28]),
  'dtype': <class 'numpy.float32'>,
  'quantization': (0.0, 0),
  'quantization_parameters': {
    'scales': array([],
    dtype=float32),
    'zero_points': array([], dtype=int32),
    'quantized_dimension': 0},
 'sparsity_parameters': {}}
 ]
 [{'name': 'StatefulPartitionedCall:0',
  'index': 13,
  'shape': array([ 1, 10]),
  'shape_signature': array([ 1, 10]),
  'dtype': <class 'numpy.float32'>,
  'quantization': (0.0, 0),
  'quantization_parameters': {
    'scales': array([], dtype=float32),
    'zero_points': array([],
    dtype=int32),
    'quantized_dimension': 0},
    'sparsity_parameters': {}}
 ]
 模型输入完毕，输入格式为 (1, 28, 28)
 模型推理完成，第 0 个输出格式为(1, 10)
```

从以上打印结果可以看出，量化模型的输入节点和输出节点规格符合设计要求，向模型输入一幅 28 像素×28 像素的图像后，将会获得一个 10 个元素的向量，这 10 个元素将分别指示图像属于这 10 个类别的概率预测结果。

使用 TFLite 解释器检查量化模型的能力有限，即使检查成功或者推理成功，也并不代表模型可以被正常编译或者在边缘端设备上运行，但能在一定程度上排除量化过程中可能存在的问题。

11.1.2　训练后量化获得 INT8 整型模型

训练后量化指的是使用常规 float32 数据格式对神经网络进行训练，训练完成后将神经网络保存为静态图。使用 TensorFlow 的模型量化工具打开这个静态图，将内部参数全部转化为 INT8 或者 float16。训练后量化方法产生的量化模型较使用量化感知训练方法产生的模型，精确率会稍有降低，但训练后量化方法的原理较为直观，也能支持跨平台量化。接下来将使用训练后量化方法将手写数字识别的模型制作成 INT8 量化模型，将原模型命名为 model。

首先读取模型，TensorFlow 支持读取磁盘上的静态图文件和内存 Keras 模型。如果读取的是内存中的 Keras 模型文件，那么需要将内存模型传递给 from_keras_model 方法；如果读取的是磁盘中的静态图模型文件，那么需要将磁盘文件位置传递给 from_saved_model 方法。代码如下。

```
model.input.set_shape((1,) + model.input.shape[1:])
# 如果读取磁盘模型文件，那么运行下方代码行
converter = tf.lite.TFLiteConverter.from_saved_model(
    SAVED_MODEL_DIR)
# 如果读取内存模型 model，那么运行下方代码行
converter = tf.lite.TFLiteConverter.from_keras_model(model)
converter.optimizations = [tf.lite.Optimize.DEFAULT]
```

TensorFlow 将内部权重转为 INT8 数据类型时，需要使用代表数据集估算内部数据的动态范围，从而确定合适的量化参数。代表数据集可以采用随机数代替，但出于性能考虑，建议开发者使用真实数据制作代表数据集生成器。用 NumPy 的“0-1”均匀分布随机数生成 np.random.rand 函数，制作代表数据集生成器的样例代码如下。

```
def representative_dataset():
    for _ in range(100):
        data = np.random.rand(1, 28, 28)
        yield [data.astype(np.float32)]
converter.representative_dataset = representative_dataset
```

然后设置目标数据的数据类型为 tf.int8，设置输入、输出的数据类型为 tf.uint8。由于 Edge TPU 仅支持 8 位整数量化，所以此处必须将算子类型设置为 TFLITE_BUILTINS_INT8。代码如下。

```
converter.target_spec.supported_types = [tf.int8]
converter.target_spec.supported_ops = [
    tf.lite.OpsSet.TFLITE_BUILTINS_INT8,]
converter.experimental_new_converter = True
converter.inference_input_type = tf.uint8
converter.inference_output_type = tf.uint8
```

最后调用转换器的 convert 方法转换模型，将转换好的模型写入磁盘。代码如下。

```
tflite_model = converter.convert()
tflite_model_filename='P08_tflite_INT8_Posttraining_quantization.tflite'
with open(tflite_model_filename, 'wb') as f:
    f.write(tflite_model)
print("wirte tflite file done!")
```

使用同样的方法，使 TFLite 模型检查工具 Analyzer 检查 TFLite 文件，并使用解释器打开 TFLite 文件，尝试输入 UINT8 的数据，获得模型的输出。代码如下。由于训练后量化获得的 TFLite 文件与量化感知训练后获得的 TFLite 文件的输入、输出验证方法完全一致，此处略去具体代码。

```
input_data = np.array(
    np.random.random_sample(input_shape), dtype=np.uint8)
......
```

测试模型输出的相关代码与量化感知训练方法获得的输出一致，此处同样略去。

11.2　神经网络模型的编译

虽然模型量化后的以 tflite 为后缀的量化模型文件生成完毕，但我们仅仅完成了模型的量化。由于每个硬件对于算子的支持情况也不同，所以接下来需要依靠硬件生产商提供的编译器对模型进行编译。编译工作的输入是量化好的模型文件。编译工作的输出虽然也是一个以 tflite 为后缀的文件，但它是编译后的模型文件，它已经将硬件能支持的算子和不能支持的算子编译为不同的子图。

11.2.1　模型编译的工作原理

开发者通常可以对模型进行全面的量化，但并不见得所有量化的算子都被边缘计算硬件所支持。例如，NMS 算子由于涉及动态尺寸数据，就不被 Edge TPU 支持，exp 指数算子和 log 对数算子就很少被整型计算加速硬件支持。

与硬件配套的编译器会根据算子支持情况，将量化好的模型分成不同的子图。硬件支持的相邻算子将被合并成一个子图，这个子图将在边缘计算硬件上执行；硬件不支持的相邻算子将被合并成另一个子图，这个子图将在 CPU 上执行，以此类推。子图和子图之间使用量化算子和去量化算子连接，如图 11-4 所示。

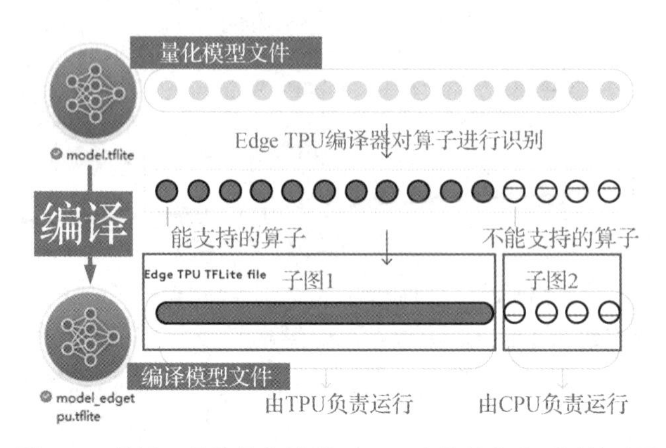

图 11-4　编译工具将量化模型 TFLite 文件转化为不同的子图

以 Edge TPU 为例，Edge TPU 提供的编译器叫作 edgetpu_compiler，仅支持 Linux 操作系统，可以通过官网指导进行安装。编译器在编译模型时，支持若干编译选项，如表 11-1 所示。

表 11-1　edgetpu_compilerV16 的编译选项及其含义

标志位	含义
-s	显示编译日志
-a	多子图开关，开启后模型可以被编译为多个子图
-d	编译器无法编译一个子图时，开启搜索模式，自动从输出端朝输入端的方向搜索可以委托给 TPU 的子图
-i <中间张量名>	指定中间张量，在编译器无法编译时，需要找到中间张量，然后用-i 选项指定这个中间张量名进行编译，多个中间张量用逗号分隔
-k <整数>	指定委托搜索时的步进
-t <整数>	指定编译失败的超时时间，默认是 180s
-n <整数>	指定编译后的模型拥有多少个子图
-o, --out_dir	指定输出目录
-m <版本号>	指定编译器最低版本号
-v	查看当前编译器版本号
-h	帮助

根据编译器的使用指导，编译工具会读取磁盘上的 TFLite 文件，执行编译工作，生成的编译模型自动添加_edgetpu 后缀。以一个最简单的二维卷积层模型为例，编译前的 TFLite 量化模型文件名为 just_conv2d.tflite，编译生成的新的 TFLite 量化模型文件名为 just_conv2d_edgetpu.tflite。编译命令和编译日志如下。

```
indeed@indeed-virtual-machine:~/Desktop/tflite$ edgetpu_compiler just_conv2d.
tflite  -s
    Edge TPU Compiler version 16.0.384591198
    Model compiled successfully in 387 ms.
    Input model: just_conv2d.tflite
    Input size: 1.65KiB
    Output model: just_conv2d_edgetpu.tflite
    Output size: 76.62KiB
    On-chip memory used for caching model parameters: 2.75KiB
    On-chip memory remaining for caching model parameters: 7.39MiB
    Off-chip memory used for streaming uncached model parameters: 0.00B
    Number of Edge TPU subgraphs: 1
    Total number of operations: 3
    Operation log: just_conv2d_edgetpu.log
    Operator                    Count      Status
    QUANTIZE                    2         Mapped to Edge TPU
    CONV_2D                     1         Mapped to Edge TPU
    Compilation child process completed within timeout period.
    Compilation succeeded!
```

从量化日志上看，二维卷积操作都已经映射到了 Edge TPU 上。

使用 Edge TPU 的编译工具对 11.1 节中使用量化感知训练方法和训练后量化方法获得的两个 INT8 手写数字识别模型进行编译。使用编译工具得到的日志文件和编译模型文件如图 11-5 所示。

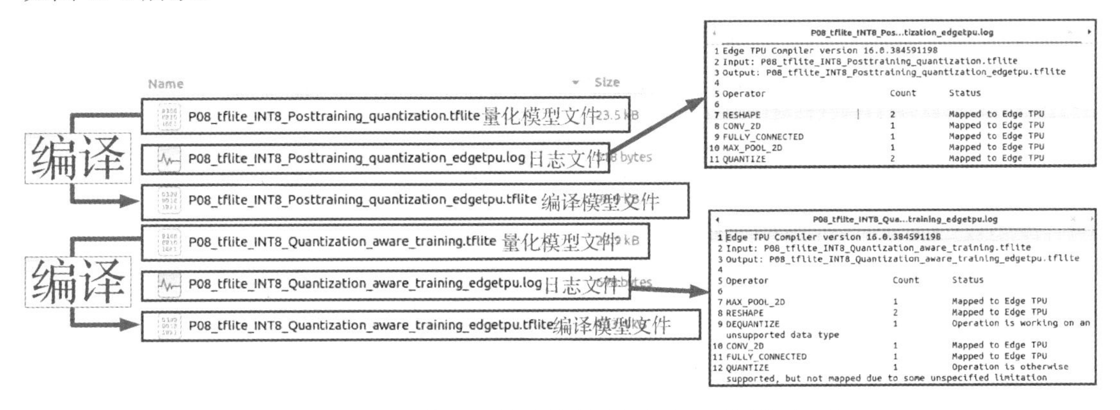

图 11-5　使用编译工具得到的日志文件和编译模型文件

如果硬件算子支持较少，或者甚至模型量化阶段就已经出现量化方式不匹配的现象，那么此时编译器将通过编译日志给出大量告警信息，告诉开发者大量的神经网络算子无法在加速硬件中运行，只能通过 CPU 运行。例如，某 YOLOV4 模型被错误地量化为 float16，那么此时运行全整数量化的编译器，虽然模型可以被成功编译，但将会出现相应提示。提示说明，在 Edge TPU 上运行的算子数量（子图数量）为 0，在 CPU 上运行的算子数量为 935。代码如下。

```
    indeed@indeed-virtual-machine:~/Desktop/tflite$ edgetpu_compiler yolov4_512_fp16_OFFICIAL.tflite  -s
    Model compiled successfully in 753 ms.
    ……
    Number of Edge TPU subgraphs: 0
    Total number of operations: 935
    Operation log: yolov4_512_fp16_OFFICIAL_edgetpu.log
    Model successfully compiled but not all operations are supported by the Edge TPU. A percentage of the model will instead run on the CPU, which is slower. If possible, consider updating your model to use only operations supported by the Edge TPU.
    Number of operations that will run on Edge TPU: 0
    Number of operations that will run on CPU: 935
    ……
    Compilation succeeded!
```

11.2.2 在 Edge TPU 上部署模型的注意事项

神经网络的编程实际上是类似于 Verilog 和 VHDL 的硬件编程，但由于目前的机器学习编程框架的 API 接口友好，训练主机的硬件资源充足且计算精度足够高，所以如果采用软件思维进行神经网络编程不会出现太大问题。但当开发者面对硬件资源受限且计算精度有限的边缘端时，就需要从硬件编程的角度去思考神经网络设计问题了。

在计算机或云端的硬件资源充足的情况下，软件编程思维认为，使数据连续经过一个正变换和一个逆变换，对计算结果不会产生太大影响。但对于边缘端，使数据流过一对可逆算子必然引起计算的延迟和精度的下降。例如，神经网络中的矩阵重组（Reshape）算子、矩阵拼接（Concat）算子和矩阵分割（Split）算子都是可逆操作。但无谓的可逆操作会增加不必要的延迟和误差。例如，矩阵拼接算子使用同一套缩放因子来应对动态范围不一致的矩阵拼接，必将造成数据精度的下降；矩阵重组、矩阵拼接和矩阵分割还会受到硬件对矩阵维度和尺寸的限制，也是引起模型量化故障的根源。

在软件编程思维下，为追求编程的简洁，往往会使用大量封装完备的高阶算子，这些高阶算子内部往往包含了大量可能被硬件所支持或不被硬件所支持的众多算子。神经网络的一行编程代码中，只要包含了一个不被支持的算子或一个动态范围太大的算子，就会造成边缘计算的误差扩散，甚至根本无法被编译。

由于边缘端采用了有限位数的量化技术和硬件资源取舍，所以对张量的形状和动态范围较为敏感。对于软件思维下的神经网络计算，开发者可能关注更多的是算法的逻辑，对于算子的输出（张量矩阵）形状和动态范围不会给予过多关注。如果计算过程中的某个矩阵拥有过大的动态范围，那么会造成算子的量化输出颗粒度过于粗糙，从而引入较大的量化误差，并造成后续计算的误差扩散。

Edge TPU 和任何硬件一样，都会根据自身的硬件限制，对模型的设计提出相应要求和限制。Edge TPU 对算子的要求包括静态尺寸、单样本推导、量化方式、张量尺寸、矩阵维度、算子支持等。

1. 静态尺寸

Edge TPU 目前仅支持静态尺寸的矩阵计算加速。Edge TPU 要求神经网络内含的张量必须是静态尺寸张量（static-sized tensors），如果神经网络包含了动态尺寸张量（dynamic-sized tensors），那么即使 TFLite 量化模型可以生成，也无法通过 TFLite 解释器的 invoke 方法进行推理。例如，典型的 NMS 算法，其内部的矩阵尺寸是不固定的，需要有大量的循环或者可变尺寸的矩阵，这无法被 Edge TPU 所支持。

2. 单样本推导

Edge TPU 仅支持单样本推导，即输入矩阵的第一个维度必须为 1。这就是模型在进行量化转化之前，必须将模型的输入数据尺寸（input_shape）通过调用模型的 set_shape 方法设置为单样本尺寸的原因。

3. 量化方式

硬件一旦完成选型，它所支持的数值量化方式也就相应确定。如果硬件被设计成 INT8 量化方式，那么对于 float16 的量化模型是无法支持的，反之亦然。例如，Edge TPU 在量化方式上仅支持 INT8 的量化方式，若模型被错误地量化为 float16，则会造成模型在 Edge TPU 上运行缓慢，因为此时模型完全靠嵌入式设备的 CPU 在运行。

4. 张量尺寸

Edge TPU 的硬件资源有限，对于所能处理的张量内的元素个数是有总量上限的。以一个 4 个维度的张量为例，假设这个张量已经达到了 Edge TPU 的张量尺寸极限，张量的具体形状为[batch, size, size, channel]，其中，batch 表示输入批次的维度，size 表示分辨率的维度，channel 表示通道数的维度。那么如果将新张量的分辨率维度的数值变成两倍（size 的数值增加到原来的两倍），那么必须将 channel 的数值下降到原来数值的四分之一，以确保新张量的元素个数不超过 Edge TPU 的处理上限，即不超过原张量的元素个数。

5. 矩阵维度

Edge TPU 对神经网络内部的矩阵的维度有特殊要求。它最多允许矩阵的最后 3 个维度的自由度大于 1。例如，形状为[1,52,52,255]的矩阵是符合要求的，但形状为[1,52,52,3,85]的矩阵就不符合要求，因为最后的 3 个维度的自由度分别为 52、3、85，但倒数第 4 个维度的自由度为 52，超过了 1。

6. 算子支持

Edge TPU 有一个算子支持列表，该列表上的算子可以由 Edge TPU 进行推理，超出这个列表的算子会被编译器拒绝。大部分情况下，常用的层和算子都是边缘计算硬件支持的。例如，Edge TPU 支持的算子包括 tanh、sigmoid、Reduce_max 等，支持的层包括 Conv2D 层、Dense 层、Concatenation 层等。不支持的算子包括 LeakyReLU 激活函数、指数函数、对数函数等。每个边缘计算硬件都会提供算子支持列表，感兴趣的读者可以登录 Edge TPU 官网查看算子支持情况。

不了解硬件支持的算子情况也没关系，编译器一般情况下会给出明确的编译信息。例如，支持的算子被标记为"Mapped to Edge TPU"，不被支持的算子被标记为"Operation not supported"，送入算子的数据格式类型不合法（如 float16）的编译错误会被标记为"Operation is working on an unsupported data type"。Edge TPU 编译器的告警信息及其含义如表 11-2 所示。

表 11-2　Edge TPU 编译器的告警信息及其含义

算子编译结果提示	含义
Mapped to Edge TPU	算子成功映射至 TPU
Operation not supported	算子无法支持
Operation is working on an unsupported data type	送入算子的数据格式类型不支持
Operation is otherwise supported, but not mapped due to some unspecified limitation	算子可以支持，但由于限制无法支持
Tensor has unsupported rank (up to 3 innermost dimensions mapped)	数据最内层 3 个维度外还存在尺寸超过 1 的维度
More than one subgraph is not supported	静态图中由 Edge TPU 支持的静态图片段超过了一个
Attempting to use a delegate that only supports static-sized tensors with a graph that has dynamic-sized tensors	Edge TPU 仅支持固定尺寸输入数据，模型内不得出现动态尺寸数据

对于算子可以支持、但由于限制无法支持的提示，一般情况下将算子处理数据的尺寸减小就可以支持了。例如，UpSample2D 层在[512,512]分辨率下最多支持 2 通道，在[256,256]分辨率下最多支持 8 通道，以此类推。

对于数据最内层 3 个维度外还存在尺寸超过 1 的维度的数据，可以在算法内进行形状修改。例如，[1,52,52,3,97]的矩阵，其最后 4 个维度的尺寸都是大于 1 的，可以使用 Reshape 算子将其形状改为[1,52,52,291]，或者在算法中将其拆分为 3 个[1,52,52,97]的矩阵进行处理，就可以解决此类告警了。

对于静态图中子图片段超过了一个的告警，可以在编译时增加-a 选项，使编译器支持多子图编译模式。样例伪代码如下。

```
edgetpu_compiler model.tflite -a
# 开启多算子图模式
```

对于动态尺寸矩阵不支持的错误，可以查看神经网络中是否出现动态尺寸矩阵，或者是否忘记将模型的输入形状的第一个维度设置为 1。因为 TensorFlow 默认所生成的静态图模型的第一个维度是不固定的（显示为 None），这样对于多样本推理没问题，但对于仅支持单样本推理的 Edge TPU 而言，就需要将模型的输入数据形状的第一个维度固定为 1。样例代码如下。

```
model.input.set_shape((1,) + model.input.shape[1:])
```

此外，Edge TPU 还要求编译阶段的模型内部变量必须是常量。这里就不展开叙述了。

11.3　YOLO 目标检测模型的量化和编译

与所有边缘计算硬件的神经网络部署一样，Edge TPU 的硬件资源限制使得 YOLO 神经网络必须根据边缘端的独特性进行调整适配，解决兼容性问题。本节将专门介绍 YOLO 模型的边缘端量化和编译技巧。

11.3.1　YOLO 变种版本选择和骨干网络修改

1. 变种版本选择

默认版本的 YOLOV4 神经网络使用了大量的 Mish 非线性激活函数，这些激活函数使用了无法被 Edge TPU 支持的指数函数。由于 YOLO 神经网络的骨干网络的每一个二维卷积层后面都包含一个 Mish 非线性激活函数，所以量化模型在编译时，会被数量众多的 Mish 非线性激活函数切割成数量众多的子图。因此，进行 YOLO4 变种版本选择时，对于边缘端适用的 YOLOV4 版本，应当选择 LeakyReLU 的变种版本。装载 YOLOV4 的 LeakyReLU 版本的核心代码如下。

```
tmp_weights='./yolo_weights/yolov4-leaky.weights'
utils.load_weights(
    model weights_file=tmp_weights,
    model_name=CFG.MODEL, is_tiny=CFG.IS_TINY)
```

2. 算子替换

YOLO 模型中的 LeakyReLU 激活函数并不在 Edge TPU 的支持列表中，但在 Edge TPU 支持的激活函数中，有 PReLU 激活函数可以与 LeakyReLU 激活函数等价。因此，需要对 YOLO 源代码中的 DarkNet 专用卷积模块 DarkNetConv 进行修改，将所有的 LeakyReLU 激活函数替换为 PReLU 激活函数。代码如下。

```
def darknetconv(x, filters_shape, downsample=False,
                activate=True,bn=True,activate_type='leaky',
                name=None):
    ……
    if activate == True:
        fake='lite'
        if activate_type == "leaky":
            if fake=='lite': # edgetpu 仅支持 prelu 算子
                conv = tf.keras.layers.PReLU(
                alpha_initializer=tf.initializers.constant(
                    0.1),
                shared_axes=[1, 2],)(conv)
            else:
                conv = tf.keras.layers.LeakyReLU(
                    alpha=0.1)(conv)
    ……
    return conv
```

11.3.2 针对硬件限制进行解码网络的修改

解码网络接受的输入是特征融合网络输出的张量 conv_output，其矩阵形状为[batch, grid_size, grid_size, 3*(5+NUM_CLASS)]，解码网络在处理 conv_output 张量时所使用的算法实际上有两种。第一种是针对训练场景的算法，该算法将四维矩阵 conv_output 直接调整为形状为[batch, grid_size, grid_size, 3, (5+NUM_CLASS)]的五维矩阵，并在 3 个（或 2 个）

分辨率维度上实施解码算法。第二种是针对边缘端的推理场景的算法。进行边缘端推理时，由于 Edge TPU 的硬件限制，Edge TPU 无法处理这个五维矩阵。因此，针对 Edge TPU 的边缘端推理场景，需要设计一个略微不同的解码算法。

为适应 Edge TPU 硬件资源的限制，需要新建一个全新的解码函数 decode_tflite，其处理逻辑与原先训练阶段使用的 decode_train 处理逻辑完全一致，改动内容主要有 3 个方面。第一，全程使用低维度矩阵进行处理；第二，根据张量的物理含义进行张量元素取值的动态范围压制；第三，从节约计算资源的角度考虑，解码网络的输出无须像训练模型那样提供计算中间量的输出，只需要输出和预测结果展示有关的张量即可。

针对维度自由度超限的问题，可以采取多个低维度矩阵的等效算法代替。特征融合网络输出的矩阵张量 conv_output 的形状是[batch, grid_size, grid_size, 3×(5+NUM_CLASS)]，可以使用 Split 函数对高维度矩阵进行拆分，拆分为 6 个尺寸为[batch, grid_size, grid_size, 2]、3 个尺寸为[batch, grid_size, grid_size, 1]、3 个尺寸为[batch, grid_size, grid_size, NUM_CLASS]的矩阵，这样 decode_tflite 解码函数所处理的每个张量只有最后 3 个维度的尺寸大于 1，符合 Edge TPU 的限制。核心代码如下。

```
def decode_tflite(
        conv_output,  NUM_CLASS, anchors, xyscale=1,
        decode_output_name=None,grid_size=None):
    ......
    (conv_raw_dxdy_0,conv_raw_dwdh_0,conv_raw_conf_0,conv_raw_prob_0,
    conv_raw_dxdy_1,conv_raw_dwdh_1,conv_raw_conf_1,conv_raw_prob_1,
    conv_raw_dxdy_2,conv_raw_dwdh_2,conv_raw_conf_2,conv_raw_prob_2,
    )=tf.keras.layers.Lambda(lambda x: tf.split(x,
                (2, 2, 1, NUM_CLASS,
                 2, 2, 1, NUM_CLASS,
                 2, 2, 1, NUM_CLASS), axis=-1)
        ,name=decode_output_name+'_split_conv_output')(
            conv_output)
    ......
```

根据物理含义进行动态范围压制。理论上，神经网络输出的数值可以是数据格式表达范围的上下限，但对于 conv_raw_dwdh 来说，它的物理含义是预测矩形框除以先验锚框的比例指数，显然这不可能是一个具有极大动态范围的数值。凭借经验可以估计 conv_raw_dwdh 在推理过程中，其合理取值范围一定是[−5.0,+5.0]，这样预测矩形框除以先验锚框的比例的取值范围就是[exp(−5),exp(+5)]，即[0.0067, 148.4131]。利用此动态范围，我们可以设计一个动态范围压制算法。在训练时，动态范围压制算法会造成梯度传递的截断，但对于推理阶段来说却毫无影响，不仅毫无影响，而且它能明显收缩 INT8 量化环境下 conv_raw_dwdh 节点的动态范围。较小的动态范围意味着流经 conv_raw_dwdh“边”的信号能尽可能地占据满量程范围，提高该边的信噪比，从而提高 INT8 模型的计算精度。代码如下。请注意，代码中使用的 tf.exp()算子的 Lambda 层无法被 Edge TPU 所支持，今后只能在边缘端的中央处理器上执行。实际上，可以使用本书介绍的非线性算子替换技巧，将 tf.exp()算子替换为若干乘法和加法算子。若执行算子替换，则以下代码中的使用 tf.exp()算子的 Lambda 层需要删除。

```
conv_raw_dwdh_0=tf.keras.layers.Lambda(
    lambda x: tf.clip_by_value(x,-5.,5.),
    name=decode_output_name+'_clip_conv_raw_dwdh_0')(
        conv_raw_dwdh_0)
#pred_dwdh_0=tf.keras.layers.Lambda(
#    lambda x: tf.exp(x),
#    name=decode_output_name+'_pred_dwdh_0')(conv_raw_dwdh_0)
```

对于神经网络预测出的矩形框中心点坐标，可能也有极大的动态范围，但根据矩形框中心点的物理含义，可以将其取值压制在 0～1 范围内，以便获得更大的计算精度。代码如下。

```
pred_xy_0=tf.clip_by_value(pred_xy_0,0.0,1.0)
pred_xy_1=tf.clip_by_value(pred_xy_1,0.0,1.0)
pred_xy_2=tf.clip_by_value(pred_xy_2,0.0,1.0)
```

decode_tflite 解码函数输出的只有矩形框顶角坐标、前背景概率、分类概率这 3 个与预测结果展示相关的张量所组成的“大”张量，其他信息无须输出，以减少资源占用。针对边缘端应用场景的解码网络的整体代码结构如下。

```
def decode_tflite(
        conv_output, NUM_CLASS, anchors, xyscale=1,
        decode_output_name=None,grid_size=None):
    # 多个低维度矩阵处理算法等效于一个高维度矩阵处理算法，并根据物理含义进行动态范围压制
    decode_output = tf.keras.layers.Concatenate(axis=-1,name=decode_output_
name)(
        [pred_x1y1x2y2_0, pred_objectness_0, pred_cls_prob_0,
         pred_x1y1x2y2_1, pred_objectness_1, pred_cls_prob_1,
         pred_x1y1x2y2_2, pred_objectness_2, pred_cls_prob_2,
         ])
    return decode_output
```

此外，尽可能地使用 Keras 成熟组件（如尽量使用 tf.keras.layers.reshape 层代替 tf.reshape 算子），并为每一个层命名，有利于后期的模型调试。

11.3.3　预测矩阵的汇总重组

虽然解码网络获得了与预测矩形框相关的全部必要信息，但是预测信息是分散在 grid_size 像素×grid_size 像素的网格上的，接下来需要将不同分辨率下的每个网格下的预测信息汇总起来。预测信息汇总所用到的汇总重组网络也需要使用低维度矩阵进行等效实现。

首先对于解码网络提供的输出，需要按照分辨率进行分解，对于低分辨率的解码输出用 output_low_res 表示，然后使用 Split 算子进一步将 output_low_res 分解为 3 个关于坐标的预测 pred_x1y1x2y2_{0/1/2}_low_res、3 个关于前景的预测 pred_objectness_{0/1/2}_low_res、3 个关于分类的预测 pred_cls_prob_{0/1/2}_low_res。代码如下。

```
def gather_decode_tflite(
        outputs,is_tiny=False,NUM_CLASS=None):
    if is_tiny==False:
        output_low_res,output_med_res,output_hi_res=outputs
        (pred_x1y1x2y2_0_low_res, pred_objectness_0_low_res, pred_cls_prob_
0_low_res,
         pred_x1y1x2y2_1_low_res, pred_objectness_1_low_res, pred_cls_prob_
1_low_res,
         pred_x1y1x2y2_2_low_res, pred_objectness_2_low_res, pred_cls_prob_
2_low_res,)=tf.split(
            output_low_res,[4,1,NUM_CLASS,
                            4,1,NUM_CLASS,
                            4,1,NUM_CLASS,],axis=-1)
    ......
```

其中，预测矩形框坐标的 pred_x1y1x2y2_{0/1/2}_low_res 矩阵的形状是[batch, grid_size, grid_size, 4]，可以将分散在网格上的合计 grid_size×grid_size 个的坐标合并为一个 4 列的矩阵。具体来说，就是使用 Reshape 层产生形状为[batch, grid_size×grid_size, 4]的输出，输出变量名不变。代码如下。

```
        pred_x1y1x2y2_0_low_res=tf.keras.layers.Reshape(
            (-1,4),
            name='pred_x1y1x2y2_0_low_res')(
                pred_x1y1x2y2_0_low_res)
        ......
```

预测矩形框前背景概率的矩阵 pred_objectness_{0/1/2}_low_res 的形状是[batch, grid_size, grid_size, 1]，也可以将分散在网格上的合计 grid_size×grid_size 个的前背景概率预测合并为一

个一列的矩阵，产生的输出变量名不变，但形状变为[batch, grid_size×grid_size, 1]。同理，预测矩形框物体分类概率矩阵 pred_cls_prob_{0/1/2}_low_res 的形状是[batch, grid_size, grid_size, NUM_CLASS]，经过 Reshape 层的处理后形成形状为[batch, grid_size×grid_size, NUM_CLASS]的矩阵。代码如下。

```
        pred_objectness_0_low_res=tf.keras.layers.Reshape(
            (-1,1),
            name='pred_objectness_0_low_res')(
              pred_objectness_0_low_res)
        ……
        pred_cls_prob_0_low_res=tf.keras.layers.Reshape(
             (-1,NUM_CLASS),
            name='pred_cls_prob_0_low_res')(
               pred_cls_prob_0_low_res)
        ……
```

完成低分辨率的预测信息搜集重组后，可以将不同分辨率在不同先验锚框基础上所产生的预测信息进行拼接组合。以 YOLOV4 为例，在 512 输入图像分辨率的情况下，高、中、低 3 个分辨率分别为 64 像素×64 像素、32 像素×32 像素、16 像素×16 像素，那么一共将形成 16128（64×64×3+32×32×3+16×16×3=16128）个预测。将预测矩形框坐标的张量的拼接层命名为'pred_x1y1x2y2'，拼接发生在倒数第二个维度（axis=−2）。代码如下。

```
    pred_x1y1x2y2 = tf.keras.layers.Concatenate(
        axis=-2,name='pred_x1y1x2y2')(
    [pred_x1y1x2y2_0_low_res,pred_x1y1x2y2_1_low_res,pred_x1y1x2y2_2_low_res,
    pred_x1y1x2y2_0_med_res,pred_x1y1x2y2_1_med_res,pred_x1y1x2y2_2_med_res,
    pred_x1y1x2y2_0_hi_res,pred_x1y1x2y2_1_hi_res,pred_x1y1x2y2_2_hi_res,],)
```

将预测矩形框前背景概率的张量的拼接层命名为'pred_objectness'，拼接发生在倒数第二个维度。代码如下。

```
    pred_objectness = tf.keras.layers.Concatenate(
        axis=-2,name='pred_objectness')(
    [pred_objectness_0_low_res,pred_objectness_1_low_res,pred_objectness_2_
low_res,
    pred_objectness_0_med_res,pred_objectness_1_med_res,pred_objectness_2_
med_res,
    pred_objectness_0_hi_res,pred_objectness_1_hi_res,pred_objectness_2_hi_
res,],)
```

将预测矩形框前背景概率的张量的拼接层命名为'pred_objectness'，拼接发生在倒数第二个维度（axis=-2）。代码如下。

```
pred_cls_prob = tf.keras.layers.Concatenate(
    axis=-2,name='pred_cls_prob')(
[pred_cls_prob_0_low_res,pred_cls_prob_1_low_res,pred_cls_prob_2_low_res,
pred_cls_prob_0_med_res,pred_cls_prob_1_med_res,pred_cls_prob_2_med_res,
pred_cls_prob_0_hi_res,pred_cls_prob_1_hi_res,pred_cls_prob_2_hi_res, ],)
```

将前背景概率乘以分类条件概率得到矩形框关于物体预测的全概率。代码如下。

```
prob_score = tf.keras.layers.Multiply(name='prob_score')(
    [pred_objectness , pred_cls_prob])
```

预测信息被搜集汇总后，形成的输出只有两个矩阵：一个是存储了全部预测矩形框坐标信息的 pred_x1y1x2y2，它有 4 列；另一个是存储了全部预测矩形框分类概率信息的 prob_score，它有 NUM_CLASS 列。它们的行数都等于(grid_size_hi× grid_size_hi ×3)+ (grid_size_hi × grid_size_med ×3)+ (grid_size_low × grid_size_low ×3)，其中 grid_size_hi、grid_size_med、grid_size_low 分别表示高、中、低 3 个分辨率的网格数量。代码如下。

```
def gather_decode_tflite(
        outputs,is_tiny=False,NUM_CLASS=None):
    ......
    return pred_x1y1x2y2,prob_score
```

需要特别注意的是，大部分边缘计算厂商将本节所描述的预测信息汇总重组功能排除在边缘加速范围之外，甚至将解码网络都排除在边缘加速范围之外。当然，Reshape 算子、Split 算子、Concat 算子固然与边缘计算硬件的兼容性不佳，但作者认为从功能上看，解码网络和预测信息重组网络必然属于目标检测神经网络的一部分，甚至将 NMS 算法视为集合预测（Set Prediction）问题之后的算法，NMS 算法也能通过硬件进行加速。作者相信边缘端的目标检测应用一定能实现端到端的部署，即全部计算工作都由 TPU 负责，无须依赖 CPU。

⋘ 11.3.4　YOLO 推理模型的建立

建立 YOLO 的边缘端推理模型的步骤与建立用于训练的 YOLO 全模型类似，新建一个推理模型的函数 YOLO_TFLITE_MODEL，它首先搜集参数，建立骨干网络和特征融合网络。代码如下。

```
def YOLO_TFLITE_MODEL(input_layer, NUM_CLASS,
            MODEL, IS_TINY):
    fused_feature_maps = YOLO(
```

```
        input_layer, NUM_CLASS, MODEL,IS_TINY)
    XYSCALE = get_model_cfg(MODEL,IS_TINY).XYSCALE
    ANCHORS = get_model_cfg(MODEL,IS_TINY).ANCHORS
    ANCHOR_MASKS = get_model_cfg(MODEL,IS_TINY).ANCHOR_MASKS
    GRID_CELLS= get_model_cfg(MODEL,IS_TINY).GRID_CELLS
```

根据完整模型和简版模型的分辨率数量，分别建立不同分辨率的解码网络，这里使用的解码网络是专门针对边缘端进行设计的解码网络 decode_tflite。代码如下。

```
def YOLO_TFLITE_MODEL(input_layer, NUM_CLASS,
              MODEL, IS_TINY):
    if IS_TINY==True:
        ......
    elif IS_TINY==False:
        hi_res_fm, med_res_fm,low_res_fm = fused_feature_maps
        (XYSCALE_low_res,
         XYSCALE_med_res,
         XYSCALE_hi_res   ) = XYSCALE
        ANCHORS_hi_res = tf.gather(ANCHORS, ANCHOR_MASKS[2])
        ANCHORS_med_res = tf.gather(ANCHORS, ANCHOR_MASKS[1])
        ANCHORS_low_res = tf.gather(ANCHORS, ANCHOR_MASKS[0])
        (GRID_SIZE_low_res,
         GRID_SIZE_med_res,
         GRID_SIZE_hi_res)=GRID_CELLS

        bbox_tensors = []
        bbox_tensor_high_res=decode_tflite(
            hi_res_fm,NUM_CLASS,
            ANCHORS_hi_res,XYSCALE_hi_res,
            'High_Res',
            [GRID_SIZE_hi_res,GRID_SIZE_hi_res])
        bbox_tensor_med_res=decode_tflite (
            med_res_fm,NUM_CLASS,
            ANCHORS_med_res,XYSCALE_med_res,
            'Med_Res',
             [GRID_SIZE_med_res,GRID_SIZE_med_res])
        bbox_tensor_low_res=decode_tflite (
            low_res_fm, NUM_CLASS,
```

```
        ANCHORS_low_res, XYSCALE_low_res,
        'Low_Res',
        [GRID_SIZE_low_res,GRID_SIZE_low_res])
```

使用负责搜集汇总预测信息的函数 gather_decode_tflite，将预测的坐标信息汇总为 4 列矩阵，将预测的概率信息汇总为 NUM_CLASS 列矩阵，将预测的坐标信息和概率信息作为模型的返回输出。代码如下。

```
    bbox_tensors=[
        bbox_tensor_low_res,
        bbox_tensor_med_res,
        bbox_tensor_high_res]
    pred_x1y1x2y2,prob_score = gather_decode_tflite(
        bbox_tensors,is_tiny=IS_TINY,NUM_CLASS=NUM_CLASS)
return pred_x1y1x2y2,prob_score
```

11.3.5　YOLO 模型的量化

本小节介绍使用训练后量化的方法，对存储在内存中的 YOLO 模型进行量化，将存储在内存中的 YOLO 模型命名为 model_decode_collect。首先建立模型并加载预训练参数，然后利用 Keras 模型的 set_shape 方法将模型的第一个维度（批次维度）设置为 1，最后将模型保存为 h5 模型，保存在磁盘上。代码如下。

```
model_decode_collect = tf.keras.Model(
    input_layer,
    YOLO_TFLITE_MODEL(
        input_layer, CFG.NUM_CLASS, CFG.MODEL,CFG.IS_TINY))
utils.load_weights(
    model_decode_collect, weights_file=tmp_weights,
    model_name=CFG.MODEL, is_tiny=CFG.IS_TINY)
model_decode_collect.input.set_shape(
    (1,) + model_decode_collect.input.shape[1:])
model_decode_collect.save(
    './ModelSaved_DIR/yolov4_realds5717_clip5.h5')
```

有了 h5 模型后，就可以新建一个转换器，并提前设置好拟保存的量化模型文件的文件名。

```
converter = tf.lite.TFLiteConverter.from_keras_model(
    model_decode_collect)
tflite_model_filename='./ModelSaved_DIR/yolov4_realds5717_clip5.tflite'
```

按照常规方案，将转换器的优化选项设置为默认、推理数据格式设置为INT8、输入数据格式设置为无符号8位数据格式（UINT8，这也是图像所使用的数据格式）、算子集设置为tf.int8算子集等。代码如下。

```
converter.optimizations = [tf.lite.Optimize.DEFAULT]
converter.target_spec.supported_types = [tf.int8]
converter.target_spec.supported_ops = [
    tf.lite.OpsSet.TFLITE_BUILTINS_INT8, ]
converter.experimental_new_converter = True
converter.inference_input_type = tf.uint8
```

在代表数据集的选取上，有条件的可以将全部数据集（5717个样本）都作为代表数据集，也可以选择部分数据集，但应当确保每个分类都在代表数据集中出现过足够的次数。代码如下。

```
def representative_dataset():
    i=0
    for img_bat in train_dataset.batch(1).take(5717):
        data=tf.cast(img_bat,tf.float32) # 已经是0～1的分布范围
        data = data.numpy()
        print(i,'representative_dataset:',data.shape,
              'from',data.min().round(4),
              'to',data.max().round(4))
        i+=1
        yield [data.astype(np.float32)]
converter.representative_dataset = representative_dataset
```

使用转换器的convert方法，执行量化转化，并写入磁盘。具体执行时间根据代表数据集大小和模型复杂程度而定。代码如下。

```
print('start  converter.convert() !')
convert_t1=datetime.now()
print('converter.convert() 开始：',str(convert_t1))
tflite_model = converter.convert()
convert_t2=datetime.now()
print('converter.convert() 完成：',str(convert_t2))
print('converter.convert() 耗时（秒）：',(convert_t2-convert_t1).seconds)
with open(tflite_model_filename, 'wb') as f:
    f.write(tflite_model)
```

以YOLOV4为例，磁盘上将形成TFLite量化模型文件，与之前的h5格式的模型相

比，尺寸下降到了原来的四分之一。使用 Netron 打开 TFLite 量化模型文件，将看到整个神经网络的静态图结构。此时的神经网络仅仅进行了量化，尚未进行编译，暂时无法被边缘计算硬件所使用。将量化模型可视化结果的部分截图，如图 11-6 所示。

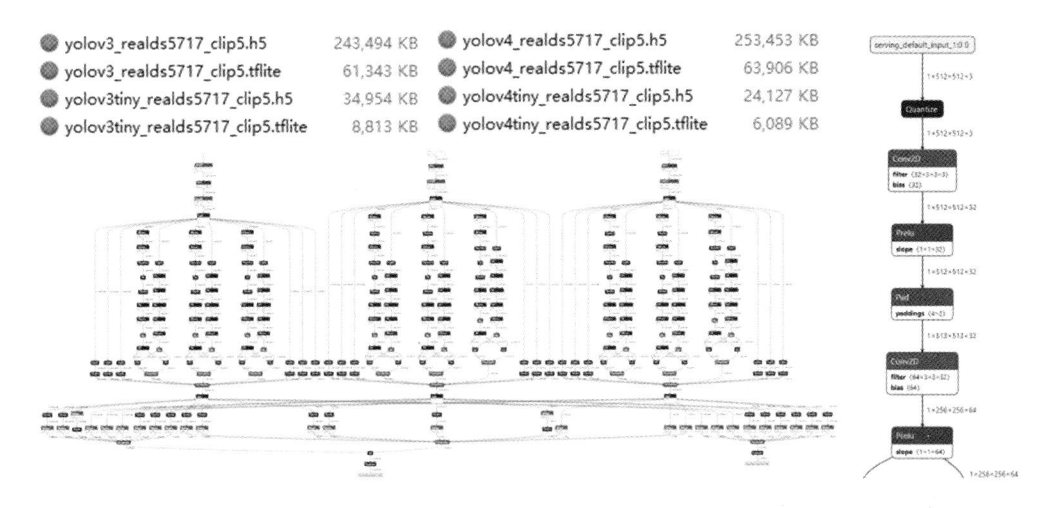

图 11-6　YOLOV4 量化模型可视化

其他 YOLOV3 和 YOLOV4 的简版和标准版模型按照同样的方法进行量化，对于个性化的 Keras 层需要额外定义 get_config 方法，并在加载 h5 模型时指定这个自定义层，这里不再展开叙述。

11.3.6　量化模型的测试和信噪比分析

模型量化完成后，需要使用不同的方法对模型进行信噪比测试。

由于目前的神经网络层数都比较多，无法一一测试，所以要根据神经网络结构确定内部关键节点的张量名称。以在 416 像素×416 像素输入分辨率下的 YOLOV3 为例，我们可以重点关注骨干网络的特征图输出、融合网络的融合特征图输出、解码网络的输出、数据重组网络的输出等重要张量，具体方法是使用 Netron 软件打开编译后的模型，找到 Keras 模型层名称与 TFLite 量化模型张量名称的对应关系，如表 11-3 所示。

表 11-3　YOLOV3 模型的 Keras 模型层名称和 TFLite 量化模型的关键张量对应表

张量含义		Keras 模型层名称	TFLite 量化模型张量名称
输入节点		'input'	'tfl.quantize'
骨干网络	高分辨率特征图	'add_10'	'model/add_10/add'
	中分辨率特征图	'add_18'	'model/add_18/add'
	低分辨率特征图	'add_22'	'model/add_22/add'

续表

张量含义		Keras 模型层名称	TFLite 量化模型张量名称
特征融合网络	中分辨率特征图和高分辨率特征图融合	'med_high_Concat'	'model/med_high_Concat/concat'
	低分辨率特征图和中分辨率特征图融合	'low_med_Concat'	'model/low_med_Concat/concat'
	高分辨率融合结果	'conv2d_74'	'model/conv2d_74/BiasAdd;model/conv2d_74/Conv2D;conv2d_74/bias1'
	中分辨率融合结果	'conv2d_66'	'model/conv2d_66/BiasAdd;model/conv2d_74/Conv2D;model/conv2d_66/Conv2D;conv2d_66/bias1'
	低分辨率融合结果	'conv2d_58'	'model/conv2d_58/BiasAdd;model/conv2d_74/Conv2D;model/conv2d_58/Conv2D;conv2d_58/bias1'
解码网络	高分辨率解码结果	'High_Res'	'model/High_Res/concat'
	中分辨率解码结果	'Med_Res'	'model/Med_Res/concat'
	低分辨率解码结果	'Low_Res'	'model/Low_Res/concat'
数据重组	坐标预测结果	'pred_x1y1x2y2'	'StatefulPartitionedCall:01'
	概率预测结果	'prob_score'	'StatefulPartitionedCall:11'

将这些层名称和张量名称画在 YOLOV3 的结构图上，如图 11-7 所示。

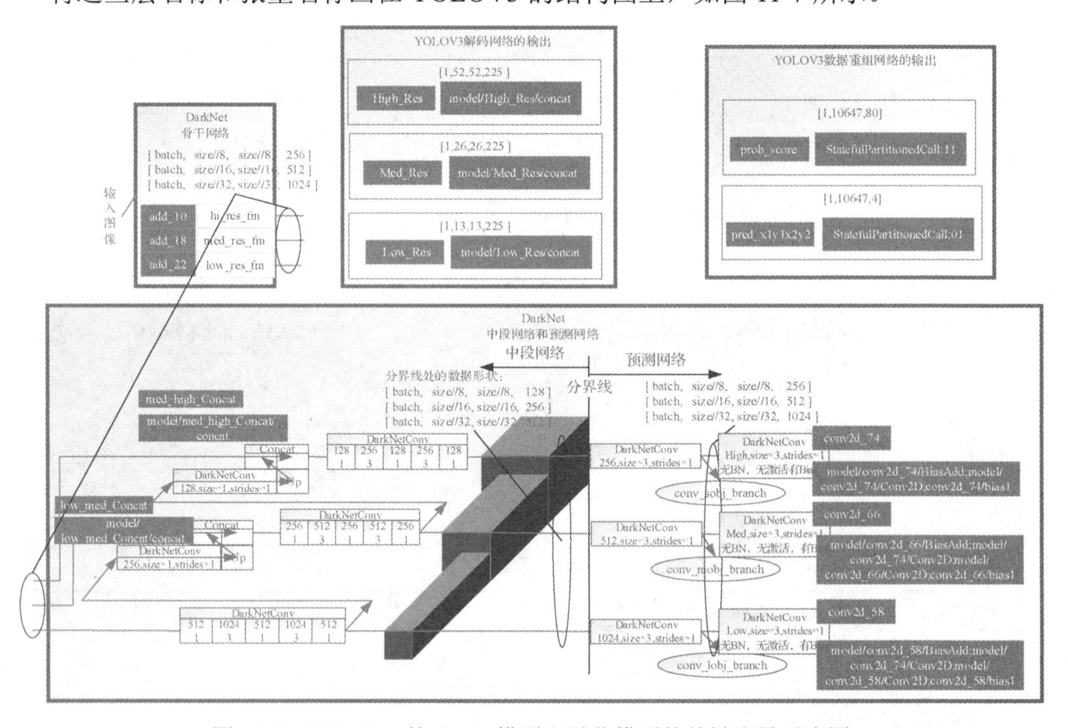

图 11-7　YOLOV3 的 Keras 模型和量化模型的关键张量对应图

使用 TensorFlow 提供的 TFLite 量化模型调试工具 QuantizationDebugger，它会提供每一层的实际输出张量和理想输出张量的误差统计数据。具体方法是生成一个调试器对象，将其命名为 debugger。在生成调试器时，指定量化模型转换器，因为量化模型转换器中已经指定了浮点 32 位的精准模型和量化模型生成参数，所以调试器此时就已经可以对精准模型和量化模型的内部张量进行对比统计了。此外，在调试器生成的语句中，还应当加上代表数据集，因为调试器的逐层调试较为耗时（5min 左右），建议将代表数据集规模设置为 3～10 个样本。调用调试器的 run 方法，启动调试器的逐层调试。将获得的结果存储在调试器内部，如果需要将调试结果转存到磁盘中，那么需要使用调试器的 layer_statistics_dump 方法进行提取。代码如下。

```
debugger = tf.lite.experimental.QuantizationDebugger(
    converter=converter,
    debug_dataset=representative_dataset)
debugger.run()
RESULTS_FILE = './ModelSaved_DIR/yolov3_realds5717_clip5.csv'
with open(RESULTS_FILE, 'w') as f:
  debugger.layer_statistics_dump(f)
```

获得的调试结果以 CSV 的格式存储在磁盘中，我们可以使用 Python 下的 Pandas 模块读取和处理 CSV 文件，或使用 Excel 打开 CSV，查看不同张量的统计信息。在统计信息中，调试器已经将多样本激励下的各个张量编号、名称、缩放因子、零点、矩阵元素个数进行了记录，同时统计了各个张量的误差绝对值、极值、均值、均值方差等信息。使用 Excel 打开 CSV 文件的部分截图，如图 11-8 所示。

	A	B	C	D	E	F	G	H	I	J	K	L
1	op_name	tensor_idx	num_elem	stddev	mean_erro	max_abs_e	mean_squ	scale	zero_point	tensor_name		
2												
3	CONV_2D	407	5537792	0.08318	-0.00531	1.849922	0.007041	0.204852	-25	model/batch_normalization/Fuse		
4												
5	PRELU	411	5537792	0.037591	0.001795	0.064786	0.001418	0.130055	-112	model/p_re_lu/add;model/p_re_l		
6												
7	PAD	415	5564448	0	0	0	0	0.130055	-112	model/zero_padding2d/Pad		
8												
9	CONV_2D	419	2768896	0.05649	-0.00416	1.028473	0.003209	0.185498	12	model/batch_normalization_1/Fu		
10												
11	PRELU	423	2768896	0.02017	0.007301	0.04709	0.000462	0.093998	-100	model/p_re_lu_1/add;model/p_re		
12												
13	CONV_2D	427	1384448	0.050653	0.000975	0.6142	0.002568	0.164114	30	model/batch_normalization_2/Fu		
14												
15	PRELU	431	1384448	0.020621	0.003689	0.036289	0.000439	0.072557	-92	model/p_re_lu_2/add;model/p_re		
16												
17	CONV_2D	435	2768896	0.065747	-0.00249	0.71099	0.00433	0.22001	11	model/batch_normalization_3/Fu		
18												
19	PRELU	439	2768896	0.032461	0.00442	0.055758	0.001074	0.112224	-101	model/p_re_lu_3/add;model/p_re		
20												
21	ADD	443	2768896	0.031403	-0.00329	0.166456	0.000999	0.118208	-98	model/add/add		
22												
23	PAD	447	2795584	0	0	0	0	0.118208	-98	model/zero_padding2d_1/Pad		

图 11-8　YOLOV3 量化模型的单层误差分析表（部分截图）

通过 CSV 文件提供的调试信息，我们可以进一步通过 pandas 的函数推导获得量化模型的每个张量的动态范围、信号能量等信息。此外，还可以向调试器提供自定义的误差统计回调函数、函数内统计数据的动态范围等信息，这里不再展开叙述。

使用 TensorFlow 提供的 QuantizationDebugger 量化模型调试工具对量化模型进行各层独立调试分析后，我们还可以进行累积信噪比分析，用于分析量化模型中各层的累积信噪比。累积信噪比分析需要使用个性化工具，工具将对配置的关键节点的信噪比进行测量。首先设置一下希望监测的关键节点。Keras 模型中关键层的名称存储在 keras_ layer_name 变量中，TFLite 量化模型中的关键张量名称存储在 tflite_tensor_name 变量中，多个关键层和关键张量通过两个列表进行保存。设置代码样例如下。

```
keras_layer_names=[];tflite_tensor_names=[]
check_results=[]

keras_layer_name='input'
tflite_tensor_name='tfl.quantize'
keras_layer_names.append(keras_layer_name)
tflite_tensor_names.append(tflite_tensor_name)

keras_layer_name='add_10' # 产生 high_res_fm 输出
tflite_tensor_name='model/add_10/add'
keras_layer_names.append(keras_layer_name)
tflite_tensor_names.append(tflite_tensor_name)
......
keras_layer_name='prob_score'
tflite_tensor_name='StatefulPartitionedCall:11'
keras_layer_names.append(keras_layer_name)
tflite_tensor_names.append(tflite_tensor_name)

keras_layer_name='pred_x1y1x2y2'
tflite_tensor_name='StatefulPartitionedCall:01'
keras_layer_names.append(keras_layer_name)
tflite_tensor_names.append(tflite_tensor_name)
```

向个性化的调试器传递浮点 32 位模型 model 和量化模型解释器 interpreter。

```
debugger=tflite_debugger(
    model,image_batch_float,
    interpreter,image_batch_uint8=None)
```

向个性化调试器下的各个统计方法传递我们希望监测的关键节点的 Keras 层名称和量化模型张量名称。代码如下。

```
SNR_results=[]
for keras_layer_name, tflite_tensor_name in zip(
        keras_layer_names,tflite_tensor_names):
    expected_SNR=expected_pwr_dB-expected_error_pwr_dB
    real_SNR=real_keras_pwr_dB-real_error_pwr_dB
    signal_increase=real_keras_pwr_dB-expected_pwr_dB
    noise_decrease=expected_error_pwr_dB-real_error_pwr_dB
    SNR_increase=signal_increase+noise_decrease
    SNR_results.append([
        expected_SNR.round(4),real_SNR.round(4),
        signal_increase.round(4),noise_decrease.round(4),
        SNR_increase.round(4),
        (debugger.get_expected_keras_statics(
            tflite_tensor_name)),
        (debugger.get_real_keras_statics(tensor_keras)),
        (debugger.get_real_tflite_statics(
            tflite_tensor_name)),
        (debugger.get_expected_quantize_error_statics(
            tflite_tensor_name)),
        (debugger.get_real_error_statics(
            keras_layer_name,tflite_tensor_name)),
        (check_tensor_keras.min().round(4),
            check_tensor_keras.max().round(4)),
        (check_tensor_tflite.min().round(4),
            check_tensor_tflite.max().round(4)),
        keras_layer_name,tflite_tensor_name,
        it.get_index_by_name(tflite_tensor_name),
        check_tensor_keras,check_tensor_tflite])
```

通过集成编程工具的变量查看器查看各层误差累积传递情况，可见，骨干网络末端的 add_10、add_18、add_22 和特征融合网络的末端都保持了良好的信噪比，预测网络的末端信噪比大幅下降，但预测矩形框的坐标经过解码网络后，重新回到较高的信噪比水平，虽然那些负责预测的坐标和概率的相关节点的信噪比较低，但经过 NMS 算法的处理后，也能够保持较高的准确率水平。YOLOV3 量化模型的逐层累积误差分析如图 11-9 所示。

确认量化模型的误差在可接受范围之内后，就可以使用解释器打开量化模型并进行初始化了，将测试图像的矩阵赋值给量化模型的输入节点，使用解释器的 invoke 方法迫使量化模型进行一次推理，从量化模型输出节点获取推理结果，进行可视化展示。YOLO 量化模型的目标检测结果可视化如图 11-10 所示。

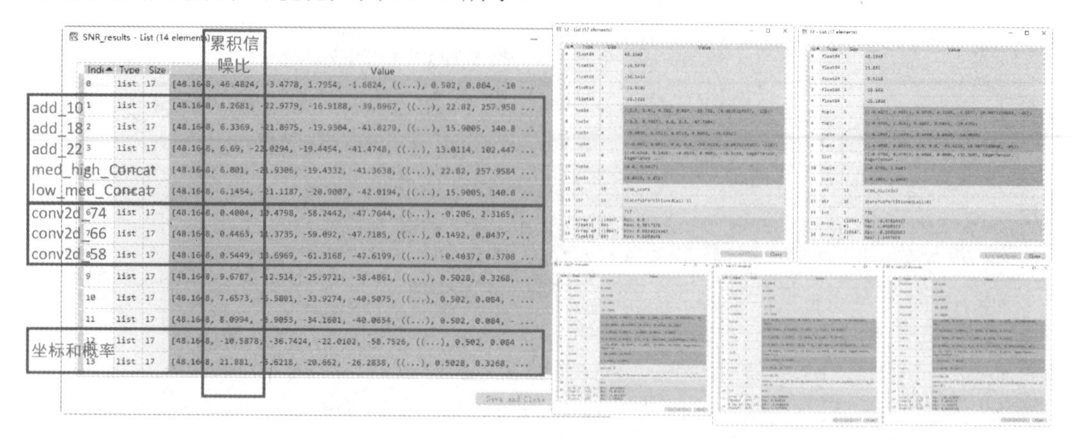

图 11-9　YOLOV3 量化模型的逐层累积误差分析

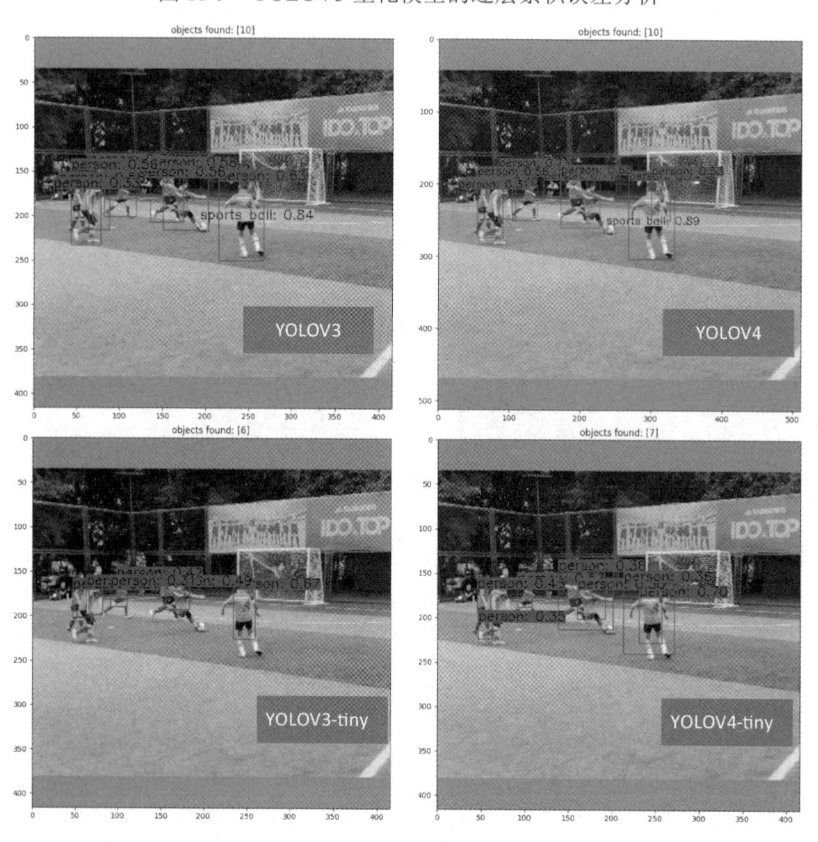

图 11-10　YOLO 量化模型的目标检测结果可视化

模型经过量化后，概率预测的数值必然会有所降低，但并不影响目标检测的决策。在实际开发过程中，如果模型量化后的识别灵敏度不高，那么可以通过调整 NMS 算法中的 IOU 阈值和目标检测概率阈值，从而调整神经网络的灵敏度。如果对量化模型的计算结果有疑惑，那么可以生成一个和量化模型一模一样的浮点 32 位模型，找到量化模型中出现问题的张量名称和算子名称，通过名称查找的方式找到其在浮点模型中的对应位置，进行逐个位置的定点分析。读者在进行个性化模型编译时，虽然模型与作者的不尽相同，遇到的问题也不可能完全一样，但量化模型的计算原理和测试分析方法是完全一致的。

11.4　YOLO 量化模型的编译和边缘端部署

使边缘端加载 YOLO 模型推理，应当先让编译器对量化模型进行编译，然后编写边缘端推理代码。边缘端推理代码可以是 C 语言或者 Python 语言，具体由边缘操作系统的运行时（Runtime）的支持情况而定。为简便起见，这里以 Python 语言为例介绍如何编写边缘端推理代码。

11.4.1　量化模型转换为编译模型

将生成的 TFLite 量化模型文件复制到个人计算机的 Ubuntu 操作系统，使用 Edge TPU 厂商提供的 TFLite 量化模型文件编译器（edgetpu_compiler）对量化模型文件进行编译。编译器将 TFLite 文件编译为一个以_edgetpu.tflite 为后缀的 TFLite 量化模型文件。解读作者编译 YOLOV4 模型的编译日志，可以看到神经网络中的 651 个算子，其中的 639 个算子已经映射为 Edge TPU 可以执行的子图，其中包括了全部的二维卷积算子，它们是耗费计算资源较大的算子。从编译日志上看，仍然有 12 个算子需要依靠边缘端的 CPU 才能运行，其中包括了部分的乘法（Mul）算子、池化（MaxPool）算子、矩阵拼接（Concat）算子等，它们原本是被硬件所支持的，但因为各种原因超过硬件的支持限制，导致无法通过 TPU 进行加载。这些算子可以全部映射到 Edge TPU 中，具体方法是针对硬件的具体限制进行算子拆分或替换。但如果这些算子通过 CPU 执行的计算耗时不长，也可以不做特别处理。编译日志如下。

```
    indeed@indeed-virtual-
machine:~/Desktop/tflite/yolov4_polyfit_exp$ edgetpu_compiler -s -a  -i
"model/p_re_lu_74/add;model/p_re_lu_74/Relu;model/p_re_lu_74/Neg_1;model/p_
re_lu_74/Relu_1;model/p_re_lu_74/mul"   ./yolov4_realds5717_clip5.tflite
    Edge TPU Compiler version 16.0.384591198
    Started a compilation timeout timer of 180 seconds.
```

```
Model compiled successfully in 63970 ms.

Input model: ./yolov4_realds5717_clip5.tflite
Input size: 62.43MiB
Output model: yolov4_realds5717_clip5_edgetpu.tflite
Output size: 64.54MiB
On-chip memory used for caching model parameters: 6.85MiB
On-chip memory remaining for caching model parameters: 0.00B
Off-chip memory used for streaming uncached model parameters: 54.99MiB
Number of Edge TPU subgraphs: 2
Total number of operations: 651
Operation log: yolov4_realds5717_clip5_edgetpu.log

Number of operations that will run on Edge TPU: 639
Number of operations that will run on CPU: 12

Operator                          Count      Status

PRELU                             107        Mapped to Edge TPU
PAD                               7          Mapped to Edge TPU
RELU                              18         Mapped to Edge TPU
LOGISTIC                          27         Mapped to Edge TPU
SPLIT_V                           6          Mapped to Edge TPU
RESIZE_NEAREST_NEIGHBOR           2          Mapped to Edge TPU
MUL                               1          Operation is otherwise supported,
but not mapped due to some unspecified limitation
MUL                               108        Mapped to Edge TPU
CONV_2D                           110        Mapped to Edge TPU
MINIMUM                           27         Mapped to Edge TPU
RESHAPE                           3          Operation is otherwise supported,
but not mapped due to some unspecified limitation
RESHAPE                           24         Mapped to Edge TPU
MAX_POOL_2D                       3          More than one subgraph is not supported
CONCATENATION                     23         Mapped to Edge TPU
CONCATENATION                     1          More than one subgraph is not supported
CONCATENATION                     1          Operation is otherwise supported,
but not mapped due to some unspecified limitation
```

```
    SUB                          18        Mapped to Edge TPU
    DEQUANTIZE                  2        Operation is working on an unsupported
data type
    QUANTIZE                     40        Mapped to Edge TPU
    QUANTIZE                     1         Operation is otherwise supported,
but not mapped due to some unspecified limitation
    MAXIMUM                      9         Mapped to Edge TPU
    ADD                          113       Mapped to Edge TPU
    Compilation child process completed within timeout period.
```

使用 Netron 可视化工具查看编译后的带 edgetpu 后缀的编译后的模型文件，可以看到编译器将整个神经网络分割成了若干子图，其中 Edge TPU 可以执行的子图有两个，它们已经被包装成名为 edgetpu-custom-op 的子图。熟悉神经网络结构的读者可以知道，这两个子图分别对应 YOLO 神经网络的骨干网络和解码网络，这两部分也是计算开销最大的部分，它们被成功编译到 TPU 上运行，这意味着边缘端的推理速度将大幅提高，如图 11-11 所示。

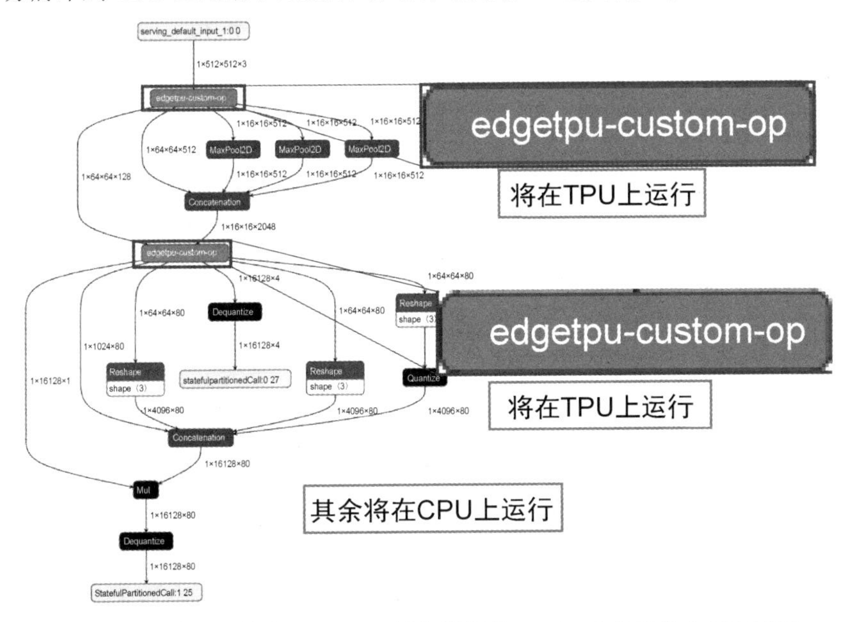

图 11-11　编译工具将 YOLOV4 量化模型的 TFLite 文件转化为两个子图

对于其他模型的编译，可以使用同样的方法，在 compile 编译时，增加 asd 选项，使编译器尽可能地将最多的合法算子编译成 Edge TPU 能执行的子图。经过编译，除了量化和反量化算子，以及少部分的超限算子由于不受硬件支持而被映射到 CPU 之外，其他大部分较为消耗计算资源的二维卷积算子和乘法加法算子都被映射到 TPU 执行的子图中。经过编译后，编译模型的结构就分为了 TPU 执行的子图和 CPU 执行的算子，对于 YOLOV3 和 YOLOV4 的标准版和简版，使用 Netron 软件查看它们的编译模型，编译模型的结构如图 11-12 所示。

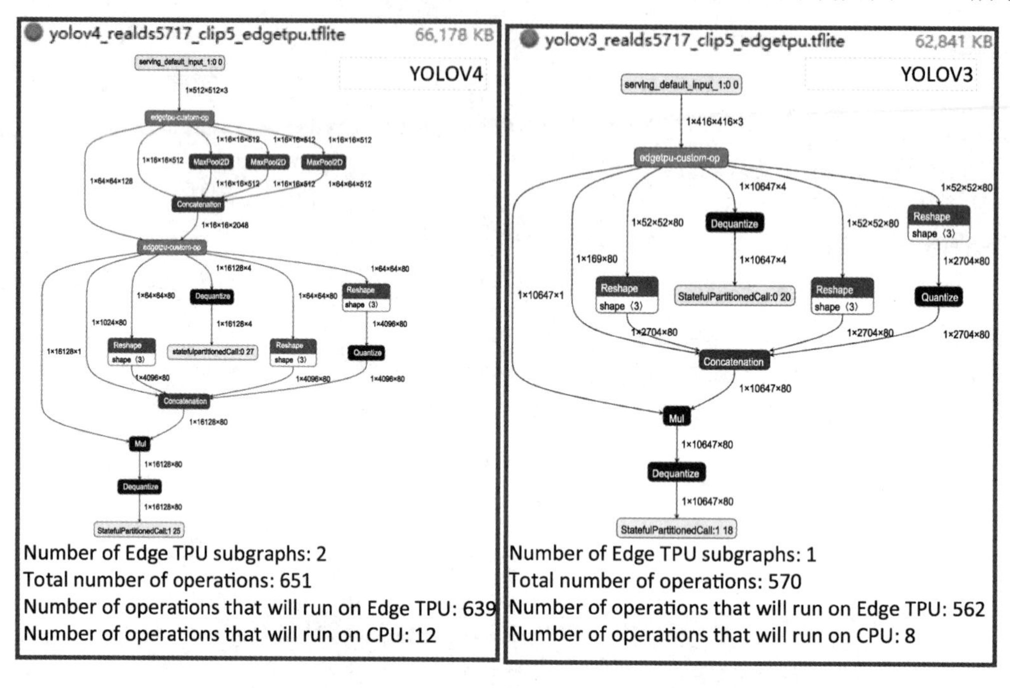

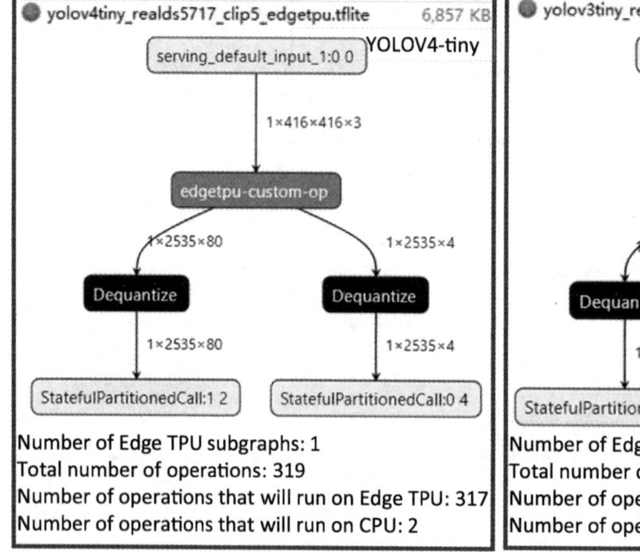

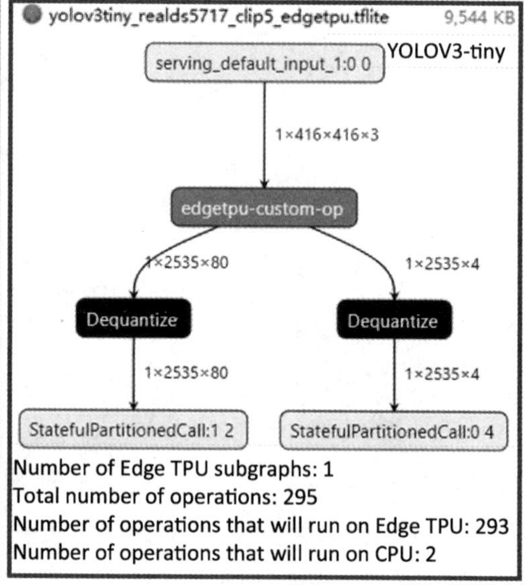

图 11-12　YOLOV3 和 YOLOV4 的标准版和简版的编译模型结构图

模型编译工作是比较考验开发者对神经网络理解程度的工作。当模型还在训练主机上搭建和训练时，模型代码的编写方式千变万化，不同的代码写法在运行结果上可能并不会有太大差别，但到了编译阶段，这种差别就显现出来了。每替换掉一个不合理的算子，或使用了更合理的算法描述，很可能会使编译模型少拆分一个子图。少拆分一个子图就意味着少进行一次从 TPU 到 CPU，再从 CPU 到 TPU 的数据复制，也意味着硬件计算的一次加速。感兴趣的读者可以根据自己的设想，并根据边缘计算硬件特征，不断追求算法结构的速度极限。另外，硬件的算子集在不断地更新迭代中，不少由于硬件资源限制引发的算子限制也正在逐渐地被广大硬件厂商解决。例如，Edge TPU 在第 16 个版本就开始支持多子图的切换了，只要及时跟进硬件厂商的软件优化工具迭代，就能充分享受编译器优化带来的性能提升。

11.4.2　编写边缘端编译模型推理代码

边缘端一般不支持 TensorFlow 的运行，边缘端调用编译模型往往依赖硬件厂商提供的模型运行时（Runtime）支持。对于带 Edge TPU 的 Coral 开发板而言，我们需要在边缘端的 Python 代码中引入厂商提供的边缘端解释器函数库（make_interpreter）和通用工具函数库（common）。make_interpreter 将负责生成模型解释器，解释器和 common 通用工具函数库将一起负责模型的节点赋值、推理、节点读取等操作。

边缘端解释器函数库（make_interpreter）和通用工具函数库（common）的引入和初始配置代码如下。

```
from pycoral.utils.edgetpu import make_interpreter
from pycoral.adapters import common
model = "yolo.tflite"
interpreter = make_interpreter(model)
interpreter.allocate_tensors()
input_details = interpreter.get_input_details()
output_details = interpreter.get_output_details()
```

打开摄像头，开启循环不断读取摄像头。摄像头输入的图像分辨率不一，需要根据编译后的量化模型的输入尺寸要求进行调整，建议使用 cv2 函数库，因为该函数库的尺寸调整函数不改变图像矩阵的数据类型，此时的图像矩阵 cv2_im_rgb 的数据类型是 UINT8。代码如下。

```
inference_size=input_details[0]['shape'][1:3]
inference_size=tuple(inference_size)
cap = cv2.VideoCapture(camera_idx)
```

```
for i in range(10000):
    ret, frame = cap.read()
    if not ret:
        break
    cv2_im = frame
    cv2_im_rgb = cv2.cvtColor(cv2_im, cv2.COLOR_BGR2RGB)
    cv2_im_rgb = cv2.resize(cv2_im_rgb, inference_size)
```

使用厂商提供的通用工具的 set_tensor 方法为编译模型的输入端赋值，并调用解释器的 invoke 方法进行一次推导，使用解释器的 get_tensor 方法在输出端提取数据。由于模型输出数据包含了所检测到的目标的坐标和概率，所以输出张量有两个，分别是 boxes_x1y1x2y2 和 prob。代码如下。

```
    common.set_input(interpreter, cv2_im_rgb)
    t1= time.time()
    interpreter.invoke()
    t2=time.time()
    FPS = 1/(t2-t1)
    print('FPS',FPS)
    boxes_x1y1x2y2 = interpreter.get_tensor(
        output_details[0]['index'])
    prob=interpreter.get_tensor(output_details[1]['index'])
```

输出数据的第一个维度是批次维度，需要被去除。对于分类概率张量 prob，我们需要从中提取分类概率最高的概率 socres，也需要提取分类概率最高的分类序号，分类序号存储在 labels 中，使用 NMS 算法对提取到的目标坐标、目标分类概率和目标分类序号进行后处理，从而得到有效的预测结果。在有效的预测结果中，boxes 存储了有效矩形框的坐标，scores 存储了有效矩形框的概率，classes 存储了有效矩形框的分类编号。由于边缘端没有 TensorFlow 运行环境，所以需要使用 Python 代码手工实现 NMS 算法（具体说，是 WBF 算法），这会对 CPU 计算资源造成一定的开销。代码如下。

```
    boxes_x1y1x2y2,prob=boxes_x1y1x2y2[0],prob[0]
    scores=np.max(prob,axis=1)
    labels=np.argmax(prob,axis=1)
    (boxes, scores, classes ) = weighted_boxes_fusion(
        [boxes_x1y1x2y2], [scores],[labels],
        weights=None,  iou_thr=iou_thr,
        skip_box_thr=skip_box_thr )
    valid_detections=len(scores)
```

接下来，我们设计一段代码，将预测到的矩形框、分类名称、预测概率等信息叠加在原图上，从而完成从读取图像到可视化显示的全套工作。完成单次全套工作后，需要重新进入下一轮摄像头读取循环，直至收到键盘输入的“q”字符，退出目标检测的循环。代码如下。

```
        boxes=np.expand_dims(boxes ,axis=0)
        scores=np.expand_dims(scores ,axis=0)
        classes=np.expand_dims(classes ,axis=0)
        valid_detections=np.expand_dims(valid_detections ,axis=0)
        outputs0 = (boxes,scores,classes,valid_detections)
        cv2_im_rgb_out = draw_output(
            cv2_im_rgb,outputs0,class_id_2_name,show_label=True)
        cv2_im_bgr_out = cv2.cvtColor(
            cv2_im_rgb_out, cv2.COLOR_RGB2BGR)
        cv2_im_bgr_out=cv2.resize(
            cv2_im_bgr_out, (1024, 1024),
            interpolation=cv2.INTER_AREA)
        text='found={},FPS={}'.format(valid_detections,FPS)
        cv2.putText(
            cv2_im_bgr_out, text, (3, 50),
            cv2.FONT_HERSHEY_COMPLEX, 1.0, (100, 200, 200), 3)
        cv2.imshow('frame', cv2_im_bgr_out)
        if cv2.waitKey(1) & 0xFF == ord('q'):
            break
    cv2.destroyAllWindows()
```

作者将 YOLOV3 和 YOLOV4 的简版和标准版模型都进行了边缘端推理测试。测试时，使用摄像头捕获图像，然后调用模型进行目标检测，最后将识别结果实时展示在 Coral 开发板的 HDMI 接口的显示器上，效果如图 11-13 所示。

由于我们设定了推理时间的监测函数，所以可以从图像上直接提取到当前模型在 Edge TPU 上的推理帧率。YOLOV4 模型的推理帧率约为 2.03fps，YOLOV3 模型的推理帧率约为 4.28fps，YOLOV4-tiny 模型的推理帧率约为 38.3fps，YOLOV3-tiny 模型的推理帧率约为 27.2fps。具体模型编译时的优化不同，推理耗时也略有不同。

请读者注意，此处的边缘端的推理过程包含了预测网络和数据重组网络，并且对于部分池化算子和重组算子并没有做特殊优化，推理速度会低于官方的理论极限，但并不影响实际使用。实际上，我们还可以尝试进行个性化神经网络优化，如将尺度不合理的先验锚框删除或者增加某些尺寸的先验锚框，用以提高准确率或者增强性能。

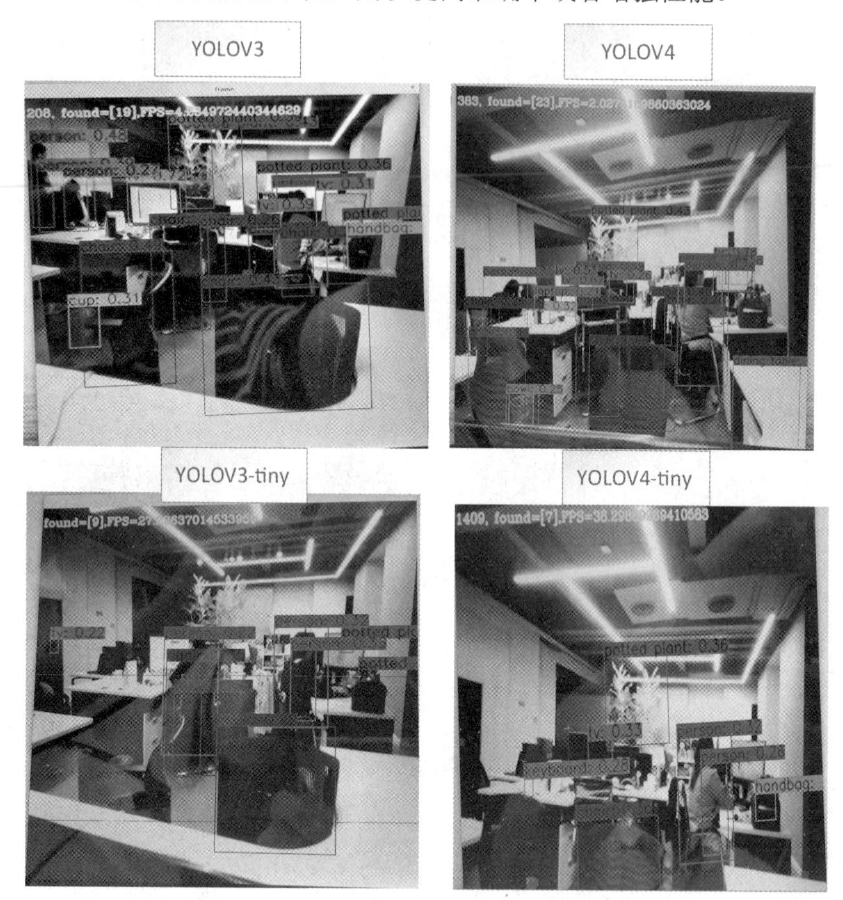

图 11-13　YOLO 模型在边缘端对摄像头获得的图像进行实时判定

第 4 篇　个性化数据增强和目标检测神经网络性能测试

本篇将介绍作者经历的两个目标检测应用及其背后的数据增强技术和神经网络测试技术。其中，一个是关于智慧交通场景的目标检测，该场景的数据集规模有限，必须使用数据增强增广技术；另一个是对神经网络性能较为敏感的智慧后勤识别和结算场景，这里将介绍如何针对该场景特点对神经网络的性能进行调整和测试。

第 12 章
个性化目标检测数据集处理

在计算机视觉工程中，开发人员获取的数据集质量参差不齐，格式五花八门。有的数据集提取自连续的视频文件，那么就需要每隔一定时间间隔提取视频图像；有的数据集以 http 超链接形式呈现，那么就需要设计图像下载脚本，根据链接获得原始图像数据。原始的数据集中一般会包含一定的无关数据，它们是“脏”数据，可能导致神经网络计算出现异常，一定要进行人工审核剔除。假设数据集已经通过了人工的审核筛选，本书从此处开始介绍个性化数据的增强增广技术和个性化数据集制作。

12.1 农村公路占道数据的目标检测应用

本节将介绍一个农村公路占道项目中所使用的数据增强增广技术。

⋘ 12.1.1 项目数据背景

粮食和农业生产始终是人类社会的头等大事，中国用不足全球 9%的耕地解决了约占全球五分之一人口的吃饭问题，为世界粮食生产做出巨大贡献。农业的进步要依靠农业生产，也要依靠农村地区的公路、物流等基础设施。2014 年以来，我国逐步重视农村公路发展，近些年来，国务院、国家发展和改革委员会、交通运输部先后发文强调和推动农村公路建设，各级政府也在积极落实和推进“四好农村路”建设工作，在体制机制、人员、资金、评价方法等方面推出具体的举措。

福建省在“十三五”期间建成 1.2 万公里农村公路，率先在全国实施农村公路“路长制”等管理制度，“十四五”期间新改建农村公路 0.5 万公里，并已经推出了手机软件配合农村公路管理。尽管拥有手机软件的帮助，但当农村公路管理人员在对农村公路占道行为进行拍照取证时，往往会出现分类错误的情况。为此，基于深度学习的农村公路占道智能识别模块应运而生，它通过深度学习技术学习了众多不同的违法占道的视觉特征，如沙堆、石块、占道摆摊、建筑垃圾、晾晒谷物等。农村公路占道行为如图 12-1 所示。

图 12-1　农村公路占道行为

神经网络将根据公路管理人员上传的图片，智能给出违法类型判断，方便下一流程的人员进行处理。由于采用智能化技术，所以原始数据和后处理数据、人工修正数据都可即时汇总到公路管理 App 和公路交通一张图系统中，这样一方面可以将上传的图片作为数据档案进行保存，另一方面可以定期提取神经网络判断错误的图片，针对性地进行二次训练迭代。神经网络融入公路管理系统的结构框图如图 12-2 所示。

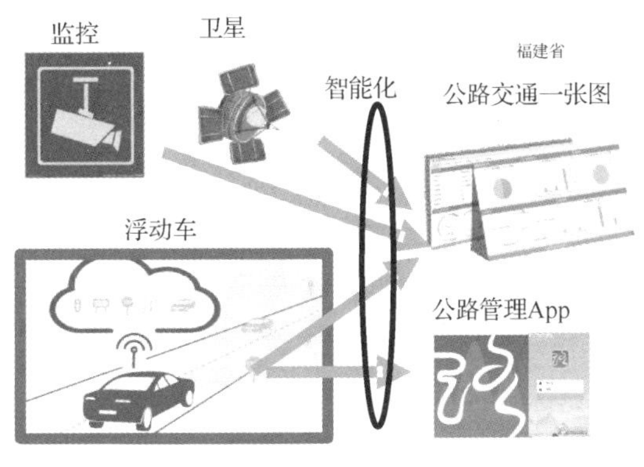

图 12-2　神经网络融入公路管理系统的结构框图

由于所有图片都由人工拍摄上传，数据集规模有限，并且掺杂着不少人为误操作带来的无关图片、模糊图片、过曝光图片、失焦图片。面对这类数据，必须使用数据增强增广技术，将有限的数据集利用好，并且增强神经网络对过曝光图片、失焦图片的稳健性，以确保在生产环境中再次面对过曝光图片或失焦图片时，也能做出准确的判断。

12.1.2　数据的预处理

对于目标检测，比较常用的标注工具是 LabelImg。LabelImg 是一个完全开源的图片标注工具，它是使用 Python 语言编写的，图形界面接口使用的是 Qt（PyQt），LabelImg 支持多操作系统。标注后的信息是以 XML 文件形式保存的，便于阅读和检查。XML 的标注格式也广泛用在 PASCAL VOC、ImageNet 等数据集中。LabelImg 可以在 GitHub 上账号为 tzutalin 的软件仓库下载，其操作界面如图 12-3 所示。

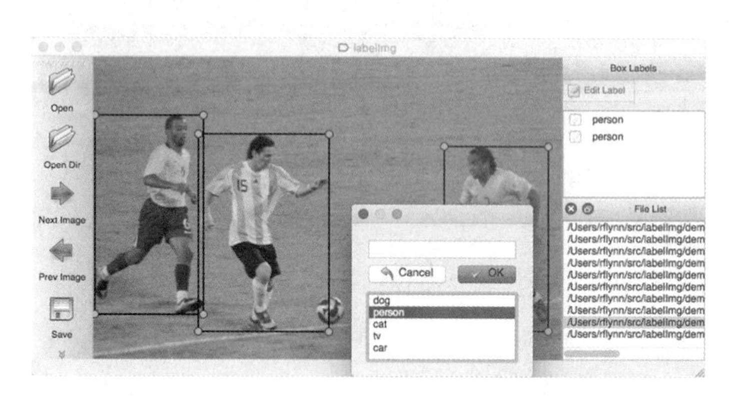

图 12-3　LabelImg 目标检测数据标注工具界面

使用 LabelImg 数据标注工具，需要将多个图片文件放入同一个文件夹中，默认情况下该工具会生成与图片文件同名的 XML 文件，并将 XML 文件和 JPG 文件放在同一个文件夹中。为提高标注效率，建议开发者采用按类标注模式（Single Class Mode）和自动保存策略进行数据标注。在按类标注的方式下，开发者需要先完成一处目标的标注，为该标注数据填写分类，然后将菜单切换到按类标注模式，不断切换下一张图片完成该类型目标的下一个标注。切换图片时，可以使用快捷键 D 快速切换下一张图片。完成一种分类的全部图片标注时，单击取消按类标注模式，然后选择另外一个分类进行持续标注，依次循环直至完成全部分类的标注。LabelImg 标注软件的快捷键如表 12-1 所示。

表 12-1　LabelImg 标注软件的快捷键

快捷键	用途	快捷键	用途
Ctrl + U	加载目录中的所有图片，单击 Open dir 同功能	W	创建一个矩形框
Ctrl + R	更改默认注释目标目录（XML 文件保存的地址）	D	下一张图片
Ctrl + S	保存	A	上一张图片
Ctrl + D	复制当前标签和矩形框	Del	删除选定的矩形框
Space	将当前图片标记为已验证	Ctrl++	放大
↑ → ↓ ←	键盘箭头移动选定的矩形框	Ctrl--	缩小

标注好的图片和标注文件分别位于 images 和 annotations 文件夹中，如图 12-4 所示。

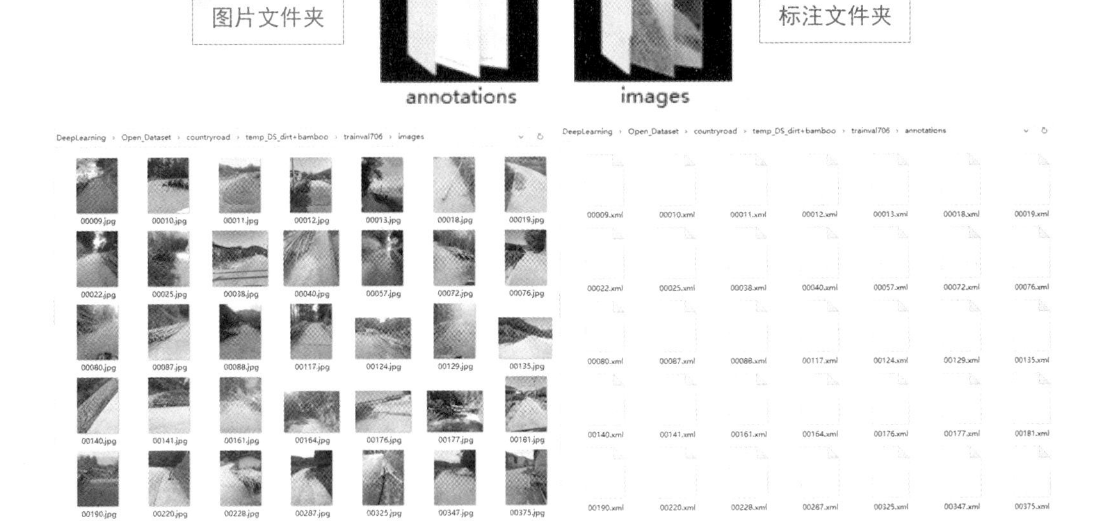

图 12-4　将标注成果存入单独文件夹

一般来说，总数据中的 80%用于训练，20%用于验证。所以，对于作者当前拥有的 706 张图片来说，需要被分为两部分：用于训练的 565 个样本和用于验证的 141 个样本。为方便区分，同时新建两个文件夹，分别存放训练数据和验证数据，每个文件夹下同时新建 images 和 annotations 两个子文件夹，将样本图片和样本标注放入这两个子文件夹中，如图 12-5 所示。

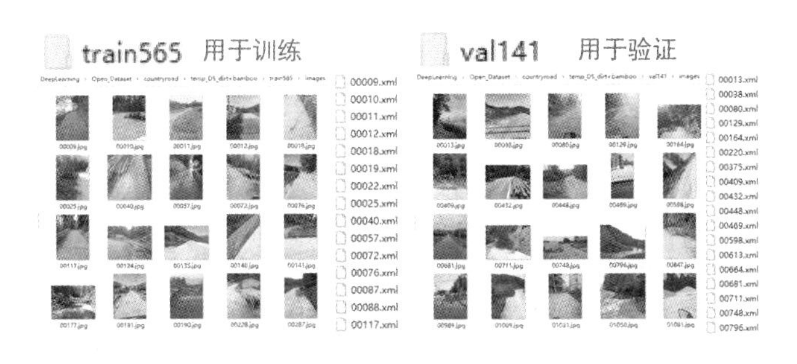

图 12-5　将总数据分为训练数据和验证数据

可以看出，本案例的样本是依靠基层工作人员手工拍照获得的，因此数量偏少，需要对训练集执行数据增强增广策略，而验证集则不需要做数据增强增广。

除了 LabelImg 标注工具，互联网上还有其他可替代甚至更强大的标注软件或标注平台。例如，支持目标检测和图像分割标注的 LabelMe 软件，LabelMe 是一个图形界面的图片标注工具，它不仅支持矩形框标注，还支持图像分割标注。LabelMe 是使用 Python 语言编写的，图形界面使用的是 Qt（PyQt）。此外还有开源并且支持本地部署的视频注释工具 CVAT 等。对于非保密数据，还可以使用支持协同标注的在线标注平台。例如，来自麻省理工学院的在线标注平台，它最先在互联网上实现了在线标注，以及来自百度的智能数据服务平台 EasyData 等。

12.2 数据的增强

随着神经网络设计的日益成熟，神经网络设计的进步带来的性能贡献率越来越低。更多情况下，我们需要通过数据增强技术提高神经网络的性能。此外，由于数据增强的可解释性更强，对数据增强的超参数进行微调，可以为神经网络的性能带来大幅提升。

12.2.1 数据增强技术的概念和效果

下面看一个计算机视觉的案例。假设现在要识别的是 A 种类汽车（如皮卡）和 B 种类汽车（如两厢轿车）。而此时，我们手上的训练集中，恰好关于 A 种类汽车的照片都是车头向左且颜色是蓝色的，恰好关于 B 种类汽车的照片都是车头向右且颜色是红色的。那么神经网络经过训练，就极有可能将凡是车头向左或颜色是蓝色的汽车判定为 A 种类汽车，将车头向右或颜色是红色的汽车判定为 B 种类汽车。这种神经网络误判现象被称为机器偏见，这种偏见是来源于数据集的。计算机视觉中数据集偏见引起的神经网络误判如图 12-6 所示。

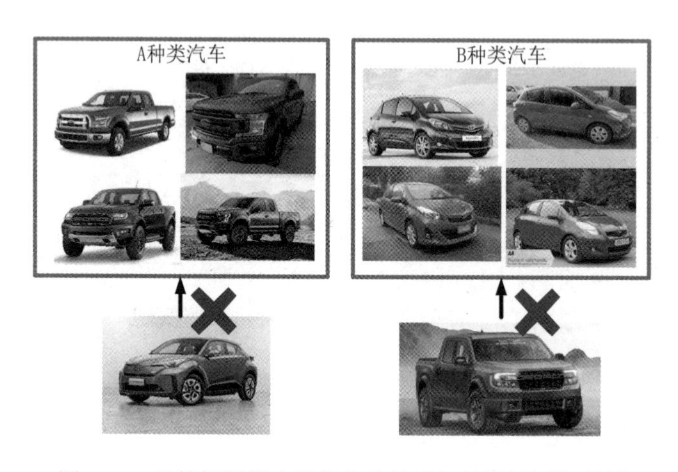

图 12-6　计算机视觉中数据集偏见引起的神经网络误判

第二个机器偏见的案例是自然语言处理领域的文本分类。2018 年普林斯顿大学信息技术政策中心计算机科学家 Arvind Narayanan 从网上用爬虫软件收集了包含 220 万个词的英语文本，用来训练一个关于人类情感的机器学习系统。他发现人工智能系统找到的与“愉快”“不愉快”相关联的词汇中，“花朵、音乐”大多与“愉快”具有紧密的联系，而“昆虫、武器”大多与“不太愉快”具有紧密的联系。

Data Augmentation 可以被翻译为数据增强、数据扩增或数据增广。一方面，这 3 种翻译具有几乎一样的含义，其含义是在不实质性地增加数据的情况下，通过加入噪声、旋转翻转、峰值抑制等数据处理技术，使有限的数据产生等价于更多数据的价值。例如，针对计算机视觉领域，我们可以放大、调亮、旋转原图，获得更多的图像数据集，针对语音领域，我们可以提高/降低音频样本的音调或放慢/加快速度，获得更大的声音数据集。另一方面，数据增强、数据扩增、数据增广又有着不同的出发点，数据增强强调的是对数据进行特殊的算法处理，因此在强调数据处理算法原理的上下文中，我们一般称之为数据增强；而数据扩增和数据增广强调的是数据处理的效果，因此在具体数据处理算法不明或非描述重点的上下文中，我们一般称之为数据扩增或数据增广。本书不对这 3 种翻译进行刻意的区分。

举一个真实的案例，假设我们此时的数据集只有 cat、lion、tiger 和 leopard 这 4 种动物的图片，训练集和评估数据集为每一种分类仅仅提供了 50 个图像样本。在未使用数据增强技术的情况下，训练一个 VGG19 的图像分类神经网络最高只能达到 76%的分类准确率；但使用了数据增强技术后，准确率可以提高 18.5 个百分点，达到 94.5%的准确率。数据增强技术同样适用于大型数据集，对于 Baseline 采用 EfficientNet-B7 结构的神经网络，在原始 ImageNet 数据集上训练的准确率上限为 84%，在数据增强的 ImageNet 数据集上训练的准确率上限为 84.4%。在目标检测方面，在 Baseline 采用 ResNet 结构的情况下，使用数据增强技术相比不使用数据增强技术，能使神经网络的性能提高 1.0～1.3 个百分点。

12.2.2　基于空间变换的数据增强方法

基于空间变换（也称几何变换）的数据增强方法，一般会改变图像的原有坐标体系。图像分类任务的数据集在基于空间变换的数据增强方法作用下，无须修改标注；但对目标检测或者图像分割的数据集运用基于空间变换的数据增强方法，一般需要修改标注信息。

常用的基于空间变换的数据增强方法有垂直/水平翻转、裁剪填充、平移填充、中心旋转、比例缩放。其中除了旋转和翻转，其他方法都会使图像信息有所丢失；裁剪填充和比例缩放方法，由于都对图像进行了缩放，所以能提供更丰富的尺度信息。基于空间变换的数据增强方法如表 12-2 所示。

表 12-2　基于空间变换的数据增强方法

不同的空间变换方式	像素信息	坐标信息	尺度信息
垂直/水平翻转	—	丰富	—
裁剪填充	丢失	丰富	丰富
平移填充	丢失	丰富	—
中心旋转	—	丰富	—
比例缩放	丢失	—	丰富

翻转图片指的是使图片沿垂直轴或水平轴进行 180° 镜像翻转，水平翻转通常比垂直翻转更通用。垂直/水平翻转能消除目标位置造成的过拟合现象，使得神经网络能专注于非镜像信息的学习拟合。翻转的数据增强技术对于某些特定场景（如字符识别）可能不适用。图 12-7 中，从左到右的处理案例依次是原图、垂直翻转、水平翻转。

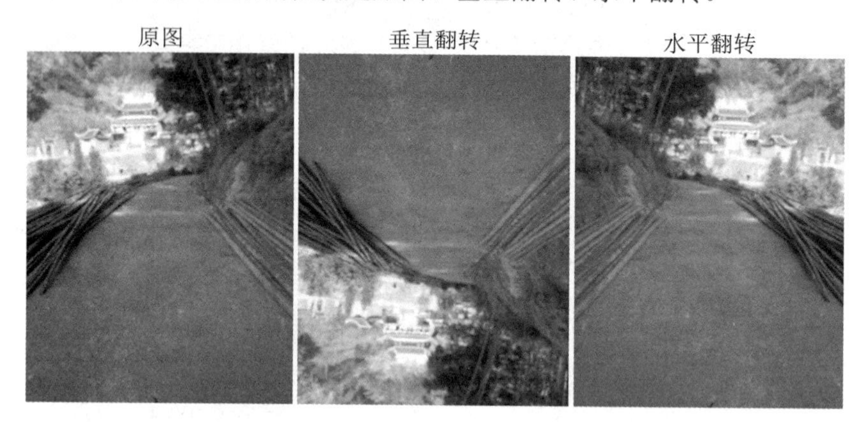

图 12-7　通过翻转图片进行数据增强

裁剪是一个比较常用的数据增强方式，使用效果也较为明显。裁剪方式具体可分为中心位置裁剪（或填充）和任意位置裁剪，通常在输入图像的尺寸不一致时会进行中心位置裁剪操作。裁剪某种程度上和平移操作有相似性。根据裁剪幅度的变化，该操作具有一定的不安全性，但是能提供更加丰富的坐标信息和尺度信息。通过裁剪图片进行数据增强如图 12-8 所示。

平移分为向左平移、向右平移、向上平移和向下平移，它能够提供丰富的坐标信息，是一个非常有用的变换，可以避免数据中的位置偏见。如果数据集中的所有图像都是居中的（这在人脸识别数据集中很常见），那么容易使得模型在非居中位置的图像检测准确率降低。运用平移数据增强方法时，对于原图被平移后造成的空白区域，可以用一个常数值填充，如 0 或 255，也可以用随机噪声或高斯噪声填充，这种填充可以使图像增强后的空间尺寸保持不变。通过平移图片进行数据增强如图 12-9 所示。

原图　　裁剪

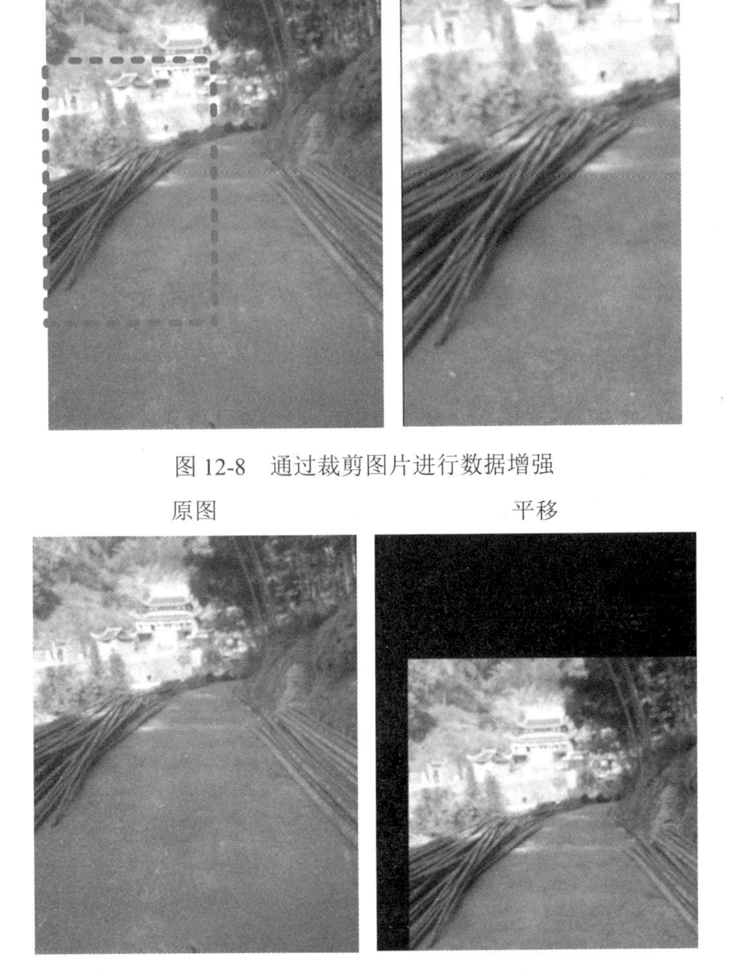

图 12-8　通过裁剪图片进行数据增强

图 12-9　通过平移图片进行数据增强

中心旋转指的是围绕画面中心点，对整张图片进行一定角度的旋转。对于大部分情形，旋转±30°是安全的，但对于某些特殊场景（如数字识别），旋转超过 90°可能导致标签标注错误。中心旋转的数据增强方法可以提供更丰富的坐标信息，不会造成信息丢失，但对尺度信息则没有改善。图 12-10 所示为通过旋转图片进行数据增强。

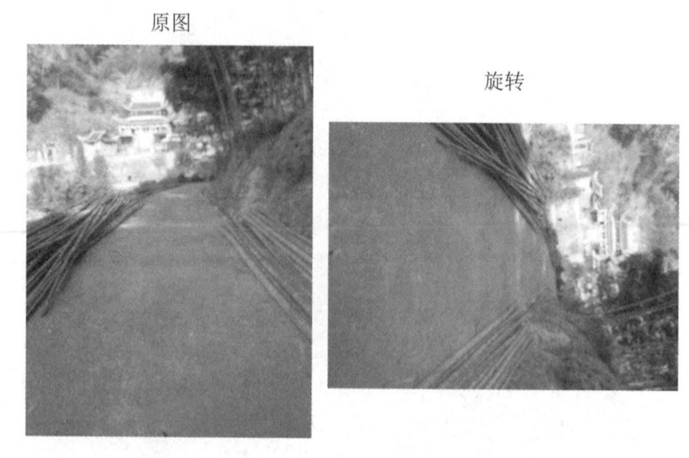

图 12-10　通过旋转图片进行数据增强

比例缩放指的是将图片向外或向内缩放。由于最终图片尺寸要等于原图尺寸，所以当原图向外放大时，相当于特写；当原图向内缩小时，相当于全局预览。特别地，当原图向内缩小时，需要我们对超出原图的画幅做出假设，一般假设为 0，即不含图片的画布是黑色的。比例缩放使原图所携带的信息有所丢失，但在尺度信息上能增强神经网络对于更大或更小目标的识别能力。通过缩放图片进行数据增强如图 12-11 所示。

图 12-11　通过缩放图片进行数据增强

12.2.3　基于颜色空间的数据增强方法

图像数据是 RGB 三通道数据，人眼在识别物体时，对于颜色失真的容忍度是比较高的，因此，在颜色空间内对色彩数据进行合理随机变换，能有效帮助神经网络克服光照条件和感光元件的差异带来的识别局限性，提高识别能力。

基于颜色空间变换的数据增强方式主要处理的是 RGB 三通道的数据信息，不改变图像坐标体系。因此，无论是图像分类任务还是目标检测、图像分割任务，都不需要修改标注信息。但同时也应当注意到某些任务对颜色的依赖性很强，比如分辨油漆、水和血液，因为此时颜色（红色）可能是一个非常重要的信息。不当的颜色空间变换，可能反而降低神经网络的识别能力。

随机亮度指的是随机调整图像的亮度，避免神经网络对图像的亮度过于敏感，从而引起过拟合现象。通过随机亮度进行数据增强如图 12-12 所示。

图 12-12　通过随机亮度进行数据增强

随机对比度指的是随机调整图像的对比度，避免神经网络由于图像的对比度不合适引起的过拟合现象。通过随机对比度进行数据增强如图 12-13 所示。

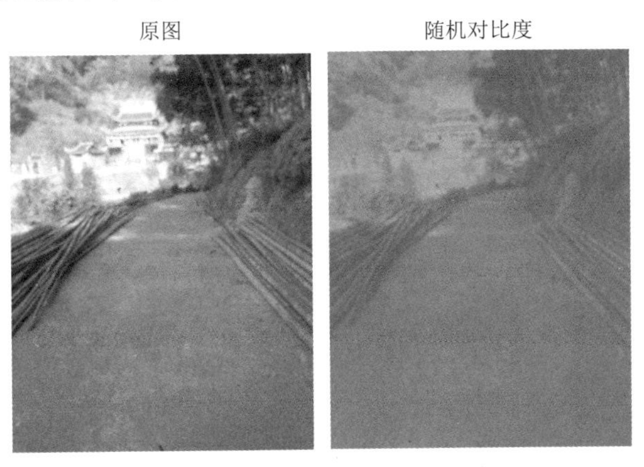

图 12-13　通过随机对比度进行数据增强

随机饱和度指的是随机调整图像的饱和度，避免神经网络由于图像的饱和度不合适引起的过拟合现象。通过随机饱和度进行数据增强如图 12-14 所示。

图 12-14　通过随机饱和度进行数据增强

随机色相又称随机色调，指的是随机调整图像的色相，避免神经网络对图像的色相过于敏感，从而引起过拟合现象。通过随机色相进行数据增强如图 12-15 所示。

图 12-15　通过随机色相进行数据增强

随机加噪指的是向图像中添加随机噪声。随机加噪可以增强神经网络对噪声干扰或成像异常等特殊情况的稳健性。添加的噪声可以是白噪声或者脉冲噪声。通过随机加噪进行数据增强如图 12-16 所示。

此外，还有图像标准化处理，标准化处理可以使得 RGB 不同通道的特征具有相同的尺度。这样在使用梯度下降法学习参数时，不同特征对参数的进化（调整）的影响程度（导数）就一样了。为了得到图像的标准化，需要首先得到全部像素的均值，然后得到全部像素的方差，最后运用标准差公式：$(x - \text{mean}) / \text{adjusted\_stddev}$ 获得。其中，x 为图像的 RGB 三通道像素值，mean 为三通道像素的均值，adjusted_stddev 为三通道像素的方差，这样，得到的新图像就是一个拥有 0 均值、1 方差的标准化矩阵。

图 12-16　通过随机加噪进行数据增强

⋘ 12.2.4　其他图像数据的增强手法

像素擦除（Cutout）指的是将图像中的某些区域进行像素级别的擦除，即随机将若干矩形区域的像素值改成 0。随机擦除某些区域的像素可以增强模型的泛化能力，根据论文，像素擦除方法能够将神经网络性能提升大约 0.1～0.5 个百分点。随机擦除（Random Erase）与像素擦除类似，只是删除后不是使用 0 填充，而是使用均值填充。根据论文，随机擦除可以带来不超过 0.2 个百分点的性能提升。通过像素擦除和随机擦除进行数据增强如图 12-17 所示。

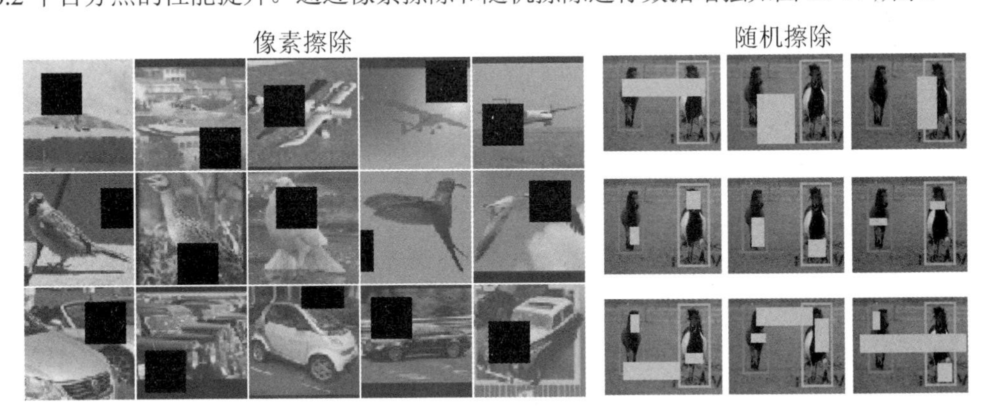

图 12-17　通过像素擦除和随机擦除进行数据增强

像素遮挡增强方法指的是通过生成蒙版，用蒙版遮挡原图的部分区域，生成新的样本进行训练，像素遮挡的数据增强方法不会改变标注数据。像素遮挡的数据增强方法能够迫使神经网络根据遗留的部分信息寻找关键信息，增强模型性能，但也要注意，这类方法所生成的蒙版区域有可能会完全覆盖掉较小目标的视觉特征，为此开发者需要为像素遮挡策略添加一些限制，以保证标签的正确性。

网格遮挡（GridMask）指的是通过定量计算生成多个比例的遮挡块来提升模型性能，图 12-18 的左图就是用了大、中、小 3 个尺度的网格进行遮挡的。这样做一方面可以避免类似于像素擦除方法的错误生成过大的遮挡块覆盖目标的问题，另一方面方便控制原图中遮挡部分与保留部分的面积比例。网格遮挡数据增强方法在 ImageNet 和 COCO2017 数据集上能为神经网络带来 1～2 个百分点的性能提升。如果将网格遮挡数据增强方法的遮挡块随机分布，那么是 HS（HideAndSeek）方法。HS 方法将图像分为若干区域，对于每块区域，都以一定的概率生成掩码，如图 12-18 所示。

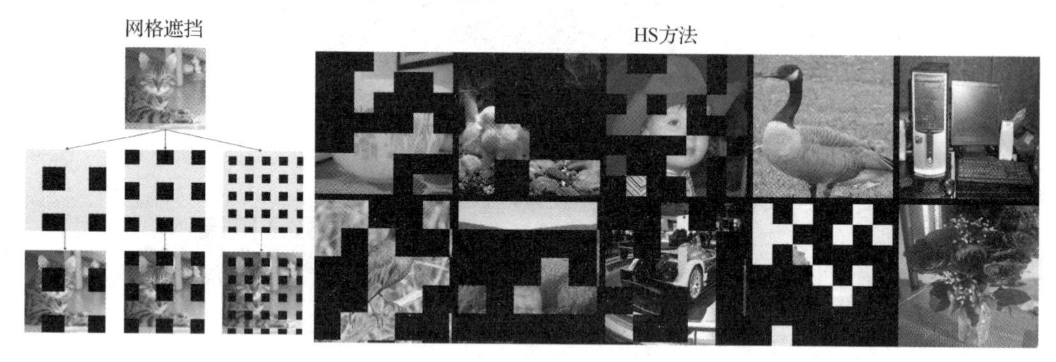

图 12-18　通过网格遮挡和 HS 方法进行数据增强

其他高级数据增强方法还包括生成对抗网络和多图混合。

生成对抗网络数据增强指的是利用对抗神经网络可以将图像从一个图像空间转换到另一个图像空间，生成对抗网络的数据增强方法可以保持图像的视觉特征不变。例如，识别景观（冻结苔原、草原、森林等）的任务，原始数据集可能集中拍摄于春季，对于夏、秋、冬季节的图像较少，那么此时就可以使用生成对抗网络方法，为数据集增补夏、秋、冬季节的图像。例如，街景识别（大楼、街道、车辆、行人）的任务，原始数据集可能集中拍摄于白天，对于夜景的图像较少，那么此时就可以使用生成对抗网络方法，为数据集增加夜景的图像，如图 12-19 所示。

多图混合方法又称标签不一致方法。具体做法是，对两幅图像或者两幅图像的局部区域进行像素差值计算，其中最为典型的是 Mixup 方法、CutMix 方法和 Attentive CutMix 方法。Mixup 方法是直接将两幅图像的像素和标签都进行平均；CutMix 方法是对被 Cutout 的区域进行像素填充；Attentive CutMix 方法不是随机选择块，而是借助预训练网络确定图像中最具区分性的区域进行像素填充。经过实践证明，这些数据增强方法可以带来 1～3 个百分点的性能提升，这种性能提升被证明对小数据集的增强作用更明显。多图混合数据增强效果如图 12-20 所示。

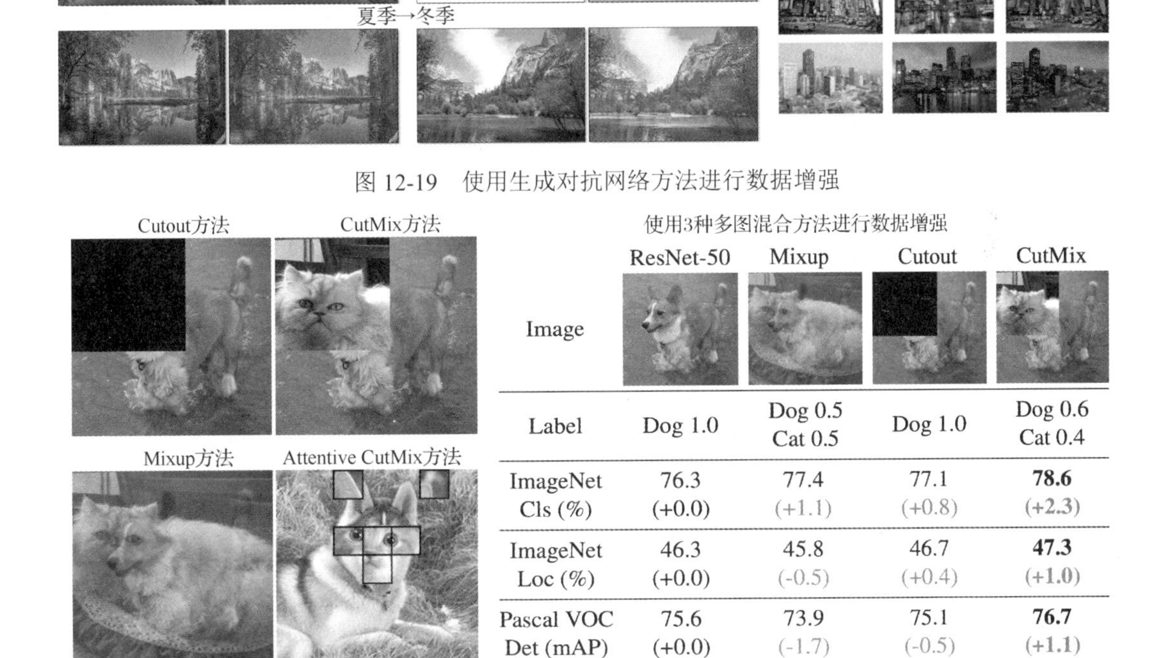

图 12-19　使用生成对抗网络方法进行数据增强

	ResNet-50	Mixup	Cutout	CutMix
Image				
Label	Dog 1.0	Dog 0.5 Cat 0.5	Dog 1.0	Dog 0.6 Cat 0.4
ImageNet Cls (%)	76.3 (+0.0)	77.4 (+1.1)	77.1 (+0.8)	**78.6** **(+2.3)**
ImageNet Loc (%)	46.3 (+0.0)	45.8 (-0.5)	46.7 (+0.4)	**47.3** **(+1.0)**
Pascal VOC Det (mAP)	75.6 (+0.0)	73.9 (-1.7)	75.1 (-0.5)	**76.7** **(+1.1)**

图 12-20　多图混合数据增强效果

2018 年，谷歌在论文“AutoAugment:Learning Augmentation Policies from Data”中提出了基于策略搜索的自动数据增强方法。该方法创建一个数据增强策略的搜索空间，利用搜索算法选取适合特定数据集的数据增强策略。此外，从一个数据集中学到的策略能够很好地迁移到其他相似的数据集上。

根据论文描述，谷歌设计了一个搜索空间，该搜索空间中的一个策略包含了许多子策略，谷歌为每个小批量策略中的每张图片随机选择一个子策略。每个子策略由两个操作组成，每个操作都是类似于平移、旋转或剪切的图像处理函数，以及应用这些函数的概率和幅度。谷歌使用搜索算法来寻找最佳策略，这样神经网络就能在目标数据集上获得当时最高的验证准确率。自动数据增强的方法在 CIFAR-10、CIFAR-100、SVHN 和 ImageNet 上取得了当时最高的准确率(在不加入额外数据的情况下)。例如，自动数据增强方法在 ImageNet 上取得了 83.54%的 Top-1 准确率；在 CIFAR-10 上取得了 1.48%的误差率，比之前最佳模型的误差率低 0.65%。

数据增强技术近年来也在快速发展，不少最新的数据增强技术已经经过证明，是行之有效的。我们可以用全球最新的研究成果进行数据增强。但不论是传统的基于几何（空间）变换的数据增强方法、基于颜色空间的数据增强方法，还是高级数据增强方法，都需要根据自己神经网络的特征，不断尝试找到最能够帮助性能提升的有效数据增强方法。

12.2.5 图像数据集的增强工具和探索工具

在实际工程中，我们很少直接从 0 开始编写数据增强算法，而是借用成熟的数据增强工具来实现。典型的数据增强工具有 Imgaug、Albumentations、Augmentor、Torchvision 等。

Imgaug 是常用的第三方数据增强库，它基于 Python 语言，提供了多样的数据增强方法，如仿射变换、透视图变换、对比度变化、高斯噪声、区域丢失、色相/饱和度变化，裁剪/填充、模糊等具体增强方法。Albumentations 是一个基于 Python 的第三方数据增强库，它提供了 30 多种不同类型的增广功能，对图像分类、语义分割、物体检测和关键点检测都支持且速度较快。Imgaug 和 Albumentations 数据增强软件可在 GitHub 上下载得到。

Augmentor 是管道化的图像增强库，每一个增强操作都是逐步叠加在图像上的，可以实现的操作有旋转、裁剪、视角倾斜、弹性变换、坐标轴倾斜、镜像等。此外，对于输入图像，可以选择按照一定的概率进行增强，比如随机对 50%的图像进行数据增强。在具体使用方面，可以通过 Augumentor.Pipeline 方法创建一个管道实例，通过各种数据增强类生成各种数据增强方法的实例，这些数据增强方法的实例以列表形式添加进管道实例中。管道的 status 方法支持显示当前管道的状态，管道中的每个操作都有一个对应的索引号，通过索引号可以移除管道中的某些数据增强操作。此外，还有 PyTorch 官方提供的数据增强库——Torhvision。它提供了基本的数据增强方法，可以无缝地与 Torch 进行集成，但数据增强方法种类较少，且速度中等。

以上 4 种数据增强工具较为常用，此外还有其他数据集扩增工具，感兴趣的读者可以自行搜索，尝试适合自己的工具。

在数据集探索方面，较为知名的是 2020 年由谷歌推出的数据处理平台，该平台的名称为“了解你的数据”（Know Your Data，KYD）。这个平台能够帮助机器学习协同团队理解数据集。该平台使用可视化的方法，不仅可以对数据的均衡性进行统计分析，而且可以对数据中的关联性进行交互式探索，帮助开发者提早发现数据集偏见。例如，使用 KYD 对某数据集中关于运动和年龄的相关性分析可以看出，所有运动的数据对于年龄较大的人存在大量的数据集不均衡问题，这很有可能造成运动图像中的年龄判断偏见。使用 KYD 交互式数据分析工具查看运动图像中的年龄数据不均衡问题如图 12-21 所示。

→CAPTIONS_WORDS_AGE ↓CAPTIONS_WORDS_MOVEMENT	elderly 316	old 4,936	older 1,460	teenage 133	young 12,701	younger 108
NONE 12,090	↗ 1.19x 245(206)	↗ 1.37x 4,419(3,217)	↗ 1.2x 1,141(952)	↘ 0.73x 63(86.7)	↘ 0.84x 6,982(8,278)	↗ 1.14x 80(70.4)
catching 176	↘ 0.33x 1(3)	↘ 0.09x 4(46.8)	↘ 0.51x 7(13.9)	↗ 2.38x 3(1.3)	↗ 1.38x 166(121)	↘ 0(1)
dancing 23	↗ 2.55x 1(0.4)	↘ 0.33x 2(6.1)	↘ 0(1.8)	↗ 6.06x 1(0.2)	↗ 1.21x 19(15.7)	↘ 0(0.1)
jogging 2	↘ 0(0)	↘ 0(0.5)	↘ 0(0.2)	↘ 0(0)	↗ 1.46x 2(1.4)	↘ 0(0)
jumping 528	↘ 0(9)	↘ 0.03x 4(140)	↘ 0.05x 2(41.6)	↗ 1.58x 6(3.8)	↗ 1.44x 522(362)	↘ 0(3.1)
playing 2,914	↘ 0.62x 31(49.6)	↘ 0.13x 103(775)	↘ 0.64x 146(229)	↗ 1.15x 24(20.9)	↗ 1.37x 2,724(1,995)	↘ 0.77x 13(17)
riding 2,146	↘ 0.44x 16(36.6)	↘ 0.33x 191(571)	↘ 0.49x 82(169)	↗ 1.95x 30(15.4)	↗ 1.28x 1,885(1,469)	↘ 0.4x 5(12.5)
running 290	↘ 0(4.9)	↘ 0.34x 26(77.2)	↘ 0.39x 9(22.8)	↘ 0.96x 2(2.1)	↗ 1.29x 257(199)	↗ 1.18x 2(1.7)
skating 209	↘ 0(3.6)	↘ 0.02x 1(55.6)	↘ 0(16.4)	↗ 4x 6(1.5)	↗ 1.45x 207(143)	↘ 0.82x 1(1.2)
swimming 54	↘ 0(0.9)	↘ 0.28x 4(14.4)	↘ 0.47x 2(4.3)	↗ 2.58x 1(0.4)	↗ 1.35x 50(37)	↘ 0(0.3)
throwing 285	↘ 0(4.9)	↘ 0.08x 6(75.8)	↘ 0.45x 10(22.4)	↗ 2.45x 5(2)	↗ 1.41x 275(195)	↘ 0(1.7)
walking 1,012	↗ 1.39x 24(17.2)	↘ 0.76x 204(269)	↗ 1.05x 84(79.7)	↗ 1.24x 9(7.3)	↗ 1.08x 748(693)	↗ 1.7x 10(5.9)

图 12-21　使用 KYD 交互式数据分析工具查看运动图像中的年龄数据不均衡问题

12.3　使用 Albumentations 进行数据增强

本节重点介绍 Albumentations。Albumentations 是完全开源的一个图像增强库，支持 60 多种图像增强手段，被各大 AI 研究机构、深度学习公司广泛使用，源代码已经在 GitHub 上开源，具有较高的安全性和可扩展性。

12.3.1　Albumentations 的安装和使用

Albumentations 可以通过官网展示的 conda 或者 pip 方式进行安装，安装方式任选其一即可。使用 Albumentations 前，必须了解 Albumentations 的基本工作原理。Albumentations 处理数据使用的是管道（PipeLine）的概念，即图像增强并非针对某幅图像，而是针对一批图像。因此，Albumentations 定义好管道后，只需要将图像放入管道的输入端就可以从输出端获得经过增强的图像。

Albumentations 的使用也很简单，可以分为 4 步。第 1 步，引入（import）相应的库；第 2 步，定义好 Albumentations 的管道，在管道内定义好负责处理不同任务的不同的层；第 3 步，读取硬盘的图像数据和标注数据；第 4 步，将图像数据和标注数据传入管道，获得管道的返回输出，输出中就包含了转化好的图像和标注。

Albumentations 的管道内包含了多个处理层。每一层负责一定的数据增强操作，不同的层之间首尾相连，前一层的处理结果输出给下一层进行进一步的处理，多个处理层组合成一个管道。Albumentations 内部层对数据的处理是受一定概率控制的，即 Albumentations 内部的每一层都可以配置一个概率，由这个概率控制本层的处理算法是否作用在途经的数据上。如果概率等于 1，那么该层一定会对途经的图像进行增强；如果概率等于 0.5，那么该层有一半的概率会对途经的图像进行增强。

定义一个图像增强管道类的实例，将实例命名为 transform。transform 内置了 3 个层：随机裁剪层（RandomCrop）、随机亮度对比度层（RandomBrightnessContrast）、水平翻转层（HorizontalFlip）。第 1 层（随机裁剪层）100%发挥作用，即每幅输入图像都会发生随机的裁剪。第 2 层（随机亮度对比度层）只有 30%的概率发生作用。第 3 层（水平翻转层）只有 50%的概率对途经图像进行水平翻转。一个典型的 Albumentations 的管道配置代码如下。

```
import albumentations as A
transform = A.Compose([
    A.RandomCrop(512, 512),
    A.RandomBrightnessContrast(p=0.3),
    A.HorizontalFlip(p=0.5),
])
```

12.3.2 几何数据增强管道的配置

总的来说，对于 Albumentations 的数据管道，我们需要配置 3 个信息：图像增强手段、矩形框格式、其他字段信息。

Albumentations 图像增强库支持多种标注数据的转换，如关键点、图像分割、矩形框。这里我们重点关注矩形框的转换。矩形框目前有 3 种流行的标注格式：PASCAL VOC 格式、

COCO 格式、YOLO 格式。假设有一只猫在画面的左下方，我们可以用 3 种方式定义它。

第 1 种，PASCAL VOC 格式。PASCAL VOC 格式是使用在 PASCAL VOC 数据集上的标注格式，它是用 4 个数字标识物体的矩形框的，这 4 个数字是[x_min, y_min, x_max, y_max]，代表矩形框的左上角和右下角。这个猫的矩形框标注数据为[98, 345, 420, 462]。

第 2 种，COCO 格式。COCO 格式使用在 Common Objects in Context 数据集中，它同样也用 4 个数字标识矩形框，只是定义不同，它使用的是左上角的坐标，加上宽度和高度，即[x_min, y_min, width, height]，那么这个猫的矩形框就应当是[98, 345, 322, 117]。

第 3 种，YOLO 格式。YOLO 格式主要是 YOLO 算法所引入的相对坐标系，它使用的是相对坐标的标记方式，即坐标相对于宽高的相对比例，取值范围为 0～1。具体来说，也用 4 个数字表示，即[x_center, y_center, width, height]，其中，这 4 个坐标都是相对于画幅的宽高而言的。那么猫的矩形框使用 YOLO 格式进行标注应当是[(420 + 98) / 2 / 640, (462 + 345) / 2 / 480, 322 / 640, 117 / 480] ，即[0.4046875, 0.840625, 0.503125, 0.24375]。使用不同标注方式标识矩形框的示意图如图 12-22 所示。

图 12-22　使用不同标注方式标识矩形框的示意图

XML 文件是按照 PASCAL VOC 格式进行存储的，因此在配置时，需要选择 format="pascal_voc"。此外，我们还会从数据集中提取 obj_names，obj_category_ids，obj_poses，obj_truncateds，obj_difficults 这 5 个信息，数据管道无须对这些数据进行处理，只需要将这 5 个信息与其他信息对齐即可。

对于对农村公路占道图像进行处理的数据管道，我们定义如下 4 个数据增强操作：水平翻转 HorizontalFlip、平移缩放旋转 ShiftScaleRotate（实际上是由平移、缩放、旋转组合而成的高级操作）、随机裁剪 RandomCrop、随机亮度对比度 RandomBrightnessContrast（实际上是由随机亮度和随机对比度组合而成的高级操作），将这 4 个数据处理概率设置为

100%。同时将矩形框配置为 PASCAL VOC 格式，将管道实例的名称命名为 transform。配置代码如下。

```
transform = A.Compose(
    [A.HorizontalFlip(p=1),
     A.ShiftScaleRotate(
        border_mode=cv2.BORDER_CONSTANT,
        scale_limit=0.3,rotate_limit=(10, 30),p=1),
     A.RandomCrop(height=int(0.5*image.shape[0]),
width=int(0.5*image.shape[1]), p=1),
     A.RandomBrightnessContrast(p=1)
     ],
    bbox_params=A.BboxParams(format="pascal_voc",
    label_fields=['names','category_ids','poses','truncateds','difficults'])
    )
```

12.3.3 使用数据管道处理并保存数据

有了数据增强的管道，就可以将图像矩阵 image 和目标矩形框 obj_bndboxes 及其他标注信息送入这个管道，获得一个输出：transformed。transformed 是一个字典，包含了增强后的数据和标注信息。代码如下。

```
t_start = time.time()
transformed = transform(image=image,bboxes=obj_bndboxes,
    names=obj_names, category_ids =obj_category_ids, poses=obj_poses,
    truncateds=obj_truncateds, difficults=obj_difficults)
t_end = time.time()
print("Transform complete! Cost {} seconds".format(t_end-t_start))
```

打印显示，Albumentations 的单次增强耗时约为 0.01s，10000 张图片的总耗时约为 100s。

```
正在处理:图片文件名 00009.jpg-标注文件名 00009.xml...
Transform complete! Cost 0.005983114242553711 seconds
正在处理:图片文件名 00011.jpg-标注文件名 00011.xml...
Transform complete! Cost 0.014959335327148438 seconds
```

由于定义管道时定义了图片数据、矩形框标注、其他信息 3 大块内容，因此可以从输出中提取出这些内容的转换结果。设计 transformed_image 变量，存储转换好的图像三维矩阵。设计 transformed_bboxes_int 变量，存储转换后的矩形框数据，特别注意需要对坐标数据做取整处理。设计其他 transformed_XXX 变量，存储其他标注信息。代码如下。

```
    transformed_image = transformed['image']

    transformed_names = transformed['names']
    transformed_ids = transformed['category_ids']
    transformed_poses = transformed['poses']
    transformed_truncateds = transformed['truncateds']
    transformed_difficults = transformed['difficults']
    transformed_bboxes = transformed['bboxes']
    transformed_bboxes_int = np.array(transformed_bboxes).astype(int).tolist()
    transformed_bboxes_int = [ tuple(i) for i in transformed_bboxes_int]
```

将经过增强后的数据全部从数据管道末端提取出来以后，作者一般需要做两次磁盘写入操作。第一次磁盘写入操作是将提取出来的转换后的图像进行磁盘保存，将改变了的标注信息写入磁盘的 XML 文件，这是为了后期制作数据集；第二次磁盘写入操作是将转换后的图像叠加标注信息，获得可视化结果，这是为了方便后期检查数据增强工作是否会引入标注错误。几何增强后的效果和可视化展示如图 12-23 所示。

图 12-23　几何增强后的效果和可视化展示

从图 12-23 的可视化展示图像（沙堆的图像）看，矩形框标注方式对于某些数据增强方法似乎存在问题。这是因为随着目标的几何旋转，矩形框的长和宽必然是放大的。特别对于某些原始矩形框，如果矩形框的 4 个角并没有框选住有效图像的像素信息，而是由于矩形框的几何刚性，不得不框选住大量无效的背景信息，那么随着矩形框的旋转，原始的矩形框本应当适当缩小，以提高框选范围内有效像素的占比，但实际处理的结果却是，矩形框不但没有缩小，反而放大了。

这种情况以某些长条形状的物体最为明显。例如，原始物体仅仅是进行了旋转和镜像，并没有太大变化，但矩形框框选信息具有较大的形态变化，此时就应该手工修改增强后的矩形框。另一种情况是，由于画幅的缩放旋转，物体的视觉信息已经所剩无几甚至消失了，因此需要将该物体信息从训练数据中移除，以免造成数据噪声。需要手工处理或删除的数据增强图像如图 12-24 所示。

图 12-24　需要手工处理或删除的数据增强图像

12.3.4　像素数据增强管道的配置

几何增强手段往往会改变图像的几何信息和矩形框的标注信息，甚至还需要对标注信息进行人工矫正。与之相比，图像的像素增强手段则不需要改变标注信息。本节重点介绍性能较优越的 GridMask 网格蒙版数据增强手段。其方法和几何增强一致，只是在配置数据管道时，增加一个 GridDropout 的层。代码如下。

```
    transform_5 = A.Compose(
        [A.GridDropout (ratio=0.5, unit_size_min=None, unit_size_max=None, 
holes_number_x=None, holes_number_y=None,
    shift_x=0, shift_y=0, always_apply=False, p=1)
        ])
```

处理结果依旧采用可视化的手段保存两个副本，像素增强的效果和可视化如图 12-25 所示。

图 12-25　像素增强的效果和可视化

<<< 12.3.5　增强数据集的运用

假设原有 500 张图片，进行几何增强后增加 500 张，进行像素增强后增加 500 张，合计 1500 张，数据集规模大幅提高。经过手工验证后，取出无效增强的图像数据（一般约为 10%）后，有效数据集就从原始的 500 张增加为 1350 张。将这 1350 张图片和标注信息复制到新的文件夹，制作 TFRecord 文件，将其作为新的数据集文件。新旧数据集文件如图 12-26 所示。

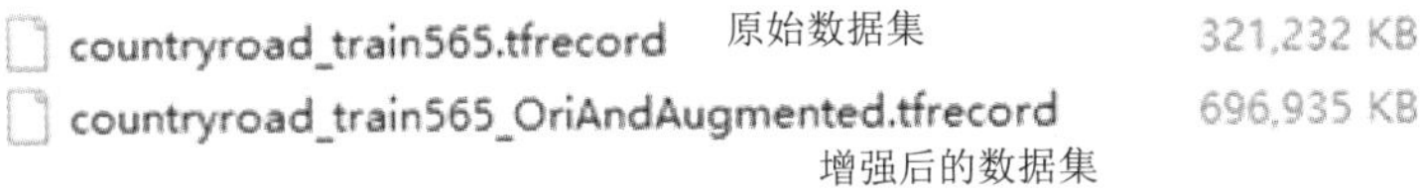

countryroad_train565.tfrecord
原始数据集
321,232 KB
countryroad_train565_OriAndAugmented.tfrecord
696,935 KB
增强后的数据集

图 12-26　新旧数据集文件

使用了数据增强技术后，数据样本数量达到神经网络训练的最低数量要求，在使用 YOLO 一阶段目标检测神经网络后，能够对各种农村公路占道行为进行标注分类。农村公路占道识别效果如图 12-27 所示。

土堆占道
竹子占道
HUAWEI nova 2s
eLUX DUAL CAMERA

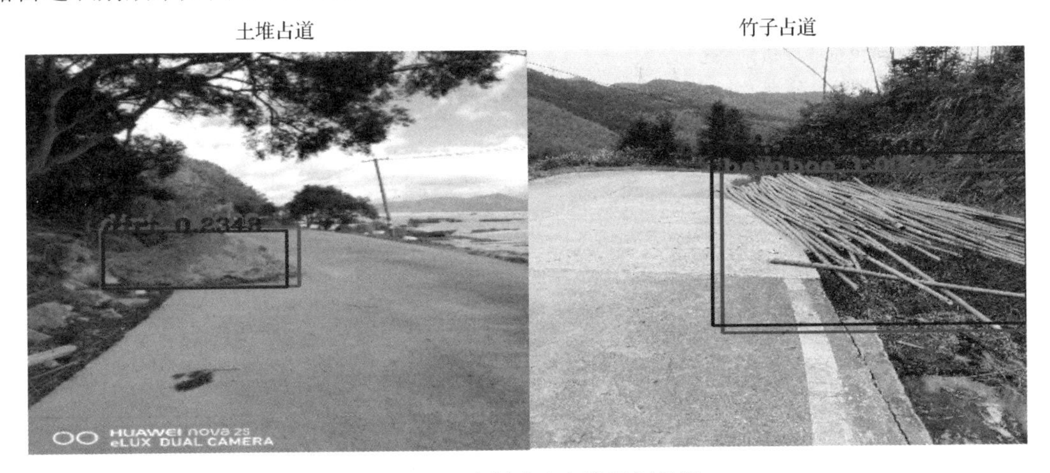

图 12-27　农村公路占道识别效果

第 13 章 模型性能的定量测试和决策阈值选择

本章从图像分类场景出发，介绍神经网络性能判定中要用到的基本概念，并结合餐盘识别的实际案例，介绍如何根据实际场景配置神经网络模型的工作状态。

13.1 神经网络性能量化的基本概念

本节结合例子，介绍混淆矩阵、精确率、召回率、*P-R* 曲线、平均精确率、平均精确率均值、*F* 分数等神经网络的指标定义。

<<< 13.1.1 神经网络预测的混淆矩阵

先分析图像分类场景下，以马（horse）为例的最简单的单类别图像分类任务。我们将包含马的图像定义为正样本（Positive），将不包含马的图像定义为负样本（Negative）。我们将神经网络的正确预测定义为正确（True），将神经网络的错误预测定义为错误（False）。这样，可以得到样本的正/负（Positive/Negative）与判断对/错（True/False）的排列组合，如表 13-1 所示。

表 13-1 神经网络预测结果的判断定性

预测结果的判断定性	简称	含义
True Positives	TP	这幅图像被正确地判定（True），判定的结果是正的（正样本包含马）
False Positives	FP	俗称“受伪”：这幅图像被错误地判定（False），判定的结果是正的（正样本包含马）；这暗含着这幅图像实际上是负的（负样本不包含马）
False Negatives	FN	俗称“拒真”：这幅图像被错误地判定（False），判定的结果是负的（负样本不包含马）；这暗含着这幅图像实际上是正的（正样本包含马）
True Negatives	TN	这幅图像被正确地判定（True），判定的结果是负的（负样本不包含马）

当将多个判断合并累计以后，可以得到单类别图像分类任务的混淆矩阵，如图 13-1 所示。

horse单类别图像分类任务		预测分类	
		horse	非horse
真实标签	horse	TP=22	拒真 FN=7
	非horse	受伪 FP=3	TN=90

TP=22	True Positives(TP): 被正确地划分为正样本的个数，即实际为正样本且被分类器划分为正样本的实例数（样本数）
受伪 FP=3	False Positives(FP): 被错误地划分为正样本的个数，即实际为负样本但被分类器划分为正样本的实例数
拒真 FN=7	False Negatives(FN):被错误地划分为负样本的个数，即实际为正样本但被分类器划分为负样本的实例数
TN=90	True Negatives(TN): 被正确地划分为负样本的个数，即实际为负样本且被分类器划分为负样本的实例数

图 13-1　单类别图像分类任务的混淆矩阵

根据混淆矩阵的数据，可以看到 TP 的统计结果为 22，表示有 22 幅包含马的图像被成功识别。类似地，FN 判断有 7 次，表示有 7 幅包含马的图像被判别为不包含马；FP 判断有 3 次，表示有 3 幅不包含马的图像被判别为包含马；TN 判断有 90 次，表示有 90 幅不包含马的图像都被成功地发现并判别为不包含马。

13.1.2　神经网络量化评估和 *P-R* 曲线

从定义上看，TP 和 TN 的判断都是正确判断，我们希望越高越好，FP 和 FN 的判断都是错误判断，我们希望越低越好。于是可以得到所有正确的判断数量等于 TP+TN，所有错误的判断数量等于 FP+FN，很自然地可以算出神经网络准确率（Accuracy），准确率计算公式如式（13-1）所示。

$$\text{Accuracy}=\frac{\text{TP+TN}}{\text{FP+FN}} \tag{13-1}$$

准确率计算将 TP、TN、FP、FN 的重要性不做区分，这 4 个数据都拥有一样的权重，因为提高准确率的方法，除了降低 FP 和 FN 的和，还可以提高 TP 和 TN 的和，如果数据集拥有较高的 TN，那么神经网络会倾向于忽略 TP 而选择 TN，这样可以避免犯错，从而导致神经网络“慵懒”。目前，神经网络的评价很少使用准确率。

为了有针对性地对神经网络进行评估，有必要再引入两个“率”：精确率和召回率。

精确率（Precision）俗称测准率。通俗地说，精确率指的是神经网络做出的关于正样本的判断是否都是正确的程度。精确率计算公式如式（13-2）所示。

$$\text{Precision}=\frac{\text{TP}}{\text{TP+FP}} \tag{13-2}$$

观察精确率的计算公式，可以发现该指标关注的是提高识别效率，即在识别出来的图像中，TP 所占的比率。但从反方面看，一味追求高精确率，必然导致神经网络过于“严格”

而导致“拒真”。观察精确率的计算公式，可以发现只要降低“受伪”错误数量，就可以将精确率提升到接近100%的水平。而要想降低“受伪”错误数量，只需要神经网络关注把握度高的那些判断，尽量不做出没有把握的判断即可。极端情况下，神经网络面对众多潜在的正样本时，只选择最有把握的那一个样本做出正样本判定，那么显然此时的精确率是非常高的，但这就会导致神经网络过于严格，而忽略了很多潜在的TP。

为此，我们引入了神经网络另一个重要指标——召回率（Recall），俗称测全率。通俗地讲，召回率指的是神经网络是否发现全部的潜在目标。召回率的计算公式如式（13-3）所示。

$$\text{Recall}=\frac{\text{TP}}{\text{TP+FN}} \tag{13-3}$$

观察召回率的计算公式，可以发现该指标关注的是“应报尽报”，尽量不放过任何一个潜在目标，即所有目标是否都找到了，避免漏报。但从反方面看，一味提高召回率，必然导致神经网络过于“宽松”而容易“受伪”。极端情况下，神经网络面对众多样本时，只要待定样本有一点特征与正样本条件吻合，就会做出正样本判断，尽管这会造成“受伪”的数量大量上升，但即使“受伪”的案例再多，也不会对召回率计算产生任何不良影响。

精确率、召回率和混淆矩阵的关系示意图如图13-2所示。

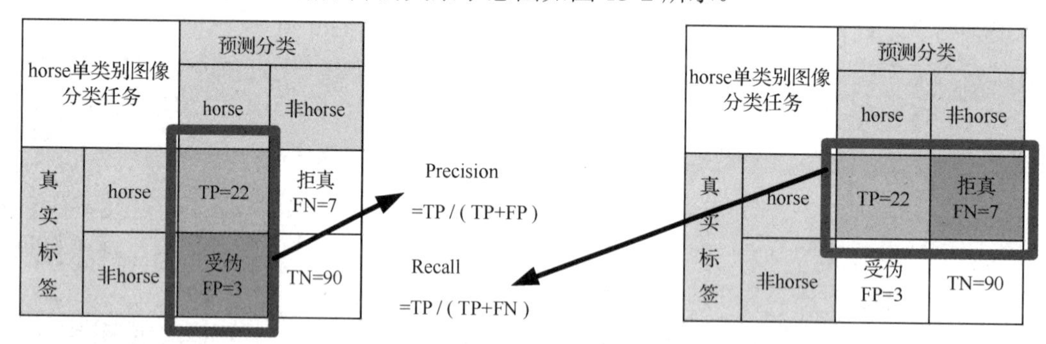

图13-2 精确率、召回率和混淆矩阵的关系示意图

容易受伪的召回率（以下简称R指标）和容易拒真的精确率（以下简称P指标）是一个指标的两个极端，单纯追求P指标会导致样本“拒真”和神经网络过于“严格”，单纯追求R指标会导致样本“受伪”和神经网络过于“宽松”。事实上，P指标和R指标需要相互结合使用，很少单独用作神经网络的性能评估指标。

但同时也应该看到，P指标或者R指标相互对立、相互制约的关系，即当追求高P指标时获得了较低的R指标，当追求高R指标时获得了较低的P指标。将同一个神经网络在不同的配置条件下的P指标和R指标分别绘制在横纵坐标上，就形成了一个P-R曲线

（Precision-Recall Curves）。多个神经网络的多条 *P-R* 曲线相互对比，在固定 *P* 指标或 *R* 指标的前提下，才具备可比性。*P-R* 曲线示意图如图 13-3 所示。

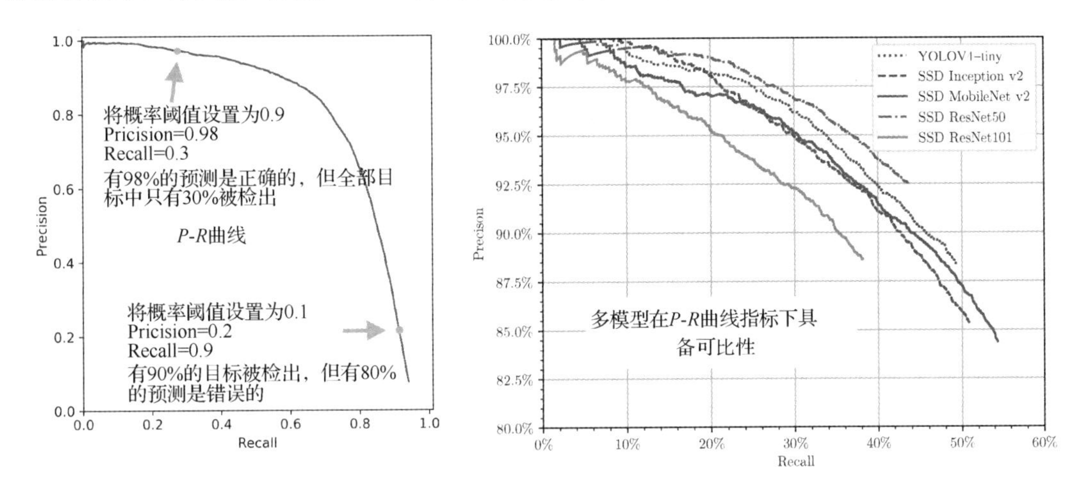

图 13-3　*P-R* 曲线示意图

13.1.3　多分类目标检测场景和平均精确率均值

从 *P-R* 曲线可以看到，*P* 指标和 *R* 指标之间虽然存在相互制约的关系，但总的来说，*P-R* 曲线的右上角越向右上方隆起，说明神经网络的性能越强劲。我们一般使用 *P-R* 曲线所覆盖的面积对神经网络的性能进行量化对比。

我们定义某个分类的平均精确率（Average Precision，AP）为该分类的 *P-R* 曲线所覆盖的面积。对于两个模型，我们使用其 *P-R* 曲线所覆盖的面积作为性能对比的指标，面积越大的那个神经网络的性能越强，如图 13-4 所示。

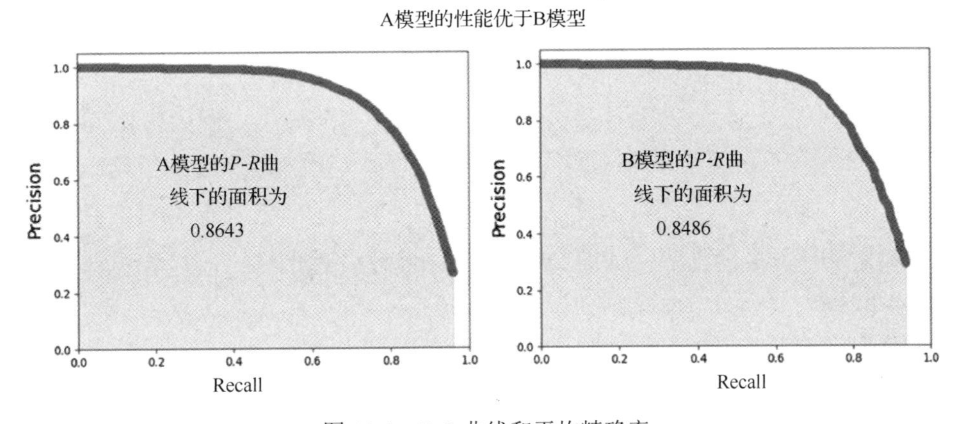

图 13-4　*P-R* 曲线和平均精确率

对于多分类或多目标检测的应用场景，需要针对每个分类单独绘制出其 *P-R* 曲线。我们定义多分类的平均精确率均值（mean Average Precision，mAP）为每类平均精确率的平均值。2010 年之后，国际竞赛一般使用平均精确率均值来测量神经网络的性能。以 10 个物体的目标检测为例，10 分类场景下的 *P-R* 曲线、平均精确率和平均精确率均值如图 13-5 所示。

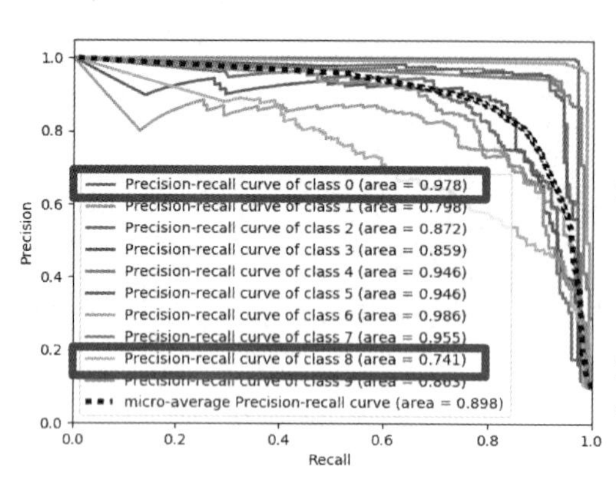

图 13-5　10 分类场景下的 *P-R* 曲线、平均精确率和平均精确率均值

对于多分类目标检测神经网络，使用平均精确率均值作为模型性能的考核指标。

13.1.4　*F* 分数评估方法

P 指标和 *R* 指标二者之间的平衡，除了使用通过 *P-R* 曲线计算平均精确率均值的方法，还可以使用加权调和平均数的方法，该方法被称为 *F* 分数算法。

F 分数算法的核心是为 *P* 指标和 *R* 指标搭配相应的权重，计算它们之间的加权调和平均数，用这个加权调和平均数用来代表神经网络在某个配置参数下的性能。加权调和平均数的定义如式（13-4）所示。

$$H=\frac{m_1+m_1+\cdots+m_n}{\frac{1}{x_1}m_1+\frac{1}{x_2}m_2+\cdots+\frac{1}{x_n}m_n} \tag{13-4}$$

式中，$x_1,\cdots,x_n$ 表示 n 个输入值；$m_1,\cdots,m_n$ 表示这 n 个输入值的权重；H 表示这 n 个输入值的加权调和平均数。

以目前常见的 F_1 分数为例，它是分类问题的一个衡量指标。F_1 分数认为召回率和精确率同等重要，常见于某些多分类问题的机器学习竞赛。F_1 分数是精确率和召回率的同权重调和平均数，其取值范围为[1, 0]，其计算公式如式（13-5）所示。

$$F_1 = \frac{1}{\frac{1}{2}\left(1^2 \times \frac{1}{P} + 1^2 \times \frac{1}{R}\right)} = \frac{2 \times P \times R}{P + R} \tag{13-5}$$

除了 F_1 分数，还有 $F_{0.5}$ 分数和 F_2 分数，它们分别认为召回率的重要性是精确率的 0.5 倍和 2 倍。$F_{0.5}$ 分数和 F_2 分数的公式如式（13-6）和式（13-7）所示。

$$F_{0.5} = \frac{1}{\left(\frac{1}{1+0.5^2}\right)\left(1 \times \frac{1}{P} + 0.5^2 \times \frac{1}{R}\right)} = \frac{1.25 \times P \times R}{R + 0.25P} = \frac{5 \times P \times R}{P + 4R} \tag{13-6}$$

$$F_2 = \frac{1}{\left(\frac{1}{1+2^2}\right)\left(1 \times \frac{1}{P} + 2^2 \times \frac{1}{R}\right)} = \frac{5 \times P \times R}{4P + R} \tag{13-7}$$

更一般地，我们有 F_β 分数算法，其中，参数 β 的含义是召回率的重要性是精确率的 β 倍。F_β 分数的公式如式（13-8）所示。

$$F_\beta = \frac{1}{\left(\frac{1}{1+\beta^2}\right)\left(1 \times \frac{1}{P} + \beta^2 \times \frac{1}{R}\right)} = \frac{\left(1+\beta^2\right) \times P \times R}{\beta^2 P + R} \tag{13-8}$$

13.2　餐盘识别神经网络性能测试案例

获得了神经网络的 *P-R* 曲线后，我们不仅可以获得神经网络的性能量化指标，还能根据具体项目的具体情况，在折中的精确率和召回率上找到合适的决策阈值。

13.2.1　项目背景

近年来，为应对公共卫生问题，减少群体聚集成了预防病毒传播的重要手段。食堂是生活中不可或缺的聚集性场所，如果能够通过智能化的手段减少接触，甚至做到“无人食堂”，那么能在一定程度上提高食堂的公共卫生安全。

在没有智能化技术加持的从前，要做到智慧食堂甚至无人食堂，必须依靠携带 NFC/RFID 芯片的餐盘，即在餐盘底部加装 NFC/RFID 标签，通过结算台的 NFC/RFID 感应器，探测餐盘数量和种类，进行智慧化结算。携带 NFC/RFID 标签的餐盘，不仅其价格（10～15 元）较普通餐盘的价格（1～3 元）高，而且后期维护成本较高。通过 NFC/RFID 标签实现智慧食堂如图 13-6 所示。

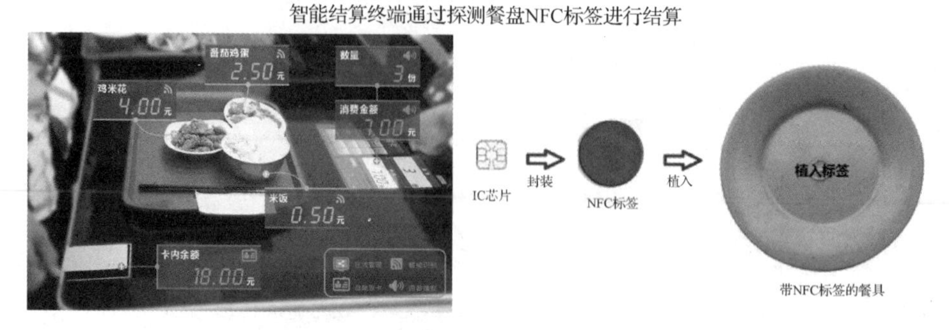

图 13-6　通过 NFC/RFID 标签实现智慧食堂

而使用计算机视觉的手段，通过设置于餐盘承托平台上方的摄像头，拍摄当前托盘内的餐盘照片，智能地进行菜品餐盘的数量和种类的识别，不仅可以大幅降低系统的复杂度和成本，而且可以使性能大幅提升。传统的计算机视觉技术采用边缘检测、圆检测、直线检测、颜色检测等常规手段，对于餐盘相互遮挡、阴影、几何畸变等复杂情况，不具备算法稳健性，如图 13-7 所示。

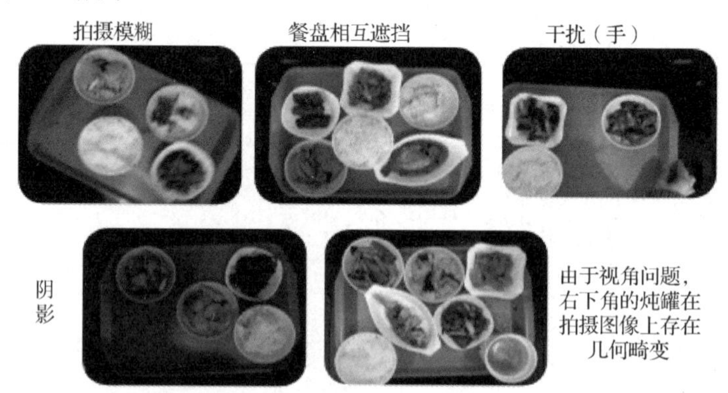

图 13-7　传统特征工程无法穷尽餐盘相互遮挡、阴影、几何畸变等复杂情况示意图

经过项目调研，我们为智慧餐盘识别项目设计了 6 个分类的目标检测神经网络，这 6 个分类分别对应智慧食堂场景下的 6 种价格的餐盘。智慧餐盘项目的分类编号规范遵循分类编号、分类英文名称、分类中文说明一一对应的规范，如表 13-2 所示。

表 13-2　智慧餐盘项目的分类编号规范

分类编号	分类英文名称	分类中文说明
0	GR_PLT	绿圆盘
1	WR_PLT	白圆盘

续表

分类编号	分类英文名称	分类中文说明
2	WFS_PLT	白抹角方盘
3	WFsh_PLT	白鱼盘
4	WR_BWL	白圆碗
5	WR_JAR	白圆炖罐

针对此场景所设计的一阶段目标检测神经网络按照表 13-3 所示的规范输出预测信息。

表 13-3　智慧餐盘项目的神经网络输出规范

输出变量	变量名	形状	数据类型	取值范围	含义
输出第 0 个	Boxes	(100,4)	float32	[0,1]	探测到的目标的坐标信息，每行 4 个元素分别代表 xmin，ymin，xmax，ymax 关于坐标轴：图像左上角为坐标系原点，宽度为 x 轴，高度为 y 轴
输出第 1 个	Nums	(1,)	INT32	[0,100]	探测到的目标数量信息
输出第 2 个	Classes	(1,100)	float32	[0,5]	探测到的目标的分类编号信息
输出第 3 个	Scores	(1,100)	float32	(0,1]	探测到的目标的把握度评分
关于数据使用的说明：假设 Nums 数值等于 7，提取 Boxes 的前 7 行，提取 Classes 的前 7 个元素，提取 Scores 的前 7 个元素，其余忽略					

由于餐盘的识别涉及智慧食堂结算系统，所以结算系统的特点对神经网络性能是有特殊要求的。在工程上，我们需要先确定神经网络的 *P-R* 曲线，然后根据结算系统的特点，在 *P-R* 曲线上选择合适的决策点。

13.2.2　提取全部真实数据和预测结果

为了确定神经网络性能的 *P-R* 曲线，必须准备两个空列表：labels_list_gt 和 result_list_pred。第一个空列表的每行将会是一个包含了 6 个元素的元组，这 6 个元素分别对应编号、真实矩形框坐标（坐标有 4 个元素）及其分类；第二个空列表的每行将会是一个包含了 6 个元素的元组，其结构与第一个空列表完全一致，只是对应了神经网络预测结果。空列表准备代码如下。

```
# ==== Prepare GroundTruth and Prediction List =====
labels_list_gt = []
result_list_pred = []
```

对验证集的全部数据进行一次遍历。单次循环时，完成 4 个工作：提取真实数据并将其存入 labels_list_gt；提取预测结果并将其存入 labels_list_pred；视情况将每次循环的结果打印出来；将识别结果转化为矩形框画在原图上。完成全部样本循环了以后，将全部结果存储在 DataFrame 中，待后续处理。伪代码如下。

```
for batch, (img_Mat, labels) in enumerate(eval_dataset):
    # ==== Generate GroundTruth List =====
    ......
    # ==== Generate Prediction List =====
    ......
    # ==== Counsol Output =====
    ......
    # ==== Visualization Output =====
    ......
# ==== Generate GroundTruth and Prediction DataFrame =====
......
```

对于全部真实数据的提取，主要完成的工作是从数据集提取样本序号 batch、矩形框顶点坐标(label[0],label[1],label[2],label[3])和样本标签编号 label[4]。代码如下。

```
# ==== Generate GroundTruth List =====
nums_GT = tf.math.reduce_sum(tf.cast(
    tf.math.reduce_sum(labels,1)>0,tf.int32))
for i in range(nums_GT):
    label = labels[i].numpy()
    value_GT = (batch,
                label[0],label[1],label[2],label[3],
                label[4])
    labels_list_gt.append(value_GT)
```

对于全部预测数据的提取，需要建立模型并加载好训练过的参数，此时注意要将预测结果的概率阈值设置为一个足够小的数值，如 0.05 甚至 0.01，以确保高召回率的情况下也有相应数据。提取的数据为数据序号、预测矩形框的顶点坐标、预测概率和预测分类编号。代码如下。

```
# ==== Generate Prediction List =====
img_batch = tf.expand_dims(img_Mat, 0)
(boxes_batch, scores_batch,
    classes_batch, nums_Pred_batch) = model(img_batch)
(boxes, scores, classes, nums_Pred)=(
```

```
    boxes_batch[0], scores_batch[0],
    classes_batch[0], nums_Pred_batch[0])
for i in range(nums_Pred):
    box = boxes[i].numpy()
    score = scores[i].numpy()
    class_ = classes[i].numpy()
    value_pred = (batch, box[0],box[1],box[2],box[3],
                score,class_)
    result_list_pred.append(value_pred)
```

根据实际情况，选择需要的信息打印出来，并使用 draw_outputs 函数，将真实矩形框使用颜色(0,0,255)画在原图上，将预测矩形框使用颜色(255,0,0)叠加在原图上，方便比对。保存图片时，带上数据集样本编号和当前的决策阈值（0.05）。代码如下。

```
# ==== Counsole Output =====
print('Score={}'.format(FLAGS.yolo_score_threshold),
     'Sample={}'.format(batch),
     'GT={}'.format(nums_GT.numpy()),
     'Pred={}'.format(nums_Pred.numpy()),
     img_Mat.shape, labels.shape)
# ==== Visualization Output =====
if FLAGS.VISUALIZA_ON:
    img=256*cv2.cvtColor(
       img_batch[0].numpy(),cv2.COLOR_RGB2BGR)
    boxes_GT_batch = tf.expand_dims(labels[:,0:4],0)
    classes_GT_batch = tf.reshape(labels[:,4:5],[1,-1])
    scores_GT_batch = tf.ones_like(classes_GT_batch)
    nums_GT_batch = tf.expand_dims(nums_GT,0)
    img_GT_vis = draw_outputs(
       img,
        (boxes_GT_batch, scores_GT_batch,
        classes_GT_batch, nums_GT_batch),
       class_names,color=(0,0,255))
    img_pred_vis = draw_outputs(
       img_GT_vis,
       (boxes_batch, scores_batch,
        classes_batch, nums_Pred_batch),
       class_names,color=(255,0,0))
```

```
    output_filename=str(result_dir_at_ScoreThres/
        'img_{:05d}.jpg'.format(batch))
    cv2.imwrite(output_filename, img_pred_vis)
    logging.info('output saved to: {}'.format(output_filename))
```

完成验证集的全部样本遍历后，可以将存储了全部真实矩形框及其分类的列表 labels_list_gt 存储在名为 df_GTs 的 DataFrame 中，它的全部字段为['filename', 'xmin', 'ymin', 'xmax', 'ymax', 'class']；将存储了神经网络预测结果的列表 result_list_pred 存储在名为 df_Preds 的 DataFrame 中，它的全部字段为['filename', 'xmin', 'ymin', 'xmax', 'ymax', 'score', 'class']。代码如下。

```
for batch, (img_Mat, labels) in enumerate(eval_dataset):
    # ==== Generate GroundTruth List =====
    # ==== Generate Prediction List =====
    # ==== Counsol Output =====
    # ==== Visualization Output =====
# ==== Generate GroundTruth and Prediction DataFrame =====
column_name_GT = [
    'filename', 'xmin', 'ymin', 'xmax', 'ymax', 'class']
df_GTs = pd.DataFrame(labels_list_gt, columns=column_name_GT)
column_name_Pred = [
    'filename', 'xmin', 'ymin', 'xmax', 'ymax',
    'score', 'class']
df_Preds = pd.DataFrame(
    result_list_pred, columns=column_name_Pred)
```

接下来要根据全部的真实数据和预测结果，统计在不同决策阈值下的精确率和召回率。

13.2.3 模拟不同决策阈值下的精确率和召回率

在 df_Preds 的 DataFrame 的字段基础上，增加以下字段：['IOU', 'TP', 'FP', 'acc_TP', 'acc_FP', 'Precision', 'Recall']。在这些字段中，'IOU'字段存储预测矩形框和真实矩形框的交并比，'TP'和'FP'字段存储对于某预测矩形框的对错定性，如果预测正确，那么'TP'字段为 1，'FP'字段为 0；如果预测错误，那么'TP'字段为 0，'FP'字段为 1。

其中，'acc_TP'字段存储的内容被定义为在决策阈值从 1 下降到 0.05 的过程中，判断正确的矩形框数量，'acc_FP'字段存储着被误判的矩形框数量，acc 的含义为累积，是 accumulate

的缩写。可以预见，神经网络逐渐倾向于“放宽”检测标准的过程，对应着决策阈值持续下降的过程，也对应着召回率逐步增大且精确率逐步降低的过程。随着检测标准的放宽，'acc_TP'字段存储的数值会持续上升，同时，'acc_FP'字段存储的数值也会持续上升。

'Precision'和'Recall'字段分别存储着决策阈值从 1 下降到 0.05 的过程中，根据 TP 和 FP 所算出的精确率和召回率。

由于 *P-R* 曲线是针对某个分类的曲线，所以从程序设计的方法上看，需要首先对多个分类进行轮流遍历处理。对于某个分类，需要从所有的真实数据和预测数据中提取与该分类有关的矩形框和分类编号，按照预测概率（字段名为 score）进行降序排列，并进行该分类的['IOU', 'TP', 'FP', 'acc_TP', 'acc_FP', 'Precision', 'Recall']字段内容的具体计算，将计算结果存储在名为 df_mAP 的 DataFrame 中。在完成所有分类的计算后，设计一个字典 dict_mAP，它有多个键值和数值，键值对应着分类编号 str(this_class)，数值对应着一个存储着该分类 *P-R* 曲线数据的名为 df_mAP 的 DataFrame。最终需要将各个分类的 DataFrame 存储到一个 Excel 文件的多个 sheet 当中。代码如下。

```
dict_mAP = {}
for this_class in set(df_GTs['class'].astype(int).values):
     print('Calculating Class:{}'.format(this_class))
    # ==== 选择某一个分类
    df_Pred = df_Preds.loc[df_Preds['class']== this_class ]
    df_Pred = df_Pred.reset_index(drop=True).copy()
    df_GT = df_GTs.loc[df_GTs['class']== this_class ]
    df_GT = df_GT.reset_index(drop=True).copy()
    print('Select Class={} of GT={} Pred={}'.format(
        this_class,len(df_Pred),len(df_GT)))
    # ==== Prepare Precision and Recall Column Name =====
    new_column_name = np.append(
        df_Pred.columns.values,
         ['IOU', 'TP','FP','acc_TP','acc_FP',
          'Precision', 'Recall'])
    df_mAP = df_Pred.reindex(
        columns=new_column_name, fill_value=0)
    df_mAP.sort_values(
        by='score',ascending=False, inplace=True,
        na_position='last')
```

```
    df_mAP = df_mAP.reset_index(drop=True).copy()
    ……
    # ==== Storage mAP for One Very Class =====
    dict_mAP[str(this_class)] = df_mAP
# ==== Storage ConfusionMatrix and P-R Dataframe=====
excel_output_filename = prefix+"evalute_mAP.xlsx"
writer = pd.ExcelWriter(
    str(eval_result_parent_dir/excel_output_filename ) )
for i, key in enumerate(dict_mAP.keys()):
    df_ONEmAP = dict_mAP[key]
    df_ONEmAP.to_excel(writer,sheet_name=key)
writer.save()
writer.close()
```

在计算某个分类的['IOU', 'TP', 'FP', 'acc_TP', 'acc_FP', 'Precision', 'Recall']字段内容的过程中。首先计算['IOU', 'TP', 'FP']字段，具体计算方法为，以每个预测矩形框的处理算法为整体展开遍历循环，即在每个遍历周期内专门处理某个预测矩形框的['IOU', 'TP', 'FP']字段数据，只需要这个预测矩形框与任何一个真实矩形框形成了大于 0.5 的交并比（因为计算的是某个分类的数据，所以分类必然正确），就认为该预测是正确的预测（TP 加 1，同时记录此时的交并比），如果没有大于 0.5 的交并比，那么认为该预测是错误的预测（NP 加 1，同时记录此时的交并比）。代码如下。

```
# Caculate IOU and Assign TruePositive FalsePositive with 0 or 1
for index_pred, row in df_mAP.iterrows():
    #====将预测信息和真实信息进行逐一对齐，方便比对=======
    pred=df_mAP.loc[
        index_pred,
        ['filename',
         'xmin','ymin','xmax','ymax',
         'class','score']]
    GTs = df_GT.loc[df_GT['filename']==pred['filename']]
    #==Calculate ious, iou=0 if class not match ======
    Booleans_ClassEqual = tf.equal(
        tf.cast(pred['class'],tf.int32),
        tf.cast(GTs['class'],tf.int32))
    ious_raw = iou_calculator(
```

```
        tf.constant(
            pred[['xmin', 'ymin', 'xmax', 'ymax']].values,
            dtype=tf.float32),
        tf.constant(
            GTs[['xmin', 'ymin', 'xmax', 'ymax']].values,
            dtype=tf.float32) )
    ious = tf.cast(ious_raw,tf.float32)*tf.cast(
        Booleans_ClassEqual, tf.float32)
    max_iou = tf.reduce_max(ious).numpy()
    if tf.reduce_max(ious) >= FLAGS.IOU_THRES: # such as 0.5
        df_mAP.loc[index_pred,'TP']=1
        df_mAP.loc[index_pred,'FP']=0
        df_mAP.loc[index_pred,'IOU']=0.01 # this is a pandas bug
        df_mAP.loc[index_pred,'IOU']=max_iou
    else:
        df_mAP.loc[index_pred,'TP']=0
        df_mAP.loc[index_pred,'FP']=1
        df_mAP.loc[index_pred,'IOU']=0.01 # this is a pandas bug
        df_mAP.loc[index_pred,'IOU']=max_iou
        if FLAGS.FP_VISUALIZA_ON:# 将预测矩形框和真实矩形框画在图像上
            draw_one_ret(
                eval_dataset, pred,class_names,
                FP_dir_at_ScoreThres)
```

然后计算['acc_TP', 'acc_FP', 'Precision', 'Recall']字段。根据算法定义，精确率中的分母等于预测正确的样本数加上预测错误的样本数（在代码中对应 acc_TP+acc_FP），召回率的分母等于所有真实矩形框的总数，即 TP+FN。代码如下。

```
# ==== 逐行计算精确率和召回率 =====
acc_TP = 0; acc_FP = 0;TP_plus_FN = len(df_GT)
for index_pred, row in df_mAP.iterrows():
    acc_TP +=df_mAP.loc[index_pred,'TP'];
    df_mAP.loc[index_pred,'acc_TP'] = acc_TP
    acc_FP +=df_mAP.loc[index_pred,'FP'];
    df_mAP.loc[index_pred,'acc_FP'] = acc_FP
    df_mAP.loc[index_pred,'Precision'] = acc_TP / (acc_TP + acc_FP)
```

```
    df_mAP.loc[index_pred,'Recall'] = acc_TP / TP_plus_FN
```

完成 *P-R* 曲线数据计算后，可以使用 df_mAP 的保存方法，将计算结果保存为一个 CSV 文件。打开 CSV 文件可以看到当预测概率阈值从 1 开始逐渐下降到 0.05 时，累计预测正确的样本数量 acc_TP 逐渐上升，同时，预测错误的数量 acc_FP 也在逐渐上升。餐盘识别的 *P-R* 曲线数据清单如图 13-8 所示。

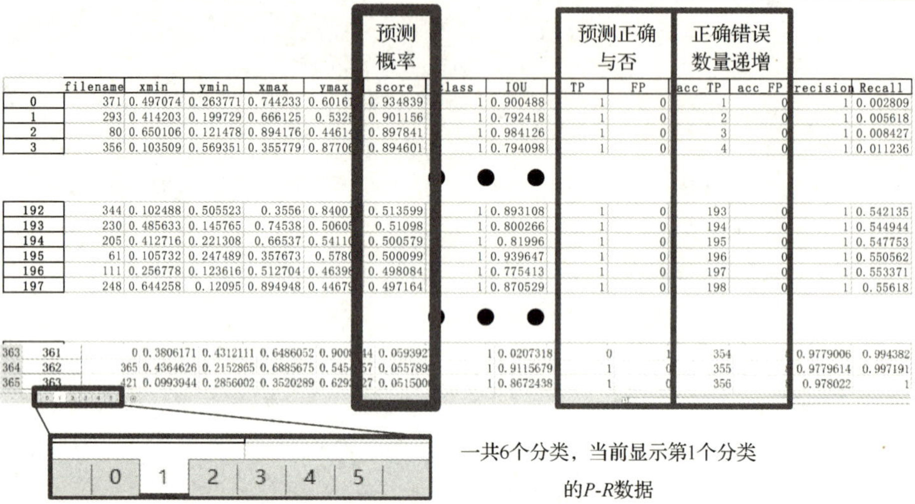

	filename	xmin	ymin	xmax	ymax	score	class	IOU	TP	FP	acc_TP	acc_FP	Precision	Recall
0	371	0.497074	0.263771	0.744233	0.6016	0.934839	1	0.900488	1	0	1	0	1	0.002809
1	293	0.414203	0.199729	0.666125	0.5325	0.901156	1	0.792418	1	0	2	0	1	0.005618
2	80	0.650106	0.121478	0.894176	0.4461	0.897841	1	0.984126	1	0	3	0	1	0.008427
3	356	0.103509	0.569351	0.355779	0.8770	0.894601	1	0.794098	1	0	4	0	1	0.011236
● ● ●														
192	344	0.102488	0.505523	0.3556	0.8400	0.513599	1	0.893108	1	0	193	0	1	0.542135
193	230	0.485633	0.145765	0.74538	0.5060	0.51098	1	0.800266	1	0	194	0	1	0.544944
194	205	0.412716	0.221308	0.66537	0.5411	0.500579	1	0.81996	1	0	195	0	1	0.547753
195	61	0.105732	0.247489	0.357673	0.578	0.500099	1	0.939647	1	0	196	0	1	0.550562
196	111	0.256778	0.123616	0.512704	0.4639	0.498084	1	0.775413	1	0	197	0	1	0.553371
197	248	0.644258	0.12095	0.894948	0.4467	0.497164	1	0.870529	1	0	198	0	1	0.55618
● ● ●														
363 361	0	0.3806171	0.4312111	0.6486052	0.900…44	0.059392	1	0.0207318	0	1	354	[illegible]	0.9779006	0.994382
364 362	365	0.4364626	0.2152865	0.6885675	0.545…57	0.05578	1	0.9115679	1	0	355	[illegible]	0.9779614	0.997191
365 363	421	0.0993944	0.2856002	0.3520289	0.629…27	0.0515000	1	0.8672438	1	0	356	[illegible]	0.978022	1

预测概率

预测正确与否

正确错误数量递增

0 | 1 | 2 | 3 | 4 | 5

一共6个分类，当前显示第1个分类的*P-R*数据

图 13-8 餐盘识别的 *P-R* 曲线数据清单

提取 *P-R* 曲线数据中的 Precision 和 Recall 字段的数据，即可画出 *P-R* 曲线图。餐盘识别的 6 个分类的 *P-R* 曲线如图 13-9 所示。

可见，即使在高召回率的情况下，一阶段目标检测神经网络在餐盘识别领域的识别率依旧能保持较高的精确率。

餐盘识别系统的 *P-R* 曲线之所以尤为重要，是因为餐盘识别涉及结算系统。结算系统的特点是对“漏结算”较为敏感，对“重复结算”具有一定的容忍度。为此，我们将生产环境中的餐盘判断决策阈值设定为 0.3（非决算场景下的决策阈值一般为 0.5），即只要神经网络对于目标检测的概率大于 0.3，就可以认为该目标检测的预测是一个“较为有把握”的输出，从而使神经网络尽量避免漏检的情况。

经过测试，将神经网络的决策阈值设置为 0.3，神经网络几乎可以识别所有餐盘，并且给出较高的概率评价。由于进行了数据增强，并且神经网络设计合理，因此智能系统对于各种复杂情况都具有较强的稳健性，如图 13-10 所示。

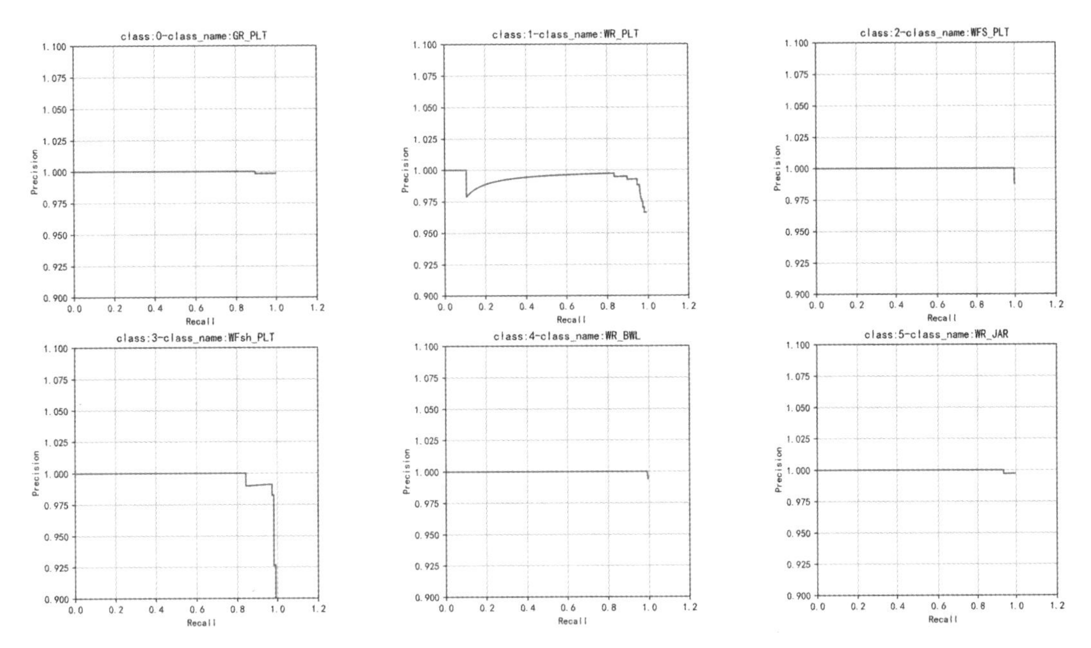

图 13-9　餐盘识别的 6 个分类的 *P-R* 曲线

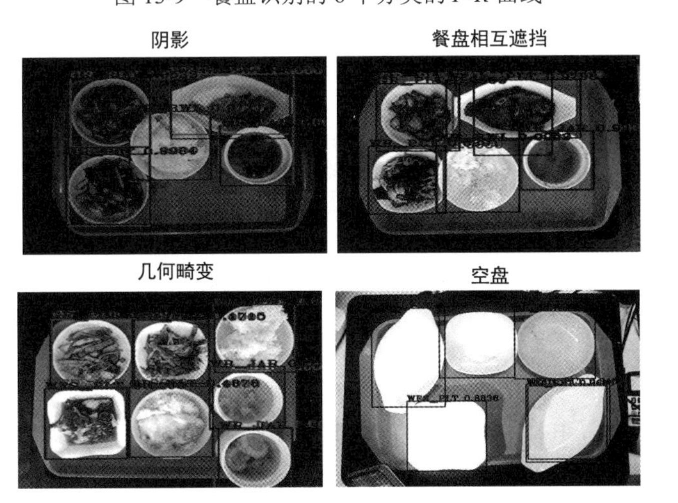

图 13-10　深度神经网络能轻松应对各种异常情况示意图

神经网络并非万能的，在基于传统计算机视觉的餐盘结算系统和基于深度学习的餐盘结算系统切换的过程中，我们依旧采用“双核”驱动的主备策略，即优先以神经网络的判定结果为依据，当神经网络给出低于 50%的预测时，由传统的计算机视觉程序进行辅助判断。深度学习和传统计算机视觉耦合协同，确保餐盘识别性能的稳定可靠。使用了深度学习的无人食堂结算系统如图 13-11 所示。

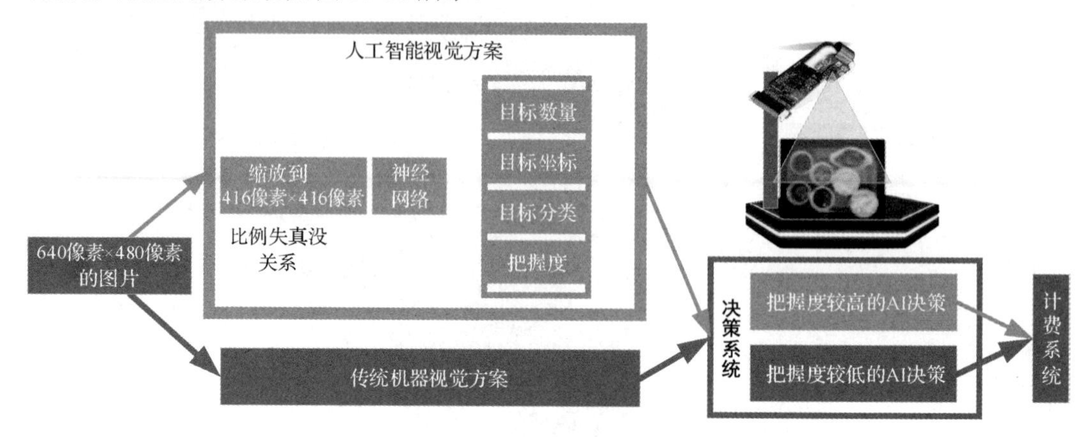

图 13-11　使用了深度学习的无人食堂结算系统

第 14 章 使用边缘计算网关进行多路摄像头目标检测

边缘计算与云计算最大的区别是是否将神经网络的计算开销分布在若干边缘端，但边缘计算并非意味着要将算力分配到边缘场景的末端，也可以将若干边缘端的算力进行合并，合并后的算力以边缘计算网关的形态出现。边缘计算网关是将云端功能扩展到本地的边缘端设备，使边缘端能够快速自主地响应本地事件，同时，网关形态也能提供低延时、低成本、隐私安全、本地自治的本地计算服务。

14.1 边缘计算网关的整体结构

一个完整的边缘计算网关同时包含一个嵌入式系统和核心 TPU 组件。其中，嵌入式系统可以保证系统稳定运行并提供良好的通信接口能力，TPU 组件负责完成高负荷的计算任务，TPU 组件的计算能力是边缘计算系统与嵌入式系统最大的能力差异。

14.1.1 核心 TPU 组件

算能科技（比特大陆）公司的边缘计算硬件以其张量处理器（TPU）为核心，发展出为主机进行 AI 计算赋能的 AI 推理卡和 AI 推理模组，甚至是独立运行的 AI 服务主机。以其目前量产的 BM1684 和 BM1682 张量处理器为例，其性能表如表 14-1 所示。

表 14-1　BM1684 和 BM1682 张量处理器性能表

张量处理器	峰值性能	视频解码	片内 SRAM 容量	运算单元
BM1684	17.6 TOPS INT8 2.2TFLOPS FP32	32 路高清硬解码	32MB	1024 个
BM1682	3TFLOPS FP32	8 路高清硬解码	16MB	2048 个

其中，BM1684 芯片性能更为强劲，它是一个专用于加速神经网络运行的微型系统级芯片，升级版的 BN1684x 则增加了对非对称量化的支持。BM1684 芯片自身便可以完成包括视频图像解码、预处理、模型推断、图像编码的一整套 AI 应用流程。芯片上主要集成了

ARM-A53 逻辑控制计算单元、视频图像加速处理单元、数据存储单元、TPU 神经网络加速计算单元，使得芯片能够独立完成 AI 模型的推断。BM1684 单芯片共有 64 个 NPU，每个 NPU 内包含 16 个计算单元（EU）。BM1684 可提供 2.2TFLOPs 的单精度浮点（FP32）峰值算力或 17.6TOPs 的 8 位整型（INT8）峰值算力。当启用 Winograd 时，BM1684 的算力进一步攀升至 35.2TOPs。深度优化的 NPU 是一个强大的调度引擎，可为神经元计算核心提供极高带宽的数据供给。32MB 的片上存储为性能优化和数据高速缓存提供了绝佳的编程灵活性。BM1684 芯片内部结构框图如图 14-1 所示。

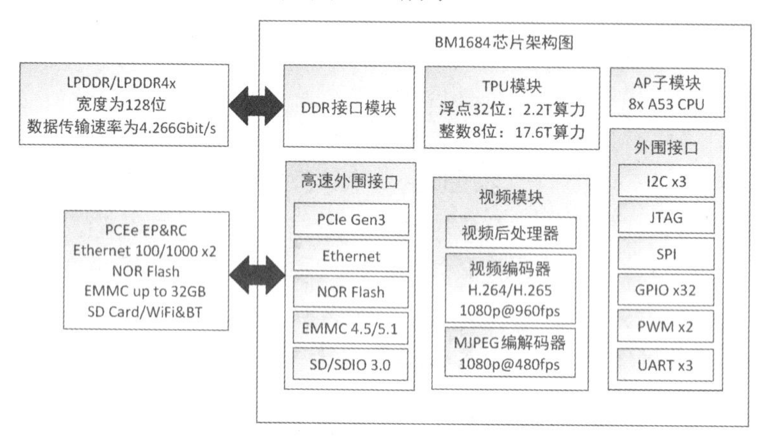

图 14-1　BM1684 芯片内部结构框图

14.1.2　计算卡和模组

芯片以 AI 推理卡或 AI 推理模组的形态出现，官方称之为 PCIE 模式，即推理卡或模组主要以 PCIE 的接口与主系统进行数据通信；芯片以（微）服务器的形态出现，官方称之为 SoC 模式，即边缘操作系统和计算推理全部由（微）服务器独立负责，无须更多硬件。本节将以其边缘端独立运行的 SE5 微服务器为例，介绍如何将神经网络部署在 SoC 模式的边缘端。

SE5 微服务器的核心是一个 BM1684 芯片，它充分发挥了其内部集成的 ARM-A53 主控部分的强大系统控制能力和内部 64 个 NPU 的强大计算加速能力。SE5 微服务器的硬件集成度高，在提供强大的边缘嵌入式系统和计算加速能力的前提下，保持了小巧的机身。丰富的接口和强大的计算能力，使得它非常适合在智慧安全、智慧交通、智慧园区、智慧零售等领域充当边缘计算网关的角色。SE5 微服务器自带多路人脸识别系统，如图 14-2 所示。

SE5 微服务器支持挂墙安装、机架安装等多种方式，自带 WAN 口和 LAN 口，支持 SIM 卡互联方式，与上级服务器通信的同时，管辖下级网络设备。使用 SE5 微服务器进行边缘端部署开发时，只需要一根网线，就可以使用 SE5 微服务器进行边缘端研发和部署，如图 14-3 所示。

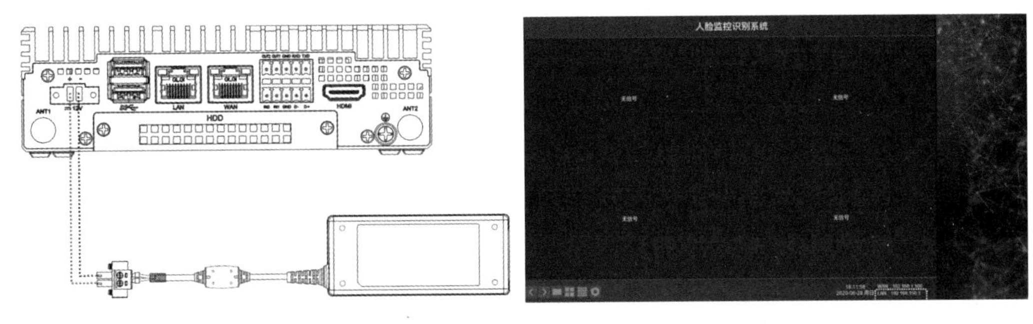

图 14-2　比特大陆公司的 AI 计算服务器（SE5 微服务器）

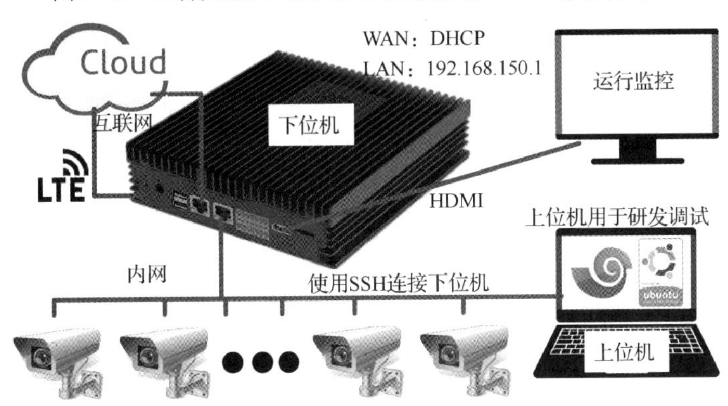

图 14-3　SE5 微服务器的研发和生产拓扑示意图

14.1.3　下位机的操作系统

在研发阶段，开发者的计算机是上位机，而 SE5 微服务器则作为下位机使用。SE5 微服务器使用的是完全开源的 Debian 操作系统，操作系统版本号为 stretch，开发者可以使用常规的 Debian 操作系统命令进行系统的配置和修改。

```
linaro@EricSE5:~$ hostnamectl
   Static hostname: EricSE5
         Icon name: computer
        Machine ID: 62ba6ff26dd742a693335c934bd8076d
           Boot ID: 29c43e6f72ac42f3be4abf9a2d102fef
  Operating System: Debian GNU/Linux 9 (stretch)
            Kernel: Linux 4.9.38-bm1684-v7.3.0-00469-g49e7e2dd
      Architecture: arm64
```

SE5 微服务器作为下位机，其 WAN 口被默认设置为 DHCP 自动获取 IP 地址，其 LAN 口被默认设置为 192.168.150.1 的 IP 地址。开发者拿到 SE5 边缘计算网关时，可以使用网线将互联网接入 SE5 微服务器的 WAN 口，这样 SE5 即可自动接入互联网，再使用网线将上位机的网络连接 SE5 微服务器的 LAN 口，在网页中输入 192.168.150.1，登录出厂预装的网页管理后台，进行简单的设备探索。

探索完毕后，可以登录算能科技公司的官网下载最新的刷机包，将刷机包复制进一个 Micro-SD 卡后，将 Micro-SD 卡插入 SE5 微服务器进行首次系统升级，确保边缘计算网关的内置操作系统是最新的。刷机的方法详见 SE5 微服务器的官网。值得注意的是，SE5 微服务器上的 HDMI 输出并没有使用标准的 framebuffer 驱动，因为如果使用 framebuffer 驱动，那么将会占用 CPU 的一个额外的核心资源开销，所以 SE5 微服务器刷机后将失去 HDMI 界面显示的输出。即使没有 HDMI 显示界面，开发者依旧可以通过 SSH 方式连接 SE5 微服务器，使用命令行方式对设备进行开发调试。

刷机进入 SE5 微服务器的 Debian 操作系统后，应当首先执行 apt-get update 命令，进行软件仓库的更新。如果首次执行 apt-get update，那么可能出现密钥错误，如下所示。

```
    W: Failed to fetch http://***/debian/dists/sid/InRelease  The following
signatures couldn't be verified because the public key is not available:
NO_PUBKEY 648ACFD622F3D138 NO_PUBKEY 0E98404D386FA1D9
```

这是因为 Debian 操作系统的 GPG 采用的是非对称加密方式，即“用公钥加密文件，用私钥解密文件”。首次执行 apt-get update 时打印出来的错误信息显示，SE5 微服务器的操作系统缺少 648ACFD622F3D138 和 0E98404D386FA1D9 这两个私钥，必须登录 Ubuntu 的密钥服务器查找这两个公钥对应的私钥，将其保存在 SE5 微服务器的磁盘上，使用 apt-key add 命令添加这两个私钥即可。向 SE5 微服务器添加私钥并从命令行获得“OK”的反馈后，即可使用 apt-get update 命令更新 SE5 的软件仓库。代码如下。

```
linaro@EricSE5:~/pgp_keys_dir$ sudo apt-key add 648ACFD622F3D138.key
OK
linaro@EricSE5:~/pgp_keys_dir$ sudo apt-key add 0E98404D386FA1D9.key
OK
linaro@EricSE5:~/pgp_keys_dir$ sudo apt-get update
```

作者的 GitHub 也将这两个私钥进行了存储和公开，读者如果看到这两个公钥的密钥缺失，可以登录作者的 GitHub 下载相应的私钥解决 apt-get update 的密钥缺失故障。

软件仓库维护工具 apt-get 能够正常运行以后，读者可以使用常规的 Debian 操作系统运维命令，配置系统或安装其他，这里不展开叙述。

14.1.4 下位机的开发环境简介

SE5 微服务器的操作系统内置了 Python3 的运行环境，可以通过 pydoc modules 查看所有

Python 下的可用模块，如果遇到模块缺失，如缺失 pip 模块和 NumPy 模块，那么可以先通过 apt 命令安装 pip 模块，再通过已经安装好的 pip install 命令安装 NumPy 模块。代码如下。

```
linaro@bm1684:~$ pydoc modules
linaro@sudo apt install python3-pip
linaro@sudo pip3 install numpy==1.17.2
```

由于 CV2 模块依赖于系统的驱动，所以在使用 CV2 模块之前，需要先设置下位机的环境变量，然后重启系统，等待环境变量生效。代码如下。

```
linaro@bm1684:~$ export PATH=$PATH:/system/bin
linaro@bm1684:~$ export LD_LIBRARY_PATH=$LD_LIBRARY_PATH:/system/lib/:
/system/usr/lib/aarch64-linux-gnu
linaro@bm1684:~$ export PYTHONPATH=$PYTHONPATH:/system/lib
linaro@bm1684:~$ sudo reboot
```

至此，我们可以使用 Python3 命令进入 Python 环境，导入若干常用的包，确认 Python 环境正常后，即可完成下位机的全部配置工作。代码如下。

```
linaro@bm1684:~$ python3
Python 3.5.3 (default, Nov  4 2021, 15:29:10)
[GCC 6.3.0 20170516] on linux
Type "help", "copyright", "credits" or "license" for more information.
>>> import numpy as np
>>> import cv2,time,datetime
>>> print(np.__version__)
1.17.2
>>> print(cv2.__version__)
4.1.0
```

下位机的编程支持多种语言：C++、Python。本书以 Python 为例介绍下位机编程基础。

下位机使用一个名为 BMNNSDK 的深度学习 SDK 提供开发支持。BMNNSDK 由 Compiler、Library 和 Examples 三部分组成：Compiler 负责对第三方深度学习框架下训练得到的神经网络模型的离线编译和优化，生成最终运行时需要的二进制模型（bmodel）。目前支持 Caffe、DarkNet、MXNet、ONNX、PyTorch、PaddlePaddle、TensorFlow 等框架的模型编译；Library 提供了 BM-OpenCV、BM-FFmpeg、BMCV、BMRuntime、BMLib 等库，用来驱动 VPP、VPU、JPU、TPU 等硬件，完成视频图像编解码、图像处理、张量运算、模型推理等操作，供用户进行深度学习应用开发；Examples 提供了 SoC 和 x86 环境下的多个编程样例，供用户在深度学习应用开发过程中参考。

BMNNSDK 的 Python 脚本的编程支持是通过一个名为 SAIL 的函数库实现的。SAIL

（Sophon Artificial Intelligent Library）是 Sophon Inference 中的核心模块，负责向用户提供 Python 编程接口。

SAIL 函数库对 SDK 中的 BMLib、BMDecoder、BMCV、BMRuntime 进行了封装，将 BMNNSDK 中原有的加载 bmodel 并驱动 TPU 推理、驱动 TPU 做图像处理、驱动 VPU 做图像和视频解码等功能抽象成更为简单的 C++接口，并且使用 pybind11 调用 C++接口后再次封装，最终为开发者提供简洁易用的 Python 接口。

目前 SAIL 模块中所有的类、枚举、函数都在 SAIL 命名的空间下，核心的类包括 Handle、Tensor、Engine、Decoder、BMCV。SAIL 模块中的核心类表如表 14-2 所示。

表 14-2　SAIL 模块中的核心类表

SAIL 函数库下的类名称	类说明
Handle	BMNNSDK 中 BMLib 的 bm_handle_t 的包装类、设备句柄、上下文信息，用来和内核驱动交互信息
Tensor	BMNNSDK 中 BMLib 的包装类，封装了对 device memory 的管理及与 system memory 的同步
Engine	BMNNSDK 中 BMRuntime 的包装类，可以加载 bmodel 并驱动 TPU 进行推理。一个 Engine 实例可以加载一个任意的 bmodel，自动地管理输入张量与输出张量对应的内存
Decoder	使用 VPU 解码视频，使用 JPU 解码图像，均为硬件解码
BMCV	BMNNSDK 中 BMCV 的包装类，封装了一系列的图像处理函数，可以驱动 TPU 进行图像处理，用于替换 Python 常用的 CV2

这些核心类中以 Engine 最为重要，它是边缘端运行时的一个包装类，用于加载模型并驱动 TPU 完成推理。它拥有几个重要的属性和方法，如表 14-3 所示。

表 14-3　BMRuntime 的包装类对象 Engine 的重要成员方法

成员方法名	方法用途
process()	进行一次推理
get_handle()	获取推理句柄
get_graph_names()	获取神经网络名称，如果包含多个子图，那么多个子图组合成一个列表
get_input_names() get_output_names()	获取神经网络输入节点名称、输出节点名称
get_input_dtype() get_input_shape() get_input_scale()	获取神经网络输入节点的数据类型、形状、缩放因子
get_output_dtype() get_output_shape() get_output_scale()	获取输出节点的数据类型、形状、缩放因子

一个典型的下位机推理的 Python 程序如下所示。

首先导入 SAIL 包，然后将磁盘位置为 bmodel_path 的二进制模型加载进编号为 tpu_id 的硬件中，获得 SDK 运行时包装类的一个实例，将该实例命名为 Engine。代码如下。代码中提供了两种运行时实例的生成方法，方法二使用“#”进行注释，实际使用中选择一种实例生成方法即可。

```
import sophon.sail as sail
engine = sail.Engine(tpu_id = 0)
engine.load(bmodel_path) # 方法一
# engine = sail.Engine(bmodel_path,tpu_id,mode) # 方法二
```

获得神经网络的计算图名称 graph_name，提取这个计算图的输入/输出的名称、数据类型、形状等具体参数。注意，对于 TensorFlow 的模型来说，从模型读取的输入形状的 4 个维度从前到后依次是：批次 batch、宽度 w、高度 h、通道 channel。典型代码如下。

```
graph_name =engine.get_graph_names()[0]
engine.set_io_mode(graph_name, sail.IOMode.SYSO)
input_name =engine.get_input_names(graph_name)[0]
output_name =engine.get_output_names(graph_name)[0]

input_dtype =engine.get_input_dtype(graph_name,input_name)
input_shape =engine.get_input_shape(graph_name,input_name)
input_sacle =engine.get_input_scale(graph_name,input_name)

output_dtype =engine.get_output_dtype(graph_name,output_name)
output_shape =engine.get_output_shape(graph_name,output_name)
output_scale =engine.get_output_scale(graph_name,output_name)

batch_size,width,height,channel =input_shape
```

继续从运行时包装类实例 Engine 中获得神经网络的推理句柄 handle，准备神经网络的输入张量 input_tensors 和输出张量 output_tensors。输入张量和输出张量使用字典作为数据类型，键为节点名，值可以是 NumPy 数组，也可以是由 SAIL 模块所定义的 sail.Tensor 数据类型。sail.Tensor 数据类型是 SDK 的一个 BMLib 的包装类。代码如下。

```
handle =engine.get_handle()
input_data  = sail.Tensor(handle, input_shape,  input_dtype,  False, True)
output_data = sail.Tensor(handle, output_shape, output_dtype, True,  True)
input_tensors  = { input_name:  input_data  }
output_tensors = { output_name: output_data }
```

将神经网络名称、输入张量和输出张量送入运行时包装类的对象 Engine 进行推理，推理时使用 Engine 对象的 process 方法。最终推理结果从 output_data 中获得。代码如下。

```
...
# 此处省略解码和预处理代码
...
engine.process(graph_name, input_tensors, output_tensors) # 推理
out = output_data.asnumpy()
...
# 此处省略后处理和输出代码
...
```

14.2 开发环境准备

对于嵌入式系统开发环境而言，负责开发的机器称为上位机，它在系统开发中起主控作用；负责后续生产运营的边缘系统称为下位机，下位机负责具体执行，即完成上位机所规划下达的任务。由于主流的嵌入式系统的开发编程是在 Linux 系统下进行的，所以本案例中同样使用基于 Linux 的 Ubuntu 操作系统作为上位机的操作系统，将 SE5 微服务器作为下位机，因此本案例中的加速芯片明显处于官方定义的 SoC 运行模式下，那么此时上位机一定只是用于开发，不是用于最终部署的系统，最终部署的系统是微服务器 SE5。根据官方定义，此时上位机的开发模式为 cmodel 模式，即上位机的 Docker 应当配置为 cmodel 模式，以完成模型转换和程序的交叉编译。

根据官方推荐和作者经验，负责开发的上位机的内存配置应当至少为 12GB，推荐配置为 16GB，磁盘空间预留 40GB 左右。

14.2.1 上位机安装 Docker

上位机的开发环境配置一般比较复杂，官方推荐使用 Docker 配置开发软件。Docker 的安装有多种选择。其中的 docker.io 软件是由 Debian 团队维护的，采用 apt 的方式管理 Docker 软件运行所依赖的软件包。Ubuntu 操作系统安装 docker.io 的命令如下。

```
sudo apt-get install docker.io
```

Docker-CE 和 Docker-EE 分别是官方团队管理的社区版本、企业版本，它们会独立管理 Docker 软件运行所依赖的软件包。本书所安装的 Docker-CE（Docker Engine-Community）和其他版本的 Docker 会产生冲突，开发者只能选择一种方式安装。如果已经安装 docker.io

版本或其他版本，那么可以继续使用；如果希望改用 Docker-CE，那么需要卸载旧版本的 Docker，以 Ubuntu 操作系统为例，卸载 docker.io 的命令如下。

```
sudo apt-get remove docker docker-engine docker.io containerd runc
```

在 Ubuntu 上安装 Docker-CE 非常直接：启用 Docker 软件源、导入 GPG key、安装软件包即可。然后更新软件包索引，并且安装必要的依赖软件，添加一个新的 HTTPS 软件源。

```
sudo apt update
sudo apt install apt-transport-https ca-certificates curl gnupg-agent
software-properties-common
```

使用 curl 命令下载 GPG 密钥（GPG key）并将其导入系统，将 Docker APT 软件源添加到系统中就可以安装 Docker APT 软件源中任何可用的 Docker 版本了。安装命令如下。

```
sudo apt update
sudo apt install docker-ce docker-ce-cli containerd.io
```

如果要以非 root 用户身份或者 Docker 用户身份执行 Docker 命令，那么需要将用户添加到 Docker 组中。Docker 组的成员可以执行 Docker 命令，而不必每次都使用 sudo 命令切换用户运行。使用以下 usermod 命令将当前用户追加到 Docker 组中，$USER 是保存当前用户名的环境变量，newgrp 命令使 usermod 命令所做的更改在当前终端中生效。

```
sudo usermod -aG docker $USER
newgrp docker
```

也可以将以上命令使用“\”连接符一次性输入。完成安装工作后，运行如下命令，如果看到“Hello from Docker!”，那么说明安装成功。

```
indeed@indeed-virtual-machine:~/Desktop/se5$ docker container run hello-
world
Hello from Docker!
This message shows that your installation appears to be working
correctly.
```

⋘ 14.2.2　上位机装载镜像和 SDK 开发包

BM1684 的官网提供了进行边缘计算开发的全部资料和资源，此时需要下载 Docker 镜像和 SDK 开发包。它们位于官网的资料下载页面，这两个文件都较大，将它们复制到 Ubuntu 操作系统的上位机，解压后的文件结构如图 14-4 所示。

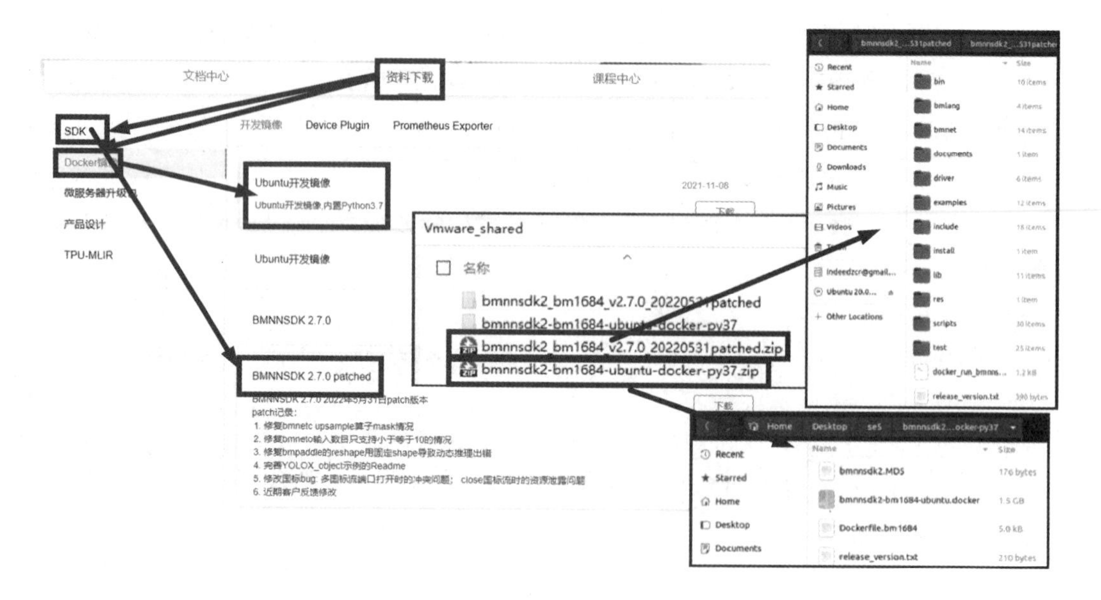

图 14-4　解压后的文件结构

上位机执行 docker load 命令。上位机通过 docker load 命令将文件大小为 1.5GB 的 bmnnsdk2-bm1684-ubuntu.docker 文件装载进虚拟机，docker load 命令会自动从网络下载必要的软件。命令交互如下。

```
indeed@indeed-virtual-machine:~/Desktop/se5$ docker load -i ./bmnnsdk2-bm1684-ubuntu.docker
b8c891f0ffec: Loading layer   120MB/120MB
33db8ccd260b: Loading layer  15.87kB/15.87kB
……
a0d8fdf74e98: Loading layer  1.536kB/1.536kB
7c0fd785c71d: Loading layer   2.56kB/2.56kB
Loaded image: bmnnsdk2-bm1684/dev:ubuntu16.04
indeed@indeed-virtual-machine:~/Desktop/se5$
```

切换进入 SDK 开发包目录，执行 SDK 开发包下的 docker_run_bmnnsdk.sh 脚本，即可进入 Docker 建立的虚拟环境。虚拟环境以“workspace”为命令提示符，看到该提示符后，说明成功进入 Docker 虚拟环境成功。命令交互如下。注意，成功进入以“workspace#”为命令提示符的虚拟环境后，当前行以“#”结尾，“#”之后为编程人员输入命令的光标停留处。命令行中的“#”与 Python 编码中的注释字符“#”，符号一样，但内涵不一样，容易引起误解，请读者注意区分。

```
indeed@indeed-virtual-
machine:~/Desktop/se5/bmnnsdk2_bm1684_v2.7.0_20220531patched/bmnnsdk2_bm1684
_v2.7.0_20220531patched/bmnnsdk2-bm1684_v2.7.0$ ./docker_run_bmnnsdk.sh
/home/indeed/Desktop/se5/bmnnsdk2_bm1684_v2.7.0_20220531patched/bmnnsdk2
_bm1684_v2.7.0_20220531patched/bmnnsdk2-bm1684_v2.7.0
/home/indeed/Desktop/se5/bmnnsdk2_bm1684_v2.7.0_20220531patched/bmnnsdk2
_bm1684_v2.7.0_20220531patched/bmnnsdk2-bm1684_v2.7.0
bmnnsdk2-bm1684/dev:ubuntu16.04
docker run --network=host --workdir=/workspace --privileged=true -v
/home/indeed/Desktop/se5/bmnnsdk2_bm1684_v2.7.0_20220531patched/bmnnsdk2_bm1
684_v2.7.0_20220531patched/bmnnsdk2-bm1684_v2.7.0:/workspace -v /dev/shm --
tmpfs /dev/shm:exec -v /etc/localtime:/etc/localtime -e LOCAL_USER_ID=1000 -
it bmnnsdk2-bm1684/dev:ubuntu16.04 bash
root@indeed-virtual-machine:/workspace#
```

进入 workspace 下的 scripts 目录，运行 install_lib.sh 脚本，进行系统配置。命令交互如下。

```
root@indeed-virtual-machine:/workspace# cd /workspace/scripts/
root@indeed-virtual-machine:/workspace/scripts# ./install_lib.sh nntc
linux is Ubuntu16.04.5LTS\n\l
bmnetc and bmlang USING_CXX11_ABI=1
Install lib done !
```

由于当前上位机工作处于 cmodel 模式，所以使用 source 命令对上位机的环境进行相应的配置。代码如下。

```
root@indeed-virtual-machine:/workspace/scripts# source envsetup_cmodel.sh
/workspace/scripts /workspace/scripts
numpy version: 1.21.5
local numpy ver=1.21.5,require ver=1.14.6
/workspace/bmnet/bmnetc /workspace/scripts
WARNING: Skipping bmnetc as it is not installed.
……
```

完成配置后，输入如下测试命令，如果命令顺利执行，那么说明虚拟环境安装配置完毕。

```
cd /workspace/examples/SSD_object/cpp_cv_bmcv_bmrt/
make -f Makefile.arm clean && make -f Makefile.arm
```

看到如下信息，说明上位机的所有配置已经成功完成。

```
    root@indeed-virtual-machine:/workspace/scripts# cd /workspace/examples/
SSD_object/cpp_cv_bmcv_bmrt/
    root@indeed-virtual-machine:/workspace/examples/SSD_object/cpp_cv_bmcv_bmrt#
make -f Makefile.arm clean && make -f Makefile.arm
    rm -f ssd300_cv_bmcv_bmrt.arm
    aarch64-linux-gnu-g++ main.cpp ssd.cpp -g -O2 -Wall -std=c++11 -
I../../../include/opencv/opencv4 -I../../../include/ffmpeg -I../../../
include -I../../../include -I../../../include/bmruntime -I../../../include/bmlib
-I../../../include/third_party/boost/include -I../../../NeuralNetwork/include
-DCONFIG_LOCAL_MEM_ADDRWIDTH=19 -lbmrt -lbmlib -lbmcv -ldl -lopencv_core -
lopencv_imgproc -lopencv_imgcodecs -lopencv_videoio -lbmvideo -lswresample -
lswscale -lavformat -lavutil -lprotobuf -lgflags -lglog -lboost_system -
lboost_filesystem -lpthread -lbmjpuapi -lbmjpulite -Wl,-rpath=../../../
lib/bmnn/soc -Wl,-rpath=../../../lib/opencv/soc -Wl,-rpath=../../../lib/
ffmpeg/soc -Wl,-rpath=../../../lib/decode/soc -L../../../lib/thirdparty/soc
-L../../../lib/bmnn/soc -L../../../lib/opencv/soc -L../../../lib/ffmpeg/soc
-L../../../lib/decode/soc -o ssd300_cv_bmcv_bmrt.arm
```

上位机的全部 Python 软件包安装目录为 Docker 下的/root/.local/lib/python3.7/site-packages，开发者如果遇到不知名的错误或者对 SDK 源代码感兴趣，那么可以进入上位机的 Docker 内的相应目录查看 SDK 提供的用于调试的接口代码。Docker 下的接口代码目录结构如下。

```
    root@indeed-virtual-machine:~/.local/lib/python3.7/site-packages# ls
    Brotli-1.0.9.dist-info                    dash_bootstrap_components-1.2.0.dist-
info
    Flask-2.1.2.dist-info       dash_core_components
    Flask_Compress-1.12.dist-info             dash_core_components-2.0.0.dist-
info
    __pycache__                dash_cytoscape
    _brotli.cpython-37m-x86_64-linux-gnu.so  dash_cytoscape-0.3.0.dist-info
    bmnetc                     dash_draggable
    bmnetc-2.7.0.dist-info       dash_draggable-0.1.2.dist-info
    bmnetd                     dash_html_components
    bmnetd-2.7.0.dist-info       dash_html_components-2.0.0.dist-info
    bmnetm                     dash_split_pane
    bmnetm-2.7.0.dist-info       dash_split_pane-1.0.0.dist-info
    bmneto                     dash_table
```

```
bmneto-2.7.0.dist-info        dash_table-5.0.0.dist-info
bmnetp                       flask
bmnetp-2.7.0.dist-info        flask_compress
bmnett                       ipykernel
bmnett-2.7.0.dist-info        ipykernel-5.3.4.dist-info
bmnetu                                 ipykernel_launcher.py
bmnetu-2.7.0.dist-info        itsdangerous
bmpaddle                     itsdangerous-2.1.2.dist-info
bmpaddle-2.7.0.dist-info      jsonschema
bmtflite                     jsonschema-3.2.0.dist-info
bmtflite-2.7.0.dist-info      onnxruntime
brotli.py                    onnxruntime-1.6.0.dist-info
click                        onnxruntime.libs
click-8.1.3.dist-info         ufw
dash                         ufw-1.0.0.dist-info
dash-2.5.1.dist-info          ufwio
dash_bootstrap_components     ufwio-0.9.0.dist-info
```

注意，关闭窗口重新进入时，需要再次启动 Docker 并重新激活虚拟环境，才能开始模型量化的相关工作。重新启动 Docker 进入 workspace 命令提示符的方法如下。

```
indeed@indeed-virtual-machine:~/Desktop/se5/bmnnsdk2_bm1684_v2.7.0_20220531patched/bmnnsdk2_bm1684_v2.7.0_20220531patched/bmnnsdk2-bm1684_v2.7.0$ ./docker_run_bmnnsdk.sh
root@indeed-virtual-machine:/workspace#
```

workspace 环境下重新激活虚拟环境的命令如下。

```
root@indeed-virtual-machine:/workspace# cd /workspace/scripts/
root@indeed-virtual-machine:/workspace/scripts# source envsetup_cmodel.sh
```

14.2.3　神经网络工具链和主要用途

BMNNSDK 是安装在上位机中的开发工具包。BMNNSDK 包含设备驱动、运行时库（Runtime，简称运行时）、头文件和相应工具。

BMNNSDK 的设备驱动包含 PCIE 模式下需要使用的驱动，支持多种 Linux 发行版本和 Linux 内核；包含 SOC 模式下需要的 ko 模块；可以直接安装到开发板的 BM168x SOC Linux Release 系统中。

BMNNSDK 的运行时库是主要面向推理场景的深度学习推理引擎，它提供最大的推理吞吐量和最简单的应用部署环境。运行时库提供 3 层接口，包括网络级接口、layer 级接口、指令级接口；运行时库提供运行库编程接口，开发者可以通过编程接口直接操作 bmlib 等底层接口，进行深度的定制开发；运行时库支持多线程、多进程，具有并发处理能力。

BMNNSDK 的工具包含了编译 Caffe 神经网络模型的 bmnetc 工具，编译 TensorFlow 模型的 bmnett 工具，编译 MxNet 模型、PyTorch 模型、DarkNet 模型、BITMAIN UFW 模型的相应工具。

BMNNSDK 的工具包含了负责模型分解合并的 bm_model.bin 工具，可以查看 bmodel 模型文件的参数信息；还包含了分析模型性能的 profiling 工具，该工具可以展示执行每一层所使用的指令和指令所消耗的时间。

我们在模型转换阶段使用较多的是 BMNNSDK 的 nntc 工具，nntc 工具是多个子工具的集合。如果需要转换的模型是 TensorFlow 模型，那么使用的是 nntc 工具中的 bmnett 子工具。我们在推理阶段使用较多的是运行时库，运行时库调用的是 bmodel 模型文件。运行时库支持 3 种调用方式，在插了计算加速卡的 x86 主机环境下，运行时库可以使用 PCIE 模式调用 bmodel 模型，对于边缘端，运行时库以 SoC 方式调用 bmodel 模型文件；对于 x86 主机，也可以使用运行时库的模拟功能测试 bmodel 模型文件的性能。

14.2.4 针对 TensorFlow 模型的编译方法

bmnett 编译器是针对 TensorFlow 的模型的编译器，它可以将 TensorFlow 的模型文件（*.pb）编译成运行时环境所支持的神经网络模型文件。而且在编译的同时，可以选择将每一个操作的 NPU 模型计算结果和 CPU 的计算结果进行对比，保证计算的正确性。下面分别介绍该编译器的安装步骤和使用方法。

安装 bmnett 编译器要求操作系统为 Linux 操作系统、Python 为 3.5 版本以上，TensorFlow 为 1.10 版本以上。bmnett 支持以 pip 的方式进行安装，代码如下。安装方式有两种，其中最常用的方式是以 root 权限安装在系统目录中的，该方式对应以下代码的第二行，使用这种方式安装 bmnett 编译器时需要输入 root 密码

```
pip install --user bmnett-x.x.x-py2.py3-none-any.whl
pip install bmnett-x.x.x-py2.py3-none-any.whl
```

BMNETT 安装完成后，为了方便直接通过命令行调用，需要将 bmnett 编译器的路径添加到 LD_LIBRARY_PATH 环境变量中。具体做法是在当前命令行添加 bmnett 编译器的路径，或者通过 Linux 的 export 命令，在.bashrc 文件中增加 LD_LIBRARY_PATH 的一行，设置方法如下。

```
export LD_LIBRARY_PATH=path_to_bmcompiler_lib
```

完成配置后，bmnett 编译器就可以通过命令行直接调用了，调用规范如下。

```
python3 -m bmnett [--model=<TensorFlow 模型路径>] \
[--input_names=<string>] \
[--shapes=<string>] \
```

对模型进行编译时，需要特别注意 SDK 中对于模型的若干限制，如本案例所介绍的 YOLO 神经网络中，进行矩阵数据分割时需要用到 Split 算子，分割的数量为 9。但 SDK 对于 Split 算子的限制是矩阵分割的数量 split_num 不能超过 8，遇到算子分割数量过多的参数错误的提示信息如下。解决方案是将一次分割分为多次切割。

```
    2022-07-02 01:10:37.932177: I
/workspace/nntoolchain/net_compiler/bmnett/src/framework/ops.cpp:37]
model/tf.split/split/split_dim [] 1
    WARNING: Logging before InitGoogleLogging() is written to STDERR
    I0702 01:10:37.933323   709 bmcompiler_net_interface.cpp:3174]
[BMCompiler:F] split_num<MAX_SPLIT_OUTPUT_NUM
    I0702 01:10:37.933948   709 bmcompiler_net_interface.cpp:3174]
[BMCompiler:F] ASSERT info: split_num=9 must not be greater than
max_output_num=8
```

14.3　浮点 32 位模型部署的全流程

在 SE5 边缘计算网关上部署浮点 32 位模型较为简单，因为浮点 32 位模型并不涉及模型量化，且计算精确率高。目前市面上支持浮点 32 位模型部署的高算力边缘计算系统不多，SE5 边缘计算网关在边缘端提供的浮点 32 位模型的算力支持大约介于英伟达的 10 系显卡与 20 系显卡之间。

14.3.1　训练主机将 Keras 模型转换为单 pb 模型文件

自由选择负责训练的主机，按照常规方法训练神经网络从而生成浮点模型并保存。保存浮点模型时，需要保存为以 pb 为后缀的单 pb 模型文件（有时简称为 pb 文件），pb 模型文件所存储的模型是冻结模型（Frozen Model）。作者使用的是 Windows10 操作系统，所以所有的训练工作和模型转换工作都是在 Windows 的 Anaconda 上完成的，最终训练完成的 Keras 模型也是在训练主机上转化为单 pb 模型文件的。

单 pb 模型文件内部存储了神经网络的网络结构和权重参数，应该说通过一个 pb 模型文件可以完全恢复一个神经网络。但请开发者注意，TensorFlow 从 2.X 开始使用保存命令所保存的pb格式的神经网络不再是单pb模型文件，而是一个复合文件夹。文件夹内部的以pb为后缀的文件仅仅存储了神经网络的框架结构，其权重参数是保存在variables目录中的，这不符合BM系列边缘计算硬件的模型编译条件，因此需要使用专门的脚本，将存储在内存中的Keras模型转换为单pb模型文件。相关脚本可以在作者的GitHub主页上获得，作者的GitHub账号为fjzhangcr。该脚本将转换过程中获得pb模型文件的输入/输出节点名称打印出来。以YOLOV4模型在分辨率为512像素×512像素的输入图像的激励下形成的输出为案例，输入节点名称为x，输出节点名称为Identity和Identity_1，将浮点模型保存为pb模型文件，并将模型转换信息进行打印，打印输出如下。

```
Frozen model inputs:
[<tf.Tensor 'x:0' shape=(1, 512, 512, 3) dtype=float32>]
Frozen model outputs:
[<tf.Tensor 'Identity:0' shape=(1, 16128, 4) dtype=float32>,
 <tf.Tensor 'Identity_1:0' shape=(1, 16128, 80) dtype=float32>]
```

使用Netron打开该pb文件，可以看到输出节点的名称与打印结果一致，如图14-5所示。

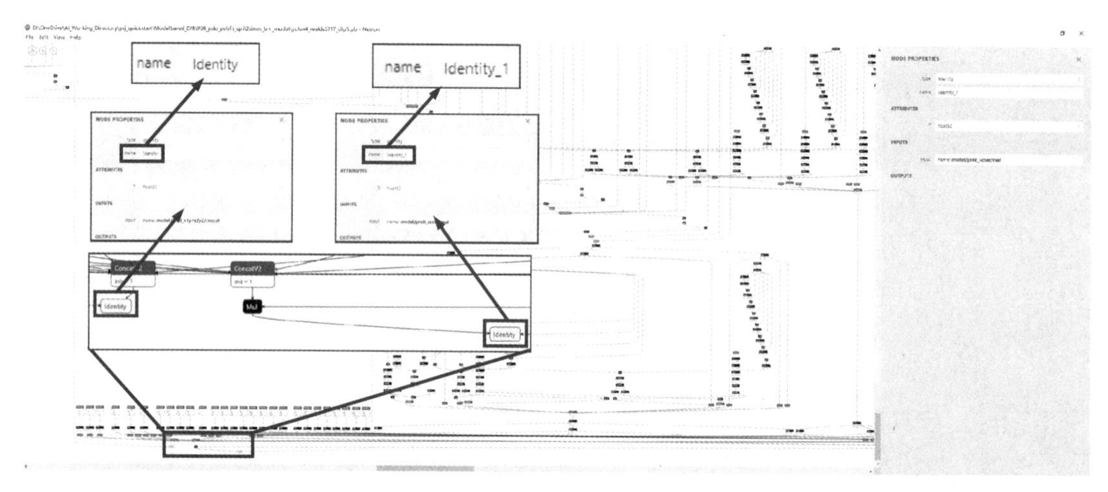

图14-5 使用Netron打开单pb模型文件查看输入/输出节点名称

14.3.2 上位机将单pb模型文件编译为bmodel模型文件

将pb文件复制到上位机，进而将其复制到上位机内的Docker环境内的目录中（目录是/workspace/examples/nntc/bmnett/models/）。复制时可以使用Docker的复制命令，Docker的复制命令是docker cp，该命令后面是源目录和目标目录。代码如下。

```
docker cp container_id:path_and_filename destination_path
docker cp source_path_filename container_id:destination_path
```

如果不知道当前的 container 的 id，那么可以通过 docker ps 命令查看，作者当前的 container 的 ID 是 b077ab443ff6，继续使用 docker cp 命令将 pb 文件复制到 SDK 开发包所在的 Docker 虚拟环境。代码如下。

```
indeed@indeed-virtual-machine:~/Desktop/se5$ docker cp
/mnt/hgfs/Vmware_shared/yolov4_polyfit_exp_realds5717_clip5_single_pb/yolov4
_realds5717_clip5.pb b077ab443ff6:/workspace/examples/nntc/bmnett/models/
```

复制完成后，进入 SDK 开发包所在的 Docker 虚拟环境，使用 SDK 提供的 TensorFlow 模型转换编译器（BMCompiler）——bmnett 编译器，将 pb 文件转换为以 bmodel 为后缀的编译后的模型文件。BMNETT 编译器一般需要提供原模型文件位置、输入形状、输入节点名称、输出节点名称、输出文件夹这些参数，其他参数可以默认。

以 YOLOV4 为例，输入形状为[1,512,512,3]，输入节点名称为 x，输出节点有两个，名称为 Identity 和 Identity_1（两个节点使用一个列表进行组合）。原模型文件位置为 model，转换后模型存储位置为 outdir。模型转换的 Python 代码如下。

```
import os, shutil
import bmnett

model_name='yolov4_realds5717_clip5.pb'
input_shapes=[[1,512,512,3]]

model_dir='models/yolo_single_pb/'
model=model_dir+model_name

outdir_parent='python-output/yolo_bmodels/'
outdir_model=model_name.split('.')[0]
outdir=outdir_parent+outdir_model
if os.path.exists(outdir):
    print("destination exists, deleting it")
    shutil.rmtree(outdir)
os.makedirs(outdir)

input_names=['x',]
output_names=['Identity','Identity_1' ]
```

```
bmnett.compile(
    model=model,
    input_names=input_names,
    output_names=output_names,
    shapes=input_shapes,
    target='BM1684',
    outdir=outdir,
    dyn=False)
```

将以上代码保存在上位机的 Docker 内，将文件名保存为 bmnett_build_bmodel.py，运行该 Python 脚本即可生成 bmodel 模型文件。在生成过程中，若看到如下信息，则说明模型转换成功。

```
root@indeed-virtual-machine:/workspace/examples/nntc/bmnett#
python3 ./bmnett_build_bmodel.py
......
============================================================
*** Instruction generation process for subnet 0
============================================================
......
============================================================
*** Store bmodel of BMCompiler...
============================================================
BMLIB Send Quit Message
Compiling succeeded.
root@indeed-virtual-machine:/workspace/examples/nntc/bmnett#
```

此时的 bmodel 模型文件存储在 Docker 虚拟机内部，我们需要将它复制到下位机（SE5 微服务器）中，以便边缘端推理使用。

14.3.3 下位机读取和探索 bmodel 模型文件

将编译后的 bmodel 模型文件存储于上位机的 Docker 虚拟环境中（/python-output/yolo_bmodels/目录下），我们要使用 docker cp 命令将 bmodel 模型文件复制到上位机的磁盘中（/mnt/hgfs/Vmware_shared/）。上位机执行复制命令的代码如下。

```
indeed@indeed-virtual-machine:~/Desktop/se5$ docker cp  b077ab443ff6:/
workspace/examples/nntc/bmnett/python-
output/yolo_bmodels/yolov4_realds5717_clip5  /mnt/hgfs/Vmware_shared/
```

当 bmodel 模型文件已经存储在上位机磁盘中以后，我们可以使用上位机的 xshell 软件（一个流行的 SSH 工具）将 bmodel 模型文件从上位机复制到下位机的磁盘中，如图 14-6 所示。

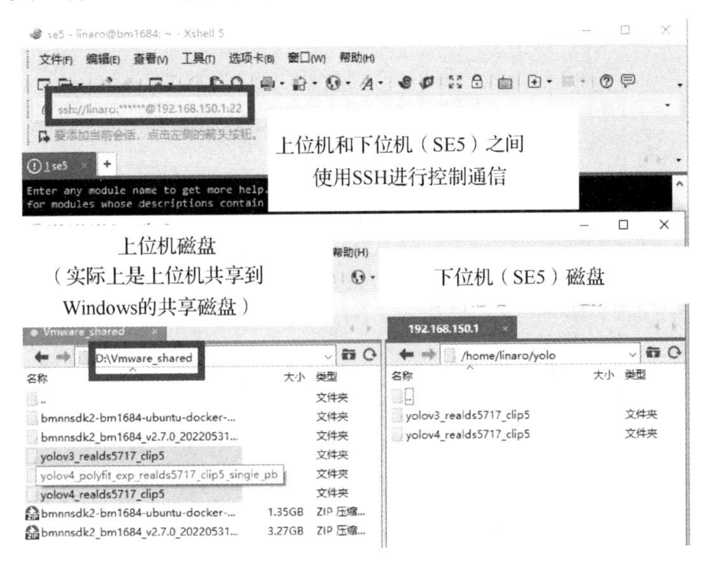

图 14-6　将生成的 bmodel 模型文件复制到下位机（SE5 微服务器）

在下位机中，使用 SDK 内的 example 目录下的与目标检测相关 Python 例程，加载 bmodel 编译模型文件进行推理。

SDK 中有大量的推理案例程序，这里不一一展开。其关键是 SDK 所开放的名为 sail.Engine 的 API，例程使用该 API 建立了一个个性化的类：Decoder 类。Decoder 类由于在该 API 的基础上进一步进行抽象和封装，所以在使用上更为简便。Decoder 类初始化时，需要提供 bmodel 模型文件和 TPU_ID，其中 bmodel 模型文件就是通过上位机生成的 bmodel 模型文件存储位置，TPU_ID 默认为 0（因为一般一个设备内只有一个 TPU 芯片）。以 YOLOV4 标准版模型为例，初始化常量的代码如下。

```
MODEL_TAG='yolov4';
bmodel_path='./yolov4_realds5717_clip5/compilation.bmodel'

img_file_name='val_kite.jpg'

detect_threshold=0.25
nms_threshold=0.45
save_path='yolo_save'

tpu_id=0
```

```
    is_video=False
    loops=10

    class_id_2_name={0: 'person', 1: 'bicycle', 2: 'car', 3: 'motorcycle',
4: 'airplane', 5: 'bus',  6: 'train', 7: 'truck', 8: 'boat', 9: 'traffic
light',
    ……
    }
```

在初始化代码中，将通过接口获得当前硬件和当前神经网络信息。代码如下。

```
    # 创建一个边缘端设备的推理上下文
    tpu_count = sail.get_available_tpu_num()
    print('{} TPUs Detected, using TPU {} \n'.format(tpu_count, tpu_id))
    engine = sail.Engine(bmodel_path, tpu_id, sail.IOMode.SYSIO)
    handle = engine.get_handle()
    graph_name = engine.get_graph_names()[0]
    graph_count = len(engine.get_graph_names())
    print("{} graphs in {}, using {}".format(graph_count, bmodel_path,
graph_name))
```

打印如下。

```
    1 TPUs Detected, using TPU 0

    bmcpu init: skip cpu_user_defined
    open usercpu.so, init user_cpu_init
    [BMRT][load_bmodel:1018] INFO:Loading bmodel from
[./yolov4_realds5717_clip5/compilation.bmodel]. Thanks for your patience...
    [BMRT][load_bmodel:982] INFO:pre net num: 0, load net num: 1
    1 graphs in ./yolov4_realds5717_clip5/compilation.bmodel, using user_net
```

可见，初始化程序探测出下位机（SE5 微服务器）包含一个 TPU，所加载的 bmodel 神经网络文件内部有一个子图。

进一步地，我们通过输入节点名称（x，存储在 input_names 中）获取输入节点的其他信息，将节点的相关信息打印如下。

```
    # 将输入张量赋值给输入节点
    input_names     = engine.get_input_names(graph_name)
    input_tensors    = {}
    input_shapes     = {}
```

```
    input_scales    = {}
    input_dtypes    = {}
    inputs         = []
    input_w        = 0
    input_h        = 0
    for input_name in input_names:
        input_shape = engine.get_input_shape(graph_name, input_name)
        input_dtype = engine.get_input_dtype(graph_name, input_name)
        input_scale = engine.get_input_scale(graph_name, input_name)

        input_w = int(input_shape[-3])
        input_h = int(input_shape[-2])

        print("[{}] create sail.Tensor for input: {} ".format(input_name,
input_shape))
        input = sail.Tensor(handle, input_shape, input_dtype, False, False)

        inputs.append(input)
        input_tensors[input_name] = input
        input_shapes[input_name] = input_shape
        input_scales[input_name] = input_scale
        input_dtypes[input_name] = input_dtype
```

输出节点名称 Identity 和 Identity_1 存储在 output_names 中，接下来我们可以继续根据输出节点名称获取输出节点其他信息。存储和打印相关代码如下。

```
    # 提取输出张量
    output_names    = engine.get_output_names(graph_name)
    output_tensors  = {}
    output_shapes   = {}
    output_scales   = {}
    output_dtypes   = {}
    outputs        = []
    # 对输出的多个张量开启逐个张量提取的循环
    for output_name in output_names:
        output_shape = engine.get_output_shape(graph_name, output_name)
        output_dtype = engine.get_output_dtype(graph_name, output_name)
        output_scale = engine.get_output_scale(graph_name, output_name)
```

```
        # 逐个提取输出张量并打印
        print("[{}] create sail.Tensor for output: {} ".format(output_name,
output_shape))
        output = sail.Tensor(handle, output_shape, output_dtype, True, True)

        outputs.append(output)
        output_tensors[output_name] = output
        output_shapes[output_name] = output_shape
        output_scales[output_name] = output_scale
        output_dtypes[output_name] = output_dtype
```

输入/输出节点信息打印如下。打印信息中分别显示了输入节点[x]的形状，以及两个输出节点[Identity]和[Identity_1]的形状。

```
    [x] create sail.Tensor for input: [1, 512, 512, 3]
    [Identity] create sail.Tensor for output: [1, 16128, 4]
    [Identity_1] create sail.Tensor for output: [1, 16128, 80]
```

确认输入/输出节点的形状和数据类型，代码如下。

```
    print("==========================================")
    print("BModel: {}".format(bmodel_path))
    print("Input : {}, {}".format(input_shapes, input_dtypes))
    print("Output: {}, {}".format(output_shapes, output_dtypes))
    print("==========================================")
```

打印如下。

```
    BModel: ./yolov4_realds5717_clip5/compilation.bmodel
    Input : {'x': [1, 512, 512, 3]}, {'x': Dtype.BM_FLOAT32}
    Output: {'Identity_1': [1, 16128, 80], 'Identity': [1, 16128, 4]},
{'Identity_1': Dtype.BM_FLOAT32, 'Identity': Dtype.BM_FLOAT32}
```

可见，边缘端能正确识别神经网络的输入/输出数据类型，均为浮点 32 位的数据。

14.3.4 下位机使用 bmodel 模型文件进行推理

可以使用 CV2 模块读取磁盘的图片文件，并在第一时间进行图片的缩放操作以适应神经网络输入数据形状的要求。由于神经网络是浮点 32 位的输入/输出，所以输入数据的动态范围是[0,1]，因此所有像素点必须除以 255，以确保动态范围符合[0,1]的要求。另外，将 CV2 的通道排列从 BGR 转化为 RGB 后，才能进行处理。

根据 SDK 的规范，输入神经网络的数据必须是由节点名称与数据矩阵组成的字典，所以需要将 input_name 和 input_data 组成字典 input_tensors。代码如下。

```
    cv2_im_bgr = cv2.imread(img_file_name)
    img_w_ori, img_h_ori, img_chn_ori = cv2_im_bgr.shape
    inference_size = (input_w, input_h)
    cv2_im_rgb = cv2.cvtColor(cv2_im_bgr, cv2.COLOR_BGR2RGB)
    cv2_im_rgb = cv2.resize(cv2_im_rgb, inference_size)
    img_w, img_h, img_chn = cv2_im_rgb.shape
    print("img[W-H-C] resized from [{}] to [{}]".format(cv2_im_bgr.shape,
cv2_im_rgb.shape))

    cv2_im_rgb=np.float32(cv2_im_rgb)
    cv2_im_rgb = cv2_im_rgb/255
    print("img pixel ranging from [{}] to [{}]".format(cv2_im_rgb.min(),
cv2_im_rgb.max()))

    cv2_im_rgb = np.expand_dims(cv2_im_rgb, axis=0)
    # 为提高边缘端处理效率，使用 NumPy 的 ascontiguousarray 方法，将输入数组设置为“C 连
续”数组
    cv2_im_rgb = np.ascontiguousarray(cv2_im_rgb)
    print("img expand dims as shape of [{}]".format(cv2_im_rgb.shape))

    input_data=cv2_im_rgb.copy()
    input_data = np.array(input_data, dtype=np.float32)
    print("input_data shape: ", input_data.shape)
    input_tensors = {input_name: input_data}
```

在代码中使用了 NumPy 的 ascontiguousarray 方法，将输入数组设置为“C 连续”数组。这是因为 NumPy 存储数组分为行连续（或称为 C 连续/C contiguous）和列连续（或称为 Fortran 连续/Fortran contiguous）两种，它们分别按行或者按列将高维数据排列为一维数组，以便于节约计算机内存。预处理阶段的信息打印如下。

```
    img[W-H-C] resized from [(900, 1352, 3)] to [(512, 512, 3)]
    img pixel ranging from [0.0] to [1.0]
    img expand dims as shape of [(1, 512, 512, 3)]
    input_data shape:  (1, 512, 512, 3)
```

可见，输入图像的分辨率已经从 900 像素×1352 像素缩放到 512 像素×512 像素，像素点的取值从[0, 255]压缩到[0, 1]，并且在输入数据的第一个维度上增加了批次的维度。

调用推理运行时实例 Engine 的 process 方法，执行推理工作。代码如下。

```
# =============================================
t1 = time.time()
# =============================================
outputs = engine.process(graph_name, input_tensors)
# =============================================
t2 = time.time()
# =============================================
```

将推理输出存储在一个字典中，将字典命名为 outputs。本案例中有两个输出，所以 outputs 是一个有两个键的字典，我们分别提取这两个键对应的值，根据最后一个维度的尺寸进行命名。其中，boxes_x1y1x2y2 的形状为[batch,nboxes,4]，batch 是批次维度，nboxes 表示为一幅图像预测的矩形框总数，最后一个维度为 4，它表示目标检测的矩形框左上角和右下角的角点坐标，同理，prob 的最后一个维度为 80，它表示目标检测分类的数量。代码如下。

```
print('outputs.keys : ',outputs.keys())
outputs = list(outputs.values())
print("outputs size: {}".format(len(outputs)))
# [1, 25500, 4]是 bbox 的形状，最后一个维度分别是 x1,y1,x2,y2
# [1, 25500, 80]是 prob 的形状
print("output tensor 0 = {} , output tensor 1 = {} ".format(
    outputs[0].shape, outputs[1].shape))

# 根据形状的最后一个维度是 4 或者 80，将神经网络输出的两个张量分别命名为 boxes_x1y1x2y2
和 prob
for i in range(2):
    if outputs[i].shape[-1] == 4:
        boxes_x1y1x2y2 = outputs[i]
    elif outputs[i].shape[-1] == len(class_id_2_name):
        prob = outputs[i]
```

对于输出数据的探索如下。

```
outputs.keys :  dict_keys(['Identity_1', 'Identity'])
outputs size: 2
output tensor 0 = (1, 16128, 80) ,
output tensor 1 = (1, 16128, 4)
```

使用之前设计的 NMS 算法，对输出的预测矩形框 boxes_x1y1x2y2 和预测概率 prob 进

行后处理，将处理结果写入磁盘。根据预处理计时节点、推理开始计时节点、推理输出计时节点、NMS 后处理计时节点，分别计算预处理时间、推理时间、后处理时间。获得的打印结果如下。

```
pre_process cost [50.63796043395996 ms]
post_process cost [175.74763298034668 ms]
inference cost [63.65704536437988] ms, infer_FPS=[15.709180252961644]
total_time cost [290.0426387786865] ms, total_FPS=[3.4477689356668613]
```

可见，推理部分只占用了 63.66ms，等效帧率为 15.7fps。由于推理脚本的图像预处理和后处理使用的是开发者较为熟悉的 CV2 函数库，并且 CV2 函数库是在 CPU 中执行的，所以耗时较长。当然，也可以使用设备提供商提供的硬件解码专用 SDK 中的 BMCV 模块代替 CV2 进行处理，处理效率可以大幅提高。由于涉及了大量的 BMCV 的使用规范，所以此处不再展开介绍。

将 YOLOV3 和 YOLOV4 的标准版和简版进行同样的测试，对包含海滩和风筝的图像进行处理，处理结果如图 14-7 所示。

图 14-7　使用 SE5 微服务器进行浮点 32 位的 YOLO 模型的推理结果对比图

除了使用 SDK 开发包内的 BMCV 模块代替常规的 CV2 模块来提升处理效率，还可以使用多批次同时处理的技术，将多路图像进行合并处理。例如，同时将 4 路图像进行合并处理，相当于处理速度变为原来的 4 倍。并行处理的检测方法大同小异，具体可以登录厂商的官网查看相应例程。

14.4 边缘端全整数量化模型部署

BM1684 支持的是对称量化，即零点只能取值为 0，BM1684x 支持非对称量化，即零点可以取非零值。本书以仅支持对称量化的 BM1684 为例进行讲解，非对称量化设备的操作与对称量化设备的操作完全一致。

14.4.1 在上位机 Docker 内制作代表数据集

将神经网络进行整数量化时，需要通过代表数据集感知每个张量的动态范围。张量的动态范围需要通过一定数量的数据集的驱动才能获得，所以此处需要使用厂商提供的代表数据集生成工具，生成的代表数据集是一个以 mdb 为后缀的文件。将代表数据集文件保存在磁盘以后，应当再次检查磁盘上的代表数据集是否符合神经网络输入数据形状的要求。

参考 Docker 内的/workspace/examples/calibration/create_lmdb_demo 目录下的 convert_imageset.py 文件，制作一个符合自己神经网络输入数据要求的代表数据集。此处的代表数据集生成代码是作者根据 BM1684 厂商官方提供的 PyTorch 例程改编的。

代码的前半部分用于解析命令行参数并清空目标目录。代码如下。

```
from ufwio.io import LMDB_Dataset
import argparse

parse = …
image_list = gen_imagelist(args)

lmdbfile = os.path.join(args.imageset_lmdbfolder,"data.mdb")
if os.path.exists(lmdbfile):
    ……
```

新建 LMDB_Dataset 对象，遍历命令行所指定的图片文件夹内的图片文件，执行 3 个操作：读取、缩放、增加批次维度。其中需要特别注意的是，PyTorch 对于图像数据的输入维度要求是“通道在前”（channel first），即 channel 在宽度和高度的维度之前，即输入数据的形状为[batch,channel,height,width]，而 TensorFlow 的要求是“通道在后”（channel last），即 channel 在宽度和高度的维度之后，即输入数据的形状为[batch,height,width,channel]，所以在官方提供的参考程序中，需要将改变维度顺序的代码删掉，才能符合 TensorFlow 的代表数据集生成要求。另外，官方推荐提供几百张图片用于代表数据集，此处设置为随机打乱顺序后的 1000 个图像样本，确保代表数据集具有广泛的代表性，核心代码如下。请注意，代码中作者故意保留了 cv_img.transpose 的那行代码，那行代码是官方例程中针对 PyTorch 的输入数据要求设计的代码，由于本书介绍的是基于 TensorFlow 的编程，所以那行代码加上了“#”前缀进行注释和屏蔽。

```
    lmdb = LMDB_Dataset(args.imageset_lmdbfolder)
    for i,image_path in enumerate(image_list[0:1000]):
        print('[{:04d}]: reading image {}'.format(i,image_path))
        cv_img = read_image_to_cvmat(
            image_path,
            args.resize_height, args.resize_width, args.gray)
        print('cv_imge after resize {}'.format(cv_img.shape))

        # cv_img = cv_img.transpose([2,0,1])
        # 此行代码用于在 PyTorch 环境下将输入图像数据维度转置为[channel,w,h]，如果开发
者使用的是 TensorFlow 编程框架，那么需要将此行删除
        cv_img = np.expand_dims(cv_img,axis=0)

        lmdb.put(np.ascontiguousarray(cv_img, dtype=np.float32))
        print('cv_imge dims changed to {}'.format(cv_img.shape))

    lmdb.close()
```

修改好该代表数据集并生成脚本后，就可以在 Docker 的命令行启动该脚本了，启动时输入目标文件夹（output_lmdb）、源图片文件夹（VOC2012_JPEGImages）、图像缩放尺寸参数（512 像素×512 像素）。Docker 命令行启动脚本的命令如下。

```
    root@indeed-virtual-
machine:/workspace/examples/calibration/create_lmdb_demo# python3 convert_
imageset.py \
    >    --imageset_rootfolder=./VOC2012_JPEGImages \
    >    --imageset_lmdbfolder=./output_lmdb \
    >    --resize_height=512 \
    >    --resize_width=512 \
    >    --shuffle=True \
```

```
    >    --bgr2rgb=True \
    >    --gray=False
    [0000]: reading image /workspace/examples/calibration/create_lmdb_demo/
VOC2012_JPEGImages/2008_001139.jpg
    original shape: (500, 334, 3)
    cv_imge after resize (512, 512, 3)
    cv_imge dimention changed to (1, 512, 512, 3)
```

可见，所有图像都已经被缩放为 512 像素×512 像素的尺寸并增加了批次维度。

完成代表数据集生成工作后，应当养成测试代表数据集的良好习惯。官方也提供了标准的代表数据集检查工具 ufwio.lmdb_info，它位于 Docker 内的 Python 软件包仓库中，可以直接通过 Python 调用，调用后将打印代表数据集的每个样本的形状。将存储代表数据集的目录 output_lmdb 提供给代表数据集检查工具 ufwio.lmdb_info，获得的输出如下。

```
    root@indeed-virtual-machine:/workspace/examples/calibration/create_lmdb_
demo# python3 -m ufwio.lmdb_info /workspace/examples/calibration/create_lmdb_
demo/output_lmdb

    Name,    DType,  Shape,  Data
    0000000000__, float32,(1, 512, 512, 3),[107.  88.  81. ...  68.  50.  40.]
    0000000001__, float32,(1, 512, 512, 3),[175. 188. 205. ... 255. 255. 255.]
    ……
```

可见，代表数据集可以正确输出的形状为[1, 512, 512, 3]，其格式为 float32。至此，在 Docker 内制作代表数据集的工作全部完成。

<<< 14.4.2　在上位机 Docker 内生成 fp32umodel 模型文件

BMNNSDK 工具包提供了 ufw.tools 工具，该工具将 TensorFlow 的单 pb 模型文件制作成 fp32umodel 文件。官方提供了参考例程，参考例程名为 resnet50_v2_to_umodel.py，它位于 Docker 内的/workspace/exam ples/calibration/tf_to_fp32umodel_demo/目录下。参考例程调用了 ufw.tools 工具，调用时需要指定 pb 模型文件路径，生成 fp32umodel 模型文件的存放路径，指定 pb 模型文件的输入/输出节点名称，以及代表数据集。其他参数为可选配置。

我们参考例程制作名为 yolo_to_fp32umodel.py 的脚本，它将生成 YOLOV4 的 fp32umodel 格式的模型文件。脚本代码如下。

```
import os
os.environ['GLOG_minloglevel'] = '2'
import ufw.tools as tools
```

```
    tf_model = [
        '-m', '/workspace/examples/nntc/bmnett/models/yolo_single_pb/yolov4_
realds5717_clip5.pb',
        '-i', 'x',
        '-o', 'Identity,Identity_1',
        '-s', '(1, 512, 512, 3)',
        '-d', '/workspace/examples/calibration/tf_to_fp32umodel_demo/output_
fp32umodel_512_512_3',
        '-n', 'yolov4',
        '-D', '/workspace/examples/calibration/create_lmdb_demo',
        '--cmp',
        '--no-transform'
    ]

    if __name__ == '__main__':
        tools.tf_to_umodel(tf_model)
```

在 Docker 内运行该脚本后，将得到如下输出，并在指定的目标目录 output_fp32umodel_512_512_3 下获得一个以 fp32umodel 为后缀的模型文件。代码运行输出如下。注意，以下代码是在虚拟环境下执行的，所以“#”代表命令提示符，并非注释符号。

```
    root@indeed-virtual-machine:/workspace/examples/calibration/
tf_to_fp32umodel_demo# python3 yolo_to_fp32umodel.py
    ……
    Layer 'model/pred_objectness_0_hi_res/Reshape', type [Reshape]
     Check blob 'model/pred_objectness_0_hi_res/Reshape'
     ----------------------------------------
     |   (Diff>1e-03)/Total |     maxDiff |
     ----------------------------------------
     |            0/4096 | 5.82077e-08 |
     ----------------------------------------
    Layer 'model/pred_objectness/concat', type [Concat]
     Check blob 'model/pred_objectness/concat'
     ----------------------------------------
     |   (Diff>1e-03)/Total |     maxDiff |
     ----------------------------------------
     |           0/16128 |  7.7486e-07 |
```

```
----------------------------------------
Layer 'Identity_1', type [BroadcastBinary]
 Check blob 'Identity_1'
 ----------------------------------------
 |   (Diff>1e-03)/Total |     maxDiff |
 ----------------------------------------
 |          0/1290240 | 1.10269e-06 |
 ----------------------------------------
=============== UModel Data Check Summary ===============
---------------------------------------------------------
Max diff is : 0.000135899, at layer 'model/conv2d_88/Conv2D@otrans'
=========================> PASS <=========================
Compiling succeeded.
```

本节的 pb 模型转换为 fp32umodel 较为消耗内存，建议开发者在此处配置 12GB 以上内存的计算机运行此转换脚本。若内存不足，可能出现“exit code=137”的编译错误，增加计算机内存即可解决此故障。内存溢出的错误代码如下。

```
compile failed, exit code=137
<class 'SystemExit'> 137 <traceback object at 0x7f100f417b48>
```

完成 fp32umodel 的模型生成工作后，Docker 的磁盘内将增加一个 output_fp32umodel__512_512_3 文件夹，内含 3 个文件：io_info.dat、yolov4_bmnett.fp32umodel 和 yolov4_bmnett_test_fp32.prototxt。其中，yolov4_bmnett.fp32umodel 文件较大，是神经网络的权重文件，yolov4_bmnett_test_fp32.prototxt 文件较小，是神经网络的结构文件。在虚拟环境下输入“ls”命令查看目录结构的打印信息如下。同样，“#”代表命令提示符，并非注释符号。

```
root@indeed-virtual-machine:/workspace/examples/calibration/tf_to_fp32umodel_de
mo# ls
README.md  output_fp32umodel_512_512_3
yolo_to_fp32umodel.py   models    resnet50_v2_to_umodel.py
root@indeed-virtual-
machine:/workspace/examples/calibration/tf_to_fp32umodel_de
mo# ls output_fp32umodel_512_512_3/
io_info.dat  yolov4_bmnett.fp32umodel  yolov4_bmnett_test_fp32.prototxt
```

14.4.3 手动增加 fp32umodel 模型文件的输入层映射算子

由于 BM1684 在加载整数量化模型时，只能接受整数 INT8 数据的输入，而整数 INT8 的动态范围是[−128,+127]，它往往与开发者所设计的神经网络输入动态范围不一致。例如，作者所使用的 YOLOV4 模型的输入数据动态范围是[0,+1]。

因此，厂商提供了一个转换算子 transform_op，需要在生成 fp32umodel 以后，手动修改其以 prototxt 为后缀的神经网络结构文件。修改原理是，在其第一层（数据输入层）增加一个 transform_op 算子。具体的修改方法是，通过添加一个 scale=0.003912 的缩放因子，将输入图像的像素动态范围[0,255]缩放到[0,+1]，以符合作者所设计的 YOLOV4 神经网络的输入的动态范围。修改内容如下。

```
layer {
  name: "x"
  type: "Data"
  top: "x"
  include {
    phase: TEST
  }
  transform_param {
    transform_op {
      op: STAND
      scale: 0.003912
    }
  }
  data_param {
    source: "/workspace/examples/calibration/create_lmdb_demo/output_lmdb"
    batch_size: 0
    backend: LMDB
  }
}
```

14.4.4　对 fp32umodel 模型文件进行优化

在将 fp32umodel 转化为 int8umodel 之前，必须对 fp32umodel 浮点网络进行优化。优化的内容包括将批次归一化算法与数值映射合并，将前处理算子融合到网络中，并且删除推理过程中不必要的算子等。

优化使用的是 calibration_use_pb 程序，只需要制定 3 个参数：graph_transform 关键字、model 关键字和 weights 关键字。其中，graph_transform 关键字使用默认配置，model 和 weights 关键字分别指向 fp32model 的网络结构文件和网络权重文件。代码如下。其中，“#”代表命令提示符，并非注释符号。

```
    root@indeed-virtual-machine:/workspace/examples/calibration/tf_to_
fp32umodel_demo# calibration_use_pb graph_transform -model=/workspace/
examples/calibration/tf_to_fp32umodel_demo/output_fp32umodel_512_512_3/yolov4_
bmnett_test_fp32.prototxt -weights=/workspace/examples/calibration/tf_to_
fp32umodel_demo/output_fp32umodel_ 512_512_3/yolov4_bmnett.fp32umodel
```

输出如下。

```
    ……
    Success: only_one_compare!
    Output proto: /workspace/examples/calibration/tf_to_fp32umodel_demo/
output_fp32umodel_512_512_3/yolov4_bmnett_test_fp32.prototxt_optimized
    Output model: /workspace/examples/calibration/tf_to_fp32umodel_demo/
output_fp32umodel_512_512_3/yolov4_bmnett.fp32umodel_optimized
    Finished graphtransform
    root@indeed-virtual-machine:/workspace/examples/calibration/tf_to_
fp32umodel_de
    mo#
```

经过优化，生成了两个以_optimized为后缀的网络文件，分别是与.fp32umodel对应的存储网络权重的.fp32umodel_optimized 文件，以及与.prototxt 对应的存储网络结构的.prototxt_optimized文件。

14.4.5 在上位机Docker内将fp32umodel模型文件编译为int8umodel模型文件

有了fp32umodel模型后，BMNNSDK提供了calibration_use_pb程序，将fp32umodel编译为全整数量化的int8umodel。calibration_use_pb程序的调用方法如下。

```
    $ calibration_use_pb  \
            quantize \                              # 固定参数
            -model= PATH_TO/*.prototxt \            # 网络结构文件
            -weights=PATH_TO/*.fp32umodel           # 网络系数文件
            -iterations=200 \                       # 迭代次数
            -winograd=false   \                     # 可选参数
            -graph_transform=false \                # 可选参数
            -save_test_proto=false                  # 可选参数
```

对于本案例，需要具体指定网络结构文件和权重文件，指定量化迭代次数200和量化目标TO_INT8，并且将conv2d_93、conv2d_101、conv2d_109这三层（这三层刚好对应YOLO

神经网络中的预测网络）编译为浮点 32 位，其他编译为全整数 INT8，代码如下。其中，“#”代表命令提示符，并非注释符号。

```
    root@indeed-virtual-machine:/workspace/examples/calibration/tf_to_
fp32umodel_demo# calibration_use_pb  \
       quantize \
       -model=/workspace/examples/calibration/tf_to_fp32umodel_demo/
output_fp32umodel_512_512_3/yolov4_bmnett_test_fp32.prototxt_optimized  \
       -weights=/workspace/examples/calibration/tf_to_fp32umodel_demo/
output_fp32umodel_512_512_3/yolov4_bmnett.fp32umodel_optimized \
       -iterations=200 \
       --bitwidth=TO_INT8 \
       -fpfwd_outputs='model/conv2d_93/BiasAdd@otrans,model/conv2d_101/
BiasAdd@otrans,model/conv2d_109/BiasAdd@otrans'
```

此处转换需要迭代 200 次，以便转换程序能感知到每个张量的动态范围，因此较为耗时（1～2h）。感知完成后，INT8 全整数模型也已经制作完成。制作过程的输出如下。其中，“#”代表命令提示符，并非注释符号。

```
    I0706 03:43:35.200451   197 cali_core.cpp:1165] calibration for layer =
Identity_1
    I0706 03:43:35.200461   197 cali_core.cpp:1166]  id=1349
type:BroadcastBinary ...
    I0706 03:43:35.200477   197 cali_core.cpp:1259]  intput 0:
scaleconvertbacktofloat_ input_mul =0.00249853
    I0706 03:43:35.200489   197 cali_core.cpp:1259]  intput 1:
scaleconvertbacktofloat_ input_mul =0.00255425
    I0706 03:43:35.200497  197 cali_core.cpp:1263] output 0 scaleconvertbacktofloat_
output_mul =0.00236635
    I0706 03:43:35.200505   197 cali_core.cpp:1266]  forward_with_float = 0
    I0706 03:43:35.200512   197 cali_core.cpp:1267]  output_is_float = 0
    I0706 03:43:35.200520   197 cali_core.cpp:1268]  is_shape_layer  = 0
    I0706 03:43:35.200527   197 cali_core.cpp:1269]  use_max_as_th =0
    I0706 03:43:35.200534   197 cali_core.cpp:1270]  quant to version =0

    I0706 03:44:08.030673   197 network_transform.cpp:717] prune data layer
type 0
    I0706 03:44:08.053717   197 network_transform.cpp:717] prune data layer
type 0
```

```
/usr/bin/dot
I0706 03:45:16.160625  197 cali_core.cpp:1474] used time=1 hour:24 min:37 sec
I0706 03:45:16.160714   197 cali_core.cpp:1476] int8 calibration done.
root@indeed-virtual-
machine:/workspace/examples/calibration/tf_to_fp32umodel_de
mo#
```

BMNNSDK 的 calibration use pb 程序执行完成后，它会在存放 fp32umodel 的神经网络的文件夹下新增所生成的全整数量化神经网络文件，包括*.int8umodel 文件、*_test_fp32_unique_top.prototxt 文件、*_test_int8_unique_top.prototxt 文件。

其中，*.int8umodel 文件即量化生成的 INT8 格式的网络系数文件，*_test_fp32_unique_top.prototxt 文件即 FP32 格式的网络结构文件，*_test_int8_unique_top.prototxt 文件即 int8 格式的网络结构文件，该文件包含数据输入层，它与命令行输入的原始 fp32umodel 的 prototxt 网络结构文件的差别在于，各层的输出 blob 是唯一的，不存在 in-place（in-place 指的是直接改变给定向量、矩阵或张量的内容而不需要复制的运算，一般为了节约存储空间）的情况。

<<< 14.4.6 umodel 模型文件的调试技巧

在生成 umodel（不论是 fp32umodel 还是 int8umodel）模型文件以后，可以使用 ufw 工具对模型的输入/输出进行验证和测试。ufw 工具运行在 CPU 上，它提供 Python 接口和 C++ 接口供用户调用。以 Python 接口为例，一个典型的核心 Python 代码如下。代码中，先打开 umodel 模型文件，加载输入数据，然后根据模型某张量名称获得该张量的数据结果。

```
import ufw
ufw.set_mode_cpu() # 当待测模型是 FP32 模式时
ufw.set_mode_cpu_int8() # 当待测模型是 INT8 模式时
# 运行 FP32 网络时，指定网络模型文件
model = './models/ssd_vgg300/ssd_vgg300_deploy_fp32.prototxt'
weight = './models/ssd_vgg300/ssd_vgg300.fp32umodel'
# 运行 INT8 网络时，指定网络模型文件
model = './models/ssd_vgg300/ssd_vgg300_deploy_int8.prototxt'
weight = './models/ssd_vgg300/ssd_vgg300.int8umodel'
ssd_net = ufw.Net(model, weight, ufw.TEST)  # 建立网络
……
input_data=cv2.imread('demo.jpg')
……
```

```
ssd_net.fill_blob_data({blob_name: input_data}) # 将数据输入网络
ssd_net.forward() # 神经网络推理
ssd_net.get_blob_data(blob_name)  # 搜集网络推理结果
```

14.5 模型的编译和部署

本节将介绍与下位机部署密切相关的模型编译和推理代码。

14.5.1 上位机将 int8umodel 模型文件编译为 bmodel 模型文件

BMNNSDK 的 calibration use pb 程序制作的.int8umodel 格式的量化模型只是一个临时的中间模型文件。量化模型需要被进一步编译为可以在 SE5 边缘计算网关执行的 int8bmodel。编译使用的“原材料”就是 BMNNSDK 的 calibration_use_pb 程序制作的 *.int8umodel 文件和*_deploy_int8_unique_top.prototxt 文件。

BMNNSDK 内也提供了两种快速进行模型编译的方式：命令行方式和 Python 脚本方式。

命令行方式的调用方法如下。

```
bmnetu -model=<path> \
       -weight=<path> \
       -shapes=<string> \
       -net_name=<name> \
       -opt=<value> \
       -dyn=<bool> \
       -prec=<string> \
       -outdir=<path> \
       -cmp=<bool> \
       -mode=<string>
```

对于 Python 脚本调用，需要指定编译目标的数据格式为 INT8，此外需要指定 INT8 量化模型的结构文件和权重文件，指定 INT8 编译模型的输出文件夹，其他选项为可选项。将 INT8 模型编译的 Python 脚本命名为 yolo_to_int8bmodel.py。代码如下。

```
import bmnetu
## 编译 int8model 神经网络模型文件
model = "/workspace/examples/calibration/tf_to_fp32umodel_demo/
output_fp32umodel_512_512_3/yolov4_bmnett_deploy_int8_unique_top.prototxt"
# 必填，整数量化的 prototxt 文件位置
weight = "/workspace/examples/calibration/tf_to_fp32umodel_demo/
```

```
output_fp32umodel_512_512_3/yolov4_bmnett.int8umodel" # 必填，整数量化的int8umodel 文件位置
    outdir = "/workspace/examples/calibration/tf_to_fp32umodel_demo/
output_fp32umodel_512_512_3/output_INT8_compiled_model" # 必填，INT8 编译输出文件夹
    prec = "INT8" # 必填，如果不填，那么编译为 FP32 模式
    shapes = [[1,512,512,3]] # 选填，如果不填，那么使用 prototxt 所描述的输入数据形状
    net_name = "yolov4" # 选填，如果不填，那么默认使用 prototxt 所描述的网络名称
    opt = 2 # 选填 0、1 或 2，默认为 2
    dyn = False # 选填 True 或 False，默认为 False
    cmp = True # 选填 True 或 False，默认为 True
    bmnetu.compile(
        model = model, weight = weight, net_name = net_name,
        outdir = outdir, shapes = shapes)
```

代码中用到的bmnetu是BMNNSDK针对BM1684加速芯片的UFW（Unified Framework）模型编译器，可将神经网络的umodel（unified model，通用模型）和prototxt编译成下位机运行时所需的int8bmodel（编译模型）。而且在编译的同时，支持将每一层的NPU模型计算结果和CPU的计算结果进行对比，保证正确性。Docker内编译成功的打印信息如下。

```
    554  3465 bmcompiler_context_subnet.cpp:171] [BMCompiler:I] subnet input tensor name=x
    I0712 18:12:23.190770  3465 bmcompiler_context_subnet.cpp:231] [BMCompiler:I] subnet output tensor name=Identity
    I0712 18:12:23.190837  3465 bmcompiler_context_subnet.cpp:231] [BMCompiler:I] subnet output tensor name=Identity_1
    I0712 18:12:23.194960  3465 bmcompiler_context.cpp:394] [BMCompiler:I] set_stage param cur_net_idx = 0
    I0712 18:12:23.200037  3465 bmnetu_compiler.cpp:758] ### finish_bmcompiler()...
    ============================================================
    *** Store bmodel of BMCompiler...
    ============================================================
    I0712 18:12:23.200711  3465 bmcompiler_bmodel.cpp:154] [BMCompiler:I] save_tensor input name [x]
    I0712 18:12:23.200781  3465 bmcompiler_bmodel.cpp:171] [BMCompiler:I] find inout name x, binput_tensort=1 save in bmodel scale = 127.342, read scale = 0.00785289]
```

```
    I0712 18:12:23.201009  3465 bmcompiler_bmodel.cpp:154] [BMCompiler:I]
save_tensor output name [Identity]
    I0712 18:12:23.201064  3465 bmcompiler_bmodel.cpp:171] [BMCompiler:I]
find inout name Identity, binput_tensort=0 save in bmodel scale =
0.00791909, read scale = 0.00791909]
    I0712 18:12:23.201094  3465 bmcompiler_bmodel.cpp:154] [BMCompiler:I]
save_tensor output name [Identity_1]
    I0712 18:12:23.201153  3465 bmcompiler_bmodel.cpp:171] [BMCompiler:I]
find inout name Identity_1, binput_tensort=0 save in bmodel scale =
0.00236635, read scale = 0.00236635]
    I0712 18:12:23.936619  3465 bmcompiler_bmodel.cpp:154] [BMCompiler:I]
save_tensor input name [x]
    I0712 18:12:23.936723  3465 bmcompiler_bmodel.cpp:171] [BMCompiler:I]
find inout name x, binput_tensort=1 save in bmodel scale = 127.342, read
scale = 0.00785289]
    I0712 18:12:23.936832  3465 bmcompiler_bmodel.cpp:154] [BMCompiler:I]
save_tensor output name [Identity]
    I0712 18:12:23.936884  3465 bmcompiler_bmodel.cpp:171] [BMCompiler:I]
find inout name Identity, binput_tensort=0 save in bmodel scale =
0.00791909, read scale = 0.00791909]
    I0712 18:12:23.936930  3465 bmcompiler_bmodel.cpp:154] [BMCompiler:I]
save_tensor output name [Identity_1]
    I0712 18:12:23.936971  3465 bmcompiler_bmodel.cpp:171] [BMCompiler:I]
find inout name Identity_1, binput_tensort=0 save in bmodel scale =
0.00236635, read scale = 0.00236635]
    BMLIB Send Quit Message
    root@indeed-virtual-
machine:/workspace/examples/calibration/tf_to_fp32umodel_demo#
```

以上用于生成 int8bmodel（编译模型）的 Python 脚本执行完毕后，上位机的 Docker 内将增加一个 output_INT8_compiled_model 文件夹，文件夹内有一个模型文件和 3 个输入/输出数据比对文件。其中，模型文件为 compilation.bmodel，输入/输出的数据比对文件是 input_ref_data.dat、io_info.dat、output_ref_data.dat。用于边缘端推理的是 compilation.bmodel，它是编译后的模型文件，需要使用 docker cp 命令将其从 Docker 内复制到上位机，进而复制到 SE5 边缘计算网关内。

14.5.2 全整数量化 int8bmodel 模型文件的边缘端推导和测试

将编译后的模型文件 compilation.bmodel 复制到 SE5 边缘计算网关中，就可以编写边缘端推理代码了。边缘端推理代码必须使用运行时提供的 SAIL 函数库，它能够调用边缘计算网关的 TPU 资源进行计算加速。边缘端使用 int8bmodel 模型推理时，其代码与边缘端使用 fp32bmodel 模型进行推理的代码完全一致。

根据厂商提供的规范，边缘端使用 int8bmodel 模型文件推理时，输入/输出的数据可以是浮点数据，因为神经网络自带的量化算子将会把输入数据量化为 INT8 数据格式。但是需要注意的是，输入的浮点数据必须和生成 int8umodel 时的代表数据集的数据动态范围保持一致。

例如，本案例中样本数据集的动态范围是 0～255，在生成 int8umodel 时，输入数据乘以了 0.00392（相当于除以 255），因此最终生成的 int8bmodel 只能接受动态范围为 0～1 的数据。因此，在边缘端推理时，图像数据应当除以 255，以便获得 0～1 的动态范围。

数据预处理的核心代码如下。

```
cv2_im_rgb = np.float32(cv2_im_rgb)
cv2_im_rgb = cv2_im_rgb/255
cv2_im_rgb = np.expand_dims(cv2_im_rgb, axis=0)
cv2_im_rgb = np.ascontiguousarray(cv2_im_rgb)
```

边缘端推理主要用到的是运行时实例 Engine 的 process 方法，其核心代码如下。

```
input_data = np.array(input_data, dtype=np.float32)
input_tensors = {input_name: input_data}
# ============================================
t1 = time.time()
# ============================================
outputs = engine.process(graph_name, input_tensors)
```

检查输出的数据格式和形状，代码如下。

```
print('outputs.keys : ',outputs.keys())
outputs = list(outputs.values())
print("outputs size: {}".format(len(outputs)))
print("output tensor 0 = {} {} , output tensor 1 = {} {} ".format(
    outputs[0].shape,outputs[0].dtype, outputs[1].shape,outputs[1].dtype))
```

打印如下。

```
    outputs.keys :  dict_keys(['Identity', 'Identity_1'])
    outputs size: 2
    output tensor 0 = (1, 16128, 4) float32 , output tensor 1 = (1, 16128,
80) float32
```

可见，输出数据已经是浮点 32 位的数据，接下来就可以使用 NMS 算法进行后处理。使用测试图像，对 BMNNSDK 生成的 YOLOV4 标准板模型进行测试，结果如图 14-8 所示。

YOLOV4 标准版

图 14-8　使用 SE5 边缘计算网关进行目标检测的效果

⋘ 14.5.3　编译模型在边缘计算网关上的性能测试

BMNNSDK 提供了全整数量化模型的测试工具：BMRT_TEST 工具。BMRT_TEST 是基于 bmruntime 接口实现的对 bmodel 的正确性和实际运行性能进行测试的工具。BMRT_TEST 不仅可以在包含了运行时的 Docker 内运行，而且可以在 SE5 边缘计算网关内运行。

开发者在完成神经网络量化和编译工作后，一定要先使用 BMRT_TEST 工具进行性能测试，然后进行数据准确性测试，避免在后续工作中发现问题后不得不返工 。

BMRT_TEST 支持用随机数据驱动 bmodel 模型进行推理，验证 bmodel 的完整性及可运行性，并测试 bmodel 的实际运行时间。一个典型的使用方法如下。

```
    bmrt_test --bmodel xxx.bmodel # 直接运行 bmodel，不比对数据
```

以本案例所生成的 float32 模型为例，模型运行后，将产生如下输出。

```
    linaro@bm1684:~/yolo$ bmrt_test --
bmodel=yolov4_realds5717_clip5/compilation.bmodel
```

```
……
[BMRT][show_net_info:1339] INFO: ---- stage 0 ----
[BMRT][show_net_info:1347] INFO:   Input 0) 'x' shape=[ 1 512 512 3 ] dtype=FLOAT32 scale=1
[BMRT][show_net_info:1356] INFO:   Output 0) 'Identity' shape=[ 1 16128 4 ] dtype=FLOAT32 scale=1
[BMRT][show_net_info:1356] INFO:   Output 1) 'Identity_1' shape=[ 1 16128 80 ] dtype=FLOAT32 scale=1
……
[BMRT][bmrt_test:1019] INFO:net[user_net] stage[0], launch total time is 55067 us (npu 54955 us, cpu 112 us)
……
[BMRT][bmrt_test:1063] INFO:load input time(s): 0.004341
[BMRT][bmrt_test:1064] INFO:calculate  time(s): 0.055075
[BMRT][bmrt_test:1065] INFO:get output time(s): 0.005799
[BMRT][bmrt_test:1066] INFO:compare   time(s): 0.002515
```

以本案例所生成的 INT8 全整数量化模型为例，运行后的打印信息如下。

```
linaro@bm1684:~/yolo$ bmrt_test -bmodel=./yolov4INT8_realds5717_clip5/compilation.bmodel
……
[BMRT][load_bmodel:982] INFO:pre net num: 0, load net num: 1
[BMRT][show_net_info:1336] INFO: ########################
[BMRT][show_net_info:1337] INFO: NetName: yolov4, Index=0
[BMRT][show_net_info:1339] INFO: ---- stage 0 ----
[BMRT][show_net_info:1347] INFO:   Input 0) 'x' shape=[ 1 512 512 3 ] dtype=INT8 scale=127.342
[BMRT][show_net_info:1356] INFO:   Output 0) 'Identity' shape=[ 1 16128 4 ] dtype=FLOAT32 scale=1
[BMRT][show_net_info:1356] INFO:   Output 1) 'Identity_1' shape=[ 1 16128 80 ] dtype=FLOAT32 scale=1
……
[BMRT][bmrt_test:1019] INFO:net[yolov4] stage[0], launch total time is 41417 us (npu 41320 us, cpu 97 us)
……
[BMRT][bmrt_test:1063] INFO:load input time(s): 0.000961
```

```
[BMRT][bmrt_test:1064] INFO:calculate  time(s): 0.041421
[BMRT][bmrt_test:1065] INFO:get output time(s): 0.005841
[BMRT][bmrt_test:1066] INFO:compare   time(s): 0.002609
```

对比可见，对于最为复杂的 YOLOV4 完整版神经网络来说，浮点 32 位模型的推理耗时共计 55ms，全整数量化模型的推理耗时共计 41ms，可见，SE5 边缘计算网关对于 YOLOV4 完整版的处理帧率均能够在 20fps 左右。以上测试并未将数据前处理和后处理的耗时计算在内。因为更改前处理和后处理的函数代码可以利用不同设备厂商提供的图形加速单元，获得不同程度的加速效果，所以这里就不展开叙述了。

另外，SE5 边缘计算网关在设备的硬件资源上做了较大冗余，从而使开发者能进行多路图像并行计算，即将神经网络输入数据的第一个维度（批次维度）设置为 4，这意味着 SE5 边缘计算网关可以在不增加处理耗时的前提下，同时处理 4 路监控图像，这相当于对算法进行了 4 倍的加速，理论帧率可以达到原帧率的 4 倍（若原帧率为 20fps，那么进行 4 倍批次处理后的等效帧率与 80fps 相当）。如果将一路监控图像的 4 帧进行并行处理，那么也能起到变相加速的效果，感兴趣的开发者可以自行尝试，但应当注意多帧打包造成的等待延时。

BMRT_TEST 还支持将 bmodel 产生的推理数据输出，与参考数据（精确数据）进行比对，用于验证模型推理的数据正确性。典型的用法如下。

```
bmrt_test --context_dir bmodel_dir
```

进行数据验证时，要求 bmodel_dir 中要包含编译模型文件 compilation.bmodel、输入数据 input_ref_data.dat、输出数据 output_ref_data.dat。

对于 YOLOV4 的全整数量化模型，进行测试的输出如下。

```
......
[BMRT][show_net_info:1337] INFO: NetName: yolov4, Index=0
[BMRT][show_net_info:1339] INFO: ---- stage 0 ----
[BMRT][show_net_info:1347] INFO:  Input 0) 'x' shape=[ 1 512 512 3 ]
dtype=INT8 scale=127.342
[BMRT][show_net_info:1356] INFO:  Output 0) 'Identity' shape=[ 1 16128
4 ] dtype=INT8 scale=0.00791909
[BMRT][show_net_info:1356] INFO:  Output 1) 'Identity_1' shape=[ 1
16128 80 ] dtype=INT8 scale=0.00236635
......
```

```
    [BMRT][bmrt_test:1022] INFO:+++ The network[yolov4] stage[0] output_data
+++
    [BMRT][bmrt_test:1038] INFO:==>comparing #0 output ...
    [BMRT][bmrt_test:1043] INFO:+++ The network[yolov4] stage[0] cmp success
+++
    ......
```

若出现“The network[yolov4] stage[0] cmp success”，则说明数据比对成功，神经网络编译过程中没有出现数据计算的精确率问题。

第 15 章 边缘计算开发系统和 RK3588

本章将介绍瑞芯微 RK3588 边缘计算芯片，其对应的开发硬件系统型号为 TB-RK3588X。其片上系统（SoC）的高集成度使得其具备对复杂环境的适应能力。

15.1 RK3588 边缘推理开发系统结构

TB-RK3588X 硬件系统分为两部分：主板（MainBoard）和核心板（CoreBoard），软件系统采用完全开源的 Debian11 操作系统，厂商同样提供了 Python 语言、C 语言的开发工具链。

15.1.1 开发板和核心芯片架构

TB-RK3588X 硬件系统的主板部分集成了大量的外围接口，核心板部分安装了 SoC 主控芯片 RK3588，主板部分和核心板部分通过 MXM314Pin 接口相互连接。这使得该系统具有非常强大的拼装能力，主板部分可以对接同样具有 MXM314Pin 接口的其他核心板，而核心板可以插在其他具有 MXM314Pin 插槽的主板上。TB-RK3588X 边缘计算开发系统硬件结构图如图 15-1 所示。

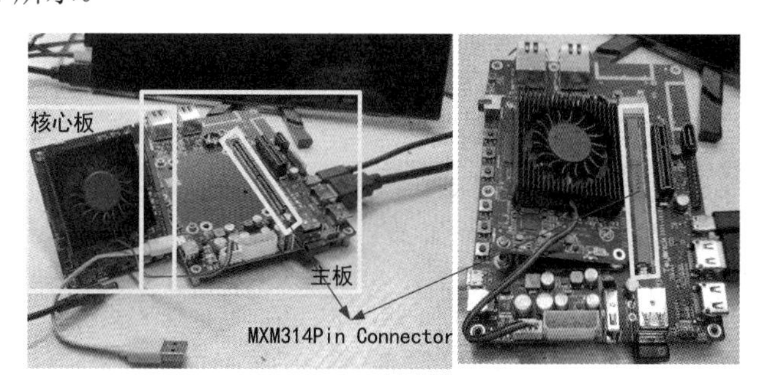

图 15-1 TB-RK3588X 边缘计算开发系统硬件结构图

TB-RK3588X 硬件系统的主板部分集成了大量的外围接口，除了常规的调试串口、USB 接口、网口，还支持 SATA 和 PCIE 等外围硬件接口，支持 HDMI 视频、音频输出，原配了

6 个按键，使得其几乎成为一台具有基本功能的板上计算机。TB-RK3588X 主板结构和接口图如图 15-2 所示。

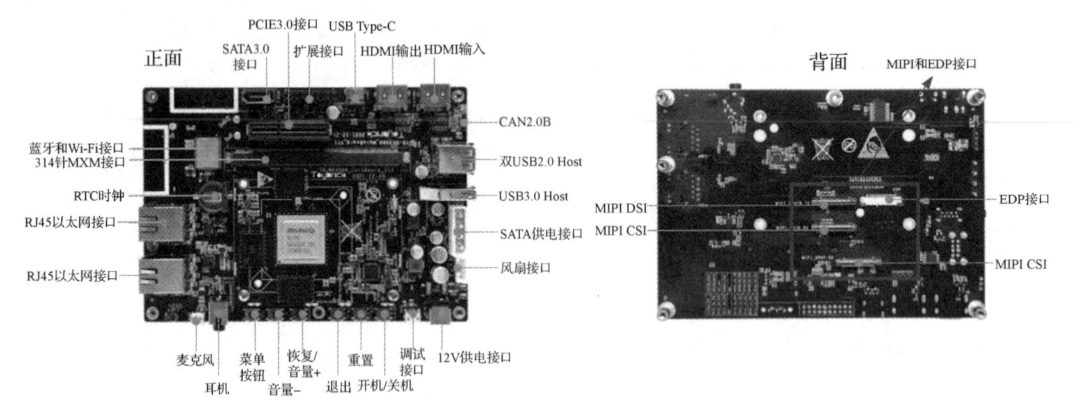

图 15-2　TB-RK3588X 主板结构和接口图

TB-RK3588X 硬件系统的核心板部分采用瑞芯微旗舰 SoC 芯片 RK3588。RK3588 是一款采用 ARM 架构的通用型 SoC，集成了四核 Cortex-A76 和四核 Cortex-A55 CPU、G610 MP4 GPU，以及 6 TOPs 算力的 NPU。该 SoC 芯片内置多种功能强大的嵌入式硬件引擎，支持 8K@60fps 的 H.265 和 VP9 解码器、8K@30fps 的 H.264 解码器和 4K@60fps 的 AV1 解码器；支持 8K@30fps 的 H.264 和 H.265 编码器、高质量的 JPEG 编码器/解码器、专门的图像预处理器和后处理器。RK3588 还引入了新一代完全基于硬件的最大 4800 万像素的 ISP（图像信号处理器），实现了许多算法加速器，如 HDR、3A、LSC、3DNR、2DNR、锐化、Dehaze、鱼眼校正、伽马校正等。RK3588 集成了瑞芯微自研的第 3 代 NPU 处理器，可支持 INT4/INT8/INT16/FP16 混合运算，其强大的兼容性，可以对 TensorFlow/MXNet/PyTorch/Caffe 等多种框架产生的网络模型进行编译。TB-RK3588X 核心芯片 RK3588 的架构图如图 15-3 所示。

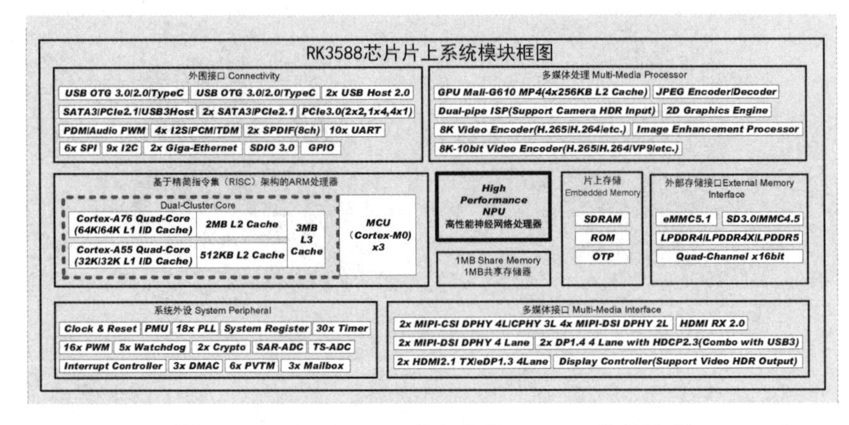

图 15-3　TB-RK3588X 核心芯片 RK3588 的架构图

⋘ 15.1.2　开发板操作系统和调试环境

RK3588 开发板（以下简称开发板）使用的是完全开源的 Debian 操作系统。Debian 操作系统接管启动权限前，首先由启动引导程序（BootLoader）完成硬件和内核的初始化，开发板使用的启动引导程序是开源的 Uboot，启动引导程序完成初步引导后将控制权交给 Debian 操作系统，完成操作系统的启动。开发板操作系统的默认登录账号和密码为 toybrick。

使用 Micro-USB 线，将计算机的 USB 接口与开发板主板的 Micro-USB 接口连接，即可完成开发计算机与开发板的连接。此时计算机将开发板识别为 USB-Serial-Port，所以它们之间的连接本质上是串口协议连接。为方便说明，将开发计算机定义为上位机，将开发板定义为下位机。在上位机的串口调试软件（Windows 操作系统为 PuTTY，Linux 操作系统为 minicom 软件）中设置通信端口编号，设置波特率为 1500000bit/s，即可在 PuTTY 的界面中看到下位机的命令行交互。输入下位机 Debian 系统默认的登录账号和密码（默认都是 toybrick），即可使用串口查看下位机的操作系统。代码如下。

```
toybrick@debian:~$ cat /etc/os-release
PRETTY_NAME="Debian GNU/Linux 11 (bullseye)"
NAME="Debian GNU/Linux"
VERSION_ID="11"
VERSION="11 (bullseye)"
VERSION_CODENAME=bullseye
ID=debian
……
toybrick@debian:~$
```

下位机一旦连接成功，必须首先连接网络，因为后续开发所需要的开发工具都需要联网安装。开发者可以通过 DHCP 协议让开发板直接获得互联网连接，也可以使用 HDMI 显示器、键盘和鼠标通过 Debian 操作系统的交互界面选择 Wi-Fi。对于没有显示器和有线连接的情况，也可以通过 nmtui 命令，使用串口命令行模式，让开发板连接无线网络。nmtui 命令将提供一个命令行环境下的交互界面，供开发者选择 Wi-Fi 的 SSID 和密码。交互界面输入完毕后，可以通过 nmcli 命令查看 Wi-Fi 是否连接成功。以作者为例，开发板成功连接了 SSID 为 mywifi 的无线路由器，获得的 IP 地址为 192.168.199.130，命令和输出如下。

```
toybrick@debian:~$ sudo nmtui
……
toybrick@debian:~$ nmcli connection show
```

```
NAME                UUID                                  TYPE      DEVICE
mywifi              7778fd00-6e92-42e1-940d-1275db149073  wifi      wlan0
Wired connection 1  0d7be919-a4fd-3453-82bc-1051143e84aa  ethernet  --
Wired connection 2  e6e6251e-6fd6-3375-af6b-340438464c9f  ethernet  --
toybrick@debian:~$ nmcli
wlan0: connected to mywifi
        "wlan0"
        wifi (wl), 10:2C:6B:FD:75:5A, hw, mtu 1500
        ip4 default
        inet4 192.168.199.130/24
        route4 0.0.0.0/0
        route4 192.168.199.0/24
        inet6 fe80::1ff8:5de9:cd45:ece/64
        route6 fe80::/64
        route6 ff00::/8
……
```

连接上网络以后，就可以通过网络使用 SSH 连接协议对开发板进行调试了。开发板出厂安装的 Debian11 操作系统默认开启两种远程登录服务：ADB 和 SSH，本书以 SSH 调试方式进行调试。TB-RK3588X 开发环境搭建和调试软件如图 15-4 所示。

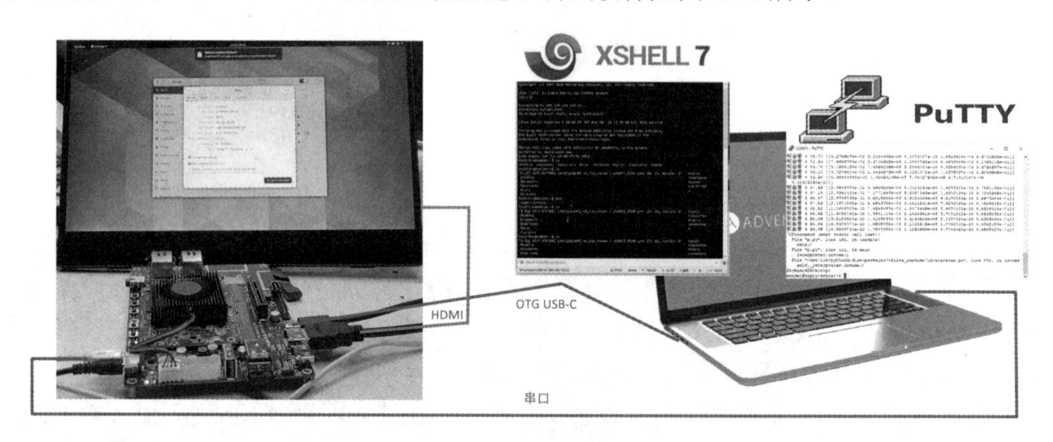

图 15-4　TB-RK3588X 开发环境搭建和调试软件

根据官方手册，出厂预制的操作系统可能比较旧，需要进行操作系统的重装。厂商提供两种刷写模式：loader 刷写模式和 maskrom 刷写模式。loader 刷写模式需要依靠主板进行操作系统刷写，maskrom 刷写模式只需要核心板就可以进行操作系统刷写。操作系统刷写依靠的是上位机，上位机可以是 Windows 操作系统，也可以是 Linux 操作系统。如果上位机是 Windows 操作系统，那么需要安装 Flashtool 刷写工具和 RKDevTool 开发工具；如果上位机是 Linux 操作系统，那么需要安装 Edge 工具。具体刷写方法可以参考厂商网站操作手册，这里不再展开叙述。

开发板的软硬件连接工作主要依靠串口进行，串口调试的功能十分强大，是嵌入式系统最基本的调试通信手段。如果遇到 BootLoader 损坏或者系统崩溃等异常情况，都能通过串口进行挽救。但串口调试的通信速率较低，为提高开发效率，后面将通过传输速度更快的 SSH 方式连接开发板进行调试。

15.2　开发工具链和神经网络模型部署

完成开发板的系统升级等基本操作后，就需要进行边缘计算的开发环境配置了。边缘计算开发环境配置分为上位机开发环境和下位机（开发板）推理环境。上位机的开发环境配置的目的是在上位机完成模型的量化和编译。下位机操作系统自带推理所需的运行时，只需要简单联网升级后，就可以加载编译后的神经网络，执行推理工作了。

为支持上位机和下位机的开发，厂商提供了完整的开发工具链，包括 rknn-toolkit2、rknn-toolkit-lite2 和 rknpu2。其中，rknn-toolkit 2 安装在上位机中，仅支持 Ubuntu 操作系统。它以 Python 语言为开发语言，为开发者提供将多种神经网络模型转换为以 rknn 为后缀的模型文件（*.rknn 模型为厂商的私有化模型格式）的工具。rknn-toolkit-lite2 安装在下位机中，下位机为 Debian 操作系统。它以 Python 语言为开发语言，帮助开发者使用 rknn 模型和 NPU 硬件进行推理。rknpu2 也安装在下位机中，它的功能和 rknn-toolkit-lite2 类似，只是开发语言为更高效的 C 语言。

⋘ 15.2.1　上位机开发环境配置

不同于 Coral 开发板的 Edge TPU 开发工具链，RK3588 的厂商仅为 Ubuntu 操作系统提供 rknn-toolkit 2 预编译包，因此负责开发的上位机必须为 Ubuntu 操作系统。根据作者的实际操作经验，负责开发的上位机的内存配置应当至少为 12GB，推荐配置为 16GB，磁盘空间预留 20GB 左右。官方推荐了两种用于安装 rknn-toolkit 2 的方式：Docker 方式和 pip 方式。由于 Docker 方式只需要在上位机上下载并安装 Docker 镜像文件，所有的开发工具已经集成在 Docker 镜像中，因此较为简单，建议初学者使用。对于高阶开发者，可以按照本书选择的 pip 方式进行开发工具链的安装。

由于 rknn-toolkit 2 提供的是 Python 编程接口，因此上位机选择安装 Anaconda 虚拟环境管理软件。Ubuntu 操作系统下的 Anaconda 安装方法与 Windows 操作系统下的类似。除了登录 Anaconda 官网，下载 Linux 版本的安装程序（Anaconda3-2022.05-Linux-x86_64.sh，大约 691MB），还需要额外安装 anaconda-navigator。安装 Anaconda 和 anaconda-navigator 的命令如下。如果遇到 conda 命令不生效的问题，那么只需要关闭 terminal 并重新进入即可让新的环境变量生效。

```
bash ./ Anaconda3-2022.05-Linux-x86_64.sh
conda info
conda update -n base -c defaults conda
conda install -c anaconda anaconda-navigator
```

进入 Ubuntu 操作系统下的 anaconda-navigator 界面后，新建虚拟环境（如将虚拟环境命名为 spyder515_py3813_RK3588）并安装自己习惯的集成编程工具（如 Spyder）后，就可以进行 rknn-toolkit 2 开发工具链的安装了。安装 rknn-toolkit 2 开发工具链分为 3 步：第 1 步，安装 gcc 和 g++编译工具；第 2 步，安装 NumPy 等依赖软件包；第 3 步，安装 rknn-toolkit 2 预编译软件包。

由于部分版本的 Ubuntu 操作系统并没有自带 gcc 和 g++编译工具，而 Ubuntu 下的 Python 软件包需要编译后进行安装，所以需要在操作系统上使用以下命令进行 gcc 和 g++编译工具的安装。

```
sudo apt-get install gcc
sudo apt-get install g++
```

rknn-toolkit 2 依赖于 TensorFlow、NumPy 等其他 Python 软件包，因此厂商提供了这些依赖的软件包名称和版本号，需要使用 pip 方法进行指定版本软件的安装。各软件的软件名和指定版本号已经保存在厂商官方的 GitHub 软件仓库上，文件名为 requirements_cp38-1.3.0.txt。安装软件依赖时，可以通过-r 参数指定所需要安装的软件的名称和版本号。安装命令如下。

```
(spyder515_py3813_RK3588) indeed@indeed-virtual-machine:~$ pip3 install -r
/mnt/hgfs/Vmware_shared/rknn-toolkit2-master/doc/requirements_cp38-1.3.0.txt
```

经过联网安装，命令行界面将显示所有的依赖软件已经安装成功，所有依赖软件的版本号如下所示。

```
Successfully installed PuLP-2.4 PyWavelets-1.3.0 absl-py-1.1.0 amply-
0.1.5 astunparse-1.6.3 bfloat16-1.1 cachetools-4.2.4 chardet-3.0.4 cycler-
0.11.0 docutils-0.19 fonttools-4.34.4 future-0.18.2 gast-0.3.3 google-auth-
1.35.0 google-auth-oauthlib-0.4.6 google-pasta-0.2.0 grpcio-1.47.0 h5py-
2.10.0 idna-2.8 imageio-2.19.3 importlib-metadata-4.12.0 keras-
preprocessing-1.1.2 kiwisolver-1.4.4 markdown-3.4.1 matplotlib-3.5.2
```

```
networkx-2.8.4 numpy-1.17.3 oauthlib-3.2.0 onnx-1.7.0 onnxoptimizer-0.1.0
onnxruntime-1.6.0 opencv-python-4.4.0.46 opt-einsum-3.3.0 packaging-21.3
pillow-9.2.0 protobuf-3.12.0 psutil-5.6.2 pyasn1-0.4.8 pyasn1-modules-0.2.8
pyparsing-3.0.9 python-dateutil-2.8.2 requests-2.21.0 requests-oauthlib-
1.3.1 rsa-4.8 ruamel.yaml-0.15.81 scikit_image-0.17.2 scipy-1.4.1 six-1.16.0
tensorboard-2.2.2 tensorboard-plugin-wit-1.8.1 tensorflow-2.2.0 tensorflow-
estimator-2.2.0 termcolor-1.1.0 tifffile-2021.11.2 torch-1.6.0 torchvision-
0.7.0 tqdm-4.27.0 typing-extensions-4.3.0 urllib3-1.24.3 werkzeug-2.1.2
wrapt-1.14.1 zipp-3.8.1
```

官方为 rknn-toolkit2 软件包提供的是 Linux 系统下的预编译的 whl 格式的软件，同样通过 Python 离线预编译包安装方式进行安装。如果遇到 flatbuffer 尚未安装的提示，那么可以手动安装 flatbuffer 的 2.0 版本。安装命令如下。

```
    pip3 install /mnt/hgfs/Vmware_shared/rknn-toolkit2-
master/packages/rknn_toolkit2-1.3.0_11912b58-cp38-cp38-linux_x86_64.whl
    conda install -c conda-forge python-flatbuffers==2.0
```

至此，完成了上位机的模型编译环境配置。

15.2.2 上位机的模型转换

rknn-toolkit2 工具链支持 TensorFlow、Caffe、TensorFlow Lite、ONNX、DarkNet、PyTorch 等模型的量化和编译，其中以对 ONNX 的模型支持最佳。

ONNX（Open Neural Network Exchange，开放式神经网络交换）的模型格式是开源的格式，是由微软和 Facebook 提出的用来表示深度学习模型的开放格式。ONNX 定义了一组和环境、平台均无关的标准格式，用来增强各种 AI 模型的可交互性。换句话说，无论使用何种训练框架/训练模型，只要将训练完成的模型转换为 ONNX 格式进行存储，那么该模型就可以被其他框架识别和读取。

ONNX 格式的模型以单文件形态存在，即一个文件内不仅存储了神经网络模型的权重，同时也存储了模型的结构信息、网络中每一层的输入/输出和一些其他的辅助信息。可以使用 Netron 可视化软件打开 ONNX 格式的模型文件，也可以使用该软件查看 ONNX 格式的模型文件的结构和权重。

GitHub 上提供了将 TensorFlow 模型转换为 ONNX 模型的工具：tf2onnx。它支持 Keras 内存模型（即存储在内存中的 Keras 模型）、保存为 pb 格式的模型文件、TFLite 格式的模型文件转换为 ONNX 模型等功能。tf2onnx 工具可通过以下命令安装。若速度较慢，则临时切换到国内源即可。

```
pip install --user -U tf2onnx
pip install --user -U onnxruntime
```

将TensorFlow模型转换为ONNX模型，首先需要将Keras模型加载进内存。以YOLOV4标准版模型为例，加载后的模型存放在内存变量model内。由于RK3588仅支持固定批次推导，因此将模型的批次维度设置为1。代码如下。

```
model_filename='./…/yolov4_TF23_realds5717_clip5.h5'
model= tf.keras.models.load_model(
    model_filename,custom_objects={'tf': tf})
model.input.set_shape((1,) + model.input.shape[1:])
```

模型转换工具tf2onnx.convert下有4个转换方法，分别是from_keras、from_function、from_graph_def和from_tflite。对于存储在内存中的Keras模型，需要使用from_keras方法。调用from_keras时，需要配置model变量、输入数据维度定义、输入数据格式、ONNX的算子集编号、输出ONNX文件名等必要参数。

必须将ONNX的算子集编号设置为12，这是因为作者截稿时RK3588仅支持ONNX的第12版的算子集，开发者在阅读本书时应当根据当时的实际情况配置算子集版本号。

对于输入数据维度定义，开发者需要格外注意。rknn-toolkit2和PyTorch将图像数据的维度规范为[batch,channel,height,width]，这种维度规范称为通道靠前。然而TensorFlow和OpenCV将图像矩阵的维度规范为通道靠后，即图像矩阵的维度被规范为[batch,height,width,channel]。二者的图像矩阵的维度规范是相互冲突的，因此开发者在将TensorFlow模型转换为ONNX模型时，需要对输入数据的维度进行定义，将inputs_as_nchw设置选项打开，并设置模型的输入节点名称（本例的输入节点名称为'input_1'）。代码如下。

```
INPUT_SIZE=512;BATCH=1
spec = tf.TensorSpec(
    (BATCH, INPUT_SIZE, INPUT_SIZE, 3),
    tf.float32,
    name="input_1")
OPSET=12
model_proto, _ = tf2onnx.convert.from_keras(
    model, inputs_as_nchw=['input_1'],
    input_signature=spec, opset=OPSET,
    output_path=output_onnx_filename)
```

模型转换过程大约耗时1～2min，转换完成后，可以查看ONNX模型的输入节点名称和输出节点名称。代码如下。

```
input_names = [n.name for n in model_proto.graph.input]
output_names = [n.name for n in model_proto.graph.output]
print(input_names)
print(output_names)
```

输出如下。

```
['input_1']
['pred_x1y1x2y2', 'prob_score']
```

官方推荐的模型转换源格式是 ONNX 格式，出现转换问题时提供的解答一般也是先要求开发者转换为 ONNX 模型后再进行模型编译。因此建议开发者将模型统一转换为 ONNX 模型后再进行模型的编译。

工具链 rknn-toolkit2 的所有 API 接口都是通过 RKNN（大写）类的实例提供的，因此使用工具链之前，必须先调用 RKNN 方法初始化一个空白的 RKNN 对象，该对象被命名为 rknn（小写）。不再使用该对象时应当通过调用该对象的 release 方法进行释放。初始化 RKNN 对象时，可以设置 verbose 和 verbose_file 参数，以便将详细的日志信息打印出来。其中，verbose 参数指定是否要在屏幕上打印详细日志信息。如果设置了 verbose_file 参数，且 verbose 的参数值为 True，那么日志信息还将写到该参数指定的文件中。代码如下。

```
from rknn.api import RKNN
LOGS_FILE = './onnx2rknn_yolov4_build.log'
# 初始化空白的 RKNN 模型对象
rknn = RKNN(verbose=True,verbose_file=LOGS_FILE)
......
rknn.release()
```

加载模型之前，需要对 RKNN 对象进行配置。配置的关键在于输入数据的动态范围，由于 YOLO 模型的输入动态范围是 0～1，所以所有输入的像素值都需要除以 255，以便使所有像素点的取值重新分布到 0 与 1 之间。RKNN 对象的配置接口提供了 mean_values 和 std_values 的配置接口，其中的 mean_values 表示输入数据需要减去的数值，std_values 表示输入数据需要除以的数值。此外，边缘端部署的芯片型号 RK3588 也需要在此阶段进行指定。代码如下。

```
# 模型输入的预处理
print('--> Config model')
rknn.config(mean_values=[[0, 0, 0]],
          std_values=[[255, 255, 255]],
```

```
            target_platform='rk3588')
print('done')
```

在 RKNN 对象加载 ONNX 模型时，需要配置输入节点名称、输入节点数据尺寸、输出节点名称等必要信息。根据生成 ONNX 模型时读取的输入/输出节点名称，填写进相应的配置接口即可。由于 RKNN 对象的模型装载可能出现静默错误，因此需要通过其返回值进行二次判断，如果返回值为 0，那么说明模型装载成功。代码如下。

```
# 装载模型
print('--> Loading model')
INPUT_SIZE=512
ONNX_MODEL = './yolov4_TF23.onnx'
ret = rknn.load_onnx(
    model=ONNX_MODEL,
    inputs=['input_1'],
    input_size_list=[[INPUT_SIZE,INPUT_SIZE,3]],
    outputs=['pred_x1y1x2y2', 'prob_score'])
if ret != 0:
    raise ValueError("Load model failed!")
else:
    print('done')
```

rknn-toolkit2 的模型量化是通过 RKNN 对象的 build 方法实现的。在介绍量化原理时，我们知道浮点模型转换为整数量化模型时，需要使用代表数据集确定模型内部每个张量的动态范围，因此首先需要为 RKNN 对象提供一个包含了至少 200 张图片的样本数据集，然后将图片存储位置以文本格式按行写入 txt 文件中。这里仅提取 500 张图片，生成样本数据集的 txt 文件，文件名为 representive_dataset.txt。生成代码如下。

```
# 处理代表数据集
print('--> Collecting representive image names')
representive_dataset_path = Path('./VOC2012_JPEGImages')
REPRESENTIVE_DATASET_FILE = './representive_dataset.txt'
representive_dataset_size = 500
jpg_files = list(representive_dataset_path.glob("*.jpg"))
jpg_files = [ str(_) for _ in jpg_files]
with open("representive_dataset.txt", 'w') as file:
    for jpg_file in jpg_files[0:representive_dataset_size]:
        file.write(jpg_file+'\n')
```

```
    print('collected {} imgs of representive
dataset'.format(representive_dataset_size))
```

进行 ONNX 模型量化时，只需要为 RKNN 对象的 build 方法提供样本数据集，并指定量化标签位为 True 即可，代码十分简洁。具体代码如下。

```
    # 建立具体模型对象
    print('--> Building model')
    ret = rknn.build(do_quantization=True,
                     dataset=REPRESENTIVE_DATASET_FILE)
    if ret != 0:
        raise ValueError('Build model failed!')
    else:
        print('done')
```

此时 RKNN 对象的 build 方法会首先执行算子合并，之后进行多次参数搜索，以确保在每个张量的动态范围内都能有最小的量化误差。算子合并和参数搜索的屏幕打印截取如下。

```
    I fuse_ops results:
    I     tiling_maxpool: remove node = ['functional_1/MaxP2/MaxPool'], add
node = ['functional_1/MaxP2/MaxPool:0010',
'functional_1/MaxP2/MaxPool:0011', 'functional_1/MaxP2/MaxPool:010',
'functional_1/MaxP2/MaxPool:011']
    I     convert_resize_to_deconv: remove node = ['Resize__1559'], add node
= ['Resize__1559_2deconv']
    I     convert_resize_to_deconv: remove node = ['Resize__1593'], add node
= ['Resize__1593_2deconv']
    ......
    Analysing : 100%|████████████████████████████████████████|
426/426 [00:00<00:00, 1017.35it/s]
    Quantizating 1/32: 100%|████████████████████████████████████|
426/426 [00:34<00:00, 12.52it/s]
    ......
    Quantizating 32/32: 100%|███████████████████████████████████|
426/426 [00:10<00:00, 41.14it/s]
    ......
```

RKNN 对象的 build 方法不仅完成了模型量化，还会在量化结束后进行模型的编译，即将 NPU 能支持的算子映射到一个子图中，将 NPU 无法支持的算子映射到 CPU 中。运行过程的部分打印如下。

```
    D RKNN: [16:01:26.160] ID   OpType             DataType Target InputShape
OutputShape              DDR Cycles     NPU Cycles     Total Cycles    Time(us)
MacUsage(%)     RW(KB)          FullName
    D RKNN: [16:01:26.160] 0    InputOperator      INT8      CPU     \
(1,3,512,512)           0             0             0              0             \
768.00          InputOperator:input_1
    D RKNN: [16:01:26.160] 1    ConvLeakyRelu      INT8      NPU
(1,3,512,512),(32,3,3,3),(32)                 (1,32,512,512)          0
0             0             0            \              8964.75
Conv:functional_1/conv2d/Conv2D
    ……
```

使用 Excel 处理此时的打印结果，可以看到大部分的算子都已经映射到 NPU。这些算子一共 322 个，其中，NPU 无法支持的指数算子、输入/输出算子和少部分动态范围太大的 Reshape 算子映射在 CPU 中，合计 15 个，其他 307 个算子已经全部映射到 NPU 中，如图 15-5 所示。

算子编号	算子类型	数据类型	映射结果	输入/输出数据形状				算子名称			
ID	OpType	DataTyp	Targ	InputShape	OutputShape		Cycles	Time(us)	MacUsag	RW(KB)	FullName
0	InputOperator	INT8	CPU	\	(1,3,512,512)	\	768	InputOperator:input_1			
158	Exp	INT8	CPU	(1,16,16,2)	(1,16,16,2)	\	1	Exp:functional_1/Low_Res_exp_conv_raw_dwdh_0/Exp			
173	Exp	INT8	CPU	(1,16,16,2)	(1,16,16,2)	\	1	Exp:functional_1/Low_Res_exp_conv_raw_dwdh_1/Exp			
188	Exp	INT8	CPU	(1,16,16,2)	(1,16,16,2)	\	1	Exp:functional_1/Low_Res_exp_conv_raw_dwdh_2/Exp			
199	Reshape	INT8	CPU	(1,16,16,255),(4)	(1,256,1,255)	\	127.53	Reshape:functional_1/tf_op_layer_split_9/split_9_0_expand0			
213	Exp	INT8	CPU	(1,32,32,2)	(1,32,32,2)	\	4	Exp:functional_1/Med_Res_exp_conv_raw_dwdh_0/Exp			
228	Exp	INT8	CPU	(1,32,32,2)	(1,32,32,2)	\	4	Exp:functional_1/Med_Res_exp_conv_raw_dwdh_1/Exp			
243	Exp	INT8	CPU	(1,32,32,2)	(1,32,32,2)	\	4	Exp:functional_1/Med_Res_exp_conv_raw_dwdh_2/Exp			
254	Reshape	INT8	CPU	(1,32,32,255),(4)	(1,1024,1,255)	\	510.03	Reshape:functional_1/tf_op_layer_split_13/split_13_0_expand0			
268	Exp	INT8	CPU	(1,64,64,2)	(1,64,64,2)	\	16	Exp:functional_1/High_Res_exp_conv_raw_dwdh_0/Exp			
283	Exp	INT8	CPU	(1,64,64,2)	(1,64,64,2)	\	16	Exp:functional_1/High_Res_exp_conv_raw_dwdh_1/Exp			
298	Exp	INT8	CPU	(1,64,64,2)	(1,64,64,2)	\	16	Exp:functional_1/High_Res_exp_conv_raw_dwdh_2/Exp			
309	Reshape	INT8	CPU	(1,64,64,255),(4)	(1,4096,1,255)	\	2040.03	Reshape:functional_1/tf_op_layer_split_17/split_17_0_expand0			
320	OutputOperator	INT8	CPU	(1,16128,4,1)	\	\	63	OutputOperator:pred_x1y1x2y2			
321	OutputOperator	INT8	CPU	(1,16128,80,1)	\	\	1260	OutputOperator:prob_score			
1	ConvLeakyRelu	INT8	NPU	(1,3,512,512),(32,3	(1,32,512,512)	\	8964.75	Conv:functional_1/conv2d/Conv2D			
2	ConvLeakyRelu	INT8	NPU	(1,32,512,512),(64,	(1,64,256,256)	\	12306.5	Conv:functional_1/conv2d_1/Conv2D			
3	ConvLeakyRelu	INT8	NPU	(1,64,256,256),(64,	(1,64,256,256)	\	8196.5	Conv:functional_1/conv2d_3/Conv2D			
4	ConvLeakyRelu	INT8	NPU	(1,64,256,256),(32,	(1,32,256,256)	\	6146.25	Conv:functional_1/conv2d_4/Conv2D			
5	ConvLeakyRelu	INT8	NPU	(1,32,256,256),(64,	(1,64,256,256)	\	6162.5	Conv:functional_1/conv2d_5/Conv2D			
6	Add	INT8	NPU	(1,64,256,256),(1,6	(1,64,256,256)	\	12288	Add:functional_1/add/add			

图 15-5 YOLOV4 标准版模型在 RK3588 中的编译映射情况

接下来是编译模型的导出，导出的模型的格式为厂商的私有化模型格式：*.rknn。导出模型可以使用 RKNN 对象的 export_rknn 方法，代码如下。

```
    RKNN_MODEL = './yolov4_TF23_realds5717_clip5.rknn'
    # 导出 RKNN 模型文件
```

```
print('--> Export rknn model')
ret = rknn.export_rknn(RKNN_MODEL)
if ret != 0:
    raise ValueError(' Export rknn model failed!')
else:
    print('done')
```

至此，将得到一个后缀为 rknn 的编译模型，该模型已经是进行了 INT8 非对称量化的模型，模型文件大幅缩小，可以在边缘端以更快的速度进行计算，如图 15-6 所示。

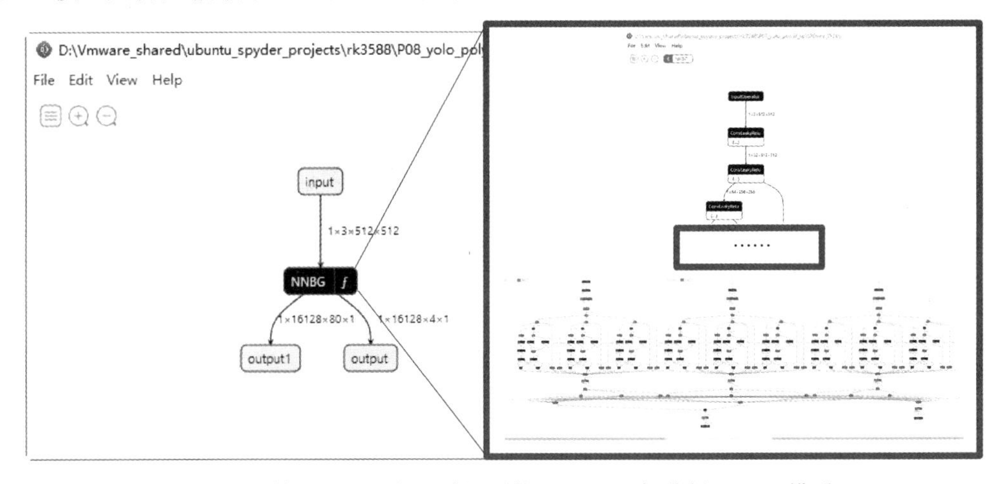

图 15-6　使用 Netron 打开编译后的 YOLOV4 标准版 RKNN 模型

⋘ 15.2.3　下位机使用编译模型进行推理

在厂商提供的 SDK 中，用于下位机推理的主要是两个工具：rknn-toolkit-lite2 和 rknpu2，它们均已经安装在下位机的 Debian 操作系统中，这两个工具将帮助开发者使用 RKNN 模型和 NPU 硬件进行推理。其中，开发者使用 rknn-toolkit-lite2 工具时，必须以 Python 语言为开发语言，开发者使用 rknpu2 工具时，则可以使用更高效的 C 语言作为开发接口。接下来以 rknn-toolkit-lite2 为例，使用 Python 语言进行模型的推理验证。

将下位机的 rknn-tollkit-lite2 进行升级。具体方法是使用 xshell 软件的 SSH 协议连接下位机，在下位机的命令行交互界面上输入以下命令。

```
toybrick@debian:~/Desktop/rk3588$ pip3 install --user --upgrade rknn-toolkit-lite2
```

可以看到下位机的 rknn-toolkit-lite2 的版本为作者截稿时的最新的 1.3 版本。

```
toybrick@debian:~/Desktop/rk3588$ pip list
Package              Version
-------------------- ---------
numpy                1.19.5
pip                  20.3.4
rknn-toolkit-lite2  1.3.0
……
```

接下来就可以使用 rknn-toolkit-lite2 调用 NPU 硬件和 RKNN 模型，进行一次目标检测的推导了。根据厂商提供的调用规范，查看当前设备中的 NPU 类型，查看 NPU 类型可以使用厂商提供的 get_host 工具，获得 NPU 类型后进行打印。代码如下。

```
from rknnlite.api import RKNNLite
DEVICE_COMPATIBLE_NODE = '/proc/device-tree/compatible'
def get_host():
    # 查看当前边缘计算硬件信息
    system = platform.system()
    machine = platform.machine()
    os_machine = system + '-' + machine
    if os_machine == 'Linux-aarch64':
        try:
            with open(DEVICE_COMPATIBLE_NODE) as f:
                device_compatible_str = f.read()
                if 'rk3588' in device_compatible_str:
                    host = 'RK3588'
                else:
                    host = 'RK356x'
        except IOError:
            print('Read device node {} failed.'.format(
                DEVICE_COMPATIBLE_NODE))
            exit(-1)
    else:
        host = os_machine
    return host
if __name__ == '__main__':
    host_name = get_host()
    print("Found device {}".format(host_name))
```

下位机运行该段代码，将打印当前的下位机 NPU 类型。可以看出，识别出的下位机的 NPU 类型为 RK3588。打印如下。

```
Found device RK3588
```

新建空白的 RKNNLite 对象，将该对象命名为 rknn_lite，并使用 rknn_lite 的 list_support_target 方法，检测当前 RKNN 模型所能支持的设备类型。代码如下。

```
RK3588_RKNN_MODEL = './yolov4_TF23_realds5717_clip5.rknn'
rknn_lite = RKNNLite()
rknn_model = RK3588_RKNN_MODEL
rknn_lite.list_support_target_platform(rknn_model=rknn_model)
```

下位机运行该段代码，将打印出有能力运行当前模型的 NPU 型号。可以看出，有能力运行当前模型的 NPU 型号为 RK3588。模型编译适配芯片型号与当前硬件平台的芯片型号相互吻合，模型才可被边缘计算硬件加载并运行。打印如下。

```
**************************************************
Target platforms filled in RKNN model:         ['rk3588']
Target platforms supported by this RKNN model: ['RK3588']
**************************************************
```

下位机 NPU 类型与 RKNN 模型支持的 NPU 类型一致的情况下，可以使 rknn_lite 对象加载模型，并且使下位机的 RKNN 对象完成设备初始化。RK3588 拥有 3 个 NPU 核心，分别是 NPU_0、NPU_1 和 NPU_2，它们都具有 2TFLOPs 的全整数量化计算算力（合计 6TFLOPs 算力），可以在初始化运行时的时候将 core_mask 配置参数设置为 NPU_CORE_AUTO，让设备自己决定多核之间的调度加速。加载模型和设备初始化的代码如下。

```
# 装载*.rknn 模型
print('--> Load RKNN model')
ret = rknn_lite.load_rknn(rknn_model)
if ret != 0:
    raise ValueError('Load RKNN model failed')
else:
print('done')
# 初始化运行时的环境
print('--> Init runtime environment')
ret = rknn_lite.init_runtime(
    core_mask=RKNNLite.NPU_CORE_AUTO)
if ret != 0:
    raise ValueError('Init runtime environment failed')
```

```
else:
    print('done')
```

至此，RKNN 对象已经具备对输入图像的推理能力，只需要调用其 inference 方法输入图像数据，即可获得推理输出。为避免函数退出后设备被占用的问题，应当在推理结束后，及时调用 RKNN 对象的 release 方法释放设备。推理和释放的代码如下。

```
# 生成待输入的图像矩阵
cv2_im = cv2.imread('./val_kite.jpg')
......
# 执行模型推理并计时
print('--> Running model')
t1=time.time()
outputs = rknn_lite.inference(inputs=[cv2_im])
t2=time.time()
# 提取输出并显示推理耗时
print('done, cost {} s'.format(t2-t1))
rknn_lite.release()
```

输出如下。

```
done, cost 0.09521055221557617 s
```

由于在推理代码的前后增加了计时的代码，所以可以获得推理的耗时计算。此耗时是包含了骨干网络、中段网络、预测网络、解码网络、数据重组网络计算的整体计算输出耗时。以 80 分类的 YOLOV4 完整版模型为例，输出数据是形状为[1,16128,4]和[1,16128, 80]的数据。其中，表征所有预测矩形框顶点坐标的输出变量为 boxes_x1y1x2y2，表征所有预测矩形框在 80 分类下的具体概率的输出变量为 prob。输出数据的形状和数据类型探索代码如下。

```
for output in outputs:
    output=output[:,:,:,0]
    print(output.shape,output.dtype)
    if output.shape[-1]==4:
        boxes_x1y1x2y2=output
    elif output.shape[-1]==len(class_id_2_name):
        prob = output
```

推理输出的形状和数据类型如下。

```
(1, 16128, 4) float32
(1, 16128, 80) float32
```

接下来只需要使用常规的 NMS 算法进行预测矩形框的过滤，即可完成目标检测的全部流程，具体方法与 EdgeTPU 及 BM1684 相关章节所介绍的方法完全一致，这里不再展开叙述。

15.2.4　RK3588 的算子调试技巧

需要开发者特别注意的是，每个厂商的设备对算子的支持情况有着巨大的差异。以下描述是截至本书编写完成的时间，编译工具 rknn-toolkit2 对 TensorFlow 的算子的支持情况，以及所用到的调试技巧。开发者在具体开发过程中，应当及时查阅官方资料，更新算子支持情况。

目前，各硬件厂商的开发工具链对计算机视觉常用的二维卷积 Add、Sub、Mul、Div、Conv2D、Dense、LeakyReLU 激活函数的支持度较高，但这些算子在具体使用场景下的参数限制各不相同。例如，RK3588 对四则运算算子的编译仅支持按层（per-layer）或按通道（per-channel）的矩阵广播，以及支持对矩阵所有元素（per-element）进行常数四则运算。为此，YOLO 模型中的解码模块应当将原有预测矩形框宽高倍数与先验锚框宽高相乘的广播乘法转换为常数相乘。

例如，原有的矩形框宽高倍数 pred_dwdh_x 的形状是[batch,grid_size,grid_size,2]，而 anchor_x 的形状是[1,2]，这不符合设备的乘法算子规范，会发生矩阵广播错误。可能会引发矩阵广播错误的代码如下。由于以下代码会引起模型编译错误，所以每行代码都使用了“#”进行注释。

```
# pred_wh_0 = tf.keras.layers.Multiply(
#   name=decode_output_name+'_pred_wh_0')(
#       [pred_dwdh_0, anchor_0])
# pred_wh_1 = tf.keras.layers.Multiply(
#   name=decode_output_name+'_pred_wh_1')(
#       [pred_dwdh_1, anchor_1])
# pred_wh_2 = tf.keras.layers.Multiply(
#   name=decode_output_name+'_pred_wh_2')(
#       [pred_dwdh_2, anchor_2])
```

一个可行的解决方案是，将 pred_dwdh_x 在最后一个维度上进行单切片分解，将其分解为 pred_dw_x 和 pred_dh_x，它们的形状都是[batch,grid_size,grid_size,1]，并将它们分别与先验锚框的宽高常数相乘，相乘后再进行矩阵拼接。这一步稍显麻烦，但这恰恰能在软件算法层面上体现硬件对算法的限制要求。正确的矩阵拆分、相乘、合并的代码如下。

```
    anchor_0_w=anchor_0[0,0];anchor_0_h=anchor_0[0,1];
    anchor_1_w=anchor_1[0,0];anchor_1_h=anchor_1[0,1];
    anchor_2_w=anchor_2[0,0];anchor_2_h=anchor_2[0,1];
    pred_dw_0,pred_dh_0=tf.split(pred_dwdh_0,[1,1],axis=-1)
    pred_dw_1,pred_dh_1=tf.split(pred_dwdh_1,[1,1],axis=-1)
    pred_dw_2,pred_dh_2=tf.split(pred_dwdh_2,[1,1],axis=-1)
    pred_wh_0=tf.keras.layers.Concatenate(axis=-
1,name=decode_output_name+'_pred_wh_0')(
        [pred_dw_0*anchor_0_w, pred_dh_0*anchor_0_h])
    pred_wh_1=tf.keras.layers.Concatenate(axis=-
1,name=decode_output_name+'_pred_wh_1')(
        [pred_dw_1*anchor_1_w, pred_dh_1*anchor_1_h])
    pred_wh_2=tf.keras.layers.Concatenate(axis=-
1,name=decode_output_name+'_pred_wh_2')(
        [pred_dw_2*anchor_2_w, pred_dh_2*anchor_2_h])
```

又例如，编译器将 MaxPool 算子的池化尺寸限制于最大值 7，因此对于 YOLO 模型中的特征融合模块的 3 个 MaxPool 算子（池化尺寸分别是 5×5，9×9，13×13），在编译时，池化尺寸为 9×9 和 13×13 的池化算子将被映射到 CPU 运行。发生池化算子无法映射到 NPU 的情况的源代码如下。

```
    # YOLOV4 用到了 SPP（Spatial Pyramid Pooling）网络结构+PAN(Path Aggregation
Network)网络结构
    # SPP 网络开始（以下是 SPP 网络代码）
    pool1=tf.keras.layers.MaxPool2D(
        pool_size=(13,13),strides=1,padding='same',
        name="MaxP1")(input_data)
    pool2=tf.keras.layers.MaxPool2D(
        pool_size=(9,9),  strides=1,padding='same',
        name="MaxP2")(input_data)
    pool3=tf.keras.layers.MaxPool2D(
        pool_size=(5,5),  strides=1,padding='same',
        name="MaxP3")(input_data)
    input_data = tf.keras.layers.Concatenate(
        axis=-1,name='SPP_concat')(
            [pool1, pool2, pool3,input_data])
    # SPP 网络结束（以上是 SPP 网络代码）
```

可以证明，两个池化尺寸为 5×5 的池化算子组成的复合算子等价于一个池化尺寸为 9×9 的池化算子，3 个池化尺寸为 5×5 的池化算子组成的复合算子等价于一个池化尺寸为 13×13 的池化算子。经过厂商官方提供的算子替换操作后，可以实现大尺寸池化算子的 NPU 编译支持，具体方法可参考厂商提供的 PyTorch 代码。

此外，由于工具链不支持 tf.math.exp、tf.math.maximum、tf.math.minimum 等基础算子，进而对由这些基础算子组合成的某些高级算子（tf.clip_by_value 等）也无法支持。因此，使用多项式拟合某些非线性算子的方法也就无法在此硬件系统上使用。开发者可以保持解码模块中的非线性函数，待编译器将其自动编译到 CPU 中进行运算。代码如下。

```
short_cut_op='rk3588'
if short_cut_op=='rk3588':
    pred_dwdh_0 = tf.keras.layers.Lambda(
        lambda x: tf.exp(x),
        name=decode_output_name+'_exp_conv_raw_dwdh_0')(
            conv_raw_dwdh_0)
    pred_dwdh_1 = tf.keras.layers.Lambda(
        lambda x: tf.exp(x),
        name=decode_output_name+'_exp_conv_raw_dwdh_1')(
            conv_raw_dwdh_1)
    pred_dwdh_2 = tf.keras.layers.Lambda(
        lambda x: tf.exp(x),
        name=decode_output_name+'_exp_conv_raw_dwdh_2')(
            conv_raw_dwdh_2)
else:
    ……
```

除了以上提到的算子匹配问题，还应当关注神经网络的动态范围问题。例如，YOLO 神经网络的预测网络，实际包含了两类的计算工作，一类是矩形框位置的计算，这属于回归计算；另一类是目标检测的分类概率计算，这属于分类计算。这两类计算往往具有不同的动态范围，这也意味着量化工具对预测网络的量化难度极大，所以我们一般不编译 YOLO 神经网络的预测网络部分。

另外可喜的是，RK3588 对 YOLO 模型中使用最多的 Mish 激活函数算子和 Softplus 函数算子的支持较好。这使得开发者可以使用除 LeakyReLU 之外的更高性能的激活函数，据 YOLO 模型官网介绍，仅仅将 LeakyReLU 激活函数替换为 Mish 激活函数就能带来 1～2 个百分点的性能提升。

最后，做边缘计算开发，还应当根据边缘计算硬件的特点，合理确定边缘端神经网络结构的边界。作者认为，一个完整的 YOLO 目标检测神经网络模型应当包括骨干网络、中段网络、预测网络、解码网络、数据重组网络、NMS 算法等这些单元。这样，神经网络的输出才会包含目标数量、目标矩形框、目标分类概率、目标分类编号这些有效信息。服务器模型一般会包含以上全部模块单元，但边缘端受限于硬件结构，一般不包括 NMS 算法单元。因此，本书将边缘端使用的神经网络的边界定义在数据重组网络的输出界面，这样，神经网络输出的直接是尚未经过 NMS 算法过滤的全部预测矩形框和这些矩形框的分类概率，可以最大限度地降低后处理步骤对 CPU 工作的负担。如果开发者觉得让 CPU 负责 NMS 算法还是太耗时，那么可以参考 DETR 目标检测模型的思路，将 NMS 算法转化为集合预测（Set Prediction）问题，使用注意力机制替换 NMS 算法。那么此时边缘端所使用的神经网络的边界就被定义在 NMS 算法单元，此时的目标检测神经网络才是真正的端到端的边缘端端目标检测神经网络。当然，这会间接导致 TPU（或 NPU）的处理工作量增大，迫使 TPU（或 NPU）处理某些不擅长处理的算子（如 Reshape、Transpose 等），或者注意力机制中尺寸较大的矩阵乘法算子和全连接层算子，这意味着在此条件下测算的推理速度大幅下降，但换来的是整体目标检测速度的提升，值得开发者尝试。

第 5 篇　三维计算机视觉与自动驾驶

随着以激光雷达为代表的三维成像技术日趋成熟，自动驾驶领域的巨大市场也即将被开启。对应地，三维计算机视觉系统在自动驾驶、机器人控制、医学成像等领域的需求增长也越来越强劲，以 PointNet 为代表的点云目标检测神经网络越来越受到重视。本篇将重点介绍自动驾驶数据集的计算原理及最为基础和重要的三维目标检测神经网络——PointNet。

第 16 章 三维目标检测和自动驾驶

三维数据有多种表达方式，其中，点云是从激光雷达传感器中获得的最原始的数据形式，在自动驾驶领域的应用最为广泛。点云数据的数据格式一般以一个矩阵的形式存在，形状为[*n*,*c*]。其中，*n* 表示点云的数量，*c* 表示每个点的数据通道。通道既可以是点的坐标 *x*、*y*、*z*，也可以是点的颜色 RGB，还可以是点的法向量。

16.1 自动驾驶数据集简介

自动驾驶目前是计算机视觉领域市场规模最大、商业变现逻辑最清晰的应用领域，近些年获得了长足的发展。自动驾驶领域的数据集也不断涌现。例如，历史最悠久也最权威的 KITTI 数据集、近些年发展非常迅猛的 Waymo 数据集、传感器最为齐全的 nuScenes 数据集等。其他如 Lyft 数据集、ApolloScape 数据集、A2D2 数据集、H3D 数据集等也在标注数量、场景数量、种类数量方面有自己的特色。

其中的 KITTI 数据集是最为权威和流行的自动驾驶数据集。KITTI 数据集由德国卡尔斯鲁厄理工学院和丰田美国技术研究院联合创办，是目前国际上最大的自动驾驶场景下的计算机视觉算法评测数据集。该数据集为立体图像、光流、视觉测距、3D 物体检测和 3D 跟踪等计算机视觉任务提供数据集支撑。KITTI 数据集包括了约 63km 的道路的真实数据，覆盖了市区、乡村和高速公路等场景，每张图片平均拥有 15 辆车和 30 个行人，还有不同程度的遮挡与截断。

KITTI 数据集是通过专门的数据采集车辆完成数据采集工作的。数据采集车辆的前部安装了前向的双目摄像头（合计 4 个摄像头），摄像头包含两个灰度图像传感器和两个彩色图像传感器；数据采集车辆的中部安装了 64 线三维激光雷达，激光雷达自带实时建模定位（SLAM）功能；数据采集车辆的左后部安装了 GPS 模块（用于采集当前实时的位置信息）；部分数据采集车辆的两侧各安装了左右朝向的鱼眼相机（用于捕捉车辆两侧的广角图像）。KITTI 自动驾驶平台传感器及其坐标系如图 16-1 所示。

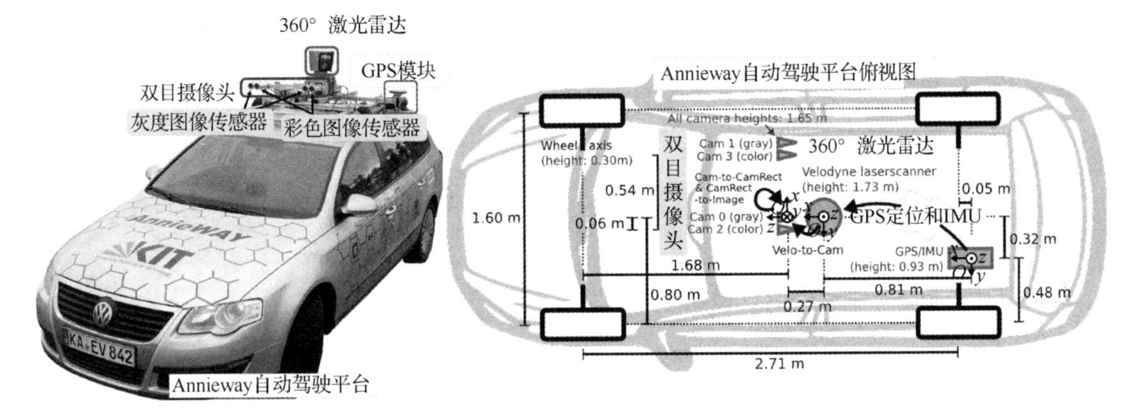

图 16-1　KITTI 自动驾驶平台传感器及其坐标系

KITTI 数据集对 3 个主要的传感器设置了 3 个坐标系，这 3 个坐标系都采用三维笛卡儿坐标系，如表 16-1 所示。

表 16-1　KITT 数据集坐标系

传感器	x 轴	y 轴	z 轴
摄像头	向右	向下	向前
激光雷达	向前	向左	向上
GPS/IMU	向前	向左	向上

注：左、右、前、后、上、下均为车辆驾驶员视角。

KITTI 数据集的 3D 目标检测数据集由 7481 个训练图像、7518 个测试图像和相应的点云数据组成，包括总共 80256 个标记对象，并提供了用 MATLAB 和 C++编写的数据集开发工具。登录 KITTI 主页，注册账号后即可通过 Object 菜单进入三维目标检测的数据集下载页面，在下载页面上可以看到按照不同传感器捕获数据的下载类目。为了实现三维目标检测，至少应当下载前置主摄像头（双目摄像头中的左侧摄像头）的图像数据、激光雷达的点云数据、标注数据及以 KITTI 为矫正传感器安装位置差异而设计的补偿矫正数据。KITTI 三维目标检测数据集下载如图 16-2 所示。

- Download left color images of object data set (12 GB) 左侧摄像头获得的图像
- Download right color images, if you want to use stereo information (12 GB)
- Download the 3 temporally preceding frames (left color) (36 GB)
- Download the 3 temporally preceding frames (right color) (36 GB)
- Download Velodyne point clouds, if you want to use laser information (29 GB) 激光雷达获得的点云数据
- Download camera calibration matrices of object data set (16 MB) 根据设备安装位置设计的矫正数据
- Download training labels of object data set (5 MB) 标注数据
- Download object development kit (1 MB) (including 3D
- Download pre-trained LSVM baseline models (5 MB) us
  referred to as LSVM-MDPM-sv (supervised version) and
- Download reference detections (L-SVM) for training an
- Qianli Liao (NYU) has put together code to convert fro
- Karl Rosaen (U.Mich) has released code to convert bet
- Jonas Heylen (TRACE vzw) has released pixel accurate
- We thank David Stutz and Bo Li for developing the 3D

名称	大小
data_object_calib	
data_object_image_2	
data_object_label_2	
data_object_velodyne	
data_object_calib.zip	26,226 KB
data_object_image_2.zip	12,275,338 KB
data_object_label_2.zip	5,470 KB
data_object_velodyne.zip	28,076,867 KB

图 16-2　KITTI 三维目标检测数据集下载

16.2　KITTI 数据集计算原理

下载的 KITTI 数据集分为训练集和测试集，这两种数据集都拥有自己独特的数据结构。以训练集为例，主摄像头的文件夹包含了 7481 张图片，均为 png 格式，它们以文件名为顺序排列。激光雷达捕获的点云数据文件夹包含了 7481 个 bin 文件，它们同样以文件名为顺序排列，并且与主摄像头 png 文件同名。打开某个 bin 文件将会看到它以十六进制方式存储了点云数据，每行两个点云数据，每个点云数据使用 4 个十六进制数表示，其中第 1 个、第 2 个、第 3 个十六进制数表示点的浮点 64 位的 *xyz* 坐标，第 4 个十六进制数表示探测辐射强度。矫正文件夹存放的是 7481 个 txt 文件，它记录了每个时刻的相机、雷达、传感器的矫正数据。标注文件夹存放的是每个时刻的标注数据。KITTI 三维目标检测数据集格式解析如图 16-3 所示。

label 文件夹存储的是标注数据，标注数据一共有 16 个字段。

第 1 个字段是字符串，代表物体分类名称（type）。目前 KITTI 数据集支持 9 类目标，分别是 Car、Van、Truck、Pedestrian、Person_sitting、Cyclist、Tram、Misc、DontCare。其中，DontCare 分类特指那些存在物体但由于某些原因没有进行标注的物体。

第 2 个字段代表物体超出画面（截断，truncated）的比例，一般为浮点数，但 KITTI 数据集采用整数离散数字表示物体的截断程度，即 0 代表没有截断，1 代表截断。

第 3 个字段是整数，代表物体是否被遮挡（occluded），0 代表全部可见，1 代表部分被

遮挡，2 代表大部分被遮挡，3 代表未知。

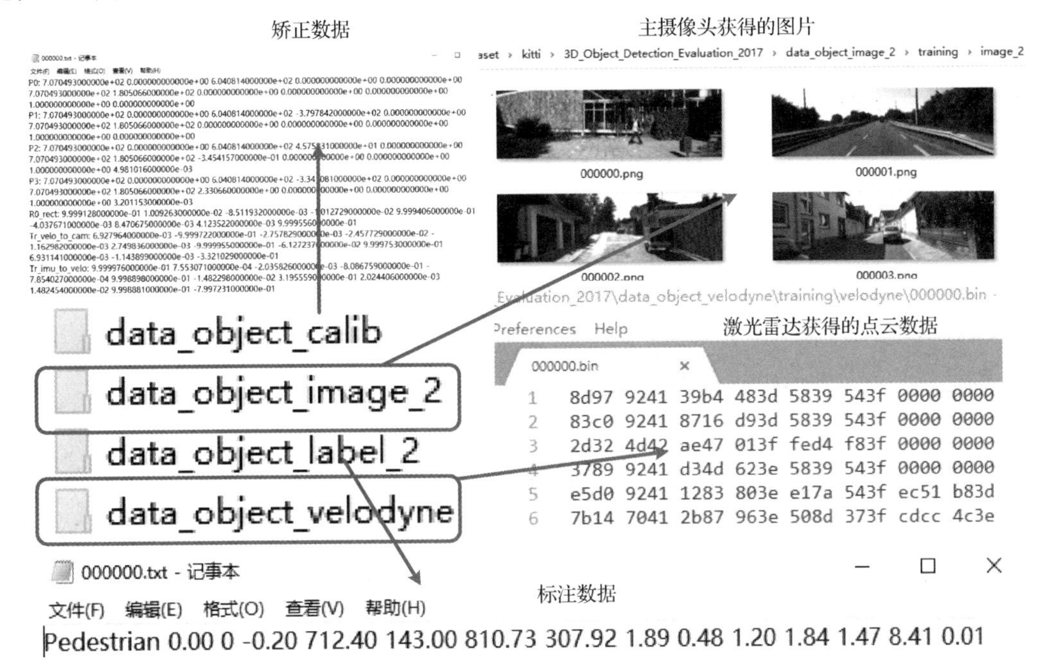

图 16-3　KITTI 三维目标检测数据集格式解析

第 4 个字段是浮点数，取值范围为 $-\pi\sim+\pi$，代表物体的观察角度，即在相机坐标系下，以相机原点为中心，以相机原点到物体中心的连线为半径，将物体绕相机 y 轴旋转至相机 z 轴时，物体方向与相机 x 轴的夹角（alpha）。

第 5～8 个（合计 4 个）字段是浮点数，代表以像素为单位的物体的二维边界框左上角和右下角的坐标（bbox），分别是 xmin、ymin、xmax、ymax（单位：pixel 像素）。

第 9～11 个（合计 3 个）字段是浮点数，代表以米为单位的三维物体的尺寸，分别是高度、宽度、长度。

第 12～14 个（合计 3 个）字段是浮点数，代表以米为单位的三维物体的位置，分别是 x、y、z。此坐标以相机为原点。

第 15 个字段是浮点数，取值范围为 $-\pi\sim+\pi$，代表三维物体的空间方向（rotation_y），即在相机坐标系下，物体的全局方向角（物体前进方向与相机坐标系 x 轴的夹角）单位是弧度。

KITTI 三维目标空间方向示意图如图 16-4 所示。

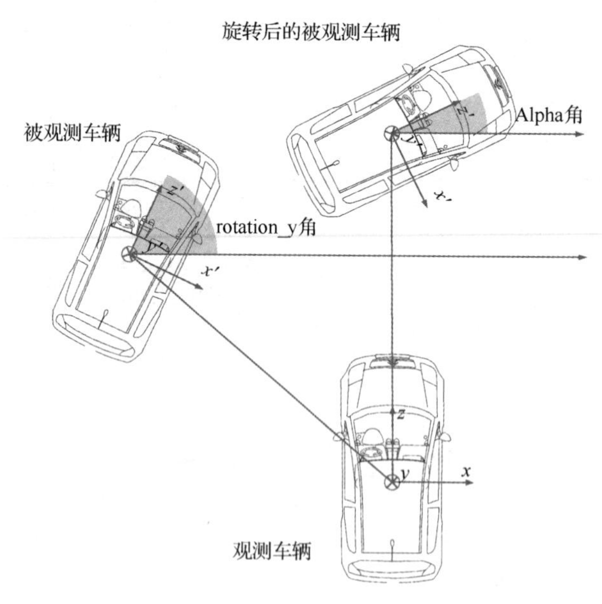

图 16-4 KITTI 三维目标空间方向示意图

第 16 个字段是浮点数，仅在测试集中出现，代表检测的置信度，用于绘制 *P-R* 曲线，该字段数值越高越好。

读取标注文件后存储的对象为个性化对象，将对象命名为 Object3D，其内部有 15 个成员变量，对应标注文件中的 15 个标注内容（置信度除外）。Object3D 对象的初始化函数体内，处理的是从文本文件中读取的单行内容，若有多行，则意味着有多个标注对象，那么相应地就会生成多个 Object3D 对象。初始化函数如下。

```
class Object3d(object):
    """ 3d object label """
    def __init__(self, label_file_line):
        data = label_file_line.split(" ")
        data[1:] = [float(x) for x in data[1:]]

        # 提取数据集各字段数据
        self.type = data[0]  # 'Car', 'Pedestrian', ...
        self.truncation = data[1]  # [0..1]
        self.occlusion = int(
            data[2]
        )  # 0=visible, 1=partly occluded, 2=fully occluded
        self.alpha = data[3]  # [-pi..pi]
```

```
        # 提取二维矩形框数据
        self.xmin = data[4]  # left
        self.ymin = data[5]  # top
        self.xmax = data[6]  # right
        self.ymax = data[7]  # bottom
        self.box2d = np.array([self.xmin, self.ymin,
                               self.xmax, self.ymax])

        # 提取三维矩形框数据
        self.h = data[8]  # 矩形框高度（单位：m）
        self.w = data[9]  # 矩形框宽度
        self.l = data[10]  # 矩形框长度
        self.t = (data[11], data[12], data[13])  # 三维矩形框位置
        self.ry = data[14]  # 三维矩形框的 yaw 角度数据，取值范围为[-pi,pi]

    def estimate_diffculty(self):
        """输出 easy、Moderate、hard、Unknown 提取 diffculty 字段数据"""
```

读取磁盘上编号为 00000 的标注文件，它恰好只有一个标注物体：行人（Pedestrian），读取后的三维物体标注被存储在 objects 列表中，列表中只有一个 Object3D 类型的元素。将列表中的元素内容打印出来，代码如下。

```
def read_label(label_filename):
  lines = [line.rstrip() for line in open(label_filename)]
  objects = [Object3d(line) for line in lines]
  return objects
if __name__=='__main__':
  label_parent_dir='D:/OneDrive/…/'
  label_dir=label_parent_dir+'data/object/training/label_2/'
  label_filename=label_dir+'000000.txt'
  objects=read_label(label_filename)
  print('一共读取了{}个标注的三维对象'.format(len(objects)))
  for obj3D in objects:
    obj3D.print_object()
```

集成编程工具内的内存查看器可以查看三维物体的标注内容。KITTI 三维目标标注数据对象如图 16-5 所示。

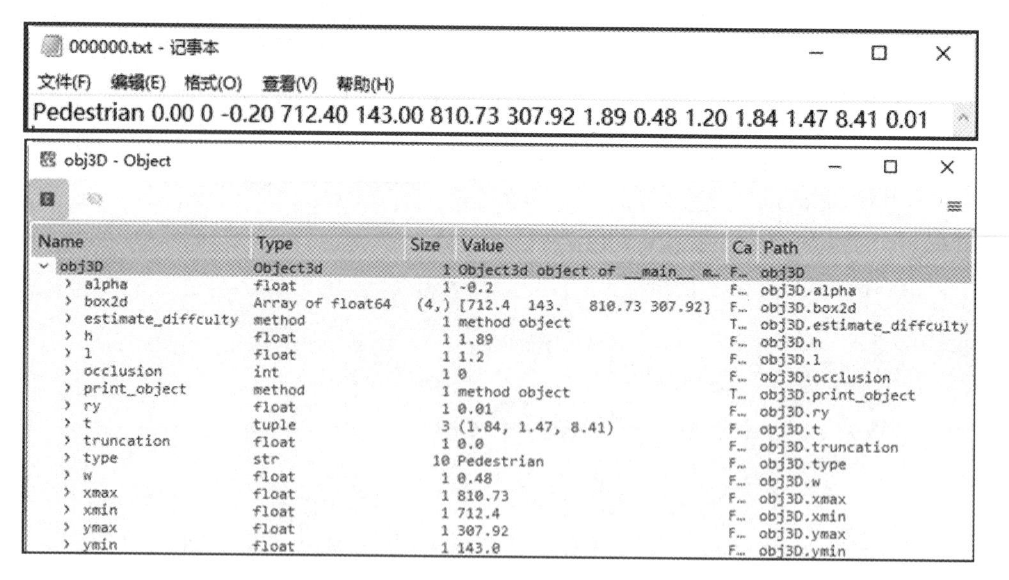

图 16-5　KITTI 三维目标标注数据对象

Velodyne 激光雷达的点云数据存储在以 bin 为后缀的文件中，使用 np.fromfile 可以直接读取该文件，读取的数据格式为浮点 64 位。读取的数据以 4 个浮点数为一个单元，代表了探测到的点的三维坐标和强度，一次扫描的全部点云数据数量如果为 n 个，那么点云数据的形状为[n,4]。根据此原则，可以设计一个读取函数 load_velo_scan，用来读取文件名为'000000.bin'的点云数据，查看数据的形状和前 5 个扫描到的点。代码如下。

```
def load_velo_scan(velo_filename, dtype=np.float32, n_vec=4):
    scan = np.fromfile(velo_filename, dtype=dtype)
    scan = scan.reshape((-1, n_vec))
    return scan
if __name__=='__main__':
    velo_parent_dir='D:/OneDrive/…/'
    velo_dir=velo_parent_dir+'data/object/training/velodyne/'
    velo_filename=velo_dir+'000000.bin'
    pc_velo = load_velo_scan(
        velo_filename, dtype=np.float64, n_vec=4)
    print(pc_velo.shape)
    print(pc_velo[:6])
```

输出如下，可见此次扫描获得了 57692 个点，每个点使用 4 个 64 位浮点数表示。

```
(57692, 4)
[[1.755324e-013 5.249369e-315 9.126961e-011 5.249369e-315]
```

```
[3.295898e-005 5.302664e-315 3.409386e-008 5.249369e-315]
[1.230239e-007 2.211892e-011 3.356934e-007 1.341104e-008]
[8.964540e-007 7.812499e-005 3.067016e-006 5.240583e-315]
[4.907226e-005 5.249369e-315 9.277348e-005 5.249287e-315]
[1.210937e-004 5.249287e-315 2.333984e-004 5.249369e-315]]
```

calib 文件夹下存储着各个坐标系的转换系数矩阵，用来对二维图像数据和三维点云数据进行坐标矫正。calib 文件夹下有若干与标注、点云数据同名的 txt 文件，打开任意一个可以看到其内部以文本格式存储了 7 个向量：P0 到 P3、R0_rect、Tr_imu_to_velo、Tr_velo_to_cam。矫正数据中的矩阵名称和含义如表 16-2 所示。

表 16-2　矫正数据中的矩阵名称和含义

矫正文件所包含的矩阵名称	向量元素个数	转换后的矩阵形状	用途
P0 到 P3	12	[3,4]	从修正相机坐标系转换到第 i 个相机的二维图像坐标系，i 的取值范围为 0～3
R0_rect	9	[3,3]	从参考相机坐标系转换到修正相机坐标系
Tr_imu_to_velo	12	[3,4]	从传感器坐标系转换到激光雷达坐标系
Tr_velo_to_cam	12	[3,4]	从激光雷达坐标系转换到参考相机坐标系

从 calib 文件夹中读取矫正文件，将读取的矫正文件存储到内存的字典 data 中。代码如下。

```
def read_calib_file(self, filepath):
  """ Read in a calibration file and parse into a dictionary.
  Ref: pykitti/utils.py
  """
  data = {}
  with open(filepath, "r") as f:
    for line in f.readlines():
      line = line.rstrip()
      if len(line) == 0:
        continue
      key, value = line.split(":", 1)
      try:
        data[key]=np.array([float(x) for x in value.split()])
      except ValueError:
        pass
  return data
```

读取矫正文件后，按照矩阵形状进行重新排布，并进行矩阵命名，获得 7 个转换矩阵，如图 16-6 所示。

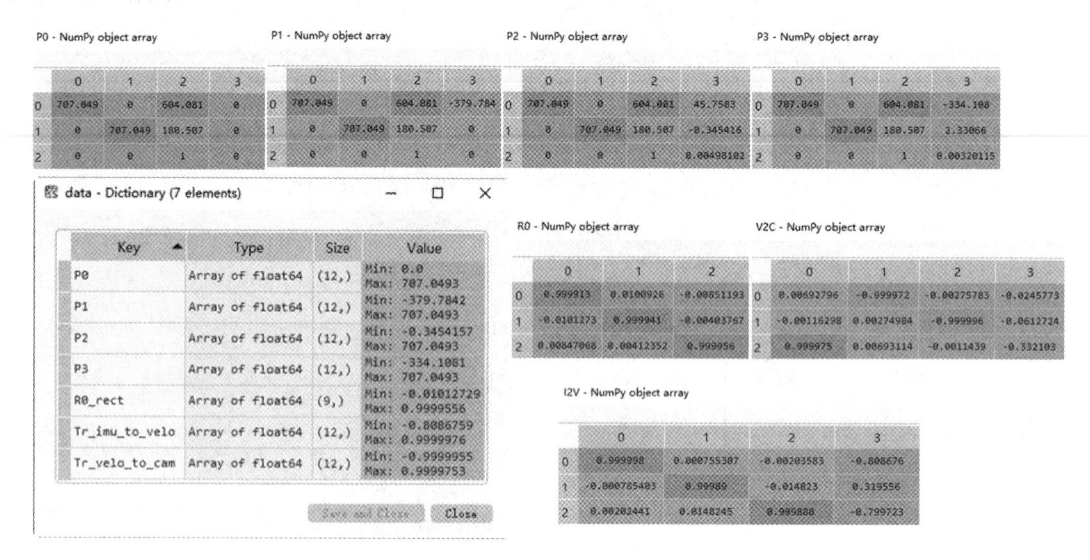

图 16-6　矫正数据中的 7 个转换矩阵形状图

激光雷达坐标系在数据集中称为 Velodyne 坐标系，被认为是世界坐标系（World Coordinate System），因为世界坐标系就是一个三维坐标系，而自动驾驶平台的激光雷达是唯一能提供空间三维坐标的传感器。位于数据集 Velodyne 文件夹下的*.bin 文件内存储的就是世界坐标系的三维坐标，其数据格式为[x,y,z,i]。在不同坐标系之间转换，需要用到齐次坐标系（Homogeneous Coordinate System）。齐次坐标系主要用于对坐标内的点进行旋转和平移等操作的预处理。转换后的坐标与原来的坐标本质相同，转换的方法是在原坐标的最后增加一个自由度，增加的那个自由度被赋值为 1。例如，有 n 个坐标，每个坐标都有 3 个自由度，经过齐次化处理，输出的 n 个齐次坐标组成的矩阵形状为[n,4]。代码如下。

```
def cart2hom(self, pts_3d):
    """ Input: nx3 points in Cartesian
        Oupput: nx4 points in Homogeneous by pending 1
    """
    n = pts_3d.shape[0]
    pts_3d_hom = np.hstack((pts_3d, np.ones((n, 1))))
    return pts_3d_hom
```

世界坐标系一般以激光雷达的位置为坐标原点，在激光雷达坐标系下的 X 点的坐标向量为 $\boldsymbol{X}=\begin{bmatrix}x & y & z\end{bmatrix}$，那么它的齐次坐标向量为

$$\tilde{\boldsymbol{X}}=\begin{bmatrix}x & y & z & 1\end{bmatrix} \tag{16-1}$$

参考相机坐标系是一个 KITTI 数据集的虚拟坐标系，参考相机坐标系的原点位置是 0 号相机，矫正文件中的 Tr_velo_to_cam 矩阵是用于将激光雷达坐标系内的点转换到参考相机坐标系的转换矩阵，用 $\boldsymbol{T}_v^c$ 表示。$\boldsymbol{T}_v^c$ 转换矩阵的形状是[3,4]，可以将其拆分为两个部分，即 $\boldsymbol{T}_v^c=\left[\boldsymbol{R}_v^c \mid \boldsymbol{t}_v^c\right]$。其中，$\boldsymbol{R}_v^c$ 是旋转矩阵，它是一个正交矩阵，即 $\boldsymbol{R}_v^c\boldsymbol{R}_v^{c-1}=\boldsymbol{R}_v^c\boldsymbol{R}_v^{c\mathrm{T}}=\boldsymbol{I}$，形状是[3,3]；$\boldsymbol{t}_v^c$ 是平移矩阵，形状是[3,1]。如果要将激光雷达坐标系下的 X 点转换到参考相机坐标系下的 X_{ref} 点，那么可以直接将齐次坐标向量 $\tilde{\boldsymbol{X}}$ 乘以 $\boldsymbol{T}_v^c$ 的转置，获得的新坐标用 $\boldsymbol{X}_{\mathrm{ref}}$ 表示，即 $\boldsymbol{X}_{\mathrm{ref}}=\begin{bmatrix}x_{\mathrm{ref}} & y_{\mathrm{ref}} & z_{\mathrm{ref}}\end{bmatrix}$，有

$$\boldsymbol{X}_{\mathrm{ref}}=\tilde{\boldsymbol{X}}\cdot\boldsymbol{T}_v^{c\mathrm{T}} \tag{16-2}$$

当然，获得的新坐标 $\boldsymbol{X}_{\mathrm{ref}}$ 是非齐次坐标，如果希望它是齐次坐标的表达方式，那么可以将 $\boldsymbol{T}_v^c$ 矩阵扩展成为 4 行 4 列的矩阵。扩展方法是，除了将右下角的元素设为 1，将其他新增位置元素设为 0，还要将拓展成的矩阵用 $\tilde{\boldsymbol{T}}_v^c$ 表示，生成方式如下所示。

$$\tilde{\boldsymbol{T}}_v^c=\begin{bmatrix}\boldsymbol{R}_v^c & \boldsymbol{t}_v^c \\ 0^{1\times3} & 1\end{bmatrix} \tag{16-3}$$

这样，激光雷达坐标系内的齐次坐标向量 $\tilde{\boldsymbol{X}}$ 乘以 $\tilde{\boldsymbol{T}}_v^c$ 矩阵所获得的就是参考相机坐标系内的齐次坐标，新的齐次坐标用 $\tilde{\boldsymbol{X}}_{\mathrm{ref}}$ 表示，即 $\tilde{\boldsymbol{X}}_{\mathrm{ref}}=\begin{bmatrix}x_{\mathrm{ref}} & y_{\mathrm{ref}} & z_{\mathrm{ref}} & 1\end{bmatrix}$，有

$$\tilde{\boldsymbol{X}}_{\mathrm{ref}}=\tilde{\boldsymbol{X}}\cdot\tilde{\boldsymbol{T}}_v^{c\mathrm{T}} \tag{16-4}$$

从激光雷达坐标系转换到参考相机坐标系的变换矩阵 $\boldsymbol{T}_v^c$ 在代码中用 V2C 表示，那么其逆变换（从参考相机坐标系到激光雷达坐标系）在代码中就用 C2V 表示，在公式中用 $\boldsymbol{T}_c^v$ 表示。$\boldsymbol{T}_c^v$ 可以由 $\boldsymbol{T}_v^c$ 计算获得，计算公式如式（16-5）所示。

$$\boldsymbol{T}_c^v=\left[\boldsymbol{R}_v^{c-1} \mid -\boldsymbol{R}_v^{c-1}\boldsymbol{t}_v^c\right] \tag{16-5}$$

从参考相机坐标系到激光雷达坐标系的变换如式（16-6）所示。

$$\tilde{\boldsymbol{X}}=\tilde{\boldsymbol{X}}_{\mathrm{ref}}\cdot\tilde{\boldsymbol{T}}_c^{v\mathrm{T}} \tag{16-6}$$

其中的 $\tilde{\boldsymbol{T}}_c^v$ 可以通过式（16-7）方法构造，

$$\tilde{\boldsymbol{T}}_c^v=\begin{bmatrix}\boldsymbol{R}_v^{c-1} & -\boldsymbol{R}_v^{c-1}\boldsymbol{t}_v^c \\ 0^{1\times3} & 1\end{bmatrix} \tag{16-7}$$

将 C2V 矩阵的求解过程编写为函数，将函数命名为 inverse_rigid_trans。该函数接收一个刚性变换矩阵（在代码中用 Tr 表示），通过计算返回一个刚性变换的逆变换（在代码中

用 inv_Tr 表示）。代码如下。

```
def inverse_rigid_trans(Tr):
    """ Inverse a rigid body transform matrix (3x4 as [R|t])
        [R'|-R't; 0|1]
    """
    inv_Tr = np.zeros_like(Tr)  # 矩阵形状为 3 行 4 列
    inv_Tr[0:3, 0:3] = np.transpose(Tr[0:3, 0:3])
    inv_Tr[0:3, 3] = np.dot(
        -np.transpose(Tr[0:3, 0:3]), Tr[0:3, 3])
    return inv_Tr
V2C =calibs["Tr_velo_to_cam"]
V2C = np.reshape(V2C, [3, 4])
C2V = inverse_rigid_trans(V2C)
```

如果用 pts_3d_velo 表示一个点在激光雷达坐标系下的坐标，用 pts_3d_ref 表示一个点在参考相机坐标系下的坐标，那么根据式（16-4）和式（16-6），这两个坐标系坐标的相互转换函数设计如下。

```
def project_velo_to_ref(self, pts_3d_velo):
    pts_3d_velo = self.cart2hom(pts_3d_velo)  # 矩阵形状为 n 行 4 列
    return np.dot(pts_3d_velo, np.transpose(self.V2C))
def project_ref_to_velo(self, pts_3d_ref):
    pts_3d_ref = self.cart2hom(pts_3d_ref)  # 矩阵形状为 n 行 4 列
    return np.dot(pts_3d_ref, np.transpose(self.C2V))
```

修正相机坐标系是以 0 号相机为原点的三维坐标系，位于数据集 label_2 文件夹下的 *.txt 标注文件存储的 XYZ 坐标字段就是修正相机坐标系。R0_rect 矩阵就是用于将参考相机坐标系内的点转换到修正相机坐标系的转换矩阵，用 $\boldsymbol{R}_{\text{rect0}}$ 表示。$\boldsymbol{R}_{\text{rect0}}$ 是一个形状为[3,3]的正交矩阵（$\boldsymbol{R}_{\text{rect0}}\boldsymbol{R}_{\text{rect0}}{}^{\text{T}}=\boldsymbol{R}_{\text{rect0}}{}^{\text{T}}\boldsymbol{R}_{\text{rect0}}=\boldsymbol{I}$），如果要将参考相机坐标系下的 X_{ref} 点转换到修正相机坐标系，只需要将参考相机坐标系下的坐标向量 $\boldsymbol{X}_{\text{ref}}$ 乘以 $\boldsymbol{R}_{\text{rect0}}{}^{\text{T}}$，获得的新坐标用 $\boldsymbol{X}_{\text{rect}}$ 表示，即 $\boldsymbol{X}_{\text{rect}}=\begin{bmatrix}x_{\text{rect}} & y_{\text{rect}} & z_{\text{rect}}\end{bmatrix}$，有

$$\boldsymbol{X}_{\text{rect}}=\boldsymbol{X}_{\text{ref}}\cdot\boldsymbol{R}_{\text{rect0}}{}^{\text{T}} \tag{16-8}$$

从修正相机坐标系到参考相机坐标系的变换是 $\boldsymbol{R}_{\text{rect0}}$ 的逆变换，将修正相机坐标系下的坐标 $\boldsymbol{X}_{\text{rect}}$ 变换到参考相机坐标系下的坐标 $\boldsymbol{X}_{\text{ref}}$，变换公式如式（16-9）所示。

$$\boldsymbol{X}_{\text{ref}}=\boldsymbol{X}_{\text{rect}}\cdot\boldsymbol{R}_{\text{rect0}}=\boldsymbol{X}_{\text{rect}}\cdot\left[\boldsymbol{R}_{\text{rect0}}{}^{\text{T}}\right]^{-1}=\boldsymbol{X}_{\text{rect}}\cdot\left[\boldsymbol{R}_{\text{rect0}}{}^{-1}\right]^{\text{T}} \tag{16-9}$$

如果用 pts_3d_ref 表示一个点在参考相机坐标系下的坐标 $\boldsymbol{X}_{\text{ref}}$，用 pts_3d_ rect 表示一个点在修正相机坐标系下的坐标 $\boldsymbol{X}_{\text{rect}}$，那么根据式（16-8）和式（16-9），这两个坐标系坐标的相互转换函数设计如下。

```
def project_rect_to_ref(self, pts_3d_rect):
    """ Input and Output are nx3 points """
    return np.transpose(
        np.dot(np.linalg.inv(self.R0),
                np.transpose(pts_3d_rect)))
def project_ref_to_rect(self, pts_3d_ref):
    """ Input and Output are nx3 points """
    return np.transpose(
        np.dot(self.R0, np.transpose(pts_3d_ref)))
```

当然，也可以将参考相机坐标系下的齐次坐标直接转换为修正相机坐标系下的齐次坐标。但此时需要乘以的矩阵应当是一个由 $\boldsymbol{R}_{\text{rect0}}$ 生成的新矩阵，新矩阵用 $\tilde{\boldsymbol{R}}_{\text{rect0}}$ 表示，生成方法是将 $\boldsymbol{R}_{\text{rect0}}$ 矩阵扩展为的 4 行 4 列的矩阵，右下角的元素为 1，新增位置的元素全部为 0。$\tilde{\boldsymbol{R}}_{\text{rect0}}$ 的生成方式如式（16-10）所示。

$$\tilde{\boldsymbol{R}}_{\text{rect0}}=\begin{bmatrix}\boldsymbol{R}_{\text{rect0}} & 0^{3\times1}\\ 0^{1\times3} & 1\end{bmatrix} \tag{16-10}$$

这样，将参考相机坐标系下的齐次坐标 $\tilde{\boldsymbol{X}}_{\text{ref}}$ 乘以 $\tilde{\boldsymbol{R}}_{\text{rect0}}{}^{\text{T}}$ 就可以直接得到修正相机坐标系下的齐次坐标 $\tilde{\boldsymbol{X}}_{\text{rect}}$，即 $\tilde{\boldsymbol{X}}_{\text{rect}}=\begin{bmatrix}x_{\text{rect}} & y_{\text{rect}} & z_{\text{rect}} & 1\end{bmatrix}$，齐次坐标转换公式如式（16-11）所示。

$$\tilde{\boldsymbol{X}}_{\text{rect}}=\tilde{\boldsymbol{X}}_{\text{ref}}\cdot\tilde{\boldsymbol{R}}_{\text{rect0}}{}^{\text{T}} \tag{16-11}$$

图像坐标系是以图像左上角为坐标原点的二维坐标系。根据二维相机的小孔成像原理，三维坐标通过一个投影矩阵可以找到它在二维图像上的二维位置，投影矩阵由相机的内部参数矩阵和相机的外部参数矩阵相乘获得。投影矩阵用 $\boldsymbol{P}_i$ 表示，其中，i 表示相机编号，i 的取值为 0、1、2 或 3，0 号相机表示自动驾驶平台左侧的灰度相机，1 号相机表示自动驾驶平台右侧的灰度相机，2 号相机表示自动驾驶平台左侧的（主）彩色相机，3 号相机表示自动驾驶平台右侧的彩色相机；KITTI 的相机有 4 台，对应着 4 个投影矩阵。这 4 个投影矩阵对应着矫正文件解析代码中的 P0～P3 变量。投影矩阵 $\boldsymbol{P}_i$ 的形状是[3,4]，用于将修正相机坐标系中的坐标投影到第 i 个相机的图像坐标系中。将投影矩阵 $\boldsymbol{P}_i$ 按元素进行拆解，可以得到每个相机成像系统的内部参数，投影矩阵 $\boldsymbol{P}_i$ 的元素结构如式（16-12）所示。

$$\boldsymbol{P}_i=\begin{bmatrix} f_u^{(i)} & 0 & c_u^{(i)} & -f_u^{(i)}b_x^{(i)} \\ 0 & f_v^{(i)} & c_v^{(i)} & f_v^{(i)}b_y^{(i)} \\ 0 & 0 & 1 & 0 \end{bmatrix} \tag{16-12}$$

式中，$f_u^{(i)}$ 和 $f_v^{(i)}$ 是相机的焦距；$c_u^{(i)}$ 和 $c_v^{(i)}$ 是相机主点偏移；这 4 个参数是相机的内参；$b_x^{(i)}$ 和 $b_y^{(i)}$ 是第 i 个相机到 0 号相机的 xy 方向上的距离偏移（单位：m）。根据此计算原理，可以获得相机的内参（在代码中用 c_u、c_v、f_u、f_v 表示）和相机位置偏移（在代码中用 b_x、b_y 表示）。代码如下。

```
c_u =P[0, 2]
c_v =P[1, 2]
f_u =P[0, 0]
f_v =P[1, 1]
b_x =P[0, 3] / (-f_u)
b_y =P[1, 3] / (-f_v)
```

如果要将修正相机坐标系下的点转换到第 i 个相机的图像坐标系，那么首先需要获得修正相机坐标系下的点的齐次坐标 $\tilde{\boldsymbol{X}}_{\text{rect}}$，然后乘以第 i 个相机的投影矩阵 $\boldsymbol{P}_i^{\text{T}}$，获得的新坐标也是齐次坐标，用 $\tilde{\boldsymbol{X}}_{\text{img}}^i$ 表示，即 $\tilde{\boldsymbol{X}}_{\text{img}}^i=\begin{bmatrix} u_{\text{img}}^i & v_{\text{img}}^i & 1 \end{bmatrix}$，转换公式为

$$\tilde{\boldsymbol{X}}_{\text{img}}^i=\tilde{\boldsymbol{X}}_{\text{rect}}\cdot\boldsymbol{P}_i^{\text{T}} \tag{16-13}$$

如果 $\tilde{\boldsymbol{X}}_{\text{img}}^i$ 的第 3 个自由度不等于 1 的话，那么需要将整个齐次坐标除以第 3 个自由度，以进行归一化。如果用 pts_3d_rect 表示一个点在修正相机坐标系下的坐标 $\tilde{X}_{\text{rect}}$，用 pts_2d 表示该点在图像坐标系下的二维坐标 $\tilde{X}_{\text{img}}^i$，那么这两个坐标系坐标的相互转换函数设计如下。

```
def project_rect_to_image(self, pts_3d_rect):
    """ 输入数据: nx3 points in rect camera coord.
        输出数据: nx2 points in image2 coord.
    """
    pts_3d_rect = self.cart2hom(pts_3d_rect)
    pts_2d = np.dot(pts_3d_rect, np.transpose(self.P))  # nx3
    pts_2d[:, 0] /= pts_2d[:, 2]
    pts_2d[:, 1] /= pts_2d[:, 2]
    return pts_2d[:, 0:2]
```

以上只是将坐标转换关系直接使用转换算法进行数学描述，如果将激光雷达所探测到

的点的齐次坐标 $\tilde{\boldsymbol{X}}$ 通过多次投影，直接找到它在第 i 个相机上捕获的二维图像上的位置的齐次坐标 $\tilde{\boldsymbol{X}}_{\text{img}}^{i}$，那么需要将多次投影转换连接起来，即

$$\tilde{\boldsymbol{X}}_{\text{img}}^{i}=\tilde{\boldsymbol{X}}\cdot\tilde{\boldsymbol{T}}_{v}^{c\text{T}}\cdot\tilde{\boldsymbol{R}}_{\text{rect0}}{}^{\text{T}}\cdot\boldsymbol{P}_{i}^{\text{T}}=\left[\tilde{\boldsymbol{X}}\cdot\boldsymbol{T}_{v}^{c\text{T}}\cdot\boldsymbol{R}_{\text{rect0}}{}^{\text{T}}\mid 1\right]\cdot\boldsymbol{P}_{i}^{\text{T}} \tag{16-14}$$

理解了坐标系转换原理，就可以应对坐标投影转换路径的多种组合，这里不一一展开，总的原则就是通过矩阵乘法实现坐标系转换的正变换和逆变换。感兴趣的读者可以参考 GitHub 账号为 kuixu 的 kitti_object_vis 软件仓库，使用工具集进行三维数据的可视化。可视化工具使用 Python 语言编写，可以实现点云数据和二维视觉数据的融合，也可以实现点云数据的可视化。由于该软件完全开源，读者可以下载并根据自己的需要进行调整和修改。KITTI 数据集的可视化效果如图 16-7 所示。

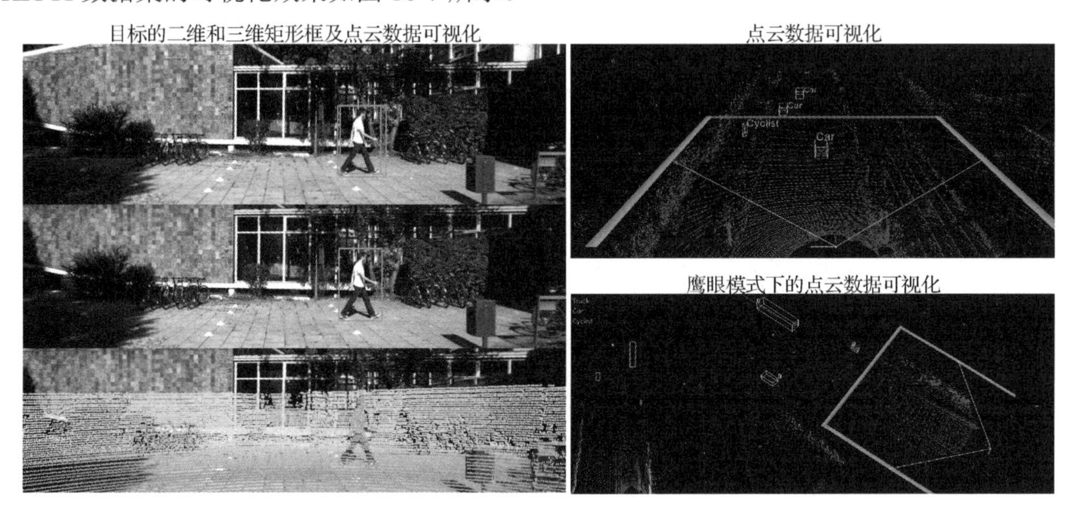

图 16-7　KITTI 数据集的可视化效果

16.3　自动驾驶的点云特征提取

PointNet 神经网络是较为经典的三维目标检测神经网络，该网络开创性地使用点云数据变换网络、仿射变换、对称函数（最大值池化），解决点云数据的置换不变性、旋转不变性问题。其后一年推出的 PointNet++神经网络进一步解决了 PointNet 神经网络无法提取局部特征的局限性，提出了多层次特征提取结构，即在输入的点云数据中选取若干数量的点作为中心点，然后围绕每个中心点选择周围的局部点云组成一个区域，每个区域作为 PointNet 神经网络的一个输入样本，从而得到一组特征向量，这个特征向量就是属于这个局部区域的特征。反复使用局部特征提取结构，将它们首尾相接，就可以将多个局部特征

提取结构组合成一个具有深度结构的三维目标特征提取器。PointNet++的局部特征提取结构示意图如图 16-8 所示。

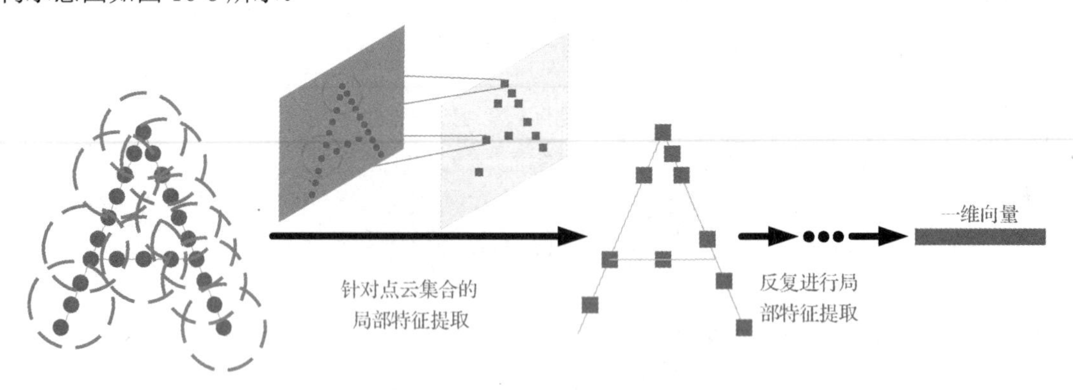

图 16-8 PointNet++的局部特征提取结构示意图

从实现上看，PointNet++的特征提取分为 3 层。

PointNet++的第 1 层是采样层。采样层的作用是在原始点云上找到若干空间均匀分布的中心点。PointNet++使用的是最远点采样（Farthest Point Sampling，FPS）算法，与随机采样算法相比，最远点采样算法能够保证对样本的均匀采样。

最远点采样算法初始化一个采样点集合，通过不断迭代，找到每次迭代中与采样点集合距离最远的点并将其加入采样点集合。具体算法原理如下。

第 1 步，从总数为 N 的点云中随机选取一个点 P0 作为采样点集合的第一个元素，此时的采样点集合可以表示为{P0}。

第 2 步，计算全部点云与采样点集合内各个点的距离（此时采样点集合只有一个元素 P0），找到距离最远的点，将其命名为 P1，并将其加入采样点集合，此时采样点集合可以表示为{P0,P1}。

第 3 步，计算全部点云与采样点集合{P0,P1}的距离。单个点与采样点集合的距离被定义为该点与采样点集合中所有点的最近距离。在点云中寻找与采样点集合距离最远的那个点，将其命名为 P2，并将它加入采样点集合，此时采样点集合可以表示为{P0,P1,P2}。

第 4 步，回到第 3 步，不停地反复迭代，直至找到指定数量的采样点。

假设点云数据存储在变量 xyz 中，xyz 的形状为[batch,N,3]，最终采样点集合中最多包含 npoint 个采样点。采样点集合在代码中用 centroids 变量表示，它存储着采样点的编号，它是一个动态尺寸的矩阵，初始形状为[batch,1]，随着迭代次数的增加，最终形状为[batch,npoint]。采样点集合中的每个采样点的真实坐标用 centroid 变量表示，距离度量方式采用欧氏距离，每次迭代只保留每个点云与周边采样点的最近距离，最近距离保存在 distance 变量中，distance 变量的形状为[batch,N]。每次迭代将找到离群最远的点，将其保存在 farthest 变量中，farthest 变量的形状为[batch,]。迭代次数为 npoint 次，最终找到 npoint 组离群点，最终组合成采样点集合 centroids，形状为[batch,npoint]。核心代码如下。

```
def farthest_point_sample_tf(xyz, npoint):
    """
    Input:
        xyz: pointcloud data, [B, N, 3]
        npoint: number of sample points
    Return:
        centroids: sampled pointcloud index, [B, npoint]
    """
    B, N, C = tf.shape(xyz)
    centroids = tf.zeros([B,1], dtype=tf.int64)
    # centroids 是一个动态尺寸矩阵，centroids 被初始化为全零列
    # 以上代码的含义是，在 centroids 的第 0 列上使用全零列占位。请注意，在本函数的返回
阶段，最后需要从 centroids 中删除第 0 列
    distance = tf.ones([B,N],dtype=tf.float32)*1e10
    # 将 distance 初始化为一个足够大的值
    farthest=tf.random.uniform(
        shape=[B,], minval=0, maxval=tf.cast(N,tf.float32))
    farthest=tf.cast(farthest,tf.int32)
    for i in range(npoint):
        centroid=tf.gather(
        xyz, batch_dims=1,indices=farthest, axis=1)
        # 第 1 次循环时取出随机生成的圆心 centroid，第 2 次循环时取出最远点作为圆心
        centroid=tf.reshape(centroid,[B,1,C])
        # 准备与 xyz 进行广播减法
        dist=tf.reduce_sum((xyz-centroid)**2, axis=-1)# dist 矩阵的形状为
[B,N]
        distance=tf.math.minimum(dist,distance)
        # 保留最小的距离数值
        farthest=tf.math.argmax(distance, -1)
        # farthest 矩阵的形状为[B,]，（其中，“,”可以忽略），取出此时的最远点
        centroids=tf.concat(
            [centroids,tf.reshape(farthest,[B,1])],axis=-1)
```

```
        # 将阶段性的采样点集合保存在 centroids 中
    return centroids[:,1:] # 删除 centroids 的第 0 列
```

生成 4 个批次的点云测试数据，为方便可视化，这里将三维点云替换为二维点云。每个批次的数据都分 4 次生成。4 次的点云数量分别为 4096、2048、512、128，分别代表按距离从近到远采集到的不同密度的点云；将这 4 个密度的点云数据进行矩阵拼接，最终每个批次的点云中，点的数量为 6784，4 个批次点云的形状为[4,6784,2]。生成代码如下。

```
    xyz0=np.random.uniform(0,1,4*4096*2).reshape(4,4096,2).astype(np.float32)
    xyz1=np.random.uniform(1,2,4*2048*2).reshape(4,2048,2).astype(np.float32)
    xyz2=np.random.uniform(2,3,4*512*2).reshape(4,512,2).astype(np.float32)
    xyz3=np.random.uniform(3,4,4*128*2).reshape(4,128,2).astype(np.float32)
    xyz=tf.concat([xyz0,xyz1,xyz2,xyz3],axis=1)
```

使用最远点采样算法，在每个批次的 6784 个点的集合中找到 64 个采样点。代码如下。

```
    centroids_index=farthest_point_sample_tf(tf.convert_to_tensor(xyz),64)
# centroids_index 矩阵的形状为[B,npoint]
    centroids_coord=tf.gather(xyz, batch_dims=1,indices=centroids_index,axis=1)
# centroids_coord 矩阵的形状为[B,npoint,C]
    plt.figure(figsize=(20,10))
    plt.scatter(xyz.numpy()[0,:,0],xyz.numpy()[0,:,1],s=1,marker="o",color='r',l
abel="xyz")
    plt.scatter(centroids_coord.numpy()[0,:,0],centroids_coord.numpy()[0,:,1],
marker="x",label="centroids")
    plt.legend()
```

最远点采样算法的可视化如图 16-9 所示。图 16-9 中的原点表示原始点云，共计 6784 个，原始点云的点从近到远呈现出密度从高到低的特点，这符合自动驾驶中激光雷达数据的特点。如果采用随机采样算法对这种点云数据进行采样，必然会导致近处过采样和远处欠采样。标记 x 代表最远点采样算法找到的 64 个采样点，它们在不同密度区域的点云上都呈现均匀分布的特点，并且采样点与原始点云中的每个点均保持大致相同的距离。

PointNet++的第 2 层是分组层。分组层的作用是在点云内寻找与每个圆心距离小于 radius 的 nsample 个点。假设全部点云点的数量为 N，那么点云集合的形状为[batch, N, 3]，在代码中用 xyz 表示；假设全部的圆心点数量为 NP，那么圆心集合的形状为[batch, NP,3]，在代码中用 new_xyz 表示；找到的 NP 组 nsample 个点，在代码中用 group_idx 表示，形状为[batch, NP, nsample]。寻找这 NP 组 nsample 个点的算法为球查询算法，当然除了论文中提到的球查询算法，还可以使用 KNN 算法查找这 NP 组 nsample 个点，但固定参数 K 无法

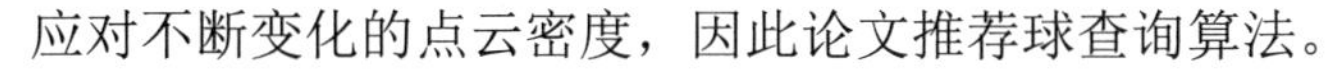
应对不断变化的点云密度，因此论文推荐球查询算法。

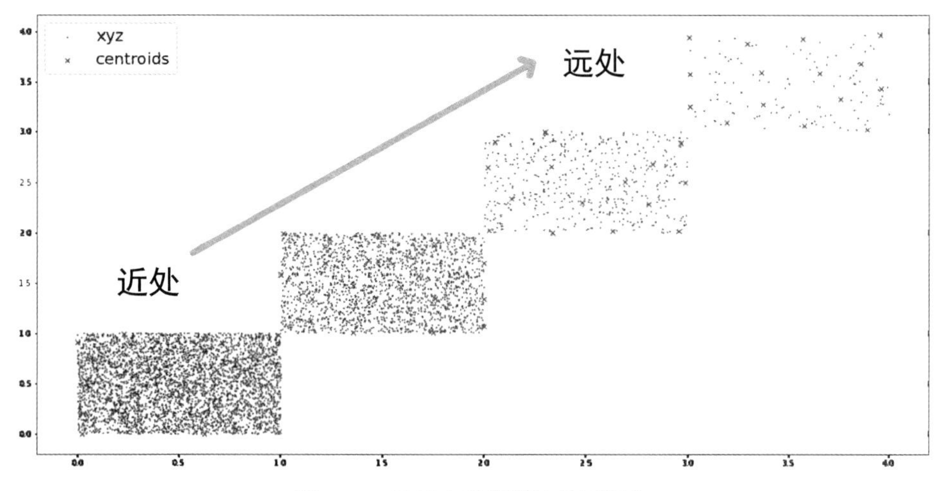

图 16-9　最远点采样算法的可视化

对于 N 个点云点和 NP 个圆心点，球查询算法首先计算它们两两之间的欧氏距离，计算结果形状为[batch,NP,N]。N 个点云点和 NP 个圆心点两两之间距离的计算函数为 square_distance_tf，它的第一个输入 src 对应 NP 个圆心点，第二个输入 dst 对应 N 个点云点，将计算结果存储在 dist 变量中，dist 变量的形状为[batch, NP, N]。在 square_distance_tf 函数中，使用了与欧氏距离计算公式等效的矩阵计算方式，即 $\left(x_{\text{src}}-x_{\text{dst}}\right)^2=-2x_{\text{src}}x_{\text{dst}}+{x_{\text{src}}}^2+{x_{\text{dst}}}^2$ 展开式。代码如下。

```
def square_distance_tf(src, dst):
    B, NP, _ = tf.shape(src)
    _, N, _ = tf.shape(dst)
    dist = -2*tf.matmul(src,tf.transpose(dst,[0,2,1]))
    dist +=tf.reshape(tf.reduce_sum(src**2,axis=-1),[B,NP,1])
    dist +=tf.reshape(tf.reduce_sum(dst**2,axis=-1),[B,1,N])
    return dist
```

实施球查询算法，设计一个名为 query_ball_point_tf 的函数，该函数接收两个参数：球形半径参数 radius 和球域点数 nsample。在球查询算法中，N 个点云使用 xyz 变量存储，NP 个圆心使用 q_xyz 存储；对于 NP 个圆心中的某一个圆心，凡是与该圆心距离大于球形半径参数 radius 的点云点全部排除在外（设置为常数 N），将通过排序找到距离较近的 nsample 个点存储在 group_idx 变量中。如果符合距离条件的点不足 nsample 个，那么就用存储在 group_first 变量中的点凑足 nsample 个。而 group_first 变量中存储的点是算法找到的第一个距离符合条件的点。函数返回的 group_idx 存储的是符合距离条件的点的编号，group_idx 的形状为[batch, NP, nsample]。代码如下。

```
def query_ball_point_tf(radius, nsample, xyz, q_xyz):
    B, N, C = tf.shape(xyz)
    _, NP, _ = tf.shape(q_xyz)
    group_idx=tf.reshape(tf.range(N),[1,1,N])
    group_idx=tf.tile(group_idx,[B,NP,1])
    # group_idx 矩阵的形状为[B,NP,N]
    sqrdists = square_distance_tf(q_xyz, xyz)
    group_idx = tf.where(
        sqrdists>radius**2,
        tf.ones_like(group_idx)*N,
        group_idx)
    group_idx=tf.sort(group_idx,axis=-1) # 处理后的形状为[B,NP,N]
    group_idx=group_idx[:,:,:nsample] # 处理后的形状为[B,NP,nsample]
    group_1st=tf.reshape(group_idx[:,:,0],[B,NP,1])
    group_1st=tf.tile(group_1st,[1,1,nsample])
    group_idx=tf.where(
        group_idx==N,
        group_1st,
        group_idx)
    return group_idx
```

在 4 个批次的数量为 6784 的点云和 4 个批次的 64 个球心的基础上，设置球形半径参数 radius 为 0.5，球域点数 nsample 为 32，得到分组层的输出 group_idx 的形状为[batch, 64, 32]，可见，每个批次的 6784 个点将会被替换为 64 个局部区域，每个局部区域有 32 个点，这些点将会替代原始点云被送入 PointNet 层进行计算。

```
group_idx_tf=query_ball_point_tf(0.5,32,xyz,centroids_coord)
print(group_idx_tf.shape) # group_idx_tf 矩阵的形状为[4, 64, 32]
```

将第一个批次的数据提取出来，对于原始点云使用原点画出，对于球域点使用“+”符号画出，可见最终的球域点的集合实现了对不均匀点云的均匀采样。球查询算法的可视化如图 16-10 所示。

PointNet++的第 3 层是 PointNet 层。如果将 PointNet++的第 2 层输出的数据（形状为[batch, NP, nsample]）视为 NP 个模型，每个模型有 nsample 个点，那么 PointNet 层的工作就是对这 NP 个模型进行特征提取，这 NP 个模型的特征向量对应着点云上的 NP 个局部的高维度特征。由于 PointNet++模型中的 PointNet 层的算法行为与 PointNet 模型完全一致，因此不再展开叙述。

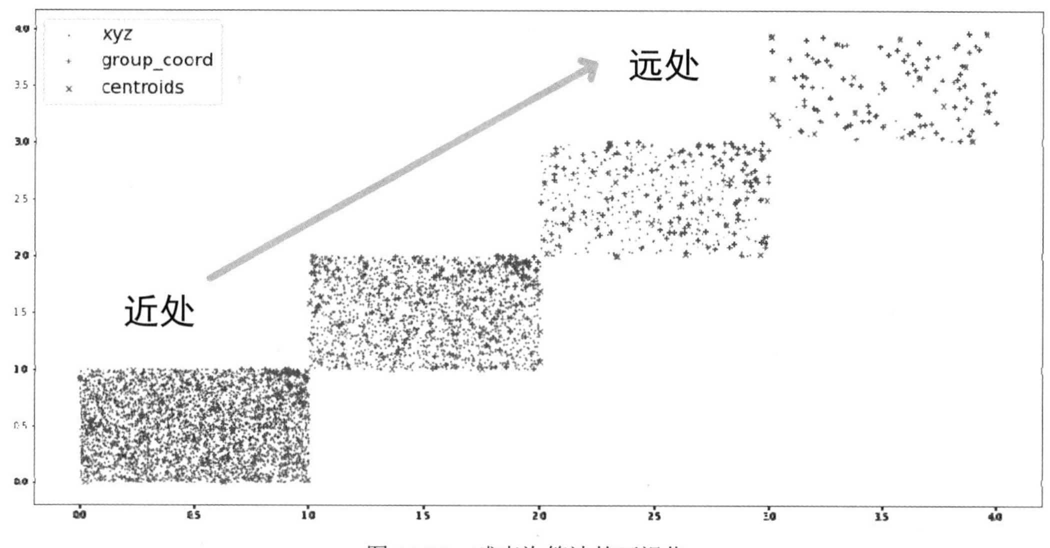

图 16-10　球查询算法的可视化

PointNet++的局部特征提取结构更符合二维卷积的感受野概念，但实验显示这种局部特征提取结构对点云的密度较为敏感。具体表现为，当点云密度下降严重时，其特征提取能力大幅下降。为了更好地应对非均匀点云场景下的局部点云抽取策略，PointNet++提出了两种点云分组策略：多尺度分组（Multi Scale Grouping，MSG）策略和多分辨率分组（Multi Resolution Grouping，MRG）策略。这样，每个圆心都将获得具有不同尺度或者不同分辨率的分组点云，将这些点云的高维度特征进行矩阵拼接后将为神经网络带来更强的稳健性。

基于 PointNet 提供的基础组件和 PointNet++提供的多层次特征提取能力，发展出了视锥 PointNet（Frustum PointNet）神经网络和 FlowNet3D 神经网络。视锥 PointNet 神经网络首先通过三维点云数据投影出一个二维图像，在这个二维图像上运行传统的目标检测神经网络；根据三维投影原理，在二维图像上识别出的物体将会在三维点云中呈现出一个以相机为顶点的放射状锥形，视锥 PointNet 就专门针对这个锥形范围内的点云进行处理，从而得到三维物体的识别信息。

FlowNet3D 神经网络将 PointNet 的点云处理思想拓展到了场景流中，提出了结构新颖的可学习层，一个层用于学习两帧点云的关联编码，另一个层用于进行帧间点云特征的传播，这使得 FlowNet3D 神经网络可以从连续点云中估计场景流，并且在自动驾驶激光雷达数据集上获得了良好的效果。

三维点云处理处于一个较为开放的状态，研究人员从不同的角度总结出不少极具创意的方案和思路。例如，2017 年发表的 VoxelNet 神经网络就针对三维体素稀疏性的特征，提出了体素化划分的策略，它将整个点云区域按照固定分辨率划分成立体网格，每个网格内随机采样，每个体素随机选取若干点进行后续处理，由于划分和采样降低了三维卷积运算的计算量，这使得三维卷积运算可以在高密度激光雷达数据上得以运用。实践显示，VoxelNet 神经网络在 KITTI 汽车、行人和自行车的目标检测上都取得了较好的效果。又例如，2018 年发表的“3D Semantic Segmentation with Submanifold Sparse Convolutional Networks”论文提出了子流形稀疏卷积网络，它提出了三维稀疏矩阵的卷积算法，从而将二维卷积的相关算法拓展到了三维。2020 年发表的 DOPS 神经网络，它使用了稀疏卷积技术做了一个 3D U-Net 神经网络，该神经网络可以提取高维度特征并预测每个点的目标属性和尺寸，把对每个点的预测通过一个图卷积网络得到进一步的预测数据，进而获得三维目标的网格结构。

三维点云处理的方案层出不穷。从作者的角度出发，可以总结出 4 种思路：基于 PointNet 思路（PointNet 家族）的目标检测；基于规则数据的目标检测；基于体素、多视角、图计算模型的目标检测；基于卷积核的目标检测。感兴趣的读者可以阅读最新文献。

附录A
官方代码引用说明

本书使用的部分代码来自谷歌 TensorFlow 官网并为配合教学进行了适当修改，YOLOV3 和 YOLOV4 的标准版及简版代码基于 GitHub 账号为 huanglc007 的软件仓库修改而来，软件仓库名称为 tensorflow-yolov4-tflite，此外，针对 YOLOV3 网络的描述还参考了 GitHub 账号名为 zzh8829 的 yolov3-tf2 软件仓库，以上代码仓库均符合 MIT 开源协议。在这些软件仓库相关代码的基础上，作者有针对性地做了完善性修改，主要包括以下 4 个方面。

第一，完善 IDE 编程环境下 TensorFlow 各层命名规则与权重参数装载函数不兼容的问题。原始的权重装载函数 load_weights 是根据二维卷积层的编号进行权重装载的，编号一定要从 0 开始，但实际上在 IDE 开发环境下，TensorFlow 的二维卷积层的编号是全局递增的。为此作者设计了函数，自适应当前二维卷积层和 BN 层的编号起点。另外，官方代码中的权重加载函数不支持 DarkNet53 和 CSP-DarkNet 这两个骨干网络的权重装载，作者增加了这两个骨干网络的权重装载支持。

第二，代码中的层行为描述不规范问题。YOLOV4 和 YOLOV3 官方源代码中，对于神经网络内的 Concat 算子、Reshape 算子、四则运算（加、减、乘、除）算子、矩阵切割算子等，均使用算子函数来描述层算法，这会造成稳健性问题，即对于超出定义域的意外数据（如零数据等）激励可能产生 INF 或 NaN 的处理结果。为此本书遵循 TensorFlow 的层定义编程规范，统一使用 tf.keras.layers 下的 Concatenate、Reshape、Lamda、Add、Multiply、Lambda 等高阶 API 层替代原算子。使用了高阶 API 层后，还可以获得从 Keras 基础层类继承来的可调试 API。例如，我们可以方便地通过层名称，提取这些层的权重变量和偏置变量，探知这些层的输入/输出形状等。

第三，源代码中没有为层搭配自定义层名，所有的层名称均由 TensorFlow 自动命名，影响后期调试定位。作者在源代码中对网络中关键部位的层进行了命名，方便读者“望文生义”。也希望读者在认真研读 model.summary 打印出来的网络结构时，能够将打印出来的网络层名称和源代码中的各个层命名相互对照，以便对网络结构具有更深的理解。

第四，本书所引用的源代码是一个认可度较高、被引用次数最多的 YOLO 源代码。但即便是如 Linux 一般优秀的源代码也难免有若干错误，如 CSP-DarkNet-tiny 的若干 DarkNetConv 层配置。虽有作者做出若干修改，但并不影响 huanglc007 和 zzh8829 的 YOLO 源代码是一个质量很高的源代码。同样，作者的源代码也难免出现疏漏，作者的 GitHub 账号为 fjzhangcr，欢迎读者批评指正。

附录B
本书运行环境搭建说明

本书运行环境是基于 Anaconda 的 Python3.7 版本运行环境，运行环境基于 TensorFlow 的 2.X 版本（经验证 2.3 到 2.8 版本）均可。由于较为简单，因此不做过多说明，此处给出安装的关键代码和注意事项。

对于 TensorFlow 的安装，TensorFlow 的 2.3 版本可直接安装，若安装 TensorFlow 的 2.8 版本，则需要修改 protobuf，使其版本号降为 3.20，这是因为在 protobuf 从 3.20 版本向 3.21 版本升级时进行了一些非前向兼容的修改，导致 3.21 版本的 protobuf 无法与 TensorFlow 的 2.8 版本兼容。若安装速度较慢，则可以通过“-i”标志位指定豆瓣源作为临时源。

```
pip install tensorflow==2.3 -i 豆瓣源
pip install tensorflow==2.8  -i 豆瓣源
pip install protobuf==3.20
```

使用 conda 安装其他软件，包括图像处理工具 opencv、画图工具 matplotlib、表格工具 pandas、字典工具 easydict 等。这些软件包可使用 conda 安装，也可使用 pip 安装。安装命令如下。

```
conda install matplotlib pandas opencv
conda install -c conda-forge easydict
pip install matplotlib pandas easydict
pip install opencv-python==3.4.2.17 -i 豆瓣源
```

对于希望使用 TensorFlow 官方数据集的情况，需要安装 TensorFlow 数据集软件包。安装命令和版本信息打印如下。

```
pip install TensorFlow-datasets -i 豆瓣源
import TensorFlow_datasets as tfds
print(tfds.__version__) # 版本号为 4.5.2
```

对于希望 Python 将神经网络打印为图片的情况，需要安装 Pydot。代码如下。

```
conda install pydot
```

对于希望对数学公式进行符号计算的情况，需要安装 SymPy。代码如下。

```
conda install sympy
```

对于希望使用 Albumentations 进行数据增强的情况，需要安装 Albumentations。代码如下。

```
conda  install  albumentations
pip install -U albumentations
```

对于希望加载 coco 数据集工具的情况，需要安装 cocoapi 的 Python 工具，具体安装代码可以登录 GitHub 账号为 philferriere 的网页，进入其 cocoapi 软件仓库查询和使用。代码如下。其中，“#”代表解析到子目录，并非注释符号。

```
pip install git+https://cocoapi 软件仓库地址/cocoapi.git#subdirectory=
PythonAPI
```

对于希望尝试进行 KITTI 激光雷达数据处理的，需要在使用 kitti_object_vis 软件仓库前，安装 Mayavi 4.7、OpenCV 4.6、Scipy 1.7 等依赖软件，其中 Mayavi 是专门为三维数据可视化而设计的软件。代码如下。

```
pip install opencv_python pillow scipy matplotlib
conda install mayavi=4.7.2 -c conda-forge
```

附录C
TensorFlow 矩阵基本操作

本书略去了对 TensorFlow 的基本矩阵操作的介绍，初学者可以登录 TensorFlow 2.0 官网查看其基础教程。这里仅仅列出 TensorFlow 矩阵操作的几个重要命令清单，如表 C-1 所示。

表 C-1　TensorFlow 矩阵操作的几个重要命令清单

矩阵操作名称	矩阵操作算子	说明
维度内矩阵拼接	tf.concat	不增加维度拼接
维度外矩阵拼接	tf.stack	增加维度拼接
矩阵增维度	tf.expand_dims	增加维度
矩阵降维度	tf.squeeze	去除冗余维度
矩阵交换维度	tf.transpose	交换矩阵维度
矩阵复制	tf.tile	矩阵维度上复制
矩阵补零	tf.pad	二维矩阵上、下、左、右补零
矩阵的元素提取	matrix[…,0]	提取切片的同时减少一个维度
矩阵的元素修改	tf.TensorArray	提供元素位置和更新值
矩阵局部提取	tf.slice	提取矩阵的某个连续局部
单维度矩阵切片	tf.gather	在某一维度按索引提取矩阵切片
多维度矩阵切片	tf.gather_nd	在多个维度按索引提取矩阵切片
双矩阵元素比大小	tf.maximum tf.maximum	若两个矩阵形状一致，则提取较大（小）元素组合成新矩阵
双矩阵元素融合	tf.where	若 3 个矩阵形状一致，则根据第 1 个布尔矩阵值，分别提取第 2 个和第 3 个矩阵元素组合成新矩阵
对矩阵元素进行修改	tf.tensor_scatter_nd_update tf.tensor_scatter_nd_add tf.tensor_scatter_nd_sub tf.tensor_scatter_nd_min tf.tensor_scatter_nd_max	通过指示被修改矩阵、坐标、更新值，实现对矩阵元素执行数值更新、加法、减法、取大、取小操作
可变数组	tf.TensorArray	设置 dynamic_size 标志位为 True，可新建尺寸可变化的张量，可实现单元素写入、读出等

参考文献

[1] Everingham M, Eslami S M, Van Gool L, et al. The Pascal Visual Object Classes Challenge: A retrospective[J]. International Journal of Computer Vision, 2015, 111(1): 98-136.

[2] Lin T Y, Maire M, Belongie S, et al. Microsoft CoCo: Common Objects in Context[C]// European Conference on Computer Vision. Springer, Cham, 2014: 740-755.

[3] Redmon J, Divvala S, Girshick R, et al. You Only Look Once: Unified, Real-time Object Detection[C]//Proceedings of the IEEE Conference on Computer Vision and Pattern Recognition. 2016: 779-788.

[4] Redmon J, Farhadi A. YOLO9000: Better, Faster, Stronger[C]//Proceedings of the IEEE Conference on Computer Vision and Pattern Recognition. 2017: 7263-7271.

[5] Redmon J, Farhadi A. Yolov3: An Incremental Improvement[J]. arXiv Preprint arXiv: 1804.02767, 2018.

[6] Bochkovskiy A, Wang C Y, Liao H Y M. Yolov4: Optimal Speed and Accuracy of Object Detection[J]. arXiv Preprint arXiv:2004.10934, 2020.

[7] Wang C Y, Bochkovskiy A, Liao H Y M. Scaled-yolov4: Scaling Cross Stage Partial Network[C]//Proceedings of the IEEE/cvf Conference on Computer Vision and Pattern Recognition. 2021: 13029-13038.

[8] Wang C Y, Bochkovskiy A, Liao H Y M. YOLOV7: Trainable Bag-of-freebies Sets New State-of-the-art for Real-time Object Detectors[J]. arXiv Preprint arXiv:2207.02696, 2022.

[9] Liu W, Anguelov D, Erhan D, et al. Ssd: Single Shot Multibox Detector[C]//European Conference on Computer Vision. Springer, Cham, 2016: 21-37.

[10] Girshick R, Donahue J, Darrell T, et al. Rich Feature Hierarchies for Accurate Object Detection and Semantic Segmentation[C]//Proceedings of the IEEE Conference on Computer Vision and Pattern Recognition. 2014: 580-587.

[11] Girshick R. Fast r-cnn[C]//Proceedings of the IEEE International Conference on Computer Vision. 2015: 1440-1448.

[12] Ren S, He K, Girshick R, et al. Faster r-cnn: Towards Real-time Object Detection with Region Proposal Networks[J]. Advances in Neural Information Processing Systems, 2015, 28.

[13] Law H, Deng J. Cornernet: Detecting Objects as Paired Keypoints[C]//Proceedings of the European Conference on Computer Vision (ECCV). 2018: 734-750.

[14] Zhou X, Wang D, Krähenbühl P. Objects as points[J]. arXiv Preprint arXiv:1904.07850, 2019.

[15] He K, Gkioxari G, Dollár P, et al. Mask r-cnn[C]//Proceedings of the IEEE International Conference on Computer Vision. 2017: 2961-2969.

[16] Ronneberger O, Fischer P, Brox T. U-net: Convolutional Networks for Biomedical Image Segmentation[C]//International Conference on Medical Image Computing and Computer-assisted Intervention. Springer, Cham, 2015: 234-241.

[17] Uijlings J R R, Van De Sande K E A, Gevers T, et al. Selective Search for Object Recognition[J]. International Journal of Computer Vision, 2013, 104(2): 154-171.

[18] Iglovikov V, Shvets A. Ternausnet: U-net with vgg11 Encoder Pre-trained on Imagenet for Image Segmentation[J]. arXiv Preprint arXiv:1801.05746, 2018.

[19] Xiao X, Lian S, Luo Z, et al. Weighted Res-unet for High-quality Retina Vessel Segmentation[C]//2018 9th International Conference on Information Technology in Medicine and Education (ITME). IEEE, 2018: 327-331.

[20] Guan S, Khan A A, Sikdar S, et al. Fully Dense UNet for 2-D Sparse Photoacoustic Tomography Artifact Removal[J]. IEEE Journal of Biomedical and Health Informatics, 2019, 24(2): 568-576.

[21] Oktay O, Schlemper J, Folgoc L L, et al. Attention u-net: Learning Where to Look for the Pancreas[J]. arXiv Preprint arXiv:1804.03999, 2018.

[22] Çiçek Ö, Abdulkadir A, Lienkamp S S, et al. 3D U-Net: Learning Dense Volumetric Segmentation from Sparse Annotation[C]//International Conference on Medical Image Computing and Computer-assisted Intervention. Springer, Cham, 2016: 424-432.

[23] Lin T Y, Dollár P, Girshick R, et al. Feature Pyramid Networks for Object Detection[C]//Proceedings of the IEEE Conference on Computer Vision and Pattern Recognition. 2017: 2117-2125.

[24] Lin T Y, Goyal P, Girshick R, et al. Focal Loss for Dense Object Detection[C]//Proceedings of the IEEE International Conference on Computer Vision. 2017: 2980-2988.

[25] Cai Z, Vasconcelos N. Cascade r-cnn: Delving into High Quality Object Detection[C]//Proceedings of the IEEE Conference on Computer Vision and Pattern Recognition. 2018:

6154-6162.

[26] Liu S, Qi L, Qin H, et al. Path Aggregation Network for Instance Segmentation[C]// Proceedings of the IEEE Conference on Computer Vision and Pattern Recognition. 2018: 8759-8768.

[27] Tan M, Pang R, Le Q V. Efficientdet: Scalable and Efficient Object Detection[C]//Proceedings of the IEEE/CVF Conference on Computer Vision and Pattern Recognition. 2020: 10781-10790.

[28] Liu S, Huang D, Wang Y. Learning Spatial Fusion for Single-shot Object Detection[J]. arXiv Preprint arXiv:1911.09516, 2019.

[29] Ghiasi G, Lin T Y, Le Q V. Nas-fpn: Learning Scalable Feature Pyramid Architecture for Object Detection[C]//Proceedings of the IEEE/CVF Conference on Computer Vision and Pattern Recognition. 2019: 7036-7045.

[30] Long X, Deng K, Wang G, et al. PP-YOLO: An Effective and Efficient Implementation of Object detector[J]. arXiv Preprint arXiv:2007.12099, 2020.

[31] Ge Z, Liu S, Wang F, et al. Yolox: Exceeding YOLO Series in 2021[J]. arXiv Preprint arXiv: 107. 08430, 2021.

[32] Bodla N, Singh B, Chellappa R, et al. Soft-NMS-improving Object Detection with One Line of Code[C]//Proceedings of the IEEE International Conference on Computer Vision. 2017: 5561-5569.

[33] Solovyev R, Wang W, Gabruseva T. Weighted Boxes Fusion: Ensembling Boxes from Different Object Detection Models[J]. Image and Vision Computing, 2021, 107: 104117.

[34] Zhou H, Li Z, Ning C, et al. Cad: Scale Invariant Framework for Real-time Object Detection[C]//Proceedings of the IEEE International Conference on Computer Vision Workshops. 2017: 760-768.

[35] Woo S, Park J, Lee J Y, et al. Cbam: Convolutional Block Attention Module[C]//Proceedings of the European Conference on Computer Vision (ECCV). 2018: 3-19.

[36] Rezatofighi H, Tsoi N, Gwak J Y, et al. Generalized Intersection over Union: A Metric and a Loss for Bounding Box Regression[C]//Proceedings of the IEEE/CVF Conference on Computer Vision and Pattern Recognition. 2019: 658-666.

[37] Zheng Z, Wang P, Liu W, et al. Distance-IoU loss: Faster and Better Learning for Bounding Box Regression[C]//Proceedings of the AAAI Conference on Artificial Intelligence. 2020, 34(07): 12993-13000.

[38] Nagel M, Fournarakis M, Amjad R A, et al. A White Paper on Neural Network Quantization[J]. arXiv Preprint arXiv:2106.08295, 2021.

[39] DeVries T, Taylor G W. Improved Regularization of Convolutional Neural Networks with Cutout[J]. arXiv Preprint arXiv:1708.04552, 2017.

[40] Zhong Z, Zheng L, Kang G, et al. Random Erasing Data Augmentation[C]//Proceedings of the AAAI Conference on Artificial Intelligence. 2020, 34(07): 13001-13008.

[41] Chen P, Liu S, Zhao H, et al. Gridmask Data Augmentation[J]. arXiv Preprint arXiv: 2001. 04086, 2020.

[42] Kumar Singh K, Jae Lee Y. Hide-and-seek: Forcing a Network to be Meticulous for Weakly-supervised Object and Action Localization[C]//Proceedings of the IEEE International Conference on Computer Vision. 2017: 3524-3533.

[43] Huang S W, Lin C T, Chen S P, et al. Auggan: Cross Domain Adaptation with Gan-based Data Augmentation[C]//Proceedings of The European Conference on Computer Vision (ECCV). 2018: 718-731.

[44] Zhang H, Cisse M, Dauphin Y N, et al. Mixup: Beyond Empirical Risk Minimization[J]. arXiv Preprint arXiv:1710.09412, 2017.

[45] Yun S, Han D, Oh S J, et al. Cutmix: Regularization Strategy to Train Strong Classifiers with Localizable Features[C]//Proceedings of the IEEE/CVF International Conference on Computer Vision. 2019: 6023-6032.

[46] Walawalkar D, Shen Z, Liu Z, et al. Attentive Cutmix: An Enhanced Data Augmentation Approach for Deep Learning Based Image Classification[J]. arXiv Preprint arXiv:2003.13048, 2020.

[47] Cubuk E D, Zoph B, Mane D, et al. Autoaugment: Learning Augmentation Policies from Data[J]. arXiv Preprint arXiv:1805.09501, 2018.

[48] Zamanakos G, Tsochatzidis L, Amanatiadis A, et al. A Comprehensive Survey of LIDAR-based 3D Object Detection Methods with Deep Learning for Autonomous Driving[J]. Computers & Graphics, 2021, 99: 153-181.

[49] Geiger A, Lenz P, Stiller C, et al. Vision Meets Robotics: The KITTI Dataset[J]. The International Journal of Robotics Research, 2013, 32(11): 1231-1237.

[50] Geiger A, Lenz P, Urtasun R. Are We Ready for Autonomous Driving? the KITTI Vision Benchmark Suite[C]//2012 IEEE Conference on Computer Vision and Pattern Recognition. IEEE, 2012: 3354-3361.

[51] Qi C R, Su H, Mo K, et al. PointNet: Deep Learning on Point Sets for 3D Classification and Segmentation[C]//Proceedings of the IEEE Conference on Computer Vision and Pattern Recognition. 2017: 652-660.

[52] Qi C R, Yi L, Su H, et al. PointNet++: Deep Hierarchical Feature Learning on Point Sets in a Metric Space[J]. Advances in Neural Information Processing Systems, 2017, 30.

[53] Qi C R, Liu W, Wu C, et al. Frustum PointNets for 3D Object Detection from Rgb-d Data[C]// Proceedings of the IEEE Conference on Computer Vision and Pattern Recognition. 2018: 918-927.

[54] Liu X, Qi C R, Guibas L J. Flownet3D: Learning Scene Flow in 3D Point Clouds[C]// Proceedings of the IEEE/CVF Conference on Computer Vision and Pattern Recognition. 2019: 529-537.

[55] Zhou Y, Tuzel O. Voxelnet: End-to-end Learning for Point Cloud Based 3D Object Detection[C]// Proceedings of the IEEE Conference on Computer Vision and Pattern Recognition. 2018: 4490-4499.

[56] Graham B, Engelcke M, Van Der Maaten L. 3D Semantic Segmentation with Submanifold Sparse Convolutional Networks[C]//Proceedings of the IEEE Conference on Computer Vision and Pattern Recognition. 2018: 9224-9232.

[57] Najibi M, Lai G, Kundu A, et al. Dops: Learning to Detect 3D Objects and Predict Their 3D Shapes[C]//Proceedings of the IEEE/CVF Conference on Computer Vision and Pattern Recognition. 2020: 11913-11922.